U0292892

农作物病虫害识别与防治

黄　健　编著

内 容 提 要

本书较为全面系统地阐述了小麦、玉米、棉花、水稻有害生物和非生物的致害因素，包括小麦病害 35 种、小麦害虫 53 种、棉花病害 22 种、棉花害虫 28 种、玉米病害 29 种、玉米害虫 27 种、水稻病害 26 种、水稻害虫 19 种、害虫天敌 72 种，以及小麦、棉花、玉米、水稻的缺素症。内容涉及为害症状、病原物特征、发病成因、发生规律、生活史、防治方法等。本书内容丰富，阐释清晰，有助于读者全面、准确、深入地了解小麦、玉米、棉花、水稻等作物病虫害。本书适合小麦、玉米、棉花、水稻的栽培人员、植保技术员、农技推广人员、农药种子营销人员、相关科研人员阅读使用。

图书在版编目(CIP)数据

农作物病虫害识别与防治/黄健编著. — 北京：气象出版社，2019.5(2019.12 重印)

ISBN 978-7-5029-6951-6

Ⅰ.①农… Ⅱ.①黄… Ⅲ.①作物-病虫害防治 Ⅳ.①S435

中国版本图书馆 CIP 数据核字(2019)第 059383 号

农作物病虫害识别与防治

Nongzuowu Bingchonghai Shibie Yu Fangzhi

出版发行： 气象出版社

地　　址： 北京市海淀区中关村南大街 46 号　　**邮政编码：** 100081

电　　话： 010-68407112(总编室)　010-68408042(发行部)

网　　址： http://www.qxcbs.com　　**E-mail：** qxcbs@cma.gov.cn

责任编辑： 张　斌　王　迪　　**终　　审：** 吴晓鹏

责任校对： 王丽梅　　**责任技编：** 赵相宁

封面设计： 博雅思企划

印　　刷： 北京建宏印刷有限公司

开　　本： 787 mm×1092 mm　1/16　　**印　　张：** 22.25

字　　数： 566 千字　　**彩　　插：** 4

版　　次： 2019 年 5 月第 1 版　　**印　　次：** 2019 年 12 月第 2 次印刷

定　　价： 120.00 元

前　　言

小麦、水稻、玉米是我国三大粮食作物，棉花是我国的重要经济作物。由于我国人口众多，四种作物的种植面积和产量都比较大。但随着气候变暖、种植结构的改变、品种的更新、耕作制度的变化等因素，我国农作物病虫害灾变规律发生新变化，一些跨国境、跨区域的迁飞性和流行性重大病虫暴发频率增加，一些地域性和偶发性病虫发生范围扩大、危害程度加重，严重制约我国粮食持续丰收。据统计(2005年)，我国农作物病虫害呈多发重发态势，每年发生面积近70亿亩次，每年因各种病虫害而损失粮食4000万吨，约占全国粮食总产量的8.8%，其他农作物如棉花损失率为24%，蔬菜和水果损失率为20%～30%。而据联合国粮农组织估计，全世界每年因病虫草害损失粮食约占粮食总产量的三分之一，其中因病害损失10%，因虫害损失14%，因草害损失11%。农作物病虫害除造成产量损失外，还可以直接造成农产品品质下降，出现腐烂、霉变等，营养、口感也会变异，甚至产生对人体有毒、有害的物质。我国是一个自然灾害尤其是农作物病虫害等生物灾害频繁发生的国家，农业生物灾害种类多，发生重，危害大，是农业增产和农产品质量提高的重要制约因素。因此，广大农民和基层农业技术人员迫切需要掌握相关作物的病虫害的识别与防治技术，以解决生产实际中遇到的问题。为此，根据小麦、水稻、玉米、棉花病虫害新的发生特点和防治情况，我们编写了本书。

本书较为全面地阐述了小麦、水稻、玉米、棉花病虫害的识别与防治技术。全书共分九章，第一章介绍了小麦病害及防治，第二章介绍了小麦害虫及防治，第三章介绍了棉花病害及防治，第四章介绍了棉花害虫及防治，第五章介绍了玉米病害及防治，第六章介绍了玉米害虫及防治，第七章介绍了水稻病害及防治，第八章介绍了水稻害虫及防治，第九章介绍了害虫天敌的识别与保护。

本书结合作者自己多年的科研和技术实践经验，通过参阅大量的最新资料精心编写而成，本着知识新颖、技术实用的原则，力求做到理论与实践相结合、知识与技术相结合。每种病虫害的防治技术力求做到先进、新颖、实用、操作性强、通俗精练，适合相关科研人员、广大基层技术人员和农民阅读使用，同时也可为植保人员及农技人员参考。

中国气象局乌鲁木齐沙漠气象研究所承担了本书编写工作，由黄健撰写完成。本书的出版得到了国家自然基金项目(项目编号：41275119、41775109)的资助，甘肃省气象局张强研究员和邓振镛研究员对本书进行了审校，在此一并表示衷心感谢。同时特别鸣谢戴爱梅精心拍摄的图片，并在书后配有彩图，供读者查阅。

由于水平有限，时间较紧，书中误漏之处，恳请广大读者批评指正。

编者

2019年4月

目　录

第一章　小麦病害及防治

小麦是我国仅次于水稻的第二大粮食作物，每年由病害引起的损失巨大，直接影响到农业生产者的经济收益，及时指导农业生产者对症下药可以有效提高小麦产量和品质。在全球范围内，小麦病害有200多种，但大部分没有重要经济意义。本章介绍了35种小麦病害及缺素症，基本涵盖了常见的和重要的病害种类。

一、锈病

拉丁学名：*Puccinia striiformis* West。小麦锈病是条锈病、叶锈病和秆锈病的总称，也被称之为"黄疸病"。小麦锈病是古老病害，可通过高空进行远距离传播，是气流真菌性病害。在世界范围内发生。但是，小麦锈病的种类、分布及为害情况在不同地区或国家的表现是有所差别的。比如，秆锈病在美国发生比较严重，叶锈病在俄罗斯的大部分地区普遍严重发病，条锈病主要在西欧发生，仅在南部少数国家发现。而条锈病、叶锈病和秆锈病在我国均有发生，但以条锈病的发生较为普遍，为害也比较严重，我国也是世界上主要的小麦条锈菌的流行区系。

小麦条锈菌有分布广、传播快、变异频率高的特点，因此，其暴发常常会给小麦的安全生产带来巨大的挑战。小麦条锈病之所以能对小麦造成如此之大的危害，是因为它不仅能吸收寄主植物中大量的营养物质，而且还能干扰和破坏寄主植物的正常生理功能。比如，由于锈菌的侵染导致小麦的光合作用面积减少，光合作用效率降低，进而对小麦的生长及灌浆都会产生影响；另外，由于受侵染小麦的养分减少，严重失水，灌浆受阻，因此，千粒重下降，蛋白质含量降低，从而使小麦的品质严重受损，并且还易受到冻害和旱害等自然灾害的胁迫。因此，小麦条锈病对其的产量和品质都会造成巨大的破坏，且发病越早越重，对小麦造成危害也就越大。

我国的小麦条锈病大多发生在西北、华北、西南、长江中下游等地区，并形成了三个独具特色的流行区系，即新疆流行区系、西南流行区系及西北、华北流行区系。且我国具有被称为条锈菌的"易变区"和新小种"策源地"的陇南地区，加之其又具有变异频率快、暴发强、流行速度快、范围广等特点，小麦条锈病在我国造成了10余次全国范围内的大流行，尤其是1950年、1964年、1990年和2002年这四年的大流行造成的损失最为严重。可以说其是所有的生物和非生物胁迫中最具毁灭性的病害，在条件适宜的情况下可以造成小麦产量损失达90%以上，严重影响了我国小麦的安全生产（李振岐 等，2002；万安民 等，2003）。

小麦条锈菌属于真菌界，担子菌门，冬孢菌纲，锈菌目，柄锈菌科，柄锈菌属。由于对条锈菌的研究不断深入，对其的命名也不断地完善，它的命名也经过了数次变更，直到1953年才出现沿用至今的命名，即小麦条锈菌专化型 *Puccinia striiformis* West. f. sp. *Tritici* Eriks et. Henn.（Stubbs，1985）。

小麦条锈菌的繁殖体为五种类型的孢子，即夏孢子（urediospore）、冬孢子（teliospore）、担孢子（basidiospore）、性孢子（pycniospore）和锈孢子（aeciospore）。夏孢子为单胞，球形，鲜黄色，孢子壁无色，内含物为黄色，有6～16个排列不规则的芽孔。在小麦的叶片、叶鞘、茎秆上形成肉眼可见的、排列成行的、卵形的夏孢子堆。冬孢子双胞，棍棒状，顶部扁平状或斜切状，分割处缢缩，顶端壁厚，褐色，上浓下淡，下部瘦消，短柄，有色，常见其在叶片背面生长，生长于叶鞘上的相对比较少，形成灰黑色、排列成条的冬孢子堆，并长期埋于表皮下。性孢子与锈孢子生于以小檗为主的转主寄主上。性孢子器小，烧瓶状，橙黄色，埋生于叶片表皮下，孔口外露，成熟时可以形成大量受精丝（单胞、无色）和性孢子（椭圆形、单胞）。锈子器生于叶片背部，且与性子器生长位置相对，初始生于转主寄主的表皮下，后突破叶片表皮，成簇聚生，呈杯状。锈孢子球形，表面光滑，橙黄色，在锈子器内链状生长。

条锈菌是喜低温、气流传播、活体营养、高度专化型的转主寄生真菌。它的流行受环境因素的影响比较大，特别对温度、湿度条件比较敏感，对锈菌无性循环中的重要阶段如夏孢子的越夏、生长、萌发、侵染和繁殖都会产生影响；在有性生殖阶段，特别是冬孢子的休眠、萌发以及侵染转主寄主中具有重要作用，且其必须在活体寄主植物上才能完成越夏或越冬的阶段，从而度过不良环境，瘦弱的寄主植物也不利于其的生长、繁殖。条锈菌在我国具有群体毒性丰富、遗传多样性高以及变异频繁的特点，并且还有被称为条锈菌“策源地”的陇南地区，该地区为条锈菌侵染、繁殖和循环提供了适宜的环境条件，这都极大地增加了我国条锈病的防治难度。

锈菌属于转主寄生真菌，即其要完成整个生活史则必须寄生于两个不同种的植物上。而小麦条锈菌一直都被认为只具有无性生殖阶段，可以在一种植物上完成侵染循环，而缺少相应的有性阶段。直至2010年，有研究表明了小檗可以作为条锈菌的转主寄主，并可在其上进行有性生殖。从而，小麦条锈菌大循环才得以完善。性孢子阶段（0期）是条锈菌生活史中的第一个阶段，在这个阶段中冬孢子萌发产生担孢子，担孢子在适宜的条件下可以侵染转主寄主，并在转主寄主上形成单核的性孢子（pycniospore）和受菌丝（receptive hyphae），之后性孢子和受菌丝融合并在寄主组织内形成双核的菌丝，然后形成单孢、双核的锈子器（aecia），即锈孢子（aeciospore）阶段（Ⅰ期）。这个阶段不会侵染转主寄主，但是锈孢子可以侵染1种或多种禾本科的初生寄主，并在初生寄主上产生夏孢子（urediniospore），这就是夏孢子阶段（Ⅱ期）。夏孢子单孢，通常是双核，夏孢子可以循环侵染初生寄主完成其无性阶段。无性阶段可以持续整个寄主的生长期，从而造成锈病的大区流行。在谷类作物生长后期或者作物收获期或者外界条件不适宜夏孢子侵染和萌发时，就会在禾谷类寄主植物上形成冬孢子，以便度过不良环境，这就是冬孢子阶段（Ⅲ期），条锈菌的冬孢子为双胞、双核，有的锈菌（如秆锈菌）的冬孢子需要通过长时间的休眠以后才能够萌发，但条锈菌的冬孢子不需要经过休长时间的眠或经过短暂休眠后就能萌发。冬孢子打破休眠萌发，并在每一个冬孢上产生一个附有四个担孢子的先菌丝，这就是担孢子阶段（Ⅳ期）。担孢子是单胞，通常为单核，但是在一些锈菌中发现了1、2或多个核的现象。担孢子不能侵染初生寄主，但是可以侵染其转主寄主并完成有性阶段，从而完成锈菌的全孢大循环。

（一）分布区域

条锈病：陕西、甘肃、宁夏、四川、河南、云南、青海。

叶锈病：全国大部分麦区。

秆锈病：西南、华南、华北等。

(二)症状与诊断

(1)小麦条锈病发病部位主要是叶片,叶鞘、茎秆和穗部也可发病。初期在病部出现褪绿斑点,以后形成鲜黄色的粉疱,即夏孢子堆。夏孢子堆较小,长椭圆形,与叶脉平行排列成条状。后期长出黑色、狭长形、埋伏于表皮下的条状疱斑,即冬孢子堆(图1)。

图1　小麦条锈病(戴爱梅 摄)

(2)小麦叶锈病发病初期出现褪绿斑,以后出现红褐色粉疱(夏孢子堆)。夏孢子堆较小,橙褐色,在叶片上不规则散生。后期在叶背面和茎秆上长出黑色阔椭圆形至长椭圆形、埋于表皮下的冬孢子堆,其有依麦秆纵向排列的趋向。

(3)小麦秆锈病为害部位以茎秆和叶鞘为主,也为害叶片和穗部。夏孢子堆较大,长椭圆形至狭长形,红褐色,不规则散生,常全成大斑,孢子堆周围表皮撒裂翻起,夏孢子可穿透叶片。后期病部长出黑色椭圆形至狭长形、散生、突破表皮、呈粉疱状的冬孢子堆。

三种锈病症状可根据其夏孢子堆和冬孢子堆的形状、大小、颜色着生部位和排列来区分。群众形象的区分3种锈病说:"条锈成行,叶锈乱,秆锈成个大红斑。"

(三)病原特征

条锈菌夏孢子单胞,球形,表面有细刺,鲜黄色,孢子壁无色,具6~16个发芽孔。冬孢子双胞,棍棒状,顶部扁平或斜切,分隔处稍缢缩,褐色,上浓下淡,下部瘦削,柄短有色。

叶锈菌夏孢子单胞,球形或近球形,表面有细刺,橙黄色,具6~8个发芽孔。冬孢子双胞,棍棒状,暗褐色,分隔处稍缢缩,顶部平,柄短无色。

秆锈菌夏孢子单胞,长椭圆形,暗橙黄色,中部有4个发芽孔,胞壁褐色,具明显棘状突起。冬孢子双胞,棍棒状或纺锤形,浓褐色,分隔处稍缢缩,表面光滑,顶端圆形或略尖,柄上端黄褐色,下端近无色。不同小麦品种对小麦锈病的抗性差异很明显。

(四)发病规律

(1)小麦条锈病在我国西北和西南高海拔地区越夏。越夏区产生的夏孢子经风吹到广大麦区,成为秋苗的初侵染源。病菌可以随发病麦苗越冬。春季在越冬病麦苗上产生夏孢子,可扩散造成再次侵染。造成春季流行的条件为:①大面积感病品种的存在;②一定数量的越冬菌源;③3—5月的雨量,特别是3、4月的雨量过大;④早春气温回升较早。山西省晋南是条锈病的常发区,晋中是易发区。

(2)小麦叶锈病在我国各麦区一般都可越夏,越夏后成为当地秋苗的主要侵染源。病菌可随病麦苗越冬,春季产生夏孢子,随风扩散,条件适宜时造成流行,叶锈菌侵入的最适温度为15~20℃。造成叶锈病流行的因素主要是当地越冬菌量、春季气温和降雨量以及小麦品种的抗感性。

(3)秆锈菌以夏孢子传播,夏孢子萌发侵入温度要求为3~31℃,最适18~22℃。小麦秆锈病可在南方麦区不间断发生,这些地区是主要越冬区。主要冬麦区菌源逐步向北传播,由南向北造成危害，所以大多数地区秆锈病流行都是由外来菌源所致。除大量外来菌源外，大面积感病品种、偏高气温和多雨水是造成流行的因素。

(五)发病特点

三种锈菌在我国都是以夏孢子世代在小麦为主的麦类作物上逐代侵染而完成周年循环。是典型的远程气传病害。当夏孢子落在寄主叶片上，在适合的温度(条锈 1.4～17℃、叶锈 2～32℃、秆锈 3～31℃)和有水膜的条件下，萌发产生芽管，沿叶表生长，遇到气孔，芽管顶端膨大形成附着胞，进而侵入气孔在气孔下形成气孔下囊，并长出数根侵染菌丝，蔓延于叶肉细胞间隙中，并产生吸器伸入叶肉细胞内吸取养分以营寄生生活。菌丝在麦叶组织内生长 15 天后，便在叶面上产生夏孢子堆，每个夏孢子堆可持续产生夏孢子若干天，夏孢子繁殖很快。这些夏孢子可随风传播，甚至可被强大气流带到 1599～4300 m 的高空，吹送到几百千米以外的地方而不失活性进行再侵染。因此，在不同时期，条锈菌就可以借助东南风和西北风的吹送，在高海拔冷凉地区春麦上越夏，在低海拔温暖地区的冬麦上越冬，构成周年循环。锈病发生为害分秋季和春季两个时期。小麦条锈病，在高海拔地区越夏的菌源随秋季西南风吹送到以东冬麦地区进行为害，在陇东、陇南一带 10 月初就可见到病叶，黄河以北平原地区 10 月下旬以后可以见到病叶，淮北、豫南一带在 11 月以后可以见到病叶。在我国黄河、秦岭以南较温暖的地区，小麦条锈菌不需越冬，从秋季一直为害到小麦收获前。但在黄河、秦岭以北冬季小麦生长停止地区，病菌在最冷月日均温不低于－6℃，或有积雪不低于－10℃的地方，主要以侵入后未及发病的、潜育菌丝状态，在未冻死的麦叶组织内越冬，待第二年春季温度适合生长时，再繁殖扩大为害范围。

(六)感染条件

小麦锈病不同于其他病害，由于病菌越夏、越冬需要特定的地理气候条件，像条锈病和秆锈病，还必须按季节在一定地区间进行规律性转移，才能完成周年循环。叶锈病虽然在不少地区既能越夏又能越冬，但区间菌源相互关系仍十分密切。所以，三种锈病在秋季或春季发病的轻重主要与夏、秋季和春季雨水的多少及越夏越冬菌源量和感病品种面积大小关系密切。一般地说，秋冬、春夏雨水多，感病品种面积大，菌源量大，锈病就发生重，反之则轻。

(七)温度关系

小麦叶锈病对温度的适应范围较大。在所有种麦地区，叶锈菌夏季均可在自生麦苗上繁殖，成为当地秋苗发病的菌源。冬季在小麦停止生长但最冷月气温不低于 0℃的地方，与条锈菌一样，叶锈菌以休眠菌丝体潜存于麦叶组织内越冬，春季温度合适再扩大繁殖。秆锈病与叶锈病基本一样，但越冬要求温度比叶锈病高，一般在最冷月日均温在 10℃左右的闽、粤东南沿海地区和云南南部地区越冬。

(八)防治方法

1. 农业防治

(1)因地制宜种植抗病品种，做到抗源布局合理及品种定期轮换，这是防治小麦锈病的基本措施。

(2)清除自生麦。小麦收获后及时翻耕灭茬，消灭自生麦苗，减少越夏菌源。

(3)搞好大区抗病品种合理布局，切断菌源传播路线。

(4)合理灌溉，土壤湿度大或雨后注意开沟排水，后期发病重的需适当灌水，减少产量损失。

(5)适期播种,适当晚播,不要过早,可减轻秋苗期条锈病发生。

(6)提倡施用酵素菌沤制的堆肥或腐熟有机肥,增施磷钾肥,搞好氮、磷、钾合理搭配,增强小麦抗病力。速效氮不宜过多、过迟,防止小麦贪青晚熟,加重受害。

2. 化学防治

(1)对秋苗常年发病较重的地块,用15%粉锈宁可湿性粉剂60~100 g或12.5%速保利可湿性粉剂每50 kg种子用药60 g拌种。务必干拌,充分搅拌均匀,严格控制药量,浓度稍大会影响出苗。

(2)大田防治。在秋季和早春,田间发现病中心,及时进行喷药控制。如果病叶率达到5%,严重度在10%以下,每亩①用15%粉锈宁可湿性粉剂50 g或20%粉锈宁乳油每亩40 mL,或25%粉锈宁可湿性粉剂每亩30g,或12.5%速保利可湿性粉剂每亩用药15~30 g,兑水50~70 kg喷雾,或兑水10~15 kg进行低容量喷雾。在病害流行年如果病叶率在25%以上,严重度超过10%,就要加大用药量,视病情严重程度,用以上药量的2~4倍浓度喷雾。

在小麦锈病暴发流行的情况下,药剂防治是大面积控制病害的主要应急措施。控制小麦条锈病大流行的最佳时期应在中心病团开始出现时进行。在秋苗发病初期或早春采用挑治,即用25%三唑酮可湿性粉剂1000~2000倍液喷洒发病中心。在田间达到防治指标时,可全田普遍用药,可选药剂有三唑酮、烯唑醇、丙环唑。用15%粉锈宁可湿性粉剂100 g/亩兑水30~50 L,或12.5%烯唑醇可湿性粉1000~2000倍液,或25%丙环唑乳油2000倍液,喷2~3次,可以控制条锈病发生蔓延。也可在小麦拔节或孕穗期病叶普遍率达4%,严重度达1%时开始喷洒12.5%烯唑醇或12.5%戊唑醇(Fulicur)可湿性粉剂1000~2000倍液、25%敌力脱(丙环唑)乳油2000倍液,做到普治与挑治相结合。

小麦锈病、叶枯病、纹枯病混发时,于发病初期,每亩用12.5%戊唑醇可湿性粉剂20~35 g,兑水50~80 kg喷施效果优异,既防治锈病,又可兼治叶枯病和纹枯病。还可用代森锌等药剂喷雾防治,也有显著的防治效果。

在病害流行年,视病情严重程度,可适当加大用药量。丙环唑是理想的防治小麦条锈病药剂之一,并且其对小麦全蚀病防效较好,在小麦条锈病和小麦全蚀病混发区实施拌种可达到兼治和减少施药次数的目的。腈菌唑(Caramba)和戊唑醇杀菌谱较宽,对小麦多种病害有作用,对小麦条锈病有优异的保护和治疗作用,用药量低,持效期长,孕穗期一次性用药可以保证整个生育期不被侵染,发病后用药,防效可达95%。丙环唑、腈菌唑和戊唑醇等药剂可以作为三唑酮的替代产品防治小麦条锈病,也可相互交替或轮换使用,减轻和延缓病菌抗药性。

(3)实施条锈菌源头治理。在小麦条锈菌越夏和越冬区进行源头治理,是减少菌源向东部麦区传播、延缓小麦品种抗锈性丧失和生理小种变异速率的关键措施。对小麦条锈菌源头地区实行可持续生态治理,以生态学理论为基础,通过作物多样性、品种多样性控制条锈病,以期从根本上解决我国小麦条锈病流行的菌源问题。合理制定生态治理规划,逐步实施退耕还林、还草,调整种植业结构等,引导农民进行多样化种植,实现小麦条锈病的可持续治理。调整小麦品种布局,在山、川两区种植不同抗源品种,压缩、淘汰高感品种,采取适期播种、精耕细作等传统农业措施,尽可能切断条锈菌的周年循环链。调整优化种植业结构,在海拔1600~1800

---

① 1亩≈667 m^2,下同。

m高山和半山地带，扩种非小麦作物，压缩小麦种植面积，减少条锈菌越夏和早播秋苗菌源。在高山区压缩小麦种植面积，扩种蚕豆、马铃薯以及引入抗性好的品种和小黑麦品种等；在半山区扩大种植地膜玉米、高粱、药材、油葵、喜凉蔬菜等。

二、白粉病

小麦白粉病是一种世界性病害，在各主要产麦国均有分布，我国山东沿海、四川、贵州、云南发生普遍，为害也重。近年来该病在东北、华北、西北麦区，亦有日趋严重之势。该病可侵害小麦植株地上部各器官，但以叶片和叶鞘为主，发病重时颖壳和芒也可受害。

（一）为害症状

该病可侵害小麦植株地上部各器官，但以叶片和叶鞘为主，发病重时颖壳和芒也可受害。白粉病在小麦苗期至成株期均可发生，小麦白粉病发病初期叶片上症状为，叶面出现1～2 mm的白色霉点，后逐渐扩大为近圆形至椭圆形白色霉斑，霉斑表面有一层白粉，遇有外力或振动立即飞散（图2）。这些粉状物就是该菌的菌丝体和分生孢子。后期病部霉层变为灰白色至浅褐色，病斑上散生有针头大小的小黑粒点，即病原菌的闭囊壳。发病重时植株矮小细弱，穗小粒少，千粒重明显下降，严重地块减产20％～30％（王琦 等，2009）。

（二）病原特征

Blumeria graminis （DC.） *Speer Erysiphe graminis* DC. E. *graminis* DC. f. sp. tritici Marchal 称禾本科布氏白粉菌小麦专化型，属子囊菌亚门真菌。菌丝体表寄生，蔓延于寄主表面，在寄主表皮细胞内形成吸器吸收寄主营养。在与菌丝垂直的分生孢子梗端，串生10～20个分生孢子，椭圆形，单胞无色，大小（25～30）μm ×（8～10）μm，侵染力持续3～4天。病部产生的小黑点，即病原菌的闭囊壳，黑色球形，大小163～219 μm，外有发育不全的丝状附属丝18～52根，内含子囊9～30个。子囊长圆形或卵形，内含子囊孢子8个，有时4个。子囊孢子圆形至椭圆形，单胞无色，单核，大小（18.8～23）μm ×（11.3～13.8）μm。子囊壳一般在大、小麦生长后期形成，成熟后在适宜温湿度条件下开裂，放射出子囊孢子。该菌不能侵染大麦，大麦白粉菌也不侵染小麦。小麦白粉菌在不同地理生态环境中与寄主长期相互作用下，能形成不同的生理小种，毒性变异很快。

图2 小麦白粉病（戴爱梅 摄）

（三）传播途径

病菌靠分生孢子或子囊孢子借气流传播到感病小麦叶片上，温湿度条件适宜，病菌萌发长出芽管。芽管前端膨大形成附着胞和侵入丝，穿透叶片角质层，侵入表皮细胞，形成初生吸器，并向寄主体外长出菌丝，后在菌丝丛中产生分生孢子梗和分生孢子，成熟后脱落，随气流传播蔓延，进行多次再侵染。病菌在发育后期进行有性繁殖，在菌丛上形成闭囊壳。

该病菌可以分生孢子阶段在夏季气温较低地区的自生麦苗或夏播小麦上侵染繁殖，或以潜育状态度过夏季，也可通过病残体上的闭囊壳在干燥和低温条件下越夏。病菌越冬方式有两种，一是以分生孢子形态越冬，二是以菌丝体潜伏在寄主组织内越冬。越冬病菌先侵染底部叶片呈水平方向扩展，后向中上部叶片发展，发病早期发病中心明显。

(四)发病条件

1.病原

冬麦区春季发病菌源主要来自当地。春麦区，除来自当地菌源外，还来自邻近发病早的地区。

2.气候

该病发生适宜温度为15～20℃，低于10℃发病缓慢。相对湿度大于70%有可能造成病害流行。少雨地区当年雨多则病重，多雨地区如果雨日、雨量过多，病害反而减缓，因连续降雨冲刷掉表面分生孢子。

3.管理

施氮过多，造成植株贪青、发病重。管理不当、水肥不足、土地干旱、植株生长衰弱、抗病力低、也易发生该病。此外，密度大，发病重。

(五)防治方法

(1)种植抗病品种。可选用郑州8915、郑州831、豫麦9、15、16、21、24号，中育4号，北农9号，冀麦23、24、26号、84－5418、138号，鲁麦1、5、7号，城辐752，高38、贵阿1号、贵丰1号、贵农19、20、21、22，黔丰3号，81－7241，冬丰1号，BT－8812，BT－7032，京核883，8814，花培28，鲁麦14、22号，中麦2号，京农8445等。此外，新选育的抗白粉病冬小麦品种还有百农64，温麦4号，周麦9号，新宝丰，冀审4185，6021新系，皖麦25、26，扬麦158，川麦25，绵阳26，劲松49号，早麦5号，京华1号、3号，京核3号，京411，北农白等。春小麦抗白粉病的品种有垦红13号、垦九5号、定丰3号等。上述抗病新品种，各地可因地制宜选用。如北京冬小麦现在以京411为主栽品种，高肥麦田搭配种植京冬8号、京冬6号、中麦9号。中肥及水浇条件差的种植京437、京核1号、轮抗6号等抗旱、耐瘠的品种。稻茬麦及晚播麦田可选用京411、京冬8号、京双18等。

(2)提倡施用酵素菌沤制的堆肥或腐熟有机肥，采用配方施肥技术，适当增施磷钾肥，根据品种特性和地力合理密植。中国南方麦区雨后及时排水，防止湿气滞留。中国北方麦区适时浇水，使寄主增强抗病力。

(3)自生麦苗越夏地区，冬小麦秋播前要及时清除掉自生麦，可大大减少秋苗菌源。

(4)药剂防治

①用种子重量0.03%(有效成分)25%三唑酮(粉锈宁)可湿性粉剂拌种，也可用15%三唑酮可湿性粉剂20～25 g/亩拌麦种防治白粉病，兼治黑穗病、条锈病、根腐病等。

②在小麦抗病品种少或病菌小种变异、大抗性丧失快的地区，当小麦白粉病病情指数达到1或病叶率达10%以上时，开始喷洒20%三唑酮乳油1000倍液或40%福星乳油8000倍液，也可根据田间情况采用杀虫杀菌剂混配做到关键期一次用药，兼治小麦白粉病、锈病等主要病虫害。小麦生长中后期，条锈病、白粉病、穗蚜混发时，每亩用粉锈宁有效成分7 g，加抗蚜威有效成分3 g，再加磷酸二氢钾150 g；条锈病、白粉病、吸浆虫、黏虫混发区或田块，每亩用粉锈宁

有效成分 7 g,加 40%氧化乐果 2000 倍液,再加磷酸二氢钾 150 g。赤霉病、白粉病、穗蚜混发区,每亩用多菌灵有效成分 40 g,加粉锈宁有效成分 7 g,再加抗蚜威有效成分 3 g,再加磷酸二氢钾 150 g。

③病害防治方法为靓果安 600 倍,加 90%多菌灵 800 倍,加 25%苯醚甲环唑 3000～4000 倍,再加腈菌唑 600 倍以及青霉素 160 万单位(15～25 kg 水)。对于往年发生病毒病的株,采用小喷雾器将病毒Ⅱ号 300～400 倍液稀释,进行整株喷施和根部灌根(花期补硼如 0.3%硼砂,可提高坐果率,防止缩果病)。

④虫害防治方法为 48%毒死蜱 1000～1500 倍,加 10%四螨嗪 1000～1500 倍。

三、全蚀病

又称小麦立枯病、黑脚病。全蚀病是一种根部病害,只侵染麦根和茎基部 1～2 节。苗期病株矮小,下部黄叶多,种子根和地中茎变成灰黑色,严重时造成麦苗连片枯死。拔节期冬麦病苗返青迟缓、分蘖少,病株根部大部分变黑,有的时候在茎基部及叶鞘内侧出现较明显灰黑色菌丝层。

(一)为害症状

小麦抽穗后田间病株成簇或点片状发生早枯白穗,病根变黑,易于拔起。在茎基部表面及叶鞘内布满紧密交织的黑褐色菌丝层,呈“黑脚”状,天线后颜色加深呈黑膏药状,上密布黑褐色颗粒状子囊壳(图 3)。该病与小麦其他根腐型病害区别在于种子根和次生根变黑腐败,茎基部生有黑膏药状的菌丝体。

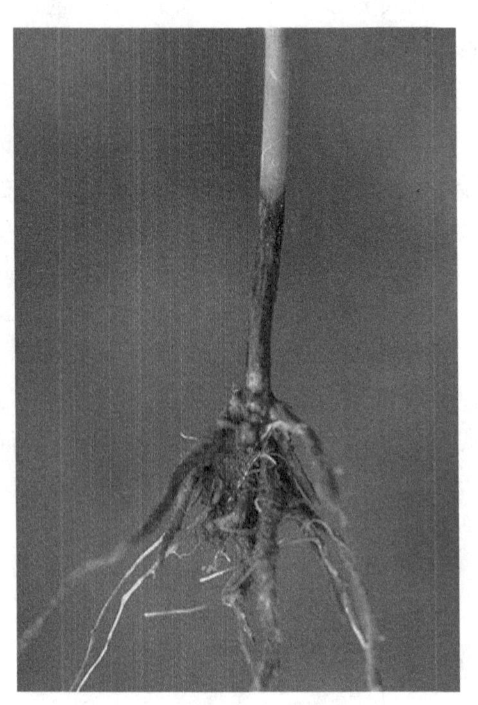

图 3　小麦全蚀病(戴爱梅 摄)

小麦各生育时期的症状及诊断:①幼苗分蘖期至返青拔节期。基部叶发黄,并自下而上似干旱缺肥状。苗期初生根和地下茎变灰黑色,病重时次生根局部变黑。拔节后,茎基 1～2 节的叶鞘内侧和病茎表面生有灰黑色的菌丝层。诊断:将变黑根剪成小段,用乳酚油封片,略加温使其透明,镜检根表如有纵向栗褐色的葡萄菌丝体,即为全蚀病株。②抽穗灌浆期。病株变矮、褪色,生长参差不齐,叶色、穗色深浅不一,潮湿时出现基腐(基部一、二个茎节)性的“黑脚”,最后植株早枯,行成“白穗”。剥开基部叶鞘,可见叶鞘内表皮和茎秆表面密生黑色菌丝体和菌丝结。小麦近成熟时,若土壤潮湿,病株叶鞘内表皮可生有黑色颗粒状突起的子囊壳。

(二)病原

Gaeumannomyces graminis var. *graminis* (Sacc.) Walker 称禾顶囊壳禾谷变种和 *Gaeumannomyces graminis* (Sacc.) Arx et Oliver var. *tritici* (Sacc.) Walker 称禾顶囊壳小麦变种,属子囊菌亚门真菌。在自然条件下不产生无性孢子。小麦变种(G. g. t)的子囊壳群集或

散生于衰老病株茎基部叶鞘内侧的菌丝束上，烧瓶状，黑色，周围有褐色菌丝环绕，颈部多向一侧略弯，有具缘丝的孔口外露于表皮，大小(385～771)μm ×(297～505)μm，子囊壳在子座上常不连生。子囊平行排列于子囊腔内，早期子囊间有拟侧丝，后期消失，棍棒状，无色，大小(61～102)μm ×(8～14)μm，内含子囊孢子 8 个。子囊孢子成束或分散排列，丝状，无色，略弯，具3～7 个假隔膜，多为 5 个，内含许多油球，大小(53～92)μm ×(3.1～5.4)μm。成熟菌丝栗褐色，隔膜较稀疏，呈锐角分枝，主枝与侧枝交界处各生一个隔膜，成“A”形。在 PDA 培养基上，菌落灰黑色，菌丝束明显，菌落边缘菌丝常向中心反卷，人工培养易产生子囊壳。对小麦、大麦致病力强，对黑麦、燕麦致病力弱。禾谷变种(G. g. g.)的子囊壳散生于茎基叶鞘内侧表皮下，黑色，具长颈和短颈。子囊、子囊孢子与小麦变种区别不大，唯子囊孢子一头稍尖，另一头钝圆，大小(67.5～87.5)μm ×(3～5)μm，成熟时具 3～8 个隔膜。在大麦、小麦、黑麦、燕麦、水稻等病株的叶鞘、芽鞘及幼嫩根茎组织上产生大量裂瓣状附着枝，大小(15～22.5)μm×(27.5～30)μm。在 PDA 培养基上，菌落初白色，后呈暗黑色，气生菌丝绒毛状，菌落边缘的羽毛状菌丝不向中心反卷，不易产生子囊壳。对小麦致病力较弱，但对大麦、黑麦、燕麦、水稻致病力强。该菌寄主范围较广，能侵染 10 多种栽培或野生的禾本科植物。

(三)传播途径

小麦全蚀病菌是一种土壤寄居菌。该菌主要以菌丝遗留在土壤中的病残体或混有病残体未腐熟的粪肥及混有病残体的种子上越冬、越夏，是后茬小麦的主要侵染源。冬麦区种子萌发不久，夏病菌菌丝体就可侵害种根，并在变黑的种根内越冬。翌春小麦返青，菌丝体也随温度升高而加快生长，向上扩展至分蘖节和茎基部。拔节至抽穗期，可侵染至第 1～2 节，由于茎基受害腐解病株陆续死亡。在春小麦区，种子萌发后在病残体上，越冬菌丝侵染幼根，渐向上扩展侵染分蘖节和茎基部，最后引起植株死亡。病株多在灌浆期出现白穗，遇干热风，病株加速死亡。

(四)发生规律

上述各类初侵染源中以病残体上的菌丝作用最大。子囊孢子落入土壤后，萌发和侵染受到抑制，虽能导致一定发病，但其作用远不如病残体中的菌丝重要。小麦全蚀病菌为土壤寄居菌，病原在土壤中存活年限因试验条件和方法不同其结果也不一致，从 1～2 年至 3～5 年不等，一年轮作可使病害减轻。

(五)发病条件

小麦全蚀病菌发育温限 3～35℃，适宜温度 19～24℃，致死温度为 52～54℃(温热)下 10 分钟。土壤性状和耕作管理条件对全蚀病影响较大。一般土壤土质疏松、肥力低，碱性土壤发病较重。土壤潮湿有利于病害发生和扩展，水浇地较旱地发病重。与非寄主作物轮作或水旱轮作，发病较轻。根系发达品种抗病较强，增施腐熟有机肥可减轻发病。冬小麦播种过早发病重。

(六)防治方法

(1)种植管理

①禁止从病区引种，防止病害蔓延

对怀疑带病种子用 51～54℃温水浸种 10 分钟或用有效成分 0.15 托布津药液浸种 10 分钟。病区要严格控制种子外调，新的轻病区及时采取扑灭性措施，消灭发病中心，对地块实行三年以上的禁种。水旱轮作，病菌易失去生活力。粪肥必须高温发酵后施用。要多施基肥，发挥有机肥的防病作用。选用农艺性状好的耐病良种。

②轮作倒茬

重病区轮作倒茬可控制全蚀病为害，零星病区轮作可延缓病害扩展蔓延。轮作应因地制宜，坚持1～2年与非寄主作物轮作一次，实行稻麦轮作或与棉花、烟草、蔬菜等经济作物轮作，也可改种大豆、油菜、马铃薯等，可明显降低发病。

③种植耐病品种

如烟农15号、济南13号、济宁3号等。

④增施腐熟有机肥

提倡施用酵素菌沤制的堆肥，采用配方施肥技术，增加土壤根际微生态拮抗作用。增施有机肥作底肥，提高土壤有机质含量，每亩施用腐熟有机肥6000 kg左右。无机肥施用应注意氮、磷、钾的配比。土壤速效磷达0.06%、全氮含量0.07%、有机质含量1%以上，全蚀病发展缓慢。速效磷含量低于0.01%发病重。

(2)药剂防治

提倡用种子重量0.2%的2%立克秀拌种，防效90%左右。严重地块用3%苯醚甲环唑悬浮种衣剂(华丹)80 mL，兑水100～150 mL，拌10～12.5 kg麦种，晾干后即可播种，也可贮藏再播种。小麦播种后20～30天，每亩使用15%三唑酮(粉锈宁)可湿性粉剂150～200 g兑水60L，顺垄喷洒，翌年返青期再喷一次，可有效控制全蚀病为害，并可兼治白粉病和锈病。在小麦全蚀病、根腐病、纹枯病、黑穗病与地下害虫混合发生的地区或田块，可选用40%甲基异柳磷乳油50 mL或50%辛硫磷乳油100 mL，加20%三唑酮(粉锈宁)乳油50 mL后，兑水2～3 kg，拌麦种50 kg，拌后堆闷2～3小时，然后播种，可有效防治上述病害，兼治地下害虫。小麦白粉病、根腐病、地下害虫及田鼠混合发生的地区或田块，用75%的3911乳油150 mL，加20%三唑酮(粉锈宁)乳油20 mL，兑水2～3 kg，拌麦种50 kg，可有效地防治根腐病、白粉病，兼治地下害虫。提倡施用多得稀土纯营养剂，每亩用50 g，兑水20～30L于生长期或孕穗期开始喷洒，隔10～15天一次，连续喷2～3次。

四、纹枯病

小麦纹枯病又称立枯病、尖眼点病。分布范围广，几乎遍及世界各温带小麦种植区。在我国，此病虽早有发生，但为害较轻。一般病田病株率为10%～20%，重病田块可达60%～80%以上，特别严重田块的枯株白穗率可高达20%以上。病株于抽穗前就可能有部分茎蘖死亡，未及死亡的病蘖也会因输导组织被破坏，养分和水分运输受阻而影响麦株正常生长发育，导致麦穗的穗粒减少，籽粒灌浆不足，千粒重降低，一般减产10%左右，严重时高达30%～40%以上，严重地影响了小麦的高产、稳产。

近年该病已成为我国麦区常发病害。小麦受纹枯菌侵染后，在各生育阶段出现烂芽、病苗枯死、花秆烂茎、枯株白穗等症状。烂芽芽鞘褐变，后芽枯死腐烂，不能出土；病苗枯死发生在3～4叶期，初期第一叶鞘上现中间灰色，四周褐色的病斑，后因抽不出新叶而致病苗枯死；花秆烂茎拔节后在基部叶鞘上形成中间灰色，边缘浅褐色的云纹状病斑，病斑融合后，茎基部呈云纹花秆状；枯株白穗病斑侵入茎壁后，形成中间灰褐色，四周褐色的近圆形或椭圆形眼斑，造成茎壁失水坏死，最后病株因养分、水分供不应求而枯死，形成枯株白穗。

(一)为害症状

主要发生在小麦的叶鞘和茎秆上。小麦拔节后,症状逐渐明显。发病初期,在地表或近地表的叶鞘上产生黄褐色椭圆形或梭形病斑,以后,病部逐渐扩大,颜色变深,并向内侧发展,为害茎部。重病株基部一、二节变黑甚至腐烂,常早期死亡。小麦生长中期至后期,叶鞘上的病斑呈云纹状花纹。病斑无规则,严重时包围全叶鞘,使叶鞘及叶片早枯。在田间湿度大,通气性不好的条件下,病鞘与茎秆之间或病斑表面,常产生白色霉状物。在上面,初期散生土黄色或黄褐色的霉状小团,担孢子单细胞,椭圆形或长椭圆形,基部稍尖,无色。

(二)病原特征

Ceratobasidium cornigerum (Borud.) Rogers 称喙角担菌,属担子菌亚门真菌。无性态 *Rhizoctonia cerealis* Vander Hoeven CAG-1 称禾谷丝核菌 CAG-1、CAG-3、CAG-6 和 AGC14 个菌丝融合群,*Rhizoctonia solani* Kühn AG-4、AG-5 称立枯线核菌 AG-4 和 AG-5 融合群,均属半知菌亚门真菌。两菌的区别:前者的细胞为双核,后者为多核;前者菌丝较细,生长速度较慢,后者菌丝较粗,生长速度较快;前者产生的菌核较小,后者产生的菌核比前者大;两个种均有各自的菌丝融合群。有关研究结果证明:云纹状病斑是由禾谷丝核菌 CAG-1 融合群侵染引起的;褐色病斑则由立枯丝核菌 AG-4 菌丝融合群侵染后所引起的。有人把小麦、大麦、水稻和棉花上分离到的丝核菌,分别进行交互接种,不仅可以互相侵染,而且还可交叉致病,但各病原菌均对原寄主致病力最强。检测江苏省小麦和大麦上的丝核菌属禾谷丝核菌 CAG-1 融合群,是优势菌丝融合群,所占比例为 88%～92%。水稻、玉米、大豆、棉花上的丝核菌则属于立枯丝核菌,其中水稻、玉米、大豆为 CGA-1 融合群,棉花上为 AG-4 融合群。四川省小麦、玉米、水稻纹枯病菌对棉花未表现明显致病性。但小麦、玉米、水稻、棉花 4 种病菌都能侵染小麦、玉米和水稻,且各菌对原寄主致病力最强。立枯丝核菌菌丝体生长温度范围 7～40℃,适温为 26～32℃,菌核在 26～32℃和相对湿度 95%以上时,经 10～12h,即可萌发产生菌丝,菌丝生长适宜 pH 值为 5.4～7.3。相对湿度高于 85%时菌丝才能侵入寄主。

禾谷丝核菌 CAG-1 融合群是指在 PDA 培养基上 25℃培养,菌落初无色,2～3 天后表现产生白色絮状气生菌丝,8～10 天后菌丝集结成菌核,菌核初无色,渐变黄白色,后成褐色,菌核小。菌丝无色,不产生无性孢子,生长温限 5～30℃,适温为 20～25℃,温度达 30℃时,生长明显受抑,32.5℃时生长停滞。

(三)发病条件

病菌以菌丝或菌核在土壤和病残体上越冬或越夏。播种后开始侵染为害。在田间发病过程可分 5 个阶段,即冬前发病期、越冬期、横向扩展期、严重度增长期及枯白穗发生期。

(1)冬前发病期。小麦中发芽后,接触土壤的叶鞘被纹枯菌侵染,症状发生在土表处或略高于土面处,严重时病株率可达 50%左右。

(2)越冬期。外层病叶枯死后,病株率和病情指数降低,部分季前病株带菌越冬,并成为翌春早期发病重要侵染源。

(3)横向扩展期。指春季 2 月中下旬至 4 月上旬,气温升高,病菌在麦株间传播扩展,病株率迅速增加,此时病情指数多为 1 或 2。

(4)严重度增长期。4 月上旬至 5 月上中旬,随植株基部节间伸长与病原菌扩展,侵染茎秆,病情指数猛增,这时茎秆和节腔里病斑迅速扩大,分蘖枯死,病情指数升级。

(5)枯白穗发生期。5月上中旬以后，发病高度、病叶鞘位及受害茎数都趋于稳定，但发病重的因输导组织受害迅速失水枯死，田间出现枯孕穗和白穗。发病适温20℃左右。凡冬季偏暖、早春气温回升快、光照不足的年份发病重，反之则轻。冬小麦播种过早、秋苗期病菌侵染机会多、病害越冬基数高，返青后病势扩展快，发病重。适当晚播则发病轻。重化肥轻有机肥，重氮肥轻磷钾肥发病重。高砂土地纹枯病重于黏土地、黏土地重于盐碱地。

(四)防治方法

应采取农业措施与化学防治相结合的综防措施，才能有效地控制其为害。

(1)选用抗病、耐病品种

如郑引1号、扬麦1号、丰产3号、华麦7号、鄂麦6号、阿夫、7023、8060、7909、鲁麦14号、仪宁小麦、淮849-2、陕229、矮早781、郑州831、冀84-5418、豫麦10号、豫麦13号、豫麦16号、豫麦17号、百农3217、百泉3039、博爱7422、温麦4号等。

(2)施肥

施用酵素菌沤制的堆肥或增施有机肥，采用配方施肥技术配合施用氮、磷、钾肥。不要偏施氮肥，平衡施用磷、钾肥，特别是重病田要增施钾肥，可改善土壤理化性状和小麦根际微生物生态环境，促进根系发育，以增强麦株的抗病能力。带病残体的粪肥要经高温腐熟后再施用。

(3)适期播种

避免早播，适当降低播种量。特别是发病田块，应因地制宜地在适期范围内播种，以减少冬前病菌侵染麦苗的机会。及时清除田间杂草。雨后及时排水。

(4)药剂防治

①播种前药剂拌种，用种子重量0.2%的33%纹霉净(三唑酮加多菌灵)可湿性粉剂或用种子重量0.03%～0.04%的15%三唑醇(羟锈宁)粉剂，或0.03%的15%三唑酮(粉锈宁)可湿性粉剂或0.0125%的12.5%烯唑醇(速保利)可湿性粉剂拌种。播种时土壤相对含水量较低则易发生药害，如每1 kg种子加1.5 kg种子加1.5 mg赤霉素，就可克服上述杀菌剂的药害。

②翌年春季冬、春小麦拔节期，亩用有效成分井冈霉素10g，或井冈蜡芽菌(井冈霉素4%、蜡质芽孢杆菌16亿个/g)26 g，或烯唑醇7.5 g，或苯甲·丙环唑6～9 g，或丙环唑10 g。选择上午有露水时施药，适当增加用水量，使药液能流到麦株基部。重病区首次施药后10天左右再施一次。

(5)生物防治

提倡施用南京农业大学研制的B#力粉拌种，防效可达60%以上，促进小麦种子发芽，增产13.7%。

(6)控制密度

根据田块肥力水平，合理掌握播种量，尽量采用宽窄行的种植方式，制造不利于病菌生长发育的条件。

(7)防除草害

选择适应本地区麦田的化学除草剂，做好杂草化学防除工作，或配合人工除草，不仅解决了麦田杂草的为害，而且促进了麦苗的健壮生长，同时利于田间通风，减轻了纹枯病的发生。

(8)麦田管理

提高整地质量，培育壮苗和加强麦田排灌系统的建设，做到沟渠配套、排灌畅通，以降低田间湿度。早春中耕，促进麦苗健壮。春季有寒潮时，要看天灌水，尽量减轻低温、寒害的影响。

五、粒线虫病

受粒线虫侵害的小麦植株接近地面的茎基部增粗，分蘖增多，或轻或重地发生矮化；叶片卷曲，皱缩，生长呈畸形，不能抽穗或虽能抽穗，但籽粒变成虫瘿，造成严重减产。分布于西欧、北美、澳大利亚、前苏联的部分地区、英国、威尔士、印度、埃塞俄比亚、罗马尼亚、叙利亚和南斯拉夫等国。

（一）为害症状

苗期症状受粒线虫侵害的小麦植株接近地面的茎基部增粗，分蘖增多，或轻或重地发生矮化；叶片卷曲，皱缩，生长呈畸形。卷曲的叶片通常将下一个长出的叶片或花包在里面，以至于后来使茎弯曲，整个植株看上去粗矮扭曲。有些扭曲的叶片可在30～45天之后伸展开而恢复正常，只是叶脊细弱。与正常植株相比，病株分蘖多，生长快，抽穗提前30～45天，但病株的穗数并不一定多。苗期症状在幼苗上较明显，随着植株的生长，症状可能逐渐减轻。如果轻度感染，即使后期穗子里有少量虫瘿，小麦苗期也可能无任何症状；如果严重感染，植株可能在抽穗前就死亡。病株叶片偶尔生有很小的圆形突起，即虫瘿。

穗粒症状：受害穗子比正常的小、短粗，颖片不正常开裂。颖片上的芒很小或者无芒。病穗的转黄通常比健穗需要更长时间，其部分或全部籽粒成为虫瘿，初期虫瘿为表绿色，比同期灌浆的麦粒要肥大而圆些，后来小麦上的虫瘿变成深棕色或黑色，而黑麦上的变成淡黄色，成熟的虫瘿略缩小，比麦粒短而圆，坚硬，不易掐碎。如将虫瘿切开置于载波上，滴上少量水轻轻压挤便可观察到有白色丝状物流出，此即病原线虫。每个虫瘿可含雌虫和雄虫各40条或更多，这些成虫可产几万个卵。感染粒线虫病的小麦通常在脱下的麦粒中有棕褐色或黑色的圆形虫瘿，但比麦穗上的虫瘿要少得多，这是因为在收获时很多虫瘿已散落到土壤中。

（二）病原

虫体的体环纹很细，通常只在食道区可以观察到。有4条或更多条很细的侧线，成虫的侧线只有在新鲜的标本上才可看到。唇区低平，稍有缢缩，唇片上有6个凸出的辐射状脊。食道前体膨大，在与中食道腺球交接处缢缩。食道腺球略成梨形，但形状有变化，有时为不规则的叶状，不覆盖肠。食道—肠瓣门小，尾呈锥形，渐渐变细，形成一个钝圆的末端。染色体数为$2n=38$。

该种线虫的生活史十分简单，符合线虫典型的生活史。2龄幼虫侵染小麦实生苗后，随小麦的生长上移到分生组织或聚集在叶腋中，它们刺穿植物组织而使叶片卷曲；穗分化后它们侵染花序，在取代子粒的虫瘿中发育成雌、雄成虫，在虫瘿里每个雌虫可产几百个到上千个卵，产卵后不久成虫便死亡；卵很快孵化成1龄幼虫，1龄幼虫遇到适合的气候条件开始活动，离开虫瘿而侵染新的小麦实生苗，重复其生活史。处于低湿休眠时期的小麦粒线虫非常抗干燥，可存活28年，而且可安全度过其他的不良环境。在休眠中，这种线虫具有显著的脱水能力，积累脂肪的能力以及可将呼吸频率降到可忽略程度的能力。

线虫虫瘿可能在小麦收获时落入土壤中，或者在播种时随带病种子植入土壤中，小麦播种发芽后，由于潮湿的土壤条件，土壤中的虫瘿变潮变软而将线虫释放到土壤中。

（三）雌虫

虫体粗大，热杀死后向腹面呈螺旋状卷曲。食道狭部有时在后部膨胀，称之为贮藏腺，而与腺区交接处深深缢缩。前生殖管发达，卵巢通常至少有 2 个回折，有许多卵母细胞排列成轴状，轴末端为一杯状细胞（有人认为此杯状细胞是一个晚期上皮细胞）。受精囊梨形，其宽端通过一括约肌与输卵管连接，其窄端陷入子宫。后生殖管为一个简单的后阴子宫囊。阴门唇突出。在某一时间子宫里可能有若干个卵。

（四）雄虫

热杀死后虫体有时向背面弯曲，精巢有 1～2 个回折，精母细胞呈轴状排列，并终止于一个杯状细胞。输精管长约 200 μm，与精巢交接处缢缩。交合刺一对，圈套，呈弓形，每个交合刺有 2 个腹脊，腹脊从顶端延伸到最宽部，基端膨大总向腹面折，引带简单，槽状，交合伞起于交合刺的前方而终于尾尖的稍前方。

主要以 2 龄幼虫在虫瘿内越冬，2 龄幼虫抗不良环境能力很强，在干燥情况下，虫瘿内的 2 龄幼虫可存活 28 年之久。整个生活史循环包括 4 个龄期，在虫瘿形成之后进入最后一个龄期。

（五）发病条件

（1）小麦粒线虫

冬麦秋播后，雨水较多有利于线虫侵染而发病较重。发病轻重与种子材料中混杂的虫瘿量和播后的土壤温度有关。土壤温度 12～16℃，适于线虫活动为害。沙土干旱条件下发病重，黏土发病轻。虫瘿内幼虫在干燥条件下可存活几年。

（2）小麦胞囊线虫病

一般与禾谷类作物连作发病重，轻沙质土比黏土发病重。

（六）检疫方法

（1）种子检疫

按规定取样后，肉眼检查有无虫瘿的存在。然后将检查出的虫瘿称重，求出其占种子总重的百分率，如在小麦种子内发现有比正常麦粒短而圆且比较坚硬的，呈棕褐色或黑色的异常种子，便可初步断定其为线虫虫瘿，然后将其放在培养皿中加水浸泡一段时间，取出置在载玻片上，滴上少许水，将其切开并压挤，如有白色丝状物游出，并在显微镜下鉴定为小麦粒线虫，即可断定有小麦粒线虫病。如经检查不含有虫瘿，可作种子使用；如含有虫瘿，不能作种子使用或汰选后方可作种子使用。

（2）幼苗检验

可按症状描述对麦苗进行田间检查。如单凭症状不能确定时，可将怀疑的幼苗洗去泥土，然后将植株切碎，放入清水中浸泡 2～3 小时，将其上贝曼漏斗，进行分离，再用显微镜检查，如果确实分离并检查到了小麦粒线虫的存在，便可断定有小麦粒线虫病。小麦粒线虫的分离也可采用离心法或植物组织的直接解剖法。

（七）防治方法

（1）严格种子检疫

小麦粒线虫在我国基本不造成为害，但在少数地方仍然发生，应该提高警惕。因为线虫主要靠种子传播，应实行国内检疫。严格执行种子检疫措施，保证用来播种的小麦种子不带有虫瘿，这是消灭小麦粒线虫病的关键性措施。

(2)从种子中汰除虫瘿

进行种子处理以获得无病种子的方法有以下几种：

①汰除机选种。在线虫病区，可以用汰除机汰除虫瘿。利用麦粒和虫瘿两者形状的差异，把它们分开。一架铁制汰除机每小时可以处理上千斤麦种，汰除效果为99%。

②盐水选种。虫瘿比重(0.8125)比种子的小，可以用20%盐水选种，漂去虫瘿，效果可达99%。硫铵水选种，效果也很好，剩下的硫铵液可用在麦田以外的田块，而种子则不用清洗即可使用。

③泥水或清水选种。30%的胶泥水选种，可用鸡蛋测定，以鸡蛋浮出1/3为标准。加入种子搅拌后，将浮于水面的虫瘿捞出，否则，虫瘿吸水后就会下沉而影响汰除效果。

对汰除出来的虫瘿要慎重处理：最好烧毁深埋；如作为饲料，要煮熟。经盐水、泥土水选出的麦种，都要用清水冲洗，晾干。如果贮藏需充分晒干，否则麦种含水大，会影响发芽力。

(4)热处理

在清水中预浸有病种子，然后将其泡在50℃的水中处理30分钟，或在54℃的水中处理10分钟，或在56℃的水中处理5分钟。预浸的目的是使休眠的幼虫活动起来以利于热水杀死。预浸的时间可为4～6小时。

(5)田间检查

对在病区的留种田，应在苗期进行一次田间检查，抽穗后至成熟期，要再作1～2次田间检查，以便掌握病情，并及时拔除病株。

不要在被粒线虫侵染的田块上播种小麦和黑麦。

(6)实行轮作

在潮湿条件下一年不种寄生植物足以使土壤中不带小麦粒线虫，但是小麦粒线虫可以在干燥的土壤中存活许多年。

在防治小麦粒线虫的同时，也要注意小麦蜜穗病的防治。这是由于该病病原细菌只有当线虫存在时才具有侵染力。

六、禾谷孢囊线虫病

禾谷孢囊线虫病又被称为燕麦孢囊线虫，在我国分布广泛，小麦禾谷孢囊线虫病为害小麦、大麦、燕麦、黑麦等27属34种植物。

(一)为害症状

受害小麦幼苗矮黄，根系短，分叉，后期根系被寄生，呈瘤状，露出白亮至暗褐色粉粒状孢囊，此为该病的主要特征。孢囊老熟易脱落，仅在成虫期出现，故生产上常查不见孢囊而误诊。孢囊线虫为害后，病根常受次生性土壤真菌，如立枯丝核菌等为害，致使根系腐烂。或与孢囊线虫共同为害，加重受害程度，致麦苗地上部矮小，发黄，似缺少营养或缺水状，应注意区别。

(二)病原

燕麦孢囊线虫(*Heterodera avenae* Wollenweber)，孢囊线虫属。雌虫孢囊为柠檬型，深褐色，阴门锥为两侧双膜孔型，无下桥，下方有许多排列不规则泡状突起，本长0.55～0.75 mm，宽 0.3～0.6 mm，口针长 26 μm，头部环纹，有 6 个圆形唇片。雄虫 4 龄后为线型，两端稍钝，长 164 mm，口针基部圆形，长 26～29 μm；幼虫细小、针状，头钝尾尖，口针长 24 μm，唇盘变长与亚背唇和亚腹唇融合为一两端圆阔的柱状结构。卵肾形，含有雌虫全内不出。

（三）传播途径和发病条件

该线虫在我国年均只发生一代。土壤温度 9℃以上，有利于该线虫孵化和侵入寄主。以 2 龄幼虫侵入幼嫩根尖，头部插入后在维管束附近定居取食，刺激周围细胞成为巨型细胞。2 龄幼虫取食后发育，变为豆荚型，蜕皮形成长颈瓶形 3 龄幼虫，4 龄为葫芦形，然后成为柠檬形成虫。

被侵染处根皮鼓起，露出雌成虫，内含大量卵而成为白色孢囊。雄成虫由定居型变为活动型，活动出根与雌虫交配后死亡。雌虫体内充满卵及胚胎，卵变为褐色孢囊，然后死亡。卵在土中可保持 1 年或数年的活性。孢囊失去生命后脱落入土中越冬，可借水流、风、农机具等传播。

春麦被侵入两个月可出现孢囊。秋麦则秋季被侵入，以各发育虫态在根内越冬，翌年春季气温回升为害，于 4—5 月显露孢囊。该线虫也可孵化再次侵入寄主，造成苗期严重感染，一般春麦较秋麦重，春麦早播较晚播重。冬麦晚播发病轻。连作麦田发病重；缺肥、干旱地较重；沙壤土较黏土重。苗期侵染对产量影响较大。

（四）防治方法

（1）加强检疫，防止此病扩散蔓延。

（2）选用抗（耐）病品种。

（3）与麦类及其他禾谷类作物隔年或 3 年轮作。

（4）加强农业措施，春麦区适当晚播。要平衡施肥，提高植株抵抗力。施用土壤添加剂，控制根际微生态环境，使其不利于线虫生长和寄生。

（5）药剂防治每亩施用 3％万强颗粒剂 200 g，也可用 24％万强水剂 600 倍液在小麦返青时喷雾。其他方法参见小麦粒线虫病。

七、根腐病

小麦根腐病是由禾旋孢腔菌引起，为害小麦幼苗、成株的根、茎、叶、穗和种子的一种真菌病害。根腐病分布极广、小麦种植国家均有发生，中国主要发生在东北、西北、华北、内蒙古等地区，近年来不断扩大，广东、福建麦区也有发现。

（一）为害症状

该病症状因气候条件而不同。在干旱半干旱地区，多引起茎基腐、根腐；多湿地区除以上症状外，还引起叶斑、茎枯、穗颈枯。幼苗受侵，芽鞘和根部变褐甚至腐烂。严重时，幼芽不能出土而枯死；在分蘖期，根茎部产生褐斑，叶鞘发生褐色腐烂，严重时也可引起幼苗死亡；成株期在叶片或叶鞘上，最初产生黑褐色梭形病斑，以后扩大变为椭圆形或不规则形褐斑，中央灰白色至淡褐色，边缘不明显。在空气湿润和多雨期间，病斑上产生黑色霉状物，用手容易抹掉（与球霉病，颖枯病和叶枯病不易用手抹掉不同）。叶鞘上的病斑还可引起茎节发病。穗部发病，一般是个别小穗发病，小穗梗和颖片变为褐色。在湿度较大时，病斑表面也产生黑色霉状物，有时会发生穗枯或掉穗。种子受害时，病粒胚尖呈黑色，重者全胚呈黑色（但胚尖或全胚发黑者不一定是根腐病菌所致，也可能是由假黑胚病菌所致）。根腐病除发生在胚部以外，也可发生在胚乳的腹背或腹沟等部分，病斑梭形，边缘褐色，中央白色，此种种子叫“花斑粒”（图 4）（赵广才，2006）。

（二）病原特征

为禾旋孢腔菌（*Cochliobolus sativus*），属盘菌目，盘菌科。根腐病在土壤过于干旱或潮湿时发生重。幼苗受冻病情加重。成株期叶部发病与气候、寄主生育状态及叶龄有关。根腐病的发生发展受多种因素影响，如土壤板结，播种时覆土过厚，小麦连作和种子带菌等因素均可促进苗腐发生。成株期叶片发病的空间分布呈 S 曲线型，初期病情增长缓慢，中期发展迅速，后期平稳。叶部病情与病菌密度、气象条件和寄主抗性密切相关。小麦生育前期温度、湿度低，菌源量小，发病轻，抽穗前叶片抗性较强，病情增长速度缓慢，抽穗后抗性下降，温、湿度升高，经多次再侵染后菌源量增多，病情迅速增长，乳熟期后，增长速度减慢。

图 4　小麦根腐病（戴爱梅 摄）

（三）分布范围

病菌寄主范围很广，能侵染小麦、大麦、燕麦、黑麦等禾本科作物和 30 余种禾本科杂草。病菌在不同小麦品种上的致病力有差异，存在生理分化现象。黑龙江春麦区小麦抽穗后正进入雨季，雨湿条件对根腐病发生发展十分有利，因而成为这一地区小麦的主要病害，华北、西北麦区由于湿度低、为害轻。

（四）侵染过程

病菌分生孢子在水滴中或在大气相对湿度 98%以上，只要温度适合即可萌发侵染，病菌直接穿透侵入或由伤口和气孔侵入。直接穿透侵入时，芽管与叶面接触后顶端膨大，形成球形附着胞，穿透叶角质层侵入叶内；由伤口和气孔侵入时，芽管不形成附着胞，直接侵入。在 25℃下病害潜育期 5 天。气候潮湿和温度适合时，发病后不久病斑上便产生分生孢子。病菌侵入叶组织后，菌丝体在寄主组织细胞间蔓延，并分泌毒素，破坏寄主组织，使病斑扩大，病斑周围变黄，被害叶片呼吸增强。发病初期叶面水分蒸腾增强，后期病叶丧失活力，造成植株缺水，叶枯死亡。病菌以菌丝体在病残体、病种胚内越冬越夏，也可以分生孢子在土壤中或附着种子表面越冬越夏，成为初次发病的侵染源。如病残体腐烂，体内的菌丝体随之死亡；土壤中分生孢子的存活力随土壤湿度的提高而下降。在土壤和种子内外越冬的病菌，当种子发芽时即侵染幼芽和幼苗，引起芽枯和苗腐。

（五）病害传播

春麦区，在病残体上越冬的病菌当气温回升到 16℃左右，叶片病斑上产生的分生孢子借风雨传播，进行多次再侵染。小麦抽穗后，分生孢子从小穗颖壳基部侵入穗内，为害种子，成黑胚粒。在冬麦区，病菌可在病苗体内越冬，返青后带菌幼苗体内的菌丝体继续为害，病部产生的分生孢子进行再侵染。

（六）发病特点

小麦根腐病菌以分生孢子沾附在种子表面与菌丝体潜在种子内部越夏、越冬；分生孢子和菌丝体也能在田间病残体上越夏或越冬。因此，土壤带菌和种子菌是苗期发病的初侵染源。当种子萌发后，病菌先侵染芽鞘，后蔓延至幼苗，病部长出的分生孢子，可经风雨传播，进行再侵染，使病情加重。不耐寒或返青后遭受冻害的麦株容易发生根腐，高温多湿有利于地上部分发病，在 24～28℃时，叶斑的发生和坏死率迅速上升，在 25～30℃时，有利于发生穗枯。重茬地块发病逐年加重。

（七）防治方法

（1）因地制宜地选用适合当地栽培的抗根腐病的品种，种植不带黑胚的种子。

（2）提倡施用酵素菌沤制的堆肥或腐熟的有机肥。麦收后及时耕翻灭茬，使病残组织当年腐烂，以减少下年初侵染源。

（3）采用小麦与豆科、马铃薯、油菜等轮作方式进行换茬，适时早播，浅播，土壤过湿的要散墒后播种，土壤过干则应采取镇压保墒等农业措施减轻受害。

（4）种子处理。温汤浸种、恒温浸种或石灰水浸种等都能杀死种子内外的根腐病菌。

（5）药剂防治：用 20%粉锈宁乳油 50 mL，兑水 2～3 kg，拌麦种 50 kg；或用 20%粉锈宁乳油 50 mL，兑水 50～60 kg 喷雾。初花和灌浆期各喷一次，防病增产效果明显。

八、黄斑叶枯病

小麦黄斑叶枯病又称小麦黄斑病，在全国各麦区均有发生，除寄生小麦外，还可以寄生大麦、黑麦、燕麦以及冰草、雀麦等 50 余种禾本科草。

（一）为害症状

小麦黄斑叶枯病主要为害叶片，可单独形成黄斑，有时与其他叶斑病混合发生。叶片染病，初生黄褐色斑点，后扩展为椭圆形至纺锤形大斑，大小为（7～30）mm×（1～6）mm，病斑中央色深，有不大明显的轮纹，边缘边界不明显，外围生黄色晕圈，后期病斑融合，致叶片变黄干枯，各麦区均有发生，为害严重。

（二）病原特征

Drechsleratritici－repentis (Died) Shoem 称小麦德氏霉，属半知菌亚门真菌。异名 *Helminthosporiumtritici－vulgaris* Nisikado。有性态为 *Pyrenophoratritici－repentis* (Died) Drechsler。子囊孢子无色至黄褐色，长椭圆形，具横隔膜 3 个，纵隔膜 0～1 个，大小（42～69）μm×（14～29）μm。无性态分生孢子浅色至枯草色，圆柱形，直或稍弯，顶端钝圆，下端呈蛇头状尖削，脐孔腔型凹陷，具离壁隔膜 1～9 个，大小（80～250）μm×（14～20）μm。

（三）传播途径

病菌随病残体在土壤或粪肥中越冬。翌年小麦生长期子囊孢子侵染，发病后病部产生分生孢子，借风、雨传播进行再侵染，致病害不断扩展。

（四）防治方法

（1）改善耕作制度，提倡与非寄主植物进行轮作。选用抗耐病品种（豫麦 21 号、郑州 8915、西农 88 号、西农 881、秦麦 12 号、西农 1376），并用种衣剂加新高脂膜拌种，能驱避地下病虫，隔离病毒感染，不影响萌发吸胀功能，加强呼吸强度，提高种子发芽率。适时播种，合理密植，提高播种质量。

(2)加强田间管理。秋翻灭茬,加快土壤中病残体分解,减轻苗期发病;根据农作物生长需求合理灌水控制田间湿度;增施磷、钾肥,并喷施新高脂膜,增强肥效,提高植株抗病能力,及时进行中耕、除草、培土等工作;孕穗期要喷施壮穗灵,可强化作物生理机能,提高授粉、灌浆质量,增加千粒重。

(3)药剂防治。成株期当初穗期小麦中下部叶片发病重,且多雨时,喷洒70%代森锰锌或50%福美双可湿性粉剂500倍液或20%三唑酮(粉锈宁)乳油或15%三唑醇(羟锈宁)可湿性粉剂2000倍液、25%敌力脱乳油2000～4000倍液,加新高脂膜,能有效地控制整个生育期该病的扩展。

(4)种子处理:①用种子重量0.2%～0.3%的50%福美双可湿性粉剂拌种,或335纹霉净可湿性粉剂按种子重量0.2%拌种,也可用20%三唑酮乳油按种子重量0.1%～0.3%拌种。小麦用三唑酮拌种影响小麦出苗严重的地区或品种,提倡用三唑酮与增产菌混用拌种可消除三唑酮对小麦出苗影响,用量为每100 kg麦种用三唑酮按种子量有效成分0.02%～0.03%、增产菌40～60 g。增产菌代谢产生的生理活性物质中,含有类似于赤霉素和细胞分裂素的成分,可解除三唑酮对赤霉素合成的抑制作用,促进种子萌发。②用50%退菌特或70%代森锰锌可湿性粉剂100倍液浸种24～36小时,防效达80%以上。

九、雪霉叶枯病

又称小麦雪腐叶枯病、红色雪腐病。从小麦发芽期至成熟前均可发病。产生芽腐、苗枯、鞘腐、叶枯、穗腐等症状,其中叶枯和鞘腐最重要。芽腐和苗枯种子萌发后,胚根、胚根鞘、胚芽鞘等腐烂变色,胚根少,根短。

(一)为害症状

胚芽鞘上生条形至长圆形黑褐色斑,严重的烂腐,表生白色菌丝。病菌基部的叶鞘变褐坏死,且向叶片基部发展,致整叶变褐或变黄枯死。病苗生长衰弱,根系不发达或短,苗矮,第一、二叶短缩,发病重时整株呈水浸状变褐腐烂或死亡,死苗倒伏,表面生白色菌丝。基腐和鞘腐拔节后抽穗前发病部位上移,病株基部1～2节的叶鞘褐变腐烂,叶鞘枯死后由深褐色变浅至枯黄色,与叶鞘相连的叶片也染病或迅速变褐枯死。鞘腐多从上部叶鞘与叶片相连处始发,后向叶片基部及叶鞘中下部发展,病叶鞘变为枯黄色或黄褐色,变色部无明显边缘,湿度大时,上生稀疏的红色霉状物。上部叶鞘染病后可致旗叶和下一叶枯死。成株叶片染病初呈水浸状,后扩展为椭圆形至后圆形大斑。发生在叶缘的多呈半圆形,大小为1～4 cm,多为2～3 cm,边缘发灰色,叶间污褐色,呈浸润性地向四周扩展,形成不大明显的轮纹数层,病斑上可见砖红色霉状物。湿度大时病斑边缘现白色菌丝层,有时病部现微细的黑色粒点,即病菌子囊壳。后期多数病叶枯死。个别小穗或少数小穗发病,颖壳上产生水浸状黑褐色斑块,上现红色霉状物,小穗轴变褐腐烂,个别穗颈腐烂变为褐色,严重时全穗或局部变黄枯死,病粒易皱缩褐变,表生污白色菌丝(图5)。

图5　小麦雪霉叶枯病(戴爱梅 摄)

(二)病原特征

Gerlachia nivalis (Ces. ex Sacc.) Gams and Mull. 称雪腐格氏霉,属半知菌亚门真菌。异名 G. nivale (Ces.) W. Gams et E. Mull.、*Fusarium nivale* (Fr.) Ces.。

病菌在病叶上产生分生孢子座,形成分生孢子。分生孢子呈新月形,两端钝圆,无脚胞,无色,具隔膜 0～3 个,以 1 个隔膜居多,大小(11.3～22.8)μm ×(2.3～3.3)μm。有性态为 *Monographella nivalis* (Schaffnit) E. Mull. 子囊壳埋生,珠形至卵形,大小(160～250)μm ×(90～100)μm,顶端乳头状,有孔口,子囊壳壁厚,具内外两层。子囊棒状至圆柱状,大小(40～70)μm ×(3.5～6.5)μm。子囊里具子囊孢子 6～8 个。子囊孢子纺锤形或椭圆形,无色透明,具隔 1～3 个,大小(10～18)μm ×(3.6～4.5)μm。

(三)传播途径

病菌以菌丝体或分生孢子在种子、土壤和病残体上越冬后侵染叶鞘,后向其他部位扩展,进行多次重复侵染,使病害扩展蔓延。病菌生长温限－2～30℃,19～21℃最适。西北地区 4—5 月降雨多的年份,低温湿度大,有利该病发生。青藏高原麦区,7—8 月多雨,气温偏低,除为害叶片外,还可引致穗腐。潮湿多雨和比较冷凉的阴湿山区和平原灌区易发病。小麦抽穗后 20 多天,降雨量以上位叶发病影响较大。小麦拔节孕穗期间受冻害,抗病性降低。品种间抗病性差异明显。

在春小麦栽培区,小麦灌浆至乳熟期是该病流行盛期。在栽培管理措施中,水肥管理、播期、密度等与发病关系密切。春灌过量、浇水次数过多、生育后期大水漫灌或土壤黏性重、地下水位高、田间湿度大的田块易发病,施用氮肥过量、施用时期过晚易发病。播种过早,播量过大,田间郁闭发病重。

(四)传播途径

病菌在带菌种子上、土壤中和根茬残体上越夏。当小麦播种发芽后,就开始侵染。病菌在未冻死的病株上越冬。0℃以上时,继续为害。春秋低温高湿有利于发病,小麦生长后期多雨,有利于病害流行。

(五)防治方法

(1)选用抗病品种和无病种子,如郑州 3 号、花培 28、小偃 6 号、周麦 10 号、阿勃、西农 88、西农 881、丰产 3 号、秦麦 12 号等。

(2)适时播种,合理密植。对分蘖性强的矮秆品种尤其要注意控制播种量。施用酵素菌沤制的堆肥或充分腐熟有机肥,避免偏施、过施氮肥,适当控制追肥。冬季灌饱,春季尽量不灌或少灌。早春耙耱保墒,严禁连续灌水和大水漫灌。

(3)对低湿、高肥、密植有可能发病田块或历年秋苗发病重的地区或田块,于越冬前和返青后喷洒 80%多菌灵超微粉剂 1000 倍液,每亩用量 50 g 超低量或常规喷雾。也可选用 36%甲基硫菌灵悬浮剂 500 倍液、50%苯菌灵可湿性粉剂 1500 倍液、25%三唑酮乳油 2000 倍液。

十、链格孢叶枯病

小麦链格孢叶枯病又称小麦叶疫病,主要发生在印度、尼日利亚、墨西哥和意大利等国家。我国首先仅在几个育种单位的原始材料圃和育种圃发现,近年在黄淮麦区的部分省的大田发病,是一种重要的检疫性病害。

(一)为害症状

小麦链格孢叶枯病主要为害叶片,从下部叶片向上扩展。初染病时,产生卵形至椭圆形褪绿小斑,后变黑至褐灰色,边缘黄色,湿度大时病斑上生暗色霉层,严重时叶鞘和麦穗枯萎。据2002年大丰市植保站观察,叶片初发病时,为水渍状病斑,后变为灰褐色,扩展成大斑,呈云形状,边缘黄色,后期急发病,病叶几天即枯死。

(二)病原特征

我国报道的病原是链格孢(*Alternaria tenuis* Nees.),异名 *A. tenuissima* 、(Fr.) Wiltsh.,均属半知菌亚门真菌。该菌常与根腐叶枯菌等混合侵染或蚜虫为害后侵入为害。*A. tenuis* 分生孢子梗直,分枝或不分枝,橄榄色或黑褐色,大小为(30～110)μm ×(4～7)μm。分生孢子卵形至倒棍棒形,榄褐色,有喙,具 0～6 个纵隔膜,1～9 个横隔膜,串生,大小为(20～60)μm ×(11～20)μm。该菌分生孢子梗单生,分生孢子椭圆形至圆锥形,并于末端削成嘴状,单生在顶端或形成 2～4 个短孢子链,大小(15～90)μm ×(7～30)μm,每个孢子具横隔膜1～10 个和纵隔膜 5 个。病菌生长温限为 5～35℃,适温为 20～24℃。

(三)传播途径

病菌随病残体在土壤中越冬或越夏,种子上也可带菌,翌年春天形成分生孢子侵染春小麦或返青后的冬小麦叶片。

(四)发病条件

低洼潮湿或地下水位高的麦田发生重,一般在接近成熟期,寄主抗性下降,该病扩展很快。

(五)防治方法

(1)施足充分腐熟有机肥,提倡施用酵素菌沤制的堆肥;采用配方施肥技术,提高小麦抗链格孢菌叶枯病的能力。

(2)必要时喷洒 75%百菌清可湿性粉剂 600 倍液或 70%代森锰锌可湿性粉剂 500 倍液、64%杀毒矾可湿性粉剂 500 倍液、50%扑海因可湿性粉剂 1500 倍液。

十一、壳针孢叶枯病

俗称小麦叶枯病,是小麦的一种世界性重要病害。在我国东北、西北等地也曾广泛分布,但随着品种更替和环境改变,在主要小麦栽培区已成为次要灾害,仅在东北晚熟春麦区和西北局部冷阴湿地区发生较重。

(一)为害症状

主要为害叶片、叶鞘,也为害茎部和穗部。为害时期以拔节至抽穗期为甚。叶片发病由下向上扩展,感病叶片初在叶脉间出现淡绿至黄色纺锤形病斑,后扩展、连片,形成褐白色大斑,上生黑色小粒点(分生孢子器)。有时病斑为黄色条纹状,叶脉色泽为黄绿色,形似黄矮病,但其条纹边缘为波浪形,并贯通全叶,严重时黄色部分变为枯白色,上生黑色小粒点,即病原菌分生孢子器。有时病叶仅叶尖发病干枯,有时病叶很快变黄,下垂。病斑有时从叶鞘向茎秆扩展,并侵染穗部颖壳,使之变得干枯。

(二)病原特征

Septoria tritici Rob. et Desm. 称小麦壳针孢,属半知菌亚门真菌。有性态 *Mycosphae-*

rella graminicola Sand. 属子囊菌亚门真菌。分生孢子器埋生于麦叶表皮下，扁球形，黑褐色，大小(150～200)μm ×(60～100)μm，孔口略突。分生孢子无色，分大小两型，大型分生孢子较多见，长而微弯，有 3～5 个隔膜，大小(35～98)μm ×(1～3)μm；小型分生孢子为单胞，细短，大小(5～9)μm ×(0.3～1)μm，两种孢子都可侵染小麦。分生孢子萌发适温 2～37℃，最适温度 20～25℃，菌丝生长最适温度 20～24℃。

(三)传播途径

病菌随病残体在土壤中越冬或越夏，种子上也可带菌，翌年春天形成分生孢子侵染春小麦或返青后的冬小麦叶片。

(四)发病条件

低洼潮湿或地下水位高的麦田发生重，一般在接近成熟期，寄主抗性下降，该病扩展很快。

(五)防治方法

(1)施足充分腐熟有机肥，提倡施用酵素菌沤制的堆肥；采用配方施肥技术，提高小麦抗链格孢菌叶枯病的能力。

(2)必要时喷洒 75％百菌清可湿性粉剂 600 倍液或 70％代森锰锌可湿性粉剂 500 倍液、64％杀毒矾可湿性粉剂 500 倍液、50％扑海因可湿性粉剂 1500 倍液。

十二、壳多孢子叶枯和颖枯病

通称小麦颖枯病，病原菌为颖枯壳多孢(*Stagonospora nodorum*)，属于半矢口菌亚门，腔孢纲，球壳孢目，壳多孢属。主要分布在东北晚熟春麦区和西北局部冷凉阴湿地区，为害较重。

(一)为害症状

主要侵染叶片和穗部，引起叶斑、叶枯和颖枯。有资料表明，麦株的上三叶和穗部发病，减产 65％。其中旗叶发病，减产 23％，旗叶下 1～2 叶发病，减产 13％，穗部发病，减产 19％。

叶片上病斑呈梭形、椭圆形或不规则形，病斑中部淡褐色，边缘深褐色，周围有黄色晕。病斑扩展不像小麦壳针孢叶枯病那样受到叶脉限制，多个病斑可相互汇合形成较大的斑块，严重时造成叶枯。后期病斑上形成多数黑色小粒点，即病原菌的分生孢子器。高湿时，由孢子器的孔口涌出粉红色孢子溢。叶鞘和茎秆也能被侵染发黄，并出现褐色病斑。

穗部被侵染，多由颖壳顶部先显症，出现深褐色至灰白色病斑，并向下扩展，以至发展到整个颖壳。高湿时病颖壳上也可形成多数黑色小粒点。病穗不结实，或虽能结实但籽粒秕瘦。

(二)发生规律

田间病残体和带菌种子是主要初侵染来源。分生孢子随风雨扩散传播，有多次再侵染。高温高湿有利于病害的发生和蔓延。叶部侵染的温度范围为 5～35℃，最适温度为 15～27℃，同时叶片需保持水湿 6 小时以上，孢子才能萌发和侵入。在黑龙江省北部，7—8 月多雨，昼夜温差大，叶面易于结露，发病严重。土壤瘠薄，植株生长弱，发病重。植株缺磷、钾、镁等营养要素，抗病性降低。穗部侵染随着成熟度的增长而减少，至蜡熟期完全不被侵染。

(三)防治方法

应选用抗病、耐病品种；使用无病种子，清除田间病残体，深翻土地，促进病残体腐烂分解，减少初侵染菌源；加强栽培管理，施用充分腐熟的农家肥，增施磷、钾肥，增强植株抗病性，合理灌溉，控制好田间湿度；常发病地区及时喷药防治。有效药剂有代森锰锌、三唑酮、敌力脱、烯唑醇等。在黑龙江省春麦区用三唑酮或敌力脱防治，在扬花期喷第一次药，在乳熟期喷第二次药，一般发生年份可以只喷一次药。

十三、白秆病

小麦各生育阶段均可发病，造成严重减产。常见有系统性条斑和局部斑点两种症状。条斑型叶片染病从叶片基部产生与叶脉平行向叶尖扩展的水渍状条斑，初为暗褐色，后变草黄色。边缘色深，黄褐色至褐色，每个叶片上常生 2～3 个宽为 3～4 mm 的条斑。条斑愈合，叶片即干枯。分布在中国四川北部，青海，甘肃，西藏高寒麦区。

（一）为害症状

叶鞘染病病斑与叶斑相似，常产生不规则的条斑，条斑从茎节起扩展至叶片基部，轻时出现 1～2 个条斑，宽约 2.5 mm，灰褐色至黄褐色，严重时叶鞘枯黄。茎秆上的条斑多发生在穗颈节，少数发生在穗颈节以下 1～2 节，症状与叶鞘相似。斑点型叶片上产生圆形至椭圆形草黄色病斑，四周褐色，后期叶鞘上生长方形角斑，中间灰白色，四周褐色，茎秆上也可产生褐色短条斑。

（二）病原特征

小麦壳月孢（*Selenophoma tritici* Liu，Guo et H. G. Liu）病菌分生孢子器埋生在寄主表皮下的气孔腔内，球形至扁球形，浅褐色或褐色，孔口突出在气孔处，大小为（49～81）μm ×（49～65）μm；分生孢子梗缺，产孢细胞内壁芽殖式产孢，瓶型，外壁平滑无色。分生孢子从产孢细胞上的产孢点上生出，后由瓶梗处接连产生。分生孢子无隔无色，镰刀形或新月形，弯曲，顶端渐尖细，基部钝圆，大小为（12～26）μm ×（1.5～3.2）μm。孢子萌发时，芽管从两侧伸出。病菌生长温限 0～20℃，最适为 15℃，25℃时生长受抑。

（三）传播途径

病菌以菌丝体或分生孢子器在种子和病残体上越冬或越夏。在青藏高原低温干燥的条件下，种子种皮内的病菌可存活 4 年，其存活率随贮藏时间下降。土壤带菌也可传病，但病残体一旦翻入土中，其上携带的病菌只能存活 2 个月。在田间早期病害出现后，病部可产生分生孢子器，释放出大量分生孢子，侵入寄主的组织，使病害扩展。该病流行程度与当地种子带菌率高低、小麦品种的抗病程度及小麦拔节后期开花至灌浆阶段温、湿度高低及田间小气候有关。

（四）发病规律

在青藏高原，7、8 月多雨、气温偏低易于该病流行。向阳的山坡地，气温较高，湿度低，通风良好，发病轻；背阴的麦田，温度偏低，湿度偏大，发病重。小麦品种间抗病性有差异。

（五）防治方法

（1）对小麦实行检疫，防止该病进入无病区。

（2）建立无病留种田，选育抗病品种。

（3）种子处理用 25％三唑酮可湿性粉剂 20 g 拌 10kg 麦种或 40％拌种双粉剂 5～10 g 拌 10 kg 种子。25％多菌灵可湿性粉剂 20 g，拌 10 kg 种子，拌后闷种 20 天或用 28～32℃冷水预浸 4 小时后，置入 52～53℃温水中浸 7～10 分钟，也可用 54℃温水浸 5 分钟。浸种时要不断搅拌种子，浸后迅速移入冷水中降温，晾干后播种。

(4)对病残体多的或靠近场面的麦田，要实行轮作，以减少菌源。

(5)田间出现病株后，可喷洒50%甲基硫菌灵可湿性粉剂800倍液或50%苯菌灵可湿性粉剂1500倍液。

十四、霜霉病

小麦霜霉病又名黄化萎缩病，一般发病率10%～20%，严重的高达50%。通常在田间低洼处或水渠旁零星发生。该病在不同生育期出现症状不同，分布地区较为普遍。

(一)为害症状

小麦霜霉病的典型症状是植株黄化萎缩，剑叶和穗部畸形，但在小麦不同生育期和不同条件下症状表现有所不同。(1)苗期：病株叶色淡绿并有轻微条纹状花叶。(2)拔节后：病株显著矮化，叶色淡绿并有较明显的黄白色条纹或斑纹，叶片变厚，皱缩扭曲，重病株常在抽穗前死亡或不抽穗。(3)穗期：穗期症状的特点是形成各种“疯顶症”，例如病株剑叶特别宽、长、厚，叶面发皱并弯曲下垂，穗茎曲屈或弯成弓形；穗型大或小，花不实；有时基部小穗轴长，呈分枝穗状，下部小穗的颖壳长成绿色小叶片；也有的穗头呈龙头状扭曲。染病较重的各级病株千粒重平均下降75.2%。

(二)病原特征

病原大孢指疫霉小麦变种，鞭毛菌亚门真菌，孢囊梗从寄主表皮气孔中伸出，常成对，个别3根，粗短，不分枝或少数分枝，顶生3～4根小枝，上单生孢子囊。孢子柠檬形或卵形，顶端有1乳头状突起，无色，顶部壁厚，大小为(66.6～99.9)μm ×(33.3～59.9)μm，成熟后易脱落，基部留一铲状附属物。起初菌丝体蔓生，后细胞组织中细胞变形，形成浅黄色的卵孢子。初期结构模糊，后清晰可见。成熟卵孢子球形至椭圆形或多角形，大小为(43.5～89.1)μm ×(43.3～88)μm，卵孢子壁与藏卵器结合紧密。一般症状出现后3～6天，即可检测到卵孢子。叶片上叶肉及茎秆薄壁组织中居多，根及种子内未见，穗部颖片中最多(许晓风，2006)。

(三)传播途径

病菌以卵孢子在土壤内的病残体上越冬或越夏。卵孢子在水中经5年仍具发芽能力。一般休眠5～6个月后发芽，产生游动孢子，在有水或湿度大时，萌芽后从幼芽侵入，成为系统性侵染。

(四)发病条件

卵孢子发芽适温19～20℃，孢子囊萌发适温16～23℃，游动孢子发芽侵入适宜水温为18～23℃。小麦播后芽前，麦田被水淹超过24小时，翌年3月又遇有春寒，气温偏低利于该病发生。地势低洼、稻麦轮作田易发病。

(五)防治方法

(1)实行轮作。发病重的地区或田块，应与非禾谷类作物进行1年以上轮作。

(2)健全排灌系统，严禁大水漫灌，雨后及时排水防止湿气滞留，发现病株及时拔除。

(3)药剂拌种。播前每50 kg小麦种子用25%甲霜灵可湿性粉剂100～150 g(有效成分为25～37.5 g)加水3 kg拌种，晾干后播种。必要时在播种后喷洒0.1%硫酸铜溶液或58%甲霜灵·锰锌可湿性粉剂 800～1000 倍液、72%克露(霜脲锰锌)可湿性粉剂 600～700 倍液、69%安克·锰锌可湿性粉剂 900～1000 倍液、72.2%霜霉威(普力克)水剂 800 倍液。

十五、蓝矮病

小麦蓝矮病毒病除侵染小麦外，寄主还包括大麦、燕麦、黑麦、黍、高粱、玉米等禾本科植物。病株矮缩，叶片变蓝，不能正常抽穗，一般减产 20%～50%，重病田毁种。在陕西西部、甘肃东部、陇南、宁夏南部、山西北部等黄土高原丘陵区发生比较频繁。

(一)为害症状

小麦冬前一般不表现症状，多在春季麦田返青后的拔节期，能见到明显症状。病株明显矮缩、畸形、节间越往上越矮缩，呈套叠状，造成叶片呈轮生状，基部叶片增生、变厚、呈暗绿色至绿蓝色，叶片挺直光滑，心叶多卷曲变黄后坏死。成株期，上部叶片形成黄色不规则的宽条带状，多不能正常拔节或抽穗，即使能抽穗，穗呈塔状退化，穗短小，向上尖削。染病重的，生长停滞，显症后 1 个月即枯死，根毛明显减少。

(二)病原特征

Mycoplasma-Like Organism 简称 MLO，称类菌原体。蓝矮病是中国小麦上第一个类菌原体病害。在叶片韧皮部和叶蝉唾液腺及肠道细胞的超薄切片中 MLO 呈球形、椭圆形、哑铃状、蝌蚪状等，大小 50～1000nm，单位膜厚度为 8～10nm。通过叶蝉传毒试验，定名为小麦类菌质体蓝矮病(*Wheat mycoplasma* like blue dwarf)。

(三)传播途径

MLO 毒原只能通过条沙叶蝉(*Psammotettix striatus*)进行持久性传毒，种子、汁液磨擦均不能传毒。最适饲毒期为 24 天，最短接毒期为 10 秒。延长接毒期能提高传毒能力。毒原在虫体内循回期最短 2 天，最长 8 天，平均为 5.2 天。病害潜育期与温度有关。秋季平均为 45 天，春季为 19 天。叶蝉持毒期秋季为 19 天，春季为 12 天。叶蝉一次获毒，便可终身带毒，但卵不能传毒。秋季冬小麦出苗后，条沙叶蝉从秋作物及杂草上迁飞至麦田传毒。深秋初冬叶蝉以卵在小麦或杂草上越冬，翌春孵化后再行获毒，然后开始传毒。在小麦收获前，又飞到玉米，高粱及多种禾本科杂草上传毒。

(四)发病规律

我国陕西、甘肃一带条沙叶蝉年生 3～4 代，其发生数量与小麦蓝矮病发生程度关系密切。条沙叶蝉喜干燥气候条件，山地干旱麦田及阳坡背风麦田虫口密度大，发病重。

(五)防治方法

(1)选育抗蓝矮病的抗病小麦新品种。近年引进的钱交麦、2711 表现高度抗病。

(2)麦收后及时进行灭茬深翻，铲除田间、地边的杂草和自生麦苗，减少条沙叶蝉发生。冬小麦要适期晚播，并采用药剂拌种和田间喷药等方法防治条沙叶蝉。

十六、黄矮病

小麦黄矮病，又名黄叶病，是由大麦黄矮病毒引起，能侵染小麦、大麦、燕麦、黑麦、玉米、雀麦、虎尾草、小画眉草、金色狗尾草等。小麦黄矮病属病苗期叶片失绿变黄，病株矮化，上部叶片从叶尖发黄，逐渐扩展，色鲜黄有光泽，叶脉间有黄色条纹，发病晚的只有旗叶发黄。小麦黄矮病是由麦二叉蚜、长管蚜、缢管蚜传播，其中以二叉蚜传播力强，在病麦株上吸食 10 分钟就能带病，在健株上吸食 5 分钟就能使麦株感病。

小麦一旦染病，便无药可救，故该病害被称为小麦"黄色瘟疫"。小麦黄矮病在全世界各麦区都有发生，给农业生产带来严重损失。据统计，在美国、德国、澳大利亚、新西兰、阿根廷等小麦主产区，每年由小麦黄矮病引起的损失高达数亿美元，如 1986 年黄矮病大暴发造成美国小麦减产 60%～80%，1998 年德国冬小麦感染黄矮病导致减产 40%以上。在我国，西北、华北及东北等小麦主产区，小麦黄矮病曾几度暴发，减产达 20%以上、个别严重区域减产甚至超过 50%（商鸿生 等，2011）。

（一）为害症状

小麦黄矮病病株主要表现叶片黄化，植株矮化。叶片典型症状是新叶发病从叶尖渐向叶基扩展变黄，黄化部分占全叶的 1/3～1/2，叶基仍为绿色，且保持较长时间，有时出现与叶脉平行但不受叶脉限制的黄绿相间条纹。病叶较光滑。发病早植株矮化严重，但因品种而异。冬麦发病不显症，越冬期间不耐低温易冻死；能存活的翌春分蘖减少，病株严重矮化，不抽穗或抽穗很小。拔节孕穗期感病的植株稍矮，根系发育不良。抽穗期发病仅旗叶发黄，植株矮化不明显，能抽穗，粒重降低。与生理性黄化区别在于，生理性的从下部叶片开始发生，整叶发病，田间发病较均匀。黄矮病下部叶片绿色，新叶黄化，旗叶发病较重，从叶尖开始发病，先出现中心病株，然后向四周扩展。

（二）病原特征

Barley yellow dwarf virus 称大麦黄矮病毒，属病毒。分为 DAV、GAV、GDV、RMV 等株系。病毒粒子为等轴对称正 20 面体。病叶韧皮部组织的超薄切片在电镜下观察，病毒粒子直径 24 nm，病毒核酸为单链核糖核酸。病毒在汁液中致死温度 65～70℃。

（三）传播途径

病毒只能经由麦二叉蚜（*Schizaphis graminum*）、禾谷缢管蚜（*Rhopalosiphum padi*），麦长管蚜（*Sitobion avenae*）、麦无网长管蚜（*Metopolophium dirhodum*）及玉米缢管蚜（*R. maidis*）等进行持久性传毒。不能由种子、土壤、汁液传播。16～20℃，病毒潜育期为 15～20 天，温度低，潜育期长，25℃以上隐症，30℃以上不显症。麦二叉蚜在病叶上吸食 30 分钟即可获毒，在健苗上吸食 5～10 分钟即可传毒。获毒后 3～8 天，带毒蚜虫传毒率最高，约可传 20 天左右。以后逐渐减弱，但不终生传毒。刚产若蚜不带毒。冬麦区冬前感病小麦是翌年发病中心。返青拔节期出现一次高峰，发病中心的病毒随麦蚜扩散而蔓延，到抽穗期出现第二次发病高峰。春季收获后，有翅蚜迁飞至糜、谷子、高粱及禾本科杂草等植物越夏，秋麦出苗后迁回麦田传毒并以有翅成蚜、无翅若蚜在麦苗基部越冬，有些地区也产卵越冬。冬、春麦混种区 5 月上旬冬麦上有翅蚜向春麦迁飞。晚熟麦、糜子和自生麦苗是麦蚜及病毒越夏场所，冬麦出苗后飞回传毒。春麦区的虫源、毒源有可能来自部分冬麦区，成为春麦区初侵染源。

（四）发病条件

冬麦播种早、发病重，阳坡重、阴坡轻，旱地重、水浇地轻，粗放管理重、精耕细作轻，瘠薄地重。发病程度与麦蚜虫口密度有直接关系。有利于麦蚜繁殖温度，对传毒也有利，病毒潜育期较短。冬麦区早春麦蚜扩散是传播小麦黄矮病毒的主要时期。小麦拔节孕穗期遇低温，抗性降低易发生黄矮病。小麦黄矮病流行与毒源基数多少有重要关系，如自生苗等病毒寄主量大，麦蚜虫口密度大易造成黄矮病大流行。

(五)防治方法

(1)鉴定选育抗、耐病品种。一些农家品种有较好的抗耐病性，因地制宜地选择近年选育出的抗耐病品种。

(2)治蚜防病。及时防治蚜虫是预防黄矮病流行的有效措施。甲拌磷原液 100～150 g 加 3～4 kg 水拌麦种 50 kg，也可用种子量 0.5%灭蚜松或 0.3%乐果乳剂拌种，逐步取代甲拌磷。喷药用 40%乐果乳油 1000～1500 倍液或 50%灭蚜松乳油 1000～1500 倍液、2.5%功夫菊酯或敌杀死、氯氰菊酯乳油 2000～4000 倍液、50%对硫磷乳油 2000～3000 倍液。也可喷 1%对硫磷粉或 1.5%乐果粉 1.5 kg/亩，抗蚜威 4～6 g/亩。毒土法为 40%乐果乳剂 50 g 兑水 1 kg，拌细土 15 kg 撒在麦苗基叶上，可减少越冬虫源。

(3)在发病初期可用生物农药 2%条缩康(武夷菌素)每亩 50 mL 防治。

(4)加强栽培管理，及时消灭田间及附近杂草。冬麦区适期迟播，春麦区适当早播，确定合理密度，加强肥水管理，提高植株抗病力。

(5)冬小麦采用地膜覆盖，防病效果明显。

十七、丛矮病

小麦丛矮病又称“坐坡”或“芦渣病”，主要为害小麦，由北方禾谷花叶病毒引起。小麦、大麦等是病毒主要越冬寄主。套作麦田有利灰飞虱迁飞繁殖，发病重；冬麦早播发病重；邻近草坡、杂草丛生麦田病重；夏秋多雨、冬暖春寒年份发病重。在我国分布较广。陕西、甘肃、宁夏、内蒙古、山西、河北、河南、山东、江苏、浙江、新疆、北京、天津等省(区、市)均有发生。冬前染病的作物多不能越冬而死亡，存活的不能抽穗或虽能抽穗，但结实不良。轻病减产 10%～20%，重病减产 50%以上。

(一)为害症状

染病植株上部叶片有黄绿相间条纹，分蘖增多，植株矮缩，呈丛矮状。冬小麦播后 20 天即可显症，最初症状为心叶有黄白色相间断续的虚线条，后发展为不均匀黄绿条纹，分蘖明显增多。轻病株返青后分蘖继续增多，生长细弱，叶部仍有黄绿相间条纹，病株矮化，一般不能拔节和抽穗。冬前未显症和早春感病的植株在返青期和拔节期陆续显症，心叶有条纹，与冬前显症病株比，叶色较浓绿，茎秆稍粗壮。拔节后染病植株只有上部叶片显条纹，能抽穗的籽粒秕瘦(图 6)。

图 6 小麦丛矮病(戴爱梅 摄)

(二)病原特征

Wheat rosette virus 称北方禾谷花叶病毒，属弹状病毒组。病毒粒体杆状，病毒质粒主要分布在细胞质内，常单个或多个成层或簇状包在内质网膜内。在传毒介体灰飞虱唾液腺中病毒质粒只有核衣壳而无外膜。病毒汁液体外保毒期 2～3 天，稀释限点 10～100 倍。丛矮病潜育期因温度不同而异，一般 6～20 天。

（三）传播途径

小麦丛矮病毒不经汁液、种子和土壤传播，主要由灰飞虱（*Laodelphax striatellus* 传毒。灰飞虱吸食后，需经一段循回期才能传毒。日均温 26.7℃，平均 10～15 天，20℃时平均 15.5 天。1～2 龄若虫易得毒，而成虫传毒能力最强。最短获毒期 12 小时，最短传毒时间 20 分钟。获毒率及传毒率随吸食时间延长而提高。一旦获毒可终生带毒，但不经卵传递。病毒随带毒若虫，且在其体内越冬。冬麦区灰飞虱秋季从带病毒的越夏寄主上大量迁飞至麦田为害，造成早播秋苗发病。越冬带毒若虫在杂草根际或土缝中越冬，是翌年毒源，次年迁回麦苗为害。小麦成熟后，灰飞虱迁飞至自生麦苗、水稻等禾本科植物上越夏。

（四）防治方法

（1）清除杂草、消灭毒源。

（2）小麦平作，合理安排套作，避免与禾本科植物套作。

（3）精耕细作、消灭灰飞虱生存环境，压低毒源、虫源。适期连片播种，避免早播。麦田冬灌水保苗，减少灰飞虱越冬。小麦返青期早施肥水提高成穗率。

（4）药剂防治。用种子量 0.3%的 60%甲拌磷拌种堆闷 12 小时，防效显著。出苗后喷药保护，包括田边杂草也要喷洒，压低虫源，可选用 40%氧化乐果乳油、50%马拉硫磷乳油或 50%对硫磷乳油 1000～1500 倍液，也可用 25%扑虱灵（噻嗪酮、优乐得）可湿性粉剂 750～1000 倍液。小麦返青盛期也要及时防治灰飞虱，压低虫源。

十八、条纹叶枯病

小麦条纹叶枯病仅靠介体昆虫传染，其他途径不传病。介体昆虫主要为灰飞虱，一旦获毒可终身并经卵传毒，至于白飞虱在自然界虽可传毒，但作用不大。最短吸毒时间 10 分钟，循回期 4～23 天，一般 10～15 天。病毒在虫体内增殖，还可经卵传递。重病田减产超过 50%，发病早的麦株甚至早期枯死。病毒侵染禾本科的水稻、小麦、大麦、燕麦、玉米、粟、黍、看麦娘、狗尾草。

（一）为害症状

病株叶片出现褪绿黄白斑，后扩展成与叶脉平行的黄色条纹，条纹间仍保持绿色。病株常出现心叶枯死，不能抽穗或穗小畸形不实。主茎与分蘖同时发病，病株矮化不明显，分蘖减少；心叶伸长不展开，淡黄白色，有时卷曲干枯，叶片沿叶脉处出现黄白色条纹。病株呈黄绿色，似缺肥状，重病株不能抽穗，形成枯孕穗，发病早的一般在 5 月下旬提早枯死；轻病株能抽穗，但穗子畸形、扭曲，结实率、千粒重下降，后期提早成熟，单穗产量只有正常穗的 30%。

（二）病原特征

Rice stipe virus 简称 RSV，称水稻条纹叶枯病毒，属水稻条纹病毒组（或称柔线病毒组）病毒。病毒粒子丝状，大小（400×8） nm，分散于细胞质、液泡和核内，或成颗粒状、砂状等不定形集块，即内含体，似有许多丝状体纠缠而成团。病叶汁液稀释限点 1000～10000 倍，钝化温度为 55℃经 3 分钟；零下 20℃，体外保毒期（病稻）8 个月。

（三）发生原因

传播病毒病的灰飞虱大暴发，加上稻套麦和麦套稻等栽培方式的推广，造成水稻条纹叶枯病大发生。灰飞虱虫量及其带毒率提高，殃及了小麦，使原本不受水稻条纹病毒为害的小麦，也发生了较为严重的条纹叶枯病。特别是重病区部分稻套麦田块，条纹叶枯病对小麦造成了较大的产量损失。小麦一般不易发生条纹叶枯病，冬春季气温高、灰飞虱越冬基数高，有利于小麦条纹叶枯病发生。

（四）防治措施

压低虫口基数，切断传播媒介，多种措施，综合防治。

（1）选用抗病品种。烟农 19、淮麦 16 号、豫麦 34、豫麦 70 等小麦品种易感病，不宜选用。应选用淮麦 18 号、淮麦 19 号、淮麦 20 等抗病品种。

（2）综防灭虫控病。冬前或早春 2 月底至 3 月初，每亩用吡虫啉有效成分 3 g 加水喷雾防治灰飞虱，以压低虫口基数，控制病害蔓延。药液中加入病毒钝化剂，对小麦条纹叶枯病的防效达 80%。

（3）耕翻播种压低虫量。减少稻套麦的种植面积，在水稻收获后耕翻播种，可减少虫量 60%～80%。

（4）避免连作，实行轮作。与大麦、油菜、蔬菜等作物轮作，避免连作，以控制虫源。

（5）适期播种，控制灰飞虱过早发生。播种过早，小麦出苗早，受灰飞虱为害的时间延长，病害发生重；播种过迟，小麦生长瘦弱，抗病能力减弱。

（6）精细管理，控制病害发生程度。小麦播种后，注意防治田中的看麦娘、芒草、硬草等禾本科杂草及猪殃殃、大巢菜等阔叶杂草，减少灰飞虱寄生场所。灰飞虱有趋湿性，田间低洼潮湿，杂草密度大，发生量比一般田块增多 3～6 倍。

十九、黄花叶病

小麦黄花叶病也叫小麦花叶病毒病。小麦黄花叶病于 1927 年在日本被首次发现和描述，其广泛分布于欧洲、北美洲、东亚地区。但我国是不久前才在黄、淮海冬麦区发现该病。现在，全国冬小麦主产区均有有关该病的报道。小麦黄花叶病原在我国自西向北传播并在多地大发生，侵染面积逐年扩大，已经成为小麦生产中的一个新问题。

（一）为害症状

染病后冬前不表现症状，到春季小麦返青期才出现症状，染病株在小麦 4～6 叶后的新叶上产生褪绿条纹，少数心叶扭曲畸形，以后褪绿条纹增加并扩散。病斑联合成长短不等、宽窄不一的不规则条斑，形似梭状，老病叶渐变黄、枯死。病株分蘖少、萎缩、根系发育不良，重病株明显矮化。

（二）病原特征

最早在日本、欧洲发现的病原为 Wheat Spindle Streak Mosaic Virus，简称 WSSMV，称小麦梭条斑花叶病毒，属马铃薯 Y 病毒组。在我国发现的病原为小麦黄花叶病毒（Wheat yellow mosaic virus，WYMV），二者具有相似的症状、寄主范围、病毒粒子形态、传播介体和强烈的血清学关系，但它们的基因组同源性差异很大，一般被认为两种不同的病毒。病毒粒体呈线状，大小为（200～3000）nm×13nm。病株根、叶组织含有典型的风轮状内含体。钝化温度 50℃经 10 分钟，稀释限点 10^3～10^6 倍。地区不同，致病力有差异，品种间抗病性差异明显。

(三)传播途径和发病条件

梭条花叶病毒主要靠病土、病根残体、病田水流传播,也可经汁液摩擦接种传播,也随着机械耕作向周边田块扩展。不能经种子、昆虫传播。传播媒介是一种习居于土壤的禾谷多黏菌(*Polymyxa graminis* Led.)。该菌是一种小麦根部的专性弱寄生菌,本身不会对小麦造成明显为害。冬麦播种后,禾谷多黏菌产生游动孢子,侵染麦苗根部,在根细胞内发育成原质团,病毒随之侵入根部进行增殖,并向上扩展。小麦越冬期病毒呈休眠状态,翌春表现症状。小麦收获后随禾谷多黏菌休眠孢子越夏。病毒能随其休眠孢子在土中存活 10 年以上。土温 15℃左右,土壤湿度较大,有利于禾谷多黏菌游动孢子活动和侵染。高于 20℃或干旱,侵染很少发生。播种早、发病重,播种迟、发病轻。

(四)防治方法

(1)选用抗、耐病品种。常年发病地区选用繁 6、8165、80、86、西凤、宁丰、济南 13、堰师 9 号、陕农 7895、西育 8 号等优良抗病品种。

(2)轮作倒茬与非寄主作物油菜、大麦等进行多年轮作可减轻发病。冬麦适时迟播,避开传毒介体的最适侵染时期。增施基肥,提高苗期抗病能力。

(3)加强管理,避免通过带病残体、病土等途径传播。

二十、秆黑粉病

小麦秆黑粉病是一种真菌病害。病菌随病株残体在土壤、粪肥中越冬,也可以随小麦种子做远距离传播。主在为害茎秆和叶片,病株早期枯死,不能抽穗,或者虽能抽穗,但结实不良,严重减产。

(一)为害症状

当小麦株高 0.33 m 左右时,在茎、叶、叶鞘等部位出现与叶脉平行的条纹状孢子堆。孢子堆略隆起,初白色,后变灰白色至黑色,病组织老熟后,孢子堆破裂,散出黑色粉末,即冬孢子。病株多矮化、畸形或卷曲,多数病株不能抽穗而卷曲在叶鞘内,或抽出畸形穗。病株分蘖多,有时无效分蘖可达百余个。

(二)病原特征

病菌冬孢子圆形或椭圆形,褐色,大小为(12～16)μm ×(9～12)μm。由 1～4 个冬孢子形成圆形至椭圆形的冬孢子团,褐色,大小为(35～40)μm ×(18～35)μm,四周有很多不孕细胞,无色或褐色。冬孢子萌发后形成先菌丝,顶端轮生 3～4 个担孢子。担孢子柱形至长棒形,稍弯曲。该菌存有不同专化型和生理小种。

(三)传播途径

病菌以冬孢子团散落在土壤中或以冬孢子黏附在种子表面及肥料中越冬或越夏,成为该病初侵染源。冬孢子萌发后从芽鞘侵入而至生长点,是幼苗系统性侵染病害(赖军臣,2011)。

(四)发病规律

小麦秆黑粉病发生与小麦发芽期土温有关,土温 9～26℃均可侵染,但以土温 20℃左右最为适宜。此外,发病与否、发病率高低均与土壤含水量有关。一般干燥地块较潮湿地块发病重。西北地区 10 月播种的发病率高。品种间抗病性差异明显。

(五)防治方法

(1)选用抗病品种如北京 5 号、阿勃、矮丰 1 号、矮丰 2 号。换用无病种子。

(2)土壤传病为主的地区,可与非寄主作物进行 1～2 年轮作。

(3)精细整地,提倡施用日本酵素菌沤制的堆肥或净肥,适期播种,避免过深,以利出苗。

(4)土壤传病为主的地区提倡用种子重量 0.2%的 40%拌种双或种子重量 0.3%的 50%福美双拌种。其他地区最好选用种子重量 0.03%的 20%三唑酮或 0.015%～0.02%的 15%三唑醇等内吸杀菌剂拌种,具体方法参见小麦腥黑穗病。

二十一、普通腥黑穗病

小麦普通腥黑穗病,曾经是北方、西北、东北麦区的一种主要病害,引起减产 10%～20%。在加工过程中,冬孢子还污染面粉,造成面粉品质下降。

(一)为害症状

主要在穗部,一般病株较矮,分蘖较多,病穗稍短且直,颜色较深,初为灰绿,后为灰黄。颖壳麦芒外张,露出部分病粒(菌瘿)。病粒较健粒短粗,初为暗绿,后变灰黑,外包一层灰包膜,内部充满黑色粉末(病菌厚垣孢子),破裂散出含有三甲胺鱼腥味的气体,故称腥黑穗病。

(二)病原特征

病原菌有二种,一种是 *Tilletia caries* (DC.) Tul. 小麦网腥黑粉菌,另一种是 *Tilletia foetida* (Wallr.) Liro 称小麦光腥黑粉菌,均属担子菌亚门真菌。两种黑粉菌孢子形态不同,但病害症状和发生规律相同。两种黑粉菌引起的病分别称为“网腥黑穗病”“光腥黑穗病”,但统称“普通黑穗病”。小麦网腥黑粉菌孢子堆生在子房内,外包果皮,与种子同大,内部充满黑紫色粉状孢子,具腥味。孢子球形至近球形,浅灰褐色至深红褐色,直径 14～20 μm,具网状花纹,网眼宽 2～4 μm。小麦光腥黑粉菌孢子堆大体同上,孢子球形或椭圆形,有的长圆形至多角形,浅灰色至暗榄褐色,大小 15～25 μm,表面平滑,也具腥味。

(三)传播途径和发病条件

病菌以厚垣孢子附在种子外表或混入粪肥、土壤中越冬或越夏。当种子发芽时,厚垣孢子也随即萌发,厚垣孢子先产生先菌丝,其顶端生 6～8 个线状担孢子,不同性别担孢子在先菌丝上呈“H”状结合。然后萌发为较细的双核侵染线,从芽鞘侵入麦苗并到达生长点,后以菌丝体形态随小麦而发育。到孕穗期,侵入子房,破坏花器,抽穗时在麦粒内形成菌瘿,即病原菌的厚垣孢子。小麦腥黑穗病菌的厚垣孢子能在水中萌发,有机肥浸出液对其萌发有刺激作用。萌发适温 16～20℃。病菌侵入麦苗温度 5～20℃,最适 9～12℃。湿润土壤(土壤持水量 40%以下)有利于孢子萌发和侵染。一般播种较深,不利于麦苗出土,增加病菌侵染机会,病害加重发生。

(四)防治方法

(1)种子处理:常年发病较重地区用 2%立克秀拌种剂 10～15 g,加少量水调成糊状液体与 10 kg 麦种混匀,晾干后播种。也可用种子重量 0.15%～0.2%的 20%三唑酮(粉锈宁)或 0.1%～0.15%的 15%三唑醇(百坦、羟锈宁)、0.2%的 40%福美双、0.2%的 40%拌种双、0.2%的 50%多菌灵、0.2%的 70%甲基硫菌灵(甲基托布津)、0.2%～0.3%的 20%萎锈灵等药剂拌种和闷种，都有较好的防治效果。

(2)提倡施用酵素菌沤制的堆肥或施用腐熟的有机肥。对带菌粪肥加入油粕(豆饼、花生饼、芝麻饼等)或青草保持湿润，腐熟一个月后再施到地里，或与种子隔离施用。

(3)农业防治：春麦不宜播种过早，冬麦不宜播种过迟。播种不宜过深。播种时施用硫铵等速效化肥做种肥，可促进幼苗早出土，减少侵染机会。冬麦提倡在秋季播种时，基施长效碳铵 1 次，可满足整个生长季节需要，减少发病。

二十二、矮腥黑穗病

矮腥黑穗病是重要的国际检疫性病害，小麦矮腥黑穗病菌属中国一类检疫性有害生物，主要为害小麦作物，可造成农作物矮化、分蘖增多等病症。目前有 40 多个国家将此病列为检疫性病害。它可通过种子、土壤、空气等多种途径传播，甚至加工成面粉后仍可检出该菌的冬孢子。该菌在土壤中可存活多年，一旦传入将难以根除。病株发病率为 10%～30%，严重时 70%～90%，造成严重减产。分布国家有日本、巴基斯坦、阿富汗、伊朗、伊拉克、叙利亚、土耳其、苏联、丹麦、瑞典、波兰、捷克、斯洛伐克、匈牙利、德国、奥地利、瑞士、比利时、法国、西班牙、意大利、南斯拉夫、罗马尼亚、保加利亚、阿尔巴尼亚、希腊、阿尔及利亚、澳大利亚、加拿大、美国(华盛顿、俄勒冈、蒙大拿、爱达荷、犹他、科罗拉多、怀俄明、加利福尼亚、印第安那、密执安、纽约州)、阿根廷、乌拉圭等。

(一)病原特征

冬孢子堆多生于子房内，形成黑粉状的孢子团，即黑粉病瘿，每个小麦矮腥黑穗病菌病瘿视大小不同可含有冬孢子 10 万至 100 万个。冬孢球形或近球形，黄褐色至暗棕褐色，其平均直径及标准差为 20.90±－0.72 μm，大多为 19～23 μm，但偶有 17 或 30 μm 的(包括胶鞘)。外孢壁的多角形网眼状饰纹，网眼通常直径 3～5 μm，偶尔呈脑纹状或不规则形，肉脊平均高度为 1.425±－0.144 μm，孢壁外围有透明胶质鞘包被，不育细胞球形或近球形，无色透明或微绿色，有时有胶鞘，直径通常小于冬孢子 9～16 μm，偶尔可达 22 μm，表面光滑，孢壁无饰纹。有报道 *Tilletia contraversa* Kühn 称小麦矮腥黑粉菌也能引起腥黑穗病发生。小麦矮腥黑粉菌成群的孢子为暗黄褐色，分散的孢子近球形，浅黄色至浅棕色，大小 14～18 μm，具网纹，网脊高 2～3 μm，网目直径 3～4.5 μm，有的可达 9.5～10 μm，外面包被厚 1.5～5.5 μm 的透明胶质鞘。主要引起小麦矮腥黑穗病。

小麦矮腥黑穗病菌冬孢子萌发，需持续低温，大体上在 3～8℃，而以 4～6℃为小麦矮腥黑穗病菌最适温度。当温度为 4～6℃时，在光照条件下，冬孢子通常经 3～5 周后萌发，个别菌株在第 16 天开始萌发，少数菌株经 7～10 周后才开始萌发。高于或低于适温范围，孢子萌发时期相应延长，在 0℃左右，孢子经 8 周后才开始萌发，并生成正常的先菌丝及孢子和次生小孢子。当 10℃时，孢子在 8 周后开始萌发，多生成细长、畸形的先菌丝，很少形成小孢子，并常有自溶现象。病原冬孢子有极强的抗逆性，在室温条件下，其寿命至少为 4 年，有的长达 7 年，病瘿中的冬孢子，在土壤中的寿命为 3～7 年，分散的冬孢子则至少一年以上，病菌随同饲料喂食家畜后，仍有相当的存活力。病原冬孢子耐热力极强，在干热条件下，需经 130℃、30 分钟才能灭活，而湿热则需 80℃、20 分钟即可致死。

(二)寄主植物

主要为害小麦属，而大麦属中的普通大麦(*Hordeum vulgare*)及黑麦也受害，迄今已知禾本科有18个属受害，包括山羊属(*Aegilops* spp.)、冰草属(*Agropy－ron* spp.)、剪股颖属(*Agrostis spp.*)、看麦娘属(*Alopecurus* spp.)、燕麦草属(*Arrhenatherum* spp.)、草属(*Beckmannia* spp.)、雀麦属(*Bromus* spp.)、鸭茅属(*Dactylis* spp.)、野麦草属(*Elymus* spp.)、羊茅属(*Festuca* spp.)、绒毛草属(*Holcus* spp.)、大麦属(*Hordeum* spp.)、草属(*Koeleria* Spp.)、黑麦草属(*Lolium* spp.)、早熟禾属(*Poa* spp.)、黑麦属(*Secale* spp.)、小麦属(*Triticum* Spp.)、三毛草属(*Trisetum* spp.)等，禾草属中以冰草属为天然发病的主要寄主。

(三)传播途径

小麦矮腥黑穗病菌主要为土传病害，但混杂于小麦籽粒间传播的黑粉菌粒及和碎块及种子上的冬孢子是病菌远距离传播的重要途径。伴随小麦传播的病原冬孢子，一旦落入田地，即重新具备了其固有的土传特性。进口带菌小麦是小麦矮腥病菌传入中国的一个重要渠道。实验证明，口岸进口小麦检验时截获的病瘿或其碎块，具有很强的萌发活性及侵染活性，因而在病麦卸运、仓储和加工期间，撒落的病麦、菌瘿碎块、加工下脚料和带菌粉尘将持续累积，一旦进入农田，就会在土壤中存活多年。当病原孢子累积到一定数量，遇有适宜的气候条件和感病寄主，即可侵染发病。

(四)为害症状

(1)病株矮化。高度为健株的1/4～2/3，最矮的病株仅高10～25 cm。在重病田可明显见到健穗在上面，病穗在下面，形成“二层楼”的现象。

(2)分蘖增多。病株分蘖一般比健株多一倍以上，健株分蘖2～4个，病株4～10个，甚至可多达20～40个分蘖。矮化与多分蘖的症状变化很大，除取决于寄主和病菌的基因型外，与侵染的时间及程度密切相关。

(3)小花增多。一般健穗每小穗的小花3～5个，病穗小花为5～7个，甚至11个，使病穗宽大、紧密。有芒品种，芒外张。

(4)病粒近球形，较硬，不易压破、破碎后呈块状。在小麦生长后期，如水分多，病粒可胀破，使孢子外溢，干燥后形成不规则的硬块。

(5)自发荧光现象。小麦矮腥黑穗病冬孢子有自发荧光现象，而小麦网腥黑穗病(除少数未成熟冬孢子之外)则无荧光。

(五)检验方法

(1)症状检查：将平均样品倒入无菌白瓷盘内，仔细检查有无菌瘿或碎块，样品可用长孔筛(1.75 mm×20 mm)或圆孔套筛(1.5 mm×2.5 mm)过筛，挑取可疑病组织，在显微镜下检查鉴定。同时对筛上挑出物及筛下物进行检查，将发现的可疑病组织及其他可疑的感染黑穗病的禾本科作物及杂草种子进行镜检鉴定。

(2)洗涤检查：将称取的50 g平均样品倒入无菌三角瓶内，加灭菌水100 mL，再加表面活性剂(吐温20或其他)1～2滴，加塞后在康氏振荡器上震荡5分钟，立即将悬浮液注入10～15 mL的灭菌离心管内，以1000转/分钟离心5分钟，弃去上清液，重复离心，将所有洗涤悬液离心完毕，在沉淀物中加入席尔氏溶液，视沉淀物多少，定溶至1或2 mL。每份样品至少检查5个盖玻片，每片全部检查。如发现可疑小麦矮腥病菌冬孢子，应以1份样品中查出30个孢子为判定结果的依据，不足30个孢子时增加玻片检查数量，直至该样品所有沉淀悬浮液用毕。

(3)荧光鉴定：发现病粒或碎片时，以来菌水制成孢子悬液滴至载玻片上，自然干燥后以无荧光浸没油为浮载剂制片，在落射荧光显微镜(激发滤片 485 nm，屏障滤片 520 nm)下观测 200 个冬孢子的自发荧光。一般矮腥冬孢子的网纹立即发出澄黄至黄绿色荧光，而网腥冬孢子的网纹无荧光或荧光率很低。

(4)萌发检查：当冬孢子的形态测量结果交叉重叠不易区分，而孢子又充足时，可进一步用孢子萌芽方法来鉴别。将孢子悬液接种到 3%水琼脂平板上，分别在 5℃光照和 17℃黑暗下培育。小麦矮腥冬孢子在 17℃无光条件下不萌发，在 5℃光照条件下至少 3 周才开始萌发，而网腥冬孢子在 17℃无光及 5℃光照条件下，1 周左右便可萌发。

(六)防治方法

(1)处理方法

①严格进行种子检验，禁止进口和种植带菌的小麦种子。

②带菌的小麦原粮可运往春麦区及不能发病的冬麦区。或加工后调运，麦麸与下脚料进行来菌处理。

(2)防治措施

①选育抗病品种控制病害流行，但病菌生理小种变异快，选育较难。

②栽培防治。采用冬麦改春麦、轮用(5～7 年)、深播(6 cm)、调整播种期等方法均有防效，但不易实行。

(3)化学防治。用五氯硝基苯消毒土表有一定效果；用萎锈灵处理麦种，可减少病菌随种子传入新区的危险，瑞典用种衣剂双苯三唑加麦穗宁防效 90%左右；美国用 55℃的 0.13M 次氯酸钠处理 30s，安全杀死小麦种子上的冬孢子。

(4)电子辐射防治。用高速电子束照射，可 100%达到杀灭效果，种子发病率降为 0。具体剂量及方法暂时由中央储备粮广东新沙港直属库仓储部技术及原工程部保存。

(5)环氧乙烷防治。适用钢瓶环氧乙烷作为杀菌气，对疫麦熏蒸，有效浓度及密闭时间、环境温度等技术参数由中央储备粮广东新沙港直属库仓储部技术及原工程部保存。

二十三、散黑穗病

散黑穗病是最常见的小麦病害，分布全国。主要在穗部发病，病穗比健穗较早抽出。最初病小穗外面包一层灰色薄膜，成熟后破裂，散出黑粉(病菌的厚垣孢子)，黑粉吹散后，只残留裸露的穗轴。病穗上的小穗全部被毁或部分被毁，仅上部残留阔数健穗。一般主茎、分蘖都出现病穗，但在抗病品种上有的分蘖不发病。

(一)为害症状

小麦同时受腥黑穗病菌和散黑穗病菌侵染时，病穗上部为腥黑穗，下部为散黑穗。散黑穗病菌偶尔也侵害叶片和茎秆，在其上长出条状黑色孢子堆(图 7)。

图 7　小麦散黑穗病(戴爱梅 摄)

(二)病原特征

Ustilago nuda (Jens.) Rostr. 称散黑粉菌，属担子菌亚门真菌。异名 *U. tritici* (Pers.) Rostr.

厚垣孢子球形，褐色，一边色稍浅，表面布满细刺，直径 5～9 μm。厚垣孢子萌发温限 5～35℃，以 20～25℃最适，萌发时生先菌丝，只产生四个细胞的担子，不产生担孢子。侵害小麦，引致散黑穗病，该菌有寄主专化现象，小麦上的病菌不能侵染大麦，但大麦上的病菌能侵染小麦。

(三)传播途径和发病条件

散黑穗病是花器侵染病害，一年只侵染一次。带菌种子是病害传播的唯一途径。病菌以菌丝潜伏在种子胚内，外表不显症。当带菌种子萌发时，潜伏的菌丝也开始萌发，随小麦生长发育经生长点向上发展，侵入穗原基。孕穗时，菌丝体迅速发展，使麦穗变为黑粉。厚垣孢子随风落在扬花期的健穗上，落在湿润的柱头上萌发产生先菌丝，先菌丝产生 4 个细胞分别生出丝状结合管，异性结合后形成双核侵染丝侵入子房，在珠被未硬化前进入胚珠，潜伏其中。种子成熟时，菌丝胞膜略加厚，在其中休眠，当年不表现症状，次年发病，并侵入第二年的种子潜伏，完成侵染循环。刚产生厚垣孢子 24 小时后即能萌发，温度范围 5～35℃，最适 20～25℃。厚垣孢子在田间仅能存活几周，没有越冬(或越夏)的可能性。小麦扬花期空气湿度大，常阴雨天利于孢子萌发侵入，形居病种子多，翌年发病重。

(四)防治方法

(1)温汤浸种

①变温浸种。先将麦种用冷水预浸 4～6 小时，涝出后用 52～55℃温水浸 1～2 分钟，使种子温度升到 50℃，再捞出放入 56℃温水中，使水温降至 55℃浸 5 分钟，随即迅速捞出经冷水冷却后晾干播种。

②恒温浸种。把麦种置于 50～55℃热水中，立刻搅拌，使水温迅速稳定至 45℃，浸 3 小时后捞出，移入冷水中冷却，晾干后播种。

(2)石灰水浸种。用优质生石灰 0.5 kg，溶在 50kg 水中，滤去渣滓后静浸选好的麦种 30 kg，要求水面高出种子 10～15 cm，种子厚度不超过 66cm，浸泡时间气温 20℃浸 3～5 天，气温 25℃浸 2～3 天，30℃浸 1 天即可，浸种以后不再用清水冲洗，摊开晾干后即可播种。

(3)药剂拌种。用种子重量 63%的 75%萎锈灵可湿性粉剂拌种，或用种子重量 0.08%～0.1%的 20%三唑酮乳油拌种。也可用 40%双可湿性粉剂 0.1 kg 拌种，拌麦种 50 kg，或用 50%多菌灵可湿性粉剂 0.1 kg，兑水 5 kg，拌麦种 50 kg，拌后堆闷 6 小时，可兼治腥黑穗病。

二十四、赤霉病

小麦赤霉病别名麦穗枯、烂麦头、红麦头，是小麦的主要病害之一，也是小麦穗期“三病三虫”中较为严重的病害之一。小麦赤霉病在全世界普遍发生，主要分布于潮湿和半潮湿区域，尤其气候湿润多雨的温带地区受害严重。小麦感染赤霉病会影响到小麦产量和品质。如果防治不当会造成小麦减产，严重的会造成绝收。

(一)为害症状

主要引起苗枯、穗腐、茎基腐、秆腐和穗腐，从幼苗到抽穗都可受害。其中影响最严重是穗腐。苗枯是由种子带菌或土壤中病残体侵染所致。先是芽变褐，然后根冠随之腐烂，轻者病苗黄瘦，重者死亡，枯死苗湿度大时产生粉红色霉状物(病菌分生孢子和子座)(图 8)。

穗腐小麦扬花时，初在小穗和颖片上产生水浸状浅褐色斑，小麦扬花期发病扩大至整个小穗,小穗枯黄。湿度大时,病斑处产生粉红色胶状霉层。后期其上产生密集的蓝黑色小颗粒(病菌子囊壳)。用手触摸,有突起感,不能抹去,籽粒干瘪并伴有白色至粉红色霉。小穗发病后扩展至穗轴,病部枯褐,使被害部以上小穗,形成枯白穗。茎基腐自幼苗出土至成熟均可发生,麦株基部组织受害后变褐腐烂,致全株枯死。秆腐多发生在穗下第一、二节,初在叶鞘上出现水渍状褪绿斑,后扩展为淡褐色至红褐色不规则形斑或向茎内扩展(石明旺,2013)。

图 8　小麦赤霉病(戴爱梅 摄)

(二)病原特征

该病由多种镰刀菌引起。有 *Fusarium graminearum Schw.* 称禾谷镰孢、*F. arde－naceum* (Fr.) Sacc. 称燕麦镰孢、*F. culmorum* (w. G. Smith) Sacc. 称黄色镰孢、*F. moniliforme*Sheld. 称串珠镰孢、*F. acuminatum*(Ell. et Ev.)Wr. 称锐顶镰孢等,都属于半知菌亚门真菌。优势种为禾谷镰孢(*F. graminearum*),其大型分生孢子呈镰刀形,有隔膜 3～7 个,顶端钝圆,基部足细胞明显,单个孢子无色,聚集在一起呈粉红色黏稠状。小型孢子很少产生。有性态为 *Gibberella zeae* (Sehw.) Petch. 称玉蜀黍赤霉,属子囊菌亚门真菌。子囊壳散生或聚生于寄主组织表面,略包于子座中,梨形,有孔口,顶部呈疣状突起,紫红或紫蓝至紫黑色。子囊无色,棍棒状,大小为(100～250)μm ×(15～150)μm,内含 8 个子囊孢子。子囊孢子无色,纺锤形,两端钝圆,多为 3 个隔膜,大小为(16～33)μm ×(3～6)μm。

(三)传播途径

我国中、南部稻麦两作区,病菌除在病残体上越夏外,还在水稻、玉米、棉花等多种作物病残体中营腐生生活越冬。翌年在这些病残体上形成的子囊壳是主要侵染源。子囊孢子成熟正值小麦扬花期。借气流、风雨传播,溅落在花器凋萎的花药上萌发,先营腐生生活,然后侵染小穗,几天后产生大量粉红色霉层(病菌分生孢子)。在开花至盛花期侵染率最高。穗腐形成的分生孢子对本田再侵染作用不大,但对邻近晚麦侵染作用较大。该菌还能以菌丝体在病种子内越夏越冬。

在我国北部、东北部麦区,病菌能在麦株残体、带病种子和其他植物如稗草、玉米、大豆、红蓼等残体上以菌丝体或子囊壳越冬。在北方冬麦区则以菌丝体在小麦、玉米穗轴上越夏越冬,次年条件适宜时产生子囊壳放射出子囊孢子进行侵染。赤霉病主要通过风雨传播,雨水作用较大。

(四)发病条件

春季气温 7℃以上,土壤含水量大于 50％形成子囊壳,气温高于 12℃形成子囊孢子。在降雨或空气潮湿的情况下,子囊孢子成熟并散落在花药上,经花丝侵染小穗发病。迟熟、颖壳较厚、不耐肥品种发病较重;田间病残体菌量大发病重;地势低洼、排水不良、黏重土壤,偏施氮肥、密度大,田间郁闭发病重。

(五)防治方法

(1)选用抗(耐)病品种。截至 2013 年未找到免疫或高抗品种,但有一些农艺性状良好的耐病品种,如苏麦 3 号、苏麦 2 号、湘麦 1 号、扬麦 4 号、万雅 2 号、扬麦 5 号、158 号,辽春 4 号、早麦 5 号、兴麦 17、西农 88、西农 881、周麦 9 号一矮优 688 系、新宝丰(7228)绵麦 26 号、皖麦 27 号、万年 2 号、郑引 1 号、2133、宁 8026、宁 8017 等。春小麦有定丰 3 号、宁春 24 号。各地可因地制宜地选用。播种前进行石灰水浸种，方法参见小麦散黑穗病。

(2)农业防治合理排灌，湿地要开沟排水。收获后要深耕灭茬，减少菌源。适时播种，避开扬花期遇雨。提倡施用酵素菌沤制的堆肥，采用配方施肥技术，合理施肥，忌偏施氮肥，提高植株抗病力。

(3)防治关键在于抓住时机、足量用药、足量用水、二次用药。防治时机为抽穗至扬花初期、降雨前 6～24 小时加 5～7 天后再次防治，其次为雨停后 24 小时内最晚 36 小时或雨间歇期间喷药加 5～7 天后二次用药。

(4)用水量每亩不低于 15 kg，喷片选用小孔喷片，提高雾化效果和单位面积雾滴数，提高穗部着药均匀度。

(5)如果无风或风小用直喷头，喷头离开穗顶一尺左右，利于雾滴飘移降落，增加穗部着药机会和数量。低容量喷雾法或弥雾机弥雾效果更好(但是缺乏专用制剂)。低容量喷雾法是采用 0.7 mm 以下喷片，喷出的雾滴比普通喷片(1～1.5 mm 喷片)细一倍以上，即同样体积的水量形成的雾滴数比普通喷雾法多 1～2 倍。

(6)注意用药量和用水量。要科学认识农药使用说明，正确使用农药，包含准确计算用药量和用水量。避免农药用量不足达不到效果。超量用药会造成浪费、增加选择压力迅速增加病虫害的抗药性、环境污染等。每个正规农药的推荐用量都是经过专业机构(部门)多年测定的结果，否则不会有批准登记证号。但是试验时是按照一定的科学方法做的，一般用水量为小麦 50 kg(以喷湿喷透但不流水为限)，但是农民为省工省时(一亩地用水 50 kg，对于大田而言确实不现实)，喷药时都做不到合理的用水量：一是用水量小，二是喷片孔越来越大，导致农药在田间分散性差、对靶标润湿时机短、吸收时间短、降低靶标着药机会，从而降低药效。推荐常规工农 16 型手动或电动喷雾器，亩用水量 15 kg 比较合适，不低于 10 kg。农民尽量降低喷片喷孔，以提高雾化效果，为提高效率可以使用一竿三头。另一个需要重点说明的是，当遇到推荐用药量为某某倍水的时候，用药量计算方法是，亩用药量(商品制剂)＝50000÷倍数(商品制剂)，比如对于 1000 倍液的，亩用药量应该不低于 50 g，500 倍液的亩用量为 100 g。有的农药使用说明是原药用药量，还要折算成商品制剂用量。

(7)安排好浇水时间，避开扬花期浇水，以避免增加田间湿度和感病机会。但是如果扬花期干旱也是减产因素，因此需要灵活掌握和合理安排浇水时间。但是一定杜绝用喷灌浇地。

(8)防治赤霉病的新型农药有烯唑醇、咪酰胺、克百菌、戊唑醇(立克秀)、氰烯菌酯、苏锐克、速保利等。多菌灵也有不同制剂，胶悬剂效果好，可湿性粉剂容易发生沉淀。

(9)防治赤霉病的时间正好也是防治吸浆虫、蚜虫、白粉病、锈病的时间，杀菌剂、杀虫剂、腐植酸微肥、磷酸二氢钾混合喷施，实现一喷多防。但注意用药量不可过大，浓度不可过高。

(六)药剂防治

(1)用增产菌拌种。每亩用固体菌剂 100～150 g 或液体菌剂 50 mL 兑水喷洒种子拌匀，晾干后播种。

(2)防治重点是在小麦扬花期预防穗腐发生。在始花期喷洒，要在小麦齐穗扬花初期(扬花株率 5%～10%)用药。药剂防治应选择渗透性、耐雨水冲刷性和持效性较好的农药，每亩可选用 25%氰烯菌酯悬浮剂 100～200 mL，或 40%戊唑·咪鲜胺水乳剂 20～25 mL，或 28%

烯肟·多菌灵可湿性粉剂 50～95 g,兑水 30～45 kg 细雾喷施。视天气情况、品种特性和生育期早晚再隔 7 天左右喷第二次药,注意交替轮换用药。此外小麦生长的中后期赤霉病、麦蚜、黏虫混发区,每亩用 40%毒死蜱 30mL 或 10%抗蚜威 10 g 加 40%禾枯灵 100 g 或 60%防霉宝 70 g 加磷酸二氢钾 150 g 或尿素、丰产素等,防效优异。在长江中下游,喷药时期往往阴雨连绵或时晴时雨,必须抢在雨前或雨停间隙露水干后喷药,喷药后遇雨可隔 5～7 天再喷 1 次,以提高防治效果,喷药时要重点对准小麦穗部,均匀喷雾。

二十五、黑胚病

小麦黑胚病又称黑点病、穗霉污病,为害小麦籽粒,产生黑胚,受害籽粒俗称"黑胚粒",是小麦生产上发生比较普遍的病害,在世界大多数的小麦种植区造成了较大的经济损失,而在我国北方冬春麦区发生日趋普遍,并呈明显加重的趋势。黑胚病严重降低种子发芽率和发芽势,幼苗的株高、鲜重、干重和分蘖数等都有减低。同时,也降低了小麦品质。

(一)病原特征

主要致病菌为链孢霉,麦类根腐德氏霉也引起发病。链孢霉又称脉孢霉(菌)真菌门子囊菌亚门球壳菌目。因子囊孢子表面有纵形条纹,似叶脉,故名菌丝体疏松。分支成网状,菌丝内有隔,多核。无性繁殖时形成分生孢子,为卵圆形,多呈红色或粉红色,着生于直立、二分叉的分生孢子梗上,成串生长。因其常在富含淀粉的食物上生长,故又称红色面包霉。有性繁殖时可产生造囊丝,并由此形成子囊,且有子囊果为子囊壳,故属核菌类。子囊壳圆形,具有一个短颈,褐色或黑褐色。其子囊孢子在子囊内呈单向排列,表现为规律性的遗传组合,给遗传研究带来极大的方便．其菌体内含丰富蛋白质、维生素 B12 等,可用于工业发酵和制作饲料。

(二)发病规律

20℃左右的温度和叶面水滴是最适于病菌侵染发病的条件。因此,春秋季的温度、降雨、结露及其时间的长短就成了病害流行程度的重要限制因素。病菌可通过风、雨水、灌溉水、机械或人和动物的活动等传播到健康的叶或叶鞘上。叶斑病的发生主要是在春秋两季;翦股颖赤斑病和狗牙根环斑病,在较温暖的气候条件下发生;*D. Dictyoides*,*D. Poae* 和 *D. Siccans* 从秋季至春季的任何时候都可侵染茎基部、根部以及根状茎,在一些地方,温和的冬季也能引起发病,造成腐烂。另外,由于种子带菌,在新建植的草坪上还引起烂芽、烂根和苗腐。影响病害流行的因素很多,阴雨或多雾的天气、叶面长期有水膜的存在、午后或晚上灌水;草坪周围遮荫、郁蔽,地势低洼,排水不良等造成的湿度过高;光照不足,氮肥过多,磷、钾肥缺乏,植株生长柔弱,抗病性降低;草坪管理粗放,修剪不及时,剪草过低,枯草层厚,积累枯、病叶和修剪的残叶没及时清理,等等,都会有助于菌量积累和加重病害的发生。

(三)防治方法

(1)把好种子关,播种抗病和耐病的无病种子,提倡不同草种或品种混合种植。

(2)适时播种,适度覆土,加强苗期管理以减少幼芽和幼苗发病。合理使用氮肥,特别避免在早春和仲夏过量施用,增加磷、钾肥。

(3)浇水应当在早晨进行,特别不要傍晚灌水。避免频繁浅灌,要灌深、灌透,减少灌水次数,避免草坪积水。

(4)及时修剪,保持植株适宜高度。如绿地草坪最低的高度应为 5～6 cm。

(5)及时清除病残体和修剪的残叶，经常清理枯草层。

(6)化学防治：播种时用种子重量 0.2%～0.3%的 25%三唑酮可湿性粉剂或 50%福美双可湿性粉剂拌种。草坪发病初期用 25%敌力脱乳油，或 25%三唑酮可湿性粉剂、70%代森锰锌可湿性粉剂，50%福美双可湿性粉剂，25%速保利可湿性粉剂等药剂喷雾。喷药量和喷药次数，可根据草种、草高、植株密度以及发病情况不同，参照农药说明确定。

二十六、麦角病

麦角病是禾草(cereal grass，尤其是黑麦(rye))的真菌性疾病。人耳若被麦角菌(*Claviceps purpurea*)感染时，会流出一种具甜味、黄色的黏液。服用过量含麦角的药物或食用含麦角的面粉，会造成人类和牲畜麦角中毒。其症状有：痉挛、孕妇流产、乾性坏疽、死亡。在我国分布很广，以黑龙江、河北北部和内蒙古草原地带较多。麦角菌寄生于多种禾本科杂草上，农作物中主要为害黑麦，也侵害大麦、小麦、燕麦、雀麦、鹅观草等禾本科植物，也是牧草的重要病害。

(一)为害症状

病菌主要侵害花部，先产生黄色蜜露状黏液，其后花部逐渐膨大，在结麦粒的部位形成紫黑色长角形菌核，叫作麦角。菌核的大小、形状在不同作物上差别很大，黑麦上的细长弯曲如角状，鹅观草上的较细小，大麦及小麦上的较粗短。体积可比寄主的正常谷粒大 2～3 倍。大的可长达一寸以上。一个穗通常只有个别籽粒受害变为麦角。麦角菌分为不同的专化型，有的为害黑麦的类型也能侵染大麦、小麦等，而另一类型则仅侵染黑麦而不能侵染大麦。

(二)发病规律

麦角菌以菌核混杂于种子间或落于土壤中越冬，为次年的初侵染源。在土中越冬菌核一般只能存活一年，春季发芽出土，产生大量孢子(子囊孢子)，借风、雨、昆虫传播到寄主植物花部。被侵染的小花，经 7 天左右产生黄色蜜露状黏液，约半月后形成菌核。黏液内有大量病菌孢子(分生孢子)，再由昆虫携带、雨滴飞溅或病穗的直接摩擦碰撞扩大传播，不断侵染另外的小花。开花期越长，侵染越多。春季地面湿润，菌核易于发芽；寄主植物开花期间潮湿多雨有利于病菌传播和侵染。种子中混杂有菌核也能传病。

(三)防治方法

(1)选择无病地块留种，或选用不带菌核的种子，如种子带有菌核，可用 20%～30%食盐水进行汰除。

(2)清除田间杂草和自生麦苗，消灭野生寄主植物。

(3)秋季深耕。受害严重地块，可与非禾本科作物轮作。

二十七、黑颖病

小麦黑颖病分布在我国北方麦区。主要为害小麦叶片、叶鞘、穗部、颖片及麦芒。在孕穗开花期受害较重，造成植株提早枯死，穗形变小，籽粒干秕，减产 10%～30%。

(一)为害症状

穗部染病，穗上病部为褐色至黑色的条斑，多个病斑融合在一起后颖片变黑发亮。颖片染病后引起种子感染。致病种子皱缩或不饱满。发病轻的种子颜色变深。叶片染病初呈水渍状小点，渐沿叶脉向上、下扩展为黄褐色条状斑。穗轴、茎秆染病产生黑褐色长条状斑。湿度大时，以上病部均产生黄色细菌脓液。

（二）病原特征

Xanthomonas campestris pv. translucenes 称油菜单胞菌小麦致病变种，属细菌。菌体杆状，大小为（1～2.2）μm ×（0.5～0.7）μm，极生单鞭毛，革兰氏染色阴性，有荚膜，无芽孢，有好气性，在洋菜培养基上能产生非水溶性的黄色色素。在马铃薯上长有黄、黏生长物。呼吸代谢，永不发酵。在肉汁胨琼脂平面上菌落生长不快，呈蜡黄色，圆形，表面光滑，有光泽，边缘整齐，稍隆。生长适宜温度为 24～26℃，高于 38℃不能生长，致死温度 50℃。油菜黄单胞菌小麦致病变种有许多致病型，除小麦专化型外，还有为害大麦、黑麦的专化型。

（三）传播途径

种子带菌是小麦黑颖病主要初侵染源。病残体和其他寄主也可带菌，是次要的。病菌从种子进入导管，后到达穗部，产生病斑。病部溢出菌脓具大量病原细菌，借风雨或昆虫及接触传播，从气孔或伤口侵入，进行多次再侵染。

（四）发病条件

高温高湿利于该病扩展，因此小麦孕穗期至灌浆期降雨频繁，温度高发病重。在小麦生长季节，病菌从种子进入导管，后到达穗部，产生病斑。

（五）防治方法

（1）建立无病留种田，选用抗病品种。

（2）种子处理：可采用变温浸种法，28～32℃浸 4 小时，再在 53℃水中浸 7 分钟。或用 1%石灰水，在 30℃下浸种 24 小时，晒干后播种。用种子重量 0.2%的 40%拌种双干拌种，防效较好。也可用 15%叶枯唑胶悬剂 5000 倍液浸种 12 小时，14%络氨铜水剂每 100 kg200 mL拌种，晾干后播种。

（3）发病初期开始喷洒 25%叶青双可湿性粉剂，每亩用 100～150 g 兑水 50～60 L 喷雾 2～3 次，或用新植霉素 4000 倍液效果也很好。每隔 7～10 天喷 1 次，连续喷 2～3 次，防病增产效果显著。

二十八、秆枯病

（一）为害症状

主要为害茎秆和叶鞘，苗期至结实期都可染病。幼苗发病，初在第一片叶与芽鞘之间有针尖大小的小黑点，以后扩展到叶鞘和叶片上，呈梭形褐边白斑并有虫粪状物。拔节期在叶鞘上形成褐色云斑，边缘明显，病斑上有灰黑色虫粪状物，叶鞘内有一层白色菌丝。有的茎秆内也充满菌丝。叶片下垂卷曲。抽穗后叶鞘内菌丝变为灰黑色，叶鞘表面有明显突出小黑点（子囊壳），茎基部干枯或折倒，形成枯白穗，籽粒秕瘦。

（二）病原特征

Gibellina cerealis Pass. 称禾谷绒座壳，属子囊菌亚门真菌。子座初埋生在寄主表皮下，成熟后外露。子囊壳椭圆形，埋生在子座内，大小为（300～430）μm ×（140～270）μm，长劲外露。子囊棒状，有短柄，大小为（118～139）μm ×（13.9～16.7）μm，内有子囊孢子 8 个。子囊

孢子梭形，双胞，黄褐色，两端钝圆，大小为(27.9～34.9)μm ×(6～10)μm。

(三)传播途径及发病条件

以土壤带菌为主，未腐熟粪肥也可传播。病原菌在土壤中存活3年以上，小麦在出苗后即可被侵染，植株间一般互不侵染。田间湿度大，地温10～15℃适宜秆枯病发生。小麦3叶期前容易染病，叶龄越大，抗病力越强。病害程度主要决定于土壤带菌多少。

(四)防治方法

(1)选用抗(耐)病品种。如中苏68号、2711、敖德萨3号等，各地可因地制宜选用。

(2)加强农业防治。麦收时集中清除田间所有病残体。重病田实行3年以上轮作。混有麦秸的粪肥要充分腐熟或加入酵素菌进行沤制。适期早播，土温降至侵染适温时小麦已超过3叶期，抗病力增强。

(3)药剂防治。用50%拌种双或福美双400 g拌麦种100 kg或40%多菌灵可湿粉100 g加水3 kg拌麦种50 kg、50%甲基硫菌灵可湿粉按种子量0.2%拌种。

二十九、眼斑病

小麦眼斑病又称茎裂病，能寄生小麦、大麦、黑麦、燕麦等多种麦类作物及其他禾本科植物。为害叶鞘和茎秆。

(一)为害症状

小麦眼斑病主要为害距地面15～20 cm植株基部的叶鞘和茎秆，病部产生典型的眼状病斑，病斑初浅黄色，具褐色边缘，后中间变为黑色，长约4 cm，上生黑色虫屎状物。病情严重时病斑常穿透叶鞘，扩展到茎秆上，严重时形成白穗或茎秆折断。

(二)病原特征

营养菌丝黄褐色，线状，具分枝；还有一种菌丝暗色，壁厚，似子座。分生孢子梗不分枝，无色，全壁芽生产孢，合轴式延伸。分生孢子圆柱状，端部略尖，稍弯，4～6个隔膜，无色，大小为(35～70)μm ×(1.5～3.5)μm。

(三)传播途径及发病条件

病菌以菌丝在病残体中越冬或越夏，成为主要初侵染源。分生孢子靠雨水飞溅传播，传播半径1～2m，孢子萌发后从胚芽鞘或植株近地面叶鞘直接穿透表皮或从气孔侵入，气温6～15℃，湿度饱和利其侵入。冬小麦发病重于春小麦。

(四)防治方法

(1)与非禾本科作物进行轮作。

(2)收获后及时清除病残体和耕翻土地，促进病残体迅速分解。

(3)适当密植，避免早播，雨后及时排水，防止湿气滞留。

(4)选用耐病品种。

(5)必要时在发病初期开始喷洒36%甲基硫菌灵悬浮剂500倍液或50%苯菌灵可湿性粉剂1500倍液。

三十、褐色叶枯病

我国小麦的一种新病害，发生于新疆。病原真菌为燕麦壳多孢子小麦专化型(*Stagonos-*

pora avenae f. sp. triticea)，为我国进境植物检疫性有害生物。

(一)为害症状

主要为害叶片，引起叶斑和叶枯，叶鞘和穗部也可被侵染而发病。叶片上病斑纺锤形至椭圆形，多数长 5～10 mm，宽约 2 mm，中部灰褐色或黑色，周边褐色或红褐色，外围有黄色晕。高湿时病斑上生黑色小粒点(分生孢子器或子囊壳)。穗部发病多在颖壳上生黑褐色斑块。

(二)发生规律

病原菌主要随小麦残体越冬或越夏，成为下一季的初侵染菌源。小麦种子也带菌传病。冬小麦秋苗在冬前多不显症，病原菌潜伏越冬，春季出现病斑。基部病叶的病斑上产生分生孢子器，溢出分生孢子，随风雨传播，发生再侵染。抽穗期病情迅速增长，病叶枯死，并进而侵染穗部。小麦生长期间的降水量高，可导致病害大面积发生，低温可推迟或减轻发病。

(三)防治方法

病田改种水稻、棉花、蔬菜或马铃薯等非寄主作物；深翻灭茬，清除病残体，使用无病种子或用在唑酮拌种；冬小麦适期晚播，增施有机肥和磷肥；秋苗期和返青拔节期喷三唑酮、退菌特、多菌灵或代森锰锌等杀菌剂。

三十一、卷曲病

小麦卷曲病又称扭叶病、双冠子叶斑病。发生于局部麦区。除小麦外，还侵染大麦、黑麦、燕麦等。

(一)为害症状

这种病是指小麦在苗期、成株时出现麦叶蜷曲和黑点的症状。苗期染病开始在第三、四叶片上产生浅绿色圆形至长圆形病斑，逐渐扩展为不规则形病变，心叶卷曲干枯，严重的幼苗扭曲畸形后枯死。拔节期、抽穗期染病叶片、叶鞘上产生淡黄色病斑，上生小黑点或漆黑色斑痣，旗叶紧抱的不能抽穗，呈“一炷香”形，初期缠绕灰白色菌丝，后期部分小穗或全部呈黑色革质状，即菌核型分生孢子堆。

(二)病原特征

病菌在病叶及穗上的小黑点，即病菌分生孢子器，大小为 120～300 μm，黑色。分生孢子圆柱形至椭圆形，单胞无色，具隔膜 0～3 个，大小为(8.5～16)μm ×(1.6～2.5)μm，两端各具 3～6 根直或有分叉的刚毛，呈冠羽状。分生孢子萌发适温 20～25℃。

(三)传播途径

病菌以菌丝体在病残体上或以分生孢子附着在种子上越冬或越夏，通过风雨传播。为害麦穗者，主要通过小麦粒线虫传播，病菌常附着在虫瘿里的线虫体外，经由线虫携带进入小麦体内。因此，穗上有卷曲者，通常也有线虫为害，小麦卷曲病和线虫病呈混生状态。但在田间也常见到同一病株有线虫病而无卷曲病，有的卷曲病株而无线虫为害。

(四)防治方法

(1)认真防治小麦线虫病。

(2)与非小麦作物进行轮作。

(3)选用无病种子。

三十二、小麦印度腥黑穗病

小麦的重要检疫性病害。小麦印度腥黑穗病菌是严重为害小麦生产、影响国际贸易的世界性检疫性有害生物。该病菌最早于1930年发现于印度旁遮普省的卡纳尔地区，并因此得名。该病最大的特征就是感病麦粒有强烈的鱼腥味，目前已成为危及小麦生产、影响国际贸易的世界性检疫病害。全球已有40多个国家将其列为检疫性病害。小麦一旦受其感染，将会导致高达20%的减产。该菌在土壤中可存活多年，一旦传入将难以根除。我国在1986年首次将小麦印度腥黑穗病列为检验检疫有害生物，1992年确定为一类检验检疫性有害生物。浙江检疫局在进口产品中截获过小麦印度腥黑穗病。目前，该病菌在尼泊尔、印度、巴基斯坦、阿富汗、伊拉克、墨西哥、美国、巴西等国有分布。

(一)为害症状

本病的症状表现与小麦普通腥黑穗病明显不同，其特点是感病麦株通常并非全株发病，一个病穗中常是部分籽粒受病，在发病早期，仔细检查种子胚部，可见小穗顶端出现黑点状斑，感病严重的麦穗，颖片伸长以致病粒掉落土中，感病籽粒通常部分受侵染，因此仍然保留着麦粒的外形，病菌主要侵染胚乳，除非严重病感，一般不侵染胚，种子受病后通常沿着籽粒腹沟在表皮以下形成黑粉，但也可见于背部，轻度感染时在籽粒表面形成疱斑，此时感染仅在表层，感病严重时病粒大部或全部形成黑粉腔，外表由果皮包被，病穗一般较健穗为短，小穗数量也少，由于三甲基胺的存在，病粒具有强烈的鱼腥味。小麦受害率达3%以上时，即影响面粉的食用价值。

(二)病原特征

印度尾孢黑粉菌(*Neovossia indica* (Mitra) Mundkur＝*Tilletia indica* Mitra)为担子菌亚门，冬孢菌纲，黑粉菌目真菌。冬孢子深褐色，球形、卵圆形，大小为(25～40)μm ×(22～42)μm，多数为30 μm，冬孢子有的具有柄状附着物，外壁具有微弯齿状突起。孢壁外面无胶鞘，孢子间混有球形、无色、半透明至淡黄色不育细胞。冬孢子需要经过很长时间休眠才能萌发。萌发适温15～22℃。萌发时产生短的担子，担子顶端丛生60～185个长镰形、无色、双核的担孢子。担孢子不结合形成"H"状。病菌能在PDA或3%麦芽汁培养基上生长。置于15～18℃温度中培养，可产生浓厚菌丝层和大量冬孢子。

(三)发病条件

小麦印度腥黑穗病的病原菌(冬孢子和担孢子)由土壤和气流传播，也可以由种子传播。病害的初次侵染来源，通常是播种带菌种子，或小麦收获时落入土壤中冬孢子。当小麦扬花时，土壤中温度适宜，冬孢子萌发，担子伸出土表，并产生大量担孢子，担孢子随气流传播到开花小穗上，并萌发产生侵染菌丝。由子房壁侵入，在子房内发育，破坏胚乳，形成黑粉冬孢子。其可侵染胚，但不破坏胚部，种子尚能萌发。一般在温度15～18℃，多云或阴雨天气，或灌水较多田块，有利病害发生。

(四)传播途径

(1)种子传病

病粒及附着于健康种子上的冬孢子，是病原进行远距离传播的重要条件，由于病原体局部感染的特性，在收获期间混杂于健康种子中的病粒，很难有效地清除，因而病粒可随同商业性或科研性引种，甚至贸易性进口粮食而远地传播。

(2)病土传播

病菌在土表和土壤表面以下 3 英寸①和 6 英寸等不同深度的土层中，其寿命分别为 45 个月、39 个月及 27 个月。在印度新德里，病菌可在土壤中存活 4 年。喂食含菌饲料，牲畜的粪便中有相当数量的存活冬孢子，已知病原可在麦秆、粪肥土中至少存活两年以上。

(3)气流传播

目前尚未证明病穗中的成熟病菌在田间可以通过气流在当年形成第 2 次侵染，但存在于土壤表层的病原冬孢子，当土表温度适宜，且土壤含水量充足，甚至因降雨或灌溉存在流动水时，冬孢子萌发后形成的先菌丝可伸出于土表，其上簇生的众多的小孢子，一旦遇有微气流或溅落的雨水，便脱离先菌丝而随微风或雨滴降落到处于孕穗至扬花期的麦株上，遇有适宜气候条件，便可侵染发病。

(五)检验方法

(1)症状检查：将平均样品倒入无菌白瓷盘内，仔细检查有无菌瘿或碎块，样品可用长孔筛(1.75 mm×20 mm)或圆孔套筛(1.5 mm×2.5 mm)过筛，挑取可疑病组织在显微镜下检查鉴定。同时对筛上挑出物及筛下物进行检查，将发现的可疑病组织及其他可疑的感染黑穗病的禾本科作物及杂草种子进行镜检鉴定。

(2)洗涤检查：将称取的 50 g 平均样品倒入无菌三角瓶内，加灭菌水 100 mL，再加表面活性剂(吐温 20 或其他)1～2 滴，加塞后在康氏振荡器上震荡 5 分钟，立即将悬浮液注入 10～15 mL 的灭菌离心管内，以 1000 转/分钟离心 5 分钟，弃去上清液，重复离心，将所有洗涤悬液离心完毕，在沉淀物中加入席尔氏溶液，视沉淀物多少，定溶至 1 或 2 mL。镜检鉴定。

(六)防治方法

(1)检疫。为了预防小麦印度腥黑穗病的传入和为害，我国于 1986 年公布小麦印度腥黑穗病为对外检疫对象，1992 年 10 月公布该病为一类检疫性病害，为此应加强疫情监测，严密注意疫情动态的发展。当前除应对从墨西哥国际小麦玉米引种中心(CIMMYT)引进的品种资源实施严格检疫外，也要加强对进口粮食的口岸检疫，包括加强船舱抽样管理和实验室检验，室内检验应扩大到包括对禾本科有关印度腥黑病易感寄主的种子检验，如山羊草属 *Aegilops* 及黑麦草属、雀麦属等，同样应加强对邮寄及旅客携带物的检疫，采取各种有效措施防止传入该病。

(2)抗病育种。抗病品种是公认的有效又经济的防治方法，墨西哥国际小麦玉米引种中心和印度正在进行大量的品种抗性筛选工作，但大多栽种于印度的小麦品种均有一定感病性，只有硬粒小麦 *Triticaledurum* 及小黑麦 *T. hexaploide* 表现出一定程度的抗病性，但尚未育成理想的高抗或免疫品种。

(3)种子处理。实验室药效测定证明，五氯硝基苯、汞制剂及重金属盐类对于冬孢子有杀伤作用，但在田间应用时，药剂的渗透受到果此的阻止而难于到达种子内部。同时，药剂处理难以消除多年存活于土壤内不同深度的冬孢子。

(4)农业防治。主要包括以下措施：实行两年以上的轮作可有效地降低土壤内冬孢子存活率，从而减少发病率。调整小麦播种期，使小麦的生育期气候条件不适于孢子萌发，但在连续

① 1英寸=2.54 cm，下同。

阴雨季节的地区很难实现。减少氮肥的施用量。防止使用带菌粪肥。调整田间灌溉时间和次数,控制灌溉水的流向,避免病菌冬孢子随同灌溉水扩大污染。

三十三、灰霉病

小麦灰霉病是发生在小麦穗部的重要病害,该病从苗期到成熟期均可发病。四川成都、重庆及浙江等长江两岸地区的重要病害,严重的病穗率高达12%~29%。感染部位为叶片。

(一)为害症状

叶片染病初在基部叶片出现不规则水浸斑,拔节后叶尖先变黄,且下部叶片先发病,后逐渐向上蔓延。病部现水渍状斑,褪绿变黄,后形成褐色小斑,最后变为黑褐色枯死,其上产生白色霉状物,即病菌孢子梗和分生孢子。春季长期低温多雨条件下,穗部发病,颖壳变褐,生长后期病部可长出灰色霉层。

(二)病原特征

Botrytis cinerea Pers. ex Fr. 称灰葡萄孢,属半知菌亚门真菌。分生孢子梗由菌丝体或菌核生出,丛生,有分隔,灰色后变褐色,上部浅褐色,顶端树枝状分枝,大小为(220~480)μm×(10~20)μm;分生孢子球形或卵形,生于枝顶端,单胞无色至灰色,大小为(10~17.5)μm×(7.5~12)μm,呈葡萄穗状聚生于分生孢子梗分枝的末端。此外,还可形成无色球形的小分生孢子,长3 μm。

(三)传播途径

小麦灰霉菌属弱寄生菌,在田间靠气流传播,遇有潮湿环境或连续阴雨,病情扩展迅速,植株上下部叶片不同部位均可同时发病,形成发病中心。尤其是穗期多雨穗部易感病。感病品种叶鞘和茎秆上均可见到一层灰白霉。生产上积温低、日照少,3月气温低且多雨发病重。品种间抗病差异明显。阿勃波、川麦20等发病重。

(四)防治方法

(1)选用抗灰霉病的品种。

(2)加强田间管理,田间及时排渍降湿,提高抗病力。

(3)必要时在发病前或发生始期喷施速克灵、多菌灵、甲基硫菌灵等杀菌剂。

三十四、密穗病

又称为穗枯病,发生于局部麦区。病原细菌为小麦拉塞氏杆菌(*Rathayibacter tritici*),寄生于小麦、大麦以及其他禾本科植物。该病是伴随小麦线虫而产生的细菌病。

(一)为害症状

小麦抽穗后发生。染病株心叶卷曲,叶和叶鞘间含有黄色胶质物和细菌溢脓。新生叶片从含有上述菌脓叶筒内抽出时受阻,常粘有细菌分泌物。病株麦穗瘦小或不能抽出,护颖间也常沾有黄色胶质物,干燥后溢脓在穗部或上部叶片上变成白色膜状物,使穗、叶坚挺。湿度大时,溢脓增多或流淌下落。小麦成熟后,黄色胶质物凝结为胶状小粒。

(二)病原特征

Clavibacter tritici (Carlson and Vidaver) Davis et al. 称小麦棒杆菌,属棒杆菌属细菌,

是具有钝圆末端的楔形短杆菌，大小为 1.3×(0.5～0.7)μm，一般单个或首尾相连成对排列。革兰氏染色阳性，好气性，不产孢，菌体棍棒状，没有球形或杆状变化的多态性，也无突然折断分裂现象。胞壁中含有二氨基丁酸；G+C 为 51%～59%。该菌原名为 *Corynebacterium tritici* (ex. Hutchinson) Cahson 和 Vodaver 后其归入新建立的棒杆菌属中。

(三)传播途径和发病条件

本病主要靠小麦线虫为介体侵入小麦，侵入后细菌扩展快则全穗为密穗病。线虫发展快时则病穗成为虫瘿粒或部分为虫瘿，部分为密穗。密穗病株中的虫瘿内皆带有密穗病病原细菌。可在虫瘿内存活 2 年半左右。

(四)防治方法

重点防治小麦线虫病，小麦线虫病防治以后，即无本病发生。

三十五、线条花叶病

小麦线条花叶病又称拐节病。感染小麦线条花叶病后小麦茎秆扭曲，故有拐节病之称。

(一)为害症状

苗期感染，叶色变淡，叶片变窄，叶片出现与叶脉平行的褪绿小斑点及长短线条，随着植株的生长，点、线扩大愈合成不规则的条状花斑，还会出现部分组织坏死；最后植株矮化，全叶变黄色，茎基部 1～3 节扭曲，呈拐节状。病株不抽穗或半抽穗，结实性低，籽粒秕瘦，发芽率低；病株越冬易于死亡。

(二)传播途径

此病毒可通过郁金香瘤螨 *Aceria tulipae* 传播，传毒率为 25%～100%，还可由小麦种子传毒。随小麦种子交易传带可能性较大。该病毒自然寄主主要为麦类作物。在冬小麦上越冬，小麦返青后即在心叶为害产卵繁殖，抽穗后转入穗部，灌浆时转入小麦颖壳或麦粒表面，麦收后转入附近的玉米、高粱、糜子、狗尾草、冰草、芦苇及自生麦，秋播小麦出苗后转入麦田，构成侵染循环，实现定殖，因此该病毒传入后，定殖的可能性较大。该病毒可随病小麦种子的调运进行远距离传播；在田间，汁液及郁金香瘤螨进行传染扩散。

(三)防治方法

合理轮作倒茬，易发区应压缩早糜田面积，扩种油菜、豆类或烟草等经济作物，或扩种、复种糜子，避免糜、麦见面，切断病毒和介体瘿螨的周年循环，还要选用抗、耐病的品种，适期喷药，治螨控病。小麦收获后要及时翻耕，防止瘿螨转移扩散。

三十六、小麦缺素症

小麦生长发育中会由于缺乏某种营养元素而使内部营养代谢受到破坏，导致植株生长不良，影响产量和质量(图 9)。

(一)为害症状

缺氮型黄苗主要表现植株矮小细弱，分蘖少而弱，叶片窄小直立，叶色淡黄绿，老叶嘻尖干枯，逐步发展为基部叶片枯黄，茎有时呈淡紫色，穗形短小，千粒重低。

缺磷型红苗叶片暗绿，带紫红色，无光泽，植株细小，分蘖少，次生根极少，茎基部呈紫色。

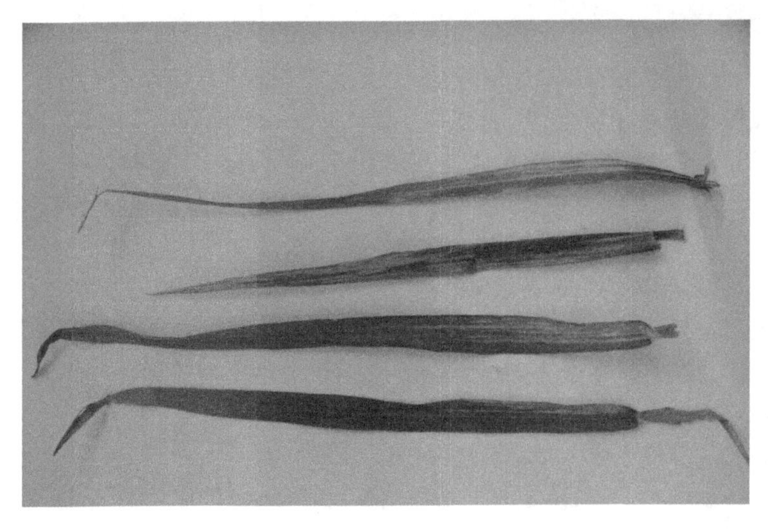

图9 小麦缺素症(戴爱梅 摄)

前期生长停滞,出现缩苗。冬前返青期叶尖紫红色,抽穗成熟延迟。穗小粒少,籽粒不饱满,千粒重低。分蘖期缺磷幼苗在三叶期后,开始显出缺磷症状。一般植株长相瘦弱,叶片上现紫红色,叶鞘上呈条状紫红色,长势慢,分蘖弱且少。当土壤中不缺氮而严重缺磷时,叶色暗绿,植株不分蘖,根系生长不良。小麦返青后,叶片和叶鞘仍表现紫红色,多无春季分蘖,新生根生长慢而少,烂根现象不断扩展。拔节期缺磷,除苗期主要的缺磷症状更为明显外,下层叶片逐渐变成浅黄色,从叶尖和叶边渐渐枯萎。植株内的幼穗分化发育不良,生根少,尤其是根毛坏死,烂根现象严重起来。抽穗开花期缺磷,一般表现植株矮小。随着穗部生长发育,叶层从下层开始,从叶尖和边缘渐次枯萎引起花粉不流通与胚珠不孕,增加退化小花数,小穗数和粒数减少,籽实不饱满,千粒重明显下降。严竽时,有些不能抽穗或出现假"早熟现象"和瘦秕的死穗。

缺钾初期,全部叶片呈蓝绿色,叶质柔弱,并卷曲,以后老叶的尖端及边缘变黄,变成棕色以致枯死,整个叶片像烧焦的样子,茎秆细小而柔弱,易发生倒伏,易出现缺钾型黄苗。主要表现在下部叶片首先出现黄色斑点,从老叶尖端开始,然后沿着叶脉向内延伸,黄斑与健部分界明显,严重时老叶尖端和叶缘焦状,茎秆细弱,根系发育不良,易早衰。

缺锌型黄苗主要表现为叶的全部颜色减褪,叶尖停止生长,叶片失绿,节间缩短,植株矮化丛生。

缺锰型黄苗主要表现为叶片柔软下披,新叶脉间条纹状失绿,由绿黄到黄色,叶脉仍为绿色;有时叶片呈浅绿色,黄色的条纹扩大成褐色的斑点,叶尖出现焦枯。

缺钼型黄苗主要表现为叶片失绿黄化,先从老叶的叶尖开始向叶边缘发展,再由叶缘向内扩散,先是斑点,然后连成线和片,严重者黄化部分变褐,最后死亡。

缺硼分蘖不正常,严重的不能抽穗。即使抽出麦穗,也不开花结实。

缺钙植株生长点及叶尖端易死亡,幼叶不易展开,幼苗死亡率高,叶片呈灰色,已长出叶子也常现失绿现象。

缺铜顶叶呈浅绿色,老叶多弯曲,叶片失绿变灰,严重时叶片死亡。

缺镁植株生长缓慢,叶呈灰绿色,叶缘部分有时叶脉间部分发黄,老叶,较幼的叶子在叶脉间形成缺绿的条纹或整个叶片发白,老叶则常早枯。

缺硫小麦缺硫植株常常变黄,叶脉之间尤甚,但老叶往往保持绿色。植株矮小,成熟延迟。

缺水小麦无法生长。

(二)病因

缺氮:一般播种过早、砂性土壤、基肥不足易缺氮。

缺磷:有机质含量少,基肥不足的土壤易缺磷。

缺钾:一般红壤土、黄壤土很易缺钾,现发现华北平原麦田也出现缺钾情况,尤其是砂壤土较明显。

缺锌:一般中性、微碱性土壤易缺锌。

缺锰:一般石灰性土壤,尤其是质地轻、有机质含量少、通透性良好的土壤易缺锰。

缺钼:一般中性和石灰性土壤,尤其是质地较轻的砂性土有效钼含量低。

缺硼:碱性较大的石灰性土壤上易缺硼。

缺锌:在腐殖质多的土壤上常常表现缺锌。

缺镁:在富钾土壤中,钾和镁之间存在拮抗作用,随大量钾肥的施入,土壤中 Mg/K 比值的变化将引起或加强镁的缺乏。

缺铁:一般通气良好的石灰性土壤上容易出现缺铁。

冬小麦植株地上部分不同元素浓度随生育期变化,磷、钾浓度呈直线下降的趋势;铁、镁、锌浓度则呈上升的趋势,锰、铜、钙、钠的浓度较稳定。冬小麦生长前期,各营养元素向地上部运输能力顺序为:磷、钾、(铁)>镁、锌、铜>钙、铁、锰>钠;成熟期向籽粒转移和再分配能力的顺序为:氮、磷>镁、锌、铜>锰>铁>钙>钠,其中钾主要滞留在茎秆和叶鞘中。

(三)诊断

缺氮表现为植株生长不良,茎秆矮小,下部叶片狭小而硬,叶片无斑点,叶色黄化,根少,分蘖少。

缺磷表现为根系发育受抑制,下部叶片暗无光泽,叶片无斑点,严重时叶色发紫,光合作用减弱,叶片狭窄,旗叶呈暗红色。

缺钾表现为植株生长延迟,茎秆变矮而且脆弱易倒伏,下部叶尖、叶缘金黄色,叶间有黄色斑点,叶片提前干枯。

缺硼表现为植株矮小,上部新叶叶色暗绿或呈紫色,叶片变小,稍硬,顶芽枯死,分蘖不正常,有时不出穗或只开花不结实。

缺锌表现为顶芽不枯死,上部新叶中出现小叶,叶缘扭曲或皱折,叶色发白,叶脉绿色,叶肉失绿,组织坏死。

缺锰表现为顶芽不枯死,上部新叶脉纹清晰,且出现褐色细小斑点,病斑发生在叶片中部,病叶干枯后使叶片卷曲或折断下垂。

缺钼表现为首先发生在叶片前部退色变淡,接着沿叶脉平行出现细小的黄白色斑点,并逐渐形成片状,最后使叶片前部干枯,严重的整叶干枯。

第二章　小麦害虫及防治

小麦害虫种类很多,尚无准确的数目,仅陕西一省,已记载的麦田害虫已达120余种,但多为杂食性、多食性的种类,寄主范围很广。本章介绍了53种小麦害虫,已基本涵盖了重要的和常见的种类。根据其为害习性,可分为地下害虫、茎叶害虫和穗粒害虫三大类。

一、蚜虫

小麦蚜虫是麦田中的一种麦蚜,属于昆虫类,是小麦的主要害虫之一,主要集中在小麦背面、叶鞘及心叶处为害。小麦蚜虫分布极广,几乎遍及世界各产麦国,我国为害小麦的蚜虫有多种,通常较普遍而重要的有:麦长管蚜、麦二叉蚜、黍缢管蚜、无网长管蚜。在国内除无网长管蚜分布范围小外,其余在各麦区均普遍发生,但常以麦长管蚜和麦二叉蚜发生数量最多,为害最重。一般麦长管蚜无论南北方密度均相当大,但偏北方发生更重。

主要发生于长江以北各省,尤以比较少雨的西北冬春麦区频率最高。就麦长管蚜和麦二叉蚜来说,除小麦、大麦、燕麦、糜子、高粱和玉米等寄主外,麦长管蚜还能为害水稻、甘蔗和茭白等禾本科作物及早熟禾、看麦娘、马唐、棒头草、狗牙根和野燕麦等杂草,麦二叉蚜能取食赖草、冰草、雀麦、星星草和马唐等禾本科杂草。

(一)生物特征

以成虫和若虫刺吸麦株茎、叶和嫩穗的汁液。麦苗被害后,叶片枯黄,生长停滞,分蘖减少;后期麦株受害后,叶片发黄,麦粒不饱满,严重时麦穗枯白,不能结实,甚至整株枯死。

(二)为害

麦蚜的为害主要包括直接为害和间接为害两个方面:直接为害主要以成、若蚜吸食叶片、茎秆、嫩头和嫩穗的汁液。麦长管蚜多在植物上部叶片正面为害,抽穗灌浆后,迅速增殖,集中穗部为害。麦二叉蚜喜在作物苗期为害,被害部形成枯斑,其他蚜虫无此症状。间接为害是指麦蚜能在为害的同时,传播小麦病毒病,其中以传播小麦黄矮病为害最大。

(三)生活习性

麦蚜的越冬虫态及场所均依各地气候条件而不同,南方无越冬期,北方麦区、黄河流域麦区以无翅胎生雌蚜在麦株基部叶丛或土缝内越冬,北部较寒冷的麦区,多以卵在麦苗枯叶上、杂草上、茬管中、土缝内越冬,而且越向北,以卵越冬率越高。从发生时间上看,麦二叉蚜早于麦长管蚜,麦长管蚜一般到小麦拔节后才逐渐加重。小麦蚜虫为害叶片。麦蚜为间歇性猖獗发生,这与气候条件密切相关。麦长管蚜喜中温不耐高温,要求湿度为40%～80%,而麦二叉蚜则耐30℃的高温,喜干怕湿,湿度35%～67%为适宜。一般早播麦田,蚜虫迁入早,繁殖快,为害重;夏秋作物的种类和面积直接关系麦蚜的越夏和繁殖。前期多雨气温低,后期一旦气温升高,常会造成小麦蚜虫的大爆发。

(四)防治方法

1. 农业防治

(1)合理布局作物,冬、春麦混种区尽量使其单一化,秋季作物尽可能为玉米和谷子等。

(2)选择一些抗虫耐病的小麦品种,造成不良的食物条件。播种前用种衣剂加新高脂膜拌种,可驱避地下病虫,隔离病毒感染,不影响萌发吸胀功能,加强呼吸强度,提高种子发芽率。

(3)冬麦适当晚播,实行冬灌,早春耙磨镇压。作物生长期间,要根据作物需求施肥、给水,保证氮、磷、钾和墒情匹配合理,以促进植株健壮生长。雨后应及时排水,防止湿气滞留。在孕穗期要喷施壮穗灵,强化作物生理机能,提高授粉、灌浆质量,增加千粒重,提高产量。

2. 药剂防治

(1)种子处理:60%吡虫啉格猛 FS、20%乐麦拌种,以减少蚜虫用药次数。

(2)早春及年前的苗蚜,使用 25%大功牛和除草剂一起喷雾使用。

(3)穗蚜使用 25%大功牛噻虫嗪颗粒剂和 5%瑞功微乳剂混配或单独使用。

(4)用无公害高效农药"邯科 140"10 mL 一桶水(稀释倍数 1500 倍液),在小麦抽穗后、扬花前,以及此后的 10 天左右再喷一次,对小麦蚜虫的杀灭率达到 99.98%,同时也消灭了吸浆虫、红蜘蛛。

二、小麦吸浆虫

小麦吸浆虫为世界性害虫,广泛分布于亚洲、欧洲和美洲主要小麦栽培国家。国内的小麦吸浆虫亦广泛分布于全国主要产麦区,我国的小麦吸浆虫主要有两种,即红吸浆虫(*Sitodiplosis mosellana* Gehin)和黄吸浆虫(*Contarinia tritici* Kirby)。其中以小麦红吸浆虫发生普遍,为害严重。小麦红吸浆虫主要发生于平原地区的渡河两岸,而小麦黄吸浆虫主要发生在高原地区和高山地带。

(一)为害

小麦吸浆虫是小麦产区一种毁灭性害虫,有红吸浆虫、黄吸浆虫两种,以幼虫潜伏在颖壳内吸食正在灌浆的麦粒汁液,造成秕粒、空壳。一般受害麦田减产 10%~30%,重者减产 50%~70%,甚至造成绝收。该虫个体小,成虫体形像蚊子(体长 2~2.5 mm,体呈橘红色或鲜黄色),具有很强的隐蔽性,不易被发现。红吸浆虫幼虫橙黄色,体长 3~3.5 mm;黄吸浆虫幼虫黄绿色,体长 2~2.5 mm。蛹的体色呈橘红色或黄绿、鲜黄色。

(二)生物特征

小麦红吸浆虫雌成虫体长 2~2.5mm,翅展 5 mm 左右,体橘红色。前翅透明,有 4 条发达翅脉,后翅退化为平衡棍。触角细长,14 节,雄虫每节中部收缩使各节呈葫芦结状,膨大部分各生一圈长环状毛。雌虫触角呈念珠状,上生一圈短环状毛。雄虫体长 2 mm 左右。卵长 0.09 mm,长圆形,浅红色。幼虫体长 3~3.5 mm,椭圆形,橙黄色,头小,无足,蛆形,前胸腹面有 1 个"Y 形"剑骨片,前端分叉,凹陷深。蛹长 2 mm,裸蛹,橙褐色,头前方具白色短毛 2 根和长呼吸管 1 对。

小麦黄吸浆虫,雌体长 2 mm 左右,体鲜黄色。卵长 0.29 mm,香蕉形。幼虫体长 2~2.5 mm,黄绿色或姜黄色,体表光滑,前胸腹面有剑骨片,剑骨片前端呈弧形浅裂,腹末端生突起 2 个。蛹鲜黄色,头端有 1 对较长毛。

(三)生活习性

小麦红吸浆虫年生1代或多年完成一代,以末龄幼虫在土壤中结圆茧越夏或越冬。翌年当地下10 cm处地温高于10℃时,小麦进入拔节阶段,越冬幼虫破茧上升到表土层,10 cm地温达到15℃左右,小麦孕穗时,再结茧化蛹,蛹期8～10天;10 cm地温20℃上下,小麦开始抽穗,麦红吸浆虫开始羽化出土,当天交配后把卵产在未扬花的麦穗上,各地成虫羽化期与小麦进入抽穗期一致。该虫畏光,中午多潜伏在麦株下部丛间,多在早、晚活动,卵多聚产在护颖与外颖、穗轴与小穗柄等处,每雌产卵60～70粒,成虫寿命约30多天,卵期5～7天,初孵幼虫从内外颖缝隙处钻入麦壳中,附在子房或刚灌浆的麦粒上为害15～20天,经2次蜕皮,幼虫短缩变硬,开始在麦壳里蛰伏,抵御干热天气,这时小麦已进入蜡熟期。遇有湿度大或雨露时,苏醒后再蜕一层皮爬出颖外,弹落在地上,从土缝中钻入10 cm处结茧越夏或越冬。该虫有多年休眠习性,遇有春旱年,吸浆虫有的不能破茧化蛹,有的已破茧,又能重新结茧再次休眠,休眠期有的可长达12年。

小麦黄吸浆虫年生1代,成虫发生较麦红吸浆虫稍早,雌虫把卵产在初抽出的麦穗上内、外颖之间,幼虫孵化后为害花器,以后吸食灌浆的麦粒。老熟幼虫离开麦穗时间早,在土壤中耐湿、耐旱能力低于麦红吸浆虫。其他习性与麦红吸浆虫近似。吸浆虫发生与雨水、湿度关系密切,春季3—4月间雨水充足,利于越冬幼虫破茧上升土表、化蛹、羽化、产卵及孵化。此外,麦穗颖壳坚硬、扣合紧、种皮厚、籽粒灌浆迅速的品种受害轻。抽穗整齐,抽穗期与吸浆虫成虫发生盛期错开的品种,成虫产卵少或不产卵,可逃避其为害。主要天敌有宽腹姬小蜂、光腹黑蜂、蚂蚁、蜘蛛等。

(五)防治经验

对于吸浆虫发生严重的麦田,最好与棉花、油菜等其他作物进行轮作,以避开虫源。药剂防治可采取"一撒加一喷"的方法:在小麦拔节到孕穗前,亩用50%辛硫磷0.5～1 kg拌细沙15～20 kg均匀撒施(撒药后浇水),以杀死刚羽化成虫、幼虫和蛹;在小麦抽穗后到扬花前的期间,再用4.5%氯氰菊脂等菊脂农药加40.7%乐斯本800倍混合液(每喷雾器各20 mL)、或"邯科140"1500倍液(每喷雾器10 mL"单打一"),可有效杀灭吸浆虫的成虫和卵,而且可同时兼治麦蚜、红蜘蛛,一喷多治,防治效果显著。

(六)防治方法

1. 农业防治

(1)选用抗虫品种

吸浆虫耐低温而不耐高温,因此,越冬死亡率低于越夏死亡率。土壤湿度条件是越冬幼虫开始活动的重要因素,是吸浆虫化蛹和羽化的必要条件。不同小麦品种,小麦吸浆虫的为害程度不同,一般芒长多刺,口紧小穗密集,扬花期短而整齐,果皮厚的品种,对吸浆虫成虫的产卵、幼虫入侵和为害均不利。因此要选用穗形紧密,内外颖毛长而密,麦粒皮厚,浆液不易外流的小麦品种。

(2)轮作倒茬

麦田连年深翻,小麦与油菜、豆类、棉花和水稻等作物轮作,对压低虫口数量有明显的作用。在小麦吸浆虫严重田及其周围,可实行棉麦间作或改种油菜、大蒜等作物,待翌年后再种小麦,就会减轻危害。

2. 化学防治

(1)土壤处理

时间:①小麦播种前,最后一次浅耕时;②小麦拔节期;③小麦孕穗期。

药剂:2%甲基异柳磷粉剂,4.5%甲敌粉,4%敌马粉,亩用 2～3 kg,或 80%敌敌畏乳油 50～100 mL 加水 1～2 kg,或用 50%辛硫磷乳油 200 mL,加水 5 kg 喷在 20～25 kg 的细土上,拌匀制成毒土施用,边撒边耕,翻入土中。

(2)成虫期药剂防治

在小麦抽穗至开花前,每亩用 80%敌敌畏 150 mL,加水 4 kg 稀释,喷洒在 25 kg 麦糠上拌匀,隔行每亩撒一堆,此法残效期长,防治效果好。或用 2.5%溴氰菊酯 3000 倍;40%杀螟松可湿性粉剂 1500 倍液等喷雾。

三、麦蜘蛛

麦蜘蛛属蛛形纲,蜱螨目。国内为害小麦的螨类主要由麦圆蜘蛛与麦长腿蜘蛛两种。前者属真足螨科。麦圆蜘蛛发生在 29°～37°N 的冬麦区;麦长腿蜘蛛分布偏北,主要发生在 34°～43°N 的小麦产区。在安徽省多数地区发生危害的是麦圆蜘蛛,皖北部地区如砀山,两种麦蜘蛛混合发生。两种麦蜘蛛主要为害小麦,大麦受害轻。在中国小麦产区常见的麦蜘蛛主要有两种:麦长腿蜘蛛 *Petrobia latens* 和麦圆蜘蛛 *Pentfaleus major* (Duges)。两种麦蜘蛛于春秋两季吸取麦株汁液,被害麦叶先呈白斑,后变黄,轻则影响小麦生长,造成植株矮小,穗少粒轻,重则整株干枯死亡。株苗严重被害后,抗害力显著降低。

(一)为害

麦蜘蛛在小麦苗期吸食叶汁液。被害叶上初现许多细小白斑,以后麦叶变黄。麦株受害后轻者影响生长,植株矮小,产量降低,重者全株干枯死亡。麦圆蜘蛛为害盛期在小麦拔节阶段,小麦受害后如及时浇水追肥,可显著减轻受害程度。麦长腿蜘蛛为害盛期在小麦孕穗至抽穗期,大可发生时可造成严重减产。

(二)生物特征

麦圆蜘蛛(成螨)体长 0.65 mm,宽 0.43 mm,略呈圆形。深红褐色。足 4 对,第一对最长,第四对次之,第二、三对约等长;若螨共四龄,第一龄体圆形,足三对。称幼螨,二龄以后足四对,似成螨。四龄深红色,和成螨极似。

麦长腿蜘蛛(成螨)体长 0.61 mm,宽 0.23 mm,呈卵圆形,红褐色。足四对,橘红色,第一、四对足特别长;若螨共三龄,第一龄体圆形,足三对,称幼螨。第二、三龄足四对,似成螨。

(三)生活习性

麦长腿蜘蛛主要发生在黄河以北的旱作麦地;麦圆蜘蛛多发生在 37°N 以南黄淮地区的水浇麦地或低洼麦地,长江流域各省也有发生。两种麦蜘蛛也可以在同一地区混合发生,为害猖獗。

麦长腿蜘蛛喜温暖、干燥,多分布于平原、丘陵、山区、干旱麦田,一般春旱少雨年份易于猖獗成灾。对大气湿度较为敏感,遇小雨或露水大时即停止活动。麦长腿蜘蛛行孤雌生殖,有群集性和假死性。成虫喜爬行,也可借风力扩大蔓延为害区域。越冬越夏的滞育卵能耐夏季的高温多湿和冬季的干燥严寒,且有多年滞育的习性。

麦圆蜘蛛喜阴湿，怕高温、干燥，多分布在水浇地或低洼潮湿阴凉的麦地。麦圆蜘蛛亦行孤雌生殖，有群集性和假死性，春季其卵多产于麦丛分蘖茎近地面或干叶基部，秋季卵多产于麦苗和杂草近根部的土块上，或产于干叶基部及杂草须根上。

麦蜘蛛在连作麦田，靠近村庄、堤埝、坟地等杂草较多的地块发生为害严重。水旱轮作和收麦后深翻的地块发生轻。麦长腿蜘蛛的适温为 15～20℃，适宜湿度在 50%以下，所以秋雨少，春暖干旱，以及在壤土、黏土麦田发生重。麦圆蜘蛛的适温为 8～15℃，适宜湿度为 80%以上，因此，秋雨多，春季阴凉多雨，以及砂壤土麦田易严重发生。

(四)防治方法

麦蜘蛛的控制要加强农业防治措施，重视田间虫情监测，及时发现，争取早治，消灭点片时期。

(1)农业防治：

①麦收后深耕灭茬，可大量消灭越夏卵，压低秋苗的虫口密度。

②适时灌溉，同时振动麦株，可有效地减少麦蜘蛛的种群数量。

③轮作倒茬，避免麦田连作，可减轻麦蜘蛛的为害。

(2)化学防治：

①拌种用 75%甲拌磷(3911)乳油 100～200 mL，兑水 5 kg，喷拌 50 kg 麦种，对两种麦蜘蛛防效均较理想。

②田间喷粉 3%混灭威粉剂，或 1.5 乐果粉剂或 1.5%甲基 1605 粉，每亩 1.5～2 kg。

③田间喷雾 40%氧化乐果乳油 2000 倍，或 40%三氯杀螨醇乳油 1500 倍，或用 50%马拉硫磷 2000 倍，亩施 75 kg 药液。

四、小麦黏虫

黏虫(oriental armyworm)，又称剃枝虫、行军虫，俗称五彩虫、麦蚕，是一种主要以小麦、玉米、高粱、水稻等粮食作物和牧草为食的杂食性、迁移性、间歇暴发性害虫。可为害 104 种以上的植物，尤其喜食禾本科植物。我国有黏虫类害虫 60 余种，较常见的还有劳氏黏虫、白脉黏虫等，在南方与黏虫混合发生，但数量、为害一般不及黏虫，在北方各地虽有分布，但较少见。黏虫暴发时可把作物叶片食光，严重损害作物生长。

(一)生物特征

成虫体色呈淡黄色或淡灰褐色，体长 17～20mm，翅展 35～45mm，触角丝状，前翅中央近前缘有 2 个淡黄色圆斑，外侧环形圆斑较大，后翅正面呈暗褐色，反面呈淡褐色，缘毛呈白色，由翅尖向斜后方有 1 条暗色条纹，中室下角处有 1 个小白点，白点两侧各有 1 个小黑点。雄蛾较小，体色较深，其尾端经挤压后，可伸出 1 对鳃盖形的抱握器，抱握器顶端具 1 长刺，这一特征是别于其他近似种的可靠特征。雌蛾腹部末端有 1 尖形的产卵器。

卵半球形，直径 0.5mm，初产时乳白色，表面有网状脊纹，孵化前呈黄褐色至黑褐色。卵粒单层排列成行，但不整齐，常夹于叶鞘缝内，或枯叶卷内，在水稻和谷子叶片尖端上产卵时常卷成卵棒。

幼虫共 6 龄，体长 35～38mm，体色多变，发生量少时体色较浅，大发生时体色浓黑。4 龄以上黏虫幼虫多呈淡黄褐至黄绿色不等，密度大时，多为灰黑至黑色。头部黄褐至红褐色，有暗色网纹，中央沿蜕裂线有一个"八"字形黑褐色纵纹。黏虫幼虫体表有许多纵行条纹，背中线白色，边缘有细黑线，背中线两侧有2条红褐色纵条纹，近背面较宽，两纵线间均有灰白色纵行细纹。腹面污黄色，腹足外侧具有黑褐色斑。

蛹为红褐色，体长19～23mm，腹部第5、6、7节背面近前缘处有横列的马蹄形刻点，中央刻点大而密，两侧渐稀，尾端具有1粗大的刺，刺的两旁各生有短而弯的细刺2对，雄蛹生殖孔在腹部第9节，雌蛹生殖孔位于第8节。

(二)生活习性

只在幼虫阶段对农业产生为害。喜在温暖湿润麦田、水稻、草丛中产卵。怕高温干旱，相对湿度75%以上，温度23～30℃利于成虫产卵和幼虫存活。但雨量过多，特别是遇暴风雨后，黏虫数量又显著下降。

成虫飞翔能力强，有假死和迁飞的习性，对糖、醋、酒液和黑光灯有很强的趋性行为，喜昼伏夜出。白天在枯叶丛、草垛、灌木林、茅棚等处隐藏。在夜间有2次明显的活动高峰，第一次在傍晚8至9时左右，另一次则在黎明前。

成虫3、4月间由长江以南向北迁飞至黄淮地区繁殖，4、5月间为害麦类作物，5、6月间一代化蛹羽化成虫后迁飞至东北、西北和西南等地繁殖为害，6、7月间为害小麦、玉米、水稻和牧草，7月中下旬至8月上旬二代化蛹羽化成虫后，向南迁飞至山东、河北、河南、苏北和皖北等地繁殖，为害玉米、水稻。

成虫羽化后必须取食花蜜补充营养，在适宜温、湿度条件下，才能正常发育产卵。主要的蜜源植物有桃、李、杏、苹果、刺槐、油菜、大葱、苜蓿等。

产卵部位趋向于黄枯叶片。在玉米苗期，卵多产在叶片尖端，成株期卵多产在穗部苞叶或果穗的花丝等部位。产卵时分泌胶质黏液，使叶片卷成条状，常将卵黏连成行或重叠排列包住，形成卵块，以致不易看见。每个卵块一般20～40粒，成条状或重叠，多者达200～300粒。

(三)为害特点

为害主要发生在南方稻区，秋季主要为害晚稻，冬春季为害小麦；北方则主要为害小麦、玉米、谷子、高粱、青稞等，亦为害禾本科牧草。低龄时咬食叶肉，使叶片形成透明条纹状斑纹，3龄后沿叶缘啃食小麦叶片成缺刻，严重时将小麦吃成光秆，穗期可咬断穗子或咬食小枝梗，引起大量落粒。大发生时可在1～2天内吃光成片作物，造成严重损失。

卵孵化成幼虫，需8～10天；第一次蜕皮需6～7天；第2次至第5次蜕皮，依次各需3天左右，第6次蜕皮需6～7天。黏虫每蜕一皮，个头长大，食量随之增大。3龄前的幼虫多集中在叶片上取食，可将玉米、高粱、谷子的幼苗叶片吃光，只剩下叶脉。

我国从北到南一年可发生2～8代。河北省1年发生3代，以为害夏玉米最重，春玉米较轻。黏虫为害夏玉米，主要在收获前后咬食幼苗，造成缺苗断垄，甚至毁种，是夏玉米全苗的大敌，故应注意黏虫虫情，并及时防治。

在33°N（1月0℃等温线）以南黏虫幼虫及蛹可顺利越冬或继续为害，在此线以北地区不能越冬。黏虫幼虫6次蜕皮变成蛹，直至再变成黏虫蛾后不再吃植物叶子，而改食花蜜，故不再对农业产生为害。

(四)防治方法

防治黏虫要做到捕蛾、采卵及杀灭幼虫相结合。要抓住消灭黏虫成虫在产卵之前，采卵在孵化之前，药杀幼虫在3龄之前等3个关键环节。

(1)农业防治：在成虫产卵盛期前选叶片完整、不霉烂的稻草8～10根扎成一小把，每亩30～50把，每隔5～7天更换一次(若草把经用药剂浸泡可减少换把次数)，可显著减少田间虫口密度。幼虫发生期间放鸭啄食。

(2)物理防治：用频振式杀虫灯诱杀成虫，效果非常好。

(3)药物防治：重发麦田，幼虫低龄期(2龄、3龄高峰期)，选用25%天达灭幼脲3号悬浮剂2000倍液，或90%敌百虫晶体，或2.5%天达高效氯氟氰菊酯乳油2000倍液，或25%的杀虫双水剂200～400倍液，按每亩加水30～45 kg均匀喷雾。

五、小麦叶蜂

拉丁学名为 *Dolerus Chu*。别称小黏虫、齐头虫等，为膜翅目，叶蜂科。分布广泛，主要发生在淮河以北麦区，为害麦类作物及看麦娘等杂草。

小麦叶蜂以幼虫为害麦叶，从叶边缘向内咬食成缺刻，重者可将麦叶全部吃光。

(一)生物特征

卵呈扁平肾形淡黄色，表面光滑。

幼虫共5龄，老龄幼虫17～18.8 mm，圆筒形，胸部较粗，腹末较细，胸腹各节均有横皱纹。头深褐色，胸腹部灰绿色。

蛹长9.8 mm，雄蛹略小，淡黄到棕黑色。头胸部粗大，腹部细小，末端分叉。

成虫体长8～9.8 mm，雄蜂体略小，黑色微带蓝光，后胸两侧各有一白斑。翅透明膜质，带有极细的淡黄色斑。胸腹部光滑，散有细刻点。小盾片黑色近三角形，有细稀刻点(图10)。

图10　小麦叶蜂(戴爱梅 摄)

(二)生活习性

在华北麦田1年发生1代，以蛹在土中20～25 cm深处越冬。第二年3月下旬开始羽化，在麦田内交尾产卵。成虫用锯状产卵器将卵产在叶片主脉旁边的组织内。1次1粒，成串产下。成虫寿命3～7天，卵期10天。幼虫共5龄，1～2龄白天为害叶片，3龄后白天隐蔽，黄昏后上升为害。到5月上、中旬老熟幼虫入土作茧休眠至10月中旬再蜕1次皮化蛹越冬。幼虫有假死性，遇振动即落地。

(三)防治方法

(1)小麦播种前深耕细耙，破坏其化蛹越冬场所，或将休眠蛹翻至土表机械杀死或冻死。有条件地方进行水旱轮作。

(2)一般应掌握在3龄前进行。喷粉用2.5%敌百虫粉剂或用1.5%160 g粉剂，每亩1.5～2 kg。喷雾可用90%万灵粉剂3000～5000倍液，或50%辛硫磷乳油1500倍液，或40%氧化乐果乳油4000倍液，每亩喷药液50～60 kg。

六、麦黑潜蝇

拉丁学名 *Agromza cineracnes* Macquart。别称细茎潜蝇、日本麦叶潜蝇，属双翅目潜蝇科，主要寄主为小麦、大麦及黑麦类禾本科杂草，分布于华北、西北、东北等麦区。

(一)生物特征

成虫体长 3 mm，体黑色有光泽，前缘脉仅 1 次断裂，翅的径脉第一支刚到达翅中间横脉的位置，翅缘第二、第三、第四室宽度的比例为 3.5∶1.0∶0.9。成虫趋光性强。幼虫蛆状，体长 4～5 mm，前气门 1 对，生在前胸近背中线处，互相接近，体侧有很多微小色点。在华北麦区每年 4 月中下旬为幼虫为害小麦盛期，幼虫潜在叶组织中取食叶肉，残留上下表皮，潜道呈袋状，内有虫粪。

卵呈长椭圆形，长约 0.6,mm，宽约 0.5 mm，卵柄长约 0.05mm，在叶肉内卵柄均向下。初产卵乳白色，半透明，产后 4 天卵壳表面出现 7～8 黄褐色条纹。

幼虫呈蛆状，体长 2.5,mm 左右，半透明，略偏，头小。口器前端呈铁耙状。

蛹呈长卵圆形，略偏，长约 2.5 mm，宽约 1.0mm。初化蛹为灰黄色，后渐变为淡褐色。

(二)生活习性

该虫 1 年发生多代。以蛹、幼虫在小麦根基及枯叶中越冬。秋季小麦出苗后，成虫大量迁入麦田取食产卵，小麦 1 m^2 行的成虫密度高达 30 多头。一天中以 10～15 时最为活跃。成虫田间活动总是先飞到叶片正面的中央，头部向上，然后向叶尖快速爬行，当爬到叶尖后迅速调转方向向下爬行寻找适宜部位取食、交尾或产卵取食时先用腹部末端将叶片刺破，然后调转身体用口器舔吸麦叶汁液。被取食的麦叶留下大量 0.1～3 mm 长短不等的条形透明斑点。产卵时腹部呈钩状向胸部弯曲，形成产卵器朝下的姿势，然后将产卵器摆动数下，将叶肉刺破，产下 1 粒卵，随即伸直腹部向右退去，用口器吐出黏液固定卵粒。卵粒都产在叶正面的纵沟内，且卵柄均朝下。迎着阳光看麦叶上的斑点，可以区别有卵斑和取食斑，有卵斑内可隐约看到卵粒且无卵部位透明，而取食斑整体透明。初产卵透明，约 10 分钟即变为乳白色。4 天后卵粒表面可见 7～8 条灰黑色体褶。第 5 天幼虫从卵的无柄端钻出取食，1 天后麦叶出现隧道。初龄幼虫食量很小，隧道延伸速度缓慢，1 天伸长约 0.1 mm。随着虫龄的增加隧道的长度和宽度逐渐加大。越冬前每头幼虫为害隧道可达 5cm 以上。幼虫期为 60 天左右，11 月中旬多数活化蛹进入越冬状态。

(三)防治

(1)农业措施。一是选育抗虫良种；二是加强小麦栽培管理，促进小麦生长发育，避免或减轻为害。

(2)药剂防治。在越冬代成虫始盛发时，根据不同地块的品种和生育期，进行第一次喷药，隔 6～7 天再喷 1 次药。喷粉可选用 2.5%敌百虫粉，或 2%西维因粉剂，每亩用 1.5～2 kg。喷雾可选用 50%辛硫磷乳油，或 40%氧化乐果乳油 1000～2000 液喷雾。

七、麦根蝽象

拉丁学名 *Stibaropus formosanus* Takado et Yamagihara，为半翅目，土蝽科。分布在华北、东北、西北及台湾。寄主为小麦、玉米、谷子、高粱及禾本科杂草。

(一)为害

成、若虫以口针刺吸寄主根部的营养。为害小麦时,4 月中下旬开始显症,5 月上中旬叶黄、秆枯、炸芒。提早半个月枯死,致穗小粒少,千粒重明显下降。为害高粱、玉米时,苗期出现苗青、株矮及青枯不结穗,减产 20%～30%或点片绝收。

(二)生物特征

成虫体长约 5 mm,近椭圆形,橘红至深红色,有光泽。触角 5 节,复眼浅红色,1 对单眼黄褐色,头顶前缘具 1 排短刺横列。前胸宽阔,小盾片为三角形,前翅基半部革质,端半部膜质,后翅膜质。前足腿节短,胫节略长,跗节黑褐色变为"爪钩";中足腿节较粗壮,肠节似短棒状,外侧前缘具 1 排扫帚状毛刺;后足腿节粗壮。卵长 1.2 mm 左右,椭圆形,淡青色至乳白色或暗白色。末龄若虫体长与成虫相近,头部、胸部、翅芽黄色至橙黄色,腹背具 3 条黄线,腹部白色。

(三)生活习性

山东 2 年发生 1 代,个别 3 年 1 代,以成虫或若虫在土中 30～60 cm 深处越冬。翌年越冬代成虫 4 月逐渐上升到耕作层为害和交尾,5 月中、下旬产卵,卵期 26.6 天,6 月上旬至 7 月上中旬出现大量若虫,若虫共 5 龄,每个龄期 30～45 天,为害小麦、高粱、玉米等作物根部,若虫越冬后至次年 6—7 月,老熟若虫羽化,若虫期和成虫期约需 1 年左右,条件不利时若虫期可长达 2 年。世代不够整齐,有世代重叠现象。陕西也是 2 年 1 代,次年越冬成虫于 6—7 月交配产卵,卵期 30 天。若虫于 8 月中旬至 9 月上旬孵化,10 月下旬越冬,次年 4 月中旬开始活动,4 月下旬至 7 月中旬进入若虫为害期,7 月下旬至 8 月中旬成虫羽化后越冬。于第三年成虫经补充营养,交配产卵,产卵前期 15 天。辽宁锦州 2 年或 2.5 年完成 1 代,越冬成虫于 7 月产卵,发育快的次年 8 月羽化为成虫,当年以成虫越冬。发育慢的群体则需进行 2 次越冬,第 3 年 6—7 月羽化为成虫。2.5 年完成 1 代。该虫有假死性,能分泌臭液,在土中交配,把卵散产在 20～30 cm 潮湿土层里,产卵量数粒至百余粒。成虫于 6—8 月土温高于 25℃或天气闷热的雨后或灌溉后,部分成虫出土晒太阳,身体稍干即可爬行或低飞。干旱年份发生为害重。

(四)防治

(1)实行小麦与非禾本科作物轮作。

(2)在播前施用 3%甲基异柳磷颗粒剂,每亩用量 3 kg,撒在播种沟内进行土壤处理。

(3)在雨后或灌水后于中午喷撒 2.5%甲基异柳磷或其他有机磷农药粉剂,也有效。

八、麦种蝇

拉丁学名 *Hylemyia coarctata*(Fallen),异名 *Delia coarctata* (Fallen)。别名麦地种蝇、瘦腹种蝇。属双翅目,花蝇科。分布在我国的新疆、甘肃、宁夏、青海、陕西、内蒙古、山西、黑龙江等省(区)。

(一)为害

幼虫为害麦茎基部,造成心叶青枯,后黄枯死亡,致田间出现缺苗断垄或造成毁种,从而造成减产。

(二)生物特征

雌虫体长 5～6.5 mm,灰黄色。额宽与眼宽相等或较宽,复眼间距较宽,约为头的三分之一，胸、麦种蝇腹部灰色，腹部较雄虫粗大。

雄虫体长 5～6 mm，暗灰色。头银灰色，额窄，额条黑色。复眼暗褐色，在单眼三角区的前方，间距窄，几乎相接。触角黑色。胸部灰色。腹部上下扁平，狭长细瘦，较胸部色深。翅浅黄色，具细黄褐色脉纹，平衡棒黄色。足黑色。

卵呈长椭圆形，长 1～1.2 mm，腹面略凹，背面凸起，一端尖削，另一端较平，初乳白色，后变浅黄白色，具细小纵纹。幼虫体长 6～6.5 mm，蛆状，乳白色，老熟时略带黄色，头极小，口钩黑色，尾部如截断状，具 7 对肉质突起，第一对在第二对稍上方，第六对分叉。围蛹纺锤形，长 5～6 mm，宽约 1.5～2 mm。初为淡黄色，后变黄褐色，两端稍带黑色，羽化前黑褐色，稍扁平，后端圆形有突起。

(三)生活习性

麦种蝇 1 年生多代，以卵或幼虫在麦根附近，麦茎内越冬。其越冬期长达 180～200 天，翌年 3 月越冬卵孵化为幼虫，初孵幼虫栖息在植株茎秆、叶及地面上，先在小麦茎基部钻一小孔，钻入茎内，头部向上，蛀食心叶组织成锯末状。幼虫耐饥力强，每头幼虫只为害一株小麦，无转株为害习性。幼虫活动为害盛期在 3 月下旬至 4 月上旬。幼虫期 30～40 天。4 月中旬幼虫爬出茎外，钻入 6～9 cm 土中化蛹，4 月下旬至 5 月上旬为化蛹盛期，蛹期 21～30 天。6 月初蛹开始羽化，6 月中旬为成虫羽化盛期，下旬全都羽化，这时小麦已近成熟，成虫即迁入秋作物杂草上活动。7—8 月为成虫活动盛期。生长稠密、枝叶繁茂、地面覆盖隐蔽及湿度大的环境中，该蝇迁入多。成虫早晨、傍晚、阴天活动，中午温度高时，多栖息荫蔽处不大活动。秋季气温低时，则中午活动，早晚不甚活动。成虫交配后，雄虫不久死亡。雌虫 9 月中旬开始产卵，卵分次散产于土壤缝隙及疏松表土下 2～3 cm 处。每雌产卵 9～48 粒，产卵后即死亡，10 月雌虫全部死亡。

(四)防治方法

提倡与其他作物进行 2～3 轮作年，可有效控制麦种蝇的为害。

药剂拌种：冬小麦用 40%甲基异柳磷乳剂按种子量的 0.2%拌种，春小麦用 40%甲基异柳磷乳剂按种子量的 0.1%进行拌种均能收到一定的防治效果。土壤处理，小麦播种前耕最后一次地时，用 40%甲基异柳磷乳油或 50%辛硫磷乳油 250 mL/亩，加水 5 g，拌细土 20 kg 撒施，边撒边耕，可防成虫在麦地产卵。春季幼虫开始为害时，用 80%敌敌畏乳油 50 mL/亩，加水 50 kg 喷地面，然后翻入地内。4 月中下旬，幼虫爬出茎外将钻入土内化蛹时，可用 90%晶体敌百虫 5 g/亩、50%辛硫磷乳油 200～500 mL/亩加水 50 kg 喷雾，或喷施 50%敌敌畏乳油 1000 倍液，以防幼虫钻入土内化蛹。

药剂喷洒：(1)用 50%辛硫磷乳油 1.5 kg，兑水 2.5 kg，混匀后喷拌在 20 kg 干土上，制成毒土，撒施；(2)成虫发生期也可喷洒 36%克螨蝇乳油 1000～1500 倍液或 50%敌敌畏乳油 1000 倍液，每亩喷兑好的药液 75 L。

九、东方蝼蛄

拉丁学名：*Gryllotalpa orientalis* Burmeister，又称拉拉蛄、土狗子、地狗子、非洲蝼蛄，直翅目蝼蛄科，是为害小麦的重要害虫。全国均有分布，南方比北方严重。

(一)为害

虫态有成虫、卵、若虫。成虫、若虫均在土中活动,取食播下的种子、幼芽或将幼苗咬断致死,受害的根部呈乱麻状。昼伏夜出,晚 9—11 时为活动取食高峰。

(二)生物特征

卵为椭圆形。初产长约 2.8 mm,宽 1.5 mm,灰白色,有光泽,后逐渐变成黄褐色,孵化之前为暗紫色或暗褐色,长约 4 mm,宽 2.3 mm。

若虫有 8～9 个龄期。初孵若虫乳白色,体长约 4 mm,腹部大。2、3 龄以上若虫体色接近成虫,末龄若虫体长约 25 mm。

成虫体长 30～35 mm,灰褐色,全身密布细毛。头圆锥形,触角丝状。前胸背板卵圆形,中间具一暗红色长心脏形凹陷斑。前翅灰褐色,较短,仅达腹部中部。后翅扇形,较长,超过腹部末端。腹末具 1 对尾须。前足为开掘足,后足胫节背面内侧有 4 个距。

(三)生活习性

(1)群集性。初孵若虫有群集性,怕光、怕风、怕水。东方蝼蛄孵化后 3～6 天群集一起,以后分散为害。

(2)趋光性。昼伏夜出,具有强烈的趋光性。

(3)趋化性。对香、甜物质气味有趋性,特别嗜食煮至半熟的谷子、棉籽及炒香的豆饼,麦麸等。因此,可制毒饵来诱杀之。

(4)趋湿性。喜欢栖息在河岸渠旁、菜园地及轻度盐碱潮湿地,有"蝼蛄跑湿不跑干"之说。东方蝼蛄比华北蝼蛄更喜湿。东方蝼蛄喜欢潮湿,多集中在沿河两岸、池塘和沟渠附近产卵。产卵前先在 5～20 cm 深处作窝,窝中仅有 1 个长椭圆形卵室,雌虫在卵室周围约 30 cm 处另作窝隐蔽,每雌产卵 60～80 粒。

(四)发生规律

华中、长江流域及其以南各省每年发生 1 代,华北、东北、西北 2 年左右完成 1 代,陕西南部约 1 年 1 代,陕北和关中 1～2 年 1 代。在黄淮地区,越冬成虫 5 月开始产卵,盛期为 6、7 两月,卵经 15～28 天孵化,当年孵化的若虫发育至 4～7 龄后,在 40～60 cm 深土中越冬。第二年春季恢复活动,为害至 8 月开始羽化为成虫。若虫期长达 400 余天。当年羽化的成虫少数可产卵,大部分越冬后,至第三年才产卵。在黑龙江省越冬成虫活动盛期约在 6 月上、中旬,越冬若虫的羽化盛期约在 8 月中、下旬。

(五)防治

(1)农业防治。精耕细作,深耕多耙;施用充分腐熟的农家肥;有条件的地区实行水旱轮作;人工捕捉;在田间挖 30 cm 见方,深约 20 cm 的坑,内堆湿润马粪并盖草,每天清晨捕杀蝼蛄;用黑光灯诱杀成虫。

(2)药剂防治。①将豆饼或麦麸 5 kg 炒香,或秕谷 5 kg 煮熟晾至半干,再用 90%晶体敌百虫 150 g 兑水将毒饵拌潮,每亩用毒饵 1.5～2.5 kg 撒在地里或苗床上。②在蝼蛄为害严重的菜田,每亩用 5%辛硫磷颗粒剂 1～1.5 kg 与 15～30 kg 细土混匀后,撒于地面并耙耕,或于栽前沟施毒土。蔬菜苗床受害重时,可用 50%辛硫磷乳油 800 倍液灌洞杀灭害虫。

十、华北蝼蛄

拉丁学名:*Gryllotalpa unispina*。也称土狗、蝼蝈、啦啦蛄等。直翅目,蝼蛄科。全国各地均有,但主要在北方地区为害。

(一)为害

为害多种园林植物的花卉、果木及林木和多种球根、块苇植物,主要咬食植物的地下部分。成虫和若虫咬食植物的幼苗根和嫩茎,同时由于成虫和若虫在土下活动开掘隧道,使苗根和上部分离,造成幼苗干枯死亡,致使苗床缺苗断垄。

(二)生物特征

成虫。雌成虫体长45～50mm,雄成虫体长39～45mm。形似非洲蝼蛄,但体黄褐至暗褐色,前胸背板中央有1心脏形红色斑点。后足胫节背侧内缘有棘1个或无棘。腹部近圆筒形,背面黑褐色,腹面黄褐色,尾须长约为体长之。

卵为椭圆形。初产时长1.6～1.8mm,宽1.1～1.3mm,孵化前长2.4～2.8mm,宽1.5～1.7mm。初产时黄白色,后变黄褐色,孵化前呈深灰色。

若虫形似成虫,体较小,初孵时体乳白色,2龄以后变为黄褐色,5、6龄后基本与成虫同色。

(三)生活习性

约3年1代,若虫13龄,以成虫和8龄以上的各龄若虫在150cm深以上的土中越冬。来年3—4月当10cm深土温达8℃左右时若虫开始上升为害,地面可见长约10cm的虚土隧道,4、5月地面隧道大增即为害盛期;6月上旬当隧道上出现虫眼时已开始出窝迁移和交尾产卵,6月下旬至7月中旬为产卵盛期,8月为产卵末期。越冬成虫于6—7月间交配,产卵前在土深10～18cm处作鸭梨形卵室、上方挖1运动室,下方挖1隐蔽室;每室有卵50～85粒,每头雌虫产卵50～500粒、多为120～160粒,卵期20～25天。各龄若虫历期为1至2龄1～3天,3龄5～10天,4龄8～14天,5至6龄10～15天,7龄15～20天,8龄20～30天,9龄以后除越冬若虫外每龄约需20～30天,羽化前的最后一龄需50～70天。

初孵若虫最初较集中,后分散活动,至秋季达8～9龄时即入土越冬;第二年春季,越冬若虫上升为害,到秋季达12～13龄时,又入土越冬:第三年春再上升为害,8月上、中旬开始羽化,入秋即以成虫越冬。成虫虽有趋光性,但体形大、飞翔力差,灯下的诱杀率不如东方蝼蛄高。华北蝼蛄在土质疏松的盐碱地,沙壤土地发生较多。

(四)发生规律

该虫在1年中的活动规律和东方蝼蛄相似,即当春天气温达8℃时开始活动,秋季低于8℃时则停止活动,春季随气温上升为害逐渐加重,地温升至10～13℃时在地表下形成长条隧道为害幼苗;地温升至20℃以上时则活动频繁、进入交尾产卵期;地温降至25℃以下时成、若虫开始大量取食积累营养准备越冬,秋播作物受害严重。土壤中大量施用未腐熟的厩肥、堆肥,易导致蝼蛄发生,受害较重。当深10～20 cm处土温在16～20℃、含水量22%～27%时,有利于蝼蛄活动;含水量小于15%时,其活动减弱;所以春、秋有两个为害高峰,在雨后和灌溉后加重。

(五)防治

(1)蝼蛄的趋光性很强,在羽化期间,晚上7—10时可用灯光诱杀;或在苗圃步道间每隔

20 m 左右挖一小坑，将马粪或带水的鲜草放入坑内诱集，再加上毒饵更好，次日清晨可到坑内集中捕杀。

(2)鸟类是蝼蛄的天敌。可在苗圃周围栽植杨、刺槐等防风林，招引红脚隼、戴胜，喜鹊、黑枕黄鹂和红尾伯劳等食虫鸟以利控制虫害。

(3)施用厩肥、堆肥等有机肥料要充分腐熟；深耕、中耕也可减轻蝼蛄为害。

(4)作苗床(垅)时用 40%乐果乳油或其他药剂 0.5 kg，加水 5 kg，拌饵料 50 kg，傍晚将毒饵均匀撒在苗床上诱杀；饵料可用多汁的鲜菜、鲜草以及蝼蛄喜食的块根和块茎，或炒香的麦麸、豆饼和煮熟的谷子等。用 25%西维因粉 100～150 g 与 25 g 细土均匀拌和，撒于土表再翻入土下毒杀。

十一、华北大黑鳃金龟

拉丁学名：*Holotrichia oblita* Fald。分布东北、华北、西北等省区。成虫取食杨、柳、榆、桑、核桃、苹果、刺槐、栎等多种果树和林木叶片，幼虫为害阔、针叶树根部及幼苗。与其习性和形态近似种有东北大黑鳃金龟 *H. diomphalia* Bates，华南大黑鳃金龟 *H. gebleri* Faldermann，四川大黑鳃金龟 *H. szechuanensis* Chang。

(一)生物特征

成虫呈长椭圆形，体长 21～23 mm、宽 11～12 mm，黑色或黑褐色有光泽。胸、腹部生有黄色长毛，前胸背板宽为长的两倍，前缘钝角、后缘角几乎成直角。每鞘翅 3 条隆线。前足胫节外侧 3 齿，中后足胫节末端 2 距。雄虫末节腹面中央凹陷、雌虫隆起。

卵为椭圆形，乳白色。

幼虫体长 35～45 mm，肛孔 3 射裂缝状，前方着生一群扁而尖端成钩状的刚毛、并向前延伸到肛腹片后部 1/3 处。

预蛹体表皱缩无光泽。蛹黄白色，椭圆形，尾节具突起 1 对。

(二)生活习性

西北、东北和华东 2 年 1 代，华中及江浙等地 1 年 1 代，以成虫或幼虫越冬。在河北越冬成虫约 4 月中旬左右出土活动直至 9 月入蜇，前后持续达 5 个月，5 月下旬至 8 月中旬产卵，6 月中旬幼虫陆续孵化，为害至 12 月以第 2 龄或第 3 龄越冬；第二年 4 月越冬幼虫继续发育为害，6 月初开始化蛹、6 月下旬进入盛期，7 月始羽化为成虫后即在土中潜伏、相继越冬，直至第三年春天才出土活动。东北地区的生活史则推迟约半月余。

成虫白天潜伏土中，黄昏活动、8—9 时为出土高峰，有假死及趋光性；出土后尤喜在灌木丛或杂草丛生的路旁、地旁群集取食交尾，并在附近土壤内产卵，故地边苗木受害较重；成虫有多次交尾和陆续产卵习性，产卵次数多达 8 次，雌虫产卵后约 27 天死亡。多喜散产卵于 6～15 cm 深的湿润土中，每雌产卵 32～193 粒、平均 102 粒，卵期 19～22 天。幼虫 3 龄、均有相互残杀习性，常沿垄向及苗行向前移动为害，在新鲜被害株下很易找到幼虫；幼虫随地温升降而上下移动，春季 10 cm 处地温约达 10℃时幼虫由土壤深处向上移动，地温约 20℃时主要在 5～10 cm 处活动取食，秋季地温降至 10℃以下时又向深处迁移，越冬于 30～40 cm 处。土壤过湿或过干都会造成幼虫大量死亡(尤其是 15 cm 以下的幼虫)，幼虫的适宜土壤含水量为 10.2%～25.7%，当低于 10%时初龄幼虫会很快死亡；灌水和降雨对幼虫在土壤中的分布也有影响，如遇降雨或灌水则暂停为害下移至土壤深处，若遭水浸则在土壤内作一穴室，如浸渍3天以上则常窒息而死，故可灌水减轻幼虫的危害。老熟幼虫在土深20cm处筑土室化蛹，预蛹期约22.9天，蛹期15～22天。

（三）防治

种子与50%～75%辛硫磷2000倍液按1∶10拌种、或20%甲基乙硫磷乳油1 kg拌种250～500 kg防治。用辛硫磷和甲基乙硫磷，在播种前将药剂均匀喷撒地面，然后翻耕或将药剂与土壤混匀；或播种时将颗粒药剂与种子混播，或药肥混合后在播种时沟施，或将药剂配成药液顺垄浇灌或围灌防治幼虫。成虫盛发期喷25%西维因粉或15%的乐果粉1000～1500倍液，600倍天达2116，效果更好。

十二、东北大黑鳃金龟

拉丁学名：*Holotrichia diomphalia* Bates。分布于东北、华北各省（区、市）。东北大黑鳃金龟的幼虫蛴螬是重要的地下害虫，各地由于气候、土壤不同，在不同的草地和草坪类型上，发生为害的种类有一定差异，一般同一地区往往多种混合发生。

（一）为害

主要为害的牧草有苏丹草、羊草、披碱草、狗尾草、猫尾草、燕麦、早熟禾、黑麦草、羊茅、狗牙根、剪股颖、苜蓿、红豆草、三叶草等。成虫、幼虫均能为害，而以幼虫为害最严重。幼虫栖息在土壤中，取食萌发的种子，造成缺苗断垄；咬断根茎、根系，使植株枯死，且伤口易被病菌侵入，造成植物病害。幼虫食害各种蔬菜苗根，成虫仅食害树叶及部分作物叶片，幼虫的为害可使蔬菜幼苗致死，造成缺苗断垄。

（二）生物特征

成虫体长16～21 mm，宽8～11 mm，黑色或黑褐色，具光泽。唇基横长，近似半月形，前、侧缘边上卷，前缘中间微凹入。触角10节，鳃片部3节呈黄褐或赤褐色。前胸背板宽度不及长度的2倍，两侧缘呈弧状外扩。小盾片近于半圆形。鞘翅呈长椭圆形，每翅具4条明显的纵肋。前足胫节外齿3个，内方有距1根；中、后足胫节末端具端距2根，中段有一完整的具刺横脊。臀节外露。前臀节腹板中间，雄性为一明显的三角形凹坑，雌性呈尖齿状。卵初产长椭圆形，大小为（2.5×1.5）mm，白色稍带黄绿色光泽；发育后期呈圆球形，大小为（2.7×2.2）mm，洁白而有光泽。

三龄幼虫体长35～45 mm，头宽4.9～5.3 mm。头部黄褐色，通体乳白色。头部前顶刚毛每侧3根，成一纵列；额前缘刚毛2～6根，多数为3～4根。肛门孔呈三射裂缝状，肛腹片后部复毛区散生钩状刚毛，约70～80根，分布不均；无刺毛列。蛹为裸蛹，体长21～24 mm，宽11～12 mm；初期白色，渐转红褐色。

（三）生活习性

我国各地多为两年发生1代，成虫和幼虫均能越冬。据在辽宁省观察，成虫4月下旬至5月初始见，5月中、下旬是盛发期，9月初为终见期，5月下旬开始产卵，6月中旬孵出幼虫，10月中、下旬3龄幼虫越冬。越冬幼虫于第二年5月中旬，上升到土表为害植物幼苗的根、茎等地下部分，为害盛期在5月下旬至6月上旬。7月中旬，老熟幼虫作土室化蛹，蛹期约20天，羽化的成虫当年不出土，在土室里越冬。成虫历期约300天，卵多产在6～12 cm深的表土层，卵期 15～22 天。幼虫期约 340～400 天，冬季在 55～145 cm 深土层里越冬。成虫昼伏夜出，日落后开始出土，21 时是取食、交配高峰，午夜以后陆续入土潜伏。成虫有假死性，趋光性不强，性诱现象明显（雌诱雄）。交配后 10～15 天开始产卵，每雌虫平均产卵 102 粒。成虫出土的适宜温度为 12.4～18.0℃，10 cm 土层温度为 13.8～22.5℃。卵和幼虫生长发育的适宜土壤含水量为 10%～20%，以 15%～18%最适宜。土壤过干或湿都会造成大量死亡。

（四）防治

（1）加强预测预报

由于蛴螬为土栖昆虫，生活、为害于地下，具隐蔽性，并且主要在作物苗期猖獗，一旦发现严重受害，往往已错过防治适期。为此，对此类害虫必须加强预测预报工作。调查的时间一般从秋后到播种前进行。

调查的方法是分别按不同土质、地势、水肥条件、茬口等选择有代表性地块，采取双对角线或棋盘式定点，每公顷 3 个样点，每点查 $1m^2$，掘土深度 30～50 cm，细致检查土中脐增及其他土栖害虫种类、发育期、数量、入土深度等，分别记入调查表中，统计每平方米中蛴螬平均头数，以辽宁省的防治指标衡量，1 头/ m^2 为轻发生，1～3 头/ m^2 为中等发生，3 头/m^2 以上为严重发生，必须采取防治措施。

（2）农业技术措施防治

一是对于蛴螬发生严重的地块，在深秋或初冬翻耕土地，不仅能直接消灭一部分蛴螬，并且将大量蛴螬暴露于地表，使其被冻死、风干或被天敌啄食、寄生等，一般可压低虫量 15%～30%，明显减轻第二年的为害。

二是合理安排茬口。前茬为豆类、花生、甘薯和玉米的地块，常会引起蛴螬的严重为害，这与蛴螬成虫的取食与活动有关。

三是避免施用未腐熟的厩肥。金龟子及其他一些蔬菜害虫，如菠菜潜叶蝇、种蝇等，对未腐熟的厩肥有强烈趋性，常将卵产于其内，如施入田中，则带入大量虫源。而腐熟的有机肥可改良土壤的透水、通气性状，提供土壤微生物活动的良好条件，使根系发育快，苗齐苗壮，增强作物的抗虫性，并且由于蛴螬不喜食腐熟的有机肥，也可减轻其对作物的为害。

四是合理施用化肥。碳酸氢铵、腐植酸铵、氨水、氨化过磷酸钙等化学肥料，散发出氨气对蛴螬等地下害虫具有一定的驱避作用。

五是合理灌溉。土壤温湿度直接影响着蛴螬的活动，对于蛴螬发育最适宜的土壤含水量为 15%～20%，土壤过干、过湿，均会迫使蛴螬向土壤深层转移，如持续过干或过湿，则使其卵不能孵化，幼虫致死，成虫的繁殖和生活力严重受阻。因此，在蛴螬发生区，在不影响作物生长发育的前提下，对于灌溉要合理地加以控制。

六是在温室、温床、大棚等保护地里，由于气温高，幼苗又集中，往往受害早、受害重。应及早发现蛴螬的活动并及时采取防治措施。

（3）药剂防治

要选用 50%辛硫磷乳油 1000 倍液、25%爱卡士乳油 1000 倍液、40%乐果乳油 1000 倍液、30%敌百虫乳油 500 倍液或 80%敌百虫可溶性粉剂 1000 倍液喷洒或灌杀。

十三、暗黑鳃金龟

拉丁学名：*Holotrichia parallela* Motschulsky。属鞘翅目、金龟科，分布在我国 20 余个

省(区、市),是花生、豆类、粮食作物的重要地下害虫,就分布之广、为害之重而言,在金龟子类中逐渐上升到首位。防治此害虫,要以农业防治为基础,结合物理、化学等方法防治。

(一)为害

成、幼虫食性很杂。成虫可取食榆、加杨、白杨、柳、槐、桑、柞、苹果、梨等的树叶,最喜食榆叶,次为加杨。成虫有暴食特点,在其最喜食的榆树上,一棵树上可落虫数千头,取食时发出“沙沙”声,很快将树叶吃光。幼虫主要取食花生、大豆、薯类、麦类等作物的地下部分。在花生田里常将幼果柄咬断并将果吃掉,或是钻入荚果内将果仁食尽或是将荚果咬得残缺。幼虫也喜食大豆须根、根瘤、侧根,环食主根表皮。还可将甘薯、马铃薯的块根、块茎咬成洞穴,引起腐烂变质。在粮区主要为害玉米等春夏播作物的根系。

(二)生物特征

成虫体长 17～22 mm,体宽 9～11.5 mm,黑色或黑褐色,无光泽。暗黑鳃金龟与大黑鳃金龟形态近似,在田间识别须注意下列几点:暗黑鳃金龟体无光泽,幼虫前顶刚毛每侧 1 根;大黑鳃金龟则体有光泽,幼虫前顶刚毛每侧 3 根。

每年 1 代,绝大部分以幼虫越冬,但也有以成虫越冬的,其比例各地不同。在 6 月上中旬初见,第一高峰在 6 月下旬至 7 月上旬,第二高峰在 8 月中旬、第一高峰持续时间长,虫量大,是形成田间幼虫的主要来源,第二高峰的虫量较小。成虫出土的基本规律是一天多一天少。选择无风、温暖的傍晚出土,天明前入土。成虫有假死习性。

幼虫活动主要受土壤温、湿度制约,在卵和幼虫的低龄阶段,若土壤中水分含量较大则会淹死卵和幼虫。幼虫活动也受温度制约,幼虫常以上下移动寻求适合地温。另外,幼虫下移越冬时间还受营养状况影响,在大豆田及部分花生田,幼虫发育快,到 9 月多数幼虫下移越冬;而粮田中的幼虫发育慢,9 月还能继续为害小麦。

(三)防治

暗黑鳃金龟的蛴螬的防治必须贯彻“预防为主,综合防治”的植保方针,以农业防治为基础,把化学农药防治与其他防治方法协调起来,因地制宜地开展综合防治,才能将蛴螬的为害控制住。

(1)结合农田基本建设,深翻改土,改变土壤的酸碱度,铲平沟坎荒坡,消灭地边、荒坡、田埂等处的蛴螬,杜绝地下害虫的孳生地。

(2)改革种植制度,实行轮作倒茬和间作套种,有条件的地主可实行水旱轮作,以减轻地下害虫的为害。

(3)通过翻耕整地压低越冬虫量。在我国的东北、华北、西北等地可实行春、秋翻耕整地,能明显减轻第二年春、夏季的为害。且深耕耙压还可使蛴螬受到机械杀伤,被翻到地面后还会受到日晒、霜冻、天敌啄食等,消灭部分蛴螬等地下害虫。

(4)猪粪厩肥等农家有机肥料,必须经过充分腐熟后方可施用。

(5)控制浇水,减轻蛴螬为害。农田浇水改变了土壤水分环境,不利于蛴螬生存。如在小麦抽穗后,当受害田出现白穗时浇水,可迫使蛴螬下迁减轻小麦受害;在春玉米蛴螬为害高峰期浇水,不仅可减轻玉米受害,还对作物生长有利。秋末进行冬灌,水量越大蛴螬死亡率越高,可使第二年春季蛴螬为害减轻。

(6)播种期防治。①种子处理:可选用辛硫磷。用药量为种子量的 0.1%～0.2%。处理方法：将药剂先用种子重量 10%的水稀释后，均匀喷拌于种子上，然后堆闷 12～24 小时，使药液充分渗吸到种子内即可播种。也可采用包衣种子。②土壤处理：在蛴螬为害严重，拌种无法控制其为害的情况下，应采用土壤处理（即撒施毒土）。可用辛硫磷，结合灌水施入土中或加细土 25～30 kg 拌成毒土，顺垄条施，施药后随即浅锄或浅耕。

(7)生长期防治。可选用灌施毒水、沟施毒土等措施。根据不同的作物选用辛硫磷、二嗪磷、毒死蜱、毒·辛等颗粒剂。

(8)物理防治。主要是针对蛴螬的成虫金龟子，对于趋光极强的铜绿丽金龟、暗黑鳃金龟、阔胸犀金龟、云斑鳃金龟、大黑鳃金龟、黄褐丽金龟等有明显作用，利用黑光灯诱杀，效果显著。用黑绿单管双光灯（发生一半绿光，一半黑光），对金龟子的诱杀量比黑光灯提高 10%左右。

(9)可利用乳状菌防治。目前，美国等国已筛选出乳状菌及其变种，用于蛴螬防治。在美国乳状茵制剂 Doom 和 Japidemic 已有乳状菌商品出售，防治用量是每 $23m^2$ 用 0.05 kg 乳状菌粉，这种菌粉每克含有 1×10^9 活孢子，防治效果一般为 60%～80%。

十四、棕色鳃金龟

拉丁学名：*Holotrichia titanis* Reitter。属鞘翅目、金龟科，是农业有害生物，成虫、幼虫均能为害作物。

(一)为害

棕色鳃金龟成虫、幼虫均能为害，而以幼虫为害最严重。为害部位是种芽、种根、嫩叶、嫩茎、花蕾、花冠。成虫咬食叶片成缺刻或孔洞，有的把叶片吃光，严重影响寄主的光合作用。幼虫栖息在土壤中，取食萌发的种子，造成缺苗断垄；咬断根茎、根系，使植株枯死，且伤口易被病菌侵入，造成植物病害。主要为害棉花、玉米、高粱、谷子等禾本科作物和豆类、花生以及块根、块茎类作物。

(二)生物特征

成虫中大型，体长 20 mm 左右，体宽 10 mm 左右；体棕褐色，具光泽。触角 10 节，赤褐色。前胸背板横宽，与鞘翅基部等宽，两前角钝，两后角近直角；小盾片光滑，三角形。鞘翅较长，为前胸背板宽的 2 倍，各具 4 条纵肋，第一、二条明显，第一条末端尖细，会合缝肋明显，足棕褐色有强光。

幼虫体长 45～55 mm，乳白色。头部前顶刚毛每侧 1 至 2 根，绝大多数仅 1 根。

(一)生活习性

棕色鳃金龟在陕西省 2～3 年完成 1 代，以 2～3 龄幼虫或成虫越冬。在渭北塬区，越冬成虫于翌年 4 月上旬开始出土活动，4 月中旬为成虫发生盛期，延续到 5 月上旬。4 月下旬开始产卵，卵期平均 29.4 天，6 月上旬为卵初孵期，7 月中旬至 8 月下旬幼虫达 2～3 龄，10 月下旬下潜到 35～97 cm 深的土层中越冬。翌年 4 月越冬幼虫上升到耕层，为害小麦等作物地下部分，7 月中旬幼虫老熟，下潜深土层做土室化蛹，8 月中旬羽化，成虫当年不出土，直接越冬。第三年春季越冬成虫出土活动。棕色鳃金龟成虫于傍晚活动，基本不取食。雌虫偶尔少量取食。雌虫交配后约经 20 天产卵，卵产于 15～20 cm 深土层内，卵单产。幼虫为害期长，土壤含水量 15%～20%最适于卵和幼虫的存活。

(二)发生规律

连作地、田间及四周杂草多;地势低洼、排水不良、土壤潮湿;氮肥使用过多或过迟;栽培过密、株行间通风透光差;施用的农家肥未充分腐熟;上年秋冬温暖、干旱、少雨雪,翌年高温、高湿气候,有利于棕色鳃金龟的发生与发展。

(三)防治

1. 农业防治

(1)播种或移栽前,或收获后,清除田间及四周杂草,集中烧毁或沤肥;深翻地灭茬、晒土,促使病残体分解,减少虫源和虫卵寄生地。

(2)和非禾本科作物轮作,水旱轮作最好。

(3)选用抗虫品种,选用无病、包衣的种子。

(4)育苗移栽,播种后用药土覆盖,移栽前喷施一次除虫灭菌的混合药。

(5)选用排灌方便的田块,开好排水沟,达到雨停无积水;大雨过后及时清理沟系,防止湿气滞留,降低田间湿度,这是防虫的重要措施。

(6)地下害虫严重的田块,在播种前撒施或沟施杀虫的药土。

(7)提倡施用酵素菌沤制的或充分腐熟的农家肥,不用未充分腐熟的肥料;采取"测土配方"技术,科学施肥,增施磷钾肥;重施基肥、有机肥,加强管理,培育壮苗,有利于减轻虫害。

(8)冬灌或春、夏季适时灌水可淹死蛴螬或改变土壤通气条件,迫使其上升到地表或下潜。

2. 物理防治

利用棕色鳃金龟的趋光性和喜光性,设置黑光灯诱杀。

3. 化学防治

(1)毒饵:

①每亩地用25%辛硫磷胶囊剂150～200 g拌谷子、麦麸、米糠等饵料5 kg,或50%辛硫磷乳油50～100 mL拌饵料3～4 kg,撒于播种沟中。

②利用棕色鳃金龟喜食树木叶片的习性,于成虫盛发期在田间插入药剂处理过的带叶树枝,毒杀成虫。该法取20～30 cm长的榆、杨、刺槐等枝条,浸入氧乐果乳油或敌百虫可溶性粉剂稀释的药液中,或用药液均匀喷雾,使之带药,在傍晚插入田间,诱杀成虫。或用树叶每公顷放置150～225个小堆,喷洒上40%氧乐果800倍液,诱杀成虫。

(2)撒施剂:5%克百威颗粒剂2～3 kg/亩;1%辛硫磷颗粒剂1份加煤渣颗粒10～15份;3%广灭丹颗粒剂1～2 kg/亩加15倍细沙;0.1%功夫颗粒剂加10～15倍煤渣颗粒2 g/株。播种或移栽时穴施,可兼灭地老虎等;幼虫为害时,撒施于根际周围。

(3)适当施用碳酸氢铵、腐殖酸铵等化肥做底肥,对棕色鳃金龟有一定抑制作用。

(4)喷施药剂:

①10%吡虫淋可湿性粉剂1500倍液。

②50%辛硫磷乳油1500倍液。

③25%增效喹硫磷乳油1500倍液。

④48%乐斯本乳油1000～1500倍液。

⑤40%新农宝乳油1000～2000倍液。

⑥3.3%天丁乳油1000～1500倍液。

⑦5%锐劲特悬浮剂 2000 倍液。

⑧5%卡死克乳油 2000～2500 倍液。

⑨20%速灭丁乳油 3000 倍液。

⑩90%敌百虫 600～800 倍液。

⑪10%氯氰菊酯乳油 2000～2500 倍液。

⑫5%高效氯氰菊酯乳油可湿性粉剂 2000～2500 倍液。幼虫为害时，喷淋根际周围；成虫为害时，喷施整个植株。

十五、铜绿丽金龟

拉丁学名：*Anomala corpulenta* Motschulsky。属鞘翅目，金龟科。寄主为杨、核桃、柳、苹果、榆、葡萄、海棠、山楂等。幼虫为害植物根系，使寄主植物叶子萎黄甚至整株枯死，成虫群集为害植物叶片。国内主要分布于黑龙江、吉林、辽宁、河北、内蒙古、宁夏、陕西、山西、山东、河南、湖北、湖南、安徽、江苏、浙江、江西、四川、广西、贵州、广东等地。国外分布于朝鲜、日本、蒙古、韩国、东南亚等国。主要分布于雨水充沛处。

（一）为害

铜绿丽金龟寄生于植物之上。成虫啃食植物嫩芽、被啃食的嫩叶成不规则的缺口或孔洞，严重的仅留叶柄或粗脉；幼虫生活在土中，为害植物根系。主要为害茄科、豆科、十字花科和葫芦科蔬菜及其他种作物。铜绿丽金龟以成虫为害果树叶片，使被害叶片残缺不全，受害严重时整株叶片全被食光，仅留叶柄。幼虫食害果树根部，但为害性不大。

（二）寄主

寄主有香石竹、吊钟花、茶花、夹竹桃、扶桑、月季、沙果、花红、樱花、蔷薇、日本晚樱、女贞、红枫、海棠、杜梨、枫杨、蝴蝶果、喜树、桉树、白蜡、榔榆、油桐、乌桕、桧柏、松属类、杨、柳、榆、池杉苗、油橄榄、苹果、梨、桃、梅、柿、柑橘、樱桃、水蒲桃、龙眼、柠檬、核桃、板栗、栎、槐、柏、桐、茶、松、杉等。以苹果属果树受害最重。成虫取食叶片，常造成大片幼龄果树叶片残缺不全，甚至全树叶片被吃光。

（三）生物特征

成虫体长 19～21 mm，触角黄褐色，鳃叶状。前胸背板及销翅铜绿色具闪光，上面有细密刻点。稍翅每侧具 4 条纵脉，肩部具疣突。前足胫节具 2 外齿，前、中足大爪分叉。幼虫有 3 龄，幼虫体长 30～33 mm，头部黄褐色，前顶刚毛每侧 6～8 根，排一纵列。脏腹片后部腹毛区正中有 2 列黄褐色长的刺毛，每列 15～18 根，2 列刺毛尖端大部分相遇和交叉。在刺毛列外边有深黄色钩状刚毛。蛹长椭圆形，土黄色，体长 22～25 mm。体稍弯曲，雄蛹臀节腹面有 4 裂的统状突起（图 11）。

图 11　铜绿丽金龟（黄健 摄）

卵壳光滑，呈椭圆形，长 182 mm，乳白色。

蛹体长约 20 mm，宽约 10 mm，椭圆形，裸蛹，土黄色，雄性末节腹面中央具 4 个乳头状突起，雌性则平滑，无此突起。

幼虫老熟体长约 32 mm，头宽约 5 mm，体乳白,头黄褐色近圆形,前顶刚毛每侧各为8根,成一纵列;后顶刚毛每侧4根斜列。额中例毛每侧4根。肛腹片后部复毛区的刺毛列,列各由13～19根长针状刺组成,刺毛列的刺尖常相遇。刺毛列前端不达复毛区的前部边缘。

(四)生活习性

在北方一年发生一代,以老熟幼虫越冬。翌年春季越冬幼虫上升活动,5月下旬至6月中下旬为化蛹期,7月上中旬至8月是成虫发育期,7月上中旬是产卵期,7月中旬至9月是幼虫为害期,10月中旬后陆续进入越冬。少数以2龄幼虫、多数以3龄幼虫越冬。幼虫在春、秋两季为害最烈。

成虫有趋光性和假死性,昼伏夜出,产卵于土中,体长15～22 mm,宽8.3～12.0 mm。

幼虫在土壤中钻蛀,破坏农作物或植物的根部。

此虫1年发生1代,以3龄幼虫越冬。次春4月间迁至耕作层活动为害,5月间老熟化蛹,5月下旬至6月中旬为化蛹盛期,预蛹期12天,蛹期约9天。5月底成虫出现;6、7月间为发生最盛期,是全年为害最严重期,8月下旬渐退,9月上旬成虫绝迹。成虫高峰期开始产卵,6月中旬至7月上旬末为产卵密期。成虫产卵前期约10天左右;卵期约10天。7月间卵孵盛期。幼虫为害至秋末即下迁至39～70 cm的土层内越冬。

(五)其他近亲

棕色金龟子(鳃角金龟科)、褐绒金龟子(鳃角金龟科)、大条丽金龟、红脚绿金龟、东北大黑鳃金龟、华南大黑金龟、江南大黑金龟、阔鳃大黑金龟、浅棕大黑金龟、四川大黑金龟、暗黑大金龟、黑色金龟子(金龟子科)、华北大黑鳃金龟、白星花金龟。

(六)防治方法

(1)开荒垦地,破坏铜绿丽金龟生活环境;灌水轮作,消灭幼龄幼虫,捕捉浮出水面成虫。水旱轮作可防治幼虫为害;结合中耕除草,清除田边、地堰杂草,夏闲地块深耕深耙;尤其当幼虫在地表土层中活动时适期进行秋耕和春耕,深耕同时捡拾幼虫。不施用末腐熟的秸秆肥。

(2)人工防治。利用成虫的假死习性,早晚振落捕杀成虫。

(3)诱杀成虫。利用成虫的趋光性,当成虫大量发生时,于黄昏后在果园边缘点火诱杀。有条件的果园可利用黑光灯大量诱杀成虫。在成虫发生期,可实行人工捕杀成虫;春季翻树盘也可消灭土中的幼虫。

(4)药剂防治。在成虫发生期树冠喷布50%杀螟硫磷乳油1500倍液,或50%对硫磷乳油1500倍液。喷布石灰过量式波尔多液,对成虫有一定的驱避作用。也可表土层施药。在树盘内或园边杂草内施75%辛硫磷乳剂1000倍液,施后浅锄入土,可毒杀大量潜伏在土中的成虫。

(5)成虫发生期的防治。可结合防治其他害虫进行防治。喷洒2.5%功夫乳油或敌杀死乳油8000～8500倍液,对各类鞘翅目昆虫防效均好;40%氧化乐果乳油600～800倍,残效期长,防效明显;50%对硫磷乳油,或杀螟硫磷乳油,或内吸磷乳油,或稻丰散乳油,或马拉松乳油,或二嗪农乳油1000～1500倍液,或90%敌百虫1000倍液;50%杀螟丹可湿性粉剂,或25%甲萘威(西威因)可湿性粉剂600～700倍液,40.7%毒死蜱乳油1000倍液,10%联苯菊酯乳油8000倍液等药剂,对多种鞘翅目害虫均有良好防效。同时可兼治其他食叶、食花及其刺吸式害虫。

(6)成虫出土前或潜土期防治。可于地面施用25%对硫磷胶囊剂0.3～0.4 kg/亩加土适量做成毒土,均匀撒于地面并浅耙,或5%辛硫磷颗粒剂2.5 kg/亩,做成毒土均匀撒于地面后立即浅耙以免光解,并能提高防效。1.5%对硫磷粉剂2.5 kg/亩也有明显效果。

(7)幼虫期的防治。可结合防治金针虫、拟地甲、蝼蛄以及其他地下害虫进行。采用措施有:

①药剂拌种。此法简易有效,可保护种子和幼苗免遭地下害虫的为害。常规农药有25%对硫磷或辛硫磷微胶囊剂0.5 kg拌250 kg种子,残效期约2个月,保苗率为90%以上;50%辛硫磷乳油或40%甲基异柳磷乳油0.5 kg加水25 kg,拌种400～500 kg,均有良好的保苗防虫效果;

②药剂土壤处理。可采用喷洒药液、施用毒土和颗粒剂于地表、播种沟或与肥料混合使用,但以颗粒剂效果较好。常规农药有:5%辛硫磷颗粒剂2.5 kg/亩,或3%呋喃丹颗粒剂3.0 kg/亩,5%二嗪农颗粒剂2.5 kg/亩,1.5%对硫磷粉剂5 kg/亩,5%涕灭威颗粒剂2 kg/亩。也可用50%对硫磷乳油1000倍液灌根,或用50%对硫磷乳油1000倍液加尿素0.5 kg,再加0.2 kg柴油制成混合液开沟浇灌,然后覆土,防效良好。

③试用辛硫磷毒谷,煮至半熟,按每亩1 kg,拌入50%辛硫磷乳油0.25 kg,随种子混播种穴内,亦可用豆饼、甘薯干、香油饼磨碎代用。如播后仍发现为害时,可在为害处补撒毒饵,撒后宜用锄浅耕,效果更好。此种撒施方法对蝼蛄、蟋蟀效果更佳。对其他地下害虫均有效。

④用对硫磷、辛硫磷、甲基异柳磷等处理种子。具体做法为1(药剂):30～40(水):400～500(种子);也可用25%辛硫磷胶囊剂或25%对硫磷胶囊剂等有机磷药剂。或用种子重量2%的35%克百威种衣剂拌种。亦能兼治金针虫和蝼蛄等地下害虫。

⑤毒谷。每亩用25%对硫磷或辛硫磷胶囊剂150～200 g拌谷子等饵料5 kg左右,或50%对硫磷或辛硫磷乳油50～100 g拌饵料3～4 kg,撒于种沟中,兼治蝼蛄、金针虫等地下害虫。

⑥药剂处理土壤。如用50%辛硫磷乳油每亩200～250 g,加水10倍,喷于25～30 kg细土上拌匀成毒土,顺垄条施,随即浅锄,或以同样用量的毒土撒于种沟或地面,随即耕翻,或混入厩肥中施用,或结合灌水施入;或每亩用2%甲基异柳磷粉2～3 kg拌细土25～30 kg成毒土,或用3%甲基异柳磷颗粒剂,或3%呋喃丹颗粒剂,或5%辛硫磷颗粒剂,或5%地亚农颗粒剂,每亩2.5～3 kg处理土壤,都能收到良好效果,并兼治金针虫和蝼蛄。

十六、黑皱鳃金龟

拉丁学名:*Trematodes tenebrioides* Pallas。又称无翅黑金龟、无后翅金龟子,是鞘翅目昆虫。是农业有害生物,为地下害虫,分布较广,常在局部地区猖獗成灾。幼虫主要为害高粱、玉米等作物,啮食幼苗地下茎和根部,使小苗滞长、枯黄,甚至全株枯死。成虫为害幼苗茎、叶,大豆受害最重。喜食灰菜、刺儿菜及苋菜等野生植物。分布于蒙古、俄罗斯;我国吉林、辽宁、青海、宁夏、内蒙古、河北、天津、北京、山西、陕西、河南、山东、江苏、安徽、江西、湖南、台湾以及甘肃武威、兰州(榆中县)、定西(临洮县)、天水、平凉、庆阳等地都有分布。

(一)为害

食性甚杂,成虫取食小麦、玉米、高粱、谷子、马铃薯、大豆、棉花、麻类、甜菜、蔬菜等,幼虫取食小麦、大豆、玉米、花生等农作物根部。主要为害杨、旱柳、柠条、沙蒿,能严重为害玉米、高粱、谷子等禾本科作物和豆类、花生以及块根、块茎类作物。成虫于早春大量取食植物嫩芽、叶和嫩茎,幼虫取食根皮或截根,均能致植株死亡,引起大片缺苗。

(二)生物特征

成虫体中型,长 15～16 mm,宽 6.0～7.5 mm,黑色无光泽,刻点粗大而密,鞘翅无纵肋。头部黑色,触角 10 节,黑褐色。前胸背板横宽,前缘较直,前胸背板中央具中纵线。小盾片横三角形,顶端变钝,中央具明显的光滑纵隆线,两侧基部有少数刻点。鞘翅卵圆形,具大而密、排列不规则的圆刻点,基部明显窄于前胸背板,除会合缝处具纵肋外无明显纵肋。后翅退化仅留痕迹,略呈三角形。

黑皱鳃金龟幼虫,体长 24～32 mm。头部前顶刚毛每侧各 3 根,成一纵列,也有各 4 根的。

(三)生活习性

在关中平原两年完成 1 代,以成虫、3 龄幼虫和少数 2 龄幼虫越冬。越冬成虫于翌年 3 月下旬气温上升到 10.4℃时零星出土,4 月上中旬气温升到 14℃时大量出土,发生期约 50 天。4 月下旬开始产卵,卵于 5 月下旬开始孵化,6 月下旬达孵化盛期。大部分幼虫于 8 月发育为 3 龄,秋季为害到 11 月下旬,以后下潜越冬。翌年 3 月上旬当 10 cm 深处地温上升到 7℃以上时开始活动,地温 11℃时,绝大部分幼虫上升到地表为害。6 月上旬开始化蛹,6 月下旬开始羽化。成虫白天活动,以中午 12 时至下午 2 时活动最盛。卵多产于大豆、小麦、玉米、高粱、马铃薯等作物田中。该虫在陕西榆林沙区 2 年 1 代,以成虫或幼虫在深层沙土中越冬。成虫 3 月下旬始出现,5 月上旬至 6 月中旬为活动高峰期,引时交配、产卵最盛。6 月下旬,卵大量孵化,至 10 月下旬进入越冬期。翌年 3 月上旬、中旬,幼虫开始上升活动,6 月下旬至 7 月初老熟,7 月下旬大量化蛹,8 月中、下旬进入羽化盛期。羽化后,当年不出土,于 10 月中旬在深沙层越冬,翌春上升地面取食活动,交尾产卵完成世代。

(四)防治措施

(1)成虫活动期,喷 5%西维因粉剂,每隔 20 天喷 1 次,连续 2 至 3 次。

(2)人工捕捉成虫。

十七、草地螟

拉丁学名:*Loxostege sticticalis* Linne。为鳞翅目,螟蛾科。又名黄绿条螟、甜菜、网螟。草地螟为多食性大害虫,可取食 35 科,200 余种植物。主要为害甜菜、大豆、向日葵、马铃薯、麻类、蔬菜、药材等多种作物。大发生时禾谷类作物、林木等均受其害。但它最喜取食的植物是灰菜、甜菜和大豆等。草地螟在我国主要分布于东北、西北、华北一带。在东北曾于 1956、1979、1980 和 1982 年严重发生。我国的东北、华北、西北地区以及朝鲜、日本、苏联、东欧和北美均有分布。

(一)生物特征

成虫体长 8～12mm,翅展 20～26mm,触角丝状,前翅灰褐色,具暗褐色斑点,沿外缘有淡黄色点状条纹,翅中央稍近前缘有一淡黄色斑,后翅淡灰褐色,沿外缘有 2 条波状纹。卵长约 1mm,椭圆形,乳白色。幼虫体长 19～21mm,淡灰绿或黄绿色。蛹长 14mm 左右,淡黄色(图 12)。

(二)为害

主要为害甜菜、苜蓿、大豆、马铃薯、亚麻、向日葵、胡萝卜、葱、玉米、高粱、蓖麻，以及藜、苋、菊等科植物。初龄幼虫取食叶肉组织，残留表皮或叶脉。3龄后可食尽叶片。是间歇性大发生的重要害虫。大发生时能使作物绝产。每年发生1～4代，以老熟幼虫在土中作茧越冬。在东北、华北、内蒙古主要为害区一般每年发生2代，以第1代为害最为严重。越冬代成虫始见于5月中、下旬，6月为盛发期。6月下旬至7月上旬是严重为害期。第2代幼虫发生于8月上中旬，一般为害不大。

图12　草地螟成虫(戴爱梅 摄)

(三)生活习性

成虫白天在草丛或作物地里潜伏，在天气晴朗的傍晚，成群随气流远距离迁飞，成虫飞翔力弱，喜食花蜜。卵多产于野生寄主植物的叶茎上，常3～4粒在一起，以距地面2～8 cm的茎叶上最多。初孵幼虫多集中在枝梢上结网躲藏，取食叶肉。幼虫有吐丝结网习性。3龄前多群栖网内，3龄后分散栖息，幼虫共5龄。在虫口密度大时，常大批从草滩向农田爬迁为害。一般春季低温多雨不适发生，如在越冬代成虫羽化盛期气温较常年高，则有利于发生。孕卵期间如遇环境湿度低，又不能吸食到适当水分，产卵量减少或不产卵。天敌有寄生蜂等70余种。分布于我国北方地区，年发生2～4代，以老熟幼虫在土内吐丝作茧越冬。翌春5月化蛹及羽化。

(四)防治

(1)鉴于草地螟幼虫的严重为害性，一要严密监测虫情，加大调查力度，增加调查范围、面积和作物种类，发现低龄幼虫达到防治指标田，要立即组织开展防治。二要认真抓好幼虫越冬前的跟踪调查和普查。

(2)此虫食性杂，应及时清除田间杂草，可消灭部分虫源，秋耕或冬耕还可消灭部分在土壤中越冬的老熟幼虫。

(3)药剂防治。在幼虫为害期喷洒50%辛硫磷乳油1500倍液或2.5%保得乳油2000倍液。

十八、麦茎谷蛾

拉丁学名：*Ochseenchimerca taurella* Schrank。为鳞翅目，夜蛾科。分布山东、河北、江苏、甘肃等冬麦区。主要为害小麦、大麦等作物。初孵幼虫在心叶内为害，小麦拔节后为害心叶，咬成残缺状，卷心，短缩和枯心，造成白穗，影响结实。

(一)生物特征

成虫体长5.9～7.9 mm，翅展13.5 mm，全体密布粗鳞片，头顶密布灰黄色长毛，触角丝状，前翅长方形，灰褐色，外缘生有灰褐色细毛，后翅较前翅略宽，沿前缘具白色剑状斑，外缘及后缘生有灰白色缘毛。

卵长1 mm，长椭圆形。

末龄幼虫体长10.5～15.2 mm，细长筒形，低龄时白色，后呈黄白色，前胸和腹部1～8节的气孔四周具黑色斑，中胸、后胸亦各生黑斑1个，第10腹节背面横列4个小黑点。

蛹长7～10 mm，纺锤形，初黄白色，后变黄褐色。

(二)生活习性

山东、河北1年生1代，以低龄幼虫在小麦心叶里越冬，翌年小麦返青后开始为害，5月中下旬幼虫老熟后化蛹在小麦旗叶叶鞘内，少数在第2叶鞘内化蛹。蛹期20天左右。一般在5月下旬至6月上旬，小麦进入成熟期成虫开始羽化，成虫羽化喜在晴天上午进行，羽化历期约10天。成虫爱飞，11—12时最活跃，气温低于20℃停止活动，成虫羽化活动一段时间后，在屋檐、墙缝、树皮缝内潜伏越夏，秋季产卵。

(三)防治

(1)成虫羽化期，屋檐下隔2～3 m挂麻袋等有皱褶的物件，诱其钻入后，翌晨集中处理。

(2)4月上中旬，幼虫爬出活动或转株为害时喷洒2.5%敌百虫粉或1%1605粉剂1.5～2 kg/亩。必要时喷洒90%晶体敌百虫1000倍液或80%敌敌畏乳油1500倍液、50%辛硫磷乳油1500～2000倍液。

十九、东亚飞蝗

蝗虫是直翅目蝗亚目蝗总科昆虫的统称，中国有600多种，为害性大的有东亚飞蝗和亚洲飞蝗。学名*manilensis*(*Meyen*)，属直翅目，蝗总科。分布在我国北起河北、山西、陕西，南至福建、广东、海南、广西、云南，东达沿海各省(区、市)，西至四川、甘肃南部。黄、淮海地区常发。小麦、玉米、高粱、粟、水稻、稷等多种禾本科植物。也可为害棉花、大豆、蔬菜等。成、若虫咬食植物的叶片和茎，大发生时成群迁飞，把成片的农作物吃成光秆。中国史籍中的蝗灾，主要是东亚飞蝗。先后发生过800多次。

新中国成立初期，东亚飞蝗在我国发生面积约521万 hm^2，经过贯彻“依靠群众，勤俭治蝗，改治并举，根除蝗害”的治蝗方针，1951—1997年间，全国已累计净改造蝗区面积367.8万 hm^2，使蝗区面积比新中国成立初期减少70.6%。现有蝗区县由新中国成立初期的328个减少到151个，取得了世界治蝗史上引人注目的成就。

20世纪80年代以来，受全球异常气候变化和某些水利工程失修或兴建不当以及农业生态与环境突变的影响，东亚飞蝗在黄淮海地区和海南岛西南部频繁发生，每年发生面积约100万～150万 hm^2，涉及9省(区、市)的100多个县，农业生产受到严重威胁。1985—1996年的12年，东亚飞蝗在黄河滩、海南岛、天津等蝗区连年大发生。1985年秋，天津北大港东亚飞蝗高密度群居型蝗群将10多万亩苇叶和几百亩玉米穗叶吃光后，于9月20日中午起飞南迁，蝗群东西约宽30余千米，降落到河北省的沧县、黄骅、海兴、盐山和孟村5个县和中捷大港两个农场，波及面积达250万亩。这是新中国成立以来群居型东亚飞蝗第一次跨省迁飞。

1998年，东亚飞蝗的夏蝗在山东、河南、河北和天津等8省(市)发生在80万 hm^2 以上。1999年，东亚飞蝗的夏蝗在山东、河南、河北和天津等9省(市)又发生80万 hm^2 以上。

东亚飞蝗拉丁学名：*Locusta migratoria manilensis* (Meyen)。别名蚂蚱、蝗虫。东亚飞蝗属昆虫纲，直翅目，蝗科。据统计，蝗总科共有223个属，859种。东亚飞蝗在自然气温条件下生长，一年为两代，第一代称为夏蝗，第二代为秋蝗。飞蝗有六条腿；驱体分头、胸、腹三部分；胸部有两对翅，前翅为角质，后翅为膜质。体黄褐色，雄虫在交尾期呈现鲜黄色。雌蝗体长39.5～51.2 mm，雄蝗体长33.0～41.5 mm。成虫善跳，善飞。

（一）生物特征

雄成虫体长33～48 mm，雌成虫体长39～52 mm，有群居型、散居型和中间型三种类型，体灰黄褐色（群居型）或头、胸、后足带绿色（散居型）。头顶圆。颜面平直，触角丝状，前胸背板中降线发达，沿中线两侧有黑色带纹。前翅淡褐色，有暗色斑点，翅长超过后足股节2倍以上（群居型）或不到2倍（散居型）。胸部腹面有长而密的细绒毛，后足股节内侧基半部在上、下降线之间呈黑色。胸足的类型为跳跃足，腿节特别发达，胫节细长，适于跳跃。卵囊圆柱形，长53～67 mm，每块有卵40～80余粒，卵粒长筒形，长4.5～6.5 mm，黄色。第五龄蝗蝻体长26～40 mm，触角22～23节，翅节长达第四、五腹节，群居型体长红褐色，散居型体色较浅，在绿色植物多的地方为绿色。

（二）生活习性

飞蝗密度小时为散居型，密度大了以后，个体间相互接触，可逐渐聚集成群居型。群居型飞蝗有远距离迁飞的习性，迁飞多发生在羽化后5～10天、性器官成熟之前。迁飞时可在空中持续1～3天。至于散居型飞蝗，当每平方米有虫多于10只时，有时也会出现迁飞现象。群居型飞蝗体内含脂肪量多、水分少，活动力强，但卵巢管数少，产卵量低。而散居型则相反。飞蝗喜欢栖息在地势低洼、易涝易旱或水位不稳定的海滩或湖滩及大面积荒滩或耕作粗放的夹荒地上，生有低矮芦苇、茅草或盐篙、莎草等嗜食的植物。遇有干旱年份，这种荒地随天气干旱水面缩小而增大时，利于蝗虫生育，宜蝗面积增加，容易酿成蝗灾，因此，每遇大旱年份，要注意防治蝗虫。天敌有寄生蜂、寄生蝇、鸟类、蛙类等。喜食玉米等禾本科作物及杂草，饥饿时也取食大豆等阔叶作物。

（三）繁殖

北京、渤海湾、黄河下游、长江流域年生2代，少数年份发生3代；广西、广东、台湾年生3代，海南可发生4代。东亚飞蝗无滞育现象，全国各地均以卵在土中越冬。山东、安徽、江苏等二代区，越冬卵于4月底至5月上中旬孵化为夏蝗，经35～40天羽化，羽化后经10天交尾7天后产卵，卵期15～20天，7月上中旬进入产卵盛期，孵出若虫称为秋蝻，又经25～30天羽化为秋蝗。生活15～20天又开始交尾产卵，9月进入产卵盛期后开始越冬。个别高温干旱的年份，于8月下旬至9月下旬又孵出3代蝗蝻，多在冬季冻死，仅有个别能羽化为成虫产卵越冬。成虫产卵时对地形、土壤性状、土面坚实度、植被等有明显的选择性。每只雌蝗一般产4、5个卵块，每卵块均含卵约65粒，飞蝗成虫几乎全天取食。

（四）防治

（1）兴修水利，稳定湖河水位，大面积垦荒种植，减少蝗虫发生基地。

（2）植树造林，改善蝗区小气候，消灭飞蝗产卵繁殖场所。

（3）因地制宜飞蝗不食的作物，如甘薯、马铃薯、麻类等，断绝飞蝗的食物来源。

（4）药剂防治。要根据发生的面积和密度，做好飞机防治与地面机械防治相结合，全面扫残与重点挑治相结合，夏蝗重治与秋蝗扫残相结合，准确掌握蝗情，歼灭蝗蝻于3龄以前，每公顷用50%马拉硫磷乳油900～1350 mL或40%乐果乳油750～1050 mL，或25%敌马乳油2250～3000 mL，也可每公顷用4%敌马粉剂30 kg，喷粉防治。采用微量喷雾防治。

二十、亚洲小车蝗

拉丁学名:*Oedaleus decorus asiaticus* B. Bienko。属直翅目,斑翅蝗科。主要为害作物是禾本科作物和禾草。在华北北部一年发生1代,以卵块在地下越冬。翌年5月中、下旬越冬卵开始孵化,6月下旬多见2~3龄蝗蝻,7月上旬成虫出现,7月中、下旬为羽化盛期,7月下旬开始交配,8月中旬是交配盛期,产卵期延续到10月下旬。在华北南部一年发生2代,第一代成虫6月下旬出现,第二代成虫9月出现。

(一)生物特征

雌虫体长约35 mm,前翅长约33 mm,雄虫较小,体长25 mm,前翅长18 mm。全体褐色带绿色,有深褐色斑。头、胸及翅上的黑褐斑纹很鲜艳。前胸背板中部明显缩狭,有明显的"x"纹,图纹在沟前区与沟后区等宽。前胸背板侧片近后部有倾斜的淡色斑,前翅基半部有2~3块大黑斑,端半部有细碎不明显的褐斑。后翅基部淡黄绿色,中部有车轮形褐色带纹。后足腿节顶端黑色,上侧和内侧有3个黑斑,胫节红色,基部的淡黄褐色环不明显,上侧常混红色。

二十一、黄胫小车蝗

拉丁学名:*Oedaleus infernalis* Sauss。又称黄胫车蝗,分布于河北、陕西、山东、江苏、安徽、福建、台湾。朝鲜、日本也有分布。雄虫体长23~28 mm,翅长22~26 mm;雌虫体长30~39 mm,翅长27~34 mm。体绿色或黄褐色。前后翅发达,常超过后足股节。后翅基部淡黄色,中部具有到达后缘的暗色窄带纹;雄性后翅顶端呈褐色。雌性后足股节的底侧及腔节黄褐色,而雄性的股节底侧为红色,又腔节基部常沾有红色。头短,颜面垂直或微向后倾斜。复眼卵圆形。触角丝状,到达或超过前胸背板后缘。前胸背板中部略窄,中胸腹板侧叶间的中隔较宽。

(一)发生规律

1年发生1代,以卵在土中过冬。主要发生在山区坡地。成虫与若虫均为害禾本科的小麦、水稻等作物。

二十二、短额负蝗

拉丁学名:*Atractomorpha sinensis* Bolvar。又称中华负蝗、尖头蚱蜢、小尖头蚱蜢,为直翅目,蝗总科。分布于东北、华北、西北、华中、华南、西南以及台湾。除为害水稻、小麦、玉米、烟草、棉花、芝麻、麻类外,还为害甘薯、甘蔗、白菜、甘蓝、萝卜、豆类、茄子、马铃薯等各种蔬菜、农作物及园林花卉植物。以成虫、若虫食叶,影响植株生长、降低蔬菜商品价值。

(一)生物特征

成虫体长20~30 mm,头至翅端长30~48 mm。绿色或褐色(冬型)。头尖削,绿色型自复眼起向斜下有一条粉红纹,与前、中胸背板两侧下缘的粉红纹衔接。体表有浅黄色瘤状突起;后翅基部红色,端部淡绿色;前翅长度超过后足腿节端部约1/3。

卵长2.9~3.8 mm,长椭圆形,中间稍凹陷,一端较粗钝,黄褐至深黄色,卵壳表面呈鱼鳞状花纹。卵粒在卵块内倾斜排列成3~5行,并有胶丝裹成卵囊。

若虫共 5 龄：1 龄若虫体长 0.3～0.5 cm，草绿稍带黄色，前、中足褐色，有棕色环若干，全身布满颗粒状突起；2 龄若虫体色逐渐变绿，前、后翅芽可辨；3 龄若虫前胸背板稍凹以至平直，翅芽肉眼可见，前、后翅芽未合拢盖住后胸一半至全部；4 龄若虫前胸背板后缘中央稍向后突出，后翅翅芽在外侧盖住前翅芽，开始合拢于背上；5 龄若虫前胸背面向后方突出较大，形似成虫，翅芽增大到盖住腹部第三节或稍超过。

(二)生活习性

我国东部地区发生居多。在华北一年 1 代，江西年生 2 代，以卵在沟边土中越冬。5 月下旬至 6 月中旬为孵化盛期，7—8 月羽化为成虫。喜栖于地被多、湿度大、双子叶植物茂密的环境，在灌渠两侧发生多。以卵在沟边土中越冬；5 月下旬至 6 月中旬为孵化盛期，7—8 月羽化为成虫。短额负蝗通常零星发生，田间以人工捉拿为主，不单独采取药剂防治。

(三)防治

(1)农业防治。短额负蝗发生严重地区，在秋季、春季铲除田埂、地边 5 cm 以上的土及杂草，把卵块暴露在地面晒干或冻死，也可重新加厚地埂，增加盖土厚度，使孵化后的蝗蝻不能出土。

(2)在测报基础上，抓住初孵蝗蝻在田埂、渠堰集中为害双子叶杂草，且扩散能力极弱时，每亩喷撒敌马粉剂 1.5～2.0 kg，也可用 20%速灭杀丁乳油 15 mL，兑水 400 kg 喷雾，其他药剂还可选用：敌杀死、高氯菊酯等。

(3)保护利用麻雀、青蛙、大寄生蝇等天敌进行生物防治。

(4)人工捕杀。

二十三、麦长管蚜

拉丁学名：*Sitobion avenae* (Fabricius)。属同翅目，蚜科的一种昆虫。分布于亚洲、东非、欧洲、北美等地区，我国各产麦区都有。1 年可发生 10～20 代以上，以无翅孤雌胎生雌蚜繁殖为主，有翅孤雌胎生雌蚜迁飞扩散。寄主于小麦、大麦、燕麦，南方偶害水稻、玉米、甘蔗、荻草等。前期集中在叶正面或背面，后期集中在穗上刺吸汁液，致受害株生长缓慢，分蘖减少，千粒重下降，是麦类作物重要害虫。也是麦蚜中的优势种。

(一)生物特征

无翅孤雌蚜体长 3.1 mm，宽 1.4 mm，长卵形，草绿色至橙红色，头部略显灰色，腹侧具灰绿色斑。触角、喙端节、财节、腹管黑色。尾片色浅。腹部第 6～8 节及腹面具横网纹，无缘瘤。中胸腹岔短柄。额瘤显著外倾。触角(1 和 2 龄若蚜触角均为 5 节，3～4 若蚜和成蚜触角均为 6 节)细长，全长不及体长，第 3 节基部具 1～4 个次生感觉圈。喙粗大，超过中足基节。端节圆锥形，是基宽的 1.8 倍。腹管长圆筒形，长为体长 1/4，在端部有网纹十几行。尾片长圆锥形，长为腹管的 1/2，有 6～8 根曲毛。有翅孤雌蚜体长 3.0 mm，椭圆形，绿色，触角黑色，第 3 节有 8～12 个圈排成一行。喙不达中足基节。腹管长圆筒形，黑色，端部具 15～16 行横行网纹，尾片长圆锥状，有 8～9 根毛(图 13)。

(二)生活习性

1 年生 20～30 代，在多数地区以无翅孤雌成蚜和若蚜在麦株根际或四周土块缝隙中越冬，有的可在背风向阳的麦田的麦叶上继续生活。该虫在我国中部和南部属不全周期型，即全

图 13 麦长管蚜(戴爱梅 摄)

年进行孤雌生殖不产生性蚜世代,夏季高温季节在山区或高海拔的阴凉地区麦类自生苗或禾本科杂草上生活。在麦田春、秋两季出现两个高峰,夏天和冬季蚜量少。秋季冬麦出苗后从夏寄主上迁入麦田进行短暂的繁殖,出现小高峰,为害不重。11月中下旬后,随气温下降开始越冬。春季返青后,气温高于6℃开始繁殖,低于15℃繁殖率不高,气温高于16℃,麦苗抽穗时转移至穗部,虫田数量迅速上升,直到灌浆和乳熟期蚜量达高峰,气温高于22℃,产生大量有翅蚜,迁飞到冷凉地带越夏。该蚜在北方春麦区或早播冬麦区常产生孤雌胎生世代和两性卵生世代,世代交替。在这个地区多于9月迁入冬麦田,10月上旬均温14～16℃进入发生盛期,9月底出现性蚜,10月中旬开始产卵,11月中旬旬均温4℃进入产卵盛期并以此卵越冬。翌年3月中旬进入越冬卵孵化盛期,历时1个月,春季先在冬小麦上为害,4月中旬开始迁移到春麦上,无论春麦还是冬麦,到了穗期即进入为害高峰期。6月中旬又产生有翅蚜,迁飞到冷凉地区越夏。麦长管蚜适宜温度10～30℃,其中18～23℃最适,气温12～23℃产仔量48～50头,24℃则下降。主要天敌有瓢虫、食蚜蝇、草蛉、蜘蛛、蚜茧蜂、蚜霉菌等。

(三)防治

(1)预测预报。当孕穗期有蚜株率达50%,百株平均蚜量200～250头或滔浆初期有蚜株率70%,百株平均蚜量500头时即应进行防治。

(2)农业防治法。①选用抗虫品种。如鲁麦23。②合理布局。冬春麦混种区,尽量减少冬小麦面积或冬麦与春麦分别集中种植,这样可减少受害。③适时集中播种。冬麦适当晚播,春麦适时早播。④合理施肥浇水。

(3)生物防治。减少或改进施药方法,避免杀伤麦长管蚜天敌。充分利用瓢虫、食蚜蝇、草蛉、蚜茧蜂等天敌,据测定七星瓢虫成虫,日食蚜100头以上,生产上利用麦蚜复合天敌当量系统,能统一多种天敌的标准食蚜单位和计算法,准确测定复合天敌发生时综合控蚜能力,是采用其他措施的依据。测定天敌控蚜指标,把该指标与化防指标、当量系统结合起来,为充分发挥天敌作用提供保证。必要时可人工繁殖释放或助迁天敌,使其有效地控制蚜虫。当天敌不能控制麦蚜时再选用0.2%苦参碱(克蚜素)水剂400倍液或杀蚜霉素(孢子含量200万个/mL)250倍液、50%辟蚜雾或40%氧乐果2000倍液,杀蚜效果90%左右,且能保护天敌。

(4)上述措施不能奏效的地区或田块可采用以下综防措施。

①在小麦黄矮病流行区主要是苗期治蚜,用0.3%的75%3911乳油,加种子量7%左右的清水,喷洒在麦种上,边喷边搅拌。也可用50%灭蚜松乳油150 mL,兑水5 kg,喷洒在50 kg麦种上,堆闷6～12小时后播种。

②用3%呋喃丹颗粒剂或5%涕灭威颗粒剂、5%3911颗粒剂,每亩1.5 kg盖种,持效期可达1～1.5个月。

③在非黄矮病流行期,重点防治穗期麦蚜,必要时田间喷洒2.5%扑虱蚜可湿性粉剂或10%吡虫啉(一遍净)可湿性粉剂2500倍液或2.5%高渗吡虫啉可湿性粉剂3000倍液、50%抗蚜威可湿性粉剂3500～4000倍液、18%高渗氧乐果乳油1500倍液、50%马拉硫磷乳油

1000倍液、20%康福多浓可溶剂或90%快灵可溶性粉剂3000～4000倍液、50%杀螟松乳油2000倍液或2.5%溴氰菊酯乳油3000倍液。也可选用40%辉丰1号乳油，每亩30mL，兑水40 kg，防效99%，优于40%氧化乐果。

④干旱地区每亩可用40%乐果乳油50 mL，兑水1～2 kg，拌细砂土15 kg，或用80%敌敌畏乳油75 mL，拌土25 kg，于小麦穗期清晨或傍晚撒施。为了保护天敌，尽量选用对天敌杀伤力小的抗蚜威等农药。

⑤麦蚜、白粉病混发时，喷洒11%氧乐·酮乳油100 mL，兑水50 kg，防治麦蚜效果与氧乐果相同，防治白粉病效果与三唑酮相当。

⑥试用20%敌敌畏重烟剂9～10.5 kg/hm²，放烟0.5小时后，烟云逐渐沉降到作物上，防效80%左右。

二十四、麦二叉蚜

拉丁学名：*Schizaphis graminum*(Rondani) 属同翅目，蚜科，常在麦类叶片正、反两面或基部叶鞘内外吸食汁液，致麦苗黄枯或伏地不能拔节，严重的麦株不能正常抽穗，直接影响产量，此外还可传带小麦黄矮病。分布全国各地。寄主为小麦、大麦、燕麦、高粱、水稻、狗尾草、莎草等禾本科植物。

(一)生物特征

无翅孤雌蚜体长2.0 mm，卵圆形，淡绿色，背中线深绿色，腹管浅绿色，顶端黑色。中胸腹岔具短柄。额瘤较中额瘤高。触角6节，全长超过体之半，口器超过中足基节，端节粗短，长为基宽的1.6倍。腹管长圆筒形，尾片长圆锥形，长为基宽的1.5倍，有长毛5～6根。有翅孤雌蚜体长1.8 mm，长卵形。活时绿色，背中线深绿色。头、胸黑色，腹部色浅。触角黑色共6节，全长超过体之半。触角第3节具4～10个小圆形次生感觉圈，排成一列。前翅中脉二叉状。

(二)生活习性

麦二叉蚜生活习性与长管蚜相似，年生20～30代，具体代数因地而异。冬春麦混种区和早播冬麦田种群消长动态：秋苗出土后开始迁入麦田繁殖，3叶期至分蘖期出现一个小高峰，进入11月上旬以卵在冬麦田残茬上越冬。翌年3月上中旬越冬卵孵化，在冬麦上繁殖几代后，有的以无翅胎生雌蚜继续繁殖，有的产生有翅胎生蚜在冬麦田繁殖扩展，4月中旬有些迁入到春麦上，5月上、中旬大量繁殖，出现为害高峰期，并可引起黄矮病流行。麦二叉蚜在10～30℃发育速度与温度正相关，7℃以下存活率低，22℃胎生繁殖快，30℃生长发育最快，42℃迅速死亡。该蚜虫在适宜条件下，繁殖力强，发育历期短，在小麦拔节、孕穗期，虫口密度迅速上升，常在15～20天，百株蚜量可达万头以上。

(三)防治

(1)预测预报。当孕穗期有蚜株率达50%，百株平均蚜量200～250头或滔浆初期有蚜株率70%，百株平均蚜量500头时即应进行防治。

(2)农业防治法：选用抗虫品种；合理布局；冬春麦混种区，尽量减少冬小麦面积或冬麦与春麦分别集中种植，这样可减少受害；适时集中播种，冬麦适当晚播，春麦适时早播；合理施肥浇水。

二十五、禾谷缢管蚜

拉丁学名：*Rhopalosiphum padi*。为半翅目蚜科缢管蚜属的一种昆虫。分布于上海、江苏、浙江、山东、福建、四川、重庆、贵州、云南、辽宁、吉林、黑龙江、内蒙古、新疆等地。为害细叶结缕草、野牛草，还为害绣线菊、美人蕉、西府海棠、梅花、碧桃、樱花、月季等花木以及小麦等农作物。以成蚜、若蚜初春为害梅花的新叶，在叶背吮吸汁液，受害叶片向叶背纵卷，进而枯黄脱落，严重时，被害叶株卷曲率可达 90%以上。

（一）生物特征

成虫中无翅孤雌蚜，体宽卵形，长 1.9 mm，宽 1.1 mm，体表绿色至墨绿色，杂以黄绿色纹，常被薄粉；头部光滑，胸腹背面有清楚网纹；腹管基部周围常有淡褐色或锈色斑，腹部末端稍带暗红色；触角 6 节，黑色，为体长的三分之二；第三至第六节有复瓦状纹，第六节鞭部的长度是基部 4 倍；腹管黑色，长圆筒形，端部略凹缢，有瓦纹。有翅孤雌蚜，体呈卵形，长 2.1 mm，宽 1.1 mm；头、胸黑色；腹部绿色至深绿色，腹部背面两侧及后方有黑色斑纹；翅中脉分 3 叉，分叉较小；触角 6 节，黑色，短于体长。

卵初产时黄绿色，较光亮，稍后转为墨绿色。

无翅若蚜末龄体墨绿色，腹部后方暗红色；头部复眼暗褐色；体长 2.1 mm，宽 1.0 mm。

（二）发生规律

据杭州孤山调查，以卵在梅花的芽腋、小枝基部及皮层缝隙处中越冬；翌春 3 月中下旬越冬卵孵化为干母，干母孵出后即在枝梢上为害。每头成活的干母经单养观察，在每年 4—5 月 40 天内平均产仔蚜 169 头。禾谷缢管蚜为害梅花在 5 月上中旬最为猖獗，至 5 月下旬出现大量迁飞蚜，迁飞转移到细叶结缕草、狗尾草、升马唐、牛筋草、狗牙根等禾本科杂草上取食越夏；10 月下旬至 11 月上旬在禾本科杂草上又产生迁飞蚜迁回到梅花树上产生有性蚜，交尾产卵，每处产卵 1～11 粒，多数 3～5 粒。卵多产在枝条的东南方向。

（三）防治

（1）药剂防治

可喷施 1%灭虫灵乳油 2000～3000 倍液，或 10%～20%合成除虫菊脂 2000～3000 倍液，或 10%蚜虱净超微可湿性粉剂 3000～5000 倍液，或 15%哒嗪酮乳油 1000～2000 倍液。

（2）生物防治

保护和利用天敌昆虫，例如异色瓢虫，每头异色瓢虫成虫每天可捕食禾谷缢管蚜 90 多头，黑缘红瓢虫等。

（3）农业防治

消除田埂、地边杂草，减少蚜虫越冬和繁殖场所。

二十六、麦无网长管蚜

拉丁学名：*Metopolophium dirhodum* (Walker)，是蚜科无网长管蚜属的一种小麦蚜虫。小麦蚜虫多是同类蚜虫混合发生，一般有四种：麦二叉蚜、麦长管蚜、麦无网长管蚜、禾缢管蚜。它们属同翅目，蚜科。麦蚜分为有翅蚜、无翅蚜，其中有成蚜和若蚜。麦无网长管蚜基本形态为椭圆形，体色为以绿色为主，成蚜体长为 1.4～2 mm。麦无网长管蚜以为害叶片为主。

(一)生物特性

麦无网长管蚜的无翅成蚜体形呈长椭圆形,体长2.5mm。腹部蜡白色至淡赤色。腹管长圆筒形,淡色至绿色,端部无网状纹。尾片有毛7～9根,有翅蚜翅中脉分支2次。触角第三节长0.52mm,有感觉圈10～20个以上。

(二)发生规律

我国寒冷地区禾谷缢管蚜和无网长管蚜为异寄主全周型。前者在第一寄主稠李、桃、李及榆叶梅等植物上的受精卵越冬,后者在第一寄主蔷薇属植物上的受精卵越冬。初夏迁飞到第二寄主麦类或其他禾本科植物上为害;麦长管蚜和麦二叉蚜在春麦区亦可营同主全周期型生活,在麦类或其他禾本科植物上产生有性雌雄蚜交配产卵,在冬麦或禾本科杂草以及草下土缝中越冬。卵孵化为干母,继续产生有翅或无翅孤雌蚜,再迁飞入麦田为害。春季小麦返青后繁殖速度加快,到灌浆乳熟期田里麦蚜数量达到最高峰。小麦成熟后,大量有翅蚜迁飞到高粱、玉米、糜子、自生麦苗和各自野生寄主上继续繁殖。秋末小麦播种出土后,麦蚜又迁飞回麦田为害幼苗。

麦蚜为害规律中,温湿度等气候因素常起主导作用。如冬暖春旱,小麦孕穗期前后又遇春寒,小麦生育期延迟,炎夏高温期短,麦蚜常猖獗为害,小麦黄矮病也易于流行。年均可发生10～20余代。

麦无网长管蚜均以卵越冬,初夏飞至麦田。小麦返青至乳熟初期,麦长管蚜种群数量最大,随植株生长向上部叶片扩散为害,最喜在嫩穗上吸食,故也称“穗蚜”。无网长管蚜则喜低温条件。

(三)防治

(1)防治策略

在黄矮病流行区,应以麦二叉蚜为主攻目标,做到早期治蚜控制黄矮病发展;非黄矮病流行区主要针对优势种,重点抓好小麦抽穗灌浆期麦长管蚜和禾缢管蚜的防治。要协调应用各种防治措施,充分发挥自然控制能力,依据科学的防治指标及天敌利用指标,适时进行喷药防治,把小麦损失控制在经济允许水平以下。

(2)综合防治措施

①调整作物布局:在西北地区麦二叉蚜和黄矮病发生流行区,应缩减冬麦面积,扩种春播面积。在南方禾缢管蚜发生严重地区,应减少秋玉米播种面积,切断其中间寄主,减轻发生为害。在华北地区提倡冬麦和油菜、绿肥(苕子)间作,对保护利用麦蚜天敌资源、控制蚜害有较好的效果。

②保护利用自然天敌:要注意改进施药技术,选用对天敌安全的选择性药剂,减少用药次数和数量,保护天敌免受伤害。当天敌与麦蚜比小于1:150(蚜虫小于150头/百株)时,可不用药防治。

③药剂防治:主要是防治穗期麦蚜。首先是查清虫情,在冬麦拔节、春麦出苗后,每3～5天到麦田随机取50～100株(麦蚜量大时可减少株数)调查蚜量和天敌数量,当百株(茎)蚜量超过500头,天敌与蚜虫比在1∶150以上时,即需防治。可用50%抗蚜威可湿性粉剂4000倍液,10%吡虫啉1000倍、50%辛硫磷乳油2000倍或菊酯类农药兑水喷雾。在穗期防治时应考虑兼治小麦锈病和白粉病及黏虫等,每亩可用粉锈宁6 g加抗蚜威6 g加灭幼脲克(三者均

指有效成分)混用,对上述病虫综合防效可达 85%~90%。

二十七、灰飞虱

拉丁学名:*Laodelphax striatellus*,属于半翅目,飞虱科,灰飞虱属,主要分布区域为,南自海南岛,北至黑龙江,东自台湾省和东部沿海各地,西至新疆均有发生,以长江中下游和华北地区发生较多。由于寄主是各种草坪禾草及水稻、麦类、玉米、稗等禾本科植物,所以对农业为害很大。

(一)为害

成、若虫均以口器刺吸水稻汁液为害,一般群集于稻丛中上部叶片,近年发现部分稻区水稻穗部受害亦较严重,虫口大时,稻株汁液大量丧失而枯黄,同时因大量蜜露洒落附近叶片或穗子上而孳生霉菌,但较少出现类似褐飞虱和白背飞虱的"虱烧""冒穿"等症状。灰飞虱是传播条纹叶枯病等多种水稻病毒病的媒介,所造成的为害常大于直接吸食为害,被害株表现为相应的病害特征。为害作物多为水稻、大麦、小麦、取食看麦娘、游草、稗草、双穗雀稗。近年来,对玉米的为害正成逐步上升的趋势。

(二)生物特征

成虫中长翅型体长(连翅)雄虫 3.5 mm,雌虫 4.0 mm;短翅型体长雄虫 2.3 mm,雌虫 2.5 mm。头顶与前胸背板黄色雌虫则中部淡黄色,两侧暗褐色。前翅近于透明,具翅斑。胸、腹部腹面雄虫为黑褐色,雌虫色黄褐色,足皆淡褐色。

卵呈长椭圆形,稍弯曲,长 1.0 mm,前端较细于后端,初期乳白色,后期淡黄色。

若虫共 5 龄。1 龄若虫体长 1.0~1.1 mm,体乳白色至淡黄色,胸部各节背面沿正中有纵行白色部分。2 龄体长 1.1~1.3 mm,黄白色,胸部各节背面为灰色,正中纵行的白色部分较第 1 龄明显。3 龄体长 1.5~1.8 mm,灰褐色,胸部各节背面灰色增浓,正中线中央白色部分不明显,前、后翅芽开始呈现。4 龄体长 1.9~2.1 mm,灰褐色,前翅翅芽达腹部第 1 节,后胸翅芽达腹部第 3 节,胸部正中的白色部分消失。5 龄体长 2.7~3.0 mm,体色灰褐增浓,中胸翅芽达腹部第 3 节后缘并覆盖后翅,后胸翅芽达腹部第 2 节,腹部各节分界明显,腹节间有白色的细环圈。越冬若虫体色较深。

(三)防治

(1)农业防治。选用抗(耐)虫水稻品种,进行科学肥水管理,创造不利于白背飞虱孳生繁殖的生态条件。

(2)生物防治。白背飞虱各虫期寄生性和捕食性天敌种类较多,除寄生蜂、黑肩绿盲蝽、瓢虫等外,还有蜘蛛、线虫、菌类对白背飞虱的发生有很大的抑制作用。保护利用好天敌,对控制白背飞虱的发生为害能起到明显的效果。

(3)化学防治。根据水稻品种类型和飞虱发生情况,采取重点防治主害代低龄若虫高峰期的防治对策,如果成虫迁入量特别大而集中的年份和地区,采取防治迁入峰成虫和主害代低龄若虫高峰期相结合的对策。防治药剂:70%吡虫啉(高搏),20%吡蚜酮,0.5%藜芦碱可湿性粉剂,90%敌敌畏等常规防治。

二十八、条沙叶蝉

拉丁学名:*Psammotettix striatus* (Linnaeus),别称条斑叶蝉、火燎子、麦吃蚤、麦猴子等,为同翅目,叶蝉科。分布东北、华北、西北、长江流域。主要为害小麦、大麦、黑麦、青稞、燕麦、莜麦、糜子、谷子、高粱、玉米、水稻等。以成、若虫刺吸作物茎叶,致受害幼苗变色,生长受到抑制,并传播小麦红矮病毒病。

(一)生物特征

成虫体长 4～4.3 mm,全体灰黄色,头部呈钝角突出,头冠近端处具浅褐色斑纹 1 对,后与黑褐色中线接连,两侧中部各具 1 不规则的大型斑块,近后缘处又各生逗点形纹 2 个,颜面两侧有黑褐色横纹,是条沙叶蝉主要特征。复眼黑褐色,1 对单眼,前胸背板具 5 条浅黄色至灰白色条纹纵贯前胸背板上,与 4 条灰黄色至褐色较宽纵带相间排列。小盾板 2 侧角有暗褐色斑,中间具明显的褐色点 2 个,横刻纹褐黑色,前翅浅灰色,半透明,翅脉黄白色。胸部、腹部黑色。足浅黄色。

卵长 0.93 mm,长卵形,浅黄色。

若虫共 5 龄,5 龄时背部可见深褐色纵带。

(二)生活习性

长江流域 1 年生 5 代,以成、若虫在麦田越冬。北方冬麦区年生 3～4 代,春麦区 3 代,以卵在麦茬叶鞘内壁或枯枝落叶上越冬。翌年 3 月初开始孵化,4 月在麦田可见越冬代成虫,4—5 月成、若虫混发,集中在麦田为害,后期向杂草滩或秋作物上迁移。秋季麦苗出土后,成虫又迁回麦田为害并传播病毒。成虫耐低温,冬季 0℃麦田仍可见成活,夏季气温高于 28℃,活动受抑。成虫善跳,趋光性较弱,遇惊扰可飞行 3～5 m,14—16 时活动最盛,风天或夜间多在麦丛基部蛰伏。以小麦为主一年一熟制地区,谷子、糜黍种植面积大的地区或丘陵区适合该虫发生,早播麦田或向阳温暖地块虫口密度大。

(三)防治方法

(1)生态防治。通过合理密植,增施基肥、种肥,合理灌溉,改变麦田小气候,增强小麦长势,抑制该虫发生。

(2)合理规划,实行农作物大区种植,科学安排禾谷类早秋谷糜地、小麦地块,及时清除禾本科杂草,控制越冬基地,减少虫源。

(3)对小播小麦田、向阳小气候优越的麦田,用直径 33 cm 的捕虫网捕捉成、若虫,当每 30 单次网捕 10～20 头时,及时喷撒 1.5%乐果粉或 1%对硫磷粉剂、4%敌马粉剂、4.5%甲敌粉剂,每亩用药 1.5～2 kg。

二十九、麦茎蜂

拉丁学名:*Cephus pygmaeus* linnaeus,属膜翅目,茎蜂科。分布在中国各地。寄主于小麦、大麦等麦类作物。幼虫钻蛀茎秆,严重的整个茎秆被食空,老熟幼虫钻入根茎部,从根茎部将茎秆咬断或仅留少量表皮连接,断面整齐,受害小麦很易折倒。

(一)生物特征

成虫体长 8～12 mm,腹部细长,全体黑色,触角丝状,翅膜质透明,前翅基部黑褐色,翅痣明显，雌蜂腹部第4、6、9节镶有黄色横带，腹部较肥大，尾端有锯齿状的产卵器。雄蜂3～9节亦生黄带。第1、3、5、6腹节腹侧各具1较大浅绿色斑点，后胸背面具1个浅绿色三角形点，腹部细小粗细一致。

卵长约1 mm，长椭圆形，白色透明。

末龄幼虫体长8～12 mm，体乳白色，头部浅褐色，胸足退化成小突起，身体多皱褶，臀节延长成几丁质的短管。

蛹长10～12 mm，黄白色，近羽化时变成黑色，蛹外被薄茧。

（二）发生规律

1年生1代，以老熟幼虫在茎基部或根茬中结薄茧越冬。翌年4月化蛹，5月中旬羽化，5月下旬进入羽化高峰，羽化期持续20多天，羽化后雌蜂把卵产在茎壁较薄的麦秆里，产卵量50～60粒，最多72粒，产卵部位多在小麦穗下1～3节的组织幼嫩的茎节附近，产卵时用产卵器把麦茎锯1小孔，把卵散产在茎的内壁上。卵期6～7天，幼虫孵化后取食茎壁内部，三龄后进入暴食期，常把茎节咬穿或整个茎秆被食空，逐渐向下蛀食到茎基部，麦穗变白，幼虫老熟后在根茬中结透明薄茧越冬。

（三）防治方法

（1）麦收后进行深翻，收集麦茬沤肥或烧毁，有抑制成虫出土的作用。

（2）尽可能实行大面积的轮作。

（3）选育秆壁厚或坚硬的抗虫高产品种。

（4）发生为害重的地区于5月下旬洋槐开花期成虫发生高峰期喷洒90%晶体敌百虫900倍液或80%敌敌畏乳油1000～1200倍液，也可喷撒1.5%乐果粉或2.5%敌百虫粉，每亩1.5～2.5 kg。

三十、麦茎叶甲

拉丁学名：*Apophylia thalassina* Fald.，是为害农作物的害虫。为害作物有小麦、大麦、玉米等禾本科作物。

（一）生物特征

麦茎叶甲成虫绿色，体长7～9 mm，前胸背板黄褐色，有三个深褐色横斑，足赤褐色。卵椭圆形，橙黄色，长0.8 mm，表面有蜂窝状网纹。幼虫灰绿色，老熟后黄褐色，体长10～12 mm，头、前胸背板和臀板黑色，其他各节背面有三列褐色斑。蛹浅黄色，长6～9 mm，有褐色尾刺2根。

（二）为害

以幼虫蛀茎为害。幼虫孵化后从地下1.5 cm深处蛀入茎秆为害嫩茎和心叶，被害株呈枯心苗、白穗和无效分蘖，造成缺苗断条。虫口密度大，为害严重田块可造成绝收。

（三）发病特点

麦茎叶甲在华北地区一年一代，以卵在土中越冬。翌年3月中下旬开始孵化，幼虫孵化后即从小麦根茎处蛀入嫩茎为害，有转株为害习性，1头幼虫可为害1～7株麦苗，以4月下旬为害最盛，5月中旬大批老熟幼虫在地下5～7 cm深处作茧化蛹。5月下旬为成虫羽化盛期。卵散产或块产在麦田土缝 4～6 cm 处，产卵盛期约在 6 月上旬，并在土中越夏、越冬。

成虫有假死性，白天活动，以中午最活跃，羽化后数小时方可飞翔取食，约一个月后产卵。麦茎叶甲喜潮湿环境，在沿河两岸及低洼麦田发生重，阴坡地较阳坡地重，晚播田比早播田重。

(四)防治方法

(1)农业防治

①适时早播，错过植株幼嫩期，茎秆坚硬使幼虫不易蛀入。并要及时灌水，压低虫源。

②及时清除田间杂草，精耕细作，秋翻秋耙，均可有效地控制危害。

(2)化学防治

①拌种：用 50%辛硫磷乳剂 1.0 mL，兑水 1.000 mL 拌种 10 kg，闷 3～5 小时后播种。

②喷粉：在成虫盛发期用 1.5%甲基对硫磷(甲基 1605)粉剂，或用 2.5%敌百虫粉剂，或用杀螟松粉剂，每亩 1.5～2 kg，结合中耕将药翻入土中，还可防治转株幼虫。

③喷雾：用 90%晶体敌百虫 1500 倍液，或用 50%敌敌畏 1000 倍液，或用 50%对硫磷乳油 1500 倍液，或用 2.5%溴氰菊酯乳油 2000 倍液，或用马拉硫磷乳油 1000 倍液，每亩用药液 75 kg。用 40%乐果 2000 倍液，或用 90%晶体敌百虫 1000～2000 倍液，或用 50%对硫磷 3000～5000 倍液灌根，效果也好。常用药剂：辛硫磷、对硫磷、敌百虫、杀螟松。

三十一、麦鞘毛眼水蝇

拉丁学名：*Hydrellia chinensis* Qi et Li，双翅目水蝇科，主要为害小麦、大麦、燕麦、青稞等作物及看麦娘、棒头草、野燕麦等禾本科杂草。以幼虫潜入叶鞘为害，抽穗之灌浆期受害严重，叶鞘变白、叶片倒垂，造成籽粒秕瘦，千粒重下降而减产。

生物特征

成虫体长 2～3 cm，全体青灰色，背部黑灰色，腹面色较淡。复眼黑褐色，触角芒一侧有 5 根刺毛。翅一对，无色透明，无臂脉与臂室，前缘脉有两个折断处。雄虫腹部粗钝，有黑色抱握器一对；雌虫腹部末端较尖。

卵长约 0.7 mm，宽约 0.2 mm，乳白色，两端稍尖，形似豌豆荚，卵壳上有纵向条纹。

末龄幼虫体长约 4.1 mm，白色或微呈淡黄色，体圆筒形，口钩黑褐色，尖端像钩镰状，柄部分叉像“y”字形，其中一叉又再分为 2 支。

蛹棕黄色，体长约 3.3 mm，宽约 1.5 mm。圆筒形，前端较钝圆，末端较尖。

三十二、麦圆蜘蛛

拉丁学名：*Pentfaleus major* (Duges)，别名麦叶爪螨，为昆虫名，蜱螨目，叶爪螨科。分布在中国 29°～37°N 地区。为害小麦、大麦，还为害豌豆、蚕豆、油菜、紫云英等；以成、若虫吸食麦叶汁液，受害叶上出现细小白点，后麦叶变黄，麦株生育不良，植株矮小，严重的全株干枯。江苏邗江县调查近年麦圆蜘蛛为害日趋严重。

(一)生物特征

成虫体长 0.6～0.98 mm，宽 0.43～0.65 mm，卵圆形，黑褐色。4 对足，第 1 对长，第 4 对居二，2、3 对等长。具背肛。足、肛门周围红色。

卵长 0.2 mm 左右，椭圆形，初暗褐色，后变浅红色。

若螨共 4 龄。1 龄称幼螨，3 对足，初浅红色，后变草绿色至黑褐色。2、3、4 龄若螨 4 对足，体似成螨。

(二)发生规律

麦圆蜘蛛年生 2～3 代，即春季繁殖 1 代，秋季 1～2 代，完成 1 个世代 46～80 天，以成虫或卵及若虫越冬。冬季几乎不休眠，耐寒力强，翌春 2、3 月越冬螨陆续孵化为害。3 月中下旬至 4 月上旬虫口数量大，4 月下旬大部分死亡，成虫把卵产在麦茬或土块上，10 月越夏卵孵化，为害秋播麦苗。多行孤雌生殖，每雌产卵 20 多粒；春季多把卵产在小麦分蘖丛或土块上，秋季多产在须根或土块上，多聚集成堆，每堆数十粒，卵期 20～90 天，越夏卵期 4～5 个月。生长发育适温 8～15℃，相对湿度高于 70%，水浇地易发生。江苏早春降雨是影响该蜘蛛年度间发生程度的关键因素。

(三)防治

(1)因地制宜进行轮作倒茬，麦收后及时浅耕灭茬；冬春进行灌溉，可破坏其适生环境，减轻为害。

(2)播种前用 75%3911 乳剂 0.5 kg，兑水 15～25 kg，拌麦种 150～250 kg，拌后堆闷 12 小时后播种。

(3)必要时用 2%混灭威粉剂或 1.5%乐果粉剂，每亩用 1.5～2.5 kg 喷粉，也可掺入 30～40 kg 细土撒毒土。

(4)虫口数量大时喷洒 40%氧化乐果乳油或 40%乐果乳油 1500 倍液，每亩喷兑好的药液 75 kg。

(5)也可选用波美 0.3～0.5 度石硫合剂或 50%硫悬浮剂每亩用 0.2～4 kg 兑水 50～75 kg 喷雾，可有效地防治麦蜘蛛，同时还可兼治白粉病和锈病。

(6)上述措施不能奏效时，可喷洒 15%哒螨灵乳油 2000～3000 倍液或 20%绿保素(螨虫素十辛硫磷)乳油 3000～4000 倍液、36%克螨蝇乳油 1000～1500 倍液，持效期 10～15 天。

三十三、麦岩螨

拉丁学名：*Petrobia Latens* Muller，不是昆虫，它属于蛛形纲，蜱螨目，叶螨科，别名麦长腿蜘蛛。除为害草坪外，还为害白三叶、花椒、苹果、桃、柳、槐等多种园林植物。

(一)为害

以成螨、若螨吸食植物叶片汁液，受害叶上出现细小白点，后叶片变黄，影响其正常生长，发育不良，植株矮小，严重时造成的全株干枯死亡。

(二)生物特征

成螨体长 0.61～0.84 mm，体纺锤形，两端较尖，紫红色至褐绿色。农林网背面中央有 1 红斑，自胸部直达腹部。有 4 对足，橘红色，第一对特别长。

卵有越夏型和非越夏型两种。越夏卵圆柱形，白色，似倒草帽状，顶端具有星状辐射条纹；非越夏卵，粉红色，球形，比越夏型小，表面有纵列条纹数十条。

若螨共 3 龄。第一龄体圆形，有足 3 对，初为鲜红色，取食后变为暗红褐色。第二、三龄若螨有 4 对足，体形似成螨。

(三)生活习性

麦岩螨在河北省任丘市华北石油矿区一年发生3～4代，以成螨和卵在草坪等寄主植物的根际和土壤缝隙中或绿地周围房屋的屋堰下越冬。翌年春2月中下旬至3月上旬成虫开始活动为害，越冬卵开始孵化，4—5月草坪内虫量最多，5月中、下旬后成虫产卵越夏，9中旬越夏卵陆续孵化，为害草坪，10月下旬以成螨和卵开始越冬。麦岩螨一般孤雌生殖，把卵产在草坪中硬土块或小石块上，成、若虫有一定的群集性和假死性，遇惊扰即可坠地入土潜藏。一天当中一般在太阳升起后出来活动，中午后数量最大，晚间即潜伏起来。

(四)防治

(1)搞好预测预报，及时检查叶面叶背，最好借助于放大镜进行观察，发现叶螨在较多叶片为害时，应及早喷药。防治早期为害，是控制后期猖獗的关键。

(2)及时清除草坪地中的枯草层、病虫枝及杂草，集中烧毁。绿地周围房屋的屋堰下常是过冬螨虫的栖息地，要加以检查和防治。

(3)对草坪地及时浇返青水，增强草坪抗虫能力，可有效减轻其为害。

(4)虫害发生严重时，用1.8%阿维菌素乳油(又称虫螨克星、齐螨素、爱福丁等)7000至9000倍液均匀喷雾防治；或1.2%苦·烟乳油800～1000倍液喷雾；使用15%哒螨灵乳油(又称灭螨灵、杀螨尽等)2500～3000倍液等，上述药剂交替使用，连续喷洒3～4次，均有较好的防治效果。忌用敌敌畏杀灭螨类，敌敌畏对螨类有刺激增殖的作用。不要用菊脂类农药(家中杀灭蚊蝇的卫生用药多为此类药剂)，它对螨类防治基本无效。

(5)保护天敌，如瓢虫、草蛉等。

三十四、黑森瘿蚊

拉丁学名：*Mayetiola destruotor* (Say)，别名黑森蝇、小麦瘿蚊、黑森麦秆蝇，原产地一说是幼发拉底河流域，一说是南高加索。主要随寄主植物的茎秆而远距离传播。最早报道于北美，由德国黑森地区的雇佣军携带的麦草包中夹藏围蛹传入北美。最初在长岛严重为害小麦，引起人们的重视，美国首先称之为Hessian fly，从而得名。现已广布世界各地，中国新疆与俄罗斯交界地区有分布。黑森瘿蚊被称为世界上小麦的第一大害，是美国小麦最重要的害虫之一。中国将其列为入境二类检疫性有害生物。

分布于前苏联(欧洲部分到60°N、中亚部分、伊尔库茨克、拉脱维亚、远东)、伊拉克、以色列、塞浦路斯、土耳其(安纳托利亚)、丹麦、挪威(南部)、瑞典、芬兰、波兰(普瓦维、波兹南、卢宾、波美拉尼亚)、德国(勃兰登堡、梅克伦堡、莱茵省)、奥地利、瑞士、荷兰、英国、法国、西班牙、葡萄牙、意大利、南斯拉夫、保加利亚、希腊(塞萨利)、突尼斯、阿尔及利亚、摩洛哥、新西兰、加拿大(艾伯塔南部、不列颠哥伦比亚西南部、曼尼托巴南部、新不伦瑞克、新斯科舍、安大略东南部、爱德华太子岛、萨斯喀彻温南部)、美国(亚拉巴马北端、阿肯色北部、加利福尼亚、萨克拉门托流域和旧金山海湾、科罗拉多东北端、康涅狄格、特拉华、佐治亚北部、伊利诺斯、印第安纳、衣阿华、堪萨斯、肯塔基、路易斯安那、缅因、马里兰、马萨诸塞、密执安、明尼苏达、密苏里、蒙大拿东端、内布拉斯加东部和南部、新罕布什尔、新泽西、纽约、北卡罗来纳西部、北达科他，俄亥俄、俄克拉荷马北部、俄勒冈西北部、宾夕法尼亚、罗得岛、南卡罗来纳西部、南达科他东部和西部、田纳西、西弗吉尼亚、华盛顿西部、威斯康星)。

(一)寄主植物

大麦、小麦、黑麦、冰草属、葡萄龙牙草等。为害小麦的主要是 *Mayetiola destructor*，而在大麦上为害的主要是 *Mayatiola hordei*。这两个种在小麦和大麦上有交叉为害的现象。

(二)生物特征

成虫体形如小蚊。雌虫体大约长 3 mm。触角黄褐色，由 17 节组成，长度超过体长的 1/3，具有直立短毛，基部两节较其他节粗两倍。胸部黑色，有灰色折光，背中区有 2 条稀疏的白毛。自颈侧沿胸部下方到翅基有一淡红色不规则条纹或斑纹。小盾片黑色，具有黑毛。腹部褐色，其他各节背板两侧各具有一大方形黑斑点。产卵管由 3 节组成，淡红色，末节端部为褐色。足淡红色。翅基部粉红色，被有黑色毛。雄虫体较雌虫短 1/3，约 2 mm。触角 17 节，长为体长的 2/3。下颚须 4 节，第 1 节为不规则圆锥形，第 2 节近四边形，第 3 节较细，比第 2 节长 1/3，第 4 节约为第 3 节长度的 2 倍。腹部近于黑色，末节淡粉红色，具有一对褐色抱器，生殖器官位于其中。生殖器结构有助于近缘种的鉴定。

卵长圆柱形，长 0.4～0.5 mm，长径约为宽径的 6 倍。卵初产时透明，有红色斑点，后变为红褐色。卵产于叶面纵沟内，纵向排列，如果卵密集成对，状如小麦锈病的斑点(图 14)。

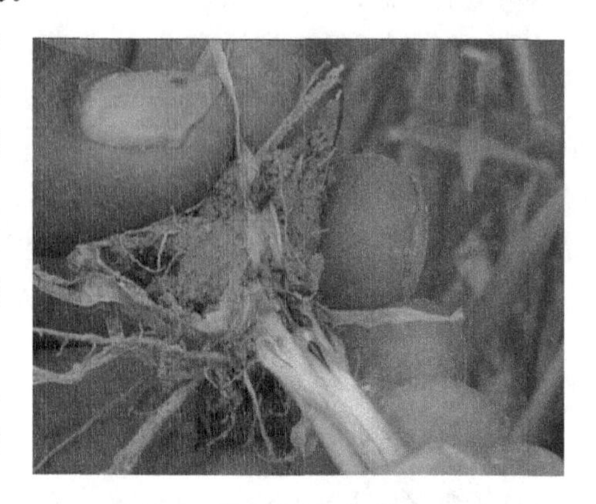

图 14　黑森瘿蚊(戴爱梅 摄)

老熟幼虫体长约 4 mm，由 13 节组成，第 1 节为头部，2～4 节为胸部，其后 9 节为腹部。幼虫的主要鉴别特征是位于胸部第 1 节的胸骨片的形状。

蛹为围蛹，栗褐色，外被伪茧，形似亚麻种子。雌蛹一般长 4 mm，不足 4 mm 的为雄虫。头部和胸部色深，额上有坚硬的锯齿。

(三)生活习性

1 年发生 2～5 代。欧洲一般 3 代，俄罗斯大部分地区仅 1 代。在我国新疆一年发生 2 代。以老熟幼虫在伪茧内越冬，有时在前茬根丛内过冬，也有在自生麦苗或野生禾本科植物上过冬。次年春天在伪茧内化蛹。第 1 代成虫在 4—5 月间出现。成虫寿命仅 5～7 天，夜间羽化，上午交尾，交配后 1 小时即可产卵，1～2 天即可产完。飞翔力不强，但可随风吹到 2～3 英里①外。喜在冬小麦或春小麦上产卵。产卵 50～500 粒。卵期 3～12 天。幼虫孵化时间多在每天 17:00 至次日 08:00。幼虫孵化后钻入叶鞘内吸食汁液。幼虫爬行速度很慢，爬行 1 mm 需要 4.5 分钟，从卵孵出后爬到取食部位需要 12～15 小时。幼虫经 2～4 周老熟，在叶鞘内化蛹。围蛹具有一定的抗干燥、抗碾压能力。化蛹后到成虫羽化的时间因温度而不同：4.4℃为 30 天，10℃为 15 天，15.6℃为 11 天，18.9℃为 7 天。23.9℃以上不化蛹。1 年主要发生在春季和秋季两个世代。喜高温。气候不适宜时进入休眠，延期羽化。在成虫羽化时如果冬小麦不适合幼虫取食，即于春小麦和大麦上产卵。遇到干旱，产卵量显著下降，卵和幼虫大量死亡。

(四)为害

幼虫为害小麦、大麦、黑麦。其他寄主有燕麦、鹅冠草、匍匐龙牙草、加拿大报碱草等。我

---

① 1 英里＝1.61 km

国仅见为害小麦。在叶面浅凹处产卵。幼虫孵化后一般钻入接近地面的第一片叶鞘内,但不钻入叶鞘组织和茎秆内。幼虫锉伤麦秆吸流出的汁液。小麦早期受害后生长受阻,植株叶片变暗绿色或青绿色,显著粗短,心叶变黄或缺失,抗寒能力降低。在分蘖前,幼虫钻入幼苗主茎部为害,常造成植株死亡。麦苗于拔节到抽穗前被害时,在幼虫吸食处形成白斑,茎壁变薄,茎秆弯曲,易引起倒伏,严重影响产量。秋季,受害株抗寒力下降,冬季易死亡。春季,除上述害状外,还表现为受害株秆细易折。灌浆籽实期,麦穗、麦芒扭曲,可能与旗叶扭结在一起,麦穗畸形,籽粒空瘪,对产量影响极大。主要以围蛹的形式随麦秆及其制品的调运远传;围蛹也可以夹杂在麦种中传播;观赏用的禾本科植物如鹅冠草也可能携带传播。

(五)检验方法

剥查麦秆,剥开根部及近根部的各节叶鞘,检查幼虫与围蛹;过筛检验种子。判断过冬幼虫死活的方法:(1)将待检幼虫浸入二硝基苯饱和溶液内 5～6 小时(18～20℃),或 3 小时(30℃);(2)取出幼虫,置于滤纸上吸干多余溶液;(3)虫体放入盛浓氨水的玻管中;(4)活幼虫在试验开始后 10～15 分钟变为红色,30 分钟后死亡个体与成活个体均变为褐色。

(六)检疫措施

(1)不从黑森瘿蚊发生的区域输入麦类作物及其秸秆;从发生区输出的包装物不能用麦类植株或禾本科寄主杂草作为填充物、铺垫物。国内发生区禁止麦秆制品、麦种、原粮调出,需调出的,必须做除害处理。

(2)在黑森瘿蚊发生区加强农业技术措施,在成虫发生期喷撒化学药剂。

(3)按照小麦产地检疫规程实施产地检疫,发现受害株立即拔除,集中销毁。

(七)防治

选用抗性品种或适当推迟播种期;合理施肥,保持各种肥料搭配合理,不要偏施氮肥。铲除自生苗。抗虫品种的特性表现为:叶片多毛、分蘖能力强、叶鞘紧密、组织坚硬。

(1)农业防治。根据当地黑森瘿蚊成虫的发生期,调节小麦播种期,以避开成虫产卵,减轻为害,具体日期每年要做调整。也可应用遗传防治和选育抗虫品种。遗传防治是利用不同小种的黑森瘿蚊进行杂交,以便产生为害性弱的小种。目前在美国各地育种者培育的小麦品种都是抗黑森瘿蚊的品种。这些品种降低黑森瘿蚊为害的机制主要是由于具有抗性和耐性,如有些品种表现的抗性是低为害率,它使植株上幼虫的发育受到影响,形成的围蛹个体很小;耐性的表现是,虽然植株受害,但受害程度很轻,产量损失不大。

(2)化学防治。其中包括土壤处理、种子处理、喷雾、喷粉、熏蒸及使用驱虫剂或引诱剂、茎秆涂药以杀死转移的幼虫等。土壤和种子处理是比较有效的,但成本较高,目前很少大面积使用。此外,在成虫羽化高峰时,过去曾用过林丹喷粉,也可喷洒植物性杀虫剂如除虫菊、鱼藤和尼古丁。

(3)生物防治。黑森瘿蚊的天敌最主要的是小广腹细腰蜂,寄生在卵内,此外,还有 *Merisus* 属的寄生蜂可寄生在蛹内。保护和利用寄生蜂,对防治黑森瘿蚊是一种行之有效的措施。

三十五、小麦皮蓟马

拉丁学名:*Haplothrips tritici* Kurdjumov,属缨翅目,管蓟马科。小麦皮蓟马为害小麦花器,灌浆乳熟时吸食麦粒浆液,使麦粒灌浆不饱满。严重时麦粒空秕。还可为害麦穗的护颖和外颖，颖片受害后皱缩，枯萎，发黄，发白或呈黑褐斑，被害部极易受病菌侵害，造成霉烂、腐败。

（一）生物特征

成虫黑褐色，体长 1.5～2 mm，翅 2 对，边缘均有长缨毛，腹部末端延长成管状，叫做尾管。

卵乳黄色，长椭圆形，初产白色。

若虫无翅，初孵淡黄色，后变橙红色，触角及尾管黑色。

前蛹及伪蛹体长均比若虫短，淡红色，四周生有白毛。

（二）发生规律

小麦皮蓟马一年发生一代，以若虫在麦茬、麦根及晒场地下 10 cm 左右处越冬，日平均温度 8℃时开始活动，约 5 月中旬进入化蛹盛期，5 月中下旬开始羽化成虫，6 月上旬为羽化盛期，羽化后大批成虫飞至麦株，在上部叶片内侧、叶耳、叶舌处吸食液汁，逐渐从旗叶叶鞘顶部或叶鞘裂缝处侵入尚未抽出的麦穗，破坏花器，一旗叶内有时可群集数十至数百头成虫，当穗头抽出后，成虫又飞至未抽出及半抽出的麦穗内，成虫为害及产卵时间仅 2～3 天。成虫羽化后 7～15 天开始产卵，多为不规则的卵块，被胶质粘固，卵块的部位较固定，多产在麦穗上的小穗基部和护颖的尖端内侧。每小穗一般有卵 4～55 粒。卵期 6～8 天，幼虫在 6 月上中旬小麦灌浆期，为害最盛。7 月上中旬陆续离开麦穗停止为害。

小麦皮蓟马的发生程度与前作及邻作有关，凡连作麦田或邻作也是麦田，则发生重。另与小麦生育期有关，抽穗期越晚为害越重，反之则轻。一般早熟品种受害比晚熟品种轻，春麦比冬麦受害重。

（三）防治

(1)农业防治

①进行合理的轮作倒茬；

②适时早播，早熟品种在不影响产量情况下，要进行适时早播，错过为害盛期；

③秋后及时进行深耕，压低越冬虫源。清除晒场周围杂草，破坏越冬场所。

(2)化学防治

在小麦孕穗期，大批蓟马飞至麦穗产卵为害，此时是防治成虫的有利时期。小麦扬花期是防治初孵若虫的有利时期。可用 40%乐果乳油 500 倍液，或用 80%敌敌畏乳油 1000 倍液，或用 90%晶体敌百虫，或用 50%马拉硫磷 2000 倍液喷雾，每亩用药液 75 kg。

三十六、麦穗夜蛾

拉丁学名：*Apamea sordens* (Hüfnagel)，为鳞翅目，夜蛾科，别名麦穗虫。分布在内蒙古、甘肃、青海等省(区)。主要为害小麦、大麦、青稞、冰草、马莲草等作物。以幼虫为害。初孵幼虫在麦穗的花器及子房内为害，2 龄后在籽粒内取食，4 龄后将小麦旗叶吐丝缀连卷成筒状，潜伏其中，日落后出来为害麦粒，仅残留种胚，致使小麦不能正常生长和结实。

（一）生物特征

成虫体长 16 mm，翅展 42 mm 左右，全体灰褐色。前翅有明显黑色基剑纹在中脉下方呈燕飞形，环状纹、肾状纹银灰色，边黑色；基线淡灰色双线，亚基线、端线浅灰色双线，锯齿状；亚端线波浪形浅灰色；前翅外缘具 7 个黑点，缘毛密生；后翅浅黄褐色。

卵圆球形，直径 0.61～0.68 mm，卵面有花纹。

末龄幼虫体长 33 mm 左右，头部具浅褐黄色"八"字纹；颅侧区具浅褐色网状纹。前胸盾板、臀板上生背线和亚背线，将其分成 4 块浅褐色条斑，虫体灰黄色，背面灰褐色，腹面灰白色。

蛹长 18～21.5 mm，黄褐色或棕褐色。

（二）生活习性

1 年生 1 代，以老熟幼虫在田间或地埂表土下及芨芨草墩下越冬。翌年 4 月越冬幼虫出蛰活动，4 月底至 5 月中旬幼虫化蛹，预蛹期 6～11 天，蛹期 44～55 天。6—7 月成虫羽化，6 月中旬至 7 月上旬进入羽化盛期，白天隐蔽在麦株或草丛下，黄昏时飞出活动，取食小麦花粉或油菜。交尾后 5～6 天产卵在小麦第一小穗颖内侧或子房上，一般成块，每块数粒至 38 粒不等，雌蛾产卵量可达 740 粒，卵期约 13 天，幼虫蜕皮 6 次，共 7 龄，历期 8、9 个月。幼虫为害期为 66.5 天，初孵幼虫先取食穗部的花器和子房，吃光后转移，老熟幼虫有隔日取食习性，6、7 龄幼虫虫体长大，白天从小麦叶上转移至杂草上吐丝缀合叶片隐蔽起来，也有的潜伏在表土或土缝里，9 月中旬幼虫开始在麦茬根际松土内越冬。

（三）防治

（1）利用成虫趋光性，在 6 月上旬至 7 月下旬安装黑光灯诱杀成虫。

（2）掌握在 4 龄前及时喷洒 80％敌敌畏乳油 1000～1500 倍液或 90％晶体敌百虫 900～1000 倍液。

（3）4 龄后白天潜伏，需要防治时应在日落后喷洒上述杀虫剂。

（4）麦收时要注意杀灭麦捆底下的幼虫，以减少越冬虫口基数。

（5）设置诱集带。该虫成虫羽化后交尾前以取食油菜花蜜为主，其高峰期的出现正值当地大面积油菜盛花期，且喜欢在早熟的青稞、小麦等作物穗部产卵，同一小麦田中混杂的青稞及早熟小麦上产卵最多，受害最重。根据这一习性，在小麦田四周及地中间按规格种植青稞及早熟小麦，则能诱集成虫产卵。同时，由于麦穗夜蛾幼虫有 3 龄前在颖壳内为害穗粒，4 龄以后幼虫转移取食的习性，待诱集带产卵后幼虫转移前，将诱集带及时拔除或喷药，就会大大减少虫源，达到保护大田小麦不受害的目的。

三十七、麦蛾

拉丁学名：*Gelechiidaegelechiid* moths。属鳞翅目，麦蛾科，麦蛾属。已记载 3700 多种，包括几种重要害虫。呈世界性分布。

（一）生物特征

成虫褐色，有灰色或银色斑纹。翅展一般 19 cm，前翅狭。后翅的外缘凹入，翅顶尖突。幼虫色浅，无毛。生活方式不一，或蛀入植株中，或织网，或形成虫瘿，或将叶卷曲。麦蛾幼虫蛀食生长中的谷粒及贮粮，幼虫圆筒形，淡白或带红色，无毛，腹足有时消失。幼虫钻蛀茎、果实和根以及卷叶、缀叶、形成虫瘿等，也有极少数潜叶或带鞘为害。

（二）为害

幼虫多在小麦、大麦、稻谷、高粱、玉米及禾本科杂草种子内食害。严重影响种子发芽力，是一种严重的初期性贮粮害虫。

（三）生活习性

有的白昼活动、有的夜晚活动。

（四）种群分布

花生麦蛾的幼虫为害花生、黄豆、绿豆等，分布在华北、华南地区；黑星麦蛾分布在东北、华北和华东，桃条麦蛾分布在华北和西北，都是桃、杏、李、苹果等果树的重要害虫。小杨麦蛾在东北、西北和内蒙古为害杨树、柳树、槭树等，是林业的大害。其他麦蛾种类中国已知的尚有20余种。

（五）防治

压盖粮面；移顶或揭面，暴晒或熏蒸；仓库应安上纱门纱窗，防止感染；粮温44℃时，将粮食表层带虫粮暴晒6小时，杀死麦蛾的卵、幼虫及蛹；用干燥清洁无虫的稻草扎成直径为7 cm的草束，两端张开，平铺在粮堆表面，纵横间隔50 cm，进行诱捕。

三十八、小地老虎

拉丁学名：*Agrotis ypsilon* Rottemberg。又名土蚕，切根虫。经历卵，幼虫，蛹，成虫发育阶段。年发生代数随各地气候不同而异，越往南年发生代数越多，以雨量充沛、气候湿润的长江中下游和东南沿海及北方的低洼内涝或灌区发生比较严重；在长江以南以蛹及幼虫越冬，适宜生存温度为15～25℃。天敌有知更鸟、鸦雀、蟾蜍、鼬鼠、步行虫、寄生蝇、寄生蜂及细菌、真菌等。对农、林木幼苗为害很大，轻则造成缺苗断垄，重则毁种重播。小地老虎属广布性种类，以雨量丰富、气候湿润的长江流域和东南沿海发生量大，东北地区多发生在东部和南部湿润地区。

（一）为害

该虫能为害百余种植物，是对农、林木幼苗为害很大的地下害虫，在东北主要为害落叶松、红松、水曲柳、核桃楸等苗木，在南方为害马尾松、杉木、桑、茶等苗木，在西北为害油松、沙枣、果树等苗木。

幼虫共分6龄，其不同阶段为害习性表现为：1～2龄幼虫昼夜均可群集于幼苗顶心嫩叶处，昼夜取食，这时食量很小，为害也不十分显著；3龄后分散，幼虫行动敏捷、有假死习性、对光线极为敏感、受到惊扰即卷缩成团，白天潜伏于表土的干湿层之间，夜晚出土从地面将幼苗植株咬断拖入土穴或咬食未出土的种子，幼苗主茎硬化后改食嫩叶和叶片及生长点，食物不足或寻找越冬场所时，有迁移现象。5、6龄幼虫食量大增，每条幼虫一夜能咬断菜苗4～5株，多的达10株以上。幼虫3龄后对药剂的抵抗力显著增加。因此，药剂防治一定要掌握在3龄以前。3月底到4月中旬是第1代幼虫为害的严重时期（徐晓海，1999）。

（二）生物特征

卵呈馒头形，直径约0.5 mm、高约0.3 mm，具纵横隆线。初产乳白色，渐变黄色，孵化前卵一顶端具黑点。

幼虫圆筒形，老熟幼虫体长37～50 mm、宽5～6 mm。头部褐色，具黑褐色不规则网纹；体灰褐至暗褐色，体表粗糙、布大小不一而彼此分离的颗粒，背线、亚背线及气门线均黑褐色；前胸背板暗褐色，黄褐色臀板上具两条明显的深褐色纵带；腹部1～8节背面各节上均有4个毛片，后两个比前两个大 1 倍以上；胸足与腹足黄褐色。

蛹体长 18～24 mm 、宽 6～7.5 mm ，赤褐有光。口器与翅芽末端相齐，均伸达第 4 腹节后缘。腹部第 4～7 节背面前缘中央深褐色，且有粗大的刻点，两侧的细小刻点延伸至气门附近，第 5～7 节腹面前缘也有细小刻点；腹末端具短臀棘 1 对。

成虫体长 17～23 mm、翅展 40～54 mm。头、胸部背面暗褐色，足褐色，前足胫、跗节外缘灰褐色，中后足各节末端有灰褐色环纹。前翅褐色，前缘区黑褐色，外缘以内多暗褐色；基线浅褐色，黑色波浪形内横线双线，黑色环纹内有一圆灰斑，肾状纹黑色具黑边、其外中部有一楔形黑纹伸至外横线，中横线暗褐色波浪形，双线波浪形外横线褐色，不规则锯齿形亚外缘线灰色、其内缘在中脉间有三个尖齿，亚外缘线与外横线间在各脉上有小黑点，外缘线黑色，外横线与亚外缘线间淡褐色，亚外缘线以外黑褐色。后翅灰白色，纵脉及缘线褐色，腹部背面灰色。

（三）生活习性

小地老虎一年发生 3～4 代，老熟幼虫或蛹在土内越冬。早春 3 月上旬成虫开始出现，一般在 3 月中、下旬和 4 月上、中旬会出现两个发蛾盛期。

成虫的活动性和温度有关，成虫白天不活动，傍晚至前半夜活动最盛，在春季夜间气温达 8℃以上时即有成虫出现，但 10℃以上时数量较多、活动愈强；喜欢吃酸、甜、酒味的发酵物、泡桐叶和各种花蜜，并有趋光性，对普通灯光趋性不强、对黑光灯极为敏感，有强烈的趋化性。

具有远距离南北迁飞习性，春季由低纬度向高纬度，由低海拔向高海拔迁飞，秋季则沿着相反方向飞回南方；微风有助于其扩散，风力在 4 级以上时很少活动。

成虫多在下午 3 时至晚上 10 时羽化，白天潜伏于杂物及缝隙等处，黄昏后开始飞翔、觅食，3～4 天后交配、产卵。卵散产于低矮叶密的杂草和幼苗上、少数产于枯叶、土缝中，近地面处落卵最多，每雌产卵 800～1000 粒、多达 2000 粒；卵期约 5 天左右，幼虫 6 龄、个别 7～8 龄，幼虫期在各地相差很大，但第一代约为 30～40 天。幼虫老熟后在深约 5 cm 土室中化蛹，蛹期约 9～19 天。

从 10 月到第 2 年 4 月都见发生和为害。西北地区二到三代，长城以北一般年二到三代，长城以南黄河以北年三代，黄河以南至长江沿岸年四代，长江以南年四到五代，南亚热带地区年六至七代。无论年发生代数多少，在生产上造成严重为害的均为第一代幼虫。南方越冬代成虫二月出现，全国大部分地区羽化盛期在 3 月下旬至 4 月上、中旬，宁夏、内蒙古为 4 月下旬。成虫的产卵量和卵期在各地有所不同，卵期随分布地区及世代不同的主要原因是温度高低不同所致。

高温对小地老虎的发育与繁殖不利，因而夏季发生数量较少，适宜生存温度为 15～25℃；冬季温度过低，小地老虎幼虫的死亡率增高。存活季节多出现在春节，以及秋季，也可称为秋老虎。

凡地势低湿，雨量充沛的地方，发生较多；头年秋雨多、土壤湿度大、杂草丛生有利于成虫产卵和幼虫取食活动，是第二年大发生的预兆；但降水过多，湿度过大，不利于幼虫发育，初龄幼虫淹水后很易死亡；成虫产卵盛期土壤含水量在 15%～20% 的地区为害较重。沙壤土，易透水、排水迅速，适于小地老虎繁殖，而重黏土和沙土则发生较轻；土质与小地老虎的发生也有关系，但实质是土壤湿度不同所致。

（四）防治方法

小地老虎的防治应根据各地为害时期，因地制宜。采取以农业防治和药剂防治相结合的综合防治措施。

(1)物理防治

①诱杀成虫。结合黏虫用糖、醋、酒诱杀液或甘薯、胡萝卜等发酵液诱杀成虫。

②诱捕幼虫。用泡桐叶或莴苣叶诱捕幼虫,于每日清晨到田间捕捉;对高龄幼虫也可在清晨到田间检查,如果发现有断苗,拨开附近的土块,进行捕杀。

(2)化学防治

对不同龄期的幼虫,应采用不同的施药方法。幼虫3龄前用喷雾,喷粉或撒毒土进行防治;3龄后,田间出现断苗,可用毒饵或毒草诱杀。

①喷雾。每公顷可选用50%辛硫磷乳油750 mL,或2.5%溴氰菊酯乳油或40%氯氰菊酯乳油300～450 mL、90%晶体敌百虫750 g,兑水750 L喷雾。喷药适期应在幼虫3龄盛发前。

②毒土或毒砂。可选用2.5%溴氰菊酯乳油90～100 mL,或50%辛硫磷乳油或40%甲基异柳磷乳油500 mL加水适量,喷拌细土50 kg配成毒土,每公顷300～375 kg顺垄撒施于幼苗根标附近。

③毒饵或毒草。一般虫龄较大可采用毒饵诱杀。可选用90%晶体敌百虫0.5kg或50%辛硫磷乳油500 mL,加水2.5～5 L,喷在50 kg碾碎炒香的棉籽饼、豆饼或麦麸上,于傍晚在受害作物田间每隔一定距离撒一小堆,或在作物根际附近围施,每公顷用75 kg。毒草可用90%晶体敌百虫0.5 kg,拌砸碎的鲜草75～100 kg,每公顷用225～300 kg。

三十九、黄地老虎

拉丁学名:*Agrotis segetum* (Denis et Schiffermüller),夜蛾科地夜蛾属的一个物种。

(一)为害

为多食性害虫,为害各种农作物、牧草及草坪草。各种地老虎为害时期不同,多以第一代幼虫为害春播作物的幼苗最严重,常切断幼苗近地面的茎部,使整株死亡,造成缺苗断垄,甚至毁种。

(二)生物特征

卵初产乳白色,半球形,直径0.5 mm,卵壳表面有纵脊纹,以后渐现淡红色玻纹,孵化前变为黑色。

幼虫与小地老虎相似,其区别为:老熟幼虫体长33～43 mm,体黄褐色,体表颗粒不明显,有光泽,多皱纹。腹部背面各节有4个毛片,前方2个与后方2个大小相似。臀板中央有黄色纵纹,两侧各有1个黄褐色大斑。腹足趾钩12～21个。

蛹体长16～19 mm,红褐色,腹部末节有臀刺1对,腹部背面第5～7节刻点小而多。

成虫体长14～19 mm,翅展32～43 mm。全体黄褐色。前翅亚基线及内、中、外横纹不很明显;肾形纹、环形纹和楔形纹均甚明显,各围以黑褐色边,后翅白色,前缘略带黄褐色。

(三)生活习性

在黑龙江、辽宁、内蒙古和新疆北部一年发生2代,甘肃省河西地区2～3代,新疆南部3代,陕西3代。

成虫昼伏夜出,在高温、无风、空气湿度大的黑夜最活跃,有较强的趋光性和趋化性。产卵前需要丰富的补充营养,能大量繁殖。喜产卵于低矮植物近地面的叶上。

幼虫一般以老熟幼虫在土壤中越冬，越冬场所为麦田、绿肥、草地、菜地、休闲地、田埂以及沟渠堤坡附近。一般田埂密度大于田中，向阳面田埂大于向阴面。3—4 月间气温回升，越冬幼虫开始活动，陆续在土表 3 天左右深处化蛹，蛹直立于土室中，头部向上，蛹期 20～30 天。4—5 月为各地化蛾盛期。幼虫共 6 龄。陕西(关中、陕南)第一代幼虫出现于 5 月中旬至 6 月上旬，第二代幼虫出现于 7 月中旬至 8 月中旬，越冬代幼虫出现于 8 月下旬至翌年 4 月下旬。卵期 6 天。1～6 龄幼虫历期分别为 4 天，4 天，3.5 天，4.5 天，5 天，9 天，幼虫期共 30 天。卵期平均温度 18.5℃，幼虫期平均温度 19.5℃。

(四)繁殖

产卵前期为 3～6 天。产卵期 5～11 天。甘肃(河西地区)4 月上、中旬化蛹，4 月下旬羽化。第一代幼虫期 54～63 天，第二代幼虫期 51～53 天，第二代后期和第三代前期幼虫 8 月末发育成熟，9 月下旬起进入休眠。新疆(莎车地区)4 月下旬发蛾，第一代幼虫于 5 月上旬孵化，6 月上旬化蛹。每年有 3 次发蛾高峰期，第一次在 4 月下旬至 5 月上旬，第二次在 7 月上旬，第三次在 8 月下旬。

雌虫产卵量为 300～600 粒。卵期长短，因温度变化而异，一般 5～9 天，如温度在 17～18℃时为 10 天左右，28℃时只需 4 天。1～2 龄幼虫在植物幼苗顶心嫩叶处昼夜为害，3 龄以后从接近地面的茎部蛀孔食害，造成枯心苗。3 龄以后幼虫开始扩散，白天潜伏在被害作物或杂草根部附近的土层中，夜晚出来为害。幼虫老熟后多在翌年春上升到土壤表层作土室化蠕。据新疆的观察，化蛹深度为 3 cm 左右。

蛹期在温度为 14～15℃时为 34～48 天，23～24℃时为 14～16 天。黄地老虎一般以第一代幼虫为害最重，为害期在 5—6 月，如内蒙古在 5—6 月、新疆莎车在 5 月下旬至 6 月上旬为害春播作物，新疆玛纳斯一带约迟 1 旬以上。在黄淮地区黄地老虎发生比小地老虎晚，为害盛期相差半个月以上。

(五)防治

(1)农业防治

①除草灭虫。清除杂草可消灭成虫部分产卵场所，减少幼虫早期食料来源。除草在春播作物出苗前或 1～2 龄幼虫盛发时进行，并将清除杂草沤肥。

②灌水灭虫。有条件地区，在地老虎发生后，根据作物种类，及时灌水，可收到一定效果。新疆结合秋耕进行冬灌，消灭黄地老虎越冬幼虫，可以减轻来年的发生为害。

③铲埂灭蛹。这是新疆防治黄地老虎的成功经验。田埂面积虽小，却聚积了大量的幼虫。只要铲去了 3 cm 左右一层表土，即可杀死很多蛹。铲埂时间以在黄地老虎化蛹率达 90%时进行为宜。要在 5～7 天内完成。

④种植诱杀作物。在地中套种芝麻、红花草等，可诱集地老虎产卵，减少药治面积。根据河北省经验，两行芝麻约可负担 2.7～3.3 hm^2 作物的诱虫任务。

⑤调整作物播种时期。适当调节播种期，可避过地老虎为害。如新疆地区，冬小麦一般以 8 月播种的受害最重，南疆墨玉地区 4 月上旬播种的玉米受害轻。应根据当地实际情况酌情采用。

(2)药剂防治

①药剂拌种。新疆用 75%辛硫磷乳油，按棉种干重的 0.5%～1%浸种，效果良好。

②施用毒土。2.5%敌百虫粉,每公顷用 30 kg 加细土 300 kg 混匀,撒在心叶里。

③喷粉。春播玉米可用 2.5%敌百虫粉,用量为 30～37.5 kg/hm^2。

④喷雾。地老虎 3 龄前,可喷撒 90%敌百虫 800～1000 倍液或 20%蔬果磷 300 倍液,50%地亚农 1000 倍液等。

⑤毒饵。用 90%敌百虫 5 kg 加水 3～5 kg,拌铡碎的鲜草或鲜菜叶 50 kg,配成青饵,傍晚撒在植株附近诱杀。

⑥药液灌根。80%敌敌畏、50%地亚农、50%辛硫磷等,每 0.2～0.25 kg 加水 400～500 kg。

(3)其他防治

①诱杀器防治。用糖醋液诱杀器或黑光灯诱杀成蛾。

②泡桐叶等诱杀幼虫。据河南省等地经验,每公顷放被水浸湿的泡桐叶 1050～1350 片,放后每天清晨捕杀幼虫,一次放叶效果可保持 4～5 天。

四十、大地老虎

拉丁学名:*Agrotis tokionis* Butler。夜蛾科地夜蛾属的一个物种。别名黑虫、地蚕、土蚕、切根虫、截虫。寄主为蔬菜、玉米、烟草、棉花、果树幼苗。

(一)为害

幼虫将蔬菜幼苗近地面的茎部咬断,使整株死亡,造成缺苗断垄,严重的甚至毁种。

(二)生物特征

成虫体长 20～22 mm,翅展 45～48 mm,头部、胸部褐色,下唇须第 2 节外侧具黑斑,颈板中部具黑横线 1 条。腹部、前翅灰褐色,外横线以内前缘区、中室暗褐色,基线双线褐色达亚中褶处,内横线波浪形,双线黑色,剑纹黑边窄小,环纹具黑边圆形褐色,肾纹大具黑边,褐色,外侧具 1 黑斑近达外横线,中横线褐色,外横线锯齿状双线褐色,亚缘线锯齿形浅褐色,缘线呈一列黑色点,后翅浅黄褐色。

卵半球形,卵长 1.8 mm,高 1.5 mm,初淡黄后渐变黄褐色,孵化前灰褐色。

老熟幼虫体长 41～61 mm,黄褐色,体表皱纹多,颗粒不明显。头部褐色,中央具黑褐色纵纹 1 对,额(唇基)三角形,底边大于斜边,各腹节 2 毛片与 1 毛片大小相似。气门长卵形黑色,臀板除末端 2 根刚毛附近为黄褐色外,几乎全为深褐色,且全布满龟裂状皱纹。蛹长 23～29 mm,初浅黄色,后变黄褐色。

(三)发生规律

1 年生 1 代,以幼虫在田埂杂草丛及绿肥田中表土层越冬,长江流域 3 月初出土为害,5 月上旬进入为害盛期,气温高于 20℃则滞育越夏,9 月中旬开始化蛹,10 月上中旬羽化为成虫。每雌可产卵 1000 粒,卵期 11～24 天,幼虫期 300 多天。

(四)防治

(1)预测方法:对成虫的测报可采用黑光灯或蜜糖液诱蛾器,在华北地区春季自 4 月 15 日至 5 月 20 日设置,如平均每天每台诱蛾 5～10 头以上,表示进入发蛾盛期,蛾量最多的一天即为高峰期,过后 20～25 天即为 2～3 龄幼虫盛期,为防治适期;诱蛾器如连续两天在 30 头以上,预兆将有大发生的可能。对幼虫的测报采用田间调查的方法,如定苗前每平方米有幼虫

0.5～1 头，或定苗后每平方米有幼虫 0.1～0.3 头（或百株蔬菜幼苗上有虫 1～2 头），即应防治。

(2)农业防治：早春清除菜田及周围杂草，防止大地老虎成虫产卵是关键一环；如已被产卵，并发现 1～2 龄幼虫，则应先喷药后除草，以免个别幼虫入土隐蔽。清除的杂草，要远离菜田，沤粪处理。

(3)诱杀防治：一是黑光灯诱杀成虫；二是糖醋液诱杀成虫：糖 6 份、醋 3 份、白酒 1 份、水 10 份、90%敌百虫 1 份调匀，或用孢菜水加适量农药，在成虫发生期设置，均有诱杀效果。某些发酵变酸的食物，如甘薯、胡萝卜、烂水果等加入适量药剂，也可诱杀成虫；三是毒饵诱杀幼虫；四是堆草诱杀幼虫：在菜苗定植前，大地老虎仅以田中杂草为食，因此，可选择大地老虎喜食的灰菜、刺儿菜、苦卖菜、小旋花、苜蓿、艾篙、青篙、白茅、鹅儿草等杂草堆放诱集地老虎幼虫，或人工捕捉，或拌入药剂毒杀。

(4)化学防治：地老虎 1～3 龄幼虫期抗药性差，且暴露在寄主植物或地面上，是药剂防治的适期。喷洒 40.7%毒死蜱乳油每亩 90～120 g 兑水 50～60 kg 或 2.5%溴氰菊酪或 50%辛硫磷 800 倍液。此外也可选用 3%米乐尔颗粒剂，每亩 2～5 kg 处理土壤。

四十一、八字地老虎

拉丁学名：*Xestia c－nigrum* (Linnaeus, 1758)，异名：*Anmthes c－nigram* (Linnaeus)。别名八字切根虫。夜蛾科地夜蛾属的一个物种。在我国各地都有发生和分布，以东北和西南发生较多。成虫具趋光性。幼虫在春、秋两季为害。寄主为雏菊、百日草、菊花等多种花卉及杨、柳、悬铃木、粮食作物、蔬菜、棉花、烟草等。

(一)为害

幼虫在三龄前昼夜为害，四龄后昼伏夜出为害根际，幼虫咬断地表处根茎部致整株枯死。

(二)生物特征

成虫体长 11～13 mm，翅展 29～36 mm。头、胸灰褐色，足黑色有白环。前翅灰褐色略带紫色；基线双线黑色，外缘翅褶处黑褐色；内横线双线黑色，微波形；环纹具淡褐色黑边；肾纹褐色，外缘黑色；前方有 2 黑点；中室黑色，前缘起有 1 淡褐色三角形斑，顶角直达中室后缘中部；外横线双线锯齿形外弯，各脉有小黑点；亚缘线灰色，前端有 1 黑斑；端区各脉间有中黑点。后翅淡黄色，外缘淡灰褐色。

老熟幼虫体长 33～37 mm，头黄褐色，有 1 对“八”字形黑褐色斑纹。颅侧区具暗褐色不规则网纹。后唇基等边三角形，颅中沟的长度约等于后唇基的高。体黄色至褐色，背、侧面满布褐色不规则花纹，体表较光滑，无颗粒。背线灰色，亚背线由不连续的黑褐色斑组成，从背面看呈倒“八”字形，愈后端愈显著。从侧面看，亚背线上的斑纹和气门上线的黑斑纹则组成正“八”字形。臀板中央部分及两角边缘颜色常较深。

蛹体长约 19 mm，黄褐色。腹部第 4～7 节背、腹面前缘具 5～7 排圆形和半圆形凹纹，中间密些，两侧稀少。腹端生 1 对红色粗曲刺。背面及两侧生 2 对淡黄色细钩刺。

(三)生活习性

在我国北方一年发生 2 代，以老熟幼虫在土中越冬。在西藏林芝老熟幼虫在翌年 2 月上旬开始活动，3 月下旬幼虫开始化蛹，4 月上中旬进入化蛹高峰期。越冬代蛾在 5 月上中旬盛发。第一代盛卵期在5月中旬。6月下旬进入田间幼虫为害盛期,至7月下旬与8月上旬为止。7月上旬幼虫开始化蛹,8月中、下旬为化蛹盛期。第一代成虫在8月中旬始见,9月中、下旬有两个高峰,10月下旬终见。第二代卵在8月下旬始见,幼虫在9月中旬到10月下旬为害,11月中旬以后陆续越冬。卵期在11.4 ℃时为8～12天;非越冬代幼虫期53天;蛹期28～31天;成虫寿命7～18天。

(四)防治

八字地老虎的防治应根据各地为害时期,因地制宜。采取以农业防治和药剂防治相结合的综合防治措施。

(1)农业防治

除草灭虫。杂草是地老虎产卵的场所,也是幼虫向作物转移为害的桥梁。因此,春耕前进行精耕细作,或在初龄幼虫期铲除杂草,可消灭部分虫、卵。

(2)物理防治

①诱杀成虫。结合黏虫用糖、醋、酒诱杀液或甘薯、胡萝卜等发酵液诱杀成虫。

②诱捕幼虫。用泡桐叶或莴苣叶诱捕幼虫,于每日清晨到田间捕捉;对高龄幼虫也可在清晨到田间检查,如果发现有断苗,拨开附近的土块,进行捕杀。

(3)化学防治

对不同龄期的幼虫,应采用不同的施药方法。幼虫3龄前用喷雾,喷粉或撒毒土进行防治;3龄后,田间出现断苗,可用毒饵或毒草诱杀。

防治指标各地不完全相同,下列指标可供参考。棉花、甘薯每平方米有虫(卵)0.5头(粒);玉米、高粱有虫(卵)1头(粒)或百株有虫2～3头;大豆穴害率达10%。

①喷雾。每公顷可选用50%辛硫磷乳油750 mL,或2.5%溴氰菊酯乳油或40%氯氰菊酯乳油300～450 mL、90%晶体敌百虫750 g,兑水750 L喷雾。喷药适期应在有虫3龄盛发前。

②毒土或毒砂。可选用2.5%溴氰菊酯乳油90～100 mL,或50%辛硫磷乳油或40%甲基异柳磷乳油500 mL加水适量,喷拌细土50 kg配成毒土,每公顷300～375 kg顺垄撒施于幼苗根标附近。

③毒饵或毒草。一般虫龄较大是可采用毒饵诱杀。可选用90%晶体敌百虫0.5 kg或50%辛硫磷乳油500 mL,加水2.5～5 L,喷在50 kg碾碎炒香的棉籽饼、豆饼或麦麸上,于傍晚在受害作物田间每隔一定距离撒一小堆,或在作物根际附近围施,每公顷用75 kg。毒草可用90%晶体敌百虫0.5 kg,拌砸碎的鲜草75～100 kg,每公顷用225～300 kg。

四十二、北京油葫芦

拉丁学名:*Teleogryllus emma* (Ohmachi 8L Matsuura)属直翅目,蟋蟀科。异名*Gryllusmitratus Burmeister*。分布在全国各地。

(一)生物特征

雄体长22～24mm,雌23～25 mm,体黑褐色大型,头顶黑色,复眼四周、面部橙黄色,从头背观两复眼内方的橙黄纹"八"字形。前胸背板黑褐色,1对羊角形深褐色斑纹隐约可见,侧片背半部深色,前下角橙黄色;中胸腹板后缘中央具小切口。雄前翅黑褐色具油光,长达尾端,发音镜近长方形,前缘脉近直线略弯,镜内1弧形横脉把镜室1分为2,端网区有数条纵脉与小横脉相间成小室。4 条斜脉，前 2 条短小，亚前缘脉具 6 条分枝。后翅发达如长尾盖满腹端。后足胫节背方具 5～6 对长刺，6 个端距，财节 3 节，基节长于端节和中节，基节末端有长距 1 对，内距长。雌前翅长达腹端，后翅发达伸出腹端如长尾。产卵管长于后足股节。

(二)为害

食叶成缺刻或孔洞。有的咬食花英或根。

(三)生活习性

1 年生 1 代，以卵在土中越冬，翌年 4—5 月孵化为若虫，经 6 次脱皮，于 5 月下旬至 8 月陆续羽化为成虫，9—10 月进入交配产卵期，交尾后 2～6 日产卵，卵散产在杂草丛、田埂或坟地，深 2 cm，雌虫共产卵 34～114 粒，成虫和若虫昼间隐蔽，夜间活动，觅食、交尾。成虫有趋光性。

(四)防治

(1)毒饵诱杀。苗期每亩用 50%辛硫磷乳油 25～40 mL，拌 30～40 kg 炒香的麦麸或豆饼或棉籽饼，拌时要适当加水，然后撒施于田间。也可用 50%辛硫磷乳油 50～60 mL，拌细土 75 kg，撒入田中，杀虫效果 90%以上。施药时要从田四周开始，向中间推进效果好。

(2)灯光诱杀成虫。

四十三、赤须盲蝽

拉丁学名：*Trigonotylus ruficornis* Geoffroy，又称赤须蝽，为半翅目盲蝽科昆虫，有成虫、若虫和卵三种虫态，成虫、若虫均为为害虫态。触角四节，等于或较体长短，红色，故称赤须盲蝽。原不为麦类主要害虫，但随着 20 世纪 90 年代末期结构调整和气候变迁，赤须盲蝽逐渐上升为主要害虫，局部地区为害严重。

(一)生物特征

成虫身体细长，长 5～6 mm，宽 1～2 mm，鲜绿色或浅绿色。头部略成三角形，顶端向前方突出，头顶中央有一纵沟。触角 4 节，红色(故称赤须盲蝽)，等于或略短于体长，第一节粗短，第二、三节细长，第四节短而细。喙 4 节，黄绿色，顶端黑色，伸向后足基节处。前胸背板梯形，具暗色条纹 4 个，前缘具不完整的鳞片，四边略向里凹，中央有纵脊。小盾板三角形，基部不被前胸背板后缘覆盖，中部有横沟将小盾板分为前后两部分，基半部隆起，端半部中央有浅色纵脊。前翅略长于腹部末端，革片绿色，膜片白色，半透明，长度超过腹端。后翅白色透明。足黄绿色，胫节末端和跗节黑色，跗节 3 节，爪黑色。

卵呈口袋状，长约 1 mm，卵盖上有不规则突起。初为白色，后变黄褐色。

若虫 5 龄，末龄幼虫体长约 5 mm，黄绿色，触角红色。头部有纵纹，小盾板横沟两端有凹坑。足胫节末端、跗节和喙末端黑色。翅芽长 1.8 mm，超过腹部第二节。

(二)生活习性

华北地区一年发生 3 代，以卵越冬。翌年第 1 代若虫于 5 月上旬进入孵化盛期，5 月中、下旬羽化。第 2 代若虫 6 月中旬盛发，6 月下旬羽化。第 3 代若虫于 7 月中、下旬盛发，8 月下旬至 9 月上旬，雌虫在杂草茎叶组织内产卵越冬。该虫成虫产卵期较长，有世代重叠现象。每次产卵一般 5～10 粒。初孵若虫在卵壳附近停留片刻后，便开始活动取食。成虫在 09:00—

17:00 这段时间活跃，夜间或阴雨天多潜伏在植株中下部叶背面。

在内蒙古一年发生 3 代，以卵在禾草茎叶上越冬。翌年 4 月下旬越冬卵开始孵化，5 月初进入盛期。成虫 5 月中旬开始出现，下旬为羽化盛期。5 月中、下旬成虫开始交配产卵，卵于 6 月上旬开始孵化。第二代成虫在 6 月中、下旬开始交配产卵，7 月上旬卵开始孵化，7 月下旬第三代成虫出现，8 月上、中旬开始产卵。雌虫产卵期不整齐，田间出现世代重叠现象。

成虫白天活跃，傍晚和清晨不甚活动，阴雨天隐蔽在植物中下部叶片背面。羽化后 7～10 天开始交配。雌虫多在夜间产卵，卵多产于叶鞘上端，每雌每次产卵 5～10 粒，卵粒成 1 排或 2 排。气温 20～25℃，相对湿度 45%～50%的条件最适宜卵孵化。若虫行动活跃，常群集叶背取食为害。在谷子、糜子乳熟期，成虫、若虫群集穗上，刺吸汁液。

(三)地理分布

分布在北京、河北、内蒙古、黑龙江、吉林、辽宁、山东、河南、江苏、江西、安徽、陕西、甘肃、青海、宁夏、新疆等省(区、市)。

(四)为害特点

主要为害谷子、糜子、高粱、玉米、麦类、水稻等禾本科作物以及甜菜、芝麻、大豆、苜蓿、棉花等作物。赤须盲蝽还是重要的草原害虫，为害禾本科牧草和饲料作物。

成虫、若虫在玉米叶片上刺吸汁液，进入穗期还为害玉米雄穗和花丝，导致叶片初呈淡黄色小点，稍后呈白色雪花斑布满叶片。严重时整个田块植株叶片上就像落了一层雪花，叶片呈现失水状，且从顶端逐渐向内纵卷。心叶受害生长受阻，展开的叶片出现孔洞或破叶，全株生长缓慢，矮小或枯死。该虫 1997 年在北京为害小麦，1998 年又大面积为害玉米，为害严重，生产上应予以注意。

(五)防治

搞好田间卫生，及时清除枯茬杂草，减少越冬卵。药剂防治可用 40%乐果乳油、50%马拉硫磷或 80%敌百虫可溶性粉剂等药剂 1000～1500 倍液喷雾；喷粉可用 2.5%敌百虫粉剂，每亩用药 2 kg。赤须盲蝽还是禾本科牧草的重要害虫，应做好发虫草场的防治，减少虫源。赤须盲蝽 9 月下旬开始产卵越冬，而高碑店市 11 月田间尚有大量成虫，可见初冬气候偏暖，延长了赤须盲蝽发生时期。查看害虫时注意调查早播麦田，靠近沟渠、道边的麦田及靠近棉田的麦田。用药时将这些地方也喷上药。可用 4.5%高效氯氰菊酯乳油 1000 倍液加 10%吡虫啉可湿性粉剂 1000 倍液、3%啶虫脒 1500 倍液喷雾进行防治。

四十四、西北麦蝽

拉丁学名：*Aelia sibirica* Reuter，属半翅目，蝽科。分布北起黑龙江、内蒙古、新疆，南至山西、陕西、甘肃、青海。寄主于麦类、水稻等禾本科植物。成、若虫刺吸寄主叶片汁液，受害麦苗出现枯心或叶面上出现白斑，后扭曲成辫子状，出现白穗和秕粒。

(一)生物特征

成虫体长 9～11 mm，黄褐色，具黑白纵条纹，头向下倾，前端尖且分裂。小盾片特发达似舌状，长度超过腹背中央。

卵呈馒头形，红褐色。

若虫体大部乃至全体黑色，复眼红色，腹节之间为黄色。

(二)生活习性

宁夏1年生2～3代,以成虫在芨芨草基部越冬。翌年4月下旬开始活动,5月初迁进麦田为害麦苗,5月上旬在麦苗下部叶尖或地表的枯枝残叶上产卵,11～12粒排成单列,5月中旬孵化成若虫继续为害,小麦成熟时成虫又飞回越冬杂草上,进入10月间开始潜伏越冬。

(三)防治

(1)在越冬虫恢复活动以前,清除麦田附近的芨芨草深埋或烧毁,以减少虫源。

(2)必要时,用2.5%敌百虫粉1 kg,拌细砂20 kg,撒入草丛。

(3)在成虫为害高峰期,向麦苗或芨芨草上喷撒2.5%敌百虫粉,每亩用1.5～2 kg。10天后再喷1次,消灭初孵若虫。

(4)必要时可喷洒2.5%保得乳油2500倍液。

四十五、斑须蝽

拉丁学名:*Dolycoris baccarum*,斑须蝽属的一种昆虫,别称细毛蝽、斑角蝽、臭大姐。

(一)地理分布

阿联酋、阿拉伯、叙利亚、土耳其、中亚、朝鲜、日本、前苏联、印度、北美、中国各地。

(二)为害

成虫和若虫刺吸嫩叶、嫩茎及穗部汁液。茎叶被害后,出现黄褐色斑点,严重时叶片卷曲,嫩茎凋萎,影响生长,减产减收。

(三)寄主

麦类、稻作、大豆、玉米、谷子、麻类、甜菜、苜蓿、杨、柳、高粱、菜豆、绿豆、蚕豆、豌豆、茼蒿、甘蓝、黄花菜、葱、洋葱、白菜、赤豆、芝麻、棉花、烟草、山楂、苹果、桃、梨、刺山楂、野芝麻、天仙子、梅、杨莓、草莓、黄芩、飞帘及其他森林和观赏植物等。

(四)生物特征

成虫体长8～13.5 mm,宽约6 mm,椭圆形,黄褐或紫色,密被白绒毛和黑色小刻点;触角黑白相间;喙细长,紧贴于头部腹面。小盾片近三角形,末端钝而光滑,黄白色。前翅革片红褐色,膜片黄褐色,透明,超过腹部末端。胸腹部的腹面淡褐色,散布零星小黑点,足黄褐色,腿节和胫节密布黑色刻点。

卵圆筒形,初产浅黄色,后灰黄色,卵壳有网纹,生白色短绒毛。卵排列整齐,成块。

若虫形态和色泽与成虫相同,略圆,腹部每节背面中央和两侧都有黑色斑。

(五)生活习性

每年发生1～3代,以成虫在植物根际、枯枝落叶下、树皮裂缝中或屋檐底下等隐蔽处越冬。在黄淮流域第一代发生于4月中旬至7月中旬,第二代发生于6月下旬至9月中旬,第三代发生于7月中旬一直到翌年6月上旬。后期世代重叠现象明显。成虫多将卵产在植物上部叶片正面或花蕾、果实的包片上,呈多行整齐排列。初孵若虫群集为害,2龄后扩散为害。成虫及若虫有恶臭,均喜群集于作物幼嫩部分和穗部吸食汁液,自春至秋继续为害。

内蒙古一年2代,以成虫在田间杂草、枯枝落叶、植物根际、树皮及屋檐下越冬。4月初开始活动,4月中旬交尾产卵,4月底5月初幼虫孵化,第一代成虫6月初羽化,6月中旬为产卵盛期;第二代于6月中下旬7月上旬幼虫孵化,8月中旬开始羽化为成虫,10月上中旬陆续越冬。卵多产在作物上部叶片正面或花蕾、果实的苞片上,多行整齐纵列。初孵若虫群聚为害,2龄后扩散为害。

(六)防治

斑须蝽不是旱粮作物重要害虫,一般不需采取特定防治措施,可在防治其他害虫时予以兼治。若异常发生,可专门防治。

(1)农业防治

①播种或移栽前,或收获后,清除田间及四周杂草,集中烧毁或沤肥;深翻地灭茬、晒土,促使病残体分解,减少病源和虫源。

②和非本科作物轮作,水旱轮作最好。

③选用抗虫品种,选用无病、包衣的种子。

④育苗移栽,播种后用药土覆盖,移栽前喷施一次除虫灭菌的混合药。

⑤选用排灌方便的田块,开好排水沟,达到雨停无积水;大雨过后及时清理沟系,防止湿气滞留,降低田间湿度,这是防虫的重要措施。

⑥地下害虫严重的田块,在播种前撒施或沟施杀虫的药土,

⑦合理密植,增加田间通风透光度。

⑧提倡施用酵素菌沤制的或充分腐熟的农家肥,不用未充分腐熟的肥料;采取"测土配方"技术,科学施肥,增施磷钾肥;重施基肥、有机肥,有利于减轻虫害。

⑨高温干旱时应科学灌水,以提高田间湿度,减轻蚜虫、灰飞虱为害与传毒。严禁连续灌水和大水漫灌。

(2)化学防治

20%灭多威乳油1500倍液、90%敌百虫晶体1000倍液、50%辛硫磷乳油1000倍液、5%百事达乳油1000倍液、2.5%敌杀死乳油1000倍液、2.5%鱼藤酮乳油1000倍液、2.5%功夫乳油1000倍液、5%锐劲特悬浮剂2000～3000倍液、25%阿克泰乳剂6000～8000倍液、48%乐斯本乳油1000～1500倍液、18.1%富锐乳油2000～2500倍液、4.5%高净乳油2000～3000倍液、3%米乐尔颗粒剂1kg/亩穴施、0.05%异羊角水剂1000～3000倍液、3.5%锐丹乳油1000～2000倍液、40%马拉硫磷1000倍液、18%杀虫双1000倍液、80%敌敌畏乳油800～1000倍液,均可起到防治效果。

四十六、大青叶蝉

拉丁学名:*Cicadella viridis*。别名青叶跳蝉、青叶蝉、大绿浮尘子,属同翅目叶蝉科。在世界各地广泛分布,最多可年生5代。大青叶蝉为害多种植物的叶、茎,使其坏死或枯萎,此外,还可传染毒病。可以实行人工、药物捕杀,或利用其趋光性将其诱杀。

(一)生物特征

成虫雌虫体长9.4～10.1 mm,头宽2.4～2.7 mm;雄虫体长7.2～8.3 mm,头宽2.3～2.5 mm。头部正面淡褐色,两颊微青,在颊区近唇基缝处左右各有1小黑斑;触角窝上方、两单眼之间有1对黑斑。复眼绿色。前胸背板淡黄绿色,后半部深青绿色。小盾片淡黄绿色,中间横刻痕较短,不伸达边缘。前翅绿色带有青蓝色泽,前缘淡白,端部透明,翅脉为青黄色,具

有狭窄的淡黑色边缘。后翅烟黑色，半透明。腹部背面蓝黑色，两侧及末节淡为橙黄带有烟黑色，胸、腹部腹面及足为橙黄色，附爪及后足腔节内侧细条纹、刺列的每一刻基部为黑色。

卵白色微黄，长卵圆形，长 1.6 mm，宽 0.4 mm，中间微弯曲，一端稍细，表面光滑。

若虫初孵化时为白色，微带黄绿。头大腹小。复眼红色。2～6 小时后，体色渐变淡黄、浅灰或灰黑色。3 龄后出现翅芽。老熟若虫体长 6～7 mm，头冠部有 2 个黑斑，胸背及两侧有 4 条褐色纵纹直达腹端。

(二)生活习性

各地的世代有差异，从吉林的年生 2 代而至江西的年生 5 代。在甘肃、新疆、内蒙古 1 年发生 2 代。各代发生期为 4 月下旬至 7 月中旬、6 月中旬至 11 月上旬。河北以南各省份 1 年发生 3 代，各代发生期为 4 月上旬至 7 月上旬、6 月上旬至 8 月中旬、7 月中旬至 11 月中旬。大青叶蝉以卵在林木嫩消和干部皮层内越冬。若虫近孵化时，卵的顶端常露在产卵痕外。孵化时间均在早晨，以 7 时半至 8 时为孵化高峰。越冬卵的孵化与温度关系密切。孵化较早的卵块多在树干的东南向。

若虫孵出后大约经 1 小时开始取食。1 天以后，跳跃能力渐渐强大。初孵若虫常喜群聚取食。在寄主叶面或嫩茎上常见 10 多个或 20 多个若虫群聚为害，偶然受惊便斜行或横行，由叶面向叶背逃避，如惊动太大，便跳跃而逃。一般早晨，气温较冷或潮湿，不很活跃；午前到黄昏，较为活跃。若虫爬行一般均由下往上，多沿树木枝干上行，极少下行。若虫孵出 3 天后大多由原来产卵寄主植物上，移到矮小的寄主如禾本科农作物上为害。第一代若虫期 43.9 天，第二、三代若虫平均为 24 天。

成虫体色较淡，约经 5 个小时，体色变为正常，行动也就活泼了，遇惊如若虫一样斜行或横行逃避，如惊动过大，便跃足振翅而飞。飞翔能力较弱，以中午或午后气候温和、目光强烈时，活动较盛，飞翔也多。成虫趋光性很强，100 W 电灯，一天最多诱虫 2000 多头，在北京灯诱成虫以 6 月中旬、7 月底至 8 月初、9 月下旬最多。成虫喜潮湿背风处，多集中在生长茂密，嫩绿多汁的杂草与农作物上昼夜刺吸为害。经过 1 个多月的补充营养后才交尾产卵。交尾产卵均在白天进行，雌成虫交尾后 1 天即可产卵。产卵时，雌成虫先用锯状产卵器刺破寄主植物表皮形成月牙形产卵痕，再将卵成排产于表皮下。每块卵 2～15 粒。每头雌虫产卵 3～10 块。夏季卵多产于芦苇、野燕麦、早熟禾、拂子茅、小麦、玉米、高粱等禾本科植物的茎秆和叶鞘上；越冬卵产于林、果树木幼嫩光滑的枝条和主干上，以直径 1.5～5 cm 的枝条着卵密度最大。在 1～2年生苗木及幼树上，卵块多集中于 0～100 cm 高的主干上、越靠近地面卵块密度越大，在 3～4年生幼树上，卵块多集中于 1.2～3.0 m 高处的主干与侧枝上，以低层侧枝上卵块密度最大。夏、秋季卵期 9～15 天，越冬卵期则长达 5 个月以上。

(三)分布范围

国内分布于黑龙江、吉林、辽宁、内蒙古、河北、河南、山东、江苏、浙江、安徽、江西、台湾、福建、湖北、湖南、广东、海南、贵州、四川、陕西、甘肃、宁夏、青海、新疆等省(区)。国外分布于俄罗斯、日本、朝鲜、马来西亚、印度、加拿大、欧洲等地。

(四)寄主

包括杨、柳、白蜡、刺槐、苹果、桃、梨、桧柏、梧桐、扁柏、粟(谷子)、玉米、水稻、大豆、马铃薯等 160 多种植物。

(五)为害

成虫和若虫为害叶片,刺吸汁液,造成褪色、畸形、卷缩,甚至全叶枯死。此外,还可传播病毒病。

(六)防治

(1)在成虫期利用灯光诱杀,可以大量消灭成虫。

(2)成虫早晨不活跃,可以在露水未干时,进行网捕。

(3)在 9 月底 10 月初,收获庄稼时或 10 月中旬左右,当雌成虫转移至树木产卵以及 4 月中旬越冬卵孵化,幼龄若虫转移到矮小植物上时,虫口集中,可以用 90%敌百虫晶体、80%敌敌畏乳油、50%辛硫磷乳油、50%甲胺磷乳油 1000 倍液喷杀。

四十七、黑尾叶蝉

拉丁学名:*Nephotettix bipunctatus* (Fabricius),为同翅目,叶蝉科。分布在长江中上游和西南各省(区、市)。寄主于水稻、茭白、慈姑、小麦、大麦、看麦娘、李氏禾、结缕草、稗草等。黑尾叶蝉取食和产卵时刺伤寄主茎叶,破坏输导组织,受害处呈现棕褐色条斑,致植株发黄或枯死。

(一)生物特征

成虫体长 4.5~6 mm。头至翅端长 13~15 mm。本科成员种类不少,最大特征是后脚胫节有 2 排硬刺。本种为台湾常见的叶蝉中体型最大的。体色黄绿色;头、胸部有小黑点;上翅末端有黑斑。无近似种。黄绿色。头与前胸背板等宽,向前成钝圆角突出,头顶复眼间接近前缘处有 1 条黑色横凹沟,内有 1 条黑色亚缘横带。复眼黑褐色,单眼黄绿色。雄虫额唇基区黑色,前唇基及颊区为淡黄绿色;雌虫颜面为淡黄褐色,额唇基的基部两侧区各有数条淡褐色横纹,颊区淡黄绿色。前胸背板两性均为黄绿色。小盾片黄绿色。前翅淡蓝绿色,前缘区淡黄绿色,雄虫翅端 1/3 处黑色,雌虫为淡褐色。雄虫胸、腹部腹面及背面黑色,雌虫腹面淡黄色,腹背黑色。各足黄色。

卵长茄形,长约 1~1.2 mm。

末龄若虫体长 3.5~4 mm,若虫共 4 龄。

(二)生活习性

叶蝉多半会为害植物生长,部分种类更是稻作的重要害虫。江、浙一带年生 5~6 代,以 3~4 龄若虫及少量成虫在绿肥田边、塘边、河边的杂草上越冬。成虫把卵产在叶鞘边缘内侧组织中,每雌产卵 100~300 多粒,若虫喜栖息在植株下部或叶片背面取食,有群集性,3~4 龄若虫尤其活跃。越冬若虫多在 4 月羽化为成虫,迁入稻田或茭白田为害,少雨年份易大发生。主要天敌有褐腰赤眼蜂、捕食性蜘蛛等。

(三)防治

(1)选用抗虫品种。

(2)注意保护利用天敌昆虫和捕食性蜘蛛。

(3)调查成虫迁飞和若虫发生情况,因地制宜确定当地防治适期,及时喷洒 10%吡虫啉(一遍净)可湿性粉剂 2500 倍液、2.5%保得乳油 2000 倍液、20%叶蝉散乳油 500 倍液,每亩 70 L。也可用 30%乙酰甲胺磷乳油或 50%杀螟松乳油 1000 倍液、90%杀虫单原粉,每亩 50~

60 g兑水喷雾。

四十八、白边大叶蝉

拉丁学名：*Tettigoniella albomarginata* (Signoret)，叶蝉科大叶蝉属的一种昆虫。寄生于水稻、草地、茶树、麦类、甘蔗、棉花、桑、葡萄、柑橘、土当归、栎、槲、蔷薇、紫藤、楢。

分布在朝鲜、日本、马来西亚、澳大利亚、前苏联；我国东北、北京、四川、江苏、浙江、福建、广东、台湾、甘肃等地。

(一)生物特征

体长雄虫4～5mm，雌虫5.0～5.7mm。前胸背板轻度隆起。小盾片与前胸背板近等长，横刻痕深凹、平直。前胸背板前半部浅橙黄色，后半部黑色小盾片浅橙黄色；前翅黑褐至黑色，端部色减淡，前缘域淡黄白色，后翅烟黑色。腹部背面黑色，侧缘淡黄；体腹面淡黄至姜黄色，足浅黄白色，有些个体颜面端部、胸部腹面及足带有浅淡或深浓的青泽，腹部各节前大半多少带有黑晕。

(二)防治

通常不需要单独防治，可在防治其他害虫时予以兼治。

四十九、麦栗凹胫跳甲

拉丁学名：*Chaetocnema hortensis*。别名粟胫跳甲、谷跳甲、糜子钻心虫、地蹦子。属鞘翅目，叶甲科。分布于我国东北、华北、西北和河南、湖北、江苏、福建等地。害主于粟、糜子、小麦、高粱、水稻等。

(一)为害

以幼虫和成虫为害刚出土的幼苗。幼虫为害，由茎基部咬孔钻入，枯心致死。当幼苗较高，表皮组织变硬时，便爬到顶心内部，取食嫩叶。顶心被吃掉，不能正常生长，形成丛生，华北群众叫作“芦蹲”或“坐坡”。成虫为害，则取食幼苗叶子的表皮组织，吃成条纹，白色透明，甚至干枯死掉。发生严重年份，常造成缺苗断垄，甚至毁种。

(二)生物特征

成虫体长2.5～3 mm，宽1.5 mm。体椭圆形，蓝绿至青铜色，具金属光泽。头部密布刻点，漆黑色。触角11节，第3节长于第2节，短于4、5节。前胸背板拱凸，其上密布刻点。鞘翅上有由刻点整齐排列而成的纵线。各足基部及后足腿节黑褐色，其余各节黄褐色。后足腿节粗大。腹部腹面金褐色，可见5节，具有粗刻点。

卵长0.75 mm，长椭圆形，米黄色。

末龄幼虫体长5～6 mm，圆筒形。头、前胸背板黑色。胸部、腹部白色，体面具椭圆形褐色斑点。胸足3对，黑褐色。

裸蛹长3 mm左右，椭圆形，乳白色。

(三)防治

(1)适期晚播，躲过成虫盛发期可减轻受害。

(2)间苗、定苗时注意拔除枯心苗，集中深埋或烧毁。

(3)谷子播种前用种子重量0.2%的35%映喃丹胶悬剂或50%甲基1605乳油或50%甲胺磷乳油拌种。

(4)播种时,每亩用3%呋喃丹颗粒剂2 kg处理土壤。

(5)在谷子出苗后4～5叶期或谷子定苗期喷洒5%氯氰菊酪乳油2500倍液或5%来福灵乳油2500倍液、2.5%溴氰菊酪乳油3000倍液,每亩喷兑好的药液75 L。

(6)也可喷撒2.5%敌百虫粉剂或1.5%1605粉剂或3%速灭威粉剂,每亩1.5～2 kg。

(7)用3%甲胺磷粉剂每亩2 kg,拌细土15 kg撒在谷株附近。

五十、黑麦秆蝇

拉丁学名:*Oscinella frit* (Linnaeus),别名瑞典麦秆蝇,为双翅目,秆蝇科秆蝇属。分布北起内蒙古、新疆,南限稍过黄河、山东泰安、陕西镇巴,东临渤海,西经甘肃到达新疆喀什。山东淄博、河北坝上、山西、甘肃、宁夏、青海麦区均较普遍。寄主于小麦、大麦、黑麦、燕麦及玉米等。幼虫钻入心叶或幼穗中为害,受害部枯萎或造成枯心。在分蘖以前受害较重。通常一代为害春小麦幼苗,二代为害燕麦穗,三代为害冬麦。

(一)生物特征

成虫体长约1.8 mm,全体黑色有光,较粗壮。前胸背板黑色。触角黑色,吻端白色,翅透明。股节黑色,财节棕黄色。

卵白色长圆柱形,具明显纵沟及纵脊。

末龄幼虫体长4.5 mm,前端较小,末节圆形,其末端具短小突起2个。初孵幼虫像水一样透明,成熟时变为圆柱形,蛆状,黄白色,口钩镰刀状。

长3 mm,棕褐色,圆柱形,前端生小突起4个,后端有2个。

(二)生活习性

1年生3～4代,以老熟幼虫在冬作物或野生禾本科植物茎内越冬。翌年冰层融化时化蛹,20天后羽化为第一代成虫,经10～38天后产卵,每雌产卵70粒,多产在两、三个叶片的苗茎或叶舌及叶面或叶梢上,偶尔产在土面或穗上。初孵幼虫蛀入茎内,取食心叶下部或穗芽,使之枯萎,并在这些地方化蛹。完成一个世代22～79天。

(三)防治方法

根据麦秆蝇发生为害的特点,采取以农业防治为基础,结合必要的药剂防治措施的综合防治措施。

(1)农业防治

①加强小麦的栽培管理,因地制宜,深翻土地,精耕细作,增施肥料,适时早播,适当浅播,合理密植,及时灌排等一系列丰产措施可促进小麦生长发育,避开危险期,造成不利麦秆蝇的生活条件,避免或减轻受害。

②选育抗虫良种有关科研单位、良种场和乡、村科研实验站,应加强对当地农家品种的整理和引进外地良种,进行品种比较试验,选择适应当地情况,既丰产又抗麦秆蝇、抗锈、抗逆的良种。对丰产性状好但易受麦秆蝇为害的品种,则需经过杂交培育加以改造,培育出适应当地生产需要的新良种。

③加强麦秆蝇预测预报,冬麦区在3月中下旬,春麦区在5月中旬开始查虫,每隔2～3天

于10时前后在麦苗顶端扫网200次，当200网有虫2～3头时，约在15天后即为越冬代成虫羽化盛期，是第一次药剂防治适期。冬麦区平均百网有虫25头，即需防治。

(2)药剂防治

根据各测报点逐日网扫成虫结果，在越冬代成虫开始盛发并达到防治指标，尚未产卵或产卵极少时，据不同地块的品种及生育期，进行第一次喷药，隔6～7天后视虫情变化，对生育期晚尚未进入抽穗开花期，植株生长差，虫口密度仍高的麦田续喷第二次药。每次喷药必须在3天内突击完成。当麦秆蝇成虫已达防治指标，应马上喷撒2.5%敌百虫粉或1.5%乐果粉或1%1605粉剂，每亩1.5 kg。如麦秆蝇已大量产卵，及时喷洒36%克螨蝇乳油1000～1500倍液或50%1605乳油4000倍液或80%敌敌畏乳油与40%乐果乳油1：1混合后兑水1000倍液或10%大功臣可湿性粉剂3000倍液、25%速灭威可湿性粉剂600倍液，每亩喷兑好的药液50～75 L，把卵控制在孵化之前。

五十一、沟金针虫

金针虫是叩头虫的幼虫，危害植物根部、茎基，取食有机质，取食烟草的有很多种，主要有细胸金针虫(*Agriotes*)(美洲、亚洲、欧洲)、褐纹金针虫(*Melahotus*)(北美洲、欧洲、亚洲)、宽胸金针虫(*Conoderus*)(美洲、澳洲)(Akehurst，1981)。中国的主要种类有沟金针虫(*Pleonomus canaliculatus*)、细胸金针虫(*Agriotesfusicollis*)、褐纹金针虫(*Melanotus caudex*)、宽背金针虫(*Selatosomus latus*)、兴安金针虫(*Harminius dahuricus*)、暗褐金针虫(*Selatosomus*sp.)等。

沟金针虫拉丁学名：*Pleonomus canaliculatus*，是鞘翅目叩甲总科叩甲科的一种昆虫，幼虫别名铁丝虫、姜虫、金齿耙等，成虫则称叩头虫。在我国主要分布于辽宁、河北、内蒙古、山西、河南、山东、江苏、安徽、湖北、陕西、甘肃、青海等省(区)，属于多食性地下害虫。在旱作区有机质缺乏、土质疏松的粉砂壤土和粉砂黏壤土地带发生较重；长期生活于土中，约需3年左右完成1代。

(一)为害

主要为害小麦、大麦、玉米、高粱、粟、花生、甘薯、马铃薯、豆类、棉、麻类、甜菜和蔬菜等多种作物，在土中为害新播种子，咬断幼苗，并能钻到根和茎内取食。也可为害林木幼苗。在南方还为害甘蔗幼苗的嫩芽和根部。生活史较长，需3～6年完成1代，以幼虫期最长。幼虫老熟后在土内化蛹，羽化成虫。有些种类即在原处越冬。次春3、4月成虫出土活动，交尾后产卵于土中。幼虫孵化后一直在土内活动取食。以春季为害最烈，秋季较轻。

沟金针虫属于多食性地下害虫。在旱作区有机质缺乏、土质疏松的粉砂壤土和粉砂黏壤土地带发生较重。以幼虫钻入植株根部及茎的近地面部分为害，蛀食地下嫩茎及髓部，使植物幼苗地上部分叶片变黄、枯萎，为害严重时造成缺苗断垄。主要为害禾谷类、薯类、豆类、甜菜、棉花和各种蔬菜和林木幼苗等，为害性较大。沟金针虫雌虫不能飞翔，行动迟缓，且多在原地交配产卵，因此其在田间的虫口分布很不均匀。幼虫的发育速度、体重等与食料有密切关系，尤以对雌虫影响更大。取食小麦、玉米、荞麦等的沟金针虫生长发育速度快；取食油菜、豌豆、棉花、大豆的生长发育较为缓慢；取食大蒜和蓖麻则发育迟缓或停滞，部分幼虫体重下降。沟金针虫在雌虫羽化前一年取食小麦的，产卵量也最多，则发生为害较重。

(二)生物特征

成虫栗褐色。雌虫体长14～17 mm，宽约5 mm；雄虫体长14～18 mm，宽约3.5 mm。体扁平，全体被金灰色细毛。头部扁平，头顶呈三角形凹陷，密布刻点。雌虫触角短粗 11 节，第三至第十节各节基细端粗，彼此约等长，约为前胸长度的 2 倍。雄虫触角较细长，12 节，长及鞘翅末端；第一节粗，棒状，略弓弯；第二节短小；第三至第六节明显加长而宽扁；第五、六节长于第三、四节；自第六节起，渐向瑞部趋狭略长，末节顶端尖锐。雌虫前胸较发达，背面呈半球状隆起，后绿角突出外方；鞘翅长约为前胸长度的 4 倍，后翅退化。雄虫鞘超长约为前胸长度的 5 倍。足浅褐色，雄虫足较细长。

卵近椭圆形，长径 0.7 mm，短径 0.6 mm，乳白色。

幼虫初孵时乳白色，头部及尾节淡黄色，体长 1.8～2.2 mm。老熟幼虫体长 25～30 mm，体形扁平，全体金黄色，被黄色细毛。头部扁平，口部及前头部暗褐色，上唇前线呈三齿状突起。由胸背至第八腹节背面正中有 1 明显的细纵沟。尾节黄褐色，其背面稍呈凹陷，且密布粗刻点，尾端分叉，内侧又各有 1 小齿。

蛹长纺锤形，乳白色。雌蛹长 16～22 mm，宽约 4.5 mm；雄蛹长 15～19 mm，宽约 3.5 mm。雌蛹触角长及后胸后绿，雄蛹触角长达第八腹节。前胸背板隆起，前缘有 1 对剑状细刺，后绿角突出部之尖端各有 1 枚剑状刺，其两侧有小刺列。中胸较后胸稍短，背面中央呈半球状隆起。翅袋基部左右不相接，由中胸两侧向腹面伸出。腿节与胜节几乎相并，与体钢成直角，附节与体轴平行；后足除附节外大部隐入翅袋下。腹部末端纵裂，向两侧形成角状突出，向外略弯，尖端具黑褐色细齿。

（三）生活习性

沟金针虫长期生活于土中，约需 3 年左右完成 1 代，第 1 年、第 2 年以幼虫越冬，第 3 年以成虫越冬。受土壤水分、食料等环境条件的影响，田间幼虫发育很不整齐，每年成虫羽化率不相同，世代重叠严重。老熟幼虫从 8 月上旬至 9 月上旬先后化蛹，化蛹深度以 13～20 cm 土中最多，蛹期 16～20 天，成虫于 9 月上中旬羽化。越冬成虫在 2 月下旬出土活动，3 月中旬至 4 月中旬为盛期。成虫白天躲藏在土表、杂草或土块下，傍晚爬出土面活动和交配。雌虫行动迟缓，不能飞翔，有假死性，无趋光性；雄虫出土迅速，活跃，飞翔力较强，只做短距离飞翔，黎明前成虫潜回土中（雄虫有趋光性）。成虫交配后，将卵产在土下 3～7 cm 深处。卵散产，一头雌虫产卵可达 200 余粒，卵期约 35 天。雄虫交配后 3～5 天即死亡；雌虫产卵后死去，成虫寿命约 220 天。

成虫于 4 月下旬开始死亡。卵于 5 月上旬开始孵化，卵历期 33～59 天，平均 42 天。初孵幼虫体长约 2 mm，在食料充足的条件下，当年体长可达 15 mm 以上；到第三年 8 月下旬，老熟幼虫多于 16～20 cm 深的土层内作土室化踊，蛹历期 12～20 天，平均 16 天。9 月中旬开始羽化，当年在原蛹室内越冬。

在北京 3 月中旬 10 cm 深土温平均为 6.7℃时，幼虫开始活动。3 月下旬土温达 9.2℃时开始为害，4 月上、中旬土温为 15.1～16.6℃时为害最烈。5 月上旬土温为 19.1～23.3℃时，幼虫则渐趋 13～17 cm 深土层栖息。6 月间 10 cm 深处土温升达 28℃，最高达 35℃以上时，金针虫下移到深土层越夏。9 月下旬至 10 月上旬，上温下降到 18℃左右时，幼虫又上升到表土层活动。10 月下旬土温持续下降后，幼虫开始下移越冬。11 月下旬 10 cm 深土温平均为 1.5℃时，沟金针虫多在 27～33 cm 深的土层越冬。河南南部地区幼虫为害盛期在 3 月下旬至 4 月下旬，此时约 60%以上幼虫集中在表土层；秋季为害不显著。

由于金针虫雌成虫活动能力弱，一般多在原地交尾产卵，扩散为害受到限制，因此，高密度地块一次防治后，在短期内种群密度不易回升。田间曾见一种蜘蛛捕食幼龄金针虫。土壤湿度高时，常见沟金针虫被真菌寄生，其中一种属冬虫夏草。此外，耕犁时常见乌鸦捕食翻出土面的幼虫及其他虫态。

土壤湿度对其发生也有较大影响。当7—9月降雨多时，土壤湿度大，对其化蛹、羽化有利，则其发生较重。

（四）防治方法

(1)农业防治。合理轮作、做好翻耕暴晒，减少越冬虫源。加强田间管理，清除田间杂草，减少食物来源。

(2)生物防治。在田间堆积10～15 cm的新鲜但略萎蔫的杂草，堆草引诱成虫，诱捕后喷施50%乐果1000倍等药剂进行毒杀。

(3)化学防治。结合翻耕整地用药剂处理土壤。用50%辛硫磷乳油75 mL拌细土2～3 kg撒施，施药后浅锄；或用90%敌百虫800倍液浇灌植株周围土壤进行防治。

(4)药剂防治。播种或定植时每亩用5%辛硫磷颗粒剂1.5～2.0 kg拌细干土100 kg撒施在播种（定植）沟（穴）中，然后播种或定植。也可用50%辛硫磷乳油1000倍液，或50%杀螟硫磷乳油800倍液，或50%丙溴磷乳油1000倍液，或25%亚胺硫磷乳油800倍液，或48%乐斯本乳油1000～2000倍液等药剂灌根防治。

(5)物理防治。采用灯光诱杀。利用沟金针虫的趋光性，在开始盛发和盛发期间在田间地头设置黑光灯，诱杀成虫，减少田间卵量。

五十二、细胸金针虫

拉丁学名：*Agriotes subrittatus* Motschulsky，属于昆虫纲鞘翅目叩甲总科叩甲科。在国内主要分布于黑龙江、吉林、内蒙古、河北、陕西、宁夏、甘肃、陕西、河南、山东等省（区）。

（一）生物特征

成虫体长8～9 mm，宽约2.5 mm。体形细长扁平，被黄色细卧毛。头、胸部黑褐色，鞘翅、触角和足红褐色，光亮。触角细短，第一节最粗长，第二节稍长于第三节，基端略等粗，自第四节起略呈锯齿状，各节基细端宽，彼此约等长，末节呈圆锥形。前胸背板长稍大于宽，后角尖锐，顶端多少上翘；鞘翅狭长，末端趋尖，每翅具9行深的封点沟。

卵乳白色，近圆形。

幼虫淡黄色，光亮。老熟幼虫体长约32 mm，宽约1.5 mm。头扁平，口器深褐色。第一胸节较第二、三节稍短。1～8腹节略等长，尾圆锥形，近基部两侧各有1个褐色圆斑和4条褐色纵纹，顶端具1个圆形突起。蛹体长8～9 mm，浅黄色。

（二）生活习性

细胸金针虫在东北约需3年完成1个世代。在内蒙古河套平原6月见蛹，蛹多在7～10 cm深的土层中。6月中、下旬羽化为成虫，成虫活动能力较强，对禾本科草类刚腐烂发酵时的气味敏感。6月下旬至7月上旬为产卵盛期，卵产于表土内。在黑龙江克山地区，卵历期为8～21天。幼虫要求偏高的土壤湿度；耐低温能力强。在河北4月平均气温0℃时，即开始上升到表土层为害。一般10 cm深土温7～13℃时为害严重。黑龙江5月下旬10 cm深土温达7.8～12.9℃时为害，7月上、中旬土温升达17℃时即逐渐停止为害。

(三)防治方法

(1)在播种时,于苗床上撒5%的辛硫磷颗粒1~5 g,拌细土30倍,翻入土中,可有效毒杀幼虫。

(2)种苗出土或栽植后如发现细胸金针虫为害,可用上述药物逐行撒施并用锄掩入苗株附近表土内,也能取得一定效果。

(3)苗圃地精耕细作,以便通过机械损伤或将虫体翻出土表让鸟类捕食,降低细胸金针虫密度。夏季翻耕暴晒,冬季耕后冷冻,也能消灭部分虫蛹。

(4)加强苗圃管理,避免施用未成熟的草粪等诱来成虫繁殖。

(5)于春秋两季成虫活动最盛时,用50%敌百虫500 g拌细土25~30 kg撒于土壤表面或锄入土壤表层。

(6)利用成虫对杂草有趋性,可在苗圃地埂周边堆草诱杀。利用拔下的杂草(酸模、夏至草等)堆成宽40~50 cm、高10~16 cm的草堆,在草堆内撒入触杀类药剂,可以毒杀成虫。也可以用糖醋液诱杀成虫。

五十三、褐纹金针虫

拉丁学名:*Melanotus caudex* Lewis,别名褐纹梳爪叩头虫。属昆虫纲、鞘翅目、叩甲总科、叩甲科。在中国主要分布在安徽、河北、河南、陕西、山西、甘肃、辽宁等省。主要寄主为桑、苹果、梨、桃、柿、栗、枣、核桃、松、柏、柳、榆、桐、槐、楸、棉花、麻、茄子、辣椒、花生、甘薯、人参、竹、瓜类、豆类、禾谷类作物。

(一)为害

成虫在地上取食嫩叶,幼虫为害幼芽和种子或咬断刚出土幼苗,有的钻蛀:茎或种子,蛀成孔洞,致受害株干枯死亡。

(二)生物特征

成虫体长9 mm,宽2.7 mm,体细长被灰色短毛,黑褐色,头部黑色向前凸密生刻点,触角暗褐色,2、3节近球形,4节较2、3节长。前胸背板黑色,刻点较头上的小后缘角后突。鞘翅长为胸部2.5倍,黑褐色,具纵列刻点9条,腹部暗红色,足暗褐色。长0.5 mm,椭圆形至长卵形,白色至黄白色。末龄幼虫体长25 mm,宽1.7 mm,体圆筒形,长,棕褐色具光泽。第1胸节、第9腹节红褐色。头梯形扁平,上生纵沟并具小刻点,体具微细到点和细沟,第1胸节长,第2胸节至第8腹节各节的前缘两侧,均具深褐色新月斑纹。尾节扁平且尖,尾节前缘具半月形斑2个,前部具纵纹4条,后半部具皱纹且密生大刻点。幼虫共7龄。

(三)生活习性

陕西3年发生1代,以成、幼虫在20~40 cm土层里越冬。翌年5月上旬钉土温17℃,气温16.7℃越冬成虫开始出土,成虫活动适温20~27℃,下午活动最盛,把卵产在麦根10 cm处,成虫寿命250~300天,5—6月进入产卵盛期,卵期16天。第二年以5龄幼虫越冬,第三年7龄幼虫在7、8月于20~30 cm深处化蛹,蛹期17天左右,成虫羽化,在土中即行越冬。

(四)防治方法

参考细胸金针虫。

第三章　棉花病害及防治

我国是世界上重要的产棉国家之一，有悠久的植棉历史和广阔植棉地区，东起长江三角洲沿海棉区及辽河流域，西至新疆塔里木盆地西缘，南到海南，北至新疆玛纳斯垦区均可植棉。各种棉花病害也随着遍及各棉区。目前，我国约有 40 种棉花病害，其中以苗期病害、枯萎病、黄萎病及铃期病害为害严重。本章介绍了 23 种，基本涵盖了主要的和常见的病害。

一、棉苗立枯病

棉种萌发前侵染而造成烂种，萌发后、未出土前被侵染而引起烂芽。棉苗出土后受害，初期在近土面基部产生黄褐色病斑，病斑逐渐扩展包围整个基部呈明显缢缩，病苗萎蔫倒伏枯死。拔起病苗，茎基部以下的皮层均遗留土壤中，仅存尖纫的鼠尾状木质部。子叶受害后，多在子叶中部产生黄褐色不规则形病斑，常脱落穿孔。此病发生后常导致棉苗成片死亡。在病苗、死苗的茎基部及周围、土面常见到白色稀疏菌丝体。

(一)为害症状

棉苗立枯病在我国各主要棉区都有发生，而且每年均可在田间出现，一般在黄河流域发生比较普遍，是北方棉区苗病中的主要病害，常造成整穴棉苗的死亡，使棉田出现缺苗断垄，是世界性的病害之一。致病菌是 *Rhizoctoniasolani* Khün。主要症状是：幼苗出土前造成烂子和烂芽。幼苗出土以后，则在幼茎基部靠近地面处发生褐色凹陷的病斑；继则向四周发展，颜色逐渐变成黑褐色；直到病斑扩大缢缩，切断了水分、养分供应，造成子叶垂萎，最终幼苗枯倒(图 15)。发病棉苗一般在子叶上没有斑点，但有时也会在子叶中部形成不规则的棕色斑点，以后病斑破裂而穿孔。病原菌由菌丝体繁殖，菌丝体在生长初期没有颜色，后期呈黄褐色，多隔膜，这是立枯病菌最易识别的特征。发病规律以低温多雨适合发病，立枯病菌侵入棉苗最适土温为 17～23℃，23℃以上其致病力逐渐下降，至 34℃棉苗即不受侵害，湿度越大发病越重。

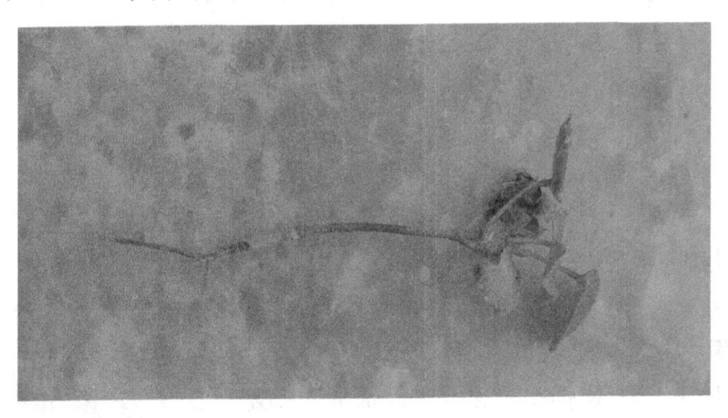

图 15　棉苗立枯病(戴爱梅 摄)

(二)传播途径与发病条件

棉苗立枯菌主要营寄生生活,也可腐生。病菌以菌丝体或菌核在土壤中或病残体上越冬,在土壤中形成的菌核可存活数月至几年。棉苗未出土前,立枯丝核菌可侵染幼根和幼芽,造成烂种和烂芽。棉苗立枯菌可抵抗高温、冷冻、干旱等不良环境条件,适应性很强,一般能存活2～3年或更长,但在高温高湿条件下只能存活4～6个月。耐酸、碱性强,在pH 2.4～9.2均可生长,因此分布很广。立枯病的初次侵染主要来自土壤中的菌丝、菌核和担孢子,特别是菌丝和菌核。带菌种子也可传染。这些初侵染的菌源在萌动的棉籽和幼苗根部分泌物的刺激下开始萌发,可以直接侵入或从自然孔口及伤口侵入寄主。棉苗子叶期最易感病,棉苗出土的一个月内如果土壤温度持续在15℃左右甚至遇到寒流或低温多雨(发病的适温在20℃以下),立枯病就会严重发生,造成大片死苗。病组织上的菌丝可以向四周扩散,继续侵染为害,引起成穴或成片的棉苗发病甚至死亡。若收花前低温多雨,棉铃受害,病菌还可侵入种子内部,成为下一年的初次侵染来源。播种过早,气温偏低,棉花萌发出苗慢,病菌侵染时间长,发病重。多年连作棉田发病重。地势低洼,排水不良和土质黏重的棉田发病较重。

(三)防治方法

棉苗病害种类多,往往混合发生,因此,对棉花苗期病害防治应采取以农业防治为主、棉种处理与及时喷药防治为辅的综合防治措施。

(1)棉种处理。播种前必须精选高质量棉种,经硫酸脱绒,以消灭表面的各种病菌,汰除小籽、瘪粒、杂籽及虫蛀籽,再进行晒种30～60小时,以提高种子发芽率及发芽势,增强棉苗抗病力。

(2)加强耕作栽培管理

①合理轮作、深耕改土。合理轮作能减少土壤中病原菌积累,可减轻发病。

②适期播种、育苗移栽。在不误农时的前提下,适期播种,可减轻发病。

③施足基肥、合理追肥。棉田增施有机肥,促进棉苗生长健壮,提高抗病力,能抑制病原菌侵染棉苗。

④加强田间管理。出苗后应早中耕,一般在出苗70%左右要进行中耕松土,以提高土温,降低土湿,使土壤疏松,通气良好,有利于棉苗根系发育,抑制根部发病。阴雨天多时,及时开沟排水防渍。加强治虫,及时间苗,将病苗、死苗集中烧毁,以减少田间病菌传染。

(3)药剂防治。棉苗在低温多雨情况下易发生多种病害,特别是寒流侵袭和长期阴雨连绵,大量发生病苗,死苗。因此,在寒流及阴雨前及时喷药保护,一般在出苗80%左右应进行喷药,以后根据病情决定喷药次数及药剂种类和浓度。常用杀菌农药有10.25%～0.5%等量式波尔多液、38%恶霜菌酯、神奇不朽、30%甲霜恶霉灵、申嗪霉素等。使用方法:

①喷雾。发病初期,用10 mL 30%甲霜恶霉灵时或适麦丹加5 mL神奇不朽或申嗪霉素15 mL再加15 mL 38%恶霜嘧铜菌酯对一桶水(15 kg),顺棉苗主茎喷雾,使药液顺主茎滴入土壤,连喷2～3次,间隔期10～15天,对于防治棉花苗期立枯病有特效。

②灌根。发病初期,用15 mL申嗪霉素加15 mL甲霜恶霉灵再加15 mL 38%恶霜嘧铜菌酯对一桶水灌根,连灌2～3次,间隔期5～7天。

③涂刷。用10 mL神奇不朽时或适麦丹加5 mL爱多收或15 mL申嗪霉素再加15 mL 38%恶霜嘧铜菌酯,兑0.5 kg水,扒开棉棵周围的土使其露出病斑,用毛刷涂刷,连续涂刷2～

3 次，间隔期 7～10 天。

二、棉苗炭疽病

棉苗炭疽病是棉花苗期和铃期最主要病害之一，全国各棉区均有分布，南、北棉区发病均较严重，重病年份造成缺苗断垄，甚至毁种，炭疽病病菌不仅侵染幼苗的根茎部，还能为害幼茎、叶、真叶和棉铃，后期还可造成烂铃。对棉花产量有直接影响。

（一）为害症状

苗期、成株期均可发病。苗期染病发芽后出苗前受害可造成烂种；出苗后茎基部发生红叶褐色纵裂条斑，扩展缢缩造成幼苗死亡。潮湿时病斑上产生橘红色黏状物（病菌分生孢子）。子叶边缘出现圆或半圆形黄褐斑，后干燥脱落使子叶边缘残缺不全。棉铃染病初期呈暗红色小点，扩展后呈褐色病斑，病部凹陷，内有橘红色粉状物即病菌分生孢子。严重时全铃腐烂，不能开裂，纤维变成黑色僵瓣。叶部病斑不规整近圆形，易干枯开裂。茎部病斑红褐至暗黑色，长圆形，中央凹陷，表皮破裂常露出木质部，遇风易折。生产上后期棉铃染病受害重，损失很大。

（二）病原特征

炭疽杆菌（*Bacillus anthracis*）子囊壳暗褐色，球形至梨形，大小(100～160)μm ×(80～120)μm，埋生在寄主组织内。子囊内含子囊孢子 8 个，单胞，椭圆形，略弯曲，大小(12～20)μm ×(5～8)μm。无性态分生孢子着生在分生孢子梗上，排列成浅盆状，分生孢子盘有刚毛，刚毛暗褐色，有 2～5 个隔膜。分生孢子梗较短，其上可连续产生分生孢子。分生孢子无色，单胞，长椭圆或短棍棒形，大小(9～26)μm ×(3.5～7)μm，多数聚生，呈粉红色。分生孢子萌发时常产生 1～2 隔，每隔长出一个芽管，芽管顶端生附着器，产生侵入丝侵入寄主。分生孢子萌发适温 25～30℃，35℃时发芽少，生长慢，10℃时不发芽。适合发病土温为 24～28℃，相对湿度 85%以上。

（三）传播途径

病菌主要以分生孢子在棉籽短绒上越冬，少部分以菌丝体潜伏于棉籽种皮内或子叶夹缝中越冬，种子带菌是重要的初侵染源。病菌分生孢子在棉籽上可存活 1～3 年，由于棉籽发芽始温与孢子萌发始温均在 10℃左右，棉籽发芽时病菌很易侵入，以后病部产生分生孢子借风雨、昆虫及灌溉水等扩散传播。棉铃染病病菌侵入棉籽，带菌率 30%～80%。发病的叶、茎及铃落入土中，造成土壤带菌，既可引发苗期发病，又可经雨水冲溅侵染棉铃，引起棉铃发病。

（四）发病特点

炭疽病菌主要通过棉种携带传播，其次是土壤中的植物病残体。病菌在种子表面可存活 6 个月；在种子内部可存活 1 年以上。土壤中的病菌可存活 12～15 个月。越冬后的病菌随棉籽萌发侵入子叶和幼茎，在病部形成大量分生孢子，成为再侵染源。最后，病菌在棉种或土壤中的病残体上越冬。温湿度对发病有密切影响。棉花苗期遇低温多雨，最易得病，10℃以上即可侵染，致病适温为 18～19.5℃。除温、湿度外，棉苗龄与发病关系密切，在长江下游棉区，出苗 15 天内的棉苗发病最重，以后棉苗渐大，抗病力增强，发病程度逐渐降低。

（五）防治方法

(1)选用质量好的无病种子或隔年种子。

(2)播种前进行种子处理。用40%的拌种双可湿性粉剂0.5 kg与100 kg棉籽拌种;也可用70%甲基托布津可湿性粉剂0.5 kg与100 kg棉籽拌种;还可选用70%代森锰锌可湿性粉剂0.5 kg与100 kg棉籽拌种,此外也可用1 kg 10%的灵福合剂与50 kg棉籽包衣,均有较好的防治效果。

(3)适期播种,培育壮苗,促进棉苗早发,提高抗病力。

(4)合理密植降低田间湿度,防止棉苗生长过旺,并注意防止铃期早衰。

(5)发病初期喷洒70%甲基硫菌灵(甲基托布津)可湿性粉剂800倍液或70%百菌清可湿性粉剂600~800倍液、70%代森锰锌可湿性粉剂400~600倍液、50%苯菌灵可湿性粉剂1500倍液、25%炭特灵可湿性粉剂500倍液。

三、棉苗红腐病

棉苗红腐病,别名烂根病,在我国各棉区均有发生,长江流域、黄河流域棉区受害重,辽河流域也有发生。

(一)为害症状

苗期、铃期均可染病。苗期染病,出土前幼芽变红褐色腐烂,出土后棉苗根部的根尖及侧根变黄,后变黑褐色腐烂。幼茎染病导管变为暗褐色,近地面的幼茎基部出现黄色条斑,后变褐腐烂。子叶、真叶边缘产生灰红色不规则斑,湿度大时其上面产生粉红色霉层(病原菌的分生孢子)。生产上早播的棉田或遇低温多雨天气,根部腐烂严重的,造成死苗。成株茎基部染病,产生环状或局部褐色伤痕,皮层腐蚀,木质部呈黄褐色。棉铃染病参见棉铃红腐病(图16)。

图16　棉苗红腐病(戴爱梅 摄)

(二)发病条件

棉苗红腐病是棉花苗期烂根的主要病害之一,全国各棉区均有发生,常在出苗后15天逐渐取代炭疽病。病菌随病残体或在土壤中腐生越冬,病菌产生的分生孢子和菌丝体成为翌年的初侵染源,播种后即侵入为害幼芽或幼苗。铃期分生孢子或菌丝体借风、雨、昆虫等媒介传播到棉铃上,从伤口侵入造成烂铃,病铃使种子内外部均带菌,形成新的侵染循环。该菌在棉花生长季节营腐生生活。红腐病菌在3~37℃温度范围内生长活动,最适20~24℃。高温对侵染有利。潜育期3~10天,其长短因环境条件而异。日照少、雨量大、雨日多可造成大流行。苗期低温、高湿发病较重。铃期多雨低温、湿度大也易发病。

(三)病原特征

Fusarium moniliforme var. *intermedium* Neish et Leggett 称串珠镰刀菌中间变种;*F. semitectum* Berk. et Rav. 称半裸镰刀菌,*F. avenaceum* (Corde ex Fr.) Sacc. 称燕麦镰刀菌,*F. graminearum* Schwabe 称禾谷镰刀菌等多种真菌,均属半知菌亚门真菌。*F. moniliforme* var. *intermedium* 在PDA培养基上菌落绒状,粉红、淡紫或玫瑰色。产隐细胞单瓶梗或复瓶梗并存。小型分生孢子单胞,卵形或窄瓜籽形,串生或假头生,大小(5.3~10.8)

μm × (2.7～4)μm。

(四)防治方法

(1)基本方法

①选种健康无病的棉种。

②注意清洁田园,及时拔除病苗,及时清除田间的枯枝、落叶、烂铃等,集中烧毁,减少病菌的初侵染来源。

③适期播种,加强苗期管理,采用配方施肥技术,促进棉苗快速健壮生长,增强植株抗病力。

④加强棉田管理,及时防治铃期病虫害。避免造成伤口,减少病菌侵染机会。

(2)化学方法

①种子处理。每 100 kg 棉种拌 50%多菌灵可湿性粉剂 1 kg。

②铃期防治。一是结合防治其他病害进行兼治。二是及时喷洒 1∶1∶200 倍式波尔多液或 50%甲基硫菌灵(甲基托布津)可湿性粉剂 800 倍液或 50%多菌灵可湿性粉剂 1000 倍液、50%苯菌灵可湿性粉剂 1500 倍液、65%甲霉灵可湿性粉剂 1500 倍液,每亩喷兑好的药液 100～125 L,隔 7～10 天 1 次,连续喷 2～3 次。

四、棉苗疫病

(一)为害症状

苗疫病为害棉苗子叶、真叶、幼根、幼茎。幼根及茎感病后,初呈红黄色条斑,发展及围绕茎基和根部,幼苗干萎枯死。症状与红腐病初期相似,但中后期病部颜色较淡。叶上病斑多从边缘开始,初为暗绿色水渍状小斑,后扩大成黑绿色不规则水渍状病斑。高温、高湿气候,扩展蔓延迅速,可侵及幼茎顶端及嫩叶,变黑,死亡。天气晴好温度升高,叶部病斑周围呈暗绿色,中央灰褐,最后成不规则形枯斑,予叶脱落。

(二)病原特征

菌丝无色无隔。孢子囊初无色,成熟后浅黄,球形至宽卵圆形,长宽比为 1∶1.2。顶端突起明显。游动孢子肾形,侧生两根鞭毛。藏卵器初无色,老熟后呈黄褐色,球形。藏精器围生,有时侧生。厚垣孢子球形,无色至褐色。

(三)发病条件

疫病菌可根据不同环境条件以不同孢子形态在土壤中越冬,成为次年侵染的来源。环境条件适合时,可产生各类孢子,以孢子囊为多。孢子囊释放出游动孢子侵染棉苗,造成疫病。夏季高温,病菌产生卵孢子在土壤中越夏,至秋季又产生孢子囊,释放游动孢子,侵染棉铃,造成棉铃疫病;在温度 15～30℃,相对湿度 30%～100%条件下都可发病,但多雨高湿是重要发病条件。因此在多雨的南方棉区,发病重于北方棉区。

(四)防治方法

(1)农业防治。清洁田园,冬季深翻土地,高畦加强排水施撒草木灰,实行麦棉套作或瓜葱间作,加强治虫及中耕措施。

(2)化学防治。70%的代森锰锌可湿性粉剂或干胶剂,配成 400～500 倍药液,25%甲霜灵可湿性粉剂 250～500 倍于棉苗初放真叶期(5 月上、中旬)喷射防治,并可与杀虫剂复配病虫兼治。

五、棉花褐斑病

在棉花种植期发生的一种病害,叶片上出现大量褐斑,病斑中心容易破裂穿孔,严重时会导致叶片脱落。为害的病菌为棉小叶点霉和马尔科夫叶点霉,均属于半知菌亚门。此类病害可以通过田间管理和药剂喷洒等方式防治。

(一)为害症状

子叶染病初生针尖大小紫红色斑点,后扩大成褐色、边缘紫色、稍隆起的圆形至不规则形病斑,多个病斑融合在一起形成的大病斑,中间散生黑色小粒点,即病原菌的分生孢子器。病斑中心易破碎脱落穿孔,严重的叶片脱落。真叶染病病斑圆形,黄褐色,边缘紫红色。

(二)病原特征

病原是棉小叶点霉(*Phyllosticta gossypina* Ell. et Mart.)和马尔科夫叶点霉(*P. malkoffii* Bubak.)。分生孢子器均埋生在叶片组织内。前者球形黄褐色,高 93.8 μm,直径 85.7 μm,顶端孔口直径 18 μm,深褐色。分生孢子卵圆形至椭圆形,两端各生 1 油滴,长 4.8～7.9 μm,宽 2.4～3.8 μm。马尔科夫叶点霉菌分生孢子椭圆形至短圆柱形,大小(7.04～9.28)μm ×(3.63～4.5)μm,也具 2 个油点。

(三)传播途径

两病原菌均以菌丝体和分生孢子器在病残体上越冬。翌春从分生孢子器中释放出大量分生孢子,通过风雨传播,湿度大的条件下孢子萌发。

(四)发病条件

棉花第一真叶刚长出时,遇低温降雨,幼苗生长弱,易发病。

(五)防治方法

(1)种植管理

①选用无病种子,进行种子消毒。可用 20%敌唑酮可湿性粉剂按种子重量的 0.5%进行拌种,或用 50%多菌灵可湿性粉剂按种子重量的 0.5%拌种。也可用 0.1%多菌灵溶液拌种,或用棉籽重量 1%的种衣剂处理。

②清除田间病残组织。耕翻时注意清除田间的病残组织,实施深翻措施,将带病的植株残体和表层土壤埋到深处以减少初侵染来源。

③栽培管理。适时播种,早中耕、勤松土,以提高土温,促进棉苗健壮生长。生长期间及时开沟排水,做到沟沟相通,雨停水干,降低地下水位和田间湿度,合理施肥,增施磷、钾肥,促进棉株生长健壮,提高植株抗病性。

④采用地膜覆盖,可提高苗期地温减少发病。

(2)药剂防治

发病重的年份和田块,应喷药保护,常用药剂有:70%代森锰锌可湿性粉剂 600～800 倍液;70%百菌清可湿性粉剂 500 倍液;70%甲基托布津可湿性粉剂 1000 倍液;20%敌唑酮可湿性粉剂 500～800 倍液;或者使用 70%代森锰锌可湿性粉剂 500 倍液或 75%百菌清悬浮剂 500

倍液、80%喷克可湿性粉剂600倍液、50%石硫合剂400倍液(黎鸿慧 等,2011)。

六、棉花枯萎病

棉花枯萎病,别名半边黄、金金黄、萎蔫病,是棉花种植期的一种常见病害。

病原为一种真菌,名尖孢镰刀菌(萎蔫专化型),主要为害棉花的维管束等部位,导致叶片枯死或脱落。根据其为害位置的不同,也可以用不同的专门名称来分别细分。该病害可以通过喷洒药剂或者种植管理等方式来防治。

(一)为害症状

棉花整个生育期均可受害,是典型的维管束病害。症状常表现多种类型:苗期有青枯型、黄化型、黄色网纹型、皱缩型、红叶型等;蕾期有皱缩型、半边黄化型等(图17)。

图17　棉花枯萎病(戴爱梅 等)

黄色网纹型:其典型症状是叶脉导管受枯萎病菌毒素侵害后呈现黄色,而叶肉仍保持绿色,多发生于子叶和前期真叶。

紫红型:一般在早春气温低时发生,子叶或真叶的局部或全部呈现紫红色病斑,严重时叶片脱落。

青枯型:棉株遭受病菌侵染后突然失水,叶片变软下垂萎蔫,接着棉株青枯死亡。

黄化型:多从叶片边缘发病,局部或整叶变黄,最后叶片枯死或脱落,叶柄和茎部的导管部分变褐。黄色网纹型子叶或真叶叶脉褪绿变黄,叶肉仍保持绿色,病部出现网状斑纹,渐扩展成斑块,最后整叶萎蔫或脱落。该型是本病早期常见典型症状之一。

皱缩型:表现为叶片皱缩、增厚,叶色深绿,节间缩短,植株矮化,有时与其他症状同时出现。

红叶型:苗期遇低温,病叶局部或全部现出紫红色病斑,病部叶脉也呈红褐色,叶片随之枯萎脱落,棉株死亡。

半边黄化型:棉株感病后只半边表现病态黄化枯萎,另半边生长正常。

该病有时与黄萎病混合发生,症状更为复杂,表现为矮生枯萎或凋萎等。纵剖病茎可见木质部有深褐色条纹。湿度大时病部出现粉红色霉状物,即病原菌分生孢子梗和分生孢子。

(二)病原特征

尖孢镰刀菌(萎蔫专化型)(*Fusarium oxysporum f .sp .vesinfectum*(Atk .)Snyder et Hansen),菌丝透明,具分隔,在侧生的孢子梗上生出分生孢子。大型分生孢子镰刀形,略弯,两端稍尖,具2～5个隔膜,多为3个,大小为(22.8～38.4)μm ×(2.6～4.1)μm。中国棉枯萎镰刀菌大型分生孢子分为三种培养型:Ⅰ型纺锤形或匀称镰刀形,多具3～4个隔,足胞明显或不明显,为典型尖孢类型。Ⅱ型分生孢子较宽短或细长,多为3～4个隔,形态变化较大。Ⅲ型分生孢子明显短宽,顶细胞有喙或钝圆,孢子上宽下窄,多具3个隔。小型分生孢子卵圆形,无色,多为单细胞,大小为(5～11.7)μm ×(2.2～3.5)μm。厚垣孢子顶生或间生,黄色,单生或

2～3个连生，球形至卵圆形。枯萎病菌的菌落因菌系、生理小种及培养基不同而有差异。该病菌的生理小种国外报道有6个，我国除第3号小种外新定7号、8号两个新小种，其中7号小种在我国分布广，致病强，是优势小种。

（三）传播途径

枯萎病菌主要在种子、病残体或土壤及粪肥中越冬。带菌种子及带菌种肥的调运成为新病区主要初侵染源，有病棉田中耕、浇水、农事操作是近距离传播的主要途径。其中棉花种子内部和外部均可携带枯萎病菌，主要是短绒带菌，硫酸脱绒后，带菌率迅速下降，一般不到0.1%，但对病区扩展仍起重要作用。田间病株的枝叶残屑遇有湿度大的条件长出孢子借气流或风雨传播，侵染四周的健株。该菌可在种子内外存活5～8个月，病株残体内存活0.5～3年，无残体时可在棉田土壤中腐生6～10年。病菌的分生孢子、厚垣孢子及微菌核遇有适宜的条件即萌发，产生菌丝，从棉株根部伤口或直接从根的表皮或根毛侵入，在棉株内扩展，进入维管束组织后，在导管中产生分生孢子，向上扩展到茎、枝、叶柄、棉铃的柄及种子上，造成叶片或叶脉变色、组织坏死、棉株萎蔫。

（四）发病条件

该病的发生与温湿度密切相关，地温20℃左右开始出现症状，地温上升到25～28℃出现发病高峰，地温高于33℃时，病菌的生长发育受抑或出现暂时隐症，进入秋季，地温降至25℃左右时，又会出现第二次发病高峰。夏季大雨或暴雨后，地温下降易发病。地势低洼、土壤黏重、偏碱、排水不良或偏施、过施氮肥或施用了未充分腐熟带菌的有机肥或根结线虫多的棉田发病重。

（五）防治方法

棉花枯萎病在防治上应采用保护无病区，消灭零星病区，控制轻病区，改造重病区的策略，贯彻以“预防为主，综合防治”的方针，有效地控制病害的为害。

(1)种植管理

①选用抗、耐病品种。抗病品种有陕401，陕5245，川73-27，鲁抗1号，86-1号，晋棉7号，盐棉48号，陕3563，川414，湘棉10号，苏棉1号，冀棉7号，辽棉10号，鲁棉11号，中棉99号，临6661，冀无2031，鲁343，晋棉12号、21号等。耐病品种有辽棉7号，晋棉16号，中棉18号，冀无252等。枯萎病、黄萎病混合发生的地区，提倡选用兼抗枯萎病、黄萎病或耐病品种，如陕1155，辽棉7号，豫棉4号，中棉12号等。

②加强田间管理、实行大面积轮作。最好与禾本科作物轮作，提倡与水稻轮作，防病效果明显。加强田间管理目的有两个，即减少病菌传播和提高植株抗性。具体做法：冬闲时期及时清除棉花地的棉柴、杂草及地面的剩余棉花残枝叶，防止病菌传播；秋耕深翻，把表层病菌翻到深层，病残体深埋地下，发酵分解，减轻发病；加强中耕，提高土壤通透性，尤其雨后及时中耕松土，散墒降湿，可降低病害发生；科学施肥，增施有机肥，实行氮、磷、钾配方施肥，增强棉花抗病能力，减轻为害。同时根据棉花长势，进行叶面肥喷施过程，尤其避免后期出现脱肥现象；合理密植，严格防止棉株过密，影响通风透光，并及时整枝、化控，提高棉株抗逆性；拔除病株清除病残对病株残体，带到田外烧掉，不要作积肥材料。

③认真检疫保护无病区。目前我国2/3左右的棉区尚无该病，因此要千方百计保护好无病区。无病区的棉种绝对不能从病区引调，严禁使用病区未经热榨的棉饼，防止枯萎病及黄萎

病传入。提倡施用酵素菌沤制的堆肥或腐熟有机肥。

④铲除土壤中菌源，及时定苗、拔除病苗，并在棉田外深埋或烧毁。发病株率 0.1%以下的病田定为零星病田。发现病株时在棉花生育期或收花后拔棉秆以前，先把病株周围的病残株捡净，再把病株 1m 范围内土壤翻松后消毒。用 50%棉隆可湿性粉剂 1409 或棉隆原粉 70g 与翻松的土壤混拌均匀，然后浇水 15～20 L 使其渗入土中，再用干细土严密封闭；也可用含氮 16%农用氨水 1 份兑水 9 份，每平方米病土浇灌药液 45 L，10～15 天后再把浇灌药液的土散开，避免残毒或药害。在苗期发病高峰前及时深中耕、勤中耕，及时追肥，2～3 片真叶期根外喷施棉花专用植物生长调节剂—棉宝或 1%尿素液有利于棉苗生长发育，可提高抗病力。在病田定苗、整枝时，将病株枝叶及时清除，施用热榨处理过的饼肥，重病田不进行秸秆还田等均有减轻发病的作用。

⑤用无病土育苗移栽。

⑥连续清洁棉田。连年坚持清除病田的枯枝落叶和病残体，就地烧毁，可减少菌源。

(2)药物防治，棉种及棉饼消毒。棉种经硫酸脱绒后用 0.2%抗菌剂 402 药液，加温至 55～60℃温汤浸种 30 分钟或用 0.3%的 50%多菌灵胶悬剂在常温下浸种 14 小时，晾干后播种。用棉饼作肥料时，棉籽经 60℃热炒 4 分钟或 100℃气蒸 1～1.5 分钟制成的棉饼无菌。棉花枯萎病的高发期是在棉花现蕾前后，一般在 6 月中下旬，若此时降雨量大，有利于枯萎病的大面积流行，因此，在 6 月上旬就应该用药防治。黄萎病的高发期是在棉花花铃期，一般在 7 月下旬至 8 月上旬，因此在 7 月中旬(若之前有大雨，雨后应立即进行防治)就应该用药防治。一般杀菌农药有多菌灵、甲基托布津、56%醚菌酯百菌清、41%聚砹嘧霉胺、克黄枯、20%硅唑咪鲜胺、枯黄基因素、棉花三清等，并加植物生长调节剂如：磷酸二氢钾、硼锌肥、棉宝、鱼蛋白等，每次喷药间隔 5～7 天，连喷 2～3 遍，可有效预防两种病害的发生流行。重病地块用菌绝灌根或用升级 38%恶霜嘧铜菌酯 600 倍液或高科 30%甲霜恶霉灵 800 倍液或 12.5%速效治萎灵兑水 50 倍，穴施，苗期或发病初期灌根。

(六)注意事项

棉花枯萎病和棉花黄萎病的病原不同，但都作用于植株的维管束，侵染过程类似。在棉区不但有单一的枯萎病和黄萎病病田，还有许多两病混生病田，有时一株棉花还同时感染两种病害。枯萎病和黄萎病的主要区别是：

(1)发病时间。枯萎病较黄萎病发病时间早，一般在子叶期就开始发病，发病盛期在苗期和蕾期；而黄萎病在 3～4 片真叶时开始发病，发病盛期在 7—8 月的花铃期。

(2)苗期症状。枯萎病病株的子叶和真叶出现黄色网纹，局部枯焦，严重的造成死苗，在不正常气候条件下出现紫红型和青枯型症状；黄萎病病株叶片、叶肉褪色呈灰色或浅黄色，叶片看上去像西瓜皮的颜色和斑纹，叶缘向上翻，落叶型菌系可造成大面积落叶。

(3)中后期症状。枯萎病病株节间缩短，植株矮小，顶端枯死或局部侧枝枯死，叶片出现黄色网纹和局部枯焦，雨季病部出现红色霉层；黄萎病一般不矮化，叶脉不变色，叶肉褪色使整叶呈西瓜皮状，叶缘枯焦，落叶型菌系可造成落叶光秆，一般下部先出现症状，向上发展，雨季病部出现白色霉层。

(4)导管颜色。剖秆检查，染枯萎病导管变色较深，呈黑褐色；染黄萎病变色较浅，呈褐色。

七、棉花黄萎病

棉花在幼苗期几乎不会出现、整个生育期都可能发作的真菌病害。一般在3～5片真叶期开始显症，生长中后期棉花现蕾后田间大量发病，容易导致整个植株枯死或萎蔫。为害的病原为大丽花轮枝孢和黑白轮枝菌，属于半知菌亚门。该病害可以通过种植管理或药剂喷洒以及细菌撒放来防治。

(一)为害症状

整个生育期均可发病。自然条件下幼苗发病少或很少出现症状。一般在3～5片真叶期开始显症，生长中后期棉花现蕾后田间大量发病，初在植株下部叶片上的叶缘和叶脉间出现浅黄色斑块，后逐渐扩展，叶色失绿变浅，主脉及其四周仍保持绿色，病叶出现掌状斑驳，叶肉变厚，叶缘向下卷曲，叶片由下而上逐渐脱落，仅剩顶部少数小叶，蕾铃稀少，棉铃提前开裂，后期病株基部生出细小新枝。纵剖病茎，木质部上产生浅褐色变色条纹。夏季暴雨后出现急性型萎蔫症状，棉株突然萎垂，叶片大量脱落，发病严重地块惨不忍睹，造成严重减产。由于病菌致病力强弱不同，症状表现亦不同。

根据病症的不同，可以划分为：

落叶型：菌系致病力强。病株叶片、叶脉间或叶缘处突然出现褪绿萎蔫状，病叶由浅黄色迅速变为黄褐色，病株主茎顶梢侧枝顶端变褐枯死，病铃、苞叶变褐干枯，蕾、花、铃大量脱落，仅经10天左右病株成为光秆，纵剖病茎维管束变成黄褐色，严重的延续到植株顶部。

枯斑型：叶片症状为局部枯斑或掌状枯斑，枯死后脱落，为中等致病力菌系所致。

黄斑型：病菌致病力较弱，叶片出现黄色斑块，后扩展为掌状黄条斑，叶片不脱落。在久旱高温之后，遇暴雨或大水漫灌，叶部尚未出现症状，植株就突然萎蔫，叶片迅速脱落，棉株成为光秆，剖开病茎可见维管束变成淡褐色，这是黄萎病的急性型症状。

根据发病时期的不同，可以划分为：

(1)幼苗期。一是病叶边缘退绿发软，呈失水状，叶脉间出现不规则淡黄色病斑，病斑逐渐扩大，变褐色干枯，维管束明显变色。二是有些病株在苗期不明显，外观看上去正常，但切开棉花横截面，部分木质部和维管束已变成暗褐色。

(2)成株期。黄萎病在现蕾期后才逐渐发病，一般在6月下旬，黄萎病病株出现逐渐增多，到7、8月开花结铃期发病达到最高峰。近年来，其症状呈多样化的趋势，常见症状有：

①病株由下部叶片开始逐步向上发展，叶脉间产生不规则的淡黄色斑块，叶脉附近仍保持绿色，病叶边缘向上卷曲；

②有时叶片、叶脉间出现紫红色失水萎蔫不规则的病斑，病斑逐渐扩大，变成褐色枯斑甚至整个叶片枯焦，脱落成光秆；

③有时生长在主干上的或侧枝上的叶片大量脱落枯焦后，在病株的茎部或落叶的叶腋里，可长出许多赘芽和枝叶；

④在7、8月，棉花铃期，在盛夏久旱遇暴雨或大水漫灌时，田间有些病株常发生一些急性型黄萎病症状，先是棉叶呈水烫样，继而突然萎垂，逐渐脱落成光秆；

⑤有些黄萎病黄化但植株不矮缩、结铃少；有些黄萎病株变得矮小，几乎不结铃，甚至死亡。

（二）病原特征

中国棉区该病害病原主要为大丽花轮枝孢（*Verticillium dahliae* Kleb.）。该菌菌丝体白色，分生孢子梗直立，长 110～130 μm，呈轮状分枝，每轮 3～4 个分枝，分枝大小为（13.7～21.4）μm ×（2.3～9.1）μm，轮枝顶端或顶枝着生分生孢子，分生孢子长卵圆形，单胞无色，大小为（2.3～9.1）μm ×（1.5～3.0）μm。孢壁增厚形成黑褐色的厚垣孢子，许多厚壁细胞结合成近球形微菌核，大小为 30～50 μm。该菌在不同地区，不同品种上致病力有差异。美国分化有 T 型和 SS-4 型（非落叶型）两个生理小种。T 型引起的症状是顶叶向下卷曲褪绿，迅速脱落，后顶端枯死。SS-4 型引致叶片主脉间呈黄色斑驳，向上稍卷，病叶脱落略缓，植株矮化。T 型比后者致病力高 10 倍。前苏联分为 0 号小种、1 号小种、2 号小种，其中 2 号小种致病力强。我国分为 3 个生理型，生理型 1 号致病力最强，以陕西泾阳菌系为代表；生理型 2 号致病力弱，以新疆和田菌系为代表；生理型 3 号在江苏发现与美国 T 菌系相似。

（三）传播途径

病株各部位的组织均可带菌，叶柄、叶脉、叶肉带菌率分别为 20%、13.3%及 6.6%，病叶作为病残体存在于土壤中是该病传播重要菌源。棉籽带菌率很低，却是远距离传播重要途径。病菌在土壤中直接侵染根系，病菌穿过皮层细胞进入导管并在其中繁殖，产生的分生孢子及菌丝体堵塞导管，此外，病菌产生的轮枝菌毒素也是致病重要因子，毒素是一种酸性糖蛋白，具有很强的致萎作用。此外，流水和农业操作也会造成病害蔓延。

（四）发病条件

适宜发病温度为 25～28℃，高于 30℃、低于 22℃发病缓慢，高于 35℃出现隐症。在 6 月，棉苗 4、5 片真叶时开始发病，田间出现零星病株；现蕾期进入发病适宜阶段，病情迅速发展；在 7、8 月，花铃期达到高峰。在温度适宜范围内，湿度、雨日、雨量是决定该病消长的重要因素。地温高、日照时数多、雨日天数少发病轻，反之则发病重。在田间温度适宜，雨水多且均匀，月降雨量大于 100 mm，雨日 12 天左右，相对湿度 80%以上发病重。一般蕾期零星发生，花期进入发病高峰期。连作棉田、施用未腐熟的带菌有机肥及缺少磷、钾肥的棉田易发病，大水漫灌常造成病区扩大。

（五）防治方法

（1）基本方法

①保护无病区。做好检疫工作，严防病区扩大。棉花黄萎病株以及其他 600 多种寄主植物病株残体，往往作为沤制有机肥料的材料，一般对病菌控制不利；未经充分腐熟和必要处理返施于棉田，等于人工向棉田接菌，发病株率可达 84.8%。一经高温沤制，温度保持 60 ℃，维持一周时间，病菌会相应的被杀死，施入棉田，无病株出现。棉籽饼和棉籽壳也带有大量病菌，不能直接作为肥料施入棉田。氮肥有抑制黄萎病菌生长的作用，钾肥有助于减轻病害，磷肥的作用取决于氮和钾的水平。一般以 1∶0.7∶1 的配比，对控制病害、增加产量是适宜的。

②选用抗病品种。高抗品种有新陆中 2 号。抗病品种有辽棉 5 号，辽棉 10 号，辽棉 7 号，中棉 9 号，中棉 12 号、19 号，中棉 99 号，中 3723，中 8004，中 8010，晋 68-420、86-4、86-12，晋棉 21 号、16 号，湘棉 16，鄂抗棉 3 号，临 66610 等。耐病品种有晋无 2031、中棉 18 号、晋无 252、鲁 343 等。在黄萎病、枯萎病混合发生的地区提倡选用兼抗（耐）黄萎病、枯萎病的品种。如陕 1155，辽棉 5 号，辽棉 7 号，中棉 12 号（381），豫棉 4 号，冀棉 15 号，中棉 17 号，中棉 16 号等。

③实行大面积轮作。提倡与禾本科作物轮作，尤其是与水稻轮作，效果最为明显。轮作倒茬是防病的最有效的措施。尽管黄萎病菌的寄主植物有很多，但禾本科的小麦、大麦、玉米、水稻、高粱、谷子等都不受黄萎病菌为害。轮作方式可为棉花—小麦—玉米—棉花。一般在重病年份经一年轮作，可减少发病率13%～26%，二年轮作间减少发病率37%～48%。棉花黄萎病菌主要分布在棉田0～20cm耕作层的土壤中，而病菌侵染棉花的根系，有70%～90%也集中在20 cm以上，只有10%在此以下。所以，土壤层次不翻耕、置换，黄萎病侵害势必加重。深翻土壤，除减少耕作层菌量，减少发病株率和减轻发病程度外，耕作层中的病株残体和致病菌在深层土壤也加速消解，对健化土壤有着重要意义。深翻20 cm比深翻10 cm发病率下降22.5%～25.0%，病情指数减轻10.62%～16.88%，若翻耕深度加深30 cm以上，防病效果更为显著。

(2)药剂方法

①铲除零星病区、控制轻病区、改造重病区。对病株超过0.2%的棉田采取人工拔除病株，挖除病土，或选用16%氨水或氯化苦、福尔马林、90%～95%棉隆粉剂等进行土壤熏蒸或消毒。一般在6—7月发病高峰期以病株为中心，每平方米内打深为20 cm的孔25个，每孔中灌入氯化苦5 mL共125 mL，边灌边覆土踏实、泼水，防其蒸发，再用粗二二乳剂120倍液或含氨16%以上的氨水1∶9溶液5L进行铲除，可消灭病点中的枯黄萎病菌，一般每平方米病点灌药液45 L。也可用90%～95%棉隆每亩用有效成分3.6 kg处理土壤。9—10月第二发病高峰期，均匀注入氯化苦原液90 mL，能收到显著效果。对病株在0.2%～5%的轻病田主要采用种植无病、抗病或耐病品种基础上，采取无病土精加工棉种育苗移栽，可控制该病发生；开沟排渍，降低地下水位，增施磷、钾肥提高抗病、耐病能力，清除病残体。病株在5%以上的重病田，主要靠种植抗病、耐病品种及轮作等有效途径。近年用杀菌农药30%恶霜嘧铜菌酯800倍液、12.5%治萎灵液剂200～250倍液，30%甲霜恶霉灵600倍液于发病初期、盛期各灌1次，每株灌兑好的药液50～100 mL，防效80%～90%。

②棉种消毒处理。取比重为1.8上下的浓硫酸放入砂锅等容器中加热到110～120℃，按1∶10的比例慢慢倒入棉籽中，边倒边搅拌，等棉籽上茸毛全部焦黑时，用清水充分洗净，然后再用80%的抗菌剂402，用量为种子重量的2.5～3倍加热至55～60℃后浸泡棉籽30分钟，可有效地杀灭棉种内、外的枯萎病和黄萎病病菌。也可用50%多菌灵可湿性粉剂10 g溶在25 mL的10%稀盐酸中，兑水975 mL，再加0.39平平加(棉纺用渗透剂，也可用海鸥牌洗涤剂替代)配成1000 mL药液，再按每5 kg棉种用药液17.5～20 kg于室温下浸种24小时。还可把多菌灵配成0.3%悬浮剂于室温下浸种14小时。

③保健栽培。减少辛硫磷、甲胺磷等有机磷农药用药次数及浓度，防止棉株受药害降低自身抗病力。不要偏施、过施氮肥，做好氮磷钾配合施用，注意增施钾肥，提高抗病力。改善棉田生态环境使棉田土温较高，但湿度不宜过大，忌大水漫灌，可减少发病。

④枯萎病的高发期是在棉花现蕾前后，一般在6月中、下旬，若此时降雨量大，有利于枯萎病的大面积流行，因此，在6月上旬就应该用药防治。黄萎病的高发期是在棉花花铃期，一般在7月下旬至8月上旬，因此在7月中旬(若之前有大雨，雨后应立即进行防治)就应该用药防治。一般药剂有多菌灵、甲基托布津、克黄枯、枯黄基因素、棉花三清等，并加营养调节剂如：磷酸二氢钾、硼肥、硼加硒、锌肥、锌加硒、天丰素、鱼蛋白等，每次喷药间隔5～7天，连喷2～3遍，可有效预防两种病害的发生流行。重病地块用菌绝灌根或用12.5%速效治萎灵兑水50

倍，穴施，苗期或发病初期灌根。

(3)生物防治

放线菌对大丽轮枝菌有较强抑制作用。细菌中绿脓杆菌(*Bacillus Pseudomonas*)的某些种能有效抑制大丽轮枝菌菌丝散发。木霉菌(*Thchoderma lignorum*)对大丽轮枝菌有较强拮抗作用，可用以改变土壤微生物区系进而减轻发病(陆宴辉 等，2010)。

八、棉花红叶枯病

棉花红叶枯病是一种生理性病害，棉花重病害之一，若不适时防治，将会造成严重减产，甚至绝收。

(一)为害症状

发病初期，叶片呈暗绿色，逐渐变黄转成紫红色，与真菌病害不同点，叶脉仍为绿色，维管束不变色。

(二)防治方法

应从播种时就要狠抓预防措施。重施农家肥，增施磷钾肥，配方施肥，改善土壤肥力，适时合理浇水，并喷施新高脂膜，保墒防止水分蒸发，提高养肥有效成分利用率。修好排灌系统，防旱除渍。在发病初期，出现黄叶茎枯症状时，喷洒 2%尿素和 0.2%磷酸二氢钾加新高脂膜混合液，每亩用量 100 kg，喷 2～3 次，保护药效，具有明显的防治效果。

九、棉花茎枯病

棉花茎枯病是一种突发性真菌病害，由棉壳二孢菌引起。全国各棉区均有分布，东北棉区、黄河流域及长江流域、沿江、沿海棉区发生较重。

(一)病原

Ascochyta gossypii Syd. 称棉壳二孢菌，属半知菌亚门，球壳孢目，壳二孢属真菌。

(二)病原特征

分生孢子器初埋生在棉株表皮组织下，成熟后露出在表皮上。孢子器球形，黄褐色，顶部具略突的圆形孔口，壁较薄易碎，大小为(82.8～210)μm ×(75～189)μm，内生很多分生孢子。分生孢子卵圆形，单胞或双胞，无色，大小为(4.5～7.3)μm ×(3.5～3.8)μm。病菌生长适温为 25℃。

(三)生物特征

该病菌在 PSA 培养基上，菌落黑色，细密，边缘白色疏松，表面粗糙。初生菌丝无色，细长；老熟菌丝深褐色，粗壮。菌丝生长迅速，一般在适温下 4～6 天后开始形成分生孢子器和分生孢子。在 9～30℃均能生长，但在 20～25℃下生长最好，10～29℃范围内病菌孢子均能萌发，19.2～22.5℃下发芽最好。病菌孢子发芽时，必须以糖作为碳源营养。在 pH4.6～10.2 下均可生长，正常生长的范围是 pH6.8～7.4。

(四)传播途径

病菌以菌丝体和孢子器在土壤中的病残体上越冬，这是初侵染的主要菌源，棉籽带菌是远距离传播的重要途径。

(五)发病条件

病害流行与气候条件、蚜虫量、前茬及栽培管理等条件有关。若相对湿度在 90%以上的阴雨天气持续 5 天以上,日平均气温 20～25℃,该病可能大流行。大风暴雨造成枝叶损伤,利于病菌侵染和传播。棉蚜为害严重的棉田,蚜虫造成的伤口也多,茎枯病也较重。连作棉田、苗期长势瘦弱的棉田发病重。

(六)为害部位

棉花从苗期到结铃期均能受害,前期为害子叶、真叶、茎和生长点,造成烂种、叶斑、茎枯、断头落叶以至全株枯死,后期侵染苞叶和青铃,引起落叶和僵瓣。

(七)为害症状

子叶和真叶发病初为黄褐色小圆斑,边缘紫红色,后扩大成近圆形或不规则形的褐色斑,表面散生许多小黑点(病原菌)。茎部及叶柄受害,初为红褐色小点,后扩展成暗褐色梭形溃疡斑,中央凹陷,周围紫红。病情严重时,病部破碎脱落,茎枝枯死。

(八)防治方法

(1)农业防治合理轮作,合理密植,改善通风透光条件。

(2)药剂防治拌种:棉籽硫酸脱绒后,拌上呋喃丹与多菌灵配比为 1∶0.5 的种衣剂,既防病又可兼治蚜虫。喷雾:苗期或成株期发病,可用 65%代森锌 800 倍液,或 70%甲基托布津 1000 倍液喷雾防治。

十、棉花棉铃疫病

棉花棉铃疫病别名棉铃湿腐病、雨湿铃,主要针对中下部果枝的棉铃的真菌病害。该病害如果发病时间偏早,会导致棉铃枯死进而减产;如果发病时间晚,会导致棉铃外部枯萎,但不会导致棉铃吐絮。为害的真菌为苎麻疫霉,属于鞭毛菌亚门。该病害可以通过田间管理和药剂防治等方法处理。

(一)为害症状

苗期发病,根部及茎基部初呈红褐色条纹状,后病斑绕茎一周,根及茎基部坏死,引起幼苗枯死。子叶及幼嫩真叶受害,病斑多从叶缘开始发生,初呈暗绿色水渍状小斑,后逐渐扩大成墨绿色不规则水渍状病斑。在低温高湿条件下迅速扩展,可蔓延至顶芽及幼嫩心叶,变黑枯死;在天晴干燥时,叶部病斑呈失水褪绿状,中央灰褐色,最后成不规则形枯斑。叶部发病,子叶易脱落。为害棉铃,多发生于中下部果枝的棉铃上。多从棉铃苞叶下的铃面、铃缝及铃尖等部位开始发生,初生淡褐、淡青至青黑色水浸状病斑,不软腐,后期整个棉铃变为有光亮的青绿至黑褐色病铃,多雨潮湿时,棉铃表面可见一层稀薄白色霜霉状物,即病菌的孢囊梗和孢子囊。青铃染病,易腐烂脱落或成为僵铃。疫病发生晚者虽铃壳变黑,但内部籽棉洁白,及时采摘剥晒或天气转晴仍能自然吐絮。

(二)病原特征

苎麻疫霉(*Phytophthora boehmeriae* Sawada.),属鞭毛菌亚门真菌。菌丝初无色,不分隔,老熟后具分隔。孢子囊初无色,后变黄至褐色,卵圆形或柠檬形,顶端具一乳突,大小为(36.6～70.1)μm ×(30.5～54.8)μm,孢子囊遇水释放出游动孢子。游动孢子大小 9.3 μm。

藏卵器球形，幼时淡黄色，成熟后为黄褐色；雄器基生，附于藏卵器底部；卵孢子球形，满器或偏于一侧；厚垣孢子球形，薄壁，淡黄至黄褐色。

（三）传播途径

遗落在土壤中烂铃组织内的卵孢子、厚垣孢子、孢子囊是翌年该病的初侵染源。病菌在铃壳中可存活 3 年以上，且有较强耐水能力，病菌随雨水溅散或灌溉等传播。

（四）发病条件

积水可造成疫病大发生。台风侵袭、虫害重、伤口多，疫病发生重。铃期多雨、生长旺盛、果枝密集，易发病。迟栽晚发，后期偏施氮肥棉田发病重。郁闭，大水漫灌，易引起该病流行。果枝节位低、短果枝、早熟品种受害重，地膜覆盖棉田，成铃早，烂铃率高于未盖膜棉田。

（五）防治方法

（1）基本方法

①选用抗病品种如辽棉 10 号、中棉 12 号等。

②改进栽培技术，实行宽窄行种植；采用配方施肥技术，避免过多、过晚施用氮肥，防止贪青徒长。及时去掉空枝、抹赘芽，打老叶，雨后及时开沟排水，中耕松土，合理密植，如发现密度过大，可推株并垄，改善通风透光条件，千方百计降低田间湿度。摘除染病的烂铃，抓好前期病害防治，减少病菌在田间积累、传播和蔓延。

③治虫防病。及时防治棉田玉米螟、甜菜夜蛾、棉铃虫、红铃虫等棉田害虫，防止虫害造成伤口，减少病菌侵入途径。

（2）化学防治

棉花幼铃期，注意施药预防，可喷施下列药剂：75％百菌清可湿性粉剂 600～800 倍液；50％克菌丹可湿粉 400～500 倍液；70％代森锰锌可湿性粉剂 600～800 倍液；50％福美双可湿性粉剂 500～1000 倍液等药剂预防。

花铃期发病初期，及时喷洒下列药剂：25％甲霜灵可湿性粉剂 600 倍液；64％恶霜灵·代森锰锌可湿性粉剂 600 倍液；间隔 10 天左右 1 次，视病情喷施 2～3 次。或发病初期及时喷洒 65％代森锌可湿性粉剂 300～500 倍液或 50％多菌灵可湿性粉剂 800～1000 倍液、58％甲霜灵·锰锌可湿性粉剂 700 倍液、64％杀毒矾可湿性粉剂 600 倍液、72％克露或克霜氰或克抗灵可湿性粉剂 700 倍液，对上述杀菌剂产生抗药性的棉区，可选用 69％安克· 锰锌可湿性粉剂 900～1000 倍液。以上药剂从 8 月上中旬开始，隔 10 天左右 1 次。

十一、棉花红粉病

棉花红粉病，别名棉铃红粉病，属于真菌性病害。该病病菌是弱寄生菌，名粉红聚端孢，多从伤口或铃壳裂缝处侵入，借风、雨、水流和昆虫传播，进行再侵染。低温、高湿利于发病。暴风雨或害虫为害严重，发病重。土壤黏重，排水不良，种植密度大，整枝不及时，施用氮肥过多的棉田发病重。

（一）为害症状

病铃上布满粉红色绒状物，厚且紧密。气候潮湿时，弯为白色绒状物，即病原菌的分生孢子梗和分生孢子。造成棉铃不能开裂，纤维黏结成僵瓣。

(二)病原特征

菌落初白色,后变粉红色。分生孢子梗无色,直立,顶端略弯,大小为(84.8～198.4)μm×(2.56～3.84)μm,顶端侧生一分生孢子。分生孢子卵形,孢基具一偏乳头状突起,大小为(12～20)μm ×(8～10)μm,形成向基序列的孢子链。

(三)传播途径

红粉病菌可在病铃上越冬。该菌是弱寄生菌,多从伤口或铃壳裂缝处侵入,借风、雨、水流和昆虫传播,进行再侵染。

(四)发病条件

低温、高湿利于发病。暴风雨或害虫为害严重,发病重。土壤黏重,排水不良,种植密度大,整枝不及时,施用氮肥过多的棉田发病重。

(五)防治方法

(1)种植管理

①施足基肥,适施苗肥,重施蕾肥、花肥。增施磷钾肥,防止徒长,增强植株抗病力。

②清洁田园、减少菌源。发现病铃及时摘除剥晒。

③合理密植,及时整枝打枝,雨后及时排水,防止湿气滞留,减少发病。

④及时防治铃期害虫,尤其是棉铃虫等钻蛀性害虫。

(2)药剂防治

发病始期喷洒36%甲基硫菌灵悬浮剂或50%多菌灵可湿性粉剂1000倍液、1∶1∶200倍式波尔多液、75%百菌清可湿性粉剂700～800倍液、40%霜疫灵(乙磷铝)可湿性粉剂300倍液、41.6%保铃丰300倍液,每亩喷兑好的药液100 L,10天喷一次,连喷2～3次。

十二、棉铃软腐病

棉铃软腐病,是一种棉铃发作的真菌性病害。发病初期,病铃初生深蓝色或褐色病斑,后扩大软腐,严重时可以导致棉铃湿腐,影响棉花质量和纤维强度。为害的真菌为匍枝根霉,属于接合菌亚门。该病害可以通过田间管理和药剂喷洒等方式防治。在中国以长江流域为主。

(一)为害症状

病铃初生深蓝色或褐色病斑,后扩大软腐,产生大量白色丝状菌丝,渐变为灰黑色,顶生黑色小粒点即病菌子实体。剖开棉铃,呈湿腐状,影响棉花质量和纤维强度。该病多发生在被玉米螟蛀食的棉铃上,病情扩展较快。

(二)病原特征

匍枝根霉,*Rhizopus stolonifer* Vuill.,属接合菌亚门真菌。菌丝匍匐在棉铃表面或内部,菌丝发达有分枝,孢囊梗2～3根丛生在假根上,顶端产生孢子囊。孢子囊暗褐色,球形,能产生大量孢囊孢子。孢囊孢子球形或多角形至梭形,单胞,灰色或褐色,大小11～14 μm。孢子发芽温限1.5～33℃,26～29℃发育最好,35℃经10分钟死亡。接合孢子黑色球形,表面具突起。23～25℃发育最好,低于6.5℃、高于30.7℃不能发育。该菌腐生力强。

(三)传播途径

病菌寄生性弱,分布十分普遍,除寄生在棉铃上外,可在多汁蔬菜的残体上以菌丝营腐生生活，翌春条件适宜产生孢子囊，释放出孢囊孢子，靠风雨传播，病菌则从伤口或生活力衰弱或遭受冷害等部位侵入，该菌分泌果胶酶能力强，致病组织呈浆糊状，在破口处又产生大量孢子囊和孢囊孢子，进行再侵染。

(四)发病条件

气温 23～28℃，相对湿度高于 80%易发病；雨水多或大水漫灌，田间湿度大，整枝不及时，株间郁闭，棉铃伤口多发病重。

(五)防治方法

(1)基本方法

①加强肥水管理，适当密植，及时整枝或去掉下部老叶，保持通风透光。

②雨后及时排水，严禁大水漫灌，防止湿气滞留。

③要整箱种植，要有排水沟，通风朝阳。

(2)化学方法

发病初期喷洒 30%碱式硫酸铜悬浮剂 400～500 倍液或 77%可杀得可湿性微粒粉剂 500 倍液、50%琥胶肥酸铜可湿性粉剂 500 倍液、14%络氨铜水剂 300 倍液、50%混杀硫悬浮剂 500 倍液、36%甲基硫菌灵悬浮剂 600 倍液、56%靠山水分散微颗粒剂 700～800 倍液、47%加瑞农可湿性粉剂 800～1000 倍液，每亩喷兑好的药液 60 L，隔 10 天左右 1 次，防治 2～3 次。

十三、棉花白霉病

棉花种植时期常见的病害，主要发病位置在叶片上，初期以成片的白斑为主，严重时容易导致病叶脱落。为害的真菌为白斑柱隔孢(或棉柱隔孢)，其有性态为网孢球腔菌。此类病害可以通过田间管理和喷洒药剂等方式防治。

(一)为害症状

初在单个叶脉网间现直径 3～4 mm 白斑，后变为不规则多角形，病斑在叶片正面为浅绿色至黄绿色，叶背对应处生出很多白霜状的分生孢子梗和分生孢子，严重时病叶干枯脱落。

(二)病原特征

白斑柱隔孢或棉柱隔孢(*Ramularia areola* Atk .)，属半知菌亚门真菌。该菌只寄生棉花。分生孢子梗无色，成束地从叶背气孔中伸出，多在基部分枝，顶端具齿状突起，具隔膜，大小为(23～70)μm ×(4～6)μm；分生孢子长圆形，两端突然尖削，有 1～3 个隔膜，大小为(14～35) ×(3.5～5.0)μm，无色。有性态为网孢球腔菌(*Mycosphaerella areola* (Atk .) Ehrl . et Wolf)，属子囊菌亚门真菌，很难见到。

(三)传播途径

病菌以菌丝体在病残体上越冬。翌春条件适宜时产生分生孢子，分生孢子随气流传播，引起初侵染。

(四)发病条件

病部又产生分生孢子，借风力和人为活动的传播引起再传染。气温 25～30℃、多雨高湿利于该病扩展和蔓延。

(五)防治方法

(1)种植管理

①采收后及时清除病残体,深埋或沤肥。

②种植抗病或耐病品种如 BJA592、Acalal517RR 等。

(2)药物防治

发病初期开始喷洒 50%苯菌灵可湿性粉剂 1500 倍液或 36%甲基硫菌灵悬浮剂 600～700 倍液,隔 7～10 天 1 次。

十四、棉苗猝倒病

棉苗猝倒病是一种常见的棉苗根病,我国南、北棉区均有发生,潮湿多雨的条件下发生尤其严重,常造成棉苗成片青枯倒伏以至死亡,对棉苗生长影响极大。全国各棉区均有发生,特别在潮湿多雨地区发生严重。

(一)为害症状

猝倒病可为害种子和刚露白的幼芽,造成烂种和烂芽。侵害幼苗时,在幼苗的基部接近地面部分出现水渍状肿大,为害严重时呈水肿状,后变黄褐色腐烂。由于组织被侵害,整株支撑维管未系统被毁,最后地上部分失水,呈青枯状倒伏死亡。病菌也能为害幼根和子叶,初为水渍状,后变黄褐腐烂。高温时病组织可产生白色絮状物,为病菌菌丝。棉苗出土后,病菌先从幼嫩的细根侵入,在幼茎基部呈现黄色水渍状病斑,严重时病部变软腐烂,颜色加深呈黄褐色,幼苗迅速萎蔫倒伏。同时子叶也随着褪色,呈水浸状软化。高湿条件下,病部常产生日色絮状物,即病菌的菌丝。与立枯病不同的是,猝病棉苗茎基部没有褐色凹陷病斑。

(二)病原特征

主要由瓜果腐霉菌 *PythiumaPhanidermatum*(EdS.) FitZp. 引起,除侵染棉花外,还能为害多种植物,如瓜类、茄子、豆类、胡萝卜等。

(三)发病条件

土壤中所存活的病原菌(卵孢子)是初侵染的主要来源,病菌常借水流传播,高温高湿条件下,病组织表面所长出的病菌是再次侵染源。若土壤温度低于 15℃,萌动的棉籽出苗慢,就容易发病。棉苗出土后,若遇上低温降雨天气,特别是含水量高的低洼地及多雨地区,地温低于 20℃,发病就重,棉苗出苗;后 1 个月内是棉苗最感病时期,其他苗病也容易同时发生,使病害加重。

(四)防治方法

(1)农业措施。播前精细整地,降低田间湿度,适期播种,培育壮苗。

(2)药剂防治。用种子量 0.2%的二氯萘醌拌种;也可用 40%乙磷铝 800 倍液,或瑞毒霉颗粒剂在播种时沟施;或用 25%瑞毒霉 3000 倍液在苗期灌根防治效果也很好,而又以用瑞毒霉种衣剂效果较彻底。

十五、棉花角斑病

(一)为害症状

角斑病从子叶期到成株期均可发病,病菌可以侵染棉花的种芽、叶片、茎、枝、苞叶和棉铃。

叶片发病时，先在叶片背面出现深绿色小点，而后迅速扩大呈形成圆形或近圆形油浸状(水渍状)暗绿色病斑。此时，在叶片正面也显现病斑，可星星点点散生，严重发病时也可很多病斑连接成片。病斑受叶脉限制，多呈多角形。病菌也可沿主脉扩展形成褐色条状，甚至引起叶片皱缩扭曲或干枯，严重感病时，叶片提早枯黄脱落。

叶片(包括子叶、真叶)和苞叶受害的共同的特点是油浸状，对光观察有透明感，这是角斑病的典型症状之一。若天气多雨、空气潮湿，幼茎也可发病，形成黑绿色的水渍状长形条斑，严重时幼茎中部凹陷变细，甚至折断。枝条受侵染后，一般呈褐色至黑褐色溃疡条斑，有时可导致尖端枯死。顶芽染病会造成烂顶。湿度大时，病部分泌出黏稠状黄色菌脓(可经雨水继续传播)，干燥条件下则变成薄膜状或碎裂成粉末状。花、蕾的苞叶受侵染后所产生的症状与叶片上的相似(注：棉铃的发病通常是从苞叶扩展蔓延的)。感病的棉铃开始在棉铃铃柄附近发生油浸状的暗绿色小点，逐渐扩大成圆形病斑，且变成黑色，中央部分下陷，有时病斑连起来呈不规则形状的较大病斑，造成大量的烂铃(黑桃)。

(二)病原特征

棉花角斑病病原中文名为油菜黄单胞菌锦葵致病变种(棉角斑病黄单胞菌)，病原拉丁学名为 *Xanthomonas campestris pv malvacearum*(E F Smith)Dowson。菌体杆状，大小为(1.2～2.4)μm ×(0.4～0.6)μm，一端生 1～2 根鞭毛，能游动，有荚膜。革兰氏染色阴性。在 PDA 培养基上形成浅黄色圆形菌落。菌体细胞常 2～3 个结合为链状体。

(三)传播途径和发病条件

棉花角斑病是一种细菌病害，带菌种子和病残体是初侵染源。在温度 30～36℃、空气湿度 85%以上时，利于该病的发展流行。据分析，导致大面积发病的原因主要有三个方面：一是连作重茬，土壤中病残体带菌较多；二是阴雨天气较多，特别是部分棉田还遭受暴风雨及雹灾，棉花枝叶破损，有利于病菌侵染；三是品种之间存在明显差异。

该菌生长适温 25～30℃，最高 36～38℃，最低 10℃，50～51℃经 10 分钟致死。但在干燥条件下可耐 80℃高温及－21℃低温。该菌存有生理分化，已鉴定出 18 个生理小种。

病原细菌主要在种子及土壤中的病铃等病残体上越冬，翌春棉花播种后借雨水飞溅及昆虫携带进行传播和扩散。该菌在棉铃上借雨后寄主体表的水膜从表皮气孔或裂缝及虫伤等处侵入，在细胞间隙繁殖，破坏叶内的组织，经 8～10 天产生症状。病菌常通过病组织侵入到维管束，后到达种子，造成种子带菌，铃壳上的病菌随病残体落入土中，成为翌年初侵染源。该病以种子传播为主，种子带菌率 6%～24%，在种子内部存活 1～2 年。长江流域棉区 6～9 月发生，7—8 月进入盛发期，此间相对湿度高于 85%，降雨次数多，降雨量大易发病；遇有台风暴雨袭击，发病重。海岛棉易感病。

(四)防治措施

(1)雨后及时排除积水，中耕散墒，遇旱浇水时注意不要大水漫灌。同时，注意施肥要合理搭配，不要过量使用尿素等氮肥。

(2)把棉田中的落叶和整掉的枝、叶等及时清除田外，集中销毁或深埋。

(3)对于发病的地块，可用 72%农用链霉素(英文通用名称：Streptomycin)1500～2000 倍液，选择加配 50%多菌灵(Carbendazim) 500 倍液，或 70%甲基托布津(Triophanate－methyl) 800 倍液，或 25%络氨铜(Copric terramminosulfate)500 倍液、25.9%回生灵(络氨铜·络

锌·柠铜合剂)600倍液、65%代森锌(Zineb) 600倍液喷雾防治。为促进植株健壮生长,可同时加配蓝色晶典、壮汉液肥、十乐素、芸苔素、二铵水溶液等营养调节剂(增产剂),间隔5天左右喷一次,连续喷2~3次。

(4)采摘完毕后及时清除棉田病株残体,集中沤肥或烧毁。

(5)精选棉种,合理密植,雨后及时排水,防止湿气滞留,结合间苗、定苗发现病株及时拔除。

(6)采用配方施肥技术,提倡施用酵素菌沤制的堆肥,避免偏施、过施氮肥。

(7)提倡采用垄作或高畦,科学灌溉,严禁大水漫灌、串灌。及时中耕放墒。

(8)种子处理。采取浓硫酸脱绒可消灭棉种短绒带菌,具体方法参见棉花黄萎病。也可沿用"三开一凉"温水(55~60℃)浸种半小时。

(9)选用抗病品种。陆地棉中岱字棉系统抗性强,中棉也较抗病。

(10)加强田间管理,在台风、大雨过后,及时追肥,并喷洒1:1:120~200倍式波尔多液或25%叶枯唑可湿性粉剂500倍液或72%农用硫酸链霉素4000倍液。

十六、棉花轮纹病

棉花轮纹病,也叫棉花黑斑病,是一种主要发生在棉花生长到1~2真叶期、针对棉叶的真菌性病害。为害的真菌有大孢链格孢、细极链格孢以及棉链格孢,皆属于半知菌亚门。

(一)为害症状

主要发生在1~2片真叶期,为害子叶和真叶。子叶染病主要在子叶未展开的黏结处或夹壳损伤处生出墨绿色霉层。子叶展平后染病,初生红褐色小圆斑,后扩展成不规则形至近圆形褐色斑,有的现不明显的轮纹。湿度大时,病斑上长出墨绿色霉层,严重的每张叶片上病斑多至数十个,造成子叶枯焦脱落。真叶染病与子叶上症状相似,但病斑较大,四周有紫红色病变。受伤时染病,病斑形状不规则,枯斑四周不见紫红色边缘。幼苗茎部或叶柄染病产生长椭圆形褐色凹陷斑,造成叶片凋落,苗子干枯而死。

(二)病原特征

大孢链格孢(*Alternaria macrospora* Zimm.),致病力强,能直接侵入,在子叶或真叶上产生较大轮纹斑。该菌分生孢子梗多单生或4~9根成束,略弯曲,基部膨大,浅褐色至暗褐色。分生孢子倒棍棒状,黄褐色或深褐色,具6~10个横隔、3~30个纵隔。有类似致病机理的还有棉链格孢(*A. gossypina*(Thum.)Hopk)。

细极链格孢(*A. tenuissima* Wiltsh)致病力弱,常与其他寄生菌混合侵染或在有伤口时才能侵入。分生孢子梗分枝较少,榄褐色,分生孢子棒状,串生,横隔1~9个,纵隔0~6个。病菌生长适温27~30℃,高于37℃、低于0℃均不能生长。在棉田气温27~33℃发病,25℃最适,湿度高时易侵入,适应pH值为2~10,其中pH为5时最适。

(三)传播途径

病菌以菌丝体和分生孢子在病叶、病茎上或棉籽的短绒上越冬,棉籽带菌率高达47.5%~84%,尤其种壳上最多,胚乳也带菌。棉籽播种后病叶及棉籽上的分生孢子借气流或雨水溅射传播,从伤口或直接侵入。

(四)发病条件

早春气温低、湿度高易发病。当气温从20℃突然下降至6～10℃，又有降雨，相对湿度高于75%，就能普遍发病。棉花生长后期，植株衰弱，遇有秋雨连绵也会出现发病高峰。

(五)防治方法

(1)棉田要精细整地，种子要精选，提高播种质量。

(2)提倡采用地膜覆盖，可提高苗期地温减少发病。

(3)药剂拌种。用种子重量0.5%的50%多菌灵可湿性粉剂或40%拌种双可湿性粉剂拌种。也可用0.1%多菌灵溶液浸种。还可用呋喃丹与50%多菌灵按1∶0.5的重量配比，加入少量聚乙烯醇黏着剂，配成棉籽种衣剂，用棉籽重量1%的种衣剂处理棉籽后播种，对轮纹斑病及苗期棉蚜防效70%以上。

(4)加强棉田管理。提倡施用酵素菌沤制的堆肥。勤中耕，及时整枝摘叶，雨后及时排水，防止湿气滞留，可减少发病。

(5)发病初期及时喷洒70%代森锰锌可湿性粉剂500倍液或75%百菌清悬浮剂500倍液、80%喷克可湿性粉剂600倍液、50%石硫合剂400倍液。

十七、棉铃黑果病

棉铃黑果病，是一种专门针对棉铃的真菌病害。病害发作会导致棉铃僵化，直接导致棉花减产。为害的病菌为棉色二胞，属于半知菌亚门。该种病害可以通过种植防治和喷洒波尔多液等方式解决。

(一)为害症状

病菌只侵染棉铃，致全铃受害。铃壳初淡褐色，全铃发软，后铃壳呈棕褐色，僵硬多不开裂，铃壳表面密生突起的小黑点即病菌分生孢子器。发病后期铃壳表面布满煤粉状物，棉絮腐烂成黑色僵瓣状。

(二)病原特征

棉色二胞(*Diplodia gossypina* Cooke)，属半知菌亚门真菌。分生孢子器黑色，埋生于表皮下，顶端有孔口。分生孢子梗细，不分枝。分生孢子椭圆形，初无色，单胞，成熟时黑褐色，双胞，大小(14.4～29.44)μm ×(9.6～14.0)μm。

有性态棉囊孢壳(棉黑果病菌)(*Pbsalospora gossypina* Stev.)，属子囊菌亚门真菌。子囊座丛生，黑色，大小250～300 mm。子囊90～120 μm，子囊孢子单生，无色，大小为(24～42)μm×(7～17)μm。

(三)传播途径

病菌以分生孢子器的形式在病残体上越冬。翌年条件适宜，残留的分生孢子器会产生分生孢子进行初侵染和再侵染。

(四)发病条件

黑果病菌是引起棉花烂铃的初侵染病原之一。黑果病发生的温度范围较宽，对湿度要求很高。雨量大发病重。棉铃伤口多，如虫伤、机械伤、灼伤等可诱发黑果病的发生。

(五)防治方法

(1)尽可能避免棉铃损伤,及时防治铃期害虫。

(2)及时摘除剥晒病铃。

(3)发病初期喷洒 1∶1∶200 倍式波尔多液或 70%代森锰锌可湿性粉剂 500 倍液。

十八、棉铃红粉病

棉铃红粉病菌 *Cephalothecium roseum*(Link etFr.)属真菌中的半知菌类丛梗孢目复端孢属。该菌除侵染棉铃外,还侵染苹果、梨、番茄、菜豆等作物。该菌主要在病铃上越冬,不能直接侵害棉铃,只能借助风、雨、昆虫传到有伤口的棉铃上入侵,因此,虫伤、机械伤、棉铃裂缝是红粉病菌的主要侵入口。在低温潮湿的环境条件下,宜于红粉病的发生。棉花后期,旬平均气温 19.3～25.6℃,配合棉田高湿小气候,发病迅速而重。南方棉区 9 月上旬发病较多。

(一)为害症状

在棉铃裂缝处及铃壳上产生粉红色的松散绒霉状物。开始时粉状物(病菌的孢子层)颜色浅,随后发展到全铃壳都布满霉状物,厚而坚密,天气潮湿时菌丝长成白色绒毛状。病铃不能正常吐絮,纤维变成褐色、棉铃成为僵瓣。

(二)防治方法

(1)合理施肥,氮肥用量不宜过多,增施农家肥和磷、钾肥;合理灌溉和排水,灌水时要细流沟灌;适宜的密度,并且要精细整枝,及时喷缩节安等生长调节剂,防止生长过旺。

(2)选用抗病品种,及时收摘烂铃,可减少损失。

(3)药剂防治,在烂铃高峰到来之前,喷 80%代森锰锌 400 倍液,也可喷甲霜锰锌、敌唑酮等杀菌剂。

十九、棉铃灰霉病

棉铃灰霉病,是针对棉铃发作的一种真菌病害。主要发生在棉铃疫病等侵染过的棉铃上,病情严重的会造成棉铃干腐。为害的真菌为灰葡萄孢,属于半知菌亚门。该种病害可以通过田间整理或药剂防治来解决。

(一)为害症状

主要发生在棉花疫病、炭疽病侵染过的棉铃上,棉铃表面长有灰绒状霉层,病情严重的造成棉铃干腐。

(二)病原特征

分生孢子梗细长,数根丛生,有分枝,深褐色,顶端具 1～2 次分枝,分枝顶端簇生分生孢子成葡萄穗状,梗大小为(960～1200)μm ×(16～22)μm;分生孢子单细胞无色,短椭圆形聚集成堆,灰色,大小为(12～18)μm ×(9～13)μm,病菌能形成菌核。

(三)传播途径

主要以菌核在土壤中或以菌丝及分生孢子在病残体上越冬。翌春条件适宜,菌核萌发,产生菌丝体和分生孢子梗及分生孢子,分生孢子成熟后脱落,借气流、雨水或露珠及农事操作进行传播,萌发时产出芽管,从寄主伤口或衰老的器官及枯死的组织上侵入,发病后在病部又产生分生孢子进行再侵染。

（四）发病条件

该菌为弱寄生菌，可在有机物上腐生。发育适温 20～23℃，最高 31℃，最低 2℃。对湿度要求很高，空气相对湿度 85%以上或棉田小气候的相对湿度高于 90%，有利于该病的发生和流行。

（五）防治方法

（1）种植管理

①合理密植，不宜过密。

②加强田间管理，及时除草，雨后及时排水，严防棉田湿气滞留。

（2）药剂防治

发病初期开始喷洒 40%多硫悬浮剂或 50%多菌灵可湿性粉剂或 60%防霉宝超微粉 600 倍液、50%混杀硫悬浮剂或 70%甲基硫菌灵可湿性粉剂 500～600 倍液、50%速克灵可湿性粉剂或 50%扑海因可湿性粉剂 1500～2000 倍液、90%三乙膦酸铝可湿性粉剂 800 倍液加 50%扑海因可湿性粉剂 2000 倍液、50%扑海因可湿性粉剂 2000 倍液加 50%甲基硫菌灵可湿性粉剂 1000 倍液，隔 7～10 天 1 次，每次喷兑好的药液 65～75 L，共防 2～3 次。对上述杀菌剂产生抗药性的地区可改用 65%甲霉灵可湿性粉剂 1000 倍液或 50%多霉灵可湿性粉剂 800 倍液。隔 10～15 天 1 次，防治 1 次或 2 次。

二十、棉铃曲霉病

（一）为害症状

初在棉铃的裂缝、虫孔、伤口或裂口处产生水浸状黄褐色斑，接着产生黄绿色或黄褐色粉状物，填满铃缝处，造成棉铃不能正常开裂，连阴雨或湿度大时，长出黄褐色或黄绿色绒毛状霉，即病菌的分生孢子梗和分生孢子，棉絮质量受到不同程度污染或干腐变劣。

（二）病原特征

Aspergillus flavus Link 称黄曲霉、*Aspergillus fumigatus* Fres. 称烟曲霉、*Aspergillus niger* van Tiegh. 称黑曲霉，均属半知菌亚门真菌。黄曲霉分生孢子穗亚球形，上生小梗 1～2 层，分生孢子梗顶囊球状，分生孢子粗糙，圆形黄色，大小 3.5～5 μm，菌落颜色初为黄色，后变黄绿色至褐绿色。烟色曲霉分生孢子穗圆筒形，直径 40 μm，分生孢子梗光滑，带绿色，直径 2～8 μm；分生孢子球形，粗糙，大小为 2.5～3 μm。黑曲霉分生孢子穗灰黑色至黑色，圆形，放射状，大小为 0.3～1 mm；分生孢子梗大小为（20～400）μm ×（7～10）μm；顶囊球形至近球形，表生两层小梗；分生孢子球形，初光滑，后变粗糙或生细刺，有色物质沉积成环状或瘤状，大小为 2.5～4 μm，有时产生菌核。

（三）传播途径

病菌以菌丝体在土壤中的病残体上存活越冬。翌春产生分生孢子借气流传播，从伤口或穿透表皮直接侵入，曲霉菌为害棉铃能侵入种子，造成种子带菌，成为该病重要初侵染源。在棉铃上营腐生的病菌分生孢子借风、雨传播蔓延，继续侵染有伤口、裂口的棉铃，使病害不断扩大。当年带菌的种子和病残体又为下一年病害发生提供了菌源，出现循环侵染。

(四)发病条件

该病属高温型病害。是烂铃的次生病害。曲霉菌生长适温 33℃。上海棉区曲霉病多于 8 月中下旬至 9 月上旬进入为害盛期,气温高的年份发病重。

(五)防治方法

棉铃曲霉病在各棉区都有发生,主要为害棉铃,易造成棉铃不能正常开裂,棉絮质量下降。

(1)选取优良抗病品种。播种前用种衣剂加新高脂膜拌种,可有效隔离病毒感染,不影响萌发吸胀功能,加强呼吸强度,提高种子发芽率。足墒下种,合理密植,做到通风良好。

(2)加强棉田管理。

①平衡水肥。采用配方施肥技术,合理施用有机肥,氮、磷、钾比例一般以 1:0.4:0.8 为适,避免单施、过施氮肥;合理灌溉,严禁大水漫灌,雨后及时排水,防止湿气滞留。

②在花蕾期、幼铃期和棉桃膨大期喷施棉花壮蒂灵,促使棉树生长机能向生殖机能转化,使棉桃营养输送导管变粗,提高棉桃膨大活力,加快棉树循环现蕾、吐絮,提高纤维质量。

③整枝打杈要及时,清除棉田枯枝烂叶或烂铃,集中深旱或烧毁,减少菌源。发现病铃及时摘除,把病铃迅速烘干或晾晒干裂,增加皮棉产量。

④及时防治棉铃虫、棉田玉米螟、金刚钻等后期害虫,千方百计减少伤口。

⑤发病初期酌量喷洒苯菌灵可湿性粉剂(或代森锰锌可湿性粉剂、或甲基硫菌灵悬浮剂),同时喷施新高脂膜增强防治效果。

二十一、棉花锈病

棉花锈病,病原菌的初生夏孢子堆(春型夏孢子堆)为叶面生的,次生夏孢子堆(夏孢子阶段的夏孢子堆)为叶背生的,聚集散生,黄褐色略呈粉状。夏孢子椭圆形或倒卵圆形,为害叶片。分布在云南、台湾等省。

(一)病原特征

棉层锈菌 *Phakopsora gossypii* (Arthur) Hirats,属真菌担子菌亚门,锈菌目,层锈菌属。夏孢子椭圆形或倒卵圆形,大小为(16～19)μm ×(19～27)μm,孢子壁黄色或透明,有小刺,两端有小孔。冬孢子堆罕见,在叶背上散生,不引人注意,裸露呈粉状,淡肉桂褐色。冬孢子有棱角,呈不规则的距圆形,孢壁平滑,呈淡褐色。

(二)传播途径

在病残体中越冬。

(三)发病条件

在热带地区旱季灌溉有利于发病,雨季病害不严重。

(四)为害症状

叶片两面散生棕褐色小苞斑,破裂后散出锈褐色夏孢子,后期上面产生黑褐色小点,为病菌的冬孢子堆。

(五)防治方法

(1)种植抗病品种。

(2)及时清除病残体。

(3)提倡施用酵素菌沤制的堆肥或腐熟有机肥,采用配方施肥技术,适当增施磷钾肥,根据品种特性和地力合理密植。

(4)药剂防治:使用相应的药剂进行拌种,喷洒。

二十二、棉花黑根腐病

棉花黑根腐病是棉花苗期发生的病害之一,其病菌为 *Thielarviopsis basicola*。我国各大棉花产区皆有所分布。主要为害棉花、豌豆、番茄、黄瓜、花卉等。

(一)为害症状

苗期、成株期均可发病。苗期染病根系表皮、皮层受侵染后变褐,常延至下胚轴,根茎部肿胀,茎秆弯曲,植株矮小,茎部的病斑扩展后致表皮开裂,现长条形或梭形浅绿色病斑,后变成暗紫色至黑色,病株很易拔出,但维管束不变色。成株染病顶叶下垂,叶色淡,叶凋萎但不脱落,根茎基部膨大,根茎腐烂,茎秆弯曲,中柱变为褐色至黑紫色,结铃少或不结铃。有的突然失水萎蔫。最后植株干枯死亡。

(二)病原特征

根串珠霉 *Thielarviopsis basicola* 半知菌亚门真菌,分生孢子着生在分生孢子梗上,分生孢子梗具分隔 3～5 个,无色透明,大小为(5.5～19)μm ×(3～5)μm,分生孢子大小为(7～23)μm ×(3～6)μm,分生孢子两端各具 1 油滴。厚垣孢子棍棒状,暗褐色,有透明的基细胞,厚垣孢子串生,每串 5～8 个,厚垣孢子链大小为(25～55)μm ×(10～16)μm。该菌在燕麦、洋菜培养基上菌落初为白色,后变褐色。分生孢子、厚垣孢子生长温限 20～33℃,萌发适温 25℃。菌丝生长适温 20～24℃。

(三)传播途径和发病条件

病菌厚垣孢子平时在土壤中腐生或在病残体上存活越冬,经 -6～15℃冷冻后才能萌发。翌春土温 16～20℃,根系生长不快,抗性也弱,利于该菌侵入。病菌孢子萌发后,芽管伸长,产生附着胞,从棉株根毛表皮层侵入,以菌丝体在皮层内扩展,同时吸取营养,但不进入导管。后期菌丝体又形成分生孢子、厚垣孢子进行再侵染,落入土中的又营腐生生活,成为下一年该病初侵染源。厚垣孢子在土中能长期存活,内生分生孢子在 8～33℃下能生长,适温为 25～28℃,土壤湿度为 50%～70%。

(四)防治方法

(1)选用抗病品种,如辽棉 7 号、辽棉 10 号、晋棉 21 号等。精耕细作,收获后及时清除病残体,播前灌冬水,早春忌大水漫灌,防止土温降低,创造利于根系发育的条件。

(2)提倡采用地膜覆盖,可提高地温,减少发病。

(3)精选种子,对棉种要进行消毒,方法参见棉轮纹病。

(4)实行轮作,采用小麦、玉米、水稻等禾本科作物与棉花轮作。

(5)采用无菌营养钵育苗,可减少苗期侵染。

二十三、棉花缺素症

棉花缺素症表现为幼苗叶片呈苍白的淡黄绿色,随着植株的生长而变为黄色,以后常呈不同色度的红色,最终形成褐色,叶片干枯,过早地脱落。由于主茎(初生茎)的生长在早期受到抑制，植株矮小，发育迟缓。植株上的叶片数量、叶枝减少，果枝少而短，中上部棉铃形成受到影响。症状易表现于幼苗期、花铃期。

（一）缺氮症

特别注意：现实中，因底肥少用尿素等氮肥，且苗期对氮的需求比例较高，所以，在苗期、蕾期的症状表现较为突出。但在中后期由于过量的追施尿素而导致氮素过剩，造成植株徒生旺长。

施肥方法：追施氮素化肥的首选是尿素，同等的用肥量，一般棉田在盛蕾期追施一次即可。前期可叶面喷施“壮汉”500倍加0.5%浓度的尿素，中后期可混用1%～3%的磷酸二铵水溶液，补氮又补磷。

（二）缺磷症

幼苗缺磷时，其株高比正常的棉株明显矮小，叶片较小，叶色暗绿(由于缺磷而提高了铁的吸收利用，间接地促进了叶绿素的合成，使叶片呈暗绿色，但缺乏光泽)。如果不是十分严重，在5～6片真叶后缓解表现症状(这与根系发育、根量增加，植株吸磷能力增强有关)。

缺磷较严重时，导致植株生长发育迟缓，且叶片较小，植株茎秆细、脆弱，较正常植株矮小，根系生长量降低，结铃和成熟都延迟，成铃少、产量低、品质差。

特别注意：棉花幼苗2～3片真叶前后对磷素表现敏感，对磷的吸收高峰在开花盛期。缺素症状易发生于出苗后10～25天和花铃期。

施肥方法：提倡在棉花播种前结合耕地一次性施入足量的磷酸二铵，如在底肥中施用磷肥不足或者施用了低含量劣质复合肥的棉田，应在苗期或者蕾期及早补施(因其磷素移动性小，要深施)。在苗期出现症状的，可叶面喷施“六高牌精品二氢钾”500倍液、最好选用磷酸二铵0.5%水溶液加“壮汉”500倍液等营养调节剂(最好结合防病治虫而“未雨绸缪”先喷施)。

（三）缺钾症

苗期、蕾期缺钾，生长显著延迟，叶缘向上或向下卷起，叶脉间出现明显的褐色、红褐色小斑点，通常是中、上部叶片的叶尖、叶边缘发黄，进而叶肉呈斑块状失绿、发黄、变褐色、变焦枯，叶片逐渐枯死脱落。花铃期缺钾，棉株中上部叶片从叶尖、叶缘开始，叶肉失绿而变白、变黄、变褐，继而呈现褐色、红色、橘红色坏死斑块，并发展到全叶，通常称之为“红叶茎枯病”。由于棉叶上常产生锈褐色坏死组织，也有的称之为“棉锈病”。严重时，全株叶片逐渐枯焦脱落，只剩下主茎、果枝和棉铃，成为“光秆”。

特别注意：抗虫棉对钾的需求比不抗虫棉多50%以上，所以，底肥施足质量好的纯钾肥是棉花高产高效的一项关键措施。现实中，棉花“早衰”、枯黄萎病发生较重，都与缺钾有关。全生育期均可出现症状，但以中后期表现最明显，症状以老叶为主。

施肥方法：可叶面喷施“六高牌精品二氢钾”500倍液、或采用“壮汉”500倍液、或用1%的硫酸钾水溶液(沈其益，1992;2000)。

（四）缺锌症

从第一真叶开始，幼叶即呈显青铜色，叶脉间明显失绿，变厚、变脆、易碎。叶缘向上卷曲。叶间缩短，植株矮小呈丛状，生长受阻，结铃推迟，蕾铃易脱落。症状易发生在花铃期的老叶上。

诱发条件：磷肥施用量大和施用氮肥过多，会导致土壤有效锌的不足。

施肥方法：最好亩用“六高底肥王·棉花高产长效素”0.8～1.6 kg在耕地前底施或苗期追施（注意不要和尿素混合，且要注意避免使用硫酸镁冒充的锌肥）；叶面喷施可用500倍液，或“蓝色晶典·六合一增产素”半包25 g，在苗期、现蕾期各喷一次。

（五）缺硼症

在苗期、蕾期即有表现，主要是叶片变厚增大、变脆，色暗绿无光泽，主茎生长点受损，腋芽丛生，上部叶片萎缩。至蕾铃期脱落严重，“蕾而不花”，开花也难成桃，但病症却最早出现在叶片上。潜在缺硼时，叶柄上可能出现环节。症状易发生于现蕾到开花的新生组织上。

诱发条件：有机质少的土壤，砂性土、保肥保水性差的土壤，及长期持续干旱和雨水过多的土壤，易诱发缺硼。

施肥方法：最好亩用“六高底肥王”0.8～1.6 kg。或者用“蓝色晶典”25～50 g，在蕾期、初花期、花铃期各喷一次。

（六）缺锰症

幼叶首先在叶脉间出现浓绿与淡绿相间的条纹，叶片的中部比叶尖端更为明显。叶尖初呈淡绿色，在白色条纹中同时出现一些小块枯斑，以后连接成条的干枯组织，并使叶片纵裂。症状易发生于现蕾初期到开花的植株上部及幼嫩叶片。

诱发条件：pH＞7、砂性大、有机质含量低的地块有效锰含量低，雨水过多易淋失。

施肥方法：底施“六高底肥王”最好，或选用0.2%的硫酸锰或25～50 g“蓝色晶典”、600倍的高锰酸钾等，在苗期、初花期、花铃期各喷一次。

（七）缺钼症

老叶失绿，植株矮小，叶缘卷曲、叶子变形，以至干枯而脱落。有时表现为缺氮症状，蕾、花脱落，植株早衰。症状易发生于苗期到现蕾的植株新生组织。

诱发条件：大量施用磷肥、含硫肥料，以及施用锰肥过量。

施肥方法：底施“六高底肥王”800 g最好，或选用0.05%～0.1%的钼酸铵溶液喷施2～3次，也可用“蓝色晶典”或“壮汉”等含钼（Mo）的叶面肥。

（八）缺铜症

植株矮小，失绿，植株顶端有时呈簇状，严重时，顶端枯死。而且棉花缺铜容易感染各种病害。症状易发生于植株新生组织。

诱发条件：有机质含量低、土壤碱性，铜的有效性降低；氮肥施用得过多，也会引起缺铜。

施肥方法：底施“六高底肥王”最好，叶面喷施，可选用0.02%的硫酸铜或“蓝色晶典”25 g/桶、“棉花高产长效素”600倍液等含铜（Cu）叶面肥，在苗期、开花前各喷施一次。

（九）缺铁症

表现为“缺绿症”或“失绿症”，开始时幼叶叶脉间失绿、叶脉仍保持绿色，以后完全失绿，有时，一开始整个叶片就呈黄白色。茎秆短而细弱，多新叶失绿，老叶仍可保持绿色。

诱发条件：土壤中磷、锌、锰、铜含量过高，钾含量过低，土壤黏性大、水饱和度高，使用硝态氮肥，均会加重缺铁。

施肥方法：底施“六高底肥王”800 g最好。叶面喷施可用300倍的“棉花高产长效素”或“蓝色晶典”，或600倍的“抗病增产王”、“抗病高产素”等含铁（Fe）叶面肥。

第四章 棉花害虫及防治

我国棉花害虫有300余种，常年造成为害的有30余种。按棉花生育期可分为苗期和蕾铃期害虫。苗期害虫主要有地老虎、金针虫、金龟子、蝼蛄等地下害虫，以及棉蚜、棉叶螨等叶片害虫，以地老虎、棉蚜为害最重。蕾铃期害虫主要有棉铃虫、红铃虫、盲椿象、棉蚜、玉米螟、美洲斑潜蝇、棉蓟马、造桥虫、金刚钻、烟粉虱、棉蓟马、甜菜夜蛾、斜纹夜蛾等。近年在抗虫棉区盲椿象和棉蓟马的为害逐年加重，已上升演替为继棉铃虫后棉花蕾铃期的头等害虫。

一、棉蚜

拉丁学名：*Aphis gossypii* Glover，蚜科蚜属的一种昆虫。俗称腻虫。为世界性棉花害虫。中国各棉区都有发生，是棉花苗期的重要害虫之一。寄主植物有石榴、花椒、木槿、鼠李属、棉、瓜类等。

（一）为害症状

棉蚜以刺吸口器插入棉叶背面或嫩头部分组织吸食汁液，受害叶片向背面卷缩，叶表有蚜虫排泄的蜜露（油腻），并往往滋生霉菌。棉花受害后植株矮小、叶片变小、叶数减少、根系缩短、现蕾推迟、蕾铃数减少、吐絮延迟（图18）。

图18 棉蚜（戴爱梅 摄）

（二）互利共生

因为棉蚜排泄物为含糖量很高的蜜露，这能吸引一种个体较小的黄蚁来取食。而这种小黄蚁为了能与棉蚜长期合作，反过来常常帮棉蚜驱赶棉蚜七星瓢虫等天敌。

（三）生物特征

翅胎生雌蚜体长不到2 mm，身体有黄、青、深绿、暗绿等色。触角约为身体一半长。复眼暗红色。腹管黑青色，较短。尾片青色。有翅胎生蚜体长不到2 mm，体黄色、浅绿或深绿。触角比身体短。翅透明，中脉三岔。卵初产时橙黄色，6天后变为漆黑色，有光泽。卵产在越冬寄主的叶芽附近。无翅若蚜与无翅胎生雌蚜相似，但体较小，腹部较瘦。有翅若蚜形状同无翅若蚜，二龄出现翅芽，向两侧后方伸展，端半部灰黄色。

早春卵孵化后先在越冬寄主上生活繁殖几代，到棉田出苗阶段产生有翅胎生雌蚜，迁飞到棉苗为害和繁殖。当被害苗棉蚜多而拥挤时，棉蚜迁飞，在棉田扩散，棉区迁飞。晚秋气温降低，棉蚜从棉花迁飞到越冬寄主交尾后产卵过冬。棉蚜在棉田的为害有苗蚜和伏蚜两个阶段。苗蚜发生在出苗到现蕾以前，适宜偏低的温度，气温超过时繁殖受到抑制，虫口迅速下降。时晴时雨天气有利于伏蚜。

(四)生长规律

刚由卵孵出的幼虫没有翅能够跳跃。形态和生活习性与成虫相似，只是身体较小，若虫逐渐长大，当受到外骨骼的限制不能再长大时，就脱掉原来的外骨胳。若虫一生要蜕皮5次。由卵孵化到第一次蜕皮，是1龄，以后每蜕皮一次，增加1龄。腹部圆形以后，翅芽显著。以后，变成成虫。

(五)防治方法

(1)农药防治。甲拌磷浸种，每100 kg干棉子用75%甲拌磷乳油1 kg，将50 L 55～60℃温水倒入水泥砌的拌种池内，倒入药剂在倒入棉子搅拌，药剂吸干后，铲出堆闷24小时，就可播种辛硫磷、氧化乐果药剂喷雾用敌敌畏熏杀伏蚜。

(2)保护利用天敌。

(3)播种时药剂处理。

(4)内吸性杀虫剂涂茎。

(5)喷雾防治。

(6)敌敌畏熏杀伏蚜。

二、棉叶螨

棉叶螨是一个混合种群，是世界性害螨。我国为害棉花的叶螨主要有朱砂叶螨 *Tetranychus cinnatarinus* (Boisduval)、截型叶螨 *Tetranychus truncates* Ehara、二斑叶螨 *Tetranychus urticae* Koch、土耳其斯坦叶螨 *Tetranychus turkestani* Ugarov et Nikolski 等，我国各棉区均有发生，除为害棉花外，还为害玉米、高粱、小麦、大豆等。寄主广泛。棉叶螨主要在棉花叶面背部刺吸汁液，使叶面出现黄斑、红叶和落叶等为害症状，形似火烧，俗称“火龙”。暴发年份，造成大面积减产甚至绝收。它在棉花整个生育期都可为害。我国各棉区均有分布。土耳其斯坦叶螨主要在新疆分布。棉叶螨的天敌有塔六点蓟马、草蛉、食螨瓢虫和捕食螨等。

(一)发生特点

在辽河流域棉区一年约发生12代，在黄河流域12～15代，长江流域15～18代，华南棉区20代以上。棉叶螨秋冬季节以雌成螨及其他虫态在冬绿肥、杂草、土缝内、枯枝落叶下越冬，下一年2月下旬至3月上旬开始，首先在越冬或早春寄主上为害，待棉苗出土后再移至棉田为害。杂草上的棉叶螨是棉田主要螨源。棉叶螨在20～28℃温幅中，温度越高发育越快。每年6月中旬为苗螨为害高峰，以麦茬棉为害最重，7月中旬至8月中旬为伏螨为害棉叶。9月上、中旬晚发迟衰棉田棉叶螨也可为害。天气是影响棉叶螨发生的首要条件。天气高温干旱、久晴无降雨，棉叶螨将大面积发生，造成叶片变红，落叶垮秆。而大雨、暴雨对棉叶螨有一定的冲刷作用，可迅速降低虫口密度，抑制和减轻棉叶螨为害。少雨有利于其发生。大雨有抑制作用，小雨对它扩散有利。棉花与粮、油作物间作套种，会加重它在棉花上的为害。合理增施氮、磷肥和及时除草可以减轻为害。

棉叶螨的发生蔓延和繁殖速度与温、湿度有明显的正相关。土耳其斯坦叶螨是高温活动型，高温干燥对其发生有利。在15～30℃的条件下，各虫态的发育历期随温度的升高发育速度加快，而发育历期缩短。当气温升高到30℃以上时，产卵量就下降，升高到34℃时就停止产卵。当气温在23.0～27.5℃时，对土耳其斯坦叶螨生长、繁殖最有利。5月中下旬至6月初，随着气温逐渐升高、繁殖速度随之加快，并集中开始为害棉花，棉叶上很快出现红斑，6月中旬至7月中旬的繁殖和传播蔓延速度最快，于是6月中旬至7月初便出现第1个为害高峰期，7月中下旬会出现第2个高峰期。这两个时期如得不到有效控制，到8月下旬会使棉田呈现一片红，对棉花生产造成严重损失。9月以后，随气温下降，棉株开始衰老，棉叶螨逐渐转移到杂草上为害，并准备进行越冬。土耳其斯坦叶螨要求的湿度范围在40%～65%最有利，当湿度超过78%以上时，对其繁殖不利。因此，大的降雨可以抑制棉叶螨的发生数量，如果连续下1～2场大雨或暴雨，可以抑制棉叶螨10～15天(王清连 等，2012)。

(二)生物特征

朱砂叶螨雌成螨梨形，0.5 mm大小，体红褐色或锈红色。雄成螨0.3 mm大小，腹部末端稍尖。卵球形，0.1mm大小，初产时无色，以后变黄色，带红色。初孵幼螨3对足，蜕皮后变为若螨，4对足。雄若螨比雌若螨少蜕一次皮就羽化为雄成螨，雌若螨蜕皮成为后若螨，然后羽化为雌成螨。截形叶螨和土耳其斯坦叶螨外部形态与朱砂叶螨十分相似，只能从雄虫的阳具来区分。

(三)为害症状

棉叶受害初期叶正面出现黄白色斑点，3～5天以后斑点面积扩大，斑点加密，叶片开始出现红褐色斑块(单是截型叶螨为害，只有黄色斑点，叶片不红)。随着为害加重，棉叶卷曲，最后脱落，受害严重的，棉株矮小，叶片稀少甚至光秆，棉铃明显减少，发育不良(图19)。

图19 棉叶螨(戴爱梅 摄)

(四)防治方法

主要以农业防治为基础，它可以减少虫源，恶化害虫的生活环境，压低虫口基数，以减轻发生程度。土壤耕作层是叶螨越冬的主要场所之一，通过秋耕冬灌，破坏其栖息环境，减少越冬基数。轮作倒茬，合理布局，做好清洁田园，清除田间、地边杂草等工作。加强田间管理，合理施用氮、磷、钾肥，并进行有机肥结合微肥的叶面施肥，增强棉株的抗性，以减轻为害。早春做好田边地头周围杂草上害螨的调查，及时喷打保护带。

当棉田有螨株率达3%～5%时应进行化学防治。发现一株打一圈，发现一点打一片，应选用专用杀螨剂，选择在露水干后或者傍晚时进行防治，增强药效，提高杀螨效果，同时要均匀喷洒到叶子背面，做到大田不留病株，病株不留病叶。为了防止棉叶螨产生抗药性，要搭配使用扫螨净，猛杀螨等杀螨剂。还可推广使用阿维菌素来防治棉叶螨，阿维菌素由于可正面施药，达到反面死虫的效果，防治起来更简单易行，且防治期长，效果稳定。

三、棉铃虫

拉丁学名：*Helicoverpa armigera* Hübner。属鳞翅目，夜蛾科，是棉花蕾铃期的大害虫。广泛分布在中国及世界各地，中国棉区和蔬菜种植区均有发生。黄河流域、长江流域、华北、新疆、云南等棉区为害较重。寄主植物有20多科200余种。棉铃虫是棉花蕾铃期重要钻蛀性害虫，主要蛀食蕾、花、铃，也取食嫩叶(《中国农作物病虫图谱》编绘组，1992)。该虫是我国棉区蕾铃期害虫的优势种，近年为害十分猖獗。分布于50°S—50°N。

(一)生物特征

成虫为灰褐色中型蛾，体长15～20 mm，翅展31～40 mm，复眼球形，绿色(近缘种烟青虫复眼黑色)。雌蛾赤褐色至灰褐色，雄蛾青灰色，棉铃虫的前后翅，可作为夜蛾科成虫的模式，其前翅，外横线外有深灰色宽带，带上有7个小白点，肾纹，环纹暗褐色。后翅灰白，沿外缘有黑褐色宽带，宽带中央有2个相连的白斑。后翅前缘有1个月牙形褐色斑(图20)。

卵是半球形，高0.52 mm，0.46 mm，顶部微隆起；表面布满纵横纹，纵纹从顶部看有12条，中部2纵纹之间夹有1～2条短纹且多2～3岔，所以从中部看有26～29条纵纹。

幼虫共有6龄，有时5龄(取食豌豆苗，向日葵花盘的)，老熟6龄虫长约40～50 mm，头黄褐色有不明显的斑纹，幼虫体色多变，分4个类型：(1)体色淡红，背线，亚背线褐色，气门线白色，毛突黑色。(2)体色黄白，背线，亚背线淡绿，气门线白色，毛突与体色相同。(3)体色淡绿，背线，亚背线不明显，气门线白色，毛突与体色相同。(4)体色深绿，背线，亚背线不太明显，气门淡黄色。气门上方有一褐色纵带，是由尖锐微刺排列而成(烟青虫的微刺钝圆，不排成线)。幼虫腹部第1,2,5节各有2个毛突特别明显(图21)。

蛹长17～20 mm，纺锤形，赤褐至黑褐色，腹末有一对臀刺，刺的基部分开。气门较大，围孔片呈筒状突起较高，腹部第5至7节的点刻半圆形，较粗而稀(烟青虫气孔小，刺的基部合拢，围孔片不高，第5至7节点刻细密，有半圆，也有圆形的)。入土5～15 cm化蛹，外被土茧。

图20　棉铃虫成虫(黄健 摄)

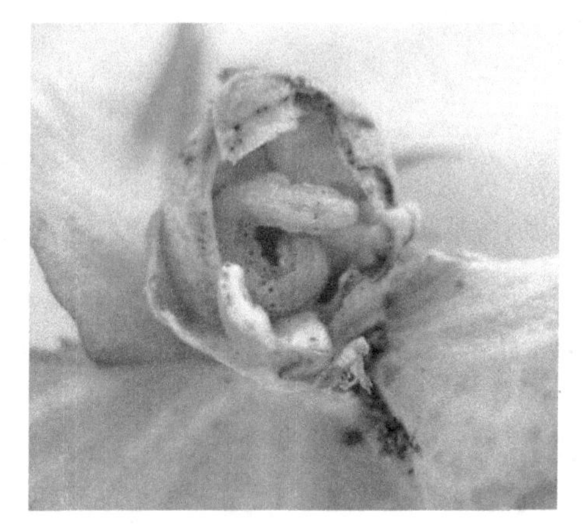

图21　棉铃虫幼虫(戴爱梅 摄)

发生的代数因年份因地区而异，有3～7代，如新疆北疆一年3代，南疆4代，吐鲁番地区5代。在山东省莱州市每年发生4代，九月下旬成长幼虫陆续下树入土，在苗木附近或杂草下5～10 cm深的土中化蛹越冬。立春气温回升15℃以上时开始羽化，4月下旬至5月上旬为羽化盛期，成虫出现第一代在6月中下旬，第二代在7月中下旬，第三代在8月中下旬至9月上旬，10月上旬尚有棉铃虫出现。成虫有趋光性，羽化后即在夜间闪配产卵，卵散产，较分散。一头雌蛾一生可产卵500～1000粒，最高可达2700粒。卵多产在叶背面，也有产在正面、顶芯、叶柄、嫩茎上或杂草等其他植物上。幼虫孵化后有取食卵壳习性，初孵幼虫有群集限食习性，二三头、三五头在叶片正面或背面，头向叶缘排列，自叶缘向内取食，结果叶片被吃光，只剩主脉和叶柄，或成网状枯萎，造成干叶。1～2龄幼虫沿柄下行至银杏苗顶芽处自一侧蛀食或沿顶芽处下蛀入嫩枝，造成顶梢或顶部簇生叶死亡，为害十分严重。3龄前的幼虫食量较少，较集中，随着幼虫生长而逐渐分散，进入4龄食量大增，可食光叶片，只剩叶柄。幼虫7—8月为害最盛。棉铃虫有转移为害的习性，一只幼虫可为害多株苗木。各龄幼虫均有食掉蜕下旧皮留头壳的习性，给鉴别虫龄造成一定困难，虫龄不整齐。

早晨露水干后至09时前，幼虫常在叶面静伏，触动苗木即会摇落地面，是人工捕捉的好时机。棉铃虫以蛹在地下约5～10 cm深处越冬，可结合冬季松土追肥将部分虫蛹翻至地面，死外电或为天敌所食。

棉铃虫发生的最适宜温度为25～28℃相对湿度70%～90%。第二代、第三代为害最为严重，根据新疆农业科学院植物保护研究所1997年7月下旬至8月的多次调查，严重地片虫口密度达98头/百叶，虫株率60%～70%，个别地片达100%，受害叶片达1/3以上，影响叶产量20%，质量下降至少1个等级，苗木生长量影响很大，估测经济损失每亩300元左右。

棉铃虫天敌很多，有寄生性天敌——寄生蜂、寄生蝇等，捕食性天敌乌雀类，及一些细菌、真菌、病毒等可对棉铃虫的卵和幼虫起到抑制作用。

（二）生活习性

成虫白天隐藏在叶背等处，黄昏开始活动，取食花蜜，有趋光性，卵散产于棉株上部。幼虫5～6龄。初龄幼虫取食嫩叶，其后为害蕾、花、铃，多从基部蛀入蕾、铃，在内取食，并能转移为害。受害幼蕾苞叶张开、脱落，被蛀青铃易受污染而腐烂。老熟幼虫吐丝下垂，多数入土作土室化蛹，以蛹越冬。

棉铃虫在黄河流域棉区年发生3～4代，长江流域棉区年发生4～5代，以滞育蛹在土中越冬。第1代主要在麦田为害，第2代幼虫主要为害棉花顶尖，第3、4代幼虫主要为害棉花的蕾、花、铃，造成受害的蕾、花、铃大量脱落，对棉花产量影响很大。第4、5代幼虫除为害棉花外，有时还会成为玉米、花生、豆类、蔬菜和果树等作物上的主要害虫。

（三）防治方法

防治策略：强化农业防治措施，压低越冬基数，坚持系统调查和监测，控制一代发生量；保护利用天敌，科学合理用药，控制二、三代密度。

技术措施：(1)秋耕冬灌，压低越冬虫口基数。秋季棉铃虫为害重的棉花、玉米、番茄等农田，进行秋耕冬灌和破除田埂，破坏越冬场所，提高越冬死亡率，减少第一代发生量。(2)优化作物布局，避免邻作棉铃虫棉田田边的迁移和繁殖在、渠埂点种玉米诱集带，选用早熟玉米品种，每亩2200株左右。利用棉铃虫成虫喜欢在玉米喇叭口栖息和产卵的习性，每天清晨专人抽打心叶，消灭成虫，减少虫源。可减少化学农药的使用，保护天敌，有利于棉田生态的改善。(3)加强田间管理。适当控制棉田后期灌水，控制氮肥用量，防止棉花徒长，可降低棉铃虫为害。在棉铃虫成虫产卵期使用2%过磷酸钙浸出液叶面喷施，既有叶面施肥的功效，又可降低棉铃虫在棉田的产卵量。适时打顶整枝，并将枝叶带出田外销毁，可将棉铃虫卵和幼虫消灭，压低棉铃虫在棉田的发生量。利用棉铃虫成虫对杨树叶挥发物具有趋性和白天在杨枝把内隐藏的特点，在成虫羽化、产卵时，在棉田摆放杨枝把诱蛾，是行之有效的方法。每亩放6～8把，日出前捕杀。

诱杀：高压汞灯及频振式杀虫灯诱蛾具有诱杀棉铃虫数量大，对天敌杀伤小的特点，宜在棉铃虫重发区和羽化高峰期使用。

防治方法:(1)当棉田棉铃虫百株虫率一代为5～10头、二代为15～20头、三代25头时可用化学农药进行防治,以挑治为主,严禁盲目全面施药。(2)棉铃虫卵孵化盛期到幼虫二龄前,施药效果最好。二代卵多在顶部嫩叶上,宜采用滴心挑治或仅喷棉株顶部,三、四代卵较分散,可喷棉株四周。(3)棉铃虫的防治应以生物性农药或对天敌杀伤小的农药为主。棉铃虫发生较重地块,在产卵盛期或孵化盛期至三龄幼虫前,局部喷洒拉维因、卡死克、赛丹、BT制剂等防治。关键是抓住防治时期。

四、红铃虫

拉丁学名:*Pectinophora gossypiella*。是棉花的重要害虫,可能原产于印度,今已分布世界各地,幼虫钻入棉桃,以花或种子为食。在棉桃或种子内、在落叶中、在地下化蛹。成虫褐色,翅有缘毛。在温暖地区每年发生数代。红铃虫也侵害木棉、锦葵等植物。有的地区叫棉花蛆。红铃虫是国际植物检疫对象。天敌有小花蝽、姬猎蝽、瓢虫、蜘蛛等。寄生卵的天敌有赤眼蜂、金小蜂等。

(一)为害症状

(1)蕾、花被害。从花蕾顶部蛀入,留下针尖大的蛀入孔。幼虫在蕾内吃花蕊,有的蕾内花蕊被吃空而脱落;有的不脱落,仍能开花,但花发育不良,部分花瓣粘连扭曲。

(2)青铃被害。从基部蛀入,不久蛀孔愈合,在铃壳内壁形成不规则的突起。较老青铃受害,壳内壁有幼虫钻蛀的虫道。幼虫侵入后蛀食棉籽。被害棉铃遇雨霉烂,被害铃室成为僵瓣。

(3)种籽被害。种仁被吃掉,成为空壳,壳上有虫孔。

(二)生物特征

成虫体长6.5 mm,翅展12 mm。体灰白色。前翅尖叶形,暗褐色,有四条不规则的黑褐色横带。体肉白色,三龄以后体背侧面出现许多红色斑块,整体呈橙红色,所以叫红铃虫。后翅菜刀形,银灰色,有长缘毛。卵0.5 mm大小,椭圆形,平坦,表面有细皱纹,像花生壳表面。初产时乳白色,孵化前变为红色。幼虫体长11～13 mm。头部和前胸硬皮板淡红褐色。蛹体长6～9 mm,淡红褐色,尾端有短弯钩状臀棘。

(三)生活习性

红铃虫每年发生的代数,40°N以北2代,34°～40°N 3代,26°～34°N 3～4代,18°～26°N 5～7代。以幼虫在籽棉、棉籽和枯铃中越冬。越冬幼虫在气温达20℃左右开始化蛹,24～25℃羽化。成虫在前半夜活动,交配后飞到棉株上产卵。第一代卵产在嫩头及上部果枝的嫩芽叶和蕾上,第二代以后多产在青铃上。1头雌蛾一般可产卵几十到一二百粒。第一代幼虫主要蛀食棉蕾,造成大量脱落,以后各代为害青铃,造成烂铃和僵瓣,使棉花减产,品质降低。越冬成虫活动产卵期遇过多阴雨,不利于一代红铃虫的发生。秋雨多时,则对红铃虫发生有利,会造成严重为害。寄生幼虫的天敌很多,有金小蜂、茧蜂、姬蜂、谷痒螨等。

(四)防治方法

(1)设定检疫区。

(2)化学防治。溴氢菊脂2.5%每亩有效成分0.5～1 g,功夫菊脂每亩次1克,西维因1:

250 倍稀释使用。

五、棉蓟马

拉丁学名：*Thrips tabaci* Lindeman。又名烟蓟马。属昆虫纲缨翅目(Thysanoptera)蓟马科(Thripidae)。棉花苗期主要害虫。云南棉区有黄蓟马(*T. flavus*)、长江流域棉区还有花蓟马(*Frankliniellain－tonsa*)为害。在我国棉区均有分布。国外分布于欧洲、亚洲及美洲。

(一)为害特征

棉蓟马蛹形似若虫，触角披在头上，翅芽明显，以成若虫为害棉花生长点、子叶和真叶等部位，造成生长点枯死(图 22)。

图 22　棉田花蓟马(戴爱梅 摄)

(二)生物特征

成虫体长 1.1 mm，淡褐色。触角 7 节，末节很小。复眼紫红色。前后翅后缘的缨毛均细长色淡。卵长 0.3 mm，黄绿色，肾状形。若虫淡黄色，翅芽不明显。蛹形似若虫，触角披在头上，翅芽明显。寄主植物除棉花外，还为害烟草、葱、洋葱、蒜、韭菜、瓜类、马铃薯、甘蓝、甜菜等。以成、若虫为害棉花生长点、子叶和真叶等部位，造成生长点枯死；或使叶片变脆、变厚，向正面翻卷，叶背面显出银白色斑，影响棉株发育，使之结铃少。也能为害蕾、花，造成脱落。长江流域以南棉区，一年发生 10 多代，黄河流域棉区 6～10 代，辽河流域棉区 3～4 代。每代历期 15～23 天，成虫寿命一般均在 10 天以上。成虫飞翔力强，卵多产于叶背表皮下或叶脉内。初龄若虫多在叶背为害。2 龄后钻入土中蜕皮化蛹。以成虫、若虫在葱、蒜的叶鞘内、土块、土缝和枯枝落叶中越冬，也有少数地区以蛹在土表层内越冬。次年春先在越冬寄主上繁殖，棉苗出土后飞入棉田为害。一般 5、6 月干旱年份发生较重，连雨或大雨可抑制其发生。靠近越冬和早春寄主的棉田，发生偏多。对局部严重发生地块，可用有机磷农药进行早期防治。

(三)农业防治

早春清除田间杂草和枯枝残叶，集中烧毁或深埋，消灭越冬成虫和若虫。加强肥水管理，促使植株生长健壮，减轻为害。

(四)物理防治

利用蓟马趋蓝色的习性，在田间设置蓝色粘板，诱杀成虫，粘板高度与作物持平。

六、棉大卷叶螟

拉丁学名：*Sylepta derogata* Fabricius。为鳞翅目，螟蛾科。在我国，除宁夏、青海、新疆外，其余省(区、市)均有分布。主要为害苋菜、蜀葵、黄蜀葵、棉花、苘麻、芙蓉、木棉等作物。天敌：幼虫天敌有卷叶虫绒茧蜂、小造桥虫绒茧蜂、日本黄茧蜂、广大腿小蜂等。

(一)生物特征

成虫体长 10～14 mm，翅展 22～30 mm，淡黄色，头、胸部背面有 12 个棕黑色小点排列成

4 行；腹部各节前缘有黄褐色带，触角丝状。前、后翅外横线、内横线褐色，呈波纹状，前翅中室前缘具“OR”形褐斑，在“R”斑下具一黑线，缘毛淡黄；后翅中室端有细长褐色环，外横线曲折，外缘线和亚外缘线波纹状，缘毛淡黄色。

卵扁椭圆形，长 0.12 mm，宽 0.09 mm，初产乳白色，后变浅绿色。

末龄幼虫体青绿色，有闪光，长约 25 mm，化蛹前变成桃红色，全身具稀疏长毛，胸足、臀足黑色，腹足半透明。蛹长 13～14 mm，红褐色，细长。

（二）发生规律

辽宁 1 年生 3 代，黄河流域 4 代，长江流域 4～5 代，华南 5～6 代，以末龄幼虫在落叶、树皮缝、树桩孔洞、田间杂草根际处越冬。生长茂密的地块，多雨年份发生多，成虫有趋光性。

（三）防治方法

(1)幼虫卷叶结包时捏包灭虫。

(2)产卵盛期至卵孵化盛期喷洒喹硫磷、辛硫磷、亚胺硫磷、磷胺、甲奈威等常用浓度均有效。

七、棉小造桥虫

拉丁学名：*Anomis flava* (Fabricius)。属鳞翅目，夜蛾科。以黄河、长江流域棉区受害较重。寄主除棉花外，还取食木槿、冬葵、蜀葵、锦葵、黄麻、苘麻、烟草等。该虫在全国各地植棉区除西藏、新疆外，其余各植棉区均有分布和为害。以其幼虫食害棉花叶片和棉铃，对棉花产量和纤维品质影响很大。

（一）为害特征

幼虫取食牛膝等药用植物叶片成缺刻或孔洞，严重的食光全叶，仅留茎秆，影响药用根部的有效成分积累和药材质量。

（二）生物特征

成虫体长 10～13 mm，翅展 26～32 mm，头胸部橘黄色，腹部背面灰黄至黄褐色；前翅雌淡黄褐色，雄黄褐色。触角雄梢齿状，雌丝状。前翅外缘中部向外突出呈角状；翅内半部淡黄色密布红褐色小点，外半部暗黄色。亚基线、内线、中线、外线棕色，亚基线略呈半椭圆形，内线外斜并折角，中线曲折末端与内线接近，外线曲折后半部不甚明显，亚端线紫灰色锯齿状，环纹白色并环有褐边，肾纹褐色、上下各具 1 黑点。

卵扁椭圆形，长 0.60～0.65 mm，高 0.26～0.33 mm，青绿至褐绿色，顶部隆起，底部较平，卵壳顶部花冠明显，外壳有纵横脊围成不规则形方块。

幼虫体长 33～37 mm，宽约 3～4 mm，头淡黄色，体黄绿色。背线、亚背线、气门上线灰褐色，中间有不连续的白斑，以气门上线较明显。气门长卵圆形，气门筛黄色，围气门片褐色。第 1 对腹足退化，第 2 对较短小，第 3、4 对足趾钩 18～22 个，爬行时虫体中部拱起，似尺蠖。蛹红褐色，头中部有 1 乳头状突起，臀刺 3 对，两侧的臀刺末端呈钩状。

（三）生活习性

黄河流域年生 3～4 代，长江流域 5～6 代，南方以蛹越冬，北方尚未发现越冬虫态。第一代幼虫主要为害木槿、苘麻等，第二、三代幼虫为害棉花最重。一代幼虫为害盛期在 7 月中、下旬，二代在 8 月上、中旬，三代在 9 月上、中旬，有趋光性。卵散产于棉花等叶背，1 雌蛾产卵多至 800 粒，一般 80～400 粒。初孵幼虫活跃，受惊滚动下落，1、2 龄幼虫取食下部叶片，稍大转移至上部为害，4 龄后进入暴食期。低龄幼虫受惊吐丝下垂，老龄幼虫在苞叶间吐丝卷包，在包内化蛹。天敌有绒茧蜂、悬姬蜂、赤眼蜂、草蛉、胡蜂、小花蝽、瓢虫等。

(四)防治方法

(1)用黑光灯或高压汞灯诱杀成虫。

(2)对害虫发生严重的棉田，结合整枝打杈和摘除下部老叶，将枝杈，老叶带出。

(3)做好测报，加强棉田幼虫防治，掌握在幼虫孵化盛末期至 3 龄盛期，百株幼虫达 100 头时，喷洒敌敌畏、马拉硫磷等有机磷常用浓度或 50％辛氰乳油 1500～2000 倍液、20％甲氰菊酯乳油 1500 倍液、40％菊马乳油 2000 倍液等复配剂，还可用 100 亿活芽孢/克苏云金杆菌可湿性粉剂 500～1000 倍液。

八、棉盲椿

在我国棉区为害棉花的盲蝽有 5 种：绿盲蝽、苜蓿盲蝽、中黑盲蝽、三点盲蝽、牧草盲蝽。其中绿盲蝽分布最广，南北均有分布，且具一定数量，中黑盲蝽和苜蓿盲蝽分布于长江流域以北的省份；而三点盲蝽和牧草盲蝽分布于华北、西北和辽宁省(中国科学院动物研究所，1986；1987)。

下面分别绍这几种棉盲蝽的生物特征。

(一)绿盲蝽

拉丁学名：*Apolygus lucorµm* (Meyer－Dür.)。属半翅目，盲蝽科。别名花叶虫、小臭虫等。几乎遍布全国各棉区。是我国黄河流域、长江流域为害棉花的多种盲蝽蟓的优势种。主要天敌有寄生蜂、草蛉、捕食性蜘蛛等。主要为害作物有棉花、桑、麻类、豆类、玉米、马铃薯、瓜类、苜蓿、药用植物、花卉、蒿类、十字花科蔬菜等。

(1)为害症状

成、若虫刺吸棉株顶芽、嫩叶、花蕾及幼铃上汁液，幼芽受害形成仅剩两片肥厚子叶的“公”棉花。叶片受害形成具大量破孔、皱缩不平的“破叶疯”和腋芽、生长点受害造成腋芽丛生，破叶累累似扫帚苗。幼蕾受害变成黄褐色干枯或脱落。棉铃受害黑点满布，僵化落铃(图 23)。

图 23　绿盲蝽(戴爱梅 摄)

(2)生物特征

成虫体长 5 mm，宽 2.2 mm，绿色，密被短毛。头部三角形，黄绿色，复眼黑色突出，无单眼，触角 4 节丝状，较短，约为体长 2/3，第 2 节长等于 3、4 节之和，向端部颜色渐深，1 节黄绿色，4 节黑褐色。前胸背板深绿色，布许多小黑点，前缘宽。小盾片三角形微突，黄绿色，中央具 1 浅纵纹。前翅膜片半透明暗灰色，余绿色。足黄绿色，肠节末端、财节色较深，后足腿节末端具褐色环斑，雌虫后足腿节较雄虫短，不超腹部末端，跗节 3 节，末端黑色。

卵长 1 mm，黄绿色，长口袋形，卵盖奶黄色，中央凹陷，两端突起，边缘无附属物。

若虫 5 龄，与成虫相似。初孵时绿色，复眼桃红色。2 龄黄褐色，3 龄出现翅芽，4 龄超过第 1 腹节，2、3、4 龄触角端和足端黑褐色，5 龄后全体鲜绿色，密被黑细毛；触角淡黄色，端部色渐深。眼灰色。

(3)生活习性

北方年生 3～5 代，运城 4 代，陕西泾阳、河南安阳 5 代，江西 6～7 代，以卵在棉花枯枝铃壳内或苜蓿、蓖麻茎秆、茬内、果树皮或断枝内及土中越冬。翌春 3—4 月旬均温高于 10℃或连续 5 日均温达 11℃，相对湿度高于 70%，卵开始孵化。第 1、2 代多生活在紫云英、苜蓿等绿肥田中。成虫寿命长，产卵期 30～40 天，发生期不整齐。成虫飞行力强，喜食花蜜，羽化后 6、7 天开始产卵。非越冬代卵多散产在嫩叶、茎、叶柄、叶脉、嫩蕾等组织内，外露黄色卵盖，卵期 7～9 天。6 月中旬棉花现蕾后迁入棉田，7 月达高峰，8 月下旬棉田花蕾渐少，便迁至其他寄主上为害蔬菜或果树。果树上以春、秋两季受害重。主要天敌有寄生蜂、草蛉、捕食性蜘蛛等。

(二)中黑盲蝽

拉丁学名：*Adelphocoris suturalis* Jakovlev。又称中黑苜蓿蝽。属半翅目，盲蝽科。在我国北起黑龙江、内蒙古、新疆，南稍过长江，江苏、安徽、江西、湖北、四川也有发生。长江流域受害重。寄主于棉花、甜菜、大豆、桑、胡萝卜、马铃薯、大麦、小麦、杞柳、聚合草、黄花、苜蓿等。

(1)为害症状

以成、若虫刺吸棉苗子叶时，棉苗顶芽焦枯变黑，主干长不出来；真叶出现后，为害顶芽枯死，不定芽丛生变为多头棉或受害芽展开成破叶丛；幼叶被害展开的叶成为破烂叶；幼蕾受害由黄变黑，2～3 天后脱落；中型蕾受害苞叶张开，形成张口蕾，很快脱落。

(2)生物特征

成虫体长 6～7 mm，褐色。触角比身体长。前胸背板中央具 2 个小圆黑点，小盾片、爪片大部为黑褐色。

卵长 1.2 mm，茄形，浅黄色。

若虫全体绿色，5 龄时为深绿色。具黑色刚毛，触角和头部赭褐色。眼紫色，腹部中央色深。

(3)生活习性

黄河流域棉区 1 年生 4 代，长江流域 5～6 代，以卵在苜蓿及杂草茎秆或棉叶柄中越冬。翌年 4 月，越冬卵孵化，初孵若虫在苜蓿、苕子、篙类杂草上活动。一代成虫于 5 月上旬出现、二代 6 月下旬、三代 8 月上旬、四代 9 月上旬。卵的发育起点温度 5.4℃，有效积温 217℃·d。若虫发育起点温度 9℃，有效积温 329℃·d。

(三)苜蓿盲蝽

拉丁学名：*Adelphocoris lineolatus*(Goeze)。是盲蝽科节肢动物。在国内为棉花和苜蓿的重大害虫。寄主有棉、苜蓿、草木犀、马铃薯、豌豆、菜豆、大麻、洋麻、玉米、南瓜等。还曾采自柽柳、沙柳、沙棘、沙蒿、花棒。国内分布于北京、天津、河北、山西、内蒙古、辽宁、吉林、黑龙江、浙江、江西、山东、河南、湖北、广西、四川、云南、西藏、陕西、甘肃、青海、宁夏、新疆等省(区、市)。国外分布于古北界。

(1)生物特征

成虫体长 7.5～9 mm，宽 2.3～2.6 mm，黄褐色，被细毛。头顶三角形，褐色，光滑，复眼扁圆，黑色，喙 4 节，端部黑，后伸达中足基节。触角细长，端半色深，1 节较头宽短，顶端具褐色斜纹，中叶具褐色横纹，被黑色细毛。前胸背板胝区隆突，黑褐色，其后有黑色圆斑 2 个或不清楚。小盾片突出，有黑色纵带 2 条。前翅黄褐色，前缘具黑边，膜片黑褐色。足细长，股节有黑点，胫基部有小黑点。腹部基半两侧有褐色纵纹。

卵长 1.3 mm，浅黄色，香蕉形，卵盖有 1 指状突起。若虫黄绿色具黑毛，眼紫色，翅芽超过腹部第 3 节，腺囊口八字形。

(2)生活习性

苜蓿盲蝽的食性很杂，可取食多种植物，特别喜食藜科、豆科、葫芦科、亚麻科等作物和牧草，如甜菜、豆类、瓜类、胡麻和苜蓿等，不取食禾本科植物。若虫或成虫喜集聚活动，一般十几头或几十头聚在一株植物上取食，喜食植物幼嫩组织，如刚出土幼苗的子叶、心叶及花蕾、花器，若虫爬行能力、成虫飞行能力较强，扩散、迁徙速度快，活动的高峰在每天的早晨和傍晚，中午气温高时多在植物叶片背面。在土块或枯枝落叶下潜伏，当地 1 年发生 3～4 代，以卵在苜蓿等植物的枯枝落叶内越冬。

(3)发生规律

北京和新疆 1 年 3 代，山西、陕西、河南 3～4 代，以 4 代为主，南京 4～5 代。以卵在草枯茎组织内越冬。越冬卵 4 月上旬孵出第 1 代若虫，成虫于 5 月上旬开始羽化。第 2 代若虫 6 月上旬出现，成虫 6 月下旬开始羽化，第 3 代若虫 7 月下旬孵出，若虫于 10 月中旬全部结束，第 3 代成虫 8 月中、下旬羽化，9 月中旬成虫在越冬寄主上产卵越冬。多在夜间产卵，用喙先选适当部位后，每刺 1 小孔，产卵 1 粒于其中，卵垂直或略斜插入组织内，卵盖微露，似一小钉，产卵处组织以后逐渐裂开，一排排卵略显露出来，夏季第 1、2 代成虫产卵，多在植株上部，秋季第 3 代成虫则常产在茎秆下部近根的地方。1～3 代雌虫产卵量，以第 1 代最多，为 78.5～199.8 粒，第 3 代产卵量最小，仅 20.2～43.7 粒。

(四)三点盲蝽

拉丁学名：*Adelphocoris fasciaticollis* Reuter。为半翅目，盲蝽科。分布北起黑龙江、内蒙古、新疆，南稍过长江，江苏、安徽、江西、湖北、四川也有发生。主要为害棉花、芝麻、大豆、玉米、高粱、小麦、番茄、苜蓿、马铃薯等。

(1)生物特征

成虫体长 7 mm 左右，黄褐色。触角与身体等长，前胸背板紫色，后缘具一黑横纹，前缘具黑斑 2 个，小盾片及两个楔片具 3 个明显的黄绿三角形斑。

卵长 1.2 mm，茄形，浅黄色。

若虫黄绿色，密被黑色细毛，触角第 2～4 节基部淡青色，有赭红色斑点。翅芽末端黑色达腹部第 4 节。

(2)生活习性

1 年生 3 代。以卵在洋槐、加拿大杨树、柳、榆及杏树树皮内越冬，卵多产在疤痕处或断枝的疏软部位。卵的发育起点温度为 8℃，有效积温 188℃ · d。幼虫发育起点 7℃，有效积温 273℃ · d。越冬卵在 5 月上旬开始孵化，若虫共 5 龄，历时 26 天。5 月下旬至 6 月上旬羽化，成虫寿命 15 天左右。第二代卵期 10 天左右，若虫期 16 天，7 月中旬羽化，成虫寿命 18 天。第三代卵期 11 天，若虫期 17 天，8 月下旬羽化，成虫寿命 20 天，后期世代重叠。成虫多在晚间产卵，多半产在棉花叶柄与叶片相接处，其次在叶柄和主脉附近。

(五)牧草盲蝽

拉丁学名:*Lygus pratenszs* Linnaeus。属半翅目,盲蝽科。分布在内蒙古、宁夏、安徽、湖北、四川等地。为害玉米、小麦、棉花、豆类、蔬菜等作物。成、若虫刺吸嫩芽幼叶及叶片汁液,幼嫩组织受害后初现黑褐色小点,后变黄枯萎,展叶后出现穿孔、破裂或皱缩变黄。分布在东北、华北、西北,其他地区也有分布,但较少。主要为害作物:棉花、苜蓿、蔬菜、果树、麻类等。

(1)生物特征

成虫体长 6.5 mm,宽 3.2 mm。全体黄绿色至枯黄色,春夏青绿色,秋冬棕褐色,头部略呈三角形,头顶后缘隆起,复眼黑色突出,触角 4 节丝状,第 2 节长等于 3、4 节之和,喙 4 节。前胸背板前缘具横沟划出明显的"领片",前胸背板上具橘皮状点刻,两侧边缘黑色,后缘生 2 条黑横纹,背面中前部具黑色纵纹 2～4 条,小盾片三角形,基部中央、革片顶端、楔片基部及顶端黑色,基部中央具 2 条黑色并列纵纹。前翅膜片透明,脉纹在基部形成 2 翅室。足具 3 个跗节,爪 2 个,后足财节 2 节较 1 节长。

卵长 1.5 mm,长卵形,浅黄绿色,卵盖四周无附属物。

若虫与成虫相似,黄绿色,翅芽伸达第 4 腹节,前胸背板中部两侧和小盾片中部两侧各具黑色圆点 1 个;腹部背面第 3 腹节后缘有 1 黑色圆形臭腺开口,构成体背 5 个黑色圆点。

(2)生活习性

北方 1 年生 3～4 代,以成虫在杂草、枯枝落叶、土石块下越冬。翌春寄主发芽后出蛰活动,喜欢在嫩叶、嫩茎、花蕾上刺吸汁液,取食一段时间后开始交尾、产卵,卵多产在嫩茎、叶柄、叶脉或芽内,卵期约 10 天。若虫共 5 龄,经 30 多天羽化为成虫。成、若虫喜白天活动,早、晚取食最盛,活动迅速,善于隐避。发生期不整齐,6 月常迁入棉田,秋季又迁回到木本植物或秋菜上。天敌主要有卵寄生蜂、捕食性蜘蛛、姬猎蝽、花蝽等。

(六)防治方法

以上五种棉盲蝽的防治方法如下:

(1)农业防治。3 月以前结合积肥除去田埂、路边和坟地的杂草,消灭越冬卵,减少早春虫口基数,收割绿肥不留残茬,翻耕绿肥时全部埋入地下,减少向棉田转移的虫量。科学合理施肥,控制棉花旺长,减轻盲蝽的为害。

(2)化学防治。棉盲蝽的抗药性弱,一般在 6 月至 7 月初,可以用药剂防治,适用的药剂有:①20%林丹可湿性粉剂稀释 800 倍;②2.5%溴氰菊酯乳油稀释 3000 倍;③20%氰戊菊酯乳油稀释 3000 倍;④50%对硫磷乳油稀释 2000 倍喷雾。

九、小地老虎

见第二章第三十八节。

十、黄地老虎

见第二章第三十九节。

十一、大地老虎

见第二章第四十节。

十二、八字地老虎

见第二章第四十一节。

十三、鼎点金刚钻

拉丁学名：*Earias cupreoviridis* Walker。为鳞翅目，夜蛾科。分布除新疆外，全国各棉区曾有分布。黄河流域、长江流域发生普遍。除为害棉花外，还可为害多种锦葵科植物，如木棉、苘麻、冬葵、向日葵、蜀葵、锦葵、黄秋葵、木芙蓉、木槿、野棉花等。以幼虫蛀食棉花嫩头、蕾、花和青铃，造成断头，侧枝丛生和蕾、花、铃脱落或腐烂。

（一）生物特征

成虫体长 6～8 mm，翅展 16～18 mm。下唇须、前足跗节及前翅缘基均为梅红色，前翅基本上为黄绿色，外缘角橙黄色，外缘波状褐色，翅上具鼎足状 3 个小斑点。

卵鱼篓状，初蓝色，其指状突起灰白色，上部棕黑色别于翠纹金刚钻。

末龄幼虫体长 10～15 mm，浅灰绿色，第 2～12 节各具枝刺 6 个，头顶板下半部橘色，唇基橘色，上生褐色圆斑，腹部第 8 节灰色且大。

蛹长 7.5～9.5 mm，赤褐色，肛门两侧具突起 3～4 个。

（二）生活习性

河北、河南、山西、四川、湖北 1 年生 4～6 代，以 4 代为主，江苏、贵州以 5 代为主，湖南、江西以 6 代为主，以蛹在棉秸枯铃、枯枝落叶、土缝、地边草丛、晒场附近及籽棉仓库等处越冬。成虫白天潜伏在棉叶背面及花蕾苞叶上，夜晚开始活动，2～5 时最为活跃，交配产卵多在夜间进行，交配后第 2 天开始产卵。日均温 22.9℃，卵期 5.5 天，产卵历期 15 天，幼虫期 18.9 天，蛹期 12.6 天，成虫期 9.8 天。该虫一生可产卵 542 粒，把卵产在棉株顶心和上部果枝尖端嫩叶和幼蕾苞叶上。

鼎点金刚钻在安徽一年发生四至五代，以蛹在茧虫过冬，过冬茧多附着在棉秸的枯玲、玲壳及残枝落叶上。翌年 4、5 月开始羽化。在安庆地区各代成虫产卵盛期分别是 5 月下旬、6 月下旬、7 月下旬、8 月下旬和 9 月下旬。第一代主要在棉葵、蜀葵、木槿上产卵繁殖，从第二代开始大部迁入棉田，以 7、8、9 月为害最重。在棉田可为害至 10 月，随后过冬。成虫白天隐藏于叶背，夜间活动，有趋光性。卵散产，在棉花现蕾前，多产于棉株顶部嫩叶上，结铃期则主要产于棉株上部的顶心及果枝尖端。每雌能产卵 60～210 粒。卵期 4～5 天。幼虫先蛀食棉株嫩头，2 天后使棉株嫩头变黑、枯萎。幼虫长大可转移为害蕾、花、铃多从基部蛀入，取食纤维和棉籽；为害小铃，多使其脱落为害大铃，只蛀食一部分，虽不致使脱落，但能导致烂铃或造成僵瓣。2～3 龄幼虫转移为害的习性最强，幼虫一生可为害蕾、铃 8～9 个。幼虫多数四龄，幼虫期 13～20 天。老熟幼虫多选择在蕾、铃苞叶内结茧化蛹，蛹期 6～9 天。金刚钻在适温高湿的条件下发生重。在现蕾早、生长茂密的棉田为害也重。

（三）防治方法

（1）冬季结合红铃虫越冬防治，处理棉秸上的枯铃、枯枝、落叶及仓库内越冬虫茧，早春在棉田附近种植冬寒菜、蜀葵、黄秋葵等诱集植物，集中杀灭。

（2）当百株有卵 15～20 粒或嫩头受害率达 3％时，喷洒 90％晶体敌百虫 1000 倍液或 50％

甲基对硫磷1500倍液、50%甲胺磷乳油1000倍液、25%氧乐氰乳油2000倍液，或50%西维因可湿性粉400倍液，25%杀虫脒乳油400倍液。现蕾前应着重喷嫩头，现蕾后应着重喷棉株上、中部。或在成虫盛发期于傍晚撒2.5%敌百虫粉杀蛾，每亩用药1～1.5 kg。每亩喷兑好的药液50 kg。此外也可用80%敌敌畏乳油80 mL，兑水2 kg，拌细土20 kg，于傍晚撒在已封行的棉田中。

(3)人工诱杀。利用成虫喜在锦葵、蜀葵等植物上产卵后集中销毁。还可用黑光灯和杨树枝诱蛾。

十四、棉尖象

拉丁学名：*Phytoscaphus gossypii* Chao。又称棉尖象甲。为鞘翅目，象甲科。分布在我国的黄河、长江流域，西北内陆，东北等省区。除为害棉花外，还为害茄子、豆类、玉米、甘薯、谷子、大麻、桃、高粱、小麦、水稻、花生、牧草及杨树等33科85种植物。

(一)生物特征

成虫体长4.1～5.0 mm，雌虫较肥大，雄虫较瘦小，体和鞘翅黄褐色，鞘翅上具褐色不规则形云斑，体两侧、腹面黄绿色，具金属光泽，喙长是宽的2倍，触角弯曲呈膝状。前胸背板近梯形，具褐色纵纹3条，足腿节内侧具1刺状突起。

卵长约0.7 mm，椭圆形，有光泽。

幼虫体长4～6 mm，头部、前胸背板黄褐色，体黄白色，虫体后端稍细，末节具管状突起，围绕肛门后方具骨化瓣5片，两侧的略小，骨化瓣间各具刺毛1根，中间两根刺毛长。

裸蛹长4～5 mm，腹部末端具2根尾刺。

(二)生活习性

1年生一代，多以幼虫在大豆、玉米根部土壤中越冬。幼虫距表土深度：黄河流域25～50 cm，长江流域则为10～20 cm。4、5月气温升高，幼虫上升至表土层，黄河流域5月下旬至6月下旬化蛹，6月上旬成虫出现，6月中旬至7月中旬进入为害盛期。长江流域于5月中旬化蛹，蛹期8天，5月中、下旬成虫出现。成虫羽化后经10多天交配，2～4天后产卵。成虫寿命30天左右，卵多散产在禾本科作物基部1、2茎节表面或气生根、土表、土块下，卵期约8天，幼虫孵化后即入土，食害嫩根，秋末气温下降，幼虫下移越冬。成虫喜群集，有假死性，夜间为害。前茬玉米虫量大，受害重。

(三)防治方法

(1)发生数量大的地区或田块，成虫出土期在田间挖10 cm深的坑，坑中撒上毒土，上面覆盖青草，翌晨再集中杀灭。

(2)利用棉尖象假死性可人工捕打集中处理。

(3)当田间百株虫量达30～50头或棉花现蕾期百株有虫100头、花铃期百株有虫200头时，应马上喷洒50%辛硫磷乳油或95%巴丹乳油1500倍液、50%甲基1605乳油1000倍液、40%乙酰甲胺磷按1:150比例配成毒土，也可用1%甲基1605粉剂1:30比例配成毒土，每亩撒毒土30 kg。

十五、烟粉虱

拉丁学名：*Bemisia tabaci* (Gennadius)。又称棉粉虱，俗称小白蛾，是一种世界性的害虫。原发于热带和亚热带区，20 世纪 80 年代以来，随着世界范围内的贸易往来，烟粉虱借助花卉及其他经济作物的苗木迅速扩散，在世界各地广泛传播并暴发成灾，现已成为美国、印度、巴基斯坦、苏丹和以色列等国家农业生产上的重要害虫。近年成为中国新发生的一种虫害，为害番茄、黄瓜、辣椒等蔬菜及棉花等众多作物。烟粉虱体长不到 1 mm，但它引起的为害却不容轻视。主要为害作物：棉花、烟草、番茄、番薯、木薯、十字花科、葫芦科、豆科、茄科、锦葵科等。

(一)生物特征

成虫雌虫体长 0.91 ± 0.04 mm 翅展 2.13 ± 0.06 mm；雄虫体长 0.85 ± 0.05 mm，翅展 1.81 ± 0.06 mm。虫体淡黄白色到白色，复眼红色，肾形，单眼两个，触角发达，7 节。翅白色无斑点，被有蜡粉。前翅有两条翅脉，第一条脉不分叉，停息时左右翅合拢呈屋脊状。足 3 对，跗节 2 节，爪 2 个。

卵椭圆形，有小柄，与叶面垂直，卵柄通过产卵器插入叶内，卵初产时淡黄绿色，孵化前颜色加深，呈琥珀色至深褐色，但不变黑。卵散产，在叶背分布不规则。

幼虫(1～3 龄)椭圆形。1 龄体长约 0.27 mm，宽 0.14 mm，有触角和足，能爬行，有体毛 16 对，腹末端有 1 对明显的刚毛，腹部平、背部微隆起，淡绿色至黄色可透见 2 个黄色点。一旦成功取食合适寄主的汁液，就固定下来取食直到成虫羽化。2、3 龄体长分别为 0.36 mm 和 0.50 mm，足和触角退化至仅 1 节，体缘分泌蜡质，固着为害。

蛹，4 龄若虫。解剖镜观察为蛹淡绿色或黄色，长 0.6～0.9 mm；蛹壳边缘扁薄或自然下陷无周缘蜡丝；胸气门和尾气门外常有蜡缘饰，在胸气门处呈左右对称；蛹背蜡丝有无常随寄主而异。制片镜检：瓶形孔长三角形舌状突长匙状；顶部三角形具一对刚毛；管状肛门孔后端有 5～7 个瘤状突起。

(二)生活习性

生活周期有卵、若虫和成虫 3 个虫态，一年发生的世代数因地而异，在热带和亚热带地区每年发生 11～15 代，在温带地区露地每年可发生 4～6 代。田间发生世代重叠极为严重。在 25℃下，从卵发育到成虫需要 18～30 天不等，其历期取决于取食的植物种类。棉花上饲养，在平均温度为 21℃时，卵期 6～7 天，1 龄若虫 3～4 天，2 龄若虫 2～3 天，3 龄若虫 2～5 天，平均 3.3 天，4 龄若虫 7～8 天，平均 8.5 天。这一阶段有效积温为 300℃ · d。成虫寿命 18～30 天。有报道烟粉虱的最佳发育温度为 26～28℃。烟粉虱成虫羽化后嗜好在中上部成熟叶片上产卵，而在原为害叶上产卵很少。卵不规则散产，多产在背面。每头雌虫可产卵 30～300 粒，在适合的植物上平均产卵 200 粒以上。产卵能力与温度、寄主植物、地理种群密切相关。

在棉花上每头雌虫产卵 48～394 粒。在 28.5℃以下，产卵数随温度下降而下降。在美国亚利桑那州，棉花品系的烟粉虱在恒温和光照条件下，低于 14.9℃时不产卵。烟粉虱的死亡率、形态与植物成熟度有关。有报道称在成熟莴苣上的烟粉虱一龄若虫死亡率为 100%，而在嫩叶期莴苣上其死亡率 58.3%。在有茸毛的植物上，多数蛹壳生有背部刚毛；而在光滑的植物上，多数蛹壳没有背部刚毛；此外，还有体型大小和边缘规则与否等的变化。

烟粉虱对不同的植物表现出不同的为害症状，叶菜类如甘蓝、花椰菜受害叶片萎缩、黄化、枯萎；根菜类如萝卜受害表现为颜色白化、无味、重量减轻；果菜类如番茄受害，果实不均匀成熟。烟粉虱有多种生物型。据在棉花、大豆等作物上的调查，烟粉虱在寄主植株上的分布有逐渐由中、下部向上部转移的趋势，成虫主要集中在下部，从下到上，卵及1～2龄若虫的数量逐渐增多，3～4龄若虫及蛹壳的数量逐渐减少。

烟粉虱的天敌资源十分丰富。据不完全统计，在世界范围内，寄生性天敌有45种，捕食性天敌62种，病原真菌7种。在我国寄生性天敌有19种，捕食性天敌18种，虫生真菌4种。它们对烟粉虱种群的增长起着明显的控制作用。

(三)防治方法

粉虱具有寄主广泛，体被蜡质，世代重叠，繁殖速度快，传播扩散途径多，对化学农药极易产生抗性等特点，给对其防治造成很大困难，因而必须采取综合治理措施。特别是要加强冬季保护地的防治。

(1)农业防治。温室或棚室内，在栽培作物前要彻底杀虫，严密把关，选用无虫苗，防止将粉虱带入保护地内。培育无虫苗育苗时要把苗床和生产温室分开，育苗前先彻底消毒，幼苗上有虫时在定植前清理干净，做到用做定植的棉苗无虫。结合农事操作，随时去除植株下部衰老叶片，并带出保护地外销毁。种植粉虱不喜食的蔬菜，如芹菜、蒜黄等较耐低温的蔬菜。在露地，换茬时要做好清洁田园工作，在保护地周围地块应避免种植烟粉虱喜食的作物。注意安排茬口、合理布局在温室、大棚内，黄瓜、番茄、茄子、辣椒、菜豆等不要混栽，有条件的可与芹菜、韭菜、蒜、蒜黄等间套种，以防粉虱传播蔓延。

(2)物理防治。粉虱对黄色，特别是橙黄色有强烈的趋性，可在温室内设置黄板诱杀成虫。方法是用纤维板或硬纸版用油漆涂成橙黄色，再涂上一层黏性油(可用10号机油)，每亩，设置30～40块，置于植株同等高度。7～10 d，黄色板粘满虫或色板黏性降低时再重新涂油。

(3)生物防治。丽蚜小蜂是烟粉虱的有效天敌，许多国家通过释放该蜂，并配合使用高效、低毒、对天敌较安全的杀虫剂，有效地控制烟粉虱的大发生。在我国推荐使用方法如下：在保护地番茄或黄瓜上，作物定植后，即挂诱虫黄板监测，发现烟粉虱成虫后，每天调查植株叶片，当平均每株有粉虱成虫0.5头左右时，即可第一次放蜂，每隔7～10 d放蜂1次，连续放3～5次，放蜂量以蜂虫比为3 ∶ 1为宜。放蜂的保护地要求白天温度能达到20～35℃，夜间温度不低于15℃，具有充足的光照。可以在蜂处于蛹期时(也称黑蛹)释放，也可以在蜂羽化后直接释放成虫。如放黑蛹，只要将蜂卡剪成小块置于植株上即可。

此外，释放中华草蛉、微小花蝽、东亚小花蝽等捕食性天敌对烟粉虱也有一定的控制作用。在美国、荷兰利用玫烟色拟青霉 *Paecilomyces fumosoroseus* 制剂防治烟粉虱，美国环保局在推广使用白僵菌 *Beauveria bassiana* 的GHA菌株防治烟粉虱。

(4)化学防治。早期用药在粉虱零星发生时开始喷洒20％扑虱灵可湿性粉剂1500倍液或25％灭螨猛乳油1000倍液、2.5％天王星乳油3000～4000倍液、2.5％功夫菊酯乳油2000～3000倍液、20％灭扫利乳油2000倍液、10％吡虫啉可湿性粉剂1500倍液，隔10天左右1次，连续防治2～3次。作物定植后，应定期检查，当虫口较高时(有的地方，黄瓜上部叶片每叶50～60头成虫，番茄上部叶片每叶5～10头成虫作为防治指标)，要及时进行药剂防治。每公顷可用99％敌死虫乳油(矿物油)1～2 kg，植物源杀虫剂6％绿浪(烟百素)(nicotine＋tuberostemonine＋toosendanin)、40％绿菜宝(abamectin＋dichlorvos)、10％扑虱灵乳油、25％灭螨猛乳油、50%辛硫磷乳油 750 mL,25%扑虱灵可湿性粉剂 500 g,10%吡虫啉可湿性粉剂 375 g,20%灭扫利乳油 375 mL,1.8%阿维菌素乳油、2.5%天王星乳油、2.5%功夫乳油 250 mL,25%阿克泰水分散粒剂 180 g,加水 750 L 喷雾。

棚室内发生粉虱可用背负式或机动发烟器施放烟剂,采用此法要严格掌握用药量,以免产生药害。此外,在密闭的大棚内可用敌敌畏等熏蒸剂按推荐剂量杀虫。在进行化学防治时应注意轮换使用不同类型的农药,并要根据推荐浓度,不要随意提高浓度,以免产生抗性和抗性增长。同时还应注意与生物防治措施的配合,尽量使用对天敌杀伤力较小的选择性农药。

十六、美洲斑潜蝇

拉丁学名:*Liriomyza sativae* Blanchard。原产地南美洲,主要分布在巴西,为害植物种类较多,主要寄主有黄瓜、番茄、茄子、辣椒、豇豆、蚕豆、大豆、菜豆、芹菜、甜瓜、西瓜、冬瓜、丝瓜、西葫芦、小西葫芦、人参果、樱桃番茄、蓖麻、大白菜、棉花、油菜、烟草等 22 科、110 多种植物。我国分布现状除青海、西藏和黑龙江以外均有不同程度的发生,尤其是我国的热带、亚热带和温带地区。

美洲斑潜蝇已经扩散至北美洲、中美洲和加勒比地区、南美洲、大洋洲、非洲、亚洲的许多国家和地区。近 20 多年来,美洲斑潜蝇已在美国、巴西、加拿大、巴拿马、墨西哥、智利、古巴等 30 多个国家和地区严重发生,造成巨大的经济损失,并有继续扩大蔓延的趋势,许多国家已将其列为最危险的检疫害虫。我国于 1993 年 12 月在海南省三亚市首次发现,1994 年列为国内检疫对象,现已分布 20 多个省(区、市)。1995 年美洲斑潜蝇在我国 21 个省(区、市)的蔬菜产区暴发为害,受害面积达 148.8 万 hm^2,减产 30%～40%。中国科学院动物所的科学家们研究发现,20 世纪 90 年代先后侵入我国的美洲斑潜蝇和南美斑潜蝇,因对气温的适应能力不同,南美斑潜蝇有取代美洲斑潜蝇的趋势(中国农业科学院植物保护研究所,1996)。

(一)生物特征

成虫体形较小,头部黄色,眼后眶黑色;中胸背板黑色光亮,中胸侧板大部分黄色;足黄色。

卵白色,半透明。

幼虫蛆状,初孵时半透明,后为鲜橙黄色;蛹椭圆形,橙黄色,长 1.3～2.3 mm。

(二)为害特点

成虫和幼虫均可为害植物。雌虫以产卵器刺伤寄主叶片,形成小白点,并在其中取食汁液和产卵。幼虫蛀食叶肉组织,形成带湿黑和干褐区域的蛇形白色斑;成虫产卵取食也造成伤斑。受害重的叶片表面布满白色的蛇形潜道及刻点,严重影响植株的发育和生长。严重受害株丧失商品价值,甚至可导致某些蔬菜和水果绝收。

美洲斑潜蝇和南美斑潜蝇都以幼虫和成虫为害叶片,美洲班潜蝇以幼虫取食叶片正面叶肉,形成先细后宽的蛇形弯曲或蛇形盘绕虫道,其内有交替排列整齐的黑色虫粪,老虫道后期呈棕色的干斑块区,一般 1 虫 1 道,1 头老熟幼虫 1 天可潜食 3 cm 左右。南美斑潜蝇的幼虫主要取食背面叶肉,多从主脉基部开始为害,形成弯曲较宽(1.5～2 mm)的虫道,虫道沿叶脉伸展,但不受叶脉限制,可若干虫道连成一片形成取食斑,后期变枯黄。两种斑潜蝇成虫为害基本相似,在叶片正面取食和产卵,刺伤叶片细胞,形成针尖大小的近圆形刺伤“孔”,造成为害。“孔”初期呈浅绿色,后变白,肉眼可见。幼虫和成虫的为害可导致幼苗全株死亡,造成缺苗断垄；成株受害，可加速叶片脱落，引起果实日灼，造成减产。幼虫和成虫通过取食还可传播病害，特别是传播某些病毒病，降低花卉观赏价值和叶菜类食用价值。

（三）生活习性

一年可发生10～12代，具有暴发性。以蛹在寄主植物下部的表土中越冬。一年中有2个高峰，分别为6—7月和9—10月。美洲斑潜蝇适应性强，寄主范围广，繁殖能力强，世代短，成虫具有趋光、趋绿、趋黄、趋蜜等特点。每年4月气温稳定在15℃左右时，露地可出现美洲斑潜蝇被害状。成虫以产卵器刺伤叶片，吸食汁液。雌虫把卵产在部分伤孔表皮下，卵经2～5天孵化，幼虫期4～7天。末龄幼虫咬破叶表皮在叶外或土表下化蛹，蛹经7～14天羽化为成虫。每世代夏季2～4周，冬季6～8周。美洲斑潜蝇等在我国南部周年发生，无越冬现象。世代短，繁殖能力强。

（四）防治方法

农业防治：(1)加强植物检疫，保护无虫区，严禁从有虫地区调用菜苗。(2)发现受害叶片随时摘除，集中沤肥或掩埋。(3)土壤翻耕。充分利用土壤翻耕及春季菜地地膜覆盖技术，减少和消灭越冬和其他时期落入土中的蛹。(4)清洁田园。作物收获完毕，田间植株残体和杂草及时彻底清除。作物生长期尽可能摘除下部虫道较多且功能丧失的老叶片。(5)利用美洲斑潜蝇成虫的趋黄性，可采用在田间插黄板涂机油或贴粘蝇纸进行诱杀。

药剂防治：掌握田间受害叶片出现2 cm以下的虫道时或田间叶片被害叶率10%～15%，进行化学防治。施药时间一般选在上午09—11时。一般每隔7～10天施药一次。化学药剂可选择：2%天达阿维菌素乳油2000倍液、1.8%爱福丁乳油2000倍液、48%天达毒死蜱1500倍液、40%绿菜宝乳油1500倍液等药剂。如果发现受害叶片中老虫道多，新虫道少，或虫体多为黑色，可能被天敌寄生或已经死亡，可考虑不施药。喷药宜在早晨或傍晚，注意交替用药。

防治方法：在幼虫2龄前(虫道很小时)，喷洒1.8%爱福丁乳油2000～3000倍液，或40%绿菜宝、48%毒死蜱乳油800～1000倍液，或98%巴丹原粉1500～2000倍液或25%杀虫双水剂500倍液。各地应根据当地的具体情况采取不同的措施。药剂的施用最好采用不同单剂交替使用，以免使害虫的抗药性增加。苏云金杆菌的商品制剂可以有效地降低美洲斑潜蝇的为害，并且对天敌没有杀伤作用。

生物防治：(1)释放潜蝇姬小蜂(*Pediobius sp*)，平均寄生率可达78.8%。(2)喷洒0.5%楝素杀虫乳油(川楝素)800倍液、6%绿浪(烟百素)900倍液。

具体措施有：(1)严格检疫，防止该虫扩大蔓延。北运菜发现有斑潜蝇幼虫、卵或蛹时，要就地销售，防止把该虫运到北方。

(2)各地要重点调查，严禁从疫区引进蔬菜和花卉，以防传入。

(3)在斑潜蝇为害重的地区，要考虑蔬菜布局，把斑潜蝇嗜好的瓜类、茄果类、豆类与其不为害的作物进行套种或轮作；适当疏植，增加田间通透性；收获后及时清洁田园，把被斑潜蝇为害作物的残体集中深埋、沤肥或烧毁。

(4)棚室保护地和育苗畦提倡用蔬菜防虫网防治美洲斑潜蝇，能防止斑潜蝇进入棚室中为害、繁殖。提倡全生育期覆盖，覆盖前清除棚中残虫，防虫网四周用土压实，防止该虫潜入棚中产卵。可选20～25目(每平方英寸面积内的孔数)，丝径0.18 mm，幅宽12～36 m，白色、黑色或银灰色的防虫网，可有效地防止该虫为害。此外，还可防治菜青虫、小菜蛾、甘蓝夜蛾、甜菜夜蛾、斜纹夜蛾、棉铃虫、豆野螟、瓜绢螟、黄曲条跳甲、猿叶虫、廿八星瓢虫、蚜虫等多种害虫。为节省投入，北方于冬春两季，南方于6—8月，也可在棚室保护地入口和通风口处安装防虫网，阻挡多种害虫侵入，有效且易推广。

(5)防虫网中存有残虫的，可采用灭蝇纸诱杀成虫。在成虫始盛期至盛末期，每亩设置15个诱杀点，每个点放置1张诱蝇纸诱杀成虫，3～4天更换1次。也可用黄板诱杀。

(6)没有使用防虫网的，适期进行科学用药。该虫卵期短，大龄幼虫抗药力强，生产上要在成虫高峰期至卵孵化盛期或低龄幼虫高峰期：瓜类、茄果类、豆类蔬菜某叶片有幼虫5头、幼虫2龄前、虫道很小时，于08—12时，首选三嗪胺类生长调节剂——40%灭蝇胺可湿性粉剂4000倍液，持效期10～15天或20%阿维杀单微乳剂1000倍液、10%溴虫腈悬浮剂1000倍液、1.8%阿维菌素乳油4000倍液、40%阿维敌畏乳油1000倍液、1%苦参碱2号可溶性液剂1200倍液、4.5%高效氯氰菊酯乳油1500倍液、0.9%阿维印楝素乳油1200倍液、3.3%阿维联苯菊乳油1300倍液、70%吡虫啉水分散粒剂10000倍液、25%噻虫嗪水分散粒剂3000倍液，斑潜蝇发生量大时，定植时可用噻虫嗪灌根，更有利于对斑潜蝇的控制。生产A级绿色蔬菜，每个生长季节、每种农药只准使用1次，最终安全间隔期按A级绿色蔬菜标准执行。

十七、斜纹夜蛾

拉丁学名：*Prodenia litura* (Fabricius)，属鳞翅目夜蛾科斜纹夜蛾属的一个物种，是一种农作物害虫，褐色，前翅具许多斑纹，其斑纹最大特点是在两条波浪状纹中间有3条斜伸的明显白带，故名斜纹夜蛾。

(一)为害症状

斜纹夜蛾是一种杂食性害虫，在蔬菜中对白菜、甘蓝、芥菜、马铃薯、茄子、番茄、辣椒、南瓜、丝瓜、冬瓜以及藜科、百合科等多种作物都能进行为害。在分类中属于鳞翅目夜蛾科。它主要以幼虫为害全株、小龄时群集叶背啃食。3龄后分散为害叶片、嫩茎、老龄幼虫可蛀食果实。其食性既杂又为害各器官，老龄时形成暴食，是一种为害性很大的害虫。斜纹夜蛾主要以幼虫为害，幼虫食性杂，且食量大，初孵幼虫在叶背为害，取食叶肉，仅留下表皮；3龄幼虫后造成叶片缺刻、残缺不堪甚至全部吃光，蚕食花蕾造成缺损，容易暴发成灾。幼虫体色变化很大，主要有3种：淡绿色、黑褐色、土黄色。

(二)生物特征

幼虫取食甘薯、棉花、芋、莲、田菁、大豆、烟草、甜菜和十字花科和茄科蔬菜等近300种植物的叶片，间歇性猖獗为害。成虫体长14～21 mm；翅展37～42 mm。

成虫前翅灰褐色，内横线和外横线灰白色，呈波浪形，有白色条纹，环状纹不明显，肾状纹前部呈白色，后部呈黑色，环状纹和肾状纹之间有3条白线组成明显的较宽的斜纹，自翅基部向外缘还有1条白纹。后翅白色，外缘暗褐色。

卵半球形，直径约0.5 mm；初产时黄白色，孵化前呈紫黑色，表面有纵横脊纹，数十至上百粒集成卵块，外覆黄白色鳞毛。

幼虫一般6龄。幼虫体长33～50mm，头部黑褐色，胸部多变，从土黄色到黑绿色都有，体表散生小白点，冬节有近似三角形的半月黑斑一对。老熟幼虫体长38～51 mm，夏秋虫口密度大时体瘦，黑褐或暗褐色；冬春数量少时体肥，淡黄绿或淡灰绿色。

蛹长 18～20 mm，长卵形，红褐至黑褐色。腹末具发达的臀棘一对。

中国从北至南一年发生 4～9 代。以蛹在土中蛹室内越冬，少数以老熟幼虫在土缝、枯叶、杂草中越冬。南方冬季无休眠现象。发育最适温度为 28～30℃，不耐低温，长江以北地区大都不能越冬。各地发生期的迹象表明此虫有长距离迁飞的可能。成虫具趋光和趋化性。卵多产于叶片背面。幼虫共 6 龄，有假死性。4 龄后进入暴食期，猖獗时可吃尽大面积寄主植物叶片，并迁徙他处为害。天敌有小茧蜂、广大腿蜂、寄生蝇、步行虫，以及多角体病毒、鸟类等。

(三)分布范围

斜纹夜蛾呈世界性分布。在国内各地都有发生，主要发生在长江流域的江西、江苏、湖南、湖北、浙江、安徽等省；黄河流域的河南、河北、山东等省。目前除青海、新疆未查明外，各省(区、市)都有发现。

(四)生活习性

斜纹夜蛾是一类杂食性和暴食性害虫，为害寄主相当广泛，除十字花科蔬菜外，还可为害包括瓜、茄、豆、葱、韭菜、菠菜以及粮食、经济作物等近 100 科、300 多种植物。以幼虫咬食叶片、花蕾、花及果实，初龄幼虫啮食叶片下表皮及叶肉，仅留上表皮呈透明斑；4 龄以后进入暴食，咬食叶片，仅留主脉。在包心椰菜上，幼虫还可钻入叶球内为害，把内部吃空，并排泄粪便，造成污染，使之降低乃至失去商品价值。从中胸至腹部第 8 节上每节均有 1 对黑褐色半月形斑纹。在广东地区斜纹夜蛾世代重叠严重，无越冬现象。第一代常见于 4 月初，成虫有趋光性。幼虫多在傍晚取食，3 龄幼虫开始进入暴食期，为害突然增大。

该虫年发生 4(华北)～9 代(广东)，一般以老熟幼虫或蛹在田基边杂草中越冬，广州地区无真正越冬现象。在长江流域以北的地区，该虫冬季易被冻死，越冬问题尚未定论，推测当地虫源可能从南方迁飞过去。长江流域多在 7—8 月大发生，黄河流域则多在 8—9 月大发生。成虫夜出活动，飞翔力较强，具趋光性和趋化性，对糖、醋、酒等发酵物尤为敏感。卵多产于叶背的叶脉分叉处，以茂密、浓绿的作物产卵较多，堆产，卵块常覆有鳞毛而易被发现。初孵幼虫具有群集为害习性，3 龄以后则开始分散，老龄幼虫有昼伏性和假死性，白天多潜伏在土缝处，傍晚爬出取食，遇惊就会落地蜷缩作假死状。当食料不足或不当时，幼虫可成群迁移至附近田块为害，故又有“行军虫”的俗称。斜纹夜蛾发育适温为 29～30℃，一般高温年份和季节有利其发育、繁殖，低温则易引致虫蛹大量死亡。该虫食性虽杂，但食料情况，包括不同的寄主，甚至同一寄主不同发育阶段或器官，以及食料的丰缺，对其生育繁殖都有明显的影响。间种、复种指数高或过度密植的田块有利其发生。天敌有寄生幼虫的小茧蜂和多角体病毒等。

各虫态的发育适温度为 28～30℃，但在高温下(33～40℃)，生活也基本正常。抗寒力很弱。在冬季 0℃左右的长时间低温下，基本上不能生存。以蛹在土下 3～5 cm 处越冬。

活动习性为成虫白天潜伏在叶背或土缝等阴暗处，夜间出来活动。每只雌蛾能产卵 3～5 块，每块约有卵位 100～200 个，卵多产在叶背的叶脉分叉处，经 5～6 天就能孵出幼虫，初孵时聚集叶背，4 龄以后和成虫一样，白天躲在叶下土表处或土缝里，傍晚后爬到植株上取食叶片。

(五)防治方法

(1)农业防治。①清除杂草，收获后翻耕晒土或灌水，以破坏或恶化其化蛹场所，有助于减少虫源。②结合管理随手摘除卵块和群集为害的初孵幼虫，以减少虫源。

(2)生物防治。雌蛾在性成熟后释放出一些称为性信息素的化合物,专一性地吸引同种异性与之交配,我们则可通过人工合成并在田间缓释化学信息素引诱雄蛾,并用特定物理结构的诱捕器捕杀靶标害虫,从而降低雌雄交配,降低后代种群数量而达到防治的目的。使用该技术,不仅使靶标害虫种群下降和农药使用次数减少,还降低农残,延缓害虫对农药抗性的产生。同时保护了自然环境中的天敌种群,非目标害虫则因天敌密度的提高而得到了控制,从而间接防治次要害虫的发生。达到农产品质量安全、低碳经济和生态建设要求。

(3)物理防治。①点灯诱蛾。利用成虫趋光性,于盛发期点黑光灯诱杀;②糖醋诱杀。利用成虫趋化性配糖醋(糖∶醋∶酒∶水=3∶4∶1∶2)加少量敌百虫诱蛾。③柳枝蘸洒500倍敌百虫诱杀蛾子。

(4)药剂防治。交替喷施21%灭杀毙乳油6000～8000倍液,或50%氰戊菊酯乳油4000～6000倍液,或20%氰马或菊马乳油2000～3000倍液,或2.5%功夫、2.5%天王星乳油4000～5000倍液,或20%灭扫利乳油3000倍液,或80%敌敌畏、2.5%灭幼脲、25%马拉硫磷1000倍液,或5%卡死克、5%农梦特2000～3000倍液,2～3次,隔7～10天1次,喷匀喷足。在幼虫进入3龄暴食期前,使用斜纹夜蛾核型多角体病毒200亿PIB/g水分散粒剂12000～15000倍液喷施,45%辛硫磷乳油800倍液灌浇根部。

十八、甜菜夜蛾

拉丁学名:*Spodoptera exigua* (Hübner,1808),俗称白菜褐夜蛾。隶属于鳞翅目、夜蛾科,是一种世界性分布、间歇性大发生的以为害蔬菜为主的杂食性害虫。对大葱、甘蓝、大白菜、芹菜、菜花、胡萝卜、芦笋、蕹菜、苋菜、辣椒、豇豆、花椰菜、茄子、芥兰、番茄、菜心、小白菜、青花菜、菠菜、萝卜等蔬菜都有为害。

(一)生物特征

甜菜夜蛾虫体头部梯形,喙粗短圆形。触角节膝状鞭节。板具很多粒状突起鳞毛。鞘翅翅面上生纵行刻点且密生圆形纹,间稍隆起,纺锤形。甜菜夜蛾在越冬寄主过冬。甜菜夜蛾春卵孵化后先在越冬寄主上生活繁殖几代,到出苗阶段产生有翅胎生蛾,迁飞到棉苗繁殖。当多而拥挤时,迁飞扩散。

幼虫体色变化很大,有绿色、暗绿色、黄褐色、黑褐色等,腹部体侧气门下线为明显的黄白色纵带,有时带粉红色,带的末端直达腹部末端,不弯到臀足上去。体长约22 mm(图24)。

成虫体长10～14 mm,翅展25～34 mm。头胸及前翅灰褐色,前翅基线仅前端可见双黑纹,内、外线均双线黑色,内线波浪形,剑纹为一黑条。环、肾纹粉黄色,中线黑色波浪形,外线锯齿形,双线间的前后端白色,亚端线白色锯齿形,两侧有黑点;后翅白色,翅脉及端线黑色。成虫昼伏夜出,有强趋光性和弱趋化性,大龄幼虫有假死性,老熟幼虫入土吐丝化蛹。腹部浅褐色。雄蛾抱器瓣宽,端部窄,抱钩长棘形,阳茎有一长棘形角状器。

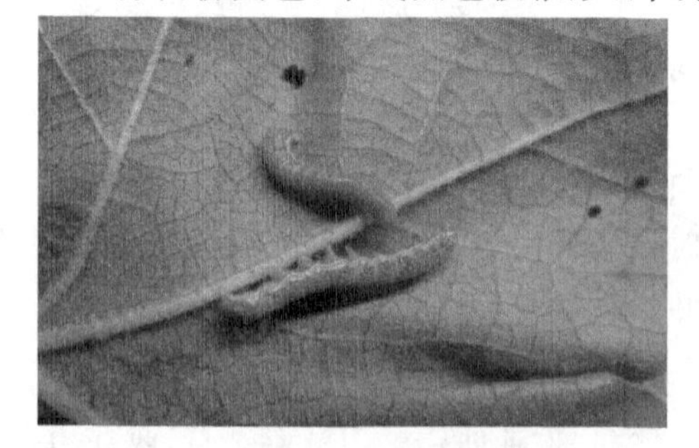
图24　甜菜夜蛾幼虫(戴爱梅 摄)

卵圆馒头形,白色,表面有放射状的隆起线。

蛹体长10 mm左右,黄褐色。

(二)为害特点

严重时,可吃光叶肉,仅留叶脉,甚至剥食茎秆皮层。

幼虫可成群迁移,稍受震扰吐丝落地,有假死性。3～4 龄后,白天潜于植株下部或土缝,傍晚移出取食为害。一年发生 6～8 代,7—8 月发生多,高温、干旱年份更多,常和斜纹夜蛾混发,对叶菜类威胁甚大。

(三)防治方法

(1)农业措施:①晚秋初冬耕地灭蛹。②人工摘除卵块、虫叶。

(2)物理防治:①黑光灯诱杀成虫。②诱捕器物理诱杀成虫。通过在田间设置物理结构的诱捕器,将人工合成的化学信息素诱芯放置于诱捕器中,引诱成虫至诱捕器中,物理诱杀成虫。

(3)化学防治

此虫体壁厚,排泄效应快,抗药性强,防治上一定要掌握及早防治,在初卵幼虫未发为害前喷药防治。抓住 1～2 龄幼虫盛期进行防治,可选用下列药剂喷雾:

①5%抑太保乳油 4000 倍液;②5%卡死克乳油 4000 倍液;③5%农梦特乳油 4000 倍液;④20%灭幼脲 1 号悬浮剂 500～1000 倍液;⑤25%灭幼脲 3 号悬浮剂 500～1000 倍液;⑥40%菊杀乳油 2000～3000 倍液;⑦40%菊马乳油 2000～3000 倍液;⑧20%氰戊菊酯 2000～4000 倍液;⑨茴蒿素杀虫剂 500 倍液。

在发生期每隔 3～5 天田间检查一次,发现有点片的要重点防治。喷药应在傍晚进行。使用卡死克、抑太保、农地乐、快杀灵 1000 倍,或万灵、保得、除尽 1500 倍,及时防治,将害虫消灭于 3 龄前。对 3 龄以上的幼虫,用 30 虫螨腈专攻悬浮液 30mL/亩喷雾,每隔 7～10 天喷一次。可达到理想的防效;以除尽、卡克死、专攻防效最佳。可选用 50%高效氯氰菊酯乳油 1000 倍液加 50%辛硫磷乳油 1000 倍液,或加 80%敌敌畏乳油 1000 倍液喷雾,防治效果均在 85%以上。也可用 5%抑太保乳油、5%卡死克乳油,或 75%农地乐乳油 500 倍液或 5%夜蛾必杀乳油 1000 倍液喷雾防治,5 天的防治效果均达 90%以上。

十九、沟金针虫

见第二章第五十一节。

二十、细胸金针虫

见第二章第五十二节。

二十一、褐纹金针虫

见第二章第五十三节。

二十二、棉花根结线虫

棉花根结线虫病是一种病症,病原为有南方根结线虫 4 号小种。该虫不需交配,行孤雌生殖。正常情况下,3～4 周完成一个生活循环。为害棉花根部。世界各地均有发生,我国仅在浙江省等地发生。

(一)病原特征

由南方根结线虫 *Meloidogyne incognita* 引起。此外 *M. arenaria* (Neal) Chitwood 称花

生根结线虫；*M. acronea* Coetzee 称高粱根结线虫；*M. javanica*（Treub.）Chitwood 称爪哇根结线虫，也都是该病病原。

病原线虫雌雄异形，幼虫细长蠕虫状。雄成虫线状，尾端稍圆，无色透明，大小(1.0～1.5)mm×(0.03～0.04)mm。雌成虫梨形，每头雌线虫可产卵300～800粒，雌虫埋藏于寄主组织内，大小(0.44～1.59)mm×(0.26～0.81)mm。

南方根结线虫侵染棉花的最适温度在25～30℃。温度超过40℃。低于5℃二龄幼虫不活动。在夏季温度下，二龄幼虫可存活数周。秋天孵化出的幼虫，可越过冬天。

(二)生活习性

南方根结线虫在浙江年生不完整的5代，一代卵盛发在6月上旬至6月中旬，幼虫在6月中旬；二代卵盛发在7月中旬，幼虫盛发于7月中旬至7月下旬；三代卵盛发在8月中旬，幼虫盛发于8月中旬至8月下旬；四代卵盛发在9月上旬和中旬，幼虫盛发在9月中旬；5代卵盛发在10月上旬。根结线虫系内寄生固着性线虫，雌虫在棉株根内，把卵产在根表面形成一卵块，每卵块具卵500粒，卵结集后从卵壳中爬出二龄幼虫。二龄幼虫从根尖端后2 cm内处侵入，在皮层内穿过细胞，也可从细胞间向上爬行移动后在根的中柱鞘处，固着后开始取食，并产生分泌物，在其头部周围产生4～8个巨型细胞，供给线虫营养。有认为由于细胞核分裂衣细胞体积增大而形成根结。也有认为是线虫头部四周细胞的细胞壁部分消解，余下的细胞壁联接，细胞质融合后形成多核的、细胞质很浓的巨型细胞。根结线虫开始取食后分泌的过氧化物酶是引致巨型细胞产生及发育的决定性因素。线虫生育过程中一直靠巨型细胞提供营养，线虫死后巨型细胞即变质或消失。在这个过程中巨型细胞形成受阻或不能形成，线虫因得不到营养而饿死。正常情况下，根结线虫蜕三次皮发育成成虫，雌成虫再产卵，再繁殖或侵入四周的棉根部组织。

适其繁殖土温20～30℃，最高40℃，最低5℃。土壤持水量10%以上、90%以下，砂性土，夏季二龄幼虫可存活数周，秋天孵出幼虫也可越冬。4月中旬至10月中下旬是为害期。中性砂质土和连作地块发病重。

(三)为害症状

除侵染棉花外，还能侵染玉米、大豆、小麦、马唐、马齿苋等。

棉花播种后一个月，根上产生不规则的根结，根结因侵入根内线虫的刺激，致棉花根的细胞不断分裂、体积不断增大形成的。根结的大小与棉花品种感病性及侵入线虫数量有关。根结线虫为害主根时，受害幼根上长出分枝，影响主根向下生长。在线虫侵染的根结处，致维管束中断，影响水分和养分的吸取及输送，造成叶片变黄、植株矮化，气温高时，病株很易萎蔫。

(四)防治方法

(1)轮作用抗病的大豆、花生或水稻与棉花轮作3年，或选用抗根结线虫的棉花品种。

(2)消灭病源棉花拔柴后，彻底清除病体，集中烧毁。

(3)药剂防治。每亩用3%的呋喃丹颗粒剂4～5 kg混少量细土，施入播种沟内，或在棉苗附近挖沟施入，然后盖土。也可用80%二溴氯丙烷每亩5 kg，加水50 kg，按播种行距开15 cm的深沟，用去掉喷头的喷雾器将药液施入沟内，盖严待播种。

此外还可选择用10%克线丹，每亩1.5～2.5 kg，加细沙拌匀，撒于表土，耙入土中，耙土深以10 cm为适，也可用1.8%爱福丁乳油于播前或定植前，每平方米用1 mL，兑水6 L稀释后喷浇地面，再耙入土内，也可在定植时用1.8%爱福丁乳油1000倍液浇灌定植穴，防效优异。

二十三、棉大造桥虫

拉丁学名：*Ascotis selenaria diarnia* Hübner。别名棉大尺蠖。成虫体长15～20 mm，翅展38～45 mm，体色变异很大，有黄白、淡黄、淡褐、浅灰褐色，一般为浅灰褐色，翅上的横线和斑纹均为暗褐色，中室端具1斑纹，前翅亚基线和外横线锯齿状，其间为灰黄色，有的个体可见中横线及亚缘线，外缘中部附近具1斑块；后翅外横线锯齿状，其内侧灰黄色，有的个体可见中横线和亚缘线。分布全国。

（一）生物特征

雌性触角丝状，雄性羽状，淡黄色。卵长椭圆形青绿色。幼虫体长38～49 mm，黄绿色。头黄褐至褐绿色，头顶两侧各具1黑点。背线宽淡青至青绿色，亚背线灰绿至黑色，气门上线深绿色，气门线黄色杂有细黑纵线，气门下线至腹部末端，淡黄绿色；第3、4腹节上具黑褐色斑，气门黑色，围气门片淡黄色，胸足褐色，腹足2对生于第6、10腹节，黄绿色，端部黑色。蛹长14 mm左右，深褐色有光泽，尾端尖，臀棘2根。

（二）发生规律

长江流域年生4～5代，以蛹于土中越冬。各代成虫盛发期：6月上、中旬，7月上、中旬，8月上、中旬，9月中、下旬，有的年份11月上、中旬可出现少量第5代成虫。第2～4代卵期5～8天，幼虫期18～20天，蛹期8～10天，完成1代需32～42天。成虫昼伏夜出，趋光性强，羽化后2～3天产卵，多产在地面、土缝及草秆上，大发生时枝干、叶上都可产，数十粒至百余粒成堆，每雌可产1000～2000粒，越冬代仅200余粒。初孵幼虫可吐丝随风飘移传播扩散。10—11月以末代幼虫入土化蛹越冬。此虫为间歇暴发性害虫，一般年份主要在棉花、豆类等农作物上发生。

（三）防治方法

（1）湖南麻区5月上旬、浙江麻区6月下旬挂灯，可诱杀大量成虫。

（2）幼虫发生期用每毫升含120亿个孢子的Bt乳剂200倍液或含4000单位的HD-l杀虫菌粉200倍液喷雾。

（3）在产卵高峰期投放赤眼蜂蜂包也有很好防效。

（4）必要时喷撒2.5%敌百虫粉，每亩1.5～2.5 kg，也可在3龄前喷洒90%晶体敌百虫1000倍液或50%爱卡士乳油1000倍液。

（5）用毒杀棒熏杀，每亩用80%敌敌畏乳油100 g，兑水0.75 L，再用0.33 m的大树枝，一端捆上废棉花沾药液14 mL，然后每3.3 m×3.3 m间距插1支，每亩插60根，熏治作用良好。

（6）用90%敌百虫乳油100 mL，加硫酸铵150 g和干燥的砂子75 g，再加硝酸铵2份与草糠1份制成燃烧剂200 g，再把制成的烟雾剂放入直径15 cm、高24 cm铁桶或竹筒中，在无风的早晨或傍晚分放在麻田中点燃，只要烟雾在麻田中持续20～30分钟，造桥虫即可落地死亡，可兼治蛀茎的玉米螟。

二十四、稻绿蝽

拉丁学名：*Nezara viridula* Linnaeus。为半翅目，蝽科。中国甜橘产区均有发生。除了为害柑橘外，还为害水稻、玉米、花生、棉花、豆类、十字花科蔬菜、油菜、芝麻、茄子、辣椒、马铃薯、桃、李、梨、苹果等。以成虫、若虫为害烟株，刺吸顶部嫩叶、嫩茎等汁液，常在叶片被刺吸部位先出现水渍状萎蔫，随后干枯。严重时上部叶片或烟株顶梢萎蔫。

(一)生物特征

成虫有多种变型，各生物型间常彼此交配繁殖，所以在形态上产生多变。

(1)全绿型(代表型)

体长 12～16 mm，宽 6～8 mm，椭圆形，体、足全鲜绿色，头近三角形，触角第 3 节末及 4、5 节端半部黑色，其余青绿色。单眼红色，复眼黑色。前胸背板的角钝圆，前侧缘多具黄色狭边。小盾片长三角形，末端狭圆，基缘有 3 个小白点，两侧角外各有 1 个小黑点。腹面色淡，腹部背板全绿色。

(2)点斑型(点绿蝽)

体长 13～4.5 mm，宽 6.5～8.5 mm。全体背面橙黄到橙绿色，单眼区域各具 1 个小黑点，一般情况下不太清晰。前胸背板有 3 个绿点，居中的最大，常为棱型。小盾片基缘具 3 个绿点中间的最大，近圆形，其末端及翅革质部靠后端各具一个绿色斑。

(3)黄肩型(黄肩绿蝽)

体长 12.5～15 mm，宽 6.5～8 mm。与稻绿蝽代表型很相似，但头及前胸背板前半部为黄色、前胸背板黄色区域有时橙红、橘红或棕红色，后缘波浪形。卵环状，初产时浅褐黄色。卵顶端有一环白色齿突。若虫共 5 龄，形似成虫，绿色或黄绿色，前胸与翅芽散布黑色斑点，外缘橘红色，腹缘具半圆形红斑或褐斑。足赤褐色，跗节和触角端部黑色。

(二)生活习性

幼虫在柳、杉、桧等针叶树、山茶、宽皮柑橘等常绿树叶片之间和棕榈毛、稻草及屋顶内侧越冬。到了 4 月，移至麦类和十字花科蔬菜。第一次产卵植物，以马铃薯为主。1 年发生 3 代。当食饵植物和温度适宜时，幼虫发育极快，1 年可以发生 4 代。幼虫，1 龄期聚生在卵壳上几乎不采食，2 龄时开始为害，因其聚生性强，成群为害植物。食性杂，除番茄外，还为害水稻、玉米、棉花、大豆、柑橘、桃等 32 科 145 种植物。一只雌虫可产 1～5 个卵块，1 个卵块约有 200 个卵。除去越冬成虫，成虫的寿命大约 50 天，世代可以重叠。

稻绿蝽以成虫在各种寄主上或背风荫蔽处越冬。广东杨村、广西桂林和贵州一年发生 3 代。在柑园中于 4 月上旬始见成虫活动，卵产在叶面，30～50 粒排列成块，初孵若虫聚集在卵壳周围，2 龄后分散取食，约经 50～65 天变为成虫。第一代成虫出现在 6—7 月，第 2 代成虫出现在 8—9 月，第三代成虫于 10—11 月出现。每年柑园大发生与夏、秋两季水稻收割后在稻田为害的成虫向柑园飞迁有关。此时大量稻绿蝽集于柑园吸食果汁，对鲜果品质影响极大，降低了商品价值。

(三)防治方法

(1)减少虫源。冬春期间，结合积肥清除田边附近杂草，减少越冬虫源。

(2)人工捕杀。利用成虫在早晨和傍晚飞翔活动能力差的特点，进行人工捕杀。

(3)药剂防治。掌握在若虫盛发高峰期,群集在卵壳附近尚未分散时用药,可选用90%敌百虫700倍液、80%敌敌畏800倍液、50%杀螟硫磷乳油1000～1500倍液、40%乐果800～1000倍液、25%亚胺硫磷700倍液、或菊酯类农药3000～4000倍液喷雾。

二十五、棉二点红蝽

拉丁学名:*Dysdercus cingulatus* (Fabricius)。属半翅目,红蝽科。别名离斑棉红蝽、二点星红蝽。分布湖北、福建、广东、广西、云南、海南、台湾。为害棉等锦葵科植物,偶害甘蔗、玉米等禾本科植物、灯笼果、土烟叶等。

(一)为害特点

成、若虫喙穿过棉花铃壳吸食发育中的棉籽汁液,致棉籽和纤维不能充分成熟。天敌有寄蝇、猎蝽、食虫红蝽、鸟类等。

(二)生物特征

成虫体长12～18 mm,宽3.5～5.5 mm。头、前胸背板、前翅赭红色;触角4节黑色,第一节基部朱红色较第二节长,喙4节红色,第4节端半部黑色,伸达第二或第三腹节。小盾片黑色,革片中央具1椭圆形大黑斑,腹片黑色。胸部、腹部腹面红色,仅各节后缘具两端加粗的白横带,各足基节外侧有弧形自纹,各足节红间黑色。卵长1.1 mm左右,椭圆形,黄色,表面光滑。初孵幼虫黄色,12小时后变红,喙达第一腹节;3龄后长出翅芽,背面生红褐斑3个,两侧有白斑3个;5龄体长8～10 mm,颈白色,翅芽达第一腹节,腹面色似成虫。

(三)生活习性

云南年生2代,以卵在表土层越冬,部分以成虫和幼虫在土缝里或棉花枯枝落叶下越冬。羽化后10天的雌虫开始交配1次或5次,每次历时60～100小时,个别长达12天。交配后10多天才产卵,产卵1～3次,一代102粒,二代79粒,一般20～30粒一堆,产在土缝或枯枝落叶下或根际土表下,有时产在棉铃苞叶或棉絮上,卵期6～7天。幼虫共5龄,幼虫期15天左右,喜群集。初孵幼虫先在棉株或杂草根际群集,后转移到青棉铃上,数十头聚于一铃。5—7月和9—11月有两次为害高峰。成虫不善飞,但爬行迅速。活动适温22～34℃,低于17℃不活动,低于0℃经5小时死亡,高于37℃经3～4小时死亡。适宜相对湿度40%～80%。高温低湿年份利于该虫发生。

(四)防治方法

(1)采用粮棉轮作,截断该虫食物链。

(2)必要时喷洒90%晶体敌百虫900～1000倍液,防效优异。

二十六、斑须蝽

见第二章第四十五节。

二十七、棉叶蝉

拉丁学名:*Empoasca biguttula* (Shiraki),又名棉叶跳虫、棉浮尘子、棉二点叶蝉等,以成、若虫在棉叶背面刺吸汁液。国外分布于印度、日本。国内除新疆外均有分布,其分布北限为辽宁、山西,但极偶见;甘肃南北、四川西部和淮河以南,密度逐渐提高;长江流域及其以南地区,特别是湖北、湖南、江西、广西、贵州等省区发生密度较高，棉花生长后期几乎每片叶上都有。主要为害棉花、茄子、马铃薯、豆类、白菜、烟草、番茄、甘薯、空心菜、南瓜、芥菜、萝卜、木棉、木芙蓉、锦葵、向日葵、芝麻、桑、葡萄、柑橘等31科77种。

(一)生物特征

成虫体长3 mm左右，淡绿色。头部近前缘处有2个小黑点，小黑点四周有淡白色纹。前胸背板黄绿色，在前缘有3个白色斑点。前翅端部近爪片末端有1明显黑点。阳茎短，马蹄形，阳茎柄细长。抱器基部粗壮，向端部逐渐变细，在离端部1/5处内侧有几个锯齿状突起。

卵长0.7 mm左右，长肾形。初产时无色透明，孵化前淡绿色。

末龄若虫体长2.2 mm左右。头部复眼内侧有2条斜走的黄色隆线。胸部淡绿色，中央灰白色。前胸背板后缘有2个淡黑色小点，四周环绕黄色圆纹。前翅芽黄色，伸至腹部第4节。腹部绿色。

(二)生活习性

发生代数因地而异。江苏1年8～9代，湖北12～14代，广东14代，世代重叠。在长江流域和黄河流域不能越冬，在华南以成虫和卵在茄子、马铃薯、蜀葵、木芙蓉、梧桐等的叶柄、嫩尖或叶脉周围及组织内越冬。

棉叶蝉在棉田的发生期各地不尽相同。淮河以南和长江以北一般在7月上旬成虫开始迁入棉田，发生为害盛期在8月下旬至9月下旬。长江流域5月中、下旬迁入棉田，8月中旬后虫量增多，9月上、中旬形成为害高峰。在不防治的情况下，盛发时间北方较南方为长。停止为害期北方较早，南方较迟。

成虫白天活动，晴天高温时特别活跃，有趋光性，受惊后迅速横行或逃走。成虫羽化后次日交尾、产卵。卵散产于棉株中、上部嫩叶背面组织内，以叶柄处着卵量最多，其次是主脉上。

若虫孵化后留一心状孵化孔。若虫共5龄，第1、2龄若虫常群集于靠近叶柄的叶片基部，3龄以上若虫和成虫多在叶片背面取食，喜食幼嫩的叶片，夜间或阴天常爬到叶片的正面。

各虫态历期与温度相关。在28～30℃时，卵历期5～6天，若虫期5.6～6.1天，成虫期15～20天。

(三)发生规律

气候。棉叶蝉喜欢高温、高湿的环境。温度23℃以上，相对湿度70%～80%适于棉叶蝉繁殖。特别是随着温度的升高，棉叶蝉繁殖速度加快，数量迅速增加，为害加重。温度下降到15℃以下时，成虫活动迟缓，6℃以下进入休眠状态，初霜后绝大多数若虫不能存活。大雨或久雨能阻碍棉株上部棉叶蝉卵的孵化和成虫的羽化，并且能杀死一部分若虫。早期易遭受水渍的低洼地或易受干旱的山坡及高燥地，发生均比较严重。

食物。杂草多的棉田环境里棉叶蝉食物丰富，有利于发生。因此，丘陵地区、零星棉田及周围多草的棉田常比平原地、成片棉田及周围杂草少的棉田发生数量多，为害也重。叶片上多毛和毛长的品种不利于棉叶蝉取食，具有抗虫性。

天敌。棉叶蝉的捕食性天敌有蜘蛛、草蛉、隐翅虫、瓢虫和蚂蚁等；寄生性天敌有红恙螨、棉叶蝉柄翅小蜂、寄生真菌等，对棉叶蝉的数量有一定的抑制作用。

(四)防治方法

(1)调查方法

每代发生始盛期前1个月开始，到为害结束，每5天调查1次。选择离虫源田较近的棉花长势较好和一般棉田各1块，每块田5点取样，每点20株，记载每株第3果枝1个叶片上的成、若虫数量。

(2)防治技术

棉叶蝉的防治要以农业防治为基础，压低发生基数和防治其他棉花害虫时进行兼治为重点。

①农业防治。冬、春季结合积肥，清除田边、沟边杂草；选种叶片多毛、毛长的抗虫品种；适时早播，合理密植，增施磷、钾肥和有机肥，促进棉花健壮生长，提高抗害能力。

②化学防治。一般发生年份可结合防治棉铃虫、棉红铃虫等。若发生数量达70头/百叶以上或棉叶已经受害时，应及时进行药剂防治。常用的药剂有：2%叶蝉散粉剂或5%甲奈威粉剂30 kg/hm^2，50%西维因可湿性粉剂或25%伏杀磷乳油1000倍、2.5%溴氰菊酯乳油2000倍、10%吡虫啉可湿性粉剂2500倍、20%扑虱灵乳油或50%辛硫磷乳油1000倍等。

二十八、短额负蝗

见第二章第二十二节。

第五章　玉米病害及防治

我国是世界玉米生产第二大国，从20世纪70年代以来，也是病害发生为害较重的国家之一，每年因病虫造成的损失约5%～15%，局部地方的严重病害可达到50%～70%以上的严重损失。我国玉米病害约55种，本章介绍了较为常见的30种。

一、玉米青枯病

玉米青枯病又称玉米茎基腐病或茎腐病，是世界性的玉米病害，但在我国近年来才有严重发生。1981年河南省大发生，全省被害面积100万亩以上，严重地块发病率达80%～90%，甚至绝产；1985年河北省涿鹿县发病面积在10万亩以上，每亩减产50～100kg；1987年吉林省怀德、榆树、扶余等县，因此病减产达0.75亿kg；1988年广西扶绥县，秋玉米上大发生，面积达7万～8万亩，发病率为70%～80%，损失严重。目前，我国在广西、湖北、四川、山东、山西、陕西、河北、辽宁、吉林、黑龙江、天津、北京等地，均有发生为害，已成为当前玉米生产上的一大病害。

(一)发生及为害

玉米青枯病是为害玉米根和茎基部的一类重要土传真菌病害。发病率一般为10%～20%，严重的达30%以上。青枯病一旦发生，全株很快枯死，一般只需5～8天，快的只需2～3天。

青枯病是由多种病原菌单独或复合侵染造成根系和茎基腐烂的一类病害的总称。一般在玉米灌浆期开始发病，乳熟末期至蜡熟期为显症高峰。我国茎基腐病的症状主要是由腐霉菌和镰刀菌引起的青枯和黄枯两种类型。

青枯病发病的轻重与玉米的品种、生育期、种植密度、田间排灌、气候条件等有关。一般发生在玉米乳熟期前后，尤其是种植密度大，天气炎热，又遇大雨，田间有积水时发病重。最常见的是雨后天晴，太阳暴晒时发生(马奇祥，1999)。

玉米青枯病的病原菌尚有争论，各地分离的病菌不同，有三种看法：(1)由真菌镰刀菌引起的；(2)由真菌腐霉菌引起的；(3)是由腐霉菌和镰刀菌复合侵染形成的。这三种情况是都存在的，由于各地生态环境不同，所以得出的结果不一。镰刀菌和腐霉菌二者都能浸染致病，引起玉米青枯病，只是环境不同，主次不一而已。

发病条件为：(1)与雨量和空气潮湿有关。玉米茎腐病多发生在气候潮湿的条件下，如在北京地区，凡是7、8月间降雨多，雨量大，玉米青枯病发生就严重，因为此时降雨造成了病原菌孢子萌发及侵入的条件，使9月上旬玉米抗性弱的乳熟阶段植株大量发病。(2)就植株生育阶段而言，玉米幼苗及生长前期很少发生茎枯病，这是由于植株在这一生长阶段对病菌有较强抗性，但到灌浆、乳熟期植株抗性下降，遇到较好的发病条件，就大量发病。(3)连作的玉米地发病重。这是由于在连作的条件下，土壤中积累了大量病原菌，易使植株受侵染。

(二)为害症状

图 25　玉米青枯病(戴爱梅 摄)

玉米青枯病主要发生于玉米乳熟期。首先是根系发病,局部产生淡褐色水渍状病斑,逐渐扩展到整个根系,呈褐色腐烂状,最后根变空心,根毛稀少,植株易拔起;病株叶片自上而下呈水渍状,很快变成青灰色枯死,然后逐渐变黄;果穗下垂,穗柄柔韧,不易掰下;籽粒干瘪,无光泽,千粒重下降(图25)。

茎部症状为开始在茎基节间产生纵向扩展的不规则状褐色病斑,随后缢缩,变软或变硬,后期茎内部空松。剖茎检视,组织腐烂,维管束呈丝状游离,可见白色或粉红色菌丝,茎秆腐烂自茎基第一节开始向上扩展,可达第二、三节,甚至第四节,极易倒折。

叶片症状为主要有青枯、黄枯和青黄枯 3 种类型,以前两种为主。青枯型也称急性型,发病后叶片自下而上迅速枯死,呈灰绿色,水烫状或霜打状,该类型主要发生在感病品种上和条件适合时。黄枯型也称慢性型,发病后叶片自下而上逐渐黄枯,该症状类型主要发生在抗病品种上或环境条件不适合时。青枯、黄枯、茎基腐症状都是根部受害引起。研究表明,在整个生育期中病菌可陆续侵染植株根系造成根腐,致使根腐烂变短,根表皮松脱,髓部变为空腔,须根和根毛减少,使地上部供水不足,出现青枯或黄枯症状。

茎基腐病发生后期,果穗苞叶青干,呈松散状,穗柄柔韧,果穗下垂,不易掰离,穗轴柔软,籽粒干瘦,脱粒困难。夏玉米则发生于 9 月上中旬,一般玉米散粉期至乳熟初期遇大雨,雨后暴晴发病重,久雨乍晴,气温回升快,青枯症状出现较多。在夏玉米生季前期干旱,中期多雨、后期温度偏高年份发病较重。一般早播和早熟品种发病重,适期晚播或种植中晚熟品种可延缓和减轻发病。一般平地发病轻,岗地和洼地发病重。土壤肥沃、有机质丰富、排灌条件良好、玉米生长健壮的发病轻;而砂土地、土质脊薄、排灌条件差、玉米生长弱的发病重。

(三)防治

目前国内尚未培育鉴定出高度抗病品种的情况下,加强栽培防病能减轻病害。如及时中耕及摘除下部叶片,使土壤湿度低,通风透光好。合理密植,不宜高度密植,造成值株郁闭。前期增施磷、钾肥,以提高植株抗性。在条件许可下,提倡轮作,以减少土壤中的病原菌,如玉米与棉花的轮作或套种等,都能减轻病害。

(1)合理轮作,重病地块与大豆、红薯、花生等作物轮作,减少重茬。

(2)选用抗病品种,是一项最经济有效的防治措施。如北京德农郑单 958、农大 108 等。

(3)及时消除病残体,并集中烧毁。收获后深翻土壤,也可减少和控制侵染源。

(4)玉米生长后期结合中耕、培土,增强根系吸收能力和通透性,及时排出田间积水。

(5)种子处理。种衣剂包衣,因为种衣剂中含有杀菌成分及微量元素,一般用量为种子量的 1/40～1/50。

(6)增施肥料,每亩施用优质农家肥 3000～4000kg,纯氮 13～15 kg,硫酸钾 8～10 kg,加强营养以提高植株的抗病力。

(7)用 25%叶枯灵加 25%瑞毒霉粉剂 600 倍液,或用 58%瑞毒锰锌粉剂 600 倍液喇叭口期喷雾预防。发现零星病株可用甲霜灵 400 倍液或多菌灵 500 倍液灌根,每株灌药液 500 mL。

二、玉米黑粉病

玉米黑粉病,又名瘤黑粉病,是常见的玉米病害之一,由玉米黑粉菌侵害所致。玉蜀黍黑粉菌所致的玉蜀黍病害,为害茎、叶、雌穗、雄穗、腋芽等幼嫩组织。

(一)为害症状

俗称灰包、乌霉。为害植株地上部的茎、叶、雌穗、雄穗、腋芽等幼嫩组织。受害组织受病原菌刺激肿大成瘤。病瘤未成熟时,外披白色或淡红色具光泽的柔嫩组织,以后变为灰白或灰黑色,最后外膜破裂,放出黑粉即病菌厚垣孢子。病瘤形状和大小因发病部位不同而异。叶片和叶鞘上瘤大小似豆粒,不产生或很少产生黑粉。茎节、果穗上瘤大如拳头。同一植株上常多处生瘤,或同一位置数个瘤聚在一起。植株茎秆多扭曲,病株较矮小。受害早,果穗小,甚至不能结穗。该病能侵害植株任何部位,形成肿瘤,破裂后散出黑粉,别于丝黑穗病。丝黑穗病一般只侵害果穗和雄穗,并有杂乱的黑色丝状物(孙艳梅,2010)。

(二)病原特征

病原是玉蜀黍黑粉菌 *Ustilago maydis* (DC.) Corda,属于担子菌亚门真菌。玉米黑粉病各个生长期均可发生,尤其以抽穗期表现明显,被害部生出大小不一的瘤状物,初期病瘤外包一层白色薄膜,后变灰色,瘤内含水丰富,干裂后散发出黑色的粉状物,即病原菌孢子,叶子上易产生豆粒大小的瘤状物。雄穗上产生囊状物瘿瘤,其他部位则形成大型瘤状物。

厚垣孢子球形或卵形,黄褐色,表面具明显细刺,大小 8～12 μm;厚垣孢子萌发时产生有隔的先菌丝,侧生 4 个无色梭形担孢子;担孢子萌发产生侵染丝,芽殖产生的次生小孢子也能萌发产生侵染丝。玉米黑粉菌以异宗结合方式进行繁殖,在人工培养基上以连续芽殖方式形成菌落。该菌有多个生理小种。

(三)传播途径

病菌在土壤、粪肥或病株上越冬,成为翌年初侵染源。种子带菌进行远距离传播。春季气温回升,在病残体上越冬的厚垣孢子萌发产生担孢子,随风雨、昆虫等传播,引致苗期和成株期发病形成肿瘤,肿瘤破裂后厚垣孢子还可进行再侵染。该病在玉米抽穗开花期发病最快,直至玉米老熟后才停止侵害。

(四)发病条件

厚垣孢子萌发适温为 26～30℃,最高 38℃,最低 5℃。担孢子萌发适温 20～25℃,最高为 40℃,侵入适温 26.7～35℃。这两种孢子萌发后可不经气孔直接侵入发病。高温高湿利于孢子萌发。寄主组织柔嫩,有机械伤口病菌易侵入。玉米受旱,抗病力弱,遇微雨或多雾、多露,发病重。前期干旱,后期多雨或干湿交替易发病。连作地或高肥密植地发病重。

(五)防治方法

(1)种植抗病品种比种植一般耐旱品种较抗病,马齿型玉米较甜玉米抗病;早熟种较晚熟种发病轻。

(2)加强农业防治。早春防治玉米螟等害虫,防止造成伤口。在病瘤破裂前割除深埋。秋季收获后清除田间病残体并深翻土壤。实行 3 年轮作。施用充分腐熟有机肥。注意防旱,防止旱涝不均。抽雄前适时灌溉,勿受旱。采种田在去雄前割净病瘤,集中深埋,不可随意丢弃在田间,以减少病菌在田间传播。

三、玉米丝黑穗病

玉米丝黑穗病又称乌米、哑玉米,在华北、东北、华中、西南、华南和西北地区普遍发生。此病自 1919 年在我国东北首次报道以来,扩展蔓延很快,每年都有不同程度发生。从我国来看,以北方春玉米区、西南丘陵山地玉米区和西北玉米区发病较重。一般年份发病率在 2%～8%,个别地块达 60%～70%,损失惨重。20 世纪 80 年代,玉米丝黑穗病已基本得到控制,但仍是玉米生产的主要病害之一。

(一)为害症状

玉米丝黑穗病的典型病症是雄性花器变形,雄花基部膨大,内为一包黑粉,不能形成雄穗。雌穗受害果穗变短,基部粗大,除苞叶外,整个果穗为一包黑粉和散乱的丝状物,严重影响玉米产量。

(1)玉米丝黑穗病的苗期症状

玉米丝黑穗病属苗期侵入的系统侵染性病害。一般在穗期表现典型症状,主要为害雌穗和雄穗。受害严重的植株,在苗期可表现各种症状。幼苗分蘖增多呈丛生形,植株明显矮化,节间缩短,叶片颜色暗绿挺直,农民称此病状是:"个头矮、叶子密、下边粗、上边细、叶子暗、颜色绿、身子还是带弯的。"有的品种叶片上出现与叶脉平行的黄白色条斑,有的幼苗心叶紧紧卷在一起弯曲呈鞭状。

(2)玉米丝黑穗病的成株期症状

玉米成株期病穗上的症状可分为两种类型,即黑穗和变态畸形穗。

①黑穗黑穗病穗除苞叶外,整个果穗变成一个黑粉包,其内混有丝状寄主维管束组织,故名为丝黑穗病。受害果穗较短,基部粗,顶端尖,近似球形,不吐花丝。

②变态畸形穗是由于雄穗花器变形而不形成雄蕊,其颖片因受病菌刺激而呈多叶状;雌穗颖片也可能因病菌刺激而过度生长成管状长刺,呈刺猬头状,长刺的基部略粗,顶端稍细,中央空松,长短不一,由穗基部向上丛生,整个果穗呈畸形。

厚垣孢子近圆球形或卵形,黑褐至赤褐色,直径 9～14 μm,表面有细刺,萌发时产生先菌丝和担孢子。玉米丝黑穗病与高粱丝黑穗病病菌是同一个种的两个不同生理型。玉米上的菌系不能侵染高粱,高粱丝黑穗病菌虽能侵染玉米,但侵染力极低。玉米丝黑穗病菌主要为害玉米的雄穗(天花)和雌穗(果穗),一旦发病,通常全株没有产量。为害轻的雄穗呈淡褐色,分枝少,无花粉,重则全部或部分被破坏,外面包有白膜,形状粗大,白膜破裂后,露出结团的黑粉,不易飞散。小花全部变成黑粉,少数尚残存颖壳,有的颖壳增生成小叶状长 4～5 cm。病果穗较短,基部膨大,端部尖而向外弯曲,多不抽花丝,苞叶早枯黄向一侧开裂,内部除穗轴外,全部分变成黑粉,初期外有灰白膜,后期白膜,白膜破裂,露出结块的黑粉,干燥时黑粉散落,仅留丝状残存物。受害较轻的雌穗,可保持灌浆前的粒形,但籽粒压破后仍为黑粉,也有少数仅中、上部被破坏,基部籽粒呈 3～5 cm 长的芽状物或畸形成成丛生的小叶物,内含少量黑粉。此外,早期病株多表现为全身症状，植株发育不良，表现矮化、节间缩短；叶片丛生，色暗绿，稍窄小伸展不匀，生有黄白色条斑；茎弯曲，基部稍粗，分蘖增多，重则甚至早死。多数病株，前期不表现症状，植株较正常株矮 1/3～2/5，果穗以上部分显著细弱。有的病株前期没有异常表现，但抽穗迟。

（二）病原特征

玉米丝黑穗病的病原菌为孢堆黑粉 *Ustilago maydis*（DC.）Corda，属担子菌亚门孢堆黑粉属，病组织中散出的黑粉为冬孢子，冬孢子黄褐色至暗紫色，球形或近球形，直径 9～14 μm，表面有细刺。冬孢子在成熟前常集合成孢子球并由菌丝组成的薄膜所包围，成熟后分散。冬孢子萌发温度范围为 25～30℃，适温约为 25℃，低于 17℃或高 32.5℃不能萌发；缺氧时不易萌发。病菌发育温度范围为 23～36℃，最适温度为 28℃。冬孢子萌发最适 pH 值为 4.0～6.0，中性或偏酸性环境利于冬孢子萌发，但偏碱性环境抑制萌发。丝黑粉菌有明显的生理分化现象。

丝黑穗病菌（*Sphacelotheca reiliana*）属担子菌纲，黑粉菌目，黑粉菌科、轴黑粉病属。此菌厚垣孢子圆形或近圆形，黄褐色至紫褐色，表面有刺。孢子群中混有不孕细胞。厚垣孢子萌发产生分隔的担子，侧生担孢子，担孢子可芽殖产生次生担孢子。厚垣孢子萌发适温是 27～31℃，低于 17℃，或高于 32.5℃不能萌发。厚垣孢子从孢子堆中散落后，不能立即萌发，必须经过秋、冬、春长时间的感温的过程，使其后熟，方可萌发。该菌主要以冬孢子在土壤中越冬，有些则混入粪肥或黏附在种子表面越冬。土壤带菌是最主要的初次侵染来源，种子带菌则是病害远距离传播的主要途径。冬孢子在土壤中能存活 2～3 年。冬孢子在玉米雌穗吐丝期开始成熟，且大量落到土壤中，部分则落到种子上（尤其是收获期）。播种后，一般在种子发芽或幼苗刚出土时侵染胚芽，有的在 2～3 叶期也发生侵染（有报道认为侵染终期为 7～8 叶期）。冬孢子萌发产生有分隔的担孢子，担孢子萌发生成侵染丝，从胚芽或胚根侵入，并很快扩展到茎部且沿生长点生长。花芽开始分化时，菌丝则进入花器原始体，侵入雌穗和雄穗，最后破坏雄花和雌花。由于玉米生长锥生长较快，菌丝扩展较慢，未能进入植株茎部生长点，这就造成有些病株只在雌穗发病而雄穗无病的现象。

病菌在土壤、粪肥或种子上越冬，成为翌年初侵染源。种子带菌是远距离传播的主要途径。厚垣孢子在土壤中存活 2～3 年。幼苗期侵入是系统侵染病害。玉米播后发芽时，越冬的厚垣孢子也开始发芽，从玉米的白尖期至 4 叶期都可侵入，并到达生长点，随玉米植株生长发育，进入花芽和穗部，形成大量黑粉，成为丝黑穗，产生大量冬孢子越冬。玉米连作时间长及早播玉米发病较重；高寒冷凉地块易发病。沙壤地发病轻。旱地墒情好的发病轻；墒情差的发病重。

（三）发病原因

（1）感病品种的大量种植，是导致丝黑穗病严重发生的因素之一。另外，病原菌可能出现新的生理小种，导致原来抗病的品种丧失抗性。

（2）长期连作致使土壤含菌量迅速增加。据报道，如果以病株率来反映菌量，那么土壤中含菌量每年可大约增长 10 倍。

（3）使用未腐熟的厩肥。据试验，施猪粪的田块发病率为 0.1%，而沟施带菌牛粪的田块发病率高达 17.4%～23%，铺施牛粪的田块发病率为 10.6%～11.1%。

(4) 种子带菌未经消毒、病株残体未被妥善处理都会使土壤中菌量增加，导致该病的严重发生。

(5) 玉米播种至出苗期间的土壤温、湿度与发病关系极为密切。土壤温度在 15～30℃范围内都利于病菌侵入，以 25℃最为适宜。土壤湿度过高或过低都不利于病菌侵入，在 20%的湿度条件下发病率最高。另外，海拔越高、播种过深、种子生活力弱的情况下发病较重。侵染温限 15～35℃，适宜侵染温度 20～30℃，25℃最适。土壤含水量低于 12%或高于 29%不利其发病。

(四)防治

(1)选用优良抗病品种

选用抗病品种是解决该病的根本性措施。一般双亲抗病，杂种一代也抗病，双亲感病，杂种一代也感病。所以在抗病育种工作中，应选择优良抗病自交系作亲本，以获得抗病的后代。抗病的杂交种有丹玉 13、掖单 14、豫玉 28 等。

(2)播前种子处理

用药剂处理种子是综合防治中不可忽视的重要环节。方法有拌种浸种和种衣剂处理三种。玉米丝黑穗病的传染途径是种子、土壤、粪肥带菌。玉米在苗期(有人说五叶期以前)，土中的病菌都能从幼芽和幼根入侵，所以，药剂防治必须选择内吸性强、残效期长的农药，效果才比较好。三唑类杀菌剂拌种防治玉米丝黑穗病效果较好，大面积防效可稳定在 60%～70%。

(3)在生产上推广使用以下几种药剂进行种子处理：

①用有效成分占种子重量 0.2%～0.3%的粉锈宁和羟锈宁拌种，是较为有效的方法；20%萎锈灵 1 kg，加水 5 kg，拌玉米种 75 kg，闷 4 小时效果也很好。

②速保利按 40～80 g 有效成分与 100 kg 种子拌种。

③用 0.3%的氧环宁缓释剂拌种，防效可达 90%以上。

④用 50%多菌灵可湿性粉剂按种子重量 0.3%～0.7%用量拌种，或甲基托布津 50%可湿性粉剂按种子重量 0.5%～0.7%用量拌种。

⑤用 50%矮壮素液剂加水 200 倍，浸种 12 小时，或再用多菌灵、甲基托布津拌种。

⑥选用包衣种子也具有很好的防治效果。

(4)拔除病株

玉米丝黑穗病主要为害雌、雄穗，但苗期已表现病状，且随着叶龄的增加，特征愈明显，确诊率愈高。可结合间苗、定苗及中耕除草等予以拔除病苗、可疑苗，拔节至抽穗期病菌黑粉末散落前拔除病株，抽雄后继续拔除，彻底扫残。拔除的病株要深埋、烧毁，不要在田间随意丢放。

(5)加强耕作栽培措施

①合理轮作。与高粱、谷子、大豆、甘薯等作物，实行 3 年以上轮作。

②调整播期以及提高播种质量。播期适宜并且播种深浅一致，覆土厚薄适宜。

③拔除病株。苗期和生长期症状明显时或生长后期病穗未开裂散出黑粉(冬孢子)之前，及时割除发病株并携出田外深埋。

④施用净肥，减少菌量，禁止用带病秸秆等喂牲畜和作积肥。肥料要充分腐熟后再施用，减少土壤病菌来源。另外，清洁田园，处理田间病株残体，同时秋季进行深翻土地，减少病菌来源，从而减轻病害发生。

⑤选用抗病杂交种，如丹玉 2 号、丹玉 6 号、丹玉 13 号、中单 2 号、吉单 101、吉单 131、四单 12 号、辽单 2 号、锦单 6 号、本育 9 号、掖单 11 号、掖单 13 号、酒单 4 号、陕单 9 号、京早 10 号、中玉 5 号、津夏 7 号、冀单 29、冀单 30、长早 7 号、本玉 12 号、辽单 22 号、龙源 101、海玉 8 号、海玉 9 号、西农 11 号、张单 251、农大 3315 等。

⑥药剂防治。用根保种衣剂包衣玉米播前按药种 1:40 进行种子包衣或用 10%烯唑醇乳油 20 g 湿拌玉米种 100 kg，堆闷 24 小时，防治玉米丝黑穗病，防效优于三唑酮。也可用种子重量 0.3%～0.4%的三唑酮乳油拌种或 40%拌种双或 50%多菌灵可湿性粉剂按种子重量 0.7%拌种或 12.5%速保利可湿性粉剂用种子重量的 0.2%拌种，采用此法需先喷清水把种子湿润，然后与药粉拌匀后晾干即可播种。此外，还可用 0.7%的 50%萎锈灵可湿性粉剂或 50%敌克松可湿性粉剂、0.2%的 50%福美双可湿性粉剂拌种。

⑦早期拔除病株。在病穗白膜未破裂前拔除病株，特别对抽雄迟的植株注意检查，连续拔几次，并把病株携出田外，深埋或烧毁。对苗期表现症状的品种或杂交种，更应结合间苗完苗拔除。拔除病苗应做到坚持把“三关”即苗期剔除病苗，怪苗，可疑苗；拔节、抽雄前拔除病苗；抽雄后继续拔除，彻底扫残，并对病株进行认真处理。

⑧加强检疫，各地应自己制种，外地调种时，应做好产地调查，防止由病区传入带菌种子。

四、玉米褐斑病

玉米褐斑病是近年来在我国发生严重且较快的一种玉米病害。该病害在全国各玉米产区均有发生，其中在河北、山东、河南、安徽、江苏等省为害较重。该病主要发生在玉米叶片、叶鞘及茎秆上。先在顶部叶片的尖端发生，最初为黄褐色或红褐色小斑点，病斑呈圆形或椭圆形，严重时叶片上全部布满病斑，在叶鞘上和叶脉上出现较大的褐色斑点，发病后期叶片的病斑处呈干枯状。温暖潮湿区发生较多，有些年份在泰华玉米地突然流行，重者可引起毁种，为害玉米和类蜀黍属植物。

（一）病原特征

属鞭毛菌亚门节壶菌属真菌。是玉米上的一种专性寄生菌，寄生在薄壁细胞内。休眠孢子囊壁厚，近圆形至卵圆形或球形，黄褐色，略扁平，有囊盖。

（二）为害症状

发生在玉米叶片、叶鞘及茎秆，先在顶部叶片的尖端发生，以叶和叶鞘交接处病斑最多，常密集成行，最初为黄褐多功能或红褐色小斑点，病斑为圆形或椭圆形到线形，隆起附近的叶组织常呈红色，小病斑常汇集在一起，严重时叶片上出现几段甚至全部布满病斑，在叶鞘上和叶脉上出现较大的褐色斑点，发病后期病斑表皮破裂，叶细胞组织呈坏死状，散出褐色粉末(病原菌的孢子囊)，病叶局部散裂，叶脉和维管束残存如丝状。茎上病多发生于节的附近。

（三）发病规律

病菌以休眠孢子(囊)在土地或病残体中越冬，第二年病菌靠气流传播到玉米植株上，遇到合适条件萌发产生大量的游动孢子，游动孢子在叶片表面上水滴中游动，并形成侵染丝，侵害玉米的嫩组织。在 7、8 月若温度高、湿度大，阴雨日较多时，有利于发病。在土壤瘠薄的地块，叶色发黄、病害发生严重，在土壤肥力较高的地块，玉米健壮，叶色深绿，病害较轻甚至不发病。一般在玉米 8～10 片叶时易发生病害，玉米 12 片叶以后一般不会再发生此病害。另外，据调查双亲中含有塘四平头成分玉米品种的易感病，如沈单16号，陕单911，豫玉26等。

（四）发病原因

土壤中及病残体组织中有褐斑病病原体菌。首先，高感品种连作时，土壤中菌量每年增加5～10倍；其次，施肥方面，用有病残体的秸秆还田，施用未腐熟的厩肥堆肥或带菌的农家肥使病菌随之传入田内，造成菌源数量相应的增加。

玉米5～8片叶期，土壤肥力不够，玉米叶色变黄，出现脱肥现象，玉米抗病性降低，是发生褐斑病的主要原因。

空气温度高、湿度大。夏玉米区一般6月中旬至7月上旬若阴雨天多，降雨量大，易感病。

（五）防治方法

(1)农业措施：①玉米收获后彻底清除病残体组织，并深翻土壤；②施足底肥，适时追肥。一般应在玉米4～5叶期追施苗肥，追施尿素（或氮、磷、钾复合肥）10～15 kg/亩，发现病害，应立即追肥，注意氮、磷、钾肥搭配；③选用抗病品种，实行3年以上轮作；④施用日本酵素菌沤制的堆肥或充分腐熟的有机肥，适时追肥、中耕锄草，促进植株健壮生长，提高抗病力；⑤栽植密度适当稀植（大穗品种3500株/亩，耐密品种也不超过5000株/亩），提高田间通透性。

(2)药剂防治：①提早预防。在玉米4～5片叶期，每亩用25%的粉锈宁1000倍液或25%戊唑醇1500倍液叶面喷雾，可预防玉米褐斑病的发生；②及时防治。玉米初发病时立即用25%的粉锈宁（三唑酮）可湿性粉剂1500倍液喷洒茎叶或用防治真菌类药剂进行喷洒。为了提高防治效果可在药液中适当加些叶面肥，如磷酸二氢钾、磷酸二铵水溶液（原文的尿素和后面追施速效氮肥是矛盾的）、蓝色晶典多元微肥、壮汉液肥等，结合追施速效肥料，即可控制病害的蔓延，且促进玉米健壮，提高玉米抗病能力。根据多雨的气候特点，喷杀菌药剂应2～3次，间隔7天左右，喷后6小时内如下雨应雨后补喷。

五、玉米炭疽病

玉米炭疽病是一种针对玉米发作的真菌性病害。这是一个常见的玉米病害。病原菌侵染玉米叶片和茎秆，引起玉米茎基腐，造成玉米减产。全国普遍发生。

（一）为害症状

主要为害叶片。病斑梭形至近梭形，中央浅褐色，四周深褐色，大小为(2～4)mm×(1～2)mm，病部生有黑色小粒点，即病菌分生孢子盘，后期病斑融合，致叶片枯死。

（二）病原特征

为害的真菌为禾生炭疽菌（*Colletotrichum graminicola*），属于半知菌亚门。主要为害叶片。分生孢子盘散生或聚生，黑色；刚毛暗褐色，具隔膜3～7个，顶端浅褐色，稍尖，基部稍膨大，大小(60～119)μm ×(4～6)μm；分生孢子梗圆柱形，单胞无色，大小(10～15)μm ×(3～5)μm；分生孢子新月形，无色，单胞，大小(17～32)μm ×(3～5)μm。有性态为 *Glomerella graminicola* Politis. 称禾生小丛壳。

（三）传播途径

病菌以分生孢子盘或菌丝块在病残体上越冬。翌年产生分生孢子借风雨传播，进行初侵染和再侵染。

(四)发病条件

(1)种植密度大,株、行间郁蔽,通风透光不好,发病重,氮肥施用太多,生长过嫩,抗性降低易发病。

(2)土壤黏重、偏酸;多年重茬地,土壤得不到深耕,耕作层浅缺少有机肥;田间病残体多;肥力不足、耕作粗放、杂草丛生的田块,植株衰弱,发病重。

(3)种子带菌、肥料未充分腐熟、有机肥带菌或肥料中混有本科作物病残体的易发病。

(4)地势低洼积水、排水不良、土壤潮湿易发病,高温、高湿或长期连阴雨的年份发病重。

(五)防治方法

(1)农业防治

①选用垦黏2号、渝糯1号、西玉7号、白黏早玉米、黄黏早玉米等优良品种。

②实行3年以上轮作,深翻土壤,及时中耕,提高地温。

③施用日本酵素菌沤制的堆肥或腐熟有机肥。

④播种或移栽前,清除田间及四周杂草,集中烧毁或沤肥;深翻地灭茬,促使病残体分解,减少病原和虫原。

⑤和非本科作物轮作,水旱轮作最好。

⑥选用抗病品种,选用无病、包衣的种子,如未包衣则种子须用拌种剂或浸种剂灭菌。

⑦育苗移栽或播种后用药土覆盖,移栽前喷施一次除虫灭菌剂,这是防病的关键。

⑧适时早播,早移栽、早间苗、早培土、早施肥,及时中耕培土,培育壮苗。

⑨选用排灌方便的田块,开好排水沟,降低地下水位,达到雨停无积水;大雨过后及时清理沟系,防止湿气滞留,降低田间湿度,这是防病的重要措施。

⑩土壤病菌多或地下害虫严重的田块,在播种前撒施或穴施灭菌杀虫的药土。

⑪施用酵素菌沤制的堆肥或腐熟的有机肥,不用带菌肥料;采用配方施肥技术,适当增施磷钾肥,加强田间管理,培育壮苗,增强植株抗病力,有利于减轻病害。

⑫地膜覆盖栽培;合理密植,及时摘除茎部最低处2～3片叶子,增加田间通风透光度;及时清除病株、老叶,集中烧毁,病穴施药。

⑬及时喷施除虫灭菌药,防治好蚜虫、灰飞虱、玉米螟及地下害虫,断绝虫害传毒、传菌途径;防止病菌、病毒从害虫伤害的伤口进入而为害植株。

⑭高温干旱时应经常灌水,以提高田间湿度,减轻蚜虫、灰飞虱为害与传毒。严禁连续灌水和大水漫灌。

⑮适当调节播种期,尽可能使该病发生的高峰期,即玉米孕穗至抽穗期,不要与雨季相遇。

(2)化学防治

浸种剂:①80%抗菌剂402水剂5000倍液浸种24小时后,捞出晾干即可播种。发病时喷施2亿活芽孢/mL假单胞杆菌水剂(叶扶力)500～800倍液。②80%抗菌剂402水剂8000倍液。

拌种剂:①用种子重量用种子0.2%的10%二硫氰基甲烷(浸种灵)拌种,堆闷24～48小时后播种。②用种子重量0.7%的50%萎锈灵或50%敌克松或40%拌种双或50%多菌灵拌种。③用5%根保种衣剂拌种,拌种方法:先把药剂加适量水喷在种子上拌匀,再堆闷4～8小时后直接播种。

喷施用药：①50%甲基硫菌灵可湿性粉剂 800 倍液。②50%苯菌灵可湿性粉剂 1500 倍液。③25%炭特灵可湿性粉剂 500 倍液。④80%炭疽福美可湿性粉剂 800 倍液。

六、玉米纹枯病

玉米纹枯病在我国最早于 1966 年在吉林省有发生报道。20 世纪 70 年代以后，由于玉米种植面积的迅速扩大和高产密植栽培技术的推广，玉米纹枯病发展蔓延较快，已在全国范围内普遍发生，且为害日趋严重。一般发病率在 70%～100%，造成的减产损失在 10%～20%，严重的高达 35%。由于该病害为害玉米近地面几节的叶鞘和茎秆，引起茎基腐败，破坏输导组织，影响水分和营养的输送，因此，造成的损失较大。

（一）为害症状

主要为害叶鞘，也可为害茎秆，严重时引起果穗受害。发病初期多在基部 1～2 茎节叶鞘上产生暗绿色水渍状病斑，后扩展融合成不规则形或云纹状大病斑。病斑中部灰褐色，边缘深褐色，由下向上蔓延扩展。穗苞叶染病也产生同样的云纹状斑。果穗染病后秃顶，籽粒细扁或变褐腐烂。严重时根茎基部组织变为灰白色，次生根黄褐色或腐烂。多雨、高湿持续时间长时，病部长出稠密的白色菌丝体，菌丝进一步聚集成多个菌丝团，形成小菌核。

（二）病原特征

Rhizoctonia solani Kühn 称立枯丝核菌，属半知菌亚门真菌。有性态为 *Thanatephorus cucumeris* (Frank) Donk 称瓜亡革菌，担子菌门亡革菌属。此外 *R. cerealis* Vander Hoeven 称禾谷丝核菌中的 CAG-3、CAG-6、CAG-8、CAG-9、CAG-10 等菌丝融合群也是该病重要的病原菌，其中 CAG-10 对玉米致病力强。我国不同玉米种植区玉米纹枯病的立枯丝核菌的菌丝融合群及致病性不同。引发典型症状的主要是立枯丝核菌 *R. solani* AG-1IA 菌丝融合群。华北地区 AG-1IA、AG-1IB、AG-3、AG-5 四个菌丝融合群都能侵染玉米。西南地区广泛分布着 AG-4、AG-1IA 两个菌丝融合群，其中 AG-4 对玉米幼苗致病力较强，成株期 AG-1IA 的致病力较强。该菌群是一种不产孢的丝状真菌。菌丝在融合前常相互诱引，形成完全融合或不完全融合或接触融合三种融合状态。玉米纹枯病菌为多核的立枯丝核菌，具 3 个或 3 个以上的细胞核，菌丝直径 6～10 μm。菌核由单一菌丝尖端的分枝密集而形成或由尖端菌丝密集而成。该菌在土壤中形成薄层蜡状或白粉色网状至网膜状子实层。担子桶形或亚圆筒形，较支撑担子的菌丝略宽，上具 3～5 个小梗，梗上着生担孢子；担孢子椭圆形至宽棒状，基部较宽，大小(7.5～12)μm ×(4.5～5.5)μm。担孢子能重复萌发形成 2 次担子。

（三）传播途径

病菌以菌丝和菌核在病残体或在土壤中越冬。翌春条件适宜，菌核萌发产生菌丝侵入寄主，后病部产生气生菌丝，在病组织附近不断扩展。菌丝体侵入玉米表皮组织时产生侵入结构。接种 6 天后，菌丝体沿表皮细胞连接处纵向扩展，随即纵、横、斜向分枝，菌丝顶端变粗，生出侧枝缠绕成团，紧贴寄主组织表面形成侵染垫和附着胞。电镜观察发现，附着胞以菌丝直接穿透寄主的表皮或从气孔侵入，后在玉米组织中扩展。接种后 12 天，在下位叶鞘细胞中发现菌丝，有的充满细胞，有的穿透胞壁进入相邻细胞，使原生质颗粒化，最后细胞崩解；接种后 16 天，AG-IIA 从玉米气孔中伸出菌丝丛，叶片出现水浸斑；24 天后，AG-4 在苞叶和下位叶鞘上出现病症。再侵染是通过与邻株接触进行的，所以该病是短距离传染病害。

(四)发病条件

播种过密、施氮过多、湿度大、连阴雨多易发病。主要发病期在玉米性器官形成至灌浆充实期。苗期和生长后期发病较轻。

(五)防治方法

(1)清除病原,及时深翻,消除病残体及菌核。发病初期摘除病叶,并用药剂涂抹叶鞘等发病部位。

(2)选用抗(耐)病的品种或杂交种,如渝糯 2 号(合糯×衡白 522)、本玉 12 号等。实行轮作,合理密植,注意开沟排水,降低田间湿度,结合中耕消灭田间杂草。

(3)药剂防治。用浸种灵按种子重量 0.02%拌种后堆闷 24～48 小时。发病初期喷洒 1%井冈霉素 0.5kg 兑水 200kg 或 50%甲基硫菌灵可湿性粉剂 500 倍液、50%多菌灵可湿性粉剂 600 倍液、50%苯菌灵可湿性粉剂 1500 倍液、50%退菌特可湿性粉剂 800～1000 倍液;也可用 40%菌核净可湿性粉剂 1000 倍液或 50%农利灵或 50%速克灵可湿性粉剂 1000～2000 倍液。喷药重点为玉米基部,保护叶鞘。

(4)提倡在发病初期喷洒移栽灵混剂。

七、玉米弯孢霉叶斑病

玉米弯孢霉叶斑病,初生褪绿小斑点,逐渐扩展为圆形至椭圆形褪绿透明斑,中间枯白色至黄褐色,边缘暗褐色,四周有浅黄色晕圈,大小(0.5～4)mm×(0.5～2)mm,大的可达 7 mm×3 mm。湿度大时,病斑正背两面均可见灰色分生孢子梗和分生孢子。

(一)为害症状

该病症状变异较大,在有些自交系和杂交种上只生一些白色或褐色小点。主要为害叶片、叶鞘、苞叶。可分为抗病型、中间型、感病型。抗病型病斑小,圆形、椭圆形或不规则形,中间灰白色至浅褐色,边缘外围具狭细半透明晕圈。中间型如 E28,形状无异,中央灰白色或淡褐色,边缘具褐色环带,外围褪绿晕圈明显。

(二)病原特征

弯孢霉(*Curvularia lunata* (Walker) Boedijn,有性态为 *Cochliobolus lunatus* Helson et Haasis),属半知菌亚门真菌。在 PDA 平皿上菌落墨绿色丝绒状,呈放射状扩展,老熟后呈黑色,表面平伏状。分生孢子梗褐色至深褐色,单生或簇生,较直或弯曲,大小(52～116)μm ×(4～5)μm。分生孢子花瓣状聚生在梗端。分生孢子暗褐色,弯曲或呈新月形,大小(20～30)μm ×(8～16)μm,具隔膜 3 个,大多 4 胞,中间 2 细胞膨大,其中第 3 个细胞最明显,两端细胞稍小,颜色也浅。

(三)发病条件

病菌在病残体上越冬,翌年 7—8 月高温高湿或多雨的季节利于该病发生和流行。该病属高温高湿型病害,发生轻重与降雨多少、时空分布、温度高低、播种早晚、施肥水平关系密切。生产上品种间抗病性差异明显。高感的自交系和杂交种有黄早 4、478、黄野 4、黄 85 等。中感的自交系和杂交种有掖 107、E28、掖单 2 号、反交掖单 2、掖单 4 号、掖单 12、掖单 13、掖单 19、掖单 20、西玉 3 号等。

(四)防治方法

(1)选育和种植抗病品种。高抗的自交系和杂交种有 M017、苏唐白、豫 12、豫 20、502、唐玉 5 号、中单 2 号、冀单 22 号、中玉 5 号、丹玉 13、8503、9011×黄早 4、廊玉 5 号、唐抗 5 号、沈单 7、掖单 18 等;中抗的自交系和杂交种有综 31、获唐黄、文黄、鲁凤 92、L105、8112、许 052、掖单 51、掖单 52、唐抗 1、冀单 24、鲁玉 10、烟单 14、反交烟单 14、京早 10、农大 60、太合 1 号、沪单 2、7505、1243、H21×8112 等。

(2)栽培防病

①轮作换茬和清除田间病残体;②适当早播;③提倡施用酵素菌沤制的堆肥或充分腐熟有机肥。

(3)药剂防治。提倡选用 40%新星乳油 10000 倍液或 6%乐必耕可湿性粉剂 2000 倍液、50%退菌特可湿性粉剂 1000 倍液、12.5%特普唑(速保利)可湿性粉剂 4000 倍液、50%速克灵可湿性粉剂 2000 倍液、58%代森锰锌可湿性粉剂 1000 倍液。施药方法应掌握在玉米大喇叭口期灌心,效果较喷雾法好,且容易操作。如采用喷雾法可掌握在病株率达 10%左右喷第 1 次药,隔 15～20 天再喷 1～2 次。

八、玉米霜霉病

(一)为害症状

一种是心叶长出黄白色条纹,重病苗提前枯死。成株期呈抑制型黄化萎缩症状。常见有植株严重矮缩型和植株高大、仅个别小花变态型。雄花正常抽出,雌花无花丝,病株心叶拧卷下弯。第二种是发病幼苗严重矮化,生长衰弱,叶色较浓,沿脉形成黄褐色条状枯死斑。玉米霜霉的典型症状是病株矮小,叶片现淡绿、黄绿相间的条纹,叶背生白色霜状霉层,后期病叶枯死。菲律宾指霜霉的症状玉米叶片呈黄绿相间条纹斑,叶背生较高的白色霜霉层,叶鞘现黄白色条纹,病株矮化节间缩短,茎秆弯曲或叶卷旋。

(二)病原特征

P. maydis 孢子囊梗 1 根或 2～3 根 1 丛,由气孔伸出,粗短,长 124～157 mm,分枝集中在顶端,多 1 次分枝,个别有 2～3 次分枝,每一分枝端部具 3～5 个小梗,小梗长 18.9 μm,端部着生卵圆形孢子囊,大小 13～22 μm。*P. philippinensis* 病菌卵孢子球形,壁光滑,直径 15.3～22.6 μm,少见。

菌丝分枝,直径 8 μm,吸器小,呈泡囊状。孢囊梗从气孔伸出,无色透明,长 160 μm 以上,上部具 2～4 次指状分枝,小梗顶端尖圆,基部具脚细胞。孢子囊无色透明,大小(33.5～47.5) μm ×(17.5～20)μm,该菌有生理分化。*P. sacchari* 主要分布在台湾,使 2/3 杂交玉米受害。

病菌卵孢子黄色,球形,大小 40～50 μm。孢囊梗单生或双生,从气孔伸出,长 160～170 μm,宽 10～15 μm,具脚胞,具隔膜 0～2 个,上部 2～3 次双分枝,小梗圆锥形,顶生椭圆形孢子囊,大小(25～41)μm ×(15～23)μm。此外 *Peronosclerophthora mcrospora* 菌丝体生在寄主细胞间,主要在维管束及其附近,孢囊梗短,单生,偶生二次分枝,长 4.8～30 μm,由气孔伸出,其上着生孢子囊:孢子囊椭圆形至倒卵形,有乳突,带紫褐色至浅黄色,密集时现白粉状物,大小(15.3～84.4)μm ×(13.3～56)μm;孢子囊萌发产生 30～90 个游动孢子。游动孢子椭圆形,浅黄褐色至茶褐色,大小 9～16 μm;卵孢子球形至椭圆形,浅黄色至黄褐色,大小 54.2×

49.5 μm。是宁夏优势种。

(三)传播途径

病菌在病残体上越冬。翌春产生孢子囊借风雨传播,进行初侵染,以后不断产生孢子囊进行再侵染。

(四)发病条件

气候潮湿或雨水充沛、地势低洼利于发病。

(五)防治方法

(1)选用抗病品种如台南 11 号。

(2)及时拔除病株集中烧毁或深埋,发病株率高于 20%应废耕。

(3)平整土地,注意排水,防止苗期淹水。

(4)发病初期喷洒 90%乙磷铝可湿性粉剂 400 倍液或 64%杀毒矾可湿性粉剂 500 倍液、72%杜邦克露或克霜氰或霜脲锰锌(克抗灵)可湿性粉剂 700 倍液、12%绿乳铜乳油 600 倍液。

(5)对上述杀菌剂产生抗药性的地区,可改用 69%安克锰锌可湿性粉剂或水分散颗粒剂 1000 倍液。

(6)有条件的可施用木霉素 20 亿单位/g 水分散性微粒剂,防治霜霉病效果与乙磷铝不差上下。

九、玉米锈病

玉米锈病包括普通锈病(common corn rust)、南方锈病(southern corn rust)、热带锈病(tropic corn rust)及秆锈病(stem corn rust)等 4 种。其中普通锈病遍布世界各玉米栽培区,南方锈病主要发生在低纬度地区,热带锈病主要分布于美洲,秆锈病仅在坦桑尼亚和美国有发生报道。我国发生的为普通锈病,主要分布于西南地区,其他地区虽有分布,但为害较小。玉米锈病多发生在玉米生育后期,一般为害性不大,但在有的自交系和杂交种上也可严重染病,使叶片提早枯死,造成较重的损失。

(一)为害症状

玉米锈病是我国华南、西南一带重要病害。主要侵染叶片,严重时也可侵染果穗、苞叶乃至雄花。初期仅在叶片两面散生浅黄色长形至卵形褐色小脓疤,后小疱破裂,散出铁锈色粉状物,即病菌夏孢子;后期病斑上生出黑色近圆形或长圆形突起,开裂后露出黑褐色冬抱子。普通锈病可发生在玉米植株上的各个部位,但主要发生在叶片上。在受害部位初形成乳白色、淡黄色,后变黄褐色乃至红褐色的夏孢子堆,夏孢子堆在叶两面散生或聚生,椭圆或长椭圆形,隆起,表皮破裂散出锈粉状夏孢子,呈黄褐色至红褐色。后期在叶两面形成冬孢子堆,长椭圆形,初埋,后突破表皮呈黑色,长 1～2 mm,有时多个冬孢子堆汇合连片,使叶片提早枯死。

(二)病原特征

Puccinia sorghi Schw. 称玉米柄锈,属担子菌亚门真菌。夏孢子堆黄褐色。夏孢子浅褐色,椭圆形至亚球状,具细刺。大小(24～32)μm ×(20～28)μm,壁厚 1.5～2 μm,有 4 个芽孔。冬孢子长椭圆形或椭圆形,栗褐色,顶端圆,少数扁平,表面光滑,具 1 个隔膜,隔膜处稍缢缩,冬孢子裸露时黑褐色,椭圆形至棍棒形,大小(28～53)μm ×(13～25)μm,端圆,分隔处稍

缢缩，柄浅褐色，与孢子等长或略长。性子器生在叶两面。锈孢子器生在叶背，杯形。锈孢子椭圆形至亚球形，大小(18～26)μm ×(13～19)μm，具细瘤，寄生在酢浆草上。据报道 *P. Polysora* Unedrw. 称多堆柄锈菌，引起南方锈病，主要在台湾和海南岛发生。据国外报道，玉米普通锈病在其转主寄主植物－－酢浆草属植物上产生性孢子器和锈孢子器，但在我国还未见报道。高粱柄锈菌存在生理分化现象。

此外 *Physopella zeae* (Mams) Cuminins Ramachar 能引起热带型玉米锈病。

(三)传播途径和发病条件

我国发生的普通型、南方型玉米锈病在南方以夏孢子辗转传播、蔓延，不存在越冬问题。北方则较复杂，菌源来自病残体或来自南方的夏孢子及转主寄主一酐浆草，成为该病初侵染源。田间叶片染病后，病部产生的夏孢子借气流传播，进行再侵染，蔓延扩展。生产上早熟品种易发病。高温多湿或连阴雨、偏施氮肥发病重。烟台 14 号、农大 60 号、黄早四、5003 不抗病。

在我国，玉米普通锈病越冬和初次侵染来源问题尚未完全明确。在广西、云南、贵州等南方各省(区、市)，由于冬季气温较高，夏孢子可以在当地越冬，并成为当地第二年的初侵染菌源，但在甘肃、陕西、河北、山东等北方省份，由于冬季寒冷，夏孢子和冬孢子能否安全越冬尚存在争议，且也未发现酢浆草与玉米锈病的初侵染存在联系。总之，在北方玉米锈病发生的初侵染菌源主要是南方玉米锈病菌的夏孢子随季风和气流传播而来的。普遍锈病在相对较低的气温(16～23℃)和经常降雨、相对湿度较高(100%)的条件下，易于发生和流行。在我国西南山区玉米锈病正是在这样的条件下普遍发生的。据国外报道，玉为普通锈病的夏孢子堆和冬孢子堆阶段也可发生于大刍草上。实践证明，偏施氮肥有利于玉米锈病的发生。不同玉米品种和品系对玉米锈病存在明显的抗性差异，马齿型较抗病，甜质型玉米则抗病性较差，生育期短的早熟品种发病较重。

(四)防治

玉米锈病是一种气流传播的大区域发生和流行的病害、防治上必须采取以选用抗病品种为主、以栽培防病和药剂防治为辅的综合防治措施。病重地区应更换抗病品种；适时播种，合理密植，避免偏施氮肥，搭配使用磷钾肥。发病初期要及时喷药防治，有效药剂有 65%代森锌 500 倍液，50 %代森铵水剂 800～1000 倍液，0.2 波美度的石硫合剂，25%粉锈宁可湿性粉剂 1000～1500 倍液。在发病初期开始喷洒 25%三唑酮可湿性粉剂 1500～2000 倍液或 40%多·硫悬浮剂 600 倍液、50%硫磺悬浮剂 300 倍液、30%固体石硫合剂 150 倍液、25%敌力脱乳油 3000 倍液、12.5%速保利可湿性粉剂 4000～5000 倍液，隔 10 天左右 1 次，连续防治 2～3 次。

十、玉米大斑病

玉米大斑病又称条斑病、煤纹病、枯叶病、叶斑病等。

(一)为害症状

主要为害玉米的叶片、叶鞘和苞叶。叶片染病先出现水渍状青灰色斑点，然后沿叶脉向两端扩展，形成边缘暗褐色、中央淡褐色或青灰色的大斑。后期病斑常纵裂。严重时病斑融合，叶片变黄枯死。潮湿时病斑上有大量灰黑色霉层。下部叶片先发病。在单基因的抗病品种上表现为褪绿病斑,病斑较小,与叶脉平行,色泽黄绿或淡褐色,周围暗褐色。有些表现为坏死斑。

(二)传播途径

病原菌以菌丝或分生孢子附着在病残组织内越冬。成为翌年初侵染源,种子也能带少量病菌。田间侵入玉米植株,经 10～14 天在病斑上可产生分生孢子,借气流传播进行再侵染。玉米大斑病的流行除与玉米品种感病程度有关外,还与当时的环境条件关系密切。

(三)发病条件

温度 20～25℃、相对湿度 90%以上利于病害发展。气温高于 25℃或低于 15℃,相对湿度小于 60%,持续几天,病害的发展就受到抑制。在春玉米区,从拔节到出穗期间,气温适宜,又遇连续阴雨天,病害发展迅速,易大流行。玉米孕穗、出穗期间氮肥不足发病较重。低洼地、密度过大、连作地易发病(薛春生 等,2014)。

(四)防治方法

玉米大斑病的防治应以种植抗病品种为主,加强农业防治,辅以必要的药剂防治。

(1)选种抗病品种。根据当地优势小种选择抗病品种,注意防止其他小种的变化和扩散,选用不同抗性品种及兼抗品种。如:京早 1 号、北大 1236、中玉 5 号、津夏 7 号、冀单 29、冀单 30、冀单 31、冀单 33、长早 7 号、西单 2 号、本玉 11 号、本玉 12 号、辽单 22 号、绥玉 6 号、龙源 101、海玉 89、海玉 9 号、鲁玉 16 号、鄂甜玉 1 号、滇玉 19 号、滇引玉米 8 号、农大 3138、农单 5 号、陕玉 911、西农 11 号、中单 2 号、吉单 101、吉单 131、C103、丹玉 13、丹玉 14、四单 8、郑单 2、群单 105、群单 103、承单 4、冀单 2、京黄 105、京黄 113、沈单 5、沈单 7、本玉 9、锦单 6、鲁单 15、鲁单 19、思单 2、掖单 12、陕玉 9 号,具体品种选择可根据当地气候与具体情况来综合分析,不可一概而论,以免影响农业生产。

(2)加强农业防治。适期早播,避开病害发生高峰。施足基肥,增施磷钾肥。做好中耕除草培土工作,摘除底部 2～3 片叶,降低田间相对湿度,使植株健壮,提高抗病力。玉米收获后,清洁田园,将秸秆集中处理,经高温发酵用作堆肥。实行轮作。

(3)药剂防治。对于价值较高的育种材料及丰产田玉米,可在心叶末期到抽雄期或发病初期喷洒 50%多菌灵可湿性粉剂 500 倍液或 50%甲基硫菌灵可湿性粉剂 600 倍液、75%百菌清可湿性粉剂 800 倍液、25%苯菌灵乳油 800 倍液、40%克瘟散乳油 800～1000 倍液、农用抗菌素 120 水剂 200 倍液,隔 10 天防一次,连续防治 2～3 次。一般于病情扩展前防治,即可在玉米抽雄前后,当田间病株率达 70%以上、病叶率 20%左右时,开始喷药。防效较好的药剂种类有:50%多菌灵可湿性粉剂,50%敌菌灵可湿性粉或 90%代森锰锌,均加水 500 倍,或 40%克瘟散乳油 800 倍喷雾。每亩用药液 50～75 kg,隔 7～10 天喷药 1 次,共防治 2～3 次。

十一、玉米小斑病

又称玉米斑点病。由半知菌亚门丝孢纲丝孢目长蠕孢菌侵染所引起的一种真菌病害。为我国玉米产区重要病害之一,在黄河和长江流域的温暖潮湿地区发生普遍而严重。在安徽省淮北地区夏玉米产区发生严重。一般造成减产 15%～20%,减产严重的达 50%以上,甚至无收。

(一)为害症状

常和大斑病同时出现或混合侵染,因主要发生在叶部,故统称叶斑病。发生地区,以温度较高、湿度较大的丘陵区为主。此病除为害叶片、苞叶和叶鞘外,对雌穗和茎秆的致病力也比大斑病强,可造成果穗腐烂和茎秆断折。其发病时间,比大斑病稍早。发病初期,在叶片上出现半透明水渍状褐色小斑点,后扩大为(5～16)×(2～4)mm大小的椭圆形褐色病斑,边缘赤褐色,轮廓清楚,上有二、三层同心轮纹。病斑进一步发展时,内部略褪色,后渐变为暗褐色。天气潮湿时,病斑上生出暗黑色霉状物(分生孢子盘)。叶片被害后,使叶绿组织常受损,影响光合机能,导致减产(张光华 等,2011)。

(二)病原特征

Bipolaris maydis (Nisikado et Miyake) Shoeml 称玉蜀黍平脐蠕孢,属半知菌亚门真菌。异名有:*Helminthosporium maydis* Nisikadoet Miyake、*Drechslera maydis* (Nisikado et Miyake) Subram. & Jain。有性态物 *Cochliobolus heterostrophus* (Drechsler)Drechsler 称异旋孢腔菌,异名 *Ophiobolus heterostrophus* Drechsler。子囊座黑色,近球形,大小(357～642)μm ×(276～443)μm,子囊顶端钝圆,基部具短柄,大小(124.6～183.3)μm ×(22.9～28.5)μm。每个子囊内有4个或3个或2个子囊孢子。子囊孢子长线形,彼此在子囊里缠绕成螺旋状,有隔膜,大小(146.6～327.3)μm ×(6.3～8.8)μm,萌发时子囊壳及分生孢子、分生孢子梗及分生每个细胞均长出芽管。无性态的分生孢子梗散生在病叶孢子病斑两面,从叶上气孔或表皮细胞间隙伸出,2～3根束生或单生,榄褐色至褐色,伸直或呈膝状曲折,基部细胞大,顶端略细色较浅,下部色深较粗,抱痕明显,生在顶点或折点上,具隔膜3～18个,一般6～8个,大小(80～156)μm ×(5～10)μm。分生孢子从分生孢子梗的顶端或侧方长出,长椭圆形,多弯向一方,褐色或深褐色,具隔膜1～15个,一般6～8个,大小(14～129)μm ×(5～17)μm,脐点明显。该菌在玉米上已发现O、T两个生理小种。T小种对有T型细胞质的雄性不育系有专化型,O小种无这种专化性。

(三)发病条件

主要以休眠菌丝体和分生孢子在病残体上越冬,成为翌年发病初侵染源。分生孢子借风雨、气流传播,侵染玉米,在病株上产生分生孢子进行再侵染。发病适宜温度26～29℃。产生孢子最适温度23～25℃。孢子在24℃下,1小时即能萌发。遇充足水分或高温条件,病情迅速扩展。玉米孕穗、抽穗期降水多、湿度高,容易造成小斑病的流行。低洼地、过于密植荫蔽地;连作田发病较重。

(四)发病特点

主要以菌丝体在病残株上(病叶为主)越冬,分生孢子也可越冬,但存活率低。玉米小斑病的初侵染菌源主要是上年收获后遗落在田间或玉米秸秆堆中的病残株,其次是带病种子,从外地引种时,有可能引入致病力强的小种而造成损失。玉米生长季节内,遇到适宜温、湿度,越冬菌源产生分生孢子,传播到玉米植株上,在叶面有水膜条件下萌发侵入寄主,遇到适宜发病的温、湿度条件,经5～7天即可重新产生新的分生孢子进行再侵染,这样经过多次反复再侵染造成病害流行。在田间,最初在植株下部叶片发病,向周围植株传播扩散(水平扩展),病株率达一定数量后,向植株上部叶片扩展(垂直扩展)。自然条件下,还侵染高粱。

(五)发生规律

小斑病菌,属半知菌类,丛梗孢目,暗梗孢科,长蠕孢属。现已知有两个生理小种。O小种分布最广,主要侵害叶片;T小种,对具有T型细胞质的玉米有专一的侵害能力,可以侵入花丝、籽粒、穗轴等,使果穗变成灰黑色造成严重减产。病菌以菌丝和分生孢子在病株残体上越冬,第二年产生分生孢子,成为初次侵染源。分生孢子靠风力和雨水的飞溅传播,在田间形成再次侵染。其发病轻重,和品种、气候、菌源量、栽培条件等密切相关。一般来说,抗病力弱的品种,生长期中露日多、露期长、露温高、田间闷热潮湿以及地势低洼、施肥不足等情况下,发病较重。四川省的情况是播期愈晚,发病愈重。

(六)防治方法

(1)因地制宜选种抗病杂交种或品种。如掖单4号、掖单2号和3号、沈单7号、丹玉16号、农大60、农大3138、农单5号、华玉2号、冀单17号、成单9号和10号、北大1236、中玉5号、津夏7号、冀单29号、冀单30号、冀单31号、冀单33号、长早7号、西单2号、本玉11号、本玉12号、辽单22号、鲁玉16号、鄂甜玉11号、鄂玉笋1号、滇玉19号、滇引玉米8号、陕玉911、西农11号等。

(2)加强农业防治。清洁田园,深翻土地,控制菌源;摘除下部老叶、病叶,减少再侵染菌源;降低田间湿度;增施磷、钾肥,加强田间管理,增强植株抗病力。

(3)药剂防治。发病初期喷洒75%百菌清可湿性粉剂800倍液或70%甲基硫菌灵可湿性粉剂600倍液、25%苯菌灵乳油800倍液、50%多菌灵可湿性粉剂600倍液,间隔7~10天一次,连防2~3次。

十二、玉米干腐病

玉米干腐病是玉米重要病害之一,被有些省市列为检疫对象。东北发生重,江苏、安徽、四川、广东、云南、贵州、湖南、湖北、浙江等省都有发生。

(一)为害症状

玉米地上部均可发病,但茎秆和果穗受害重。茎秆、叶鞘染病多在近基部的4~5节或近果穗的茎秆产生褐色或紫褐色至黑色大型病斑,后变为灰白色。叶鞘和茎秆之间常存有白色菌丝,严重时茎秆折断,病部长出很多小黑点,即病原菌的分生孢子器。叶片染病多在叶片背面形成长条斑,长5 cm,宽1~2 cm,一般不生小黑点。果穗染病多表现早熟、僵化变轻。剥开苞叶可见果穗下部或全穗籽粒皱缩,苞叶和果穗间、粒行间常生有紧密的灰白色菌丝体,病果穗便轻易折断。严重的籽粒基部或全粒均有少量白色菌丝体,散生很多小黑点。纵剖穗轴,穗轴内侧、护颖上也生小黑粒点,这些症状是识别该病的重要特症。*Diplodia frumenti* 引起的干腐病症状与 *D. zeae* 和 *D. macrospora* 引起的干腐病区别:前者在籽粒、穗轴上均产生暗褐色菌丝体,严重时整个果穗变成黑色,籽粒内充满变黑的组织和菌丝体,其中还埋生黑色分生孢子器,同时茎秆的髓部也变黑,果穗基部最易受害。茎秆受害则以下部的节和节间发生较多,后期病部纵裂,分生孢子器突出。

(二)病原特征

Stenocarpell maydis (Berk) Sutton 称玉米狭壳柱孢和 *macrospora* (Earle) Sutton 称大孢狭壳柱孢及 *Diplodia frumenti* Ell. et Ev. 称干腐色二孢,均属半知菌亚门真菌。干腐色

二孢菌的有性态为 *Pbsalospora zeicola* Ell. et Ev. 称玉米囊孢壳。玉米狭壳柱孢菌分生孢子器直径 150～300 μm，产孢细胞(10～20)μm ×(2～3)μm；分生孢子隔膜 0～2 个，大小(15～34)μm ×(5～8)μm。大孢狭壳柱孢菌分生孢子器直径 200～300 μm，产孢细胞(8～15)μm ×(3～4)μm；分生孢子 0～3 个分隔，大小(44～82)μm ×(7.5～11.5)μm，着生于玉米茎秆、种子及叶片上。干腐色二孢子囊壳黑褐色，子囊孢子 8 个排成双行，椭圆形，无色单胞，大小(20～23)μm ×(8～9)μm。

(三)传播途径

病菌以菌丝体和分生孢子器在病残组织和种子上越冬。翌春遇雨水，分生孢子器吸水膨胀，释放出大量分生孢子，借气流传播蔓延。

(四)发病条件

玉米生长前期遇有高温干旱，气温 28～30℃，雌穗吐丝后半个月内遇有多雨天气利其发病。

(五)防治方法

(1)列入检疫对象的地区及无病区要加强检疫，防止该病传入。

(2)病区要建立无病留种田，供应无病种子。

(3)重病区应实行大面积轮作，不连作。

(4)收获后及时清洁田园，以减少菌源。

(5)药剂防治

①播前用 200 倍福尔马林浸种 1 小时或用 50％多菌灵或甲基硫菌灵可湿性粉剂 100 倍液浸种 24 小时后，用清水冲洗晾干后播种。

②抽穗期发病初喷洒 50％多菌灵或 50％甲基硫菌灵可湿性粉剂 1000 倍液或 25％苯菌灵乳油 800 倍液，重点喷果穗和下部茎叶，隔 7～10 天 1 次，防治 1 次或 2 次。

十三、玉米圆斑病

吉林、辽宁、河北等省均发生，主要为害果穗、苞叶、叶片和叶鞘。

(一)为害症状

我国发现玉米圆斑病主要为害品种是吉 63 自交系。果穗染病从果穗尖端向下侵染，果穗籽粒呈煤污状，籽粒表面和籽粒间长有黑色霉层，即病原菌的分生孢子梗和分生孢子。病粒呈干腐状，用手捻动籽粒即成粉状。苞叶染病现不整形纹枯斑，有的斑深褐色，一般不形成黑色霉层，病菌从苞叶伸至果穗内部，为害籽粒和穗轴。叶片染病初生水浸状浅绿色至黄色小斑点，散生，后扩展为圆形至卵圆形轮纹斑。病斑中部浅褐色，边缘褐色，外围生黄绿色晕圈，大小(5～15)mm ×(3～5)mm。有时形成长条状线形斑，病斑表面也生黑色霉层。叶鞘染病时初生褐色斑点，后扩大为不规则形大斑，也具同心轮纹，表面产生黑色霉层。圆斑病穗腐病侵染自交系 478 时，果穗尖端黑腐的长度为 5.3～9.3cm，占果穗长的 2/5～3/5，果穗基部则不被侵染。在吉 63 自交系果穗上的症状与玉米小斑病菌 T 小种侵染 T 型不育系果穗上的症状相似，应注意区别。玉米圆斑病在自交系 478 及吉 63 上症状不同，可能是不同的反应型。

(二)病原特征

分生孢子梗暗褐色，顶端色浅，单生或 2～6 根丛生，正直或有膝状弯曲，两端钝圆，基部细胞膨大，有隔膜 3～5 个，大小(64.4～99)μm ×(7.3～9.9)μm。分生孢子深橄榄色，长椭圆形，中央宽，两端渐窄，孢壁较厚，顶细胞和基细胞钝圆形，多数正直，脐点小，不明显，具隔膜 4～10 个，多为 5～7 个，大小(33～105)μm ×(12～17)μm。该菌有小种分化。

(三)传播途径

玉米圆斑病传播途径与大小斑病相似。由于穗部发病重，病菌可在果穗上潜伏越冬。翌年带菌种子的传病作用很大，有些染病的种子不能发芽而腐烂在土壤中，引起幼苗发病或枯死。此外，遗落在田间或秸秆垛上残留的病株残体，也可成为翌年的初侵染源。条件适宜时，越冬病菌孢子传播到玉米植株上，经 1～2 天潜育萌发侵入。病斑上又产生分生孢子，借风雨传播，引起叶斑或穗腐，进行多次再侵染。

(四)发病条件

玉米吐丝至灌浆期，是该病侵入的关键时期。

(五)防治方法

(1)选用抗病品种。目前生产上抗圆斑病的自交系和杂交种有：二黄、铁丹 8 号、英 55、辽 1311、吉 69、武 105、武 206、齐 31、获白、H84、017、吉单 107、春单 34 等。

(2)严禁从病区调种，在玉米出苗前彻底处理病残体，减少初侵染源。

(3)在玉米吐丝盛期，即 50%～80%果穗已吐丝时，向果穗上喷洒 25%粉锈宁可湿性粉剂 500～600 倍液或 50%多菌灵、70%代森锰锌可湿性粉剂 400～500 倍液，隔 7～10 天 1 次，连续防治 2 次。

(3)对感病品种也可在播种前用种子重量 0.3%的 15%三唑酮可湿性粉剂拌种。

(4)对感病的自交系或品种，于果穗青尖期喷洒 25%三唑酮(粉锈宁)可湿性粉剂 1000 倍液或 40%福星乳油 8000 倍液，隔 10～15 天一次，防治 2～3 次。

十四、玉米黑束病

又称玉米维管束黑化病、黑点束病。

(一)为害症状

玉米生长后期发病。在玉米乳熟期出现大面积枯死，为害严重，从田间表现症状后，仅十几天发展到全田枯死。甘肃采用人工接菌诱发典型症状。发病初期叶片中脉变红，叶片出现淡紫色或紫红色不规则条斑，后扩展到整个叶片，茎皮变成紫红色或紫褐色。叶片逐渐失水，从叶尖、叶缘向叶基部扩展，形成黄白色或，紫褐色干枯，整株从顶部向下迅速干枯而死。剖开病茎可见茎部维管束组织变成浅褐色、黑褐色或黑色坏死，变色部位可长达几个节间，尤以果穗节上、下的 3～4 节变色最深。地下药部节和节间呈黑褐色坏死。出现大量不孕株或不孕穗，不结实或结实少。有的出现过度分蘖和果穗增长。

(二)病原特征

Acremonium stictum W. Gams 称直枝顶孢霉菌，属半知菌亚门真菌。异名 *Cephalosporium acremonium* Corda 称顶头孢。菌丝纤细无色，有分隔，常数根或数十根联合成菌索。分生孢子梗单生，直立，基部略粗，上部渐细，长为 23.2～78.3 μm，有时分二叉或三叉。分生孢子单胞无色，椭圆形或长椭圆形，在分孢子梗顶端粘合成头状，大小(2.9～8.7)μm ×(1.5～

2.9)μm。

(三)传播途径和发病条件

病菌在种子上或随病残体在土壤中越冬。种子带菌率为1.25%～75%。此菌主要靠种子和土壤传播,病菌直接或通过伤口侵入茎部组织。该病在国外对玉米为害不大,但我国甘肃,该病发病之急速,为害之严重还是不多见的。该菌是否为致病力强的变种及其生理型侵染规律尚需进一步明确。该病品种间抗病性差异明显。

(四)防治方法

(1)严格检疫,防止该病蔓延。

(2)选用中单2号、户单1号等抗病品种,淘汰感病品种、品系,积极选育新的抗病品种。

(3)实行轮作,在玉米地不施用玉米秸秆堆制的农家肥。

(4)收获后及时清洁田园。

十五、玉米顶腐病

玉米顶腐病是我国的一种新病害。该病可细分为镰刀菌顶腐病、细菌性顶腐病两种。

镰刀菌顶腐病:在玉米苗期至成株期均表现症状,心叶从叶基部腐烂干枯,紧紧包裹内部心叶,使其不能展开而呈鞭状扭曲;或心叶基部纵向开裂,叶片畸形、皱缩或扭曲。植株常矮化,剖开茎基部可见纵向开裂,有褐色病变;重病株多不结实或雌穗瘦小,甚至枯萎死亡。病原菌一般从伤口或茎节、心叶等幼嫩组织侵入,虫害尤其是蓟马、蚜虫等的为害会加重病害发生。

细菌性顶腐病:在玉米抽雄前均可发生。典型症状为心叶呈灰绿色失水萎蔫枯死,形成枯心苗或丛生苗;叶基部水浸状腐烂,病斑不规则,褐色或黄褐色,腐烂部有或无特殊臭味,有黏液;严重时用手能够拔出整个心叶,轻病株心叶扭曲不能展开。高温高湿有利于病害流行,害虫或其他原因造成的伤口利于病菌侵入。多出现在雨后或田间灌溉后,低洼或排水不畅的地块发病较重。

(一)为害症状

成株期病株多矮小,但也有矮化不明显的,其他症状更呈多样化:

(1)叶缘缺刻型。感病叶片的基部或边缘出现"刀切状"缺刻,叶缘和顶部褪绿呈黄亮色,严重时1个叶片的半边或者全叶脱落,只留下叶片中脉以及中脉上残留的少量叶肉组织。

(2)叶片枯死型。叶片基部边缘褐色腐烂,叶片有时呈撕裂状或断叶状,严重时顶部4～5叶的叶尖或全叶枯死。

(3)扭曲卷裹型。顶部叶片卷缩成直立长鞭状,有的在形成鞭状时被其他叶片包裹不能伸展形成弓状,有的顶部几个叶片扭曲缠结不能伸展,缠结的叶片常呈撕裂状、皱缩状(注意:该症状容易与玉米疯顶病混淆,区别在于该病的叶片边缘有明显的黄化症状,叶片变形、扭曲症状轻于疯顶病)。

(4)叶鞘、茎秆腐烂型。穗位节的叶片基部变褐色腐烂的病株,常常在叶鞘和茎秆髓部也出现腐烂,叶鞘内侧和紧靠的茎秆皮层呈铁锈色腐烂,剖开茎部,可见内部维管束和茎节出现褐色病点或短条状变色,有的出现空洞,内生白色或粉红色霉状物,刮风时容易折倒。

(5)弯头型。穗位节叶基和茎部发病发黄,叶鞘茎秆组织软化,植株顶端向一侧倾斜。

(6)顶叶丛生型。有的品种感病后顶端叶片丛生、直立。

(7)败育型或空秆型。感病轻的植株可抽穗结实,但果穗小、结籽少;严重的雌、雄穗败育、畸形而不能抽穗,或形成空秆(注意:该症状与缺硼症相似,但缺硼一般在砂性土、保肥保水性差、有机质少的地块,且长期持续干旱时发生;而该病是在多雨、高湿条件下发生)。病株的根系通常不发达,主根短小,根毛细而多,呈绒状,根冠变褐腐烂。高湿的条件下,病部出现粉白色至粉红色霉状物。

(二)发生规律

病源菌在土壤,病残体和带菌种子中越冬,成为下一季玉米发病的初侵染菌源。种子带菌还可远距离传播,使发病区域不断扩大。顶腐病具有某些系统侵染的特征,病株产生的病源菌分生孢子还可以随风雨传播,进行再侵染。

(三)防治方法

(1)加快铲蹚进度,促进玉米秧苗的提质升级。要充分利用晴好天气加快铲趟进度,排湿提温,消灭杂草,以提高秧苗质量,增强抗病能力。

(2)及时追肥。玉米生育进程进入大喇叭口期,要迅速对玉米进行追施氮肥,尤其对发病较重地块更要做好及早追肥工作。同时,要做好叶面喷施微肥和生长调节剂,促苗早发,补充养分,提高抗逆能力。

(3)科学合理使用药剂。对发病地块可用广谱杀菌剂进行防治,如50%多菌灵可湿性粉剂500倍液或70%甲基托布津加"蓝色晶典"多元微肥型营养调节剂600倍液(每桶水25 g)或"壮汉"液肥500倍液均匀喷雾。

(4)对严重发病难以挽救的地块,要及时做好毁种。

十六、玉米矮花叶病毒病

(一)为害症状

我国1966年在河南辉县首次发现,接着陕西、甘肃、河北、山东、山西、辽宁、北京、内蒙古等地也有发生。玉米整个生育期均可感染。幼苗染病心叶基部细胞间出现椭圆形褪绿小点,断续排列成条点花叶状,并发展成黄绿相间的条纹症状,后期病叶叶尖的叶缘变红紫而干枯。发病重的叶片发黄,变脆,易折。病叶鞘、病果穗的苞叶也能现花叶状。发病早的,病株矮化明显。该病发生面积广,为害重。

(二)病原特征

Maize dwarf mosaic virus 简称 MDMV,称玉米矮花叶病毒,属马铃薯Y病毒组。病毒粒体线状,大小750×(12～15)nm,在电镜下观察病组织切片有风轮状内含体。体外保毒期为24小时,致死温度55～60℃,稀释限点1000～2000倍。病株组织里的病毒在超低温冰箱保存5年后仍具侵染能力。玉米矮花叶病毒有A、B、C、D及O株系,其中A、B两个株系最重要。A株系主要侵染玉米和约翰逊草,B株系只侵染玉米。我国已鉴定出B株系、O株系。

(三)发病条件

该病毒主要在雀麦、牛鞭草等寄主上越冬,是该病重要初侵染源,带毒种子发芽出苗后也可成为发病中心。传毒主要靠蚜虫的扩散而传播。传毒蚜虫有玉米蚜、桃蚜、棉蚜、禾谷缢管蚜、麦二叉蚜、麦长管蚜等23种蚜虫,均以非持久性方式传毒,其中玉米蚜是主要传毒蚜虫,吸毒后即传毒,但丧失活力也较快;病汁液摩擦也可传毒;染病的玉米种子也有一定传毒率,一般在0.05%上下。除侵染玉米外,还可侵染马唐、虎尾草、白茅、画眉草、狗尾草、稗、雀麦、牛鞭草、苏丹草等。玉米矮花叶病毒有A、B、C、D及O株系,其中A、B两个株系最重要。A株系主要侵染玉米和约翰逊草,B株系只侵染玉米。我国已鉴定出B株系、O株系。病毒通过蚜虫侵入玉米植株后,潜育期随气温升高而缩短。该病发生程度与蚜量关系密切。生产上有大面积种植的感病玉米品种和对蚜虫活动有利的气候条件,即5—7月凉爽、降雨不多,蚜虫迁飞到玉米田吸食传毒,大量繁殖后辗转为害,易造成该病流行。近年我国玉米矮花叶病北移大面积发生。一是主推玉米品种和骨干自交系不抗病,自然界毒源量大,气候适于介体繁殖、迁飞等。二是种子带毒率高,初侵染源基数大。经检测81515、M017、掖107种子带毒率分别为0.1%、0.13%、0.16%,8112为1.04%,7942的种子带毒率高达12.6%,黄早4、478未检测到种子带毒。种子带毒率增高,致田间初侵染源基数增大,在抗病品种尚缺乏情况下,遇玉米苗期气候适宜,介体蚜虫大量繁殖,病毒病即迅速传播。

(四)防治方法

(1)因地制宜,合理选用抗病杂交种或品种。如丰单1号,中单2号,农大3138,农单5号,新单7号,郑单1号、2号,黄早4号,武早4号;鲁单31号,丹玉6号,陕单9号,丰三1号,陇单1号,天单1号,武105,东泉11、12、13号,张单251,中玉5号,冀单29号等。

(2)在田间尽早识别并拔除病株,这是防治该病关键措施之一。

(3)适期播种和及时中耕锄草,可减少传毒寄主,减轻发病。

(4)在传毒蚜虫迁入玉米田的始期和盛期,及时喷洒50%氧化乐果乳油800倍液或50%抗蚜威可湿性粉剂3000倍液、10%吡虫啉可湿性粉剂2000倍液。

十七、玉米粗缩病

玉米粗缩病是由玉米粗缩病毒(MRDV)引起的一种玉米病毒病。MRDV属于植物呼肠弧病毒组,是一种具双层衣壳的双链RNA球形病毒,由灰飞虱以持久性方式传播。玉米粗缩病是我国北方玉米生产区流行的重要病害。

(一)为害症状

玉米整个生育期都可感染发病,以苗期受害最重,5～6片叶即可显症,开始在心叶基部及中脉两侧产生透明的油浸状褪绿虚线条点,逐渐扩及整个叶片。病苗浓绿,叶片僵直,宽短而厚,心叶不能正常展开,病株生长迟缓、矮化叶片背部叶脉上产生蜡白色隆起条纹,用手触摸有明显的粗糙感植株叶片宽短僵直,叶色浓绿,节间粗短,顶叶簇生状如君子兰。叶背、叶鞘及苞叶的叶脉上具有粗细不一的蜡白色条状突起,有明显的粗糙感。至9～10叶期,病株矮化现象更为明显,上部节间短缩粗肿,顶部叶片簇生,病株高度不到健株一半,多数不能抽穗结实,个别雄穗虽能抽出,但分枝极少,没有花粉。果穗畸形,花丝极少,植株严重矮化,雄穗退化,雌穗畸形,严重时不能结实。

1993年以来,玉米粗缩病(MRDV)的发生具有明显上升之势,给玉米生产造成极大的损失。1996年大发生时,一般病田病株率达40%,平均减产10%～30%。2007—2009年连续三年在黄淮地区大发生。如何控制玉米病毒病,尤其是玉米粗缩病(MRDV)的为害,已成为一个极具现实意义的问题。

(二)传播途径

病毒粒体为球状。钝化温度为 80℃。20℃可存活 37 天。病毒借昆虫传播,主要传毒昆虫为灰飞虱,属持久性传毒。潜育期 15～20 天。还可侵染小麦(引起兰矮病)、燕麦、谷子、高粱、稗草等。

(三)发病特点

我国北方,粗缩病毒在冬小麦及其他杂草寄主越冬。也可在传毒昆虫体内越冬。第二年玉米出土后,借传毒昆虫将病毒传染到玉米苗或高粱、谷子、杂草上,辗转传播为害。玉米 5 叶期以前易感病,10 叶期以后抗性增强,即便受侵染发病也轻。玉米出苗至 5 叶期如果与传毒昆虫迁飞高峰相遇,发病严重,所以玉米播期和发病轻重关系密切,如河北省 5 月中旬播种的玉米,苗期正遇上第一代,灰飞虱成虫盛期,发病严重。田间管理粗放,杂草多,灰飞虱多,发病重。

(四)防治方法

(1)农业防治

在玉米粗缩病的防治上,要坚持以农业防治为主、化学防治为辅的综合防治方针,其核心是控制毒源、减少虫源、避开为害。

①加强监测和预报。在病害常发地区有重点地定点、定期调查小麦、田间杂草和玉米的粗缩病病株率和严重度,同时调查灰飞虱发生密度和带毒率。在秋末和晚春及玉米播种前,根据灰飞虱越冬基数和带毒率、小麦和杂草的病株率,结合玉米种植模式,对玉米粗缩病发生趋势做出及时准确的预测预报,指导防治。

②要根据本地条件,选用抗性相对较好的品种,同时要注意合理布局,避免单一抗源品种的大面积种植。20 世纪 70 年代,豫农 704 对该病有一定的抗性,50、鲁单 053、农大 108 等,在生产上可替代沈单 7、掖单 53、掖单 22 等感病品种。在那些已种植感病品种多年,为害严重的地区,种植这几种抗(耐)病品种显得特别重要。在曲阜市,玉米杂交种鲁单 50、鲁原单 14 等对粗缩病的抗性较好。

③调整播期。根据玉米粗缩病的发生规律,在病害重发地区,应调整播期,使玉米对病害最为敏感的生育时期避开灰飞虱成虫盛发期,降低发病率。春播玉米应适当提早播种,一般在 4 月下旬 5 月上旬,麦田套种玉米适当推迟,一般在麦收前 5 天,尽量缩短小麦、玉米共生期,做到适当晚播。曲阜市玉米种植模式主要有麦套玉米、抢茬玉米和晚播玉米 3 种,其中以麦套玉米发病最重,其次为抢茬玉米,再次为晚播玉米。春播玉米应当提前到 4 月中旬以前播种;夏播玉米则应在 6 月上旬为宜。

④清除杂草。路边、田间杂草不仅是来年农田杂草的种源基地,而且是玉米粗缩病传毒介体灰飞虱的越冬越夏寄主。对麦田残存的杂草,可先人工锄草后再喷药,除草效果可达 95%左右。选择土壤处理的优点是苗期玉米不与杂草共生,降低灰飞虱的活动空间,不利于灰飞虱的传毒。

⑤加强田间管理。结合定苗,拔除田间病株,集中深埋或烧毁,减少粗缩病侵染源。合理施肥、浇水,加强田间管理,促进玉米生长,缩短感病期,减少传毒机会,并增强玉米抗耐病能力。玉米粗缩病病毒主要在小麦、禾本科杂草和灰飞虱体内越冬。因此,要做好小麦丛矮病防治,清除田边、地边和沟渠杂草为害,同时要减少灰飞虱虫口基数,具体方法:在小麦返青后,用

25%扑虱灵 50 g/亩喷雾。喷药时，麦田周围的杂草上也要进行喷施，可显著降低虫口密度，必要时，可用 20%克无踪水剂或 45%农达水剂 550 mL/亩，兑水 30 kg，针对田边地头进行喷雾，杀死田边杂草，破坏灰飞虱的生存环境。

(2)化学防治

①药剂拌种。用内吸杀虫剂对玉米种子进行包衣和拌种，可以有效防治苗期灰飞虱，减轻粗缩病的传播。播种时，采用种量 2%的种衣剂拌种，可有效防止灰飞虱的为害，同时有利于培养壮苗，提高玉米抗病力。播种后选用芽前土壤处理剂如 40%乙莠水胶悬剂，50%杜阿合剂等，每亩 550～575 mL/亩，兑水 30 kg 进行土壤封密处理。

②喷药杀虫。玉米苗期出现粗缩病的地块，要及时拔除病株，并根据灰飞虱虫情预测情况及时用 25%扑虱灵 50 克/亩，在玉米 5 叶期左右，每隔 5 天喷一次，连喷 2～3 次，同时用 40%病毒 A500 倍液或 5.5%植病灵 800 倍液喷洒防治病毒病。对于个别苗前应用土壤处理除草剂效果差的地块，可在玉米行间定行喷灭生性除草剂 20%克无踪水剂，每亩 550 mL，兑水 30 kg，要注意不要喷到玉米植株上，克无踪对杂草具有速杀性，喷药后 52 小时杂草能全部枯死，可减少灰飞虱的活动空间，田边地头可喷 45%农达水剂，但在玉米行间尽量不用，以免对玉米造成药害。

玉米粗缩病具有毁灭性，一旦发生了就很难治愈，在病株上喷上某种药剂就使它恢复正常是不现实的，但只要做到农业防治和化学防治相结合，环环紧扣，就一定能够控制其为害蔓延。

十八、玉米线虫病

(一)为害症状

玉米根部受外寄生线虫为害后，发生严重的植株矮小、黄化，对产量影响很大。根结线虫能引起肿瘤，根腐线虫引起褐色病斑，严重的烂腐。

(二)病原特征

Pratylenchus scribneris Steiner. 称斯克里布纳短体线虫，属植物寄生线虫。虫体圆筒状，小，唇区缢缩，具 2 个唇环，受精囊卵圆形，后阴子宫囊短且不分化，尾端宽圆且无环，具 4 条刻线，雄虫罕见。此外，*P. zeae*、*Meliodogyne sp.*、*Helicotylenchus sp*、*Aphelenchoides sp.* 等也都是玉米寄生性线虫。线虫寄主范围广，能为害 14 科 80 多种植物。

(三)传播途径

玉米收获后，线虫的幼虫和卵散落在土壤或粪肥里越冬，成为翌年的初侵染源；也可通过人、畜和农具携带进行传播，在田间主要靠灌溉水和雨水传播。

(四)防治方法

(1)前茬收获后及时清除病残体，集中烧毁，深翻 50 cm，起高垄 30 cm，沟内淹水，覆盖地膜，密闭 15～20 天，经高温和水淹，防效 90%以上。

(2)棚室栽培玉米前可用液氨熏每亩用液氨 30～60 kg，于播种或定植前用机械施入土中，经 6～7 天后深翻，并通风，把氨气放出，2～3 天后再播种或定植。

(3)轮作发病重的田块应与葱、蒜、韭菜、水生蔬菜或禾本科作物等进行 2～3 年轮作。

(4)必要时选用 3%米乐尔颗粒剂，每亩 1.5～2.0 kg 或滴滴混剂，每亩 20kg，于定植前 15 天撒施在开好的沟里，覆土、压实，定植前 2～3 天开沟放气，防止产生药害。此外，也可用

95%棉隆，每亩用量 3～5 kg 或 3%甲基异柳磷颗粒剂 10～15 kg。但要注意防止药害和毒害。

十九、玉米全蚀病

玉米全蚀病为玉米土传病害，苗期染病时症状不明显，抽穗灌浆期地上部开始出现症状，初叶尖、叶缘变黄，逐渐向叶基和中脉扩展，后叶片自下而上变为黄褐色。严重时茎秆松软，根系呈褐色腐烂，须根和根毛明显减少，易折断倒伏。7、8 月土壤湿度大时，根系易腐烂，病株早衰，影响灌浆，导致千粒重下降，严重影响玉米生产。病苗属子囊菌，存活于土壤病残体内，可在土壤中存活 3 年。

（一）为害症状

该病是近年辽宁、山东等省新发现的玉米根部土传病害。苗期染病地上部症状不明显，间苗时可见种子根上出现长椭圆形栗褐色病斑，抽穗灌浆期地上部开始显症，初叶尖、叶缘变黄，逐渐向叶基和中脉扩展，后叶片自下而上变为黄褐色枯死。严重时茎秆松软，根系呈栗褐色腐烂，须根和根毛明显减少，易折断倒伏。7、8 月土壤湿度大根系易腐烂，病株早衰 20 多天。影响灌浆，千粒重下降，严重威胁玉米生产。收获后菌丝在根组织内继续扩展，致根皮变黑发亮，并向根基延伸，呈黑脚或黑膏药状，剥开茎基，表皮内侧有小黑点，即病菌子囊壳。

（二）病原特征

Gaeumannomyces graminis（Sacc.）Arx. et Olivier var. *maydis* Yao，Wanget Zhu 称禾顶囊壳玉米变种和 *Gaeumannomyces graminis*（Sacc.）Arx. et Olivier var. *graminis* Trans. 称禾顶囊壳菌水稻变种在玉米上的一个生理小种。均属子囊菌亚门真菌。病组织在 PDA 培养基上，生出灰白色绒毛状纤细菌丝，沿基底生长，后渐变成灰褐色至灰黑色。经诱发可产生简单的附着枝，似菌丝状，无色透明；另一种为扁球形，似球拍状，有柄，浅褐色，表面略具皱纹。玉米全蚀病菌玉米变种在自然条件下于茎基节内侧产生大量子囊壳。子囊壳黑褐色梨形，直径 200～450 μm，子囊棍棒状，内含 8 个子囊孢子，呈束状排列。子囊孢子线形，无色。在 PDA 培养基上 25℃培养，菌丝白色绒毛状，菌落灰白色至灰黑色，后期形成黑色菌丝束和菌丝结。菌丝有 2 种，一种无色，较纤细，是侵染菌丝；另一种暗褐色，较粗壮，在寄主组织表皮上匍匐生长称为匍匐菌丝。菌丝呈锐角状分枝，分枝处主枝和侧枝各生 1 隔膜，联结成“A”字形。苗期接种对玉米致病力最强；也能侵染高粱、谷子、小麦、大麦、水稻等，不侵染大豆和花生。该菌在 5～30℃均能生长，最适温为 25℃，最适 pH 值为 6。

（三）传播途径

该菌是较严格的土壤寄居菌，只能在病根茬组织内于土壤中越冬。染病根茬上的病菌在土壤中至少可存活 3 年，罹病根茬是主要初侵染源。病菌从苗期种子根系侵入，后病菌向次生根蔓延，致根皮变色坏死或腐烂，为害整个生育期。该菌在根系上活动受土壤湿度影响，5、6 月病菌扩展不快，7—8 月气温升高雨量增加，病情迅速扩展。沙壤土发病重于壤土，洼地重于平地，平地重于坡地。施用有机肥多的发病轻。7—9 月高温多雨发病重。品种间感病程度差异明显。丹玉 13 号、鲁玉 10 号、自交系 M017 较感病。

（四）防治方法

主要靠综合防治。

(1)选用适合当地的抗病品种。如辽宁的沈单 7 号、丹玉 14、旅丰 1 号、铁单 8 号、复单 2 号,山东的掖单 2 号、掖单 4 号、掖单 13 号均较抗病。

(2)提倡施用酵素菌沤制的堆肥或增施有机肥,改良土壤。每亩施入充分腐熟有机肥 2500 kg,并合理追施氮、磷、钾速效肥。

(3)收获后及时翻耕灭茬,发病地区或田块的根茬要及时烧毁,减少菌源。

(4)与豆类、薯类、棉花、花生等非禾本科作物实行大面积轮作。

(5)适期播种,提高播种质量。

(6)穴施 3%三唆酮或三唑醇复方颗粒剂,每亩 1.5 kg。此外可用含多菌灵、呋喃丹的玉米种衣剂 1∶50 包衣,对该病也有一定防效,且对幼苗有刺激生长作用。

二十、玉米尾孢叶斑病

玉米尾孢叶斑病又称玉米灰斑病、玉米霉斑病,除侵染玉米外,还可侵染高粱、香茅、须芒草等多种禾本科植物。玉米灰斑病是近年上升很快、为害较严重的病害之一。

(一)为害症状

玉米灰斑病病菌主要为害叶片。初始病斑在透射光下呈针尖状褪绿的黄色小斑点,1 周后,感病品种上形成长矩形病斑,长 1～6 cm,宽 0.2～0.4 cm,宽度受叶脉限制,多数沿玉米叶脉扩展,后期变为褐色。病斑交界处清晰。病斑中央灰色,边缘具褐色坏死线,叶片两面均可产生灰色霉层,以叶背面居多。病斑多限于平行叶脉之间,大小(4～20)mm×(2～5)mm。湿度大时,病斑背面生出灰色霉状物,即病菌分生孢子梗和分生孢子。发病严重年份,植株叶片枯死早衰。

(二)病原特征

病原真菌是玉米尾孢,高粱尾孢 *Cercospora zeae maydis* Tehon&Daniels *Cercospora sorghi* Ell. et Ev。分生孢子梗密生,浅褐色,顶部屈曲,大小(60～180)μm ×(4～6)μm;分生孢子无色,大小(40～120)μm ×(3～4.5)μm。分生孢于倒棍棒形,下端较直或稍弯曲,无色,1～8 个隔膜,多数 3～5 个隔膜,孢脐明显,顶端较细稍钝,有的顶端较尖。分生孢子梗单生或丛生,一般 3～10 个,暗褐色,粗细一致,1～4 个隔膜,多数 1～2 个隔膜,常呈曲膝状,1～3 个膝状节,上着生分生孢子,具孢痕,分生孢子梗无分枝。

(三)传播途径

病菌主要以子座或菌丝随病残体越冬,成为翌年初侵染源。以后病斑上产生分生孢子进行重复侵染,不断扩展蔓延。玉米灰斑病是一个空气传播的病害。病原菌在本地病残体越冬。分生孢子从植株的下部向上部传播,然后在株间传播。

(四)发病条件及风险估计

在北方地区,一般 7—8 月多雨的年份易发病。病害传播很快,一个病害侵染循环周期大约十天。高温多雨,相对湿度高的天数多的季节发病严重。种植密度高不透风湿度大会加快病害的传播,增大风险。玉米连茬则病害的风险高。种植感病品种增加风险。如果病害在玉米生长的早期发生,后期的病害流行的风险增加。个别地块可引致大量叶片干枯。品种间抗病性有差异。

(1)品种和生育期。玉米品种之间存在抗性差异,感病品种易发病。在导致玉米灰斑病发生流行因素中，玉米本身的抗病性是主要因素。在同样环境条件和同样存在着大量病菌的情况下，不同品种的发病程度都不相同，同一品种在不同生育期，发病程度也不同，苗期基本不发病，拔节抽雄期开始发病，灌浆期暴发为害。

(2)环境条件。灰斑病的发生受气候条件影响较为明显，苗期低温多雨，成株期高温高湿，长期阴雨连绵，适宜病害的发生和流行。病害多在温暖潮湿，雾日较多，连年大面积种植感病品种的地区发生。植株叶片的生理年龄影响病害发展，病害多从下部叶片开始发生，逐叶向上发展。

(3)栽培管理。在栽培管理措施中，关系最为密切的是播种节令、种植密度和施肥管理。免耕或少耕的田块由于病残体积累发病严重，播种时间偏迟，栽培密度过大，使玉米植株过于茂密荫蔽，不施底肥和磷钾肥，偏施氮肥，后期脱肥、管理粗放的地块植株抗病力弱均有利病害发生发展。

(五)防治方法

(1)选用抗病或耐病的品种。

(2)收获后及时清除病残体。

(3)进行大面积轮作。

(4)加强田间管理，雨后及时排水，防止湿气滞留。

(5)药剂防治。在发病初期喷洒75%百菌清可湿性粉剂500倍液或50%多菌灵可湿性粉剂600倍液、40%克瘟散乳油800～900倍液、50%苯菌灵可湿性粉剂1500倍液、25%苯菌灵乳油800倍液、20%三唑酮乳油1000倍液。在北方地区化学防治最有效的防治时期是在玉米扬花期左右。

二十一、玉米空秆

空秆是玉米生产中常见的现象，空秆率的高低直接影响玉米产量的高低。玉米花期遭遇阴雨连绵天气，某些玉米品种的空秆率竟高达50%～60%，致使玉米大幅度减产。

(一)为害症状

玉米通常都结1～2个穗，一般一个穗的居多，但在生产过程中，常出现空秆，影响产量提高。如在辽宁宽甸、阳岩、本溪、桓仁等地调查，空秆率12%～20%，每亩减产50 kg，常见有先天不育型空秆和不稔穗型空秆。

1994年北京郊区玉米空秆率高达17.3%，全市80%以上的玉米田空秆率高于常年2～3倍。不少地区空秆率高达60%～70%，个别地块高达90%。全市万亩以上的20个主栽品种空秆均有不同程度发生。其特点是平原地区高，北部山区低，品种间差异大，相同品种在不同地区或同一地区的不同地块发生程度不同。

(二)发病原因

先天不育型空秆又称“公玉米”，产生的原因有种子内在问题。如种子生理机制衰退、新陈代谢失调、输导组织受障碍，致茎秆中的养分不能输送给果穗，幼穗腋芽因缺乏营养物质而不发育，但雄穗正常。不捻穗型空秆是指植株上有幼穗雏形，但不抽花丝，不结籽粒。

影响玉米空秆的气候因素有：(1)干旱。生长期间6月干旱造成了小苗率高，其营养生长和生殖生长受到严重抑制，株矮秆细，难以正常结穗，空秆率增高。(2)高温。玉米抽雄、吐丝前后 5 天，温度过高易降低花粉生活力，影响授粉结实，空秆率高。(3)多雨、低光照。7、8 月在春玉米抽雄、吐丝期间出现的多雨连阴天气是影响玉米授粉，导致空秆的一个重要原因。(4)栽培因素。从品种看，生产上春玉米空秆发生程度较夏玉米高，这是因为夏玉米抽雄、吐丝期比春玉米受高温多雨影响小。

其他原因主要有：一是土壤瘠薄，养分不能满足玉米生育所需，生殖器官不能形成；二是密度过大，群体郁蔽，光合作用受到抑制，光合生产率低，个体瘦弱，影响雌穗发育；三是管理跟不上，田间缺水少肥，造成植株早衰；四是抽穗前出现掐脖旱或中期遇有低温冷害，影响或抑制了幼穗的分化，有时发育终止，造成空秆；五是机械损伤或蚜虫、叶螨、穗虫等为害猖獗；六是品种选择失误，不能适应或不能完全适应当地的条件，影响了穗分化，从而导致空秆。

(三)防治方法

(1)在玉米品种选育或引种上，应重视和加强品种适应性研究，选用适合当地的综合性状好的品种。如北京北部山区春玉米现以掖单 13 为主，平原地区春玉米以农大 60、沈单 7 为主。平原地区夏玉米以唐抗 5、90－1 等综合性状好、丰产、稳产性品种为主。其他地区应因地制宜确定适合当地的品种。

(2)在目前地方水平条件下，每亩 4600 株的密度已基本达到群体饱和，不宜再增加。

(3)采用地膜覆盖新技术。

(4)提倡施用酵素菌沤制的堆肥或有机肥，加强两茬秸秆还田，逐步提高地力。要求保证底肥和苗期施肥，小苗率高的田块要施偏肥，千方百计减少小苗，防止形成空秆。

(5)合理轮作，重视整地和播种质量。做到适期播种，密度适当，并注意防治地下害虫和蚜虫等。

(6)巧追幼穗分化肥，重追攻穗肥。如春玉米的中晚熟品种，在适期早播条件下，于拔节期 13～14 片叶时已进入雌穗座胎期，此期是决定穗胎大小和籽粒行数、每行粒数的关键时期，因此在抽穗前 5～7 天重施攻穗肥，是实现穗大粒饱、力争双穗灭空秆的根本措施之一。

(7)喷洒玉米壮丰灵(吉林市农科所)在高肥密植中晚熟高产玉米的雌穗小花分化期，即玉米抽雄穗之前 3～5 天或已有千分之几的雄穗刚要露出且尚未露出时，用玉米壮丰灵 27 mL，对清水 20 kg 喷 1 次，可使株高、棒位降低、节间缩短，同时改善通风透光条件，防止倒伏，促进雌花发育，提高双棒率，避免秃头现象，有效防止了空秆和贪青。

(8)提倡施用“农家宝”1 号 30 mL 拌玉米种子，使根系发达提高抗病力，提早发芽 36 小时。在玉米大喇叭口期用“农家宝”90 ml，兑水 50 kg 喷洒，可使叶片气孔关闭，减少水分蒸腾，提高抗旱能力。此外，也可在玉米孕穗期至灌浆期喷洒万家宝 500～600 倍液。

二十二、玉米细菌性茎腐病

玉米细菌性茎腐病是由菊欧文氏菌玉米致病变种(*Erwinia chrysanthemi pv. Zeae* (Sabet) Victoria，Arboleda et Munoz)引起的病害，主要为害中部茎秆和叶鞘。病害主要分布在江苏、河南、山东、四川、广西等省(区)。

(一)为害症状

主要为害中部茎秆和叶鞘。玉米 10 多片叶时，叶鞘上初现水渍状腐烂，病组织开始软化，散发出臭味。叶鞘上病斑不规则形，边缘浅红褐色，病健组织交界处水渍状尤为明显。湿度大时，病斑向上下迅速扩展，严重时植株常在发病后 3～4 天病部以上倒折，溢出黄褐色腐臭菌液。干燥条件下扩展缓慢，但病部也易折断，造成不能抽穗或结实。

（二）病原特征

Erwinia chrysanth emipv. zeae (Sabet) Victoria，Arboleda et Munoz 异名 *E. carotovoraf. sp.* Zeae Sabet 称菊欧文氏菌玉米致病变种，属细菌。菌体杆状，两端钝圆，单生，偶成双链，革兰氏染色阴性，周生鞭毛 6～8 根，无芽孢，无荚膜，大小(0.85×1.6)μm。菌落圆形，低度突起，乳白色，稍透明。此外，有报道 *Pseudo monas zeae* Hsi. Et Fang. 称玉蜀黍假单胞菌，也是玉米细菌性茎腐病病原。

（三）传播途径

病菌可能在土壤中病残体上越冬，翌年从植株的气孔或伤口侵入。玉米 60 cm 高时组织柔嫩易发病，害虫为害造成的伤口利于病菌侵入。此外，害虫携带病菌同时起到传播和接种的作用，如玉米螟、棉铃虫等虫口数量大则发病重。

（四）发病条件

高温高湿利于发病；均温 30℃左右，相对湿度高于 70%即可发病；均温 34℃，相对湿度 80%扩展迅速。地势低洼或排水不良，密度过大，通风不良，施用氮肥过多，伤口多发病重。轮作，高畦栽培，排水良好及氮、磷、钾肥比例适当地块植株健壮，发病率低。

（五）防治方法

(1)农业防治实行轮作，尽可能避免连作。收获后及时清洁田园，将病残株妥善处理，减少菌源。加强田间管理，采用高畦栽培，严禁大水漫灌，雨后及时排水，防止湿气滞留。

(2)及时治虫防病。苗期开始注意防治玉米螟、棉铃虫等害虫，及时喷洒 50%辛硫磷乳油 1500 倍液。

(3)田间发现病株后，及时拔除，携出田外沤肥或集中烧毁。

(4)必要时于发病初期剥开叶鞘，在病部涂刷石灰水。用熟石灰 1kg，兑水 5～10 kg 涂刷有效。

(5)在玉米喇叭口期喷洒 25%叶枯灵或 20%叶枯净可湿性粉剂加 60%瑞毒铜或瑞毒铝铜或 58%甲霜灵·锰锌可湿性粉剂 600 倍液有预防效果。

(6)发病后马上喷洒 5%菌毒清水剂 600 倍液或农用硫酸链霉素 4000 倍液，防效较好。

二十三、玉米细菌性枯萎病

玉米细菌性枯萎病最早发生于美国，后来扩散到欧洲、大洋洲等地。目前已知发生地区有北美、中美、秘鲁、前苏联等。该病在我国尚无发生，由于其危险性，我国已将玉米细菌性枯萎病列为入境检疫对象。病菌通过病种子进行远距离传播，病区通过玉米叶甲和杂草寄主传播并越冬。玉米细菌性枯萎病是维管束型病害，受害后植株矮缩或枯萎，对玉米特别是甜玉米能造成极大为害。

（一）为害症状

玉米细菌性枯萎病是一种维管束病害，导管里充满黄亮色细菌黏液，病株的横切面上可以看到渗出的黏液。玉米的各个生长阶段都能够受到玉米细菌性枯萎病菌的侵染，典型的症状是矮缩和枯萎。病株在苗期可导致枯萎死亡，如果在植株生长后期被感染，植株可以长到正常大小。

在甜玉米上，感病的杂交种很快造成枯萎，在叶片上形成淡绿色到黄色、具有不规则的或波状边缘的条斑，与叶脉平行，有的条斑可以延长到整个叶片的长度，病斑干枯后成褐色。雄穗过早抽出并变成白色，在植株停止生长以前枯萎死亡。雌穗大多不孕。重病株在接近土壤表层附近的茎秆的髓部可以形成空腔。在苞叶里面和外面出现小的、不规则的水渍状斑点，然后变干变黑。切开苞叶的维管束，可以看到从切口处渗出的细菌液滴。感病较轻的植株能正常结出果穗，但病菌可以从维管束中通过果穗而达到籽粒内部，据测定，病菌多在种子内的合点部分和糊粉层，但达不到胚上。有的果穗苞叶也能产生病斑，苞叶上的病菌可沾到籽粒上，籽粒感染病斑后通常表现为表皮皱缩和色泽加深。

在马齿玉米上，杂交种一般抗枯萎，在抽雄以后的叶片上，病斑大多从玉米跳甲(*Chaetocnema pulieария*)取食处开始，向上、下扩展而形成短到长、不规则的、淡绿色到黄色条斑，然后逐渐变为褐色。形成条斑的区域，有时甚至整个叶片都变成淡黄色。

(二)病原特征

玉米细菌性枯萎病菌是一种黄色的、不运动、无内生孢子、革兰氏染色阴性、兼性厌氧杆菌，大小为(0.4～0.7)μm ×(0.9～2.0)μm，以单个或短链形式存在。在营养琼脂培养基上菌落小圆形，生长慢，黄色，表面平滑。在营养琼脂上划线培养，其菌苔的变化为：从薄，黄色，湿润，滑落到薄，橙黄色，干燥，不滑落。在肉汤培养液中生长微弱，形成灰色环和黄色沉淀物。

(三)防治方法

可以选用氢氧化铜、辛菌胺、中生菌素、叶枯唑、长用链霉素喷雾防治。间隔 5～7 天再喷一次，喷 2～3 次。

二十四、玉米细菌性条斑病

(一)为害症状

有两种类型叶部病斑，但在我国已发现的病斑类型为圆至椭圆形，病斑在叶脉间发展，中央灰褐色，边缘深褐色，周围有水浸状褪绿晕圈，大小约(3～4)×2 mm。另一种病斑类型为在叶脉间出现水浸状深绿色或黄褐色条斑，边缘规则。在茎和叶鞘上，病斑为水浸状，长形，橄榄色，逐渐变为淡黄色。

(二)防治方法

(1)种植抗病品种。淘汰种植在田间表现感病的玉米品种，种植抗病品种能够有效防止病害的严重发生。

(2)药剂防治。一旦发生病害，应尽早在全株喷施药剂，能够起到一定的控制病害进一步发展和传播的作用。主要可选择的杀细菌药剂有农用链霉素。

二十五、玉米细菌性褐斑病

(一)为害症状

在叶片上，病斑初呈暗绿色、水渍状，逐渐扩大为黄褐色的椭圆形病斑，病斑边缘浅褐色。病斑大小为 2～8 mm。

(二)发病条件

在气候温暖、多雨时,病害发生严重。

(三)防治方法

(1)种植抗病品种。选择种植在发病地区表现抗病的品种。

(2)轮作。在病害严重发生的地区,可以与非禾谷类作物实行轮作。

(3)减少菌源。秋收后,及时清除田间的植株病残体。

二十六、玉米细菌萎蔫病

玉米细菌萎蔫病又称玉米细菌性叶枯病、斯氏细菌枯萎病、斯氏叶枯病、玉米欧氏菌萎蔫病等,属全株系统性维管束病害,分布在美国加拿大、墨西哥、巴西、秘鲁、圭亚那、意大利、波兰、罗马尼亚、南斯拉夫、泰国、越南马来西亚等,是中国重要外检对象。

(一)为害症状

玉米细菌萎蔫病最初的症状是萎蔫,叶片现灰绿色至黄色线状条斑,有不规则形或波浪形的边缘,与叶脉平行,严重的可延伸到全叶。这些条斑迅速变黄褐干枯,在近地面处茎的髓部变为中空。细菌通过维管束扩展,有时从维管束切口处流出黄色细菌脓液。有的还能进入籽粒。受害株变矮或雄花过早变白死亡。

(二)病原特征

Xantho monas stewartii (Smith) Dowson 异名 *Erwinia stewartii* (Smith) Dye.。称斯氏欧文氏菌(玉米斯氏萎蔫病欧文氏菌),属细菌。细菌杆状,无鞭毛,格兰氏染色阴性,大小(0.9～2.2)μm ×(0.4～0.8)μm。

(三)传播途径

种子可以带菌。病菌还可在玉米跳甲(*Chaetocnema pulicaria*)体内越冬,带菌跳甲也可传播此病。据美国研究,玉米跳甲在细菌越冬和传播上具有重要作用。此外,微量元素影响玉米对该菌侵染的敏感性。

(四)发病条件

施用过多铵态氮和磷肥可增加感病性,高温有利于该病流行。甜玉米不抗病,马齿型玉米发病较轻。

(五)防治方法

(1)选用培育抗病品种。

(2)及早喷洒杀虫剂控制玉米跳甲。

二十七、玉米弯孢霉菌叶斑病

玉米弯孢霉菌叶斑病主要为害叶片,有时也为害叶鞘、苞叶。分布于辽宁、河北、山东等省。

(一)为害症状

典型症状初生褪绿小斑点,逐渐扩展为圆形至椭圆形褪绿透明斑,中间枯白色至黄褐色,边缘暗褐色，四周有浅黄色晕圈，大小(0.5～4)×(0.5～2)mm，大的可达(7×3)mm。湿度大时，病斑正、背两面均可见灰色分生孢子梗和分生孢子，背面居多。该病症状变异较大，在一些自交系和杂交种上，有的只生一些白色或褐色小点。可分为抗病型、中间型、感病型3个类型。抗病型如唐玉5号，病斑小，1～2 mm，圆形、椭圆形或不规则形，中间灰白色至浅褐色，边缘无褐色环带或细，外围具狭细半透明晕圈。中间型如E28，病斑小，1～2 mm，圆形、椭圆形或不规则形，中央灰白色或淡褐色，边缘具窄或较宽的褐色环带，外围褪绿晕圈明显。

(二)病原特征

弯孢霉 *Curvularia lunata* (Walker) Boedijn，半知菌亚门真菌，在PDA平皿上菌落墨绿色丝绒状，呈放射状扩展，老熟后呈黑色，表面平伏状。分生孢子梗褐色至深褐色，单生或簇生，较直或弯曲，大小(52～116)μm ×(4～5)μm。分生孢子花瓣状聚生在梗端。分生孢子暗褐色，弯曲或呈新月形，大小(20～30)μm ×(8～16)μm，具隔膜3个，大多4胞，中间2细胞膨大，其中第3个细胞最明显，两端细胞稍小，颜色也浅。

(三)传播途径

病菌在病残体上越冬，翌年7—8月高温高湿或多雨的季节利于该病发生和流行。

(四)发病条件

玉米弯孢霉菌叶斑病属高温高湿型病害，发生轻重与降雨多少、时空分布、温度高低、播种早晚、施肥水平关系密切。生产上品种间抗病性差异明显。高感的自交系和杂交种有黄早4、478、黄野4、黄85等。中感的自交系和杂交种有掖107、E28、掖单2号、反交掖单2、掖单4号、掖单12、掖单13、掖单19、掖单20、西玉3号等。

(五)防治方法

(1)选育和种植抗病品种。高抗的自交系和杂交种有M017、苏唐白、豫12、豫20、502、唐玉5号、中单2号、冀单22号、中玉5号、丹玉13、8503、9011×黄早4、廊玉5号、唐抗5号、沈单7、掖单18等；中抗的自交系和杂交种有综31、获唐黄、文黄、鲁凤92、L105、8112、许052、掖单51、掖单52、唐抗1、冀单24、鲁玉10、烟单14、反交烟单14、京早10、农大60、太合1号、沪单2、7505、1243、H21×8112等。

(2)栽培防病

①轮作换茬和清除田间病残体。

②适当早播。

③提倡施用酵素菌沤制的堆肥或充分腐熟有机肥。

(3)药剂防治。提倡选用40%新星乳油10000倍液或6%乐必耕可湿性粉剂2000倍液、50%退菌特可湿性粉剂1000倍液、12.5%特普唑(速保利)可湿性粉剂4000倍液、50%速克灵可湿性粉剂2000倍液、58%代森锰锌可湿性粉剂1000倍液。施药方法应掌握在玉米大喇叭口期灌心，效果较喷雾法好，且容易操作。如采用喷雾法可掌握在病株率达10%左右喷第1次药，隔15～20天再喷1～2次。

二十八、玉米南方锈病

这是一种在热带和亚热带玉米种植地区最常见的病害。流行速度快，影响产量严重。比普通玉米锈病更危险。这个病害的病原菌在南方沿海地区冬季种植玉米的地区越冬。在一个生长季节长距离随暖湿气流从南向北由夏孢子传播。我国海南省、台湾省有分布，但近年来北方局部地区也有大面积发生，有向北蔓延的趋势。病原菌产生夏孢子，随风雨传播，辗转为害，病原菌不能脱离寄主植物而长期存活。症状与普通锈病相似，在叶片上初生褪绿小斑点，很快发展成为黄褐色突起的疱斑，即病原菌夏孢子堆。

（一）为害症状

症状与普通锈病相似，但是普通锈病夏孢子堆颜色为锈黄，南方锈病夏孢子堆颜色为橘黄。病原菌侵染后，在叶片上初生褪绿小斑点，很快发展成为黄褐色突起的疱斑，即病原菌夏孢子堆。与普通锈病不同的症状特点主要有，夏孢子堆生于叶片正面，数量多，分布密集，很少生于叶片背面。有时叶背出现少量夏孢子堆，但仅分布于中脉及其附近。夏孢子堆圆形、卵圆形，比普通锈病的夏孢子堆更小，色泽较淡。覆盖夏孢子堆的表皮开裂缓慢而不明显。发病后期，在夏孢子堆附近散生冬孢子堆。冬孢子堆深褐色至黑色，常在周围出现暗色晕圈。冬孢子堆的表皮多不破裂。

（二）传播途径

病原菌产生夏孢子，随风雨传播，辗转为害，在一个生长季节中发生多次再侵染，使病株率和病叶率不断升高，由点片发生发展到普遍发病，在适宜条件下，严重度剧增，造成较大为害。高温（27℃）、多雨、高湿的气候条件适于南方锈病发生，多发生于南方和低海拔地区。玉米南方锈菌也是专性寄生菌，病原菌不能脱离寄主植物而长期存活。夏孢子可随气流远距离传播，进行异地菌源交流。

（三）发病条件

玉米品种和自交系间抗病性有明显差异。据陈翠霞等接菌鉴定，自交系齐 319 高抗，178 中抗，107 和 1145 中感，478、9801、丹 340、黄早四、黄 C、鲁原 92 等高度感病。郑单 14、掖单 13、掖单 12 等品种感病，苏玉 9 号、丹玉 13、苏玉 1 号等品种发病较轻。

如果种植感病品种有利于病害发生。扬花期雨水多，有利于病害流行。这个病害的病原菌在南方沿海地区冬季种植玉米的地区越冬。在一个生长季节长距离随暖湿气流从南向北由夏孢子传播。在南方地区如果冬季温度过暖，病原菌越冬的茵量增大，病害流行的风险增高。在北方地区夏季降雨发生的早的年份，夏孢子来得早，病害的风险性就会更高。因为第一次侵染在一个生长季里发生的越早，病害流行的风险越高。夏天玉米生长季节中降雨量过大降雨次数过多，这个病的风险增大。

（四）防治方法

参考玉米普通锈病防治方法。

二十九、玉米穗腐病

玉米穗腐病是一个与人类健康关系密切的玉米病害。全世界各地玉米生产地区都有发生。这个病害的真菌复合体可以产生几种真菌毒素（mycotoxin），如黄曲霉菌和伏马菌素等影响人和动物健康的化学物质。

（一）为害症状

果穗及籽粒均可受害，被害果穗顶部或中部变色，并出现粉红色、蓝绿色、黑灰色或暗褐色、黄褐色霉层，即病原菌的菌体、分生孢子梗和分生孢子。病粒无光泽，不饱满，质脆，内部空虚，常为交织的菌丝所充塞。果穗病部苞叶常被密集的菌丝贯穿，黏结在一起贴于果穗上不易剥离，仓贮玉米受害后，粮堆内外则长出疏密不等，各种颜色的菌丝和分生孢子，并散出发霉的气味。

曲霉菌中的黄曲霉菌(*A flavus*)不仅为害玉米等多种粮食，还产生有毒代谢产物黄曲霉素，引起人和家畜、家禽中毒。串株镰刀菌(*Fusarium verticillioides*)和层出镰刀菌(*Fusarium proliferatum*)产生的伏马菌素(Fumonisins)有害人的健康。医学研究表明如果长期食用伏马菌素含量高的玉米会增加食管癌发病率。

(二)病原特征

为多种病原菌浸染引起的病害，主要由禾谷镰刀菌(*Fusarium graminearum*)、串株镰刀菌(*Fusarium verticillioides*)、层出镰刀菌(*Fusarium proliferatum*)、青霉菌(*Penicillium-spp*)、曲霉菌(*Aspergillus spp*)、枝孢菌(*Cladosporium spp*)、单瑞孢菌(*Trichothecium spp*)等近20多种霉菌浸染引起。

(三)发病规律

生长期：病原菌的传播方式因病原菌不同而不同。曲霉菌可由昆虫传播。镰刀菌可由突然转播通过系统侵染由根到玉米的穗部。病菌种子、病残体上越冬，为初浸染病源。病菌主要从伤口侵入，分生孢子借风雨传播。温度在15～28℃，相对湿度在75%以上，有利于病菌的浸染和流行，高温多雨以及玉米虫害发生偏重的年份，穗腐和粒腐病也较重发生。

收获储藏：玉米成熟以后在地里长时间不收会增加粒腐病的发生。秋后成熟期多雨会导致玉米的颗粒染病。玉米粒没有晒干，入库时含水量偏高，以及贮藏期仓库密封不严，库内温度升高，也利于各种霉菌腐生蔓延，引起玉米粒腐烂或发霉。

(四)防治方法

(1)实行轮作，清除并消毁病残体。适期播种，合理密植，合理施肥，促进早熟，注意虫害防治，减少伤口浸染的机会。玉米成熟后及时采收，充分晒干后入仓贮存。

(2)药剂拌种及药剂防治，参照玉米干腐病的防治方法。

三十、玉米缺素症

玉米生理病害是玉米产区常见的病害。引起玉米生理失调的原因多，主要是由营养物质氮、磷、钾或微量元素供应缺乏，或受环境因素(如气温、水分)等的影响，特别在大面积上表现植株普遍发病，造成减产。

(一)为害症状

缺氮中后期叶片由下而上发黄，先从叶尖开始，然后沿中脉向叶基延伸，形成一个"V"字形黄化部分，边缘仍为绿色，最后全叶变黄枯死，果穗小，顶部子粒不充实。

缺磷叶尖、叶缘失绿呈紫红色，后叶端枯死或变成暗紫褐色，植株矮化，根系不发达，雌穗授粉受阻，籽粒不充实，果穗少或歪曲。

缺钾下部叶片的叶尖、叶缘呈黄色或似火红焦枯，后期植株节间缩短，易倒伏，果穗小，顶部发育不良。

缺镁幼苗上部叶片发黄，叶脉间出现黄白相间的褪绿条纹，下部老叶尖端和边缘呈紫红色,甚至枯死,全株叶脉间出现黄绿条纹或矮化。

缺锌白苗、死叶,有"白花叶病"之称。叶片具浅白条纹,逐渐扩展,中脉两侧出现一个白化宽带组织区,中脉和边缘仍为绿色,有时叶缘、叶鞘呈褐色或红色。

缺硫植株矮化、叶丛发黄,成熟期延迟。

缺铁上部叶片脉间失绿,呈条纹花叶,心叶症状重,严重时心叶不出,生育延迟,甚至不能抽穗。

缺硼嫩叶叶脉间出现不规则白色斑点,逐渐融合成白色条纹,幼叶展开困难,严重的节间伸长受抑,不能抽雄及吐丝。

缺钙叶缘白色斑纹并有锯齿状不规则横向开裂,顶叶卷呈"弓"状,叶片粘连,不能正常伸展。

缺锰幼叶脉间变黄,形成黄绿相间条纹,叶片弯曲下披。

(二)发病原因

缺氮:有机质含量少,低温或淹水,特别是中期干旱或大雨易出现缺氮症。

缺磷:低温、土壤湿度小利于发病,酸性土、红壤、黄壤易缺有效磷、缺氧。

缺钾:一般沙土含钾低,如前作为需钾量高的作物,易出现缺钾,沙土、肥土、潮湿或板结土易发病。

缺镁:土壤酸度高或受到大雨淋洗后的沙土易缺镁,含钾量高或因施用石灰致含镁量减少土壤易发病。

缺锌:系土壤或肥料中含磷过多,酸碱度高、低温、湿度大或有机肥少的土壤易发生缺锌症。

缺硫:酸性沙质土、有机质含量少或寒冷潮湿的土壤易发病。

缺铁:碱性土壤中易缺铁。

缺硼:干旱、土壤酸度高或沙土易出现缺硼症。

缺钙:是因为土壤酸度过低或矿质土壤,pH5.5 以下,土壤有机质在 48 mg/kg 以下或钾、镁含量过高易发生缺钙。

缺锰:pH 值大于 7 的石灰性土壤或靠近河边的田块,锰易被淋失。生产上施用石灰过量也易引发缺锰。

一般来说,玉米生长中后期干旱或大雨后淹水,土壤沙质,缺少有机肥,或土壤板结,根系生长受阻等都有利于病害发生。

(三)防治方法

(1)根据植株分析和土壤化验结果及缺素症状表现进行正确诊断。

(2)采用配方施肥技术,对玉米按量补施所缺肥素。提倡施用日本酵素菌沤制的堆肥或腐熟有机肥:

①亩产高于 500 kg 的地块,亩施尿素 35～38 kg、重过磷酸钙 20～23 kg。亩产 400～500 kg 的地块,亩施尿素 25～35 kg、重过磷酸钙 17～20 kg。亩产 300～400 kg 的地块,亩施尿素 17～24 kg、重过磷酸钙 12～17 kg。亩产 400 kg 以上的地块,每亩还应增施硫酸钾 12～16 kg。

②玉米生长后期氮、磷、钾养分不足时,可于灌浆期亩用尿素 1 kg、磷酸二氢钾 0.1 kg(或

过磷酸钙 1～1.5 kg 浸泡 24 小时后滤出清液、氯化钾或硫酸钾 0.5 kg)，兑水 50～60 kg 喷雾。当发现有缺乏微量元素症状时，可用相应的微肥按 0.2%的浓度喷雾(硼肥浓度为 0.1%)。每 7～10 天喷施一次，喷施时间晴天效果较好，若遇烈日应在下午 3 时后喷施。阴雨天气应在雨后叶片稍干后喷施。注意肥液要随配随施。

第六章 玉米害虫及防治

近几年来，我国玉米种植面积稳步增加，2014年我国玉米种植面积达到5.53亿亩，已成为我国种植面积最大的粮食作物。随着种植结构调整、栽培技术变化，以及新品种更换，玉米害虫发生了明显变化，主要呈现出发生种类多、为害重等特点。我国有记录的玉米害虫约126种，造成经济损失的玉米害虫有50多种，常发性害虫有20多种。本章介绍了常见的27种害虫。

一、玉米螟

拉丁学名：*Pyrausta nubilalis*，Hubern。是玉米的主要害虫。主要分布于北京、东北各省、河北、河南、四川、广西等地。各地的春、夏、秋播玉米都有不同程度受害，尤以夏播玉米最重。可发为害玉米植株地上的各个部位，使受害部分丧失功能，降低籽粒产量。

（一）生物特征

成虫黄褐色，雄蛾体长10～13 mm，翅展20～30 mm，体背黄褐色，腹末较瘦尖，触角丝状，灰褐色，前翅黄褐色，有两条褐色波状横纹，两纹之间有两条黄褐色短纹，后翅灰褐色；雌蛾形态与雄蛾相似，色较浅，前翅鲜黄，线纹浅褐色，后翅淡黄褐色，腹部较肥胖。

卵扁平椭圆形，数粒至数十粒组成卵块，呈鱼鳞状排列，初为乳白色，渐变为黄白色，孵化前卵的一部分为黑褐色（为幼虫头部，称黑头期）。

老熟幼虫，体长25 mm左右，圆筒形，头黑褐色，背部颜色有浅褐、深褐、灰黄等多种，中、后胸背面各有毛瘤4个，腹部1～8节背面有两排毛瘤前后各两个。均为圆形，前大后小（图26）。

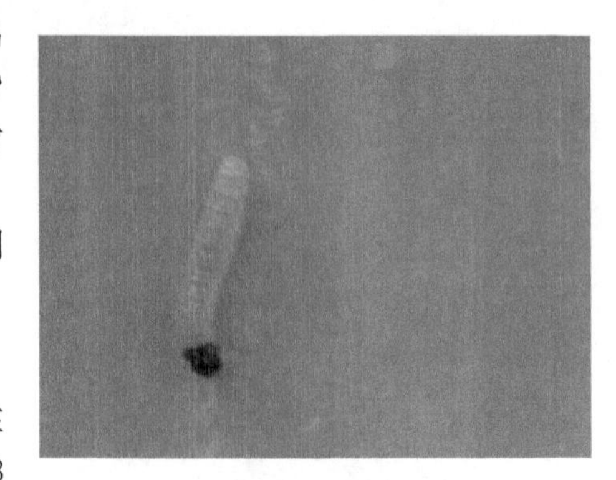
图26 玉米螟幼虫（戴爱梅 摄）

蛹长15～18 mm，黄褐色，长纺锤形，尾端有刺毛5～8根。

（二）生活习性

玉米螟的发生代数随纬度而有显著的差异：在我国，45°N以北1代，45°—40°N 2代，40°—30°N 3代，30°—25°N 4代，25°—20°N 5～6代。海拔越高，发生代数越少。

在四川省一年发生2～4代，温度高、海拔低，发生代数较多。通常以老熟幼虫在玉米茎秆、穗轴内或高粱、向日葵的秸秆中越冬，次年4—5月化蛹，蛹经过10天左右羽化。成虫夜间活动，飞翔力强，有趋光性，寿命5～10天，喜欢在离地50 cm以上、生长较茂盛的玉米叶背面中脉两侧产卵，一个雌蛾可产卵350～700粒，卵期3～5天。幼虫孵出后，先聚集在一起，然后在植株幼嫩部分爬行，开始为害。初孵幼虫，能吐丝下垂，借风力飘迁邻株，形成转株为害。幼虫多为五龄，三龄前主要集中在幼嫩心叶、雄穗、苞叶和花丝上活动取食，被害心叶展开后，即呈现许多横排小孔；四龄以后，大部分钻入茎秆。玉米螟的为害，主要是因为叶片被幼虫咬食后，会降低其光合效率；雄穗被蛀，常易折断，影响授粉；苞叶、花丝被蛀食，会造成缺粒和秕粒；茎秆、穗柄、穗轴被蛀食后，形成隧道，破坏植株内水分、养分的输送，使茎秆倒折率增加，籽粒产量下降。玉米螟适合在高温、高湿条件下发育，冬季气温较高，天敌寄生量少，有利于玉米螟的繁殖，为害较重；卵期干旱，玉米叶片卷曲，卵块易从叶背面脱落而死亡，为害也较轻。

(二)防治方法

越冬期处理。越冬寄主秸秆，在春季越冬幼虫化蛹。羽化前处理完毕。

抽雄前掌握。玉米心叶初见排孔、幼龄幼虫群集心叶而未蛀入茎秆之前，采用1.5%的锌硫磷颗粒剂，或呋喃丹颗粒剂，直接丢放于喇叭口内均可收到较好的防治效果。

穗期防治。花丝蔫须后，剪掉花丝，用90%的敌百虫0.5 kg、水150 kg、黏土250 kg配制成泥浆涂于剪口，效果良好；也可用50%或80%的敌敌畏乳剂600～800倍液，或用90%的敌百虫800～1000倍液，或75%的辛硫磷乳剂1000倍液，滴于雌穗顶部，效果亦佳。

人工摘除。发现玉米螟卵块人工摘除田外销毁。

生物防治。玉米螟的天敌种类很多，主要有寄生卵赤眼蜂、黑卵蜂，寄生幼虫的寄生蝇、白僵菌、细菌、病毒等。捕食性天敌有瓢虫、步行虫、草蜻蛉等，都对虫口有一定的抑制作用。

释放赤眼蜂。赤眼蜂是一种卵寄生性昆虫天敌。能寄生在多种农、林、果、菜害虫的卵和幼虫中。用于防治玉米螟，安全、无毒、无公害、方法简单、效果好。在玉米螟产卵期释放赤眼蜂，选择晴天大面积连片放蜂。放蜂量和次数根据螟蛾卵量确定。一般每公顷释放15万～30万头，分两次释放，每公顷放45个点，在点上选择健壮玉米植株，在其中部一个叶面上，沿主脉撕成两半，取其中一半放上蜂卡，沿茎秆方向轻轻卷成筒状，叶片不要卷得太紧，将蜂卡用线、钉等钉牢。应掌握在赤眼蜂的蜂蛹后期，个别出蜂时释放，把蜂卡挂到田间。

利用白僵菌防治：

(1)僵菌封垛。白僵菌可寄生在玉米螟幼虫和蛹上。在早春越冬幼虫开始复苏化蛹前，对残存的秸秆，逐垛喷撒白僵菌粉封垛。方法是每立方米秸秆垛，用每克含100亿孢子的菌粉100g，喷一个点，即将喷粉管插入垛内，摇动把子，当垛面有菌粉飞出即可。

(2)白僵菌丢心。一般在玉米心叶中期，用500 g含孢子量为50亿～100亿的白僵菌粉，对煤渣颗粒5 kg，每株施入2 g，可有效防治玉米螟的为害。

(3)Bt可湿性粉剂。在玉米螟卵孵化期，田间喷施每mL 100亿个孢子的Bt乳剂Bt可湿性粉剂200倍液，有效控制虫害。

其他防治方法如：

(1)灯光诱杀。利用高压汞灯或频振式杀虫灯诱杀玉米螟成虫。开灯时间为7月上旬至8月上旬。

(2)化学防治。在玉米心叶末期(5%抽雄)，将40%辛硫磷乳油配成0.3%颗粒剂，撒在喇叭筒里。

二、锯谷盗

拉丁学名：*Oryzaephilus surinamensis* Linne，为鞘翅目(Coleoptera)，锯谷盗科(Silvanidae)，与扁甲(flat bark beetle)近缘，有时并入扁甲科(Cucujidae)。北方俗称其为麦牛子、麦欧子、麦油子，长度一般不到 3cm，多数生活在树皮下；有的吃谷物(如苏里南锯谷盗 *Oryzaephilus surinamensis*)，为贮粮的重要害虫。为害稻谷、小麦、面粉、干果、药材、禾谷类、豆类、粉类、干果类、药材、烟草、各种肉干、淀粉等。以成虫、若虫喜食破碎玉米等粮食的碎粒或粉屑。为害食用菌时，幼虫蛀食子实体干品，成虫也可为害。

(一)生物特征

成虫扁长椭圆形，深褐色，长 2.5～3.5 mm，体上被黄褐色密的细毛。头部呈梯形，复眼黑色突出，触角棒状 11 节；前胸背板长卵形，中间有 3 条纵隆脊，两侧缘各生 6 个锯齿突；鞘翅长，两侧近平行，后端圆。翅面上有纵刻点列及 4 条纵脊，雄虫后足腿节下侧有 1 个尖齿。

幼虫扁平细长，体长 3～4 mm，灰白色，触角与头等长，3 节，第 3 节长度为第 2 节二倍，胸足 3 对，胸部各节的背面两侧均生 1 暗褐色近方形斑，腹部各节背面中间横列褐色半圆形至椭圆形斑。

(二)生活习性

1 年生 2～5 代，以成虫在仓库内外缝隙、砖石下或树缝中越冬。翌春又返回仓库内，寿命 3 年以上，成虫活泼，喜群聚，喜把卵产在缝隙处或碎屑中，每雌产卵量数十粒至 300 粒，发育适温 30～35℃。当仓库内相对湿度 90%左右，气温 35℃时 18 天即可完成 1 代，30℃21 天，25℃则需 30 天。有假死性，食碎粮外表或完整粮胚部，或钻入其他贮粮害虫的蛀孔内取食为害。成虫耐低温，高湿，抗性强。

(三)防治方法

(1)人工防治

①把好入库关。玉米入库时，严格将大谷盗杀死在入库之前。

②注意仓库内卫生。储存玉米前务必打扫库房，堵塞缝隙并粉刷；清扫出来的碎玉米、尘杂，一律用火焚烧。器材、用具及装卸、运输设备在使用前应进行杀虫处理。

③隔离防虫。有计划地将有虫烟叶与无虫烟叶、新烟与陈烟、长期贮存与准备外调烟叶分别存放，防止交叉为害。

(2)物理防治

①高温法。可选择晴天摊晒粮食，一般厚 3～5 cm，每隔半小时翻动一次，粮温升到 50℃，再连续保持 4～6 小时，粮食温度越高，杀虫效果越好。晒粮时需在场地四周距离粮食 2 米处喷洒敌敌畏等农药，防止害虫窜逃。

②低温冷冻。多数贮粮害虫在 0℃以下保持一定时间可被冻死。北方冬季，气温达到 －10℃以下时，将贮粮摊开，一般 7～10 cm 厚，经 12 小时冷冻后，即可杀死贮粮内的害虫。如果达不到 －10℃，冷冻的时间需延长。冷冻的粮食需趁冷密闭贮存。含水量在 17%以下的种子粮和花生，不能用冷冻法，其余各种粮食、油料都可采用此法。

(3)药剂防治

可用 56%磷化铝片剂、丸剂进行熏蒸。烟堆用药量为 6～9 g/m^3，器材用药量为 4～7 g/m^3。施药后密闭 3～5 天，熏蒸完毕后，通风 4 天以上。另外，也可用溴甲烷或敌敌畏等药剂，进行贮存期熏杀或空仓灭虫。

三、玉米象

拉丁学名:*Sitophilus zeamais*。象甲科的一种。钻蛀性害虫,为害稻谷、小麦、玉米、大米、高粱等多种储粮,以及面粉、油料、植物性药材等仓储物。是中国储粮的头号害虫,也是世界性的重要储粮害虫。世界性分布。我国各省(区)均有分布,唯新疆尚无记录。

(一)生物特征

体长 2.9～4.2 mm。体暗褐色,鞘翅常有 4 个橙红色椭圆形斑。喙长,除端部外,密被细刻点。触角位于喙基部之前,柄节长,索节 6 节,触角棒节间缝不明显。前胸背板前端缩窄,后端约等于鞘翅之宽,背面刻点圆形,沿中线刻点多于 20 个。鞘翅行间窄于行纹刻点。前胸和鞘翅刻点上均有一短鳞毛。后翅发达,能飞。雄虫阳茎背面有两纵沟,雌虫"Y"字形骨片两臂较尖。1 年发生 1 代至数代,因地区而异。既能在仓内繁殖,也能飞到田间繁殖。耐寒力、耐饥力、产卵力均较强,发育速度较快。

卵椭圆形,长约 0.65～0.70 mm,宽约 0.28～0.29 mm,乳白色.半透明.下端稍圆大,上端逐渐狭小,上端着生帽状圆形小隆起;谷象的卵与其相似。

幼虫体长 2.5～3.0 mm,乳白色,体多横皱,背面隆起,腹面平坦,全体肥大粗短,略呈半球形,无足,头小,淡褐色,略呈楔形,谷象幼虫与其相似。

蛹体长 3.5～4.0 mm,椭圆形,乳白色至褐色.头部圆形,喙状部伸达中足基节.前胸背板上有小突起 8 对,其上各生 1 根褐色刚毛.腹部 10 节,腹末有肉刺 1 对。

米象 *Sitophilus oryzae* Linne,是米谷中的小黑甲虫,俗称蛘子。也是重要储粮害虫,与玉米象外形极相似。主要区别在于米象阳茎背面无纵沟,雌虫"Y"字形骨片两臂钝圆。米象的前胸和鞘翅较瘦,前胸沿中线刻点少于 20 个,体长通常小于 3 mm。主要为害稻谷、花生等;只在仓内繁殖;耐寒力、耐饥力、产卵力较弱,发育较慢。在中国主要分布于 27°N 以南地区。

谷象 *Sitophilus granaries* (Linne),也是重要的储粮害虫,其为害与玉米象、米象相似。分布仅限于新疆和甘肃,是重要的植检对象。谷象前胸刻点稀,椭圆形,鞘翅无斑点,后翅退化,不能飞,体长 2.8～3.5 mm。

(二)生活习性

寄生于玉米、豆类、荞麦、花生仁、大麻子、谷粉、干果、酵母饼、通心粉、面包等。幼虫只蛀食禾谷类种子,其中以玉米、小麦、高粱受害重。1 年发生 1 代至数代,因地区而异。既能在仓内繁殖,也能飞到田间繁殖。耐寒力、耐饥力、产卵力均较强,发育速度较快。

(三)为害症状

玉米象是中国储粮的头号害虫,也是世界性的重要储粮害虫。玉米象属于钻蛀性害虫,成虫食害禾谷类种子,以及面粉、油料、植物性药材等仓储物,以小麦、玉米、糙米及高粱受害最重;幼虫只在禾谷类种子内为害。主要为害贮存 2～3 年的陈粮,成虫啃食,幼虫蛀食谷粒。是一种最主要的初期性害虫,贮粮被玉米象咬食而造成许多碎粒及粉屑,易引起后期性害虫的发生。为害后能使粮食水分增高和发热。能飞到田间为害。

(四)防治方法

秋末冬初,在粮面或粮堆四周铺上麻袋,引诱成虫来袋下潜伏,收集并予以消灭;春天,在仓外四周喷一条马拉硫磷药带，防止在仓外越冬的成虫返回仓内。可采取诱杀成虫、暴晒及过筛和药剂熏蒸等方法。

四、双斑萤叶甲

拉丁学名：*Monolepta hieroglyphica* (Motschulsky)。为鞘翅目，叶甲科。广布东北、华北、江苏、浙江、湖北、江西、福建、广东、广西、宁夏、甘肃、陕西、四川、云南、贵州、台湾等省(区、市)。主要为害豆类、马铃薯、苜蓿、玉米、茼蒿、胡萝卜、十字花科蔬菜、向日葵、杏树、苹果等作物。

(一)生物特征

成虫体长 3.6～4.8 mm，宽 2～2.5 mm，长卵形，棕黄色具光泽，触角 11 节丝状，端部色黑，长为体长 2/3；复眼大卵圆形；前胸背板宽大于长，表面隆起，密布很多细小刻点；小盾片黑色呈三角形；鞘翅布有线状细刻点，每个鞘翅基半部具 1 近圆形淡色斑，四周黑色，淡色斑后外侧多不完全封闭，其后面黑色带纹向后突伸成角状，有些个体黑带纹不清或消失。两翅后端合为圆形，后足胫节端部具 1 长刺；腹管外露(图 27)。

图 27　双斑萤叶甲(戴爱梅 摄)

卵椭圆形，长 0.6 mm，初棕黄色，表面具网状纹。

幼虫体长 5～6 mm，白色至黄白色，随着龄期的增长，颜色逐渐变深，体表具瘤和刚毛，前胸背板颜色较深。

蛹长 2.8～3.5 mm，宽 2 mm，白色，表面具刚毛，为离蛹。

(二)生活习性

河北、山西 1 年生 1 代，以卵在土中越冬。翌年 5 月开始孵化。幼虫共 3 龄，幼虫期 30 天左右，在 3～8 cm 土中活动或取食作物根部及杂草。7 月初始见成虫，一直延续到 10 月，成虫期 3 个多月，初羽化的成虫喜在地边、沟旁、路边的苍耳、刺菜、红蓼上活动，约经 15 天转移到豆类、玉米、高粱、谷子、杏树、苹果树上为害，7—8 月进入为害盛期，大田收获后，转移到十字花科蔬菜上为害。成虫有群集性和弱趋光性，在一株上自上而下地取食，日光强烈时常隐蔽在下部叶背或花穗中。成虫飞翔力弱，一般只能飞 2～5 米，早晚气温低于 8℃或风雨天喜躲藏在植物根部或枯叶下，气温高于 15℃成虫活跃，成虫羽化后经 20 天开始交尾，把卵产在田间或菜园附近草丛中的表土下或杏、苹果等叶片上；卵散产或数粒粘在一起，卵耐干旱，幼虫生活在杂草丛下表土中，老熟幼虫在土中做土室化蛹，蛹期 7～10 天。干旱年份发生重。

(三)防治方法

(1)及时铲除田边、地埂、渠边杂草，秋季深翻灭卵，均可减轻受害。

(2)发生严重的可喷洒 50%辛硫磷乳油 1500 倍液，每亩喷兑好的药液 50 升。大豆对辛硫磷敏感，不宜加大药量。

(3)干旱地区可选用27巴丹粉剂,每亩用药2kg,采收前7天停止用药。

五、玉米旋心虫

拉丁学名:*Apophylia flavovirens* (Fairmaire)。别名玉米蛀虫,属粉虫科。玉米旋心虫以幼虫蛀入玉米苗基部为害,常造成花叶或形成枯心苗,重者分蘖较多,植株畸形,不能正常生长。

(一)生物特征

成虫体长5～6 mm,全体密被黄褐色细毛。为头部黑褐、鞘翅绿色的小甲虫。前胸黄色,宽大于长,中间和两侧有凹陷,无侧缘。胸节和鞘翅上满面小刻点,鞘翅翠绿色,具光泽。足黄色。雌虫腹末呈半卵圆形,略超过鞘翅末端,雄虫则不超过翅鞘末端。

卵椭圆形,长约0.6 mm左右,卵壳光滑,初产黄色,孵化前变为褐色。

老熟幼虫体长8～11 mm。黄色,头部褐色,体共11节,各节体背排列着黑褐色斑点,前胸盾板黄褐色。中胸至腹部末端每节均有红褐色毛片,中、后胸两侧各有4个,腹部1～8节两侧各有5个。臀节臀板呈半椭圆形,背面中部凹下,腹面也有毛片突起。

蛹为黄色裸蛹,长6 mm。

(二)发生规律

玉米旋心虫在北方年发生1代,以卵在玉米地土壤中越冬。5月下旬至6月上旬越冬卵陆续孵化,幼虫蛀食玉米苗,在玉米幼苗期可转移多株为害,苗长至近30 cm左右后,很少再转株为害,幼虫为害期约1个半月左右,于7月中、下旬幼虫老熟后,在地表做土茧化蛹,蛹期10天左右羽化出成虫。成虫白天活动,夜晚栖息在株间,一经触动有假死性,成虫多产卵在疏松的玉米田土表中,每头雌虫可产卵10余粒,多者20～30余粒。

(三)防治方法

(1)农业防治

进行合理轮作避免连茬种植,以减轻为害。

(2)化学防治

①每亩用25%甲萘威(西维因)可湿性粉剂,或用2.5%的敌百虫粉剂1～1.5 kg,拌细土20 kg,搅拌均匀后,在幼虫为害初期(玉米幼苗期)顺垄撒在玉米跟周围、杀伤转移为害的害虫。

②用90%晶体敌百虫1000倍,或用80%敌敌畏乳油1500倍液喷雾,每亩喷药液60～75 kg。

六、耕葵粉蚧

拉丁学名:*Triongmus agrostis* Wang et Zhang。耕葵粉蚧属同翅目,粉蚧科,是寄生玉米根部的一种新害虫,20世纪80年代末在河北省首先发现,近年来河北、河南、山东、山西等省均有发生。除玉米外,还为害小麦、谷子、高粱等多种禾本科作物及杂草。

(一)为害症状

若虫群集于玉米的幼苗根节或叶鞘基部外侧周围吸食汁液。受害植株细弱矮小,叶片变黄,个别的出现黄绿相间的条纹,生长发育迟缓,严重的不能结实,甚至造成植株瘦弱枯死(图

28)。该虫除为害玉米、小麦等禾本科作物外，还为害狗尾草、金色狗尾草、马唐等禾本科杂草，其中以狗尾草、金色狗尾草等发生量较多，是重要的虫源。

图 28　耕葵粉蚧(戴爱梅 摄)

(二)生活习性

该虫一年发生 3 代，以第二代为害为主，其发生于 6 月中旬至 8 月上旬，主要为害夏播玉米幼苗。夏玉米出苗后，卵开始孵化为若虫，而后迁移到夏玉米的主茬根处和近地面的叶鞘内，进行为害。1 龄若虫活泼，没有分泌蜡粉保护层，是药剂防治的最佳时期，2 龄后开始分泌蜡粉，在地下或进入植株下部的叶鞘中为害。雌若虫老熟后羽化为雌成虫，雌成虫把卵产在玉米茎基部土中或叶鞘里。受害植株茎叶发黄，下部叶片干枯，矮小细弱，降低产量，重者根茎部变粗，全株枯萎死亡，不能结实。由于若虫群集在根部取食，所以根部有许多小黑点，肿大，根尖发黑腐烂。玉米耕葵粉蚧为害玉米植株下部，在近地表的叶鞘内、茎基部和根上吸取汁液。受害植株下部叶片、叶鞘发黄，叶尖和叶缘干枯；茎基部变粗、色泽变暗，根系松散细弱、变黑腐烂或肿大；植株生长缓慢、矮小细弱，平均株高只有健株的 1/2～3/4，严重受害的植株不能结实，甚至全株枯死 。

(三)生物特征

雌成虫体长 3～4.2 mm，宽 1.4～2.1 mm，长椭圆形而扁平，两侧缘近似于平行，红褐色，全身覆一层白色蜡粉。雄成虫体长 1.42 mm，宽 0.27 mm，身体纤弱，全体深黄褐色。

卵长 0.49 mm，长椭圆形，初橘黄色，孵化前浅褐色，卵囊白色，棉絮状。

若虫共有两龄，一龄若虫体长 0.61 mm，无蜡粉；二龄若虫体长 0.89 mm，宽 0.53 mm，体表出现白蜡粉。

蛹体长 1.1～1.2 mm，长形略扁，黄褐色。茧长形，白色柔密，两侧近平行。

(四)防治方法

由于该虫的嗜食植物是禾本科作物及禾本科杂草，因此，在防治策略上应采取生态控制与药剂防治相结合，最大限度地压低虫口密度的综合防治措施。

(1)合理轮作换茬，以破坏该虫的适生环境。通过观察，“玉米一小麦”双种双收的地块，该虫为害重、虫量大、虫口密度高。因此，有条件的地块应合理调整种植结构，采取禾本科作物与棉花、大豆、花生、甘薯等作物间作或轮作，或旱田变水田的方式，以破坏该虫的适生环境，是最为经济有效的防治措施。

(2)加强田间管理，以压低虫口密度。具体措施有：

①玉米适期播种，不能过早或过晚。

②及时清除田间及周边禾本科杂草，缩小该害虫的适生场所。

③及时中耕灭茬，使土质疏松、墒情好，提高寄主抗病力。由于该虫主要集中在作物根部为害，并将卵囊附着于作物根部，因此应及时将作物根茬翻耕深埋或及时带出田外处理，可大大降低该虫在田间的初始来源。

④加强肥水管理，增施鸡、鸭、牛、羊粪肥、复合肥和玉米专用肥，不仅促进寄主根系发育，

提高寄主的抗病能力，而且对害虫有抑制作用。

(3)化学防治。用48%毒死蜱(乐斯本)1000倍液(去掉喷雾器喷片)，每株用药液量100～150 g，重点喷玉米下部叶鞘处和茎基部，并使药液渗到玉米根茎部。也可用40%氧化乐果乳油或40%辛硫磷乳油等内吸性杀虫剂500～1000倍液喷施在玉米幼苗基部或灌根。

七、地老虎类

见第二章第三十八、三十九、四十、四十一节。

八、金针虫

见第二章第五十一、五十二、五十三节。

九、蝼蛄

见第二章第九、十节。

十、黏虫

见第二章第四节。

十一、草地螟

见第二章第十七节。

十二、甜菜夜蛾

见第四章第十八节。

十三、斜纹夜蛾

见第四章第十七节。

十四、东亚飞蝗

见第二章第十九节。

十五、棉铃虫

见第四章第三节。

十六、大螟

拉丁学名：*Sesamia inferens* (Walker)，鳞翅目夜蛾科蛀茎夜蛾属的一种昆虫。寄主植物有甘蔗、禾本科作物、蚕豆、油菜、棉花、芦苇、水稻、玉米、高粱、麦、粟等。

(一)生物特征

成虫雌蛾体长15 mm，翅展约30 mm，头部、胸部浅黄褐色，腹部浅黄色至灰白色；触角丝状，前翅近长方形，浅灰褐色，中间具小黑点4个排成四角形。雄蛾体长约12 mm，翅展27 mm，体、翅同雌蛾，触角栉齿状。

卵扁球形，顶部稍凹，表面有放射状细隆线，初白色后变灰黄色，表面具细纵纹和横线，聚生或散生，常排成2～3行。幼虫5～7龄，末龄幼虫体长约30 mm，粗4 mm，头红褐色至暗褐色，腹部背面淡紫红色，体节上有瘤状突起，上生短毛。蛹长13～18 mm，圆筒形，粗壮，红褐色，腹部具灰白色粉状物，臀棘有3根钩棘。

（二）为害症状

基本同二化螟。幼虫蛀入稻茎为害，也可造成枯梢、枯心苗、枯孕穗、白穗及虫伤株。大螟为害的孔较大，有大量虫粪排出茎外，又别于二化螟。大螟为害造成的枯心苗，蛀孔大、虫粪多，且大部分不在稻茎内，多夹在叶鞘和茎秆之间，受害稻茎的叶片、叶鞘部都变为黄色。大螟造成的枯心苗田边较多，田中间较少，别于二化螟、三化螟为害造成的枯心苗。

（三）生活习性

云、贵高原年生2～3代，江苏、浙江3～4代，江西、湖南、湖北、四川年生4代，福建、广西及云南开远4～5代，广东南部、台湾6～8代。在温带以幼虫在茭白、水稻等作物茎秆或根茬内越冬，翌春老熟幼虫在气温高于10℃时开始化蛹，15℃时羽化，越冬代成虫把卵产在春玉米或田边看麦娘、李氏禾等杂草叶鞘内侧，幼虫孵化后再转移到邻近边行水稻上蛀入叶鞘内取食，蛀入处可见红褐色锈斑块。3龄前常十几头群集在一起，把叶鞘内层吃光，后钻进心部造成枯心。3龄后分散，为害田边2～3墩稻苗，蛀孔距水面10～30cm，老熟时化蛹在叶鞘处。成虫飞翔力强，常栖息在株间，每雌可产卵240粒，卵历期第一代为12天，第二、三代5～6天；幼虫期第一代约30天，第二代28天，第三代32天；蛹期10～15天。苏南越冬代发生在4月中旬至6月上旬，第一代6月下旬至7月下旬，第二代7月下旬至10月中旬；宁波一带越冬代在4月上旬至5月下旬发生，第一代6月中旬至7月下旬，第二代8月上旬至下旬，第三代9月中旬至10月中旬；长沙、武汉越冬代发生在4月上旬至5月中旬；江浙一带第一代幼虫于5月中下旬盛发，主要为害茭白，7月中下旬第二代幼虫期和8月下旬第三代幼虫主要为害水稻，对茭白为害轻。茭白与水稻插花种植地区，该虫在两寄主间转移为害受害重。浙北、苏南单季稻茭白区，越冬代羽化后尚未栽植水稻，则集中为害茭白，尤其是田边受害重。

（四）发生规律

一年发生2～4代，随海拔的升高而减少，随温度的升高而增加。以老熟幼虫在寄生残体或近地面的土壤中越冬，次年3月中旬化蛹，4月上旬交尾产卵，3～5天达高峰期，4月下旬为孵化高峰期。成虫白天潜伏，傍晚开始活动，趋光性较弱，寿命5天左右。雌蛾交尾后2～3天开始产卵，3～5天达高峰期，喜在玉米苗上和地边产卵，多集中在玉米茎秆较细、叶鞘抱合不紧的植株靠近地面的第2节和第3节叶鞘的内侧，可占产卵量的80%以上。雌蛾飞翔力弱，产卵较集中，靠近虫源的地方，虫口密度大，为害重。刚孵化出的幼虫，不分散，群集叶鞘内侧，蛀食叶鞘和幼茎，一天后，被害叶鞘的叶尖开始萎蔫，3～5天后发展成枯心、断心、烂心等症状，植株停止生长，矮化，甚至造成死苗。一开始被害株（即产卵株），常有幼虫10～30条。幼虫3龄以后，分散迁害邻株，可转害5～6株不等。此时，是大螟的严重为害期。早春10℃以上的温度来得早，则大螟发生早。靠近村庄的低洼地及麦套玉米地发生重。春玉米发生偏轻，夏玉米发生较重。

水稻自分蘖期至基本成熟，均受大螟为害，以破口抽穗期与蚁螟盛孵期相吻合的稻田受害最重。初孵幼虫多在孕穗期侵入，孕穗初期侵入率为12%左右，后期为6%左右；齐穗后不能侵入。齐穗后出现的白穗和虫伤株，主要是2龄以上幼虫转株为害所致。但只有在本田中产的卵块，才是主要虫源。因为秧苗带卵移栽，卵块淹于水下或埋入表土，不能孵化；只有正在孵化的卵块，在栽后断水的情况下，少量幼虫能够存活。第一代盛卵期，如雨日多，肥料足，玉米旺长，叶鞘紧抱茎秆，不利大螟产卵。已产的卵，因茎秆生长较快，叶鞘胀裂，易被雨水冲落，或与卵缓缓摩擦，被向上推挤而脱落。遇暴雨稻田积水较深，能淹死大量幼虫。

高温干燥是越冬幼虫死亡率高的主要原因。在温度20～25℃时，成虫交配产卵正常，幼虫和蛹的存活率高；温度上升到28℃，成虫交配产卵受到抑制，幼虫和蛹的存活率也下降。因此，在我国主要稻区，越冬代发蛾量高，第一至二代受高温抑制，繁殖率降低。秋季温度下降，第三代又显著回升。但在贵州省毕节，全年日平均温度在25℃以上时间只有3～7天，几无炎夏，冬季又都在0℃以上，为害经常较重。水稻、玉米、高粱混栽地区，滨湖芦苇、茭白、水稻混栽地区以及杂草较多的丘陵稻区，发生较多。单季稻改种双季稻，前作播种早，有利于越冬代蛾产卵，种植杂交稻，由于茎粗、叶鞘宽阔，有利于产卵和幼虫存活，也易大发生。

卵期天敌有稻螟赤眼蜂。幼虫和蛹期有中华茧蜂、螟黑纹茧蜂、稻螟小腹茧蜂、螟黄瘦姬蜂、螟黑瘦姬蜂、螟蛉瘤姬蜂等。青蛙、蜘蛛等也捕食大螟的成虫和幼虫。

（五）防治方法

（1）对第一代进行测报，通过查上一代化蛹进度，预测成虫发生高峰期和第一代幼虫孵化高峰期，报出防治适期。

（2）有茭白的地区冬季或早春齐泥割除茭白残株，铲除田边杂草，消灭越冬螟虫。

（3）根据大螟趋性，早栽早发的早稻、杂交稻、以及大螟产卵期正处在孕穗至抽穗或植株高大的稻田是化防之重点。防治策略狠治一代，重点防治稻田边行。生产上当枯鞘率达5%或始见枯心苗为害状时，大部分幼虫处在1～2龄阶段，及时喷洒18%杀虫双水剂，每亩施药250 mL，兑水50～75 kg或90%杀螟丹可溶性粉剂150～200 g或50%杀螟丹乳油100 mL兑水喷雾，也可用90%晶体敌百虫1008加40%乐果乳油50 mL兑水喷雾。

十七、桃蛀螟

拉丁学名：*Dichocrocis punctiferalis* Guenée，别名桃斑螟，俗称桃蛀心虫、桃蛀野螟，为鳞翅目，螟蛾科。分布北起黑龙江、内蒙古，南至台湾、海南、广东、广西、云南南缘，东接前苏联东境、朝鲜北境，西面自山西、陕西西斜至宁夏、甘肃后，折入四川、云南、西藏。寄主包括高粱、玉米、粟、向日葵、蓖麻、姜、棉花、桃、柿、核桃、板栗、无花果、松树等。

（一）为害症状

桃蛀螟为杂食性害虫，主要寄主为果树和向日葵等，寄主植物多，发生世代复杂。为害玉米时，把卵产在雄穗、雌穗、叶鞘合缝处或叶耳正反面，百株卵量高达1729粒。主要蛀食雌穗，取食玉米粒，并能引起严重穗腐，且可蛀茎，造成植株倒折。初孵幼虫从雌穗上部钻入后，蛀食或啃食籽粒和穗轴，造成直接经济损失。钻蛀穗柄常导致果穗瘦小，籽粒不饱满。蛀孔口堆积颗粒状粪渣，一个果穗上常有多头桃蛀螟为害，也有与玉米螟混合为害，严重时整个果穗被蛀食，没有产量。为害高粱，玉米。

（二）生物特征

成虫体长12 mm，翅展22～25 mm，黄至橙黄色，体、翅表面具许多黑斑点似豹纹：胸背有

7个；腹背第1和3～6节各有3个横列，第7节有时只有1个，第2、8节无黑点，前翅25～28个，后翅15～16个，雄第9节末端黑色，雌不明显。

卵椭圆形，长0.6 mm，宽0.4 mm，表面粗糙布细微圆点，初乳白渐变橘黄、红褐色。

幼虫体长22 mm，体色多变，有淡褐、浅灰、浅灰兰、暗红等色，腹面多为淡绿色。头暗褐，前胸盾片褐色，臀板灰褐，各体节毛片明显，灰褐至黑褐色，背面的毛片较大，第1～8腹节气门以上各具6个，成2横列，前4后2。气门椭圆形，围气门片黑褐色突起。腹足趾钩不规则的3序环。

蛹长13 mm，初淡黄绿后变褐色，臀棘细长，末端有曲刺6根。

茧长椭圆形，灰白色。

(三)生活习性

辽宁年生1～2代，河北、山东、陕西3代，河南4代，长江流域4～5代，均以老熟幼虫在玉米、向日葵、蓖麻等残株内结茧越冬。在河南一代幼虫于5月下旬至6月下旬先在桃树上为害，2～3代幼虫在桃树和高粱上都能为害。第4代则在夏播高粱和向日葵上为害，以4代幼虫越冬，翌年越冬幼虫于4月初化蛹，4月下旬进入化蛹盛期，4月底至5月下旬羽化，越冬代成虫把卵产在桃树上。6月中旬至6月下旬一代幼虫化蛹，一代成虫于6月下旬开始出现，7月上旬进入羽化盛期，二代卵盛期跟着出现，这时春播高粱抽穗扬花，7月中旬为2代幼虫为害盛期。二代羽化盛期在8月上、中旬，这时春高粱近成熟，晚播春高粱和早播夏高粱正抽穗扬花，成虫集中在这些高粱上产卵，第3代卵于7月底8月初孵化，8月中、下旬进入3代幼虫为害盛期。8月底3代成虫出现，9月上中旬进入盛期，这时高粱和桃果已采收，成虫把卵产在晚夏高粱和晚熟向日葵上，9月中旬至10月上旬进入4代幼虫发生为害期，10月中、下旬气温下降则以4代幼虫越冬。在河南一代卵期8天，2代4.5天，3代4.2天，越冬代6天；1代幼虫历期19.8天，2代13.7天，3代13.2天，越冬代208天，幼虫共5龄；1代蛹期8.8天，2代8.3天，3代8.7天，越冬代19.4天；一代成虫寿命7.3天，2代7.2天，3代7.6天，越冬代10.7天。

成虫羽化后白天潜伏在高粱田经补充营养才产卵，把卵产在吐穗扬花的高粱上，卵单产，每雌可产卵169粒，初孵幼虫蛀入幼嫩籽粒中，堵住蛀孔在粒中蛀害，蛀空后再转一粒，3龄后则吐丝结网缀合小穗，在隧道中穿行为害，严重的把整穗籽粒蛀空。幼虫者熟后在穗中或叶腋、叶鞘、枯叶处及高粱、玉米、向日葵秸秆中越冬。雨多年份发生重。天敌有黄眶离缘姬蜂、广大腿小蜂。

(四)防治方法

(1)物理防治

①清除越冬幼虫。在每年4月中旬，越冬幼虫化蛹前，清除玉米、向日葵等寄主植物的残体，并刮除苹果、梨、桃等果树翘皮、集中烧毁，减少虫源。

②果实套袋。在套袋前结合防治其他病虫害喷药1次，消灭早期桃蛀螟所产的卵。

③诱杀成虫。在桃园内点黑光灯或用糖、醋液诱杀成虫，可结合诱杀梨小食心虫进行。

④拾毁落果和摘除虫果，消灭果内幼虫。

(2)化学防治

①不套袋的果园，要掌握第一、二代成虫产卵高峰期喷药。50%杀螟松乳剂1000倍液或

用BT乳剂600倍液,或35%赛丹乳油2500～3000倍液,或2.5%功夫乳油3000倍液。

②在高粱抽穗始期要进行卵与幼虫数量调查,当有虫(卵)株率20%以上或100穗有虫20头以上时即需防治。施用药剂,50%磷胺乳油1000～2000倍洒,或用40%乐果乳油1200～1500倍液,或用2.5%溴氰菊酯乳油3000倍液喷雾,在产卵盛期喷洒50%磷胺水可溶剂1000～2000倍液,每亩使药液75kg。

③在产卵盛期喷洒Bt乳剂500倍液,或50%辛硫磷1000倍,或2.5%大康(高效氯氟氰菊酯)或功夫(高效氯氟氰菊酯),或爱福丁1号(阿维菌素)6000倍,或25%灭幼脲1500～2500倍。或在玉米果穗顶部或花丝上滴50%辛硫磷乳油等药剂300倍液1～2滴,对蛀穗害虫防治效果好。

生物防治喷洒苏云金杆菌75～150倍液或青虫菌液100～200倍液。

十八、蛀茎夜蛾

拉丁学名:*Helotropha leucostigma* Laevis (Büter)。别名大菖蒲夜蛾、玉米枯心夜蛾,是农业有害生物,玉米田的次要害虫,一年一代,除为害玉米外,还可为害高粱、谷子、杂草等。幼虫为害玉米苗,由近土表下的茎基部蛀入,向下取食心叶,蚕食茎髓,先使茎叶萎蔫,后全株枯死。有转株为害习性。分布东北、华北等地。

(一)生物特征

成虫体长17 mm至20 mm,翅展34 mm至40 mm。头部褐色或黑褐色。触角丝状,黄褐色。复眼褐色。胸部背面灰褐色。腹部淡灰褐色。前翅黄褐色至暗褐色,肾形纹白色或灰黄色,环形纹褐色,不很明显。前翅顶端有1个椭圆形浅色斑,前缘有若干个褐色的弧形纹,近顶端有3个灰黄色的短斜纹。后翅灰色。

卵长0.5 mm,黄白色,扁圆馒头状。卵壳的外表纵棱较显著,横道不明显。卵块成不整齐的条状。

老熟幼虫体长28～35 mm。头部深棕色,胸部背面黑褐色,胸足淡棕色。腹部背面灰黄色,腹面稍白,毛片黑褐色。臀板黑褐色,后缘向上隆起,上面有5个向上弯曲的爪状突起,中央的一个突起最大,是与其他蛀茎夜蛾法幼虫的显著区别特征。

蛹长17～23 mm,红褐色,背面4至7腹节前端有不规则的点刻。腹部末端臀棘深褐色,两则各有淡黄褐色钩刺1对。

(二)生活习性

玉米蛀茎夜蛾在黑龙江省一年发生一代,以卵在杂草上越冬。来年5月上、中旬孵化,初孵化幼虫即在返青的杂草上取食,6月上旬转株至玉米上为害,初龄幼虫就开始为害,定苗前后的为害盛期。幼虫多从玉米幼苗茎的地下部分蛀入,蛀入后的幼虫向上取食,有时也从玉米根部蛀入为害,被害玉米幼苗枯心,极少数切断玉米幼茎。有转株为害习性。一般低洼地发生严重,幼虫为害期约一个月左右,6月末在被害株附近地下5～15 cm处化蛹,7月上旬为化蛹盛期,7—8月成虫羽化飞至田杂草上产卵,每头雌蛾可产卵200余粒,以卵越冬。成虫有趋光性,幼虫有相互残杀的习性,一般一株只一头幼虫。5月雨水协调、气候湿润,利其发生。玉米田靠近草荒地或连作田为害重。

(三)为害特点

玉米蛀茎夜蛾主要为害玉米、高粱、谷子、菖蒲、稗草等作物。幼虫从近土表的茎基部蛀入玉米苗，向上蛀食心叶茎髓，致心叶萎蔫或全株枯死，每只幼虫连续为害几棵玉米幼苗后老熟，入土化蛹。一般每株只有 1 头幼虫。

(四)防治方法

(1)及时铲除地边杂草，定苗前捕杀幼虫，实行轮作倒茬，可减轻为害。蛀茎夜蛾的卵在田边杂草上越冬，5 月孵化后向玉米苗转移，春季清除田间杂草可减少虫量。

(2)结合玉米间苗定苗拔除有虫株。玉米受害初期，心叶刚开始萎蔫时，幼虫尚在植株内，在间定苗时可拔除虫害株，以减少田间虫口数量。

(3)药剂防治。发现玉米苗受害时，用 75%辛硫磷乳油 0.5 kg 兑少量水，喷拌 120 kg 细土，也可用 2.5%溴氰菊酯配成 45～50 mg/kg 毒砂，每亩施拌匀的毒土或毒砂 20～25 kg，顺垄低撒在幼苗根际处，使其形成 6cm 宽的药带，杀虫效果好。玉米出苗后，幼虫初发期，地面可撒 5%敌百虫粉制成的毒土，即敌百虫粉 2～3 kg 加 20～30 kg 细土拌匀即可。发现心叶萎蔫时，可用 90%敌百虫或 80%敌敌畏乳油 400 倍液灌根，可减轻为害。在用药剂防治其他害虫时也可起到兼治作用。或用 90%晶体敌百虫 1000 倍、80%敌敌畏乳油 1000 倍，灌根，每亩用药掖 200 kg。用 92.5%敌百虫粉 1 kg，拌细土 20 kg，撒在玉米根周围。

十九、高粱条螟

拉丁学名：*Chilo sacchariphagus* (Bojer)，异名：*Proceras venosatum* (Walker)，别名高粱钻心虫、甘蔗条螟等为鳞翅目，螟蛾科。分布于我国大多数省份，常与玉米螟混合发生。天敌赤眼蜂、黑卵蜂、绒茧蜂、稻螟瘦姬蜂等。

(一)为害症状

主要为害高粱和玉米，还为害粟、甘蔗、薏米、麻等作物。以幼虫钻蛀作物的茎秆为害，被蛀茎秆内可见幼虫数头或十余头群集，被害株遭风易倒折成秕穗而影响产量和品质。受害植株苗小时形成枯心苗，心叶受害展开时有不规则的半透明斑点或虫孔，附近有细粒虫粪。在广东、广西、台湾等甘蔗种植区，主要为害甘蔗。

(二)生物特征

成虫雌蛾体长 14 mm，雄蛾体长 12 mm。头胸背面灰黄色，腹部黄白色。复眼黑褐色，下唇须较长，向前下方直伸。前翅灰黄色，顶角显著尖锐，外缘略呈一直线，顶角下部略向内凹，翅外侧有近 20 条暗褐色细线纵列，中室外端有一黑色小点，雄蛾黑点较雌蛾明显，外缘翅脉间有七个小黑点并列。后翅色较淡，雌蛾近银白色，雄蛾淡黄色。

卵椭圆而扁平，约 1.3mm×0.7mm，表面有微细的龟甲状纹。初产乳白色，渐变黄白至深黄色，卵粒多排成“人”字形双行重叠的鱼鳞状卵块。

幼虫初孵时乳白色，体面有淡褐色斑，连成条纹。幼虫体长 20～30 mm，有冬夏两型。夏型幼虫胸腹部背面有明显的淡紫色纵纹四条，腹部背面气门之间，每节近前缘有四个黑褐色毛片，排成横列，中间两个较大，近圆形，均生刚毛；近后缘亦有黑褐毛片二个，近长圆形。冬型幼虫于越冬前脱皮后，体面各节黑褐色毛片变成白色，体背有四条紫褐色纵线。

蛹体长 14～15 mm，红褐色或暗褐色，有光泽。腹部 5～7 节各节背面前缘有深褐色不规则网状纹，末节背面有两对尖锐小突起。

(三)生活习性

高粱条螟在东北南部、华北大部、黄淮流域一年发生二代，在江西省发生四代，广东及台湾省发生4～5代。以老熟幼虫在玉米和高粱秸秆中越冬。北方越冬幼虫在翌年5月中下旬化蛹，5月下旬至6月上旬羽化；南方发生较早，在广东于3月中旬即可见到成虫。成虫夜晚活动，白天栖息在植株近地面处。卵多产在叶背的基部和中部，也有的产在叶面和茎秆上。每头雌虫可产卵200～300余粒，卵期5～7天。

在华北地区，第一代幼虫于6月中下旬出现，为害春玉米和春高粱。初孵幼虫极为活泼，迅速爬至叶腋，再向上钻人心叶内，群集为害。幼虫还能吐丝下垂，转移到其他植株心叶内为害。初孵幼虫啃食心叶叶肉，残留透明表皮，稍大后咬成不规则小孔。在心叶内为害10天左右发育至3龄，其后在原咬食的叶腋间蛀人茎内，也有的在叶腋间继续为害。蛀茎早的咬食生长点，受害高粱出现枯心。高粱条螟蛀茎部位多在节间的中部，与玉米螟多在茎节附近蛀入不同。条螟多为几头至十余头群集为害，蛀茎处可见较多的排泄物和虫孔。蛀茎后幼虫环状取食茎的髓部，受害株遇风易折断，断处呈刀割状。多数幼虫有6～7个龄期，有的个体可达9龄，幼虫期30～50天。老熟幼虫在7月中旬开始化蛹，7月下旬至8月上旬羽化为成虫。高粱条螟在越冬基数较大、自然死亡率低、春季降水较多的年份，第一代发生严重。

在华北地区，第二代卵7月末始见，盛期为8月中旬。第二代幼虫多数在夏高粱、夏玉米心叶期为害，少数在夏高粱穗部为害，直到收获。老熟幼虫在越冬前蜕一次皮，变为冬型幼虫越冬。

在我国西南地区，条螟主要为害春玉米，为害程度已超过玉米螟、桃蛀螟、大螟等害虫。根据在重庆市的系统调查，高粱条螟主要在春玉米秸秆中越冬，翌年4月下旬为越冬幼虫化蛹高峰期，5月中旬为羽化高峰期。条螟在春玉米上一年发生2代。第一代幼虫为害盛期为6月中旬，正值春玉米抽雄扬花期。第二代幼虫发生期已近玉米收获，幼虫蛀人茎秆，连续越夏和越冬，成为下一年的虫源。在混合种植春玉米和夏玉米的地方，则可发生第三代甚至第四代幼虫。

(四)防治方法

(1)农业防治。在越冬幼虫化蛹与羽化之前，将高粱或玉米秸秆处理完毕，以减少越冬虫源。秸秆处理可采用粉碎、烧毁、沤肥、铡碎、泥封等不同方法。条螟成虫有趋光性，可设置黑光灯诱杀从残存秸秆中羽化出来的成虫。

(2)药剂防治。玉米田防治，应在卵盛期进行，华北地区防治第一代一般在6月中下旬，防治第二代在8月上中旬。条螟与玉米螟不同，幼虫龄期稍大就蛀茎为害，因此，需按虫情确定防治时期，不能等到心叶末期再行防治。条螟与玉米螟混合发生时，一般比玉米螟晚7～15天，有时两者发生盛期接近，一次用药可以兼治。若两者发生盛期相差10天以上，应防治2次。

(3)心叶期防治。可施用颗粒剂，撒入喇叭口内。穗期防治，将颗粒剂撒在植株上部几片叶子的叶腋间和穗基部。常用药剂有1.5%辛硫磷颗粒剂，1%西维因颗粒剂，2.5%螟蛉畏颗粒剂等。

(4)在二代孵卵盛期前7天，可喷施80%敌百虫可溶性粉剂或50%敌敌畏乳油、50%杀螟硫磷乳油、50%杀螟丹可溶性粉剂的1000倍液，或菊酯类药剂等。

(5)高粱对敌百虫、敌敌畏、辛硫磷、杀螟硫磷、杀螟丹等杀虫剂十分敏感,生产上不宜使用,以免产生药害。

(6)生物防治。在卵盛期释放赤眼蜂,每亩1次1万头左右,隔7～10天放1次,连续放2～3次。此外,也可喷施Bt乳剂以及用性诱剂诱蛾。

二十、灯蛾

灯蛾,别名飞蛾、火花、慕光、扑灯蛾,鳞翅目灯蛾科的通称。全世界有6000余种,多分布于热带和亚热带地区,我国大部分地区均有分布。除苔蛾幼虫多以地衣苔藓为食外,绝大多数灯蛾幼虫为多食性。比较重要的灯蛾有为害玉米、谷子、高粱、棉花等的红缘灯蛾、尘污灯蛾;为害桑、茶、柑橘等的人纹污灯蛾、黑条灰灯蛾、八点灰灯蛾;为害森林的花布灯蛾、褐点粉灯蛾;为害绿肥作物的纹散灯蛾等。美国白蛾是重要的植物检疫对象。中国常见种类有红缘灯蛾 *Amsacta lactinea* (Cramer)、尘污灯蛾 *Spilarctia obliqua* (Walker)、人纹污灯蛾 S. subcarnea (Walker)等。

(一)生物特征

成虫体长18～20 mm,翅展46～64 mm。体、翅白色,前翅前缘及颈板端缘红色,腹部背面除基节及肛毛簇外橙黄色,并有黑色横带。侧面具黑纵带,亚侧面一列黑点,腹面白色。触角丝状黑色。前翅中室上角常具黑点;后翅横脉纹常为黑色新月形纹,亚端点黑色1～4个或无。

幼虫体长40 mm左右,头黄褐色,胴部深褐或黑色,全身密披红褐色或黑色长毛,胸足黑色,腹足红色。体侧具1列红点,背线、亚背线、气门下线由1列黑点组成;气门红色。幼龄幼虫体色体黄。

卵半球形,直径0.79 mm;卵壳表面自顶部向周缘有放射纹纵纹;初产黄白色,有光泽,后渐变为灰黄色至暗灰色。

蛹长22～26 mm,胸部宽9～10 mm,黑褐色,有光泽,有臀刺10根。

(二)生活习性

我国东部地区、辽宁以南发生较多,河北一年发生1代,南通一年2代,南京3代,均以蛹越冬。翌年5—6月开始羽化,成虫昼伏夜出,有趋光性,卵成块产于叶背,可达数百粒。

幼虫孵化后群集为害,3龄后分散为害。幼虫行动敏捷。老熟后入浅土于落呈叶等被覆物内结茧化蛹。卵期6～8天,幼虫期27～28天,成虫寿命5～7天。

灯蛾以幼虫为害寄主植物。成虫昼伏夜出,有趋光性,产卵成块于叶背上。初孵幼虫群集为害,三龄后渐分散,食量亦大增,爬行快,受惊后落地假死,卷缩成环。此虫常与菜青虫、菜蛾等混合发生。

人纹污灯蛾一年发生2～6代,以蛹越冬,中国北方第1代成虫5月羽化,第2代成虫7～8月羽化。八点灰灯蛾以幼虫越冬,第1代成虫于翌年2月羽化,3月上旬产卵,第2代于5月中旬羽化。每雌可产卵400粒左右,初孵幼虫群栖于叶背面,食害叶肉,3龄以后分散为害。

(三)防治方法

(1)农业防治。清除田间残枝落叶,及时深翻土地,减少虫源。

(2)生物防治。用Bt乳剂或青虫菌500克加水750kg喷雾,加入0.1%洗衣粉或少量杀虫剂，效果更好。

(3)药剂防治。2.5%敌杀死乳油2000～3000倍液，或5%来福灵乳油，或2.5%功夫乳油2000～3000倍液，或25%杀虫双乳油500倍液，或5%抑太保乳油2000倍液，或24%万灵水剂1000倍液，或50%抗虫922乳油500～800倍液，或10%除尽乳油2300～4500倍液。注意交替使用，隔7～15天喷1次，前密后疏。

二十一、蓟马

蓟马，别名蓟虫，是一种靠吸取植物汁液为生的昆虫，在动物分类学中属于昆虫纲缨翅目。幼虫呈白色、黄色或橘色，成虫则呈棕色或黑色。进食时会造成叶子与花朵的损伤。

(一)生物特征

体微小，体长0.5～2mm，很少超过7 mm；黑色、褐色或黄色；头略呈后口式，口器锉吸式，能挫破植物表皮，吸吮汁液；触角6～9节，线状，略呈念珠状，一些节上有感觉器；翅狭长，边缘有长而整齐的缘毛，脉纹最多有两条纵脉；足的末端有泡状的中垫，爪退化；雌性腹部末端圆锥形，腹面有锯齿状产卵器，或呈圆柱形，无产卵器。

(二)生活习性

蓟马一年四季均有发生。春、夏、秋三季主要发生在露地，冬季主要在温室大棚中，为害茄子、黄瓜、芸豆、辣椒、西瓜等作物。发生高峰期在秋季或入冬的11—12月，3—5月则是第二个高峰期。雌成虫主要进行孤雌生殖，偶有两性生殖，极难见到雄虫。卵散产于叶肉组织内，每雌产卵22～35粒。雌成虫寿命8～10天。卵期在5—6月为6～7天。若虫在叶背取食到高龄末期停止取食，落入表土化蛹。

蓟马喜欢温暖、干旱的天气，其适温为23～28℃，适宜空气湿度为40%～70%；湿度过大不能存活，当湿度达到100%，温度达31℃时，若虫全部死亡。在雨季，如遇连阴多雨，葱的叶腋间积水，能导致若虫死亡。大雨后或浇水后致使土壤板结，使若虫不能入土化蛹和蛹不能孵化成虫。

(三)品种分类

缨翅目昆虫通称为蓟马，全世界已知约3000种，我国已知约300种，主要有蓟马科和管蓟马科。在瓜果、蔬菜上发生为害的主要种类有瓜蓟马、葱蓟马等，此外还有稻蓟马、西花蓟马等。以下介绍几种常见蓟马。

(1)瓜蓟马

瓜蓟马又称棕榈蓟马、棕黄蓟马，主要为害节瓜、冬瓜、西瓜、苦瓜、番茄、茄子及豆类蔬菜。成虫、若虫以锉吸式口器取食心叶、嫩芽、花器和幼果汁液，嫩叶嫩梢受害，组织变硬缩小，茸毛变灰褐或黑褐色，植株生长缓慢，节间缩短，幼瓜受害，果实硬化，瓜毛变黑，造成落瓜。

瓜蓟马在广西一年发生17～18代，世代重叠，终年繁殖，3—10月为害瓜类和茄子，冬季取食马铃薯等作物，每年有3个为害高峰期，即5月下旬至6月中旬，7月中旬至8月上旬以及9月，尤以秋季发生普遍，为害严重。瓜蓟马成虫活跃、善飞、怕光，多在节瓜嫩梢或幼瓜的毛丛中取食，少数在叶背为害。雌成虫主要行孤雌生殖，也偶有两性生殖；卵散产于叶肉组织内，每雌产卵22～35粒，若虫也怕光，到3龄末期停止取食，坠落在表土。

(2)葱蓟马

葱蓟马又称烟蓟马、棉蓟马，体型较大，体长约 1.2～1.4 mm，体色自浅黄色至深褐色不等。年发生 8～10 代，世代重叠。葱蓟马寄主范围广泛，达 30 种以上，主要受害的作物有葱、洋葱、大蒜等百合科蔬菜和葫芦科、茄科蔬菜及棉花等。保护地栽培环境条件有利于蓟马的发生，由于其繁殖速度快，若不及时防治，会造成灾害性为害，严重影响植株的生长及果实的品质。

葱蓟马为不完全变态昆虫，若虫有 4 龄，后 2 龄处于不取食状态，常被称为"前蛹"及"蛹"，其实为 3 龄、4 龄若虫。成虫较活跃，能飞能跳。怕阳光，白天多在叶荫或叶腋处为害，阴天和夜间才到叶面上活动为害。雌虫以产卵器刺入叶内产卵，1 次产 1 粒，每头雌虫 1 生可产卵数十粒到近百粒。此外，雌虫还可孤雌生殖。5—6 月间卵期 6～7 天，初孵幼虫群集为害，以后即分散。3～4 龄为前蛹，前蛹期 1～2 天，蛹期 4～7 天，整个蛹期在土中度过。温度适宜，完成一个世代约需 20 多天。葱蓟马在温暖、干旱的气候条件下发生严重。在葱上发生的最适条件是气温 23～28℃，相对湿度 40%～70%。雨季到来，虫口减少。

(3)稻蓟马

稻蓟马寄主有稻、麦、游草、稗、看麦娘等，稻蓟马除上述寄主外，还可在玉米、高粱、甘蔗、烟草、豆类上寄生。稻蓟马成、若虫锉吸叶片，吸取汁液，轻者出现花白斑，重者使叶尖卷褶枯黄，受害严重者秧苗返青慢，萎缩不发。稻蓟马主要为害穗粒和花器，引起籽粒不实。若为害心叶，常引起叶片扭曲，叶鞘不能伸展，还破坏颖壳，形成空粒。

稻蓟马在我国南方可终年繁殖为害，江淮稻区一年发生 10～14 代，以成虫在看麦娘、李氏禾、芒草、麦类及稻桩上越冬。3 月中旬，成虫开始活动，先在麦类及禾本科杂草上取食、繁殖，4 月下旬水稻秧苗露青后，成虫大量迁往稻秧上，在水稻秧田及分蘖期稻田为害、繁殖，至 7 月中旬后，气温升高，水稻圆杆拔节后，虫口数量急剧下降，大都转移到晚稻秧田为害，以后再转移到麦苗和禾本科杂草的心叶或叶鞘间生活，11 月底成虫进入越冬。成虫性活泼，迁移扩散能力强，水稻出苗后就侵入秧田。天气晴朗时，成虫白天多栖息于心叶及卷叶内，早晨和傍晚常在叶面爬动。雄虫罕见，主要营孤雌生殖。卵散产于叶面正面脉间的表皮下组织内，对着光可见产卵处为针尖大小的透明小点。秧苗 4～5 叶期卵量最多，多产于水稻分蘖期，圆杆拔节后卵量减少。初孵若虫多潜入未展开的心叶、叶鞘或卷叶内取食。自第 2 龄起大部分群集在叶尖上为害，使叶尖纵卷枯黄。3、4 龄隐藏在卷缩枯黄的叶缘和叶尖内，不再取食，也不大活动，直至羽化。稻蓟马不耐高温，最适宜温度为 15～25℃，18℃时产卵最多，超过 28℃时，生长和繁殖即受抑制。所以在长江流域 6、7 月间发生多，为害重，尤以此 2 月气温偏低的年份易大发生。

(4)西花蓟马

西花蓟马是一种世界著名的危险性害虫，原产于北美洲，1955 年首先在夏威夷考艾岛发现，1980 年前主要分布于美国北达科他州与德克萨斯州以西，以及加拿大英属哥伦比亚，曾是美国加州最常见的一种蓟马。但自 1980 年以后，该害虫适应性显著增强，不再局限于原先的生存环境，相继扩散到荷兰、丹麦、法国、芬兰、日本等地，已成为一种世界性的重要害虫。

该虫取食植株的茎、叶、花、果，导致植株枯萎，同时还传播包括臭名昭著的番茄斑萎病毒在内的多种病毒。其寄主范围广，食性杂，寄主植物多达 500 余种，包括多种蔬菜、花卉、棉花等重要经济作物，而且在其扩散过程中，其寄主植物种类一直在持续增加，呈现明显的寄主谱扩张现象。远距离扩散主要依靠人为因素如种苗、花卉调运以及人工携带等，在运销途中即使遭遇不适的温度、湿度等劣境，到埠后仍能存活并保持相当的活力，经过短暂的潜伏期后，就能在入侵地迅速适应成为当地的重大害虫，造成农作物严重损失。我国南方各省和北方温室的气候条件均适合其发生为害，因此，该害虫存在着在我国更大范围迅速扩散为害的可能。

(5)大姜蓟马

在大姜上发生的蓟马多是黄蓟马，它的成虫和若虫锉吸大姜的心叶、嫩稍、嫩叶的汁液，使被害嫩叶变硬缩小，植株生长缓慢，嫩芽和嫩叶卷缩，心叶不能正常张开，出现畸形。黄蓟马每年 4 月开始活动，5—9 月为发生为害高峰期，以夏初最为严重。初羽化的成虫具有向上、喜嫩绿的习性，且特别活跃，能飞善跳，行动敏捷，以后畏强光隐藏，白天阳光充足时，成虫多隐蔽于叶腋或幼叶卷中取食，少数在叶背为害。

(四)为害症状

蓟马以成虫和若虫锉吸植株幼嫩组织(枝梢、叶片、花、果实等)汁液，被害的嫩叶、嫩梢变硬卷曲枯萎，叶面形成密集小白点或长形条斑，植株生长缓慢，节间缩短；幼嫩果实(如茄子、黄瓜、西瓜等)被害后会硬化，严重时造成落果，严重影响产量和品质。

叶片受害嫩叶受害后使叶片变薄，叶片中脉两侧出现灰白色或灰褐色条斑，表皮呈灰褐色，出现变形、卷曲，生长势弱，易与侧多食跗线螨为害相混淆。

幼果受害表皮油胞破裂，逐渐失水干缩，疤痕随果实膨大而扩展，呈现不同形状的木栓化银白色或灰白色的斑痕。但也有少部分发生在果腰等部位。这类“疤痕果”大约可分成三类：一是距果蒂约 0.5 cm 周围，有宽 2～3 mm 的环状疤痕；二是果面上有一条或多条宽 1 mm 左右的不规则线状或树状疤痕；三是果面或脐部出现一个或多个钮扣大小的不规则圆形疤痕。圆形疤痕常与树状疤痕相伴。在幼果期疤痕呈银白色，用手触摸，有粗糙感；在成熟果实上呈深红或暗红色，平滑有光泽。

(五)防治方法

农业防治：早春清除田间杂草和枯枝残叶，集中烧毁或深埋，消灭越冬成虫和若虫。加强肥水管理，促使植株生长健壮，减轻为害。

(1)物理防治。利用蓟马趋蓝色的习性，在田间设置蓝色粘板，诱杀成虫，粘板高度与作物持平。

(2)化学防治。常规使用吡虫啉、啶虫脒等常规药剂，防效逐步降低；目前国际上比较推广以下防治方法：

①水稻：苗期蓟马、飞虱：推荐用噻虫嗪类品种，进口品种锐胜 30%噻虫嗪悬浮种衣剂，国内试验品种百瑞 35%噻虫嗪悬浮种衣剂；

②蔬菜：茄果、瓜类、豆类使用 25%噻虫嗪水分散粒剂 3000～5000 倍灌根，减少病毒病的发生，同时减少地下害虫为害，进口品种阿克泰，国内知名品种大功牛；

③果树：芒果等蓟马为害较重作物，可以使用蓟袭喷雾，但要提高使用量，如 800 倍喷雾，同时可以微乳剂类的阿维菌素桶混使用。

④烟草：移栽前灌根或者定植时喷根，可以使用吡虫啉、噻虫嗪、噻虫胺；25%吡虫啉 1000 倍、25%噻虫嗪大功牛 3000～5000 倍。

⑤高抗性蓟马，如 2014 年广西地区、山东寿光地区等豆角、茄类、辣椒等作物上的蓟马，种类繁杂，抗性奇强，常规噻虫嗪、吡虫啉等成分很难做出防治效果，青岛瀚正蓟袭产品，成分：苯

氧威加溴虫氰加唑虫酰胺,复配型产品,防治效果很好。

(六)防治要点

(1)根据蓟马昼伏夜出的特性,建议在下午用药。

(2)蓟马隐蔽性强,药剂需要选择内吸性的或者添加有机硅助剂,而且尽量选择持效期长的药剂。

(3)如果条件允许,建议药剂熏棚和叶面喷雾相结合的方法。

(4)提前预防,不要等到泛滥了再用药。在高温期间种植蔬菜,如果没有覆盖地膜,药剂最好同时喷雾植株中下部和地面,因为这些地方是蓟马若虫栖息地。

防治蓟马可以同时使用农药防治和物理防治。点片发生时用5%啶虫咪2000倍连续防治2～3次,可收到很好的效果。一定要注意打药时间,下午光照不强时打药,同时建议在药液中加入50 g红糖,以充分提高防治效果。物理防治主要是利用蓟马对蓝色敏感的特性,采取蓝板诱杀:每亩地使用30 cm×40 cm蓝板20～25块,离作物上部高出15～25 cm排放。

二十二、玉米蚜

拉丁学名:*Rhopalosiphum maidis* (Fitch)。别名麦蚰、腻虫、蚁虫,蚜科缢管蚜属的一种昆虫。有害生物,可为害玉米、水稻及多种禾本科杂草。苗期以成蚜、若蚜群集在心叶中为害,抽穗后为害穗部,吸收汁液,妨碍生长,还能传播多种禾本科谷类病毒。华北、东北、西南、华南、华东等地,天敌有异色瓢虫、七星瓢虫、龟纹瓢虫、食蚜蝇、草蛉和寄生蜂等。

(一)生物特征

无翅孤雌蚜体长卵形,长1.8～2.2 mm,活虫深绿色,披薄白粉,附肢黑色,复眼红褐色。腹部第7节毛片黑色,第8节具背中横带,体表有网纹。触角、喙、足、腹管、尾片黑色。触角6节,长短于体长1/3。喙粗短,不达中足基节,端节为基宽1.7倍。腹管长圆筒形,端部收缩,腹管具覆瓦状纹。尾片圆锥状,具毛4至5根。

有翅孤雌蚜长卵形,体长1.6～1.8 mm,头、胸黑色发亮,腹部黄红色至深绿色,腹管前各书有暗色侧斑。触角6节比身体短,长度为体长的1/3,触角、喙、足、腹节间、腹管及尾片黑色。腹部2至4节各具1对大型缘斑,第6、7节上有背中横带,8节中带贯通全节。其他特征与无翅型相似。卵椭圆形。

(二)生活习性

玉米蚜在长江流域年生20多代,冬季以成、若蚜在大麦心叶或以孤雌成、若蚜在禾本科植物上越冬。翌年3、4月开始活动为害,4、5月麦子黄熟期产生大量有翅迁移蚜,迁往春玉米、高粱、水稻田繁殖为害。该蚜虫终生营孤雌生殖,虫口数量增加很快。华北5～8月为害严重。高温干旱年份发生多。在江苏,玉米蚜苗期开始为害、6月中下旬玉米出苗后,有翅胎生雌蚜在玉米叶片背面为害,繁殖,虫口密度升高以后,逐渐向玉米上部蔓延,同时产生有翅胎生雌蚜向附近株上扩散,到玉米大喇叭口末期蚜量迅速增加,扬花期蚜量猛增,在玉米上部叶片和雄花上群集为害,条件适宜为害持续到9月中下旬玉米成熟前。植株衰老后,气温下降,蚜量减少,后产生有翅蚜飞至越冬寄主上准备越冬。一般8、9月玉米生长中后期,均温低于28℃,适其繁殖,此间如遇干旱、旬降雨量低于20 mm,易造成猖獗为害。

(三)为害症状

玉米蚜在玉米苗期群集在心叶内，刺吸为害。随着植株生长集中在新生的叶片为害。孕穗期多密集在剑叶内和叶鞘上为害。边吸取玉米汁液，边排泄大量蜜露，覆盖叶面上的蜜露影响光合作用，易引起霉菌寄生，被害植株长势衰弱，发育不良，产量下降(图 29)。

图 29　玉米蚜(戴爱梅 摄)

(四)防治方法

(1)采用麦棵套种玉米栽培法比麦后播种的玉米提早 10～15 天，能避开蚜虫繁殖的盛期，可减轻为害。

(2)在预测预报基础上，根据蚜量，查天敌单位占蚜量的百分比及气候条件及该蚜发生情况，确定用药种类和时期。

(3)用玉米种子重量 0.1%的 10%吡虫啉可湿粉剂浸拌种，播后 25 天防治苗期蚜虫、蓟马、飞虱效果优异。

(4)玉米进入拔节期，发现中心蚜株可喷撒 0.5%乐果粉剂或 40%乐果乳油 1500 倍液。当有蚜株率达 30%～40%，出现“起油株”(指蜜露)时应进行全田普治，一是撒施乐果毒砂，每亩用 40%乐果乳油 50 g 兑水 500 L 稀释后喷在 20 kg 细砂土上，边喷边拌，然后把拌匀的毒砂均匀地撒在植株上。也可喷洒 25%爱卡士或 50%辛硫磷乳油 1000 倍液，每亩用药量 50 g 或喷撒 1.5%1605 粉剂，每亩^{2} 约 3 kg。

(5)用呋喃丹灌心。在玉米大喇叭口末期，每亩用 3%呋喃丹颗粒剂 1.5 kg，均匀的灌入玉米心内，若怕灌不均匀，可在呋喃丹中掺入 2 至 3kg 细砂混匀后进行。此外还可在喇叭口内撒施 1605 颗粒剂每亩 5 kg，颗粒剂制法用 50%1605 乳剂 5009，拌入颗料 50 kg，可兼治蓟马、玉米螟、黏虫等。此外还可选用 40.64%加保扶水悬剂 800 倍液或 10%吡虫啉可湿性粉剂 2000 倍液、10%赛波凯乳油 2500 倍液、2.5%保得乳油 2000～3000 倍液、20%康福多浓可溶剂 3000～4000 倍液。

二十三、大青叶蝉

拉丁学名：*Cicadella viridis*。别名青叶跳蝉、青叶蝉、大绿浮尘子。属同翅目叶蝉科，在世界各地广泛分布，国内分布于黑龙江、吉林、辽宁、内蒙古、河北、河南、山东、江苏、浙江、安徽、江西、台湾、福建、湖北、湖南、广东、海南、贵州、四川、陕西、甘肃、宁夏、青海、新疆等省(区、市)。国外分布于俄罗斯、日本、朝鲜、马来西亚、印度、加拿大、欧洲等地。最多可年生 5 代。大青叶蝉为害多种植物的叶、茎，使其坏死或枯萎，此外，还可传染毒病。可以实行人工、药物捕杀，或利用其趋光性将其诱杀。

(一)生物特征

成虫雌虫体长 9.4～10.1 mm，头宽 2.4～2.7 mm；雄虫体长 7.2～8.3 mm，头宽 2.3～2.5 mm。头部正面淡褐色，两颊微青，在颊区近唇基缝处左右各有 1 小黑斑；触角窝上方、两单眼之间有 1 对黑斑。复眼绿色。前胸背板淡黄绿色，后半部深青绿色。小盾片淡黄绿色，中间横刻痕较短，不伸达边缘。前翅绿色带有青蓝色泽，前缘淡白，端部透明，翅脉为青黄色，具有狭窄的淡黑色边缘。后翅烟黑色，半透明。腹部背面蓝黑色，两侧及末节淡为橙黄带有烟黑色，胸、腹部腹面及足为橙黄色，附爪及后足腔节内侧细条纹、刺列的每一刻基部为黑色。

卵白色微黄，长卵圆形，长 1.6 mm，宽 0.4 mm，中间微弯曲，一端稍细，表面光滑。

若虫初孵化时为白色，微带黄绿。头大腹小。复眼红色。2～6 小时后，体色渐变淡黄、浅灰或灰黑色。3 龄后出现翅芽。老熟若虫体长 6～7 mm，头冠部有 2 个黑斑，胸背及两侧有 4 条褐色纵纹直达腹端。

(二)生活习性

各地的世代有差异，从吉林的年生 2 代而至江西的年生 5 代。在甘肃、新疆、内蒙古 1 年发生 2 代。各代发生期为 4 月下旬至 7 月中旬、6 月中旬至 11 月上旬。河北以南各省份 1 年发生 3 代，各代发生期为 4 月上旬至 7 月上旬、6 月上旬至 8 月中旬、7 月中旬至 11 月中旬。大青叶蝉以卵在林木嫩消和干部皮层内越冬。若虫近孵化时，卵的顶端常露在产卵痕外。孵化时间均在早晨，以 7 时半至 8 时为孵化高峰。越冬卵的孵化与温度关系密切。孵化较早的卵块多在树干的东南向。

若虫孵出后大约经 1 小时开始取食。1 天以后，跳跃能力渐渐强大。初孵若虫常喜群聚取食。在寄主叶面或嫩茎上常见 10 多个或 20 多个若虫群聚为害，偶然受惊便斜行或横行，由叶面向叶背逃避，如惊动太大，便跳跃而逃。一般早晨，气温较冷或潮湿，不很活跃；午前到黄昏，较为活跃。若虫爬行一般均由下往上，多沿树木枝干上行，极少下行。若虫孵出 3 天后大多由原来产卵寄主植物上，移到矮小的寄主如禾本科农作物上为害。第一代若虫期 43.9 天，第二、三代若虫平均为 24 天。

成虫体色较淡，约经 5 个小时，体色变为正常，行动也就活泼了，遇惊如若虫一样斜行或横行逃避，如惊动过大，便跃足振翅而飞。飞翔能力较弱，以中午或午后气候温和、目光强烈时，活动较盛，飞翔也多。成虫趋光性很强，100 瓦电灯，一天最多诱虫 2000 多头，在北京灯诱成虫以 6 月中旬、7 月底至 8 月初、9 月下旬最多。成虫喜潮湿背风处，多集中在生长茂密，嫩绿多汁的杂草与农作物上昼夜刺吸为害。经过 1 个多月的补充营养后才交尾产卵。交尾产卵均在白天进行，雌成虫交尾后 1 天即可产卵。产卵时，雌成虫先用锯状产卵器刺破寄主植物表皮形成月牙形产卵痕，再将卵成排产于表皮下。每块卵 2～15 粒。每头雌虫产卵 3～10 块。夏季卵多产于芦苇、野燕麦、早熟禾、拂子茅、小麦、玉米、高粱等禾本科植物的茎秆和叶鞘上；越冬卵产于林、果树木幼嫩光滑的枝条和主干上，以直径 1.5～5 cm 的枝条着卵密度最大。在 1～2 年生苗木及幼树上，卵块多集中于 0～100 cm 高的主干上、越靠近地面卵块密度越大，在 3～4 年生幼树上，卵块多集中于 1.2～3.0 m 高处的主干与侧枝上，以低层侧枝上卵块密度最大。夏、秋季卵期 9～15 天，越冬卵期则长达 5 个月以上。

寄主植物包括杨、柳、白蜡、刺槐、苹果、桃、梨、桧柏、梧桐、扁柏、粟(谷子)、玉米、水稻、大豆、马铃薯等 160 多种植物。

(三)为害特点

成虫和若虫为害叶片，刺吸汁液，造成褪色、畸形、卷缩，甚至全叶枯死。此外，还可传播病毒病。

(四)防治方法

(1)在成虫期利用灯光诱杀,可以大量消灭成虫。

(2)成虫早晨不活跃,可以在露水未平时,进行网捕。

(3)在 9 月底 10 月初,收获庄稼时或 10 月中旬左右,当雌成虫转移至树木产卵以及 4 月中旬越冬卵孵化,幼龄若虫转移到矮小植物上时,虫口集中,可以用 90%敌百虫晶体、80%敌敌畏乳油、50%辛硫磷乳油、50%甲胺磷乳油 1000 倍液喷杀。

二十四、斑须蝽

见第二章四十五节。

二十五、赤须盲蝽

见第二章四十三节。

二十六、灰飞虱

见第二章二十七节。

二十七、粟灰螟

拉丁学名:*Chilo infuscatellus* Snellen。粟灰螟在我国广泛分布于东北、华北、内蒙古、西北、华东北部等北方谷子产区,以及广东、台湾、广西和四川等省(区)的一部分甘蔗产区。和玉米螟比较,粟灰螟食性较简单。在北方主要为害谷子,有时也为害糜黍和狗尾草、谷莠子等禾本科作物和杂草。

(一)生物特征

成虫翅展 18～25 mm,雄蛾体淡黄褐色,额圆形不突向前方,无单眼,下唇须浅褐色,胸部暗黄色;前翅浅黄褐色杂有黑褐色鳞片,中室顶端及中室里各具小黑斑 1 个,有时只见 1 个,外缘生 7 个小黑点成一列;后翅灰白色,外缘浅褐色。雌蛾色较浅,前翅无小黑点。

卵长 0.8 mm,扁椭圆形,表面生网状纹。初白色,孵化前灰黑色。

末龄幼虫体长 15～23 mm,头红褐色或黑褐色,胸部黄白色,体背具紫褐色纵线 5 条,中线略细。蛹长 12～14 mm,腹部 5～7 节周围有数条褐色突起,第 7 节后瘦削,末端平。

初蛹乳白色,羽化前变成深褐色。

(二)为害症状

谷子苗期受害后造成枯心株;谷株抽穗后被蛀,常常形成穗而不结实,或遇风雨,大量折株造成减产,成为北方谷区的主要蛀茎害虫。当谷子与玉米混播或与玉米、高粱间作时,玉米、高粱等也可受其为害。

(三)生活习性

粟灰螟在我国北方谷子产区,一年可以发生 1～3 代,一般以 2、3 代发生区为害较重。粟灰螟以幼虫越冬,并以老熟幼虫为主,主要集中在谷茬内,少数在谷草内越冬。在 2 代区,第一代幼虫集中为害春谷苗期,造成枯心,第二代主要为害春谷穗期和夏谷苗期;在 3 代区,第一、二代为害情况基本与二代区相同,第三代幼虫主要为害夏谷穗期和晚播夏谷苗期。

成虫多于日落前后羽化，白天潜栖于谷株或其他植物的叶背、土块下或土缝等阴暗处，夜晚活动，有趋光性。第一代成虫卵多产于春谷苗中及下部叶背的中部至叶尖近部中脉处，少数可产于叶面。第二代成虫卵在夏谷上的分布情况与第一代卵相似，而在已抽穗的春谷上多产于基部小叶或中部叶背，少数产于谷茎上。

初孵幼虫行动活泼，爬行迅速。大部分幼虫于卵株上沿茎爬至下部叶鞘或靠近地面新生根处取食为害；部分吐丝下垂，随风飘至邻株或落地面爬于它株。幼虫孵出后 3 天，大多转至谷株基部，并自近地面处或第二、三叶鞘处蛀茎为害，约 5 天后，被害谷苗心叶青枯，蛀孔处仅有少量虫粪或残屑。发育至 3 龄后表现转株为害习性，一般幼虫可能转害 2～3 株。

降雨量和湿度对粟灰螟影响最大，春季如雨多，湿度大，有利于化蛹、羽化和产卵。粟灰螟产卵对谷苗有较强的选择性，播种越早，植株越高，受害越重。品种间的差异也较大，一般株色深，基秆粗软，叶鞘茸毛稀疏，分蘖力弱的品种受害重。春谷区和春夏谷混播区发生重，夏谷区为害轻。

(四)防治方法

(1)农业防治

①结合秋耕耙地，拾烧谷茬，并集中烧毁。

②因地制宜调节播种期，躲过产卵盛期。

③选种抗虫品种，种植早播诱集田，集中防治。

④及时拔除枯心苗，减少扩散为害。

(2)药剂防治

用药最佳时期是卵盛孵期至幼虫蛀茎之前。主要施撒毒土：

①每亩用 1.5%甲基 1605 粉剂 2 kg，拌细土 20 kg 或用 5%西维因粉剂 1.5～2 kg，拌细土 20 kg 制成毒土，撒在谷苗根际；

②每亩用 50%对硫磷(1605)乳油 50～100 mL，拌细土 15～20 kg，拌匀后顺垅撒在谷苗根际附近，形成药带，效果亦佳。

第七章　水稻病害及防治

水稻是我国主要粮食作物之一，年产量约占全国粮食总产的二分之一。然而，水稻病害的危害一直严重影响着水稻生产，全国全年平均因各种稻病造成稻谷减产达 2×10^{7} t。全世界水稻病害近百种，我国正式记载的达 70 多种，其中有经济重要性的约 20 多种。本章记载了常见的 26 种水稻病害。

一、稻瘟病

稻瘟病，别名稻热病、火烧瘟、叩头瘟、吊颈瘟，是水稻重要病害之一，可引起大幅度减产，严重时减产 40%～50%，甚至颗粒无收。世界各稻区均有发生。在我国它同纹枯病、白叶枯病被列为水稻三大病害。由稻梨孢菌(*Pyriculariary zae*av.)引起。在自然条件下，稻瘟菌只侵染水稻。水稻稻瘟病是一种通过气流传播的流行病。1637 年，宋应星著的《天工开物》中，已把它称为“发炎火”用文字记载下来。日本在 1704 年也记录了这一病害。

本病在各地均有发生，其中以叶部、节部发生为多，发生后可造成不同程度减产，尤其穗颈瘟或节瘟发生早而重，可造成白穗以致绝产。近年来，广东稻瘟病年发生面积不少于 50 万亩，而且出现逐年增加趋势，局部大爆发并不少见，目前，稻瘟病可能发生在省域内的任何年头、任何季节。

(一)病原特征

稻瘟病病原称灰梨孢，属半知菌亚门真菌。自然条件下尚未发现。分生孢子梗不分枝，3～5 根丛生，从寄主表皮或气孔伸出，大小(80～160)μm ×(4～6)μm，具 2～8 个隔膜，基部稍膨大，淡褐色，向上色淡，顶端曲状，上生分生孢子。分生孢子无色，洋梨形或棍棒形，常有 1～3 个隔膜，大小(14～40)μm ×(6～14)μm，基部有脚胞，萌发时两端细胞立生芽管，芽管顶端产生附着胞，近球形，深褐色，紧贴附于寄主，产生生侵入丝侵入寄主组织内。该菌可分做 7 群，128 个生理小种(董金皋，2001)。

(二)发病过程

病菌以分生孢子和菌丝体在稻草和稻谷上越冬。翌年产生分生孢子借风雨传播到稻株上，萌发侵入寄主向邻近细胞扩展发病，形成中心病株。病部形成的分生孢子，借风雨传播进行再侵染。播种带菌种子可引起苗瘟。

(三)发病因素

(1)寄主抗性水稻生长发育过程中，四叶期至分蘖盛期和抽穗初期最易发病。就组织的龄期而言，叶片从 40%展开到完全展开后的 2 天内最容易发病。穗颈以始穗期最容易发病。

(2)环境因素。在气象因素中温度和湿度对发病影响最大，适温高湿，有雨、雾、露存在条件下有利于发病。气温在 20～30℃，尤其是在 24～28℃，阴雨天多，相对湿度保持在 90%以上，容易引起稻瘟病严重发生。

(3)栽培因素

①随着旱育秧面积扩大，苗期稻瘟发病率有成倍增长的趋势，由于旱秧覆盖薄膜后，提高苗床的温度和湿度，有利于稻瘟病的滋生和蔓延。

②大面积种植发病品种，如果气候适宜，病害就会大流行。汕优 2 号、D 优 63 大面积单一种植，严重丧失了抗性，会造成病害大流行。

③水稻偏施氮肥，稻株徒长，表皮细胞硅化程度低，容易被病菌侵染。

(四)为害症状

主要为害叶片、茎秆、穗部。因为害时期、部位不同分为苗瘟、叶瘟、节瘟、穗颈瘟、谷粒瘟(图 30)。

图 30　稻瘟病(戴爱梅 摄)

(1)苗瘟发生于三叶前，由种子带菌所致。病苗基部灰黑，上部变褐，卷缩而死，湿度较大时病部产生大量灰黑色霉层，即病原菌分生孢子梗和分生孢子。

(2)叶瘟在整个生育期都能发生。分蘖至拔节期为害较重。由于气候条件和品种抗病性不同，病斑分为四种类型：

①慢性型病斑：开始在叶上产生暗绿色小斑，渐扩大为梭菜斑，常有延伸的褐色坏死线。病斑中央灰白色，边缘褐色，外有淡黄色晕圈，叶背有灰色霉层，病斑较多时连片形成不规则大斑，这种病斑发展较慢。

②急性型病斑：在感病品种上形成暗绿色近圆形或椭圆形病斑，叶片两面都产生褐色霉层，条件不适应发病时转变为慢性型病斑。

③白点型病斑：感病的嫩叶发病后，产生白色近圆形小斑，不产生孢子，气候条件利其扩展时，可转为急性型病斑。

④褐点型病斑：多在高抗品种或老叶上，产生针尖大小的褐点只产生于叶脉间，较少产孢，该病在叶舌、叶耳、叶枕等部位也可发病。

(3)节瘟常在抽穗后发生，初在稻节上产生褐色小点，后渐绕节扩展，使病部变黑，易折断。发生早的形成枯白穗。仅在一侧发生的造成茎秆弯曲。

(4)穗颈瘟初形成褐色小点，放展后使穗颈部变褐，也造成枯白穗。发病晚的造成秕谷。枝梗或穗轴受害造成小穗不实。

(5)谷粒瘟产生褐色椭圆形或不规则斑，可使稻谷变黑。有的颖壳无症状，护颖受害变褐，使种子带菌。

(五)防治方法

(1)农业防治

①选用排灌方便的田块，不用带菌稻草作苗床的覆盖物和扎秧草。

②不种植感病品种，选用抗病、无病、包衣的种子，如未包衣则用拌种剂或浸种剂灭菌；因地制宜选用 2～3 个适合当地抗病品种，如早稻有：早 58、湘早籼 3 号、21 号、22 号，86－44，87－156，皖稻 61，赣早籼 39 号、42 号、41 号，博优湛 19 号，中优早 81 号，中丝 2 号，培两优 288

号，华籼占，汕优 77；

中稻有：七袋占 1 号，七秀占 3 号，培杂山青，三培占 1 号，滇引陆粳 1 号，宁粳 17 号，宁糯 4 号，杨辐籼 2 号，胜优 2 号，杨稻 2 号、4 号，东循 101，东农 419，七优 7 号，嘉 45，秀水 1067，皖稻 28、32、34、36 号、59 号，汕优 89 号，特优 689，汕优 397，汕优多系 1 号，满仓 515，泉农 3 号，金优 63，汕优多系 1 号；

晚稻有：秀水 644，原粳 4 号，津稻 308，京稻选 1 号，冀粳 15 号，花粳 45 号，辽粳 244，沈农 9017，冈优 22，毕粳 37，滇杂粳 2 号，冈优 2 号，滇籼 13 号、14 号、40 号，宁粳 15、16 号等抗稻瘟病品种。

水稻旱种时可选用临稻 3 号、临稻 5 号、京 31119、中国 91 等抗穗颈瘟品种。水稻进行旱直播时可选用郑州旱粳、中花 8 号等抗病品种。

③用无病土做苗床营养土，用药土做播种后的覆盖土，

④向大田移栽前，喷施一次除虫灭菌的混合药，

⑤肥料管理：提倡施用酵素菌沤制的或充分腐熟的农家肥，采取"测土配方"技术，和"早促、中控、晚保"的方针，重施基肥，科学施用氮肥，增施磷、钾肥。加强田间管理，培育壮苗，增强植株抗病力，有利于减轻病害。

⑥水分管理：浅水勤灌，防止串灌；烤田适中。

⑦加强栽培管理，催芽不宜过长，拔秧要尽可能避免损根。做到"五不插"：即不插隔夜秧，不插老龄秧，不插深泥秧，不插烈日秧，不插冷水浸的秧。8. 发现病株，及时拔除烧毁或高温沤肥。

(2)物理防治

用 56℃温汤浸种 5 分钟，可减轻病害发生。

(3)化学防治

种子灭菌：70％甲基托布津可湿性粉剂 500 倍液 50％多菌灵可湿性粉剂 250 倍液 25％使百克乳油 2000 倍液白点型急性型慢性型褐点型

强氯精可湿性粉剂 500 倍液 10％浸种灵乳油 2500 倍液 25％施保克乳油 3000～4000 倍液以上药剂浸种 48～72 小时，不需淘洗即可催芽。

苗床灭菌：1 份杀菌剂（粉剂）加 1 份杀虫剂（粉剂）加 50 份干细土混匀，做播种后的覆盖土。

大田分蘖期开始每隔 3 天调查一次，主要查看植株上部三片叶，如发现发病中心或叶上急性型病斑，即应施药防治；预防穗瘟根据病情预报，以感病品种，多肥田为对象，掌握破口期分别抽穗时打药。施药种类和剂量，每亩用 20％三环唑可湿性粉剂 100 克或 75％三环唑 50 g 或 40％稻瘟灵（富士一号）、乳油 60～70 mL 兑水 50～60 kg 常量喷雾，重病田喷药 2 次，间隔 7～10 天。或将稻瘟康或稻瘟康Ⅱ号按 500 倍液稀释，进行全株均匀喷雾，以不滴水为宜，7 天用药一次。病情严重时，用稻瘟康 35 mL 加稻瘟康Ⅱ号 35 mL 兑水 15 kg，均匀喷雾全株，7 天用药一次。

发病时喷施：30％克瘟散乳油 500 倍液 50％消菌灵水溶性粉剂 500 倍液 40％克百菌悬浮剂 500 倍液 25％咪鲜胺乳油 1500 倍液 40％稻瘟灵可湿性粉 400 倍液 50％四氯苯酞可湿性粉剂 400 倍液 50％多菌灵可湿性粉剂 500～600 倍液 70％甲基托布津可湿性粉剂 1000 倍液 75％三环唑可湿性粉剂 2000 倍液 20％稻曲克敌可湿性粉剂 1500 倍液 20％毒菌锡胶悬剂 400

倍液绿帮98水稻专用型600倍液50%稻瘟肽可湿性粉剂1000倍液40%克瘟散乳剂1000倍液50%异稻瘟净乳剂500～800倍液5%菌毒清水剂500倍液。在以上药液中加入2%春雷霉素水剂500～700倍液或展着剂效果更好。叶瘟要连防2～3次，穗瘟要着重在抽穗期进行保护，特别是在孕穗期(破肚期)和齐穗期是防治适期。

特效药物有：(1)加收热比：其剂型为21.2%的可湿性粉剂。该产品属对稻瘟病有预防作用的"热必斯"与对稻瘟病有治疗作用的"加收米"的复配产品，防病效果特别显著，一般都在95%以上，是目前防治稻瘟病的首选药剂。(2)施宝灵：其有效成分为"丙硫脒唑"。该菌剂为无色无自的乳白色胶状悬剂，有10%与20%两种剂型，该菌剂兑水稻苗瘟、叶瘟、穗颈瘟等防治效果均可达90%以上，还可兼治水稻白叶枯病、细菌性条斑病等，对人畜低毒，使用安全，属新一代杀菌剂。(3)灭病威：该菌剂为多菌灵与硫磺的复配剂型，兼具内吸与保护杀菌双重功能，对稻叶瘟防治效果在90%以上，对穗颈瘟防治效果在85%以上，还可兼治水稻纹枯病等。(4)瘟特灵：为三环唑与硫磺的复配剂型，成品为灰白色黏稠状悬浮液，对稻瘟病防治效果与三环唑相当，但防治成本相对较低。

二、稻曲病

又称伪黑穗病、绿黑穗病、谷花病、青粉病，因其多发生在收成好的年份，俗称"丰产果"。中国河北、长江流域及南方各省稻区时有发生，通常在晚稻上发生，尤以糯稻为多。

(一)为害症状

该病只发生于水稻穗部，为害部分谷粒。受害谷粒内形成菌丝块渐膨大，内外颖裂开，露出淡黄色块状物，即孢子座，后包于内外颖两侧，呈黑绿色，初外包一层薄膜，后破裂，散生墨绿色粉末，即病菌的厚垣孢子，有的两侧生黑色扁平菌核，风吹雨打易脱落。随着一些矮秆紧凑型水稻品种的推广以及施肥水平的提高，此病发生愈来愈突出。病穗空瘪粒显著增加，发病后一般可减产5%～10%。此病对产量损失是次要的，严重的是病原菌有毒，孢子污染稻谷，降低稻米品质。此外，用混有稻曲病粒的稻谷饲养家禽，可引起家禽慢性中毒，造成内脏病变，直至死亡。

(二)病原特征

稻绿核菌 *Ustilaginoidea oryzae* (Patou.) Bre分生孢子座(6～12)μm ×(4～6)μm，表面墨绿色，内层橙黄色，中心白色。分生孢子梗直径2～2.5 μm。分生孢子单胞厚壁，表面有瘤突，近球形，大小4～5 μm。菌核从分生孢子座生出，长椭圆形，长2～20 mm，在土表萌发产生子座，橙黄色，头部近球形，大小1～3 mm，有长柄，头部外围生子囊壳，子囊壳瓶形，子囊无色，圆筒形，大小180～220 μm，子囊孢子无色，单胞，线形，大小(120～180)μm ×(0.5～1)μm。厚垣孢子墨绿色，球形，表面有瘤状突起，大小(3～5)μm ×(4～6)μm。有性态为 *Claviceps virens* Sakurai 称稻麦角，属子囊菌亚门真菌(吕佩珂，1999)。

(三)传播途径

病菌以落入土中菌核或附于种子上的厚垣孢子越冬。翌年菌核萌发产生厚垣孢子，由厚垣孢子再生小孢子及子囊孢子进行初侵染。

(四)发病条件

气温24～32℃病菌发育良好，26～28℃最适，低于12℃或高于36℃不能生长，稻曲病侵染的时期有的学者认为在水稻孕穗至开花期侵染为主，有的认为，厚垣孢子萌发侵入幼芽，随植株生长侵入花器为害，造成谷粒发病形成稻曲。抽穗扬花期遇雨及低温则发病重。抽穗早的品种发病较轻。施氮过量或穗肥过重加重病害发生。连作地块发病重。糯稻发病重。

（五）防治方法

（1）选用抗病品种，如中国南方稻区的广二 104，选 271，汕优 36，扬稻 3 号，滇粳 40 号等。中国北方稻区有京稻选 1 号，沈农 514，丰锦，辽粳 10 号等发病轻。

（2）避免病田留种，深耕翻埋菌核。发病时摘除并销毁病粒。

（3）改进施肥技术，基肥要足，慎用穗肥，采用配方施肥。浅水勤灌，后期见干见湿。

（4）药物防治。特别要掌握好用药时机。稻曲病以预防为主，最佳时机一是全田 1/3 以上茎秆最后一片叶子全部抽出，即俗称"大打包"或者"大肚期"时用药（约距出穗时间 7～10 天左右），此时正是病菌的初侵染高峰期；二是破口始穗期，一般提前 3～5 天用药。

三、稻叶黑粉病

又称叶黑肿病，分布广泛，在我国中部和南部稻区发生普遍，是水稻生长后期的常见病，局部发生严重。过去主要发生于晚稻后期中、下部衰老叶片上，影响不大，近年局部地区在杂交稻上发生普遍，明显影响稻株结实率和谷粒充实度。

（一）为害症状

稻叶黑粉病只为害叶片，病斑初起为褐色，沿叶脉呈断续线条状，后变黑色，稍隆起。严重时从叶尖开始逐渐枯死，且破裂成丝状。

（二）病原

病斑的厚垣孢子在病草上越冬，第二年夏季萌发长出担孢子及次生小孢子，借空气传播为害。一般在缺肥、生长不良情况下发病较多。杂交稻尤其发病重。

（三）防治方法

一是合理施肥，避免水稻因缺肥而造成早衰，并注意增施磷、钾肥以减轻发病；二是结合防治杂交稻穗期多种病害，喷施粉锈宁或禾枯灵防病防衰。

四、水稻恶苗病

水稻恶苗病又称徒长病，中国各稻区均有发生。病谷粒播后常不发芽或不能出土。苗期发病病苗比健苗细高，叶片叶鞘细长，叶色淡黄，根系发育不良，部分病苗在移栽前死亡。植株徒长、枯死等症状，严重田块可损失达到 20％～30％。在枯死苗上有淡红或白色霉粉状物，即病原菌的分生孢子。湿度大时，枯死病株表面长满淡褐色或白色粉霉状物，后期生黑色小点即病菌囊壳。病轻的提早抽穗，穗形小而不实。抽穗期谷粒也可受害，严重的变褐，不能结实，颖壳夹缝处生淡红色霉，病轻不表现症状，但内部已有菌丝潜伏。

（一）为害症状

病谷粒播后常不发芽或不能出土。苗期发病病苗比健苗细高，叶片叶鞘细长，叶色淡黄，根系发育不良，部分病苗在移栽前死亡。在枯死苗上有淡红或白色霉粉状物，即病原菌的分生孢子。本田发病节间明显伸长，节部常有弯曲露于叶鞘外，下部茎节逆生多数不定须根，分蘖少或不分蘖。剥开叶鞘，茎秆上有暗褐条斑，剖开病茎可见白色蛛丝状菌丝，以后植株逐渐枯死。湿度大时，枯死病株表面长满淡褐色或白色粉霉状物，后期生黑色小点即病菌囊壳。病轻的提早抽穗，穗形小而不实。抽穗期谷粒也可受害，严重的变褐，不能结实，颖壳夹缝处生淡红色霉，病轻不表现症状，但内部已有菌丝潜伏。

(二)病原特征

Fusarium moniliforme Sheld. 称串珠镰孢，属半知菌亚门真菌。分生孢子有大小两型，小分生孢子卵形或扁椭圆形，无色单胞，呈链状着生，大小(4～6)μm ×(2～5)μm。大分生孢子多为纺锤形或镰刀形，顶端较钝或粗细均匀，具 3～5 个隔膜，大小(17～28)μm ×(2.5～4.5)μm，多数孢子聚集时呈淡红色，干燥时呈粉红或白色。有性态 *Gibberella fujikurio* (Saw.) Wr. 称藤仓赤霉，属子囊菌亚门真菌。子囊壳蓝黑色球形，表面粗糙，大上(240～360)μm ×(220～420)μm。子囊圆筒形，基部细而上部圆，内生子囊孢子 4～8 个，排成 1～2 行，子囊孢子双胞无色，长椭圆形，分隔处稍缢缩，大小(5.5～11.5)μm ×(2.5～4.5)μm。

(三)传播途径

带菌种子和病稻草是该病发生的初侵染源。浸种时带菌种子上的分生孢子污染无病种子而传染。严重的引致苗枯，死苗止产生分生孢子，传播到健苗，引到花器上，侵入颖片和胚乳内，造成秕谷或畸形，在颖片合缝处产生淡红色粉霉。病菌侵入晚，谷粒虽不显症状，但菌丝已侵入内部使种子带菌。脱粒时与病种子混收，也会使健种子带菌。

(四)发病条件

土温 30～50℃时易发病，伤口有利于病菌侵入；旱育秧较水育秧发病重；增施氮肥刺激病害发展。施用未腐熟有机肥发病重。一般籼稻较粳稻发病重。糯稻发病轻。晚播发病重于早稻。

(五)防治方法

①建立无病留种田，选栽抗病品种，避免种植感病品种。

②加强栽培管理，催芽不宜过长，拔秧要尽可能避免损根。做到"五不插"：即不插隔夜秧，不插老龄秧，不插深泥秧，不插烈日秧，不插冷水浸的秧。

③清除病残体，及时拔除病株并销毁，病稻草收获后作燃料或沤制堆肥。

④种子处理。用 1%石灰水澄清液浸种，15～20℃时浸 3 天，25℃浸 2 天，水层要高出种子 10～15 cm，避免直射光。或用 2%福尔马林浸闷种 3 小时，气温高于 20℃用闷种法，低于 20℃用浸种法。或用 40%拌种双可湿性粉剂 100g 或 50%多菌灵可湿性粉剂 150～200 g，加少量水溶解后拌稻种 50 kg 或用 50%甲基硫菌灵可湿性粉剂 1000 倍液浸种 2～3 天，每天翻种子 2～3 次。或用辉丰百克 2 mL 兑水 5～6 L，浸稻种 3～4 kg 浸 72 小时或用 35%恶霉灵胶悬剂 200～250 倍液浸种，种子量与药液比为 1∶1.5～2，温度 16～18℃浸种 3～5 天，早晚各搅拌一次，浸种后带药直播或催芽。经外用 20%净种灵可湿性粉剂 200～400 倍液浸种 24 小时，或用 25%施保克乳油 3000 倍液浸种 72 小时，也可用 80%强氯精 300 倍液浸种，早稻浸 24 小时，晚稻浸 12 小时，再用清水浸种，防效 98%。必要时可喷洒 95%绿亨 1 号(恶霉灵)精品 4000 倍液或者在水稻秧苗 1～2 叶期时，使用青枯立克 50 mL+80%乙蒜素 5 g，兑水15 kg 喷雾，5～7 天 1 次，连喷 2 次。

⑤在水稻秧苗 1～2 叶期时，使用青枯立克 50 mL 加大蒜油 15 mL，兑水 15 kg 喷雾，5～7

天 1 次，连喷 2 次。

备注：为增强植株抗病能力，建议喷雾时每 15 kg 水加叶面肥——沃丰素 25 mL。

五、水稻干尖线虫病

水稻干尖线虫病，该病又称白尖病、线虫枯死病。一般减产 10%～20%，严重者达 30%以上。水稻干尖线虫分布较广，主要为害水稻，也能为害谷子、陆稻和狗尾粟等 20 余种植物。首先于 1915 年在日本九州发现，在我国主要分布在浙江，江苏，安徽，广东，广西，湖北，湖南，四川，河北，天津，云南，贵州等 22 个省(区、市)。

(一)为害症状

苗期症状不明显，偶在 4～5 片真叶时出现叶尖灰白色干枯，扭曲干尖。病株孕穗后干尖更严重，剑叶或其下 2～3 叶尖端 1～8 cm 渐枯黄，半透明，扭曲干尖，变为灰白或淡褐色，病健部界限明显。湿度大有雾露存在时，干尖叶片展平呈半透明水渍状，随风飘动，露干后又复卷曲。有的病株不显症，但稻穗带有线虫，大多数植株能正常抽穗，但植株矮小，病穗较小，秕粒多，多不孕，穗直立。

(二)病原特征

Aphelenchoides besseyi Christie 称贝西滑刃线虫(稻干尖线虫)，属线形动物门。雌雄虫体都为细长蠕虫形，体长 620～880 μm，头尾钝尖、半透明。体表环纹细，侧区有 4 条侧线。雌虫比雄虫稍大。唇区扩张，缢缩明显，口针较细弱，约 10 μm，茎部球中等大小。中食道球长卵圆形，峡部细。食道腺覆盖肠，覆盖长约为体宽 5～6 倍。排泄孔距虫体前端约 58～83 μm 处。阴门位于虫体后部，阴门唇稍突起。卵巢 1 个，前伸，较短，常延伸到虫体中部稍前方。卵母细胞 2～4 行排列。受精囊长圆形，充满圆形精子。雄虫尾向腹部弯曲。交合刺强大，呈玫瑰刺状。尾末端有星状尾尖突。

(三)传播途径

水稻感病种子是初侵染源。线虫不侵入到稻米粒内。侵入后水稻叶尖形成特有的白化，随后坏死，旗叶卷曲变形，包围花序。花序变小，谷粒减少。自 20 世纪初，报道该线虫在日本及美国部分地区兑水稻造成严重的经济损失。以成虫、幼虫在谷粒颖壳中越冬，干燥条件可存活 3 年，浸水条件能存活 30 天。浸种时，种子内线虫复苏，游离于水中，遇幼芽从芽鞘缝钻入，附于生长点、叶芽及新生嫩叶尖端的细胞外，以吻针刺入细胞吸食汁液，致被害叶形成干尖。线虫在稻株体内生长发育并交配繁殖，随稻株生长，侵入穗原基。孕穗期集中在幼穗颖壳内外，造成穗粒带虫。线虫在稻株内约繁殖 1～2 代。线虫的远距离传播，主要靠稻种调运或稻壳作为商品包装运输的填充物，而把干尖线虫传到其他地区。秧田期和本田初期靠灌溉水传播，扩大为害。土壤不能传病。随稻种调运进行远距离传播。

(四)发生消长规律

稻干尖线虫以成虫和幼虫潜伏在谷粒的颖壳和米粒间越冬，因而带虫种子是本病主要初侵染源。线虫在水中和土壤中不能长期生存，灌溉水和土壤传播较少。当浸种催芽时，种子内线虫开始活动，播种带病种子后，线虫多游离于水中及土壤中，但大部分线虫死亡，少数线虫遇到幼芽、幼苗，从芽鞘、叶鞘缝隙处侵入，潜存于叶鞘内，以口针刺吸组织汁液，营外寄生生活。随着水稻的生长，线虫逐渐向上部移动，数量也渐增。在孕穗初期前，愈在植株上部几节叶鞘内，线虫数量愈多。到幼穗形成时，则侵入穗部，大量集中于幼穗颖壳内、外部。病谷内的线虫，大多集中于饱满的谷粒内，其比例约占总带虫数 83%～88%；秕谷中仅占 12%～17%。雌虫在水稻生育期间可繁殖 1～2 代。

稻干尖线虫幼虫和成虫在干燥条件下存活力较强。在干燥稻种内可存活 3 年左右。线虫耐寒冷，但不耐高温。活动适温为 20～26℃，临界温度为 13℃和 42℃。致死温度为 54℃，5 分钟；44℃，4 小时或 42℃，16 小时。线虫正常发育需要 70%相对湿度。在水中甚为活跃，能存活 30 天左右。在土壤中不能营腐生生活。对汞和氰的抵抗力较强，在 0.2%升汞和氰酸钾溶液中浸种 8 小时还不能灭死内部线虫，但对硝酸银很敏感，在 0.05%的溶液中浸种 3 小时就死亡。

（五）防治方法

（1）选用无病种子，加强检疫，严格禁止从病区调运种子。该病仅在局部地区零星为害，实施检疫是防治该病的主要环节。为防止病区扩大，在调种时必须严格检疫。

（2）进行温汤浸种，先将稻种预浸于冷水中 24 小时，然后放在 45～47℃温水中 5 分钟提温，再放入 52～54℃温水中浸 10 分钟，取出立即冷却，催芽中，防效 90%。或用 0.5%盐酸溶液浸种 72 小时，浸种后用清水冲洗 5 次种子。或 40%杀线酯（醋酸乙酯）乳油 500 倍液，浸种 50 kg 种子，浸泡 24 小时，再用清水冲洗。或用 15 g 线菌清加水 8 kg，浸 6 kg 种子，浸种 60 小时，然后用清水冲洗再催芽中。或用 80%敌敌畏乳油 0.5 kg 加水 500 kg，浸种 48 小时，浸后冲洗催芽。用温汤或药剂浸种时，发芽势有降低的趋势，如直播易引致烂种或烂秧，故需催好芽。

六、水稻黑条矮缩病

水稻黑条矮缩病（rice black-streaked dwarf disease）俗称“矮稻”，为水稻病毒病，是一种由飞虱为主要传毒介体，可为害水稻及大、小麦和玉米等，在我国南方稻区广为发生流行的一种水稻病毒性病害。该病害在我国最早于 20 世纪 60 年代初发现。20 世纪 90 年代以来，该病害在越南和我国南方稻区发生面积迅速扩大、为害程度明显加重，尤其是 2010 年造成了多点成片田块颗粒无收，对我国水稻生产造成巨大威胁。

水稻黑条矮缩病于 1941 年在日本有一次大爆发。在我国，该病害最早于 1963 年在浙江省余姚县的早稻上发现，同时在上海市嘉定和奉贤县、江苏省苏州和镇江等专区的水稻上有局部为害。1967 年后浙江及华东地区发病迅速减轻，在 20 世纪 70 年代浙江病区难以找到水稻黑条矮缩病病株标本。1991—2002 年浙江杂交稻区水稻黑条矮缩病又再次流行成灾，发病面积达 11.79 万 hm^2。

（一）南方水稻黑条矮缩病

2001 年，一种新的水稻病毒病在我国广东省阳西县被发现，其症状虽与水稻黑条矮缩病类似，但由于该地区并无水稻黑条矮缩病毒传毒介体（灰飞虱）的分布，且病害症状与水稻黑条矮缩病略有不同，即该感病植株出现高位分蘖及茎节部形成倒生须根。经分子生物学鉴定，此种新型病毒病病原基因组 S9、S10 两个片段全长核苷酸序列无论在核苷酸组成、末端序列及基因排列上均具斐济病毒特征，但其与水稻黑条矮缩病毒 S10 相应片段核苷酸同一率为 80%左右，在当时此病原病毒被认为是水稻黑条矮缩病毒的一个新株系或变种。随后周国辉等人通过研究该病原病毒粒体形态、所致水稻细胞病理学特征、自然寄主范围、传毒昆虫种类及其传毒特性、病毒基因组特性及电泳图谱、病毒基因组 S9、S10 序列后，认为该病毒应为呼肠孤病毒科斐济病毒属第 2 组的一个新种，暂定名为南方水稻黑条矮缩病毒(Southern rice black-streaked dwarf virus,SRBSDV)。

2002 年至 2008 年期间，南方水稻黑条矮缩病主要在华南局部地区为害。2009 年，湖南、广东、江西等 9 省(区)水稻受害面积超过 30 万 hm^2。2010 年，受传毒介体多、毒源充足等因素影响，该病发生明显重于 2009 年。在我国广西、广东、江西、湖南、福建、贵州等多个省份呈突发加重趋势，据不完全统计，2010 年，我国该病发生面积在 133 万 hm^2，给农业生产造成巨大的经济损失。

(二)为害症状

水稻黑条矮缩病在水稻整个生长期内都可能发生，发病越早，为害越大，最终严重影响水稻产量：

(1)秧田期，感病秧苗叶片僵硬直立，叶色墨绿，根系短而少，生长发育停滞；

(2)水稻分蘖期，感病植株明显矮缩，部分植株早枯死亡；

(3)水稻拔节时期，感病植株严重矮缩，高位分蘖、茎节倒生有不定根，茎秆基部表面有纵向瘤状乳白色凸起。

(三)病原特征

水稻黑条矮缩病毒(RBSDV)属于呼肠孤病毒科(Reoviridae)斐济病毒属(*Fijivirus*)成员，病毒粒体球状，直径 70～75 nm，存在于寄主植物韧皮部筛管及伴胞内，导致寄主植物矮化、沿叶脉瘤肿等症状；该病毒基因组由 10 片段 dsRNAs 组成，由大到小分别命名为 S1～S10。南方水稻黑条矮缩病(SRBSDV)属呼肠孤病毒科斐济病毒属第 2 组的一个新种。

(四)传毒介体昆虫

水稻黑条矮缩病病毒(RBSDV)以灰飞虱(*Laodelphax striatellus*)传毒为主，介体一经染毒，终身带毒，但不经卵传毒。白脊飞虱(*Unkanodes sapporonus*)和白条飞虱(*Chilodephax albifacia*)虽也能传毒，但传毒效率较低。褐飞虱(*Nilaparvata lugens*)不能传毒。

南方水稻黑条矮缩病毒(SRBSDV)则主要以白背飞虱(*Sogatella furcifera*)传毒为主，该病毒可侵入白背飞虱体腔和唾液腺，并在其中大量复制，使得白背飞虱一旦获毒即保有终身传毒能力。灰飞虱(*Laodelphax striatellus*)亦能传毒，但效率较低，褐飞虱(*Nilaparvata lugens*)不能传毒。

随白背飞虱虫龄的不断增大，其获毒时间则相应缩短，其中，长翅型成虫和短翅型成虫的最短获毒时间仅为 2 分钟，最长获毒时间为 8 分钟，在三叶一心稻苗的最短接毒时间分别为 5 和 6 分钟，最长接毒时间分别为 10 和 11 分钟。白背飞虱获毒后可终身传毒，但不能经卵传毒，单虫一生当中最多可传毒株数为 87 株，平均每头一生可传毒 48.3 ± 0.8 株。可见，白背飞虱对于南方水稻黑条矮缩病具有较强的获毒和传毒能力。

(五)病毒寄主

水稻黑条矮缩病毒(RBSDV)的寄主范围较广，现已知的寄主有 28 种，其中主要为害禾本科植物如水稻、大麦、小麦、玉米、高粱、粟、稗草、看麦娘和狗尾草等，病毒主要在小麦、大麦病株上越冬，也有一部分可在灰飞虱体内越冬。

南方水稻黑条矮缩病毒(SRBSDV)的寄主范围与 RBSDV 略有不同。周国辉等人研究发现,玉米、稗草、水莎草表现出典型的南矮症状,且经巢式 RT－PCR 检测表明绝大部分显症植株带有 SRBSDV。

(六)发生规律

水稻黑条矮缩病的发生流行与灰飞虱种群数量消长及携毒传播相对应。晚稻收获后,灰飞虱成虫转入田边杂草和冬播大小麦为害与越冬,越冬代成虫高峰为 3 月上中旬,一代成虫高峰在 5 月上、中旬,迁入早稻秧田和本田传毒侵染;6 月下旬至 7 月为二代成虫高峰期,迁入连晚秧田和单季晚稻本田传毒侵染;8—9 月受高温影响,灰飞虱种群数量下降,相对传毒扩散减少;10—11 月气温适宜,种群数量上升,随晚稻收获而迁入越冬场所活动。观察结果表明,病害的季节性流行是受灰飞虱种群数量消长,特别是秧苗期带毒灰飞虱种群数量关系最密切。

有关南方水稻黑条矮缩病的完整发生流行规律尚不完全明朗。该病害主要的越冬虫源、毒源地之一是越南,而飞虱的具体迁飞路径及时间相关报道较少。有报道表明,首批迁入华南、江南稻区的白背飞虱带毒率不高,一般在 2%以下,但后期田间染病植株上采样,其带毒率可高达 70%～80%以上,表明该病毒后期扩繁的侵染能力较强。

(七)检测技术

针对水稻黑条矮缩病、南方水稻黑条矮缩病的快速检测方法,以 RT-PCR 法较为常见,其主要通过将样品总 RNA 反转录后,根据 RBSDV、SRBSDV 两种病毒的 S9 核苷酸序列中的保守序列设计引物,将所得 cDNA 第一链扩增,随后电泳检测即可得出样本感病与否。

(八)防治方法

由于水稻黑条矮缩病、南方水稻黑条矮缩病是一种系统性病害,发病因素较多,单单从一个角度着手防治,收效可能不理想。防治该病害应从以下几个方面着手:

(1)消灭传染源

田边地头杂草是以上两种病毒的中间寄主,应予以重点防除。可采用耕得乐(30%草甘膦水剂)100～150 mL 或暴风雪(200 g/L 百草枯水剂) 50～80 mL 兑水 15 kg 定向喷雾打田边及田埂杂草。

秧田期首次迁入的飞虱同样是该病害的初侵染源,应在水稻催芽后,采用拌全(35%丁硫克百威种子干粉处理剂)10 g 拌 1.5～2 kg 种子(以干种子计),以防秧苗期飞虱迁入为害。

(2)切断传播途径

该病害主要通过灰飞虱、白背飞虱传毒为害,且不经卵传毒,不经种子传毒,说明该病害传毒途径较为单一,飞虱是重点防治对象。各期可采用飞控(25%吡蚜酮可湿性粉剂)20～40 g 或卓飞(50%烯啶虫胺可溶性粒剂)20～30 g 兑水 15 kg 均匀喷雾。

(3)保护易感作物

除采取上述措施之外,采用药剂保护水稻植株不受感染同样是重要的一环。

水稻植株在分蘖盛期之前较易感病,应在播种至分蘖盛期期间着重施药保护。

播种期:水稻催芽后,可采用 30%毒氟磷可湿性粉剂 15 g 拌 1.5～2 kg 种子(以干种子计),可减少水稻在秧苗期病毒的侵染。

移栽、抛秧前送嫁,移栽后 10～15 天两个时期:各期采用 30%毒氟磷可湿性粉剂 15 g 兑水 15 kg 均匀喷雾。

水稻封行：可视田间发病情况，按照以上方法巩固施药一次。

注：以上各时期均应结合飞虱的防治。

七、水稻条纹叶枯病

水稻条纹叶枯病是由灰飞虱为媒介传播的病毒病，俗称水稻上的癌症。病株常枯孕穗或穗小畸形不实。拔节后发病在剑叶下部出现黄绿色条纹，各类型稻均不枯心，但抽穗畸形，结实很少。一般病株在5%左右，减产3%～5%；重病田病株可达30%以上，减产20%以上。

（一）为害症状

苗期发病心叶基部出现褪绿黄白斑，后扩展成与叶脉平行的黄色条纹，条纹间仍保持绿色。不同品种表现不一，糯、粳稻和高秆籼稻心叶黄白、柔软、卷曲下垂、成枯心状。矮秆籼稻不呈枯心状，出现黄绿相间条纹，分蘖减少，病株提早枯死。病毒病引起的枯心苗与三化螟为害造成的枯心苗相似，但无蛀孔，无虫粪，不易拔起，别于蝼蛄为害造成的枯心苗。

分蘖期发病先在心叶下一叶基部出现褪绿黄斑，后扩展形成不规则黄白色条斑，老叶不显病。籼稻品种不枯心，糯稻品种半数表现枯心。病株常枯孕穗或穗小畸形不实。

拔节后发病在剑叶下部出现黄绿色条纹，各类型稻均不枯心，但抽穗畸形，所以结实很少。

（二）病原特征

Rice stripe virus 简称 RSV，称水稻条纹叶枯病毒，属水稻条纹病毒组（或称柔丝病毒组）病毒。病毒粒子丝状，大小 400×8 nm，分散于细胞质、液泡和核内，或成颗粒状、砂状等不定形集块，即内含体，似有许多丝状体纠缠而成团。病叶汁液稀释限点 1000～10000 倍，钝化温度为 55℃3 分钟，零下 20℃，体外保毒期（病稻）8 个月。

（三）传播途径和发病条件

本病毒仅靠介体昆虫传染，其他途径不传病。介体昆虫主要为灰飞虱，一旦获毒可终身并经卵传毒，至于白脊飞虱在自然界虽可传毒，但作用不大。最短吸毒时间 10 分钟，循回期 4～23 天，一般 10～15 天。病毒在虫体内增殖，还可经卵传递。

病毒侵染禾本科的水稻、小麦、大麦、燕麦、玉米、粟、黍、看麦娘、狗尾草等 50 多种植物。但除水稻外，其他寄主在侵染循环中作用不大。病毒在带毒灰飞体内越冬，成为主要初侵染源。在大、小麦田越冬的若虫，羽化后在原麦田繁殖，然后迁飞至早稻秧田或本田传毒为害并繁殖，早稻收获后，再迁飞至晚稻上为害，晚稻收获后，迁回冬麦上越冬。水稻在苗期到分蘖期易感病。叶龄长潜育期也较长，随植株生和抗性逐渐增强。

条纹叶枯病的发生与灰飞虱发生量、带毒虫率有直接关系。春季气温偏高，降雨少，虫口多发病重。稻、麦两熟区发病重，大麦、双季稻区病害轻。

（四）防治方法

综合策略为坚持“预防为主，综合防治”的植保方针，采取“切断毒源，治虫防病”的防治策略，狠治灰飞虱，控制条纹叶枯病。

（1）调整稻田耕作制度和作物布局。成片种植，防止灰飞虱在不同季节、不同熟期和早、晚季作物间迁移传病。忌种插花田，秧田不要与麦田相间。

（2）种植抗（耐）病品种。因地制宜选用中国 91、徐稻 2 号、宿辐 2 号、盐粳 20、铁桂丰等。

（3）调整播期，移栽期避开灰飞虱迁飞期。收割麦子和早稻要背向秧田和大田稻苗，减少灰飞虱迁飞。加强管理促进分蘖。

(4)治虫防病。抓好灰飞虱防治:结合小麦穗期蚜虫防治,开展灰飞虱防治,清除田边、地头、沟旁杂草,减少初始传毒媒介。

八、水稻胡麻叶斑病

水稻胡麻叶斑病,又称水稻胡麻叶枯病,属真菌病害,分布较广,全国各稻区均有发生。一般由于缺肥缺水等原因,引起水稻生长不良时发病严重。新中国成立前为国内水稻三大病害之一。新中国成立后,随着水稻生产施肥水平的提高,为害已日益减轻。

(一)为害症状

从秧苗期至收获期均可发病,稻株地上部均可受害,尤以叶片最为普遍。芽期发病,芽鞘变褐,芽未抽出,子叶枯死。苗期叶片、叶鞘发病,多为椭圆病斑,如胡麻粒大小,暗褐色,有时病斑扩大连片成条形,病斑多时秧苗枯死。成株叶片染病,初为褐色小点,逐渐扩大为椭圆斑,如芝麻粒大小,病斑中央灰褐色至灰白色,边缘褐色,周围有深浅不同的黄色晕圈,严重时连成不规则大斑。病叶由叶尖向内干枯,潮湿时,死苗上产生黑色霉状物(病菌分生孢子梗和分生孢子)。叶鞘上染病病斑初椭圆形,暗褐色,边缘淡褐色,水渍状,后变为中心灰褐色的不规则大斑。穗颈、枝梗发病,病部暗褐色,造成穗枯。谷粒染病,早期受害的谷粒灰黑色扩至全粒造成瘪谷。后期受害病斑小,边缘不明显。病重谷粒质脆易碎。潮湿条件下,病部长出黑色绒状霉层(即病原菌分生孢子梗和分生孢子)。此病易与稻瘟病相混淆,其病斑的两端无坏死线,是与稻瘟病的重要区别。

(二)发生规律

水稻胡麻叶斑病由半知菌亚门稻平脐蠕孢(*Cochliobolus miyabeanus*(Ito et Kubibay) Drechsler et Dastur.)侵染所致。病菌以菌丝体在病草、颖壳内或以分生孢子附着在种子和病草上越冬,成为翌年初侵染源。在干燥条件下,病斑上的分生孢子在干燥条件下可存活2～3年,潜伏菌丝体能存活3～4年,菌丝翻入土中经一个冬季后失去活力。带病种子播后,潜伏菌丝体可直接侵害幼苗,分生孢子则借助气流传播至水稻植株上,从表皮直接侵入或从气孔侵入。条件适宜时很快出现病症,并形成分生孢子,借助风雨传播进行再侵染。

病菌菌丝生长适宜温度为5～35℃,最适温度24～30℃;分生孢子形成的适宜温度为8～33℃,以30℃最适,孢子萌发的适宜温度为2～40℃,以24～30℃最适。孢子萌发须有水滴存在,相对湿度大于92%。饱和湿度下25～28℃,4小时就可侵入寄主。

高温高湿、有雾露存在时发病重。水稻品种间存在抗病差异。同品种中,一般苗期最易感病,分蘖期抗性增强,分蘖末期抗性又减弱,此与水稻在不同时期对氮素吸收能力有关。一般缺肥或贫瘠的地块,缺钾肥、土壤为酸性或砂质土壤漏肥漏水严重的地块,缺水或长期积水的地块,发病重。

(三)防治方法

以农业防治特别是深耕改土、科学管理肥水为主,辅以药物防治。

(1)农业防治。①选择在无病田留种,病稻草要及时处理销毁,深耕灭茬,压低菌源。②按水稻需肥规律,采用配方施肥技术,合理施肥,增加磷钾肥及有机肥,特别是钾肥的施用可提高植物株抗病力。酸性土要注意排水,并施用适量石灰,以促进有机肥物质的正常分解,改变土壤酸度。实行浅灌、勤灌，避免长期水淹造成通气不良。

(2)种子消毒处理。稻种在消毒处理前，最好先晒1～3天，这样可促进种子发芽和病菌萌动，以利杀菌，之后用风、筛、簸、泥水、盐水选种，然后消毒。种子处理药剂及方法参见稻瘟病。

(3)药剂防治。重点在抽穗至乳熟阶段的发病初期喷雾防治，以保护剑叶、穗颈和谷粒不受侵染。

九、水稻纹枯病

水稻纹枯病又称云纹病，俗名花足秆、烂脚瘟、眉目斑。是由立枯丝核菌感染得病，多在高温、高湿条件下发生。纹枯病在南方稻区为害严重，是当前水稻生产上的主要病害之一。该病使水稻不能抽穗，或抽穗的秕谷较多，粒重下降。可选用井冈霉素、甲基硫菌灵等进行防治。

(一)为害症状

苗期至穗期都可发病。叶鞘染病在近水面处产生暗绿色水浸状边缘模糊小斑，后渐扩大呈椭圆形或云纹形，中部呈灰绿或灰褐色，湿度低时中部呈淡黄或灰白色，中部组织破坏呈半透明状，边缘暗褐。发病严重时数个病斑融合形成大病斑，呈不规则状云纹斑，常致叶片发黄枯死。叶片染病病斑也呈云纹状，边缘褪黄，发病快时病斑呈污绿色，叶片很快腐烂，茎秆受害症状似叶片，后期呈黄褐色，易折。穗颈部受害初为污绿色，后变灰褐，常不能抽穗，抽穗的秕谷较多，千粒重下降。湿度大时，病部长出白色网状菌丝，后汇聚成白色菌丝团，形成菌核，菌核深褐色，易脱落。高温条件下病斑上产生一层白色粉霉层即病菌的担子和担孢子。

(二)病原特征

Thanatephorus cucumeris (Frank) Donk. 称瓜亡革菌，属担子菌亚门真菌。无性态 *Rhizoctonia solani* Kühn 称立枯丝核菌，属半知菌亚门真菌。致病的主要菌丝融合群是 AG-1 占95%以上，其次是 AG-4 和 AG-Bb(双核线核菌)。从菌丝生长速度和菌核开始产生所需时间来看，*R. solani* AG-1 和 AG-4 较快，而双核丝核菌 AG-Bb 较慢。在 PDA 上 23℃条件下 AG-1 形成菌核需时3天。菌核深褐色圆形或不规则形，较紧密。菌落色泽浅褐至深褐色；AG-4 菌落浅灰褐色，菌核形成需3～4天，褐色，不规则形，较扁平，疏松，相互聚集；AG-Bb 菌落灰褐色，菌核形成需3～4天，灰褐色，圆形或近圆形，大小较一致，一般生于气生菌丝丛中。

(三)传播途径

病菌主要以菌核在土壤中越冬，也能以菌丝体在病残体上或在田间杂草等其他寄主上越冬。翌春春灌时菌核飘浮于水面与其他杂物混在一起，插秧后菌核黏附于稻株近水面的叶鞘上，条件适宜生出菌丝侵入叶鞘组织为害，气生菌丝又侵染邻近植株。水稻拔节期病情开始激增，病害向横向、纵向扩展，抽穗前以叶鞘为害为主，抽穗后向叶片、穗颈部扩展。早期落入水中菌核也可引发稻株再侵染。早稻菌核是晚稻纹枯病的主要侵染源。

(四)发病特点

该病是由真菌引起的，病原菌为担子菌亚门真菌瓜亡革菌(*Thanatephorus cucumeris*)。病原菌在稻田中越冬，为初侵染源。春耕灌水时，越冬菌核与浮屑、浪渣混杂漂浮在水面上，黏附在稻株上进行侵染，形成病斑。病斑上的病菌通过接触侵染邻近稻株而在稻丛间蔓延。病部形成的菌核落入田中随水漂浮，进行再侵染。抽穗前病部新生菌丝以横向蔓延为住，抽穗后主要沿稻秆表面向上部叶鞘、叶片蔓延侵染，孕穗至抽穗期侵染最快，抽穗至乳熟期单株病害向上蔓延最快。早稻菌核成为晚稻主要病源。

（五）侵染循环

病菌主要以菌核在土壤中越冬，也能以菌丝和菌核在病稻草和其他寄主作物或杂草的残体上越冬。水稻收刈时落入田中的大量菌核是次年或下季的主要初侵染源。据调查，水稻收割后遗留田间的菌核数量，在一般病田每亩平均在 10 万粒以上，严重病田每亩达 70 万～80 万粒，少数还高达 100 万粒以上。菌核的生活力极强，湖南测定，种植各种不同冬作物的稻田中，在土表越冬的菌核其存活率达 96%以上，在土表下 3～8 寸越冬的菌核存活率也达 88%左右。春耕浇水耕耙后，越冬菌核飘浮水面，插秧后随水漂流附在稻株基部叶鞘上，随着稻株分蘖和丛茎数的增加，附在稻株茎部的菌核数量也加多。在适温高湿的条件下；浮沉在水中的菌核均可萌发长出菌丝，菌丝在叶鞘上延伸并从叶鞘缝隙进入叶鞘内侧，先形成附着胞，通过气孔或直接穿破表皮侵入。潜育期少则 1～3 天，多则 3～5 天。由于菌核随水传播，受风的影响，多集中在下风向的田角，田面不平时，低洼处也有较多的菌核，因而这些地方最易发现病株。

（六）防治方法

①打捞菌核，减少菌源。要每季大面积打捞并带出田外深埋。

②加强栽培管理，施足基肥，追肥早施，不可偏施氮肥，增施磷钾肥，采用配方施肥技术，使水稻前期不披叶，中期不徒长，后期不贪青。灌水做到分蘖浅水、够苗露田、晒田促根、肥田重晒、瘦田轻晒、长穗湿润、不早断水、防止早衰，要掌握“前浅、中晒、后湿润”的原则。

③选用良种，根据保山市各稻区的生产特点，在注重高产、优质、熟期适中的前提下，宜选用分蘖能力适中、株型紧凑、叶型较窄的水稻品种；以降低田间荫蔽作用、增加通透性及降低空气相对湿度、提高稻株抗病能力。

④合理密植，水稻纹枯病发生的程度与水稻群体的大小关系密切；群体越大，发病越重。因此，适当稀植可降低田间群体密度、提高植株间的通透性、降低田间湿度，从而达到有效减轻病害发生及防止倒伏的目的。

⑤井冈霉素与枯草芽孢杆菌或蜡质芽孢杆菌的复配剂如纹曲宁等药剂，持效期比井冈霉素长，可以选用。丙环唑、烯唑醇、己唑醇等部分唑类杀菌剂对纹枯病防治效果好，持效期较长。烯唑醇、丙环唑等唑类杀菌剂兑水稻体内的赤霉素形成有影响，能抑制水稻茎节拔长。但这些杀菌农药在水稻上部 3 个拔长节间拔长期使用，特别是超量使用，可能影响这些节间的拔长，严重的可造成水稻抽穗不良，出现包颈现象，其中烯唑醇等药制的抑制作用更为明显。高科恶霉灵或苯醚甲环唑与丙环唑或腈菌唑等三唑类的复配剂在水稻抽穗前后可以使用。

⑥市场上防治纹枯病的杀菌农药很多，像己唑醇、井冈·己唑醇、井冈·蜡芽菌、戊唑醇等兑水稻纹枯病的防治效果都很突出。在水稻分蘖盛期即水稻封行前（纹枯病暂未发病或发病初期），每亩用 10%己唑醇 40 mL 加营养叶面肥粒粒宝 30 mL 兑水 20～30 kg，或在水稻分蘖末期即水稻封行后（纹枯病进入快速扩展期），每亩用 10%己唑醇 55 mL 加营养叶面肥粒粒宝 30 mL 兑水 30～40 kg 趁早晨露水未干时粗雾喷于水稻下部，可有效预防、控制水稻纹枯病的发生。

十、水稻细菌性条斑病

水稻细菌性条斑病又称细条病、条斑病，主要为害叶片。

(一)为害症状

病斑初为暗绿色水浸状小斑,很快在叶脉间扩展为暗绿至黄褐色的细条斑,大小约 1×10 mm,病斑两端呈浸润型绿色。病斑上常溢出大量串珠状黄色菌脓,干后呈胶状小粒。白叶枯病斑上菌溢不多不常见到,而细菌性条斑上则常布满小珠状细菌液。发病严重时条斑融合成不规则黄褐至枯白大斑,与白叶枯类似,但对光看可见许多半透明条斑。病情严重时叶片卷曲,田间呈现一片黄白色。

(二)病原特征

水稻细菌性条斑病菌 *Xanthomonas oryzae* pv. oryzicola(Fang) swing et al. 黄单胞菌稻生致病变种异名 *Xanthomonas oryzicola* Fang et al. 1957。水稻条斑病菌属于原核生物界(Procaryotes),薄壁细菌门(Gracilicutes),黄单胞菌科黄单胞菌属(Xanthomonas)的稻黄单胞菌。菌体单生,短杆状,大小(1～2)μm ×(0.3～0.5)μm,极生鞭毛一根,革兰氏染色阴性,不形成芽孢荚膜,在肉汁胨琼脂培养基上菌落圆形,周边整齐,中部稍隆起,蜜黄色。生理生化反应与白叶枯菌相似,不同之处该菌能使明胶液化,使牛乳胨化,使阿拉伯糖产酸,对青霉素、葡萄糖反应钝感,水稻细菌性条斑病菌生长适温 28～30℃。水稻细菌性条斑病菌与水稻白叶枯病菌的致病性和表现性状虽有很大不同,但其遗传性状及生理生化性状又有很大相似性,故该菌应作为稻白叶枯病菌种内的一个变种。

(三)传播途径

病田收获的种子、病残株都带病菌,可成为下季初侵染的主要来源。病粒播种后,病菌侵害幼苗的芽鞘和叶梢,插秧时又将病秧带入本田,病菌主要通过气孔侵染。在夜间潮湿条件下,病斑表面溢出菌脓。干燥后成小的黄色珠状物,可借风、雨、露水、泌水叶片接触和昆虫等蔓延传播,也可通过灌溉水和雨水传到其他田块。远距离传播通过种子调运。粳稻通常较抗病,而籼稻品种大多感病,受害严重。一般籼型杂交稻(如南优 2 号,汕优 63 号)比常规稻感病,矮秆品种比高秆品种感病。对白叶枯病抗性好的品种大多也抗条斑病。

(四)发病条件

病菌主要在病稻种、稻草和自生稻上越冬,成为主要初侵染源。病菌主要从气孔或伤口侵入,借风、雨、露等传播。在无病区主要通过带菌种子传入。高温高湿有利于病害发生。晚稻比早稻易感染,后期水稻易发病蔓延;台风暴雨造成伤口,病害容易流行;偏施氮肥,灌水过深,加重发病;晚稻在孕穗、抽穗阶段发病严重。

(五)防治方法

(1)加强检疫,把水稻细菌性条斑病菌列入检疫对象,防止调运带菌种子远距离传播。实施产地检疫对制种田在孕穗期做一次认真的田间检查,可确保种子是否带菌。严格禁止从疫情发生区调种、换种。

(2)选用抗(耐)病杂交稻,如桂 31901,青华矮 6 号,双桂 36,宁粳 15 号,珍桂矮 1 号,秋桂 11,双朝 25,广优,梅优,三培占 1 号,冀粳 15 号,博优等。种子消毒处理对可疑稻种采用温汤浸种的办法,稻种在 50℃温水中预热 3 分钟,然后放入 55℃温水中浸泡 10 分钟,期间,至少翻动或搅拌 3 次。处理后立即取出放入冷水中降温,可有效地杀死种子上的病菌。

(3)避免偏施、迟施氮肥,配合磷、钾肥,采用配方施肥技术。忌灌串水和深水。

(4)药剂防治:苗期或大田稻叶上看到有条斑出现时,应该立即喷药防治,常用的杀菌农药有噻森铜、叶青双、消菌灵等。86.2%铜大师(氧化亚铜)、20%硅唑咪鲜胺、参见水稻白叶枯病,水稻细菌性谷枯病。

十一、水稻烂秧病

水稻烂秧病,烂秧、水稻烂秧是种子、幼芽和幼苗在秧田期烂种、烂芽和死苗的总称,可分为生理性和传染性两大类。

(一)为害症状

烂秧是秧田中发生的烂种、烂芽和死苗的总称。烂种指播种后不能萌发的种子或播后腐烂不发芽。烂芽指萌动发芽至转青期间芽、根死亡的现象。我国各稻区均有发生。分生理性烂秧和传染性烂秧:

(1)生理性烂秧常见有:淤籽播种过深,芽鞘不能伸长而腐烂;露籽种子露于土表,根不能插入土中而萎蔫干枯;跷脚种根不入土而上跷干枯;倒芽只长芽不长根而浮于水面;钓鱼钩根、芽生长不良,黄褐卷曲呈现鱼钩状;黑根根芽受到毒害,呈"鸡爪状"种根和次生根发黑腐烂。

(2)传染性烂秧又分为两种。绵腐型烂秧:低温高湿条件下易发病,发病初在根、芽基部的颖壳破口外产生白色胶状物,渐长出绵毛状菌丝体,后变为土褐或绿褐色,幼芽黄褐枯死,俗称"水杨梅"。立枯型烂秧开始零星发生,后成簇、成片死亡,初在根芽基部有水浸状淡褐斑,随后长出绵鼍状白色菌丝,也有的长出白色或淡粉色霉状物,幼芽基部缢缩,易拔断,幼根变褐腐烂。

死苗指第一叶展开后的幼苗死亡,多发生于2～3叶期。分青枯型和黄枯型两种:

(1)青枯型叶尖不吐水,心叶萎蔫呈筒状,下叶随后萎蔫筒卷,幼苗污绿色,枯死,俗称"卷心死",病根色暗,根毛稀少。

(2)黄枯型死苗从下部叶开始,叶尖向叶基逐渐变黄,再由下向上部叶片扩展,最后茎基部软化变褐,幼苗黄褐色枯死,俗称"剥皮死"。

(二)病原特征

生理性烂秧在低温阴雨,或冷后暴晴,造成水分供不应求时呈现急性的青枯,或长期低温,根系吸收能力差,久之造成黄枯。一类是 *Fusarium graminearum* Schw 称禾谷镰刀菌,*Fusarium oxysporum* Schlecht. 称尖孢镰刀菌,*Rhizoctonia solani* Kühn 称立枯丝核菌。*Drechslera oryzae* (Bredade Haan) Subram. et Jain 称稻德氏霉,均属半知菌亚门真菌,引致水稻立枯病。另一类是 *Achlya prolifera* (Nees) de Bary 称层出绵霉,*Pythium oryzae* Ito et Tokun 称稻腐霉,属鞭毛菌亚门真菌。引致水稻绵腐病。*Fusarium* sp. 菌丝初白色,老熟时浅红色,锐角分枝。大型分生孢子镰刀形,稍弯,两端尖,具隔膜3～5个;小型分生孢子椭圆形,单胞无色或生一隔膜。*Rhizoctonia solani* 菌丝初无色,老熟时褐色,分枝处有缢缩,附近生一隔膜。*Achlya prolifera* 菌丝无隔膜,游动孢子囊管状具两游现象。*Pythium oryzae* 菌丝无隔膜,游动孢子囊丝状或裂瓣状,游动孢子肾脏形,有鞭毛2根,有性态产生单卵球的卵孢子,雄器侧位。

(三)传播途径

引致水稻烂秧造成立枯和绵腐的病原真菌,均属土壤真菌。能在土壤中长期营腐生生活。

镰刀菌多以菌丝和厚垣孢子在多种寄主的残体上或土壤中越冬，条件适宜时产生分生孢子，借气流传播。丝核菌以菌丝和菌核在寄主瘸残体或土壤中越冬，靠菌丝在幼苗间蔓延传播。至于腐霉菌普遍存在，以菌丝或卵孢子在土壤中越冬，条件适宜时产生游动孢子囊，游动孢子借水流传播。

水稻绵腐菌、腐霉菌寄主性弱，只在稻种有伤口，如种子破损、催芽热伤及冻害情况下，病菌才能侵入种子或幼苗，后孢子随水流扩散传播，遇有寒潮可造成毁灭性损失。其病因先是冻害或伤害，以后才演变成侵染性病害，第二病因才是绵腐、腐霉等真菌。在这里冻害和伤害是第一病因，在植物病态出现以前就持续存在，多数非侵染病害终会演变为侵染性病害，外界因素往往是第一病因，病原物是第二病因。但是真菌的为害也是明显的，低温烂秧与绵腐瘸的症状区别是明显的。生产上防治此类病害，应考虑两种病因，即将外界环境条件和病原菌同时考虑，才能收到明显的防效。

（四）发病条件

生产上低温缺氧易引致发病，寒流、低温阴雨、秧田水深、有机肥未腐熟等条件有利发病。烂种多由贮藏期受潮、浸种不透、换水不勤、催芽温度过高或长时间过低所致。烂芽多因秧田水深缺氧或暴热、高温烫芽等引发。青、黄苗枯一般是由于在三叶左右缺水而造成的，如遇低温袭击，或冷后暴晴则加快秧苗死亡。

（五）防治方法

防治水稻烂秧的关键是抓育苗技术，改善环境条件，增强抗病力，必要时辅以药剂防治。

(1)改进育秧方式。因地制宜地采用旱育秧稀植技术或采用薄膜覆盖或温室蒸气育秧，露地育秧应在湿润育秧基础上加以改进。秧田应选在背风向阳、肥力中等、排灌方便、地势较高的平整田块，秧畦要干耕、干做、水耥，提倡施用日本酵素菌沤制的堆肥或充分腐熟有机肥，改善土壤中微生物结构。

(2)精选种子，选成熟度好、纯度高且干净的种子，浸种前晒种。选择高产、优质、抗病性强适合当地生产条件的品种是获得高产的前提。一般推荐种植楚粳 26、楚粳 27、楚粳 28、楚粳 29、合系 22-2、合系 39 等主要栽培品种，低热河谷地区推荐种植杂交稻汕优、冈优等品种。

(3)抓好浸种催芽关。浸种要浸透，以胚部膨大突起，谷壳呈半透明状，达过谷壳隐约可见月夏白和胚为准，但不能浸种过长。催芽要做到高温(36～38℃)露白、适温(28～32℃)催根、淋水长芽、低温炼苗。也可施用 ABT4 号生根粉，使用浓度为 13mg/kg，南方稻区浸种 2 小时，北方稻区浸种 8～10 小时，涝出后用清水冲芽即可，也可在移栽前 3～5 天，对秧苗进行喷雾，浓度同上。对水稻立枯病防效优异。

(4)提高播种质量。根据品种特性，确定播期、播种量和苗龄。日均气温稳定通过 12℃时方可播于露地育秧，均匀播种，根据天气预报使播后有 3～5 个晴天，有利于谷芽转青来调整浸种催芽时间。播种以谷陷半粒为宜，播后撒灰，保温保湿有利于扎根竖芽。

(5)加强水肥管理。芽期以扎根立苗为主，保持畦面湿润，不能过早上水，遇霜冻短时灌水护芽。一叶展开后可适当灌浅水，2～3 叶期灌水以减小温差，保温防冻。寒潮来临要灌“拦腰水”护苗，冷空气过后转为正常管理。采用薄膜育苗的于上午 8—9 时要揭膜放风，放风前先上薄皮水，防止温湿度剧变。发现死苗的秧田每天灌一次“跑马水”，并排出。小水勤灌，冲淡毒物。施肥要掌握基肥稳、追肥少而多次，先量少后量大，提高磷钾比例。齐苗后施“破口”扎根肥，可用清粪水或硫酸铵掺水洒施，二叶展开后，早施“断奶肥”。秧苗生长慢，叶色黄，遇连阴雨天，更要注意施肥。盐碱化秧田要灌大水冲洗芽尖和畦内盐霜，排除下渗盐碱。

(6)药剂防治

①首选新型植物生长剂～移栽灵混剂，该药是一类含硫烷基的叉丙烯化合物，具有植物生长调节剂和杀菌剂的双重功能，有促根、发苗、防衰和杀菌作用，能有效地防治立枯病。方法是按旱育秧常规方法整土做苗床，也可用秧盘，床土不需调酸或消毒。把移栽灵混剂溶在要浇的适量水中，每 m^2 水稻苗床用 1～2 mL，一般每 m^2 加水 3 kg 左右；采用秧盘育秧，每盘(60×30)cm 用 0.2～0.5 mL，一般每盘加水 0.5 kg，使用时也可把底肥一起溶在水中，搅拌均匀。然后把上述溶有肥料和移栽灵混剂的水均匀浇在床土上，然后播上种子并盖土。以后的管理同常规方法。如果用抛秧盘，因为土量小，用量可减半。

②用 30%甲霜恶霉灵液剂，每盘用 0.99 兑水 1 L 喷洒，水稻秧苗一叶一心期可喷 500 倍液，具防病、促进生长双重作用。

③用国内高科杀菌农药 38%恶霜菌酯 600 倍液喷洒，进行苗床土壤消毒，每平方米床土用药 8～10 g，苗床发病初期，每平方米用药 12～15 g 或喷洒 30%高科甲霜恶霉灵 1000 倍液。

④用广灭灵水剂 100～200 mg/kg，浸种 24～48 小时或于一叶一心期喷洒 500～1000 倍液。对由绵腐病及水生藻类为主引起的烂秧，发现中心病株后，首选 25%甲霜灵可湿性粉剂 800～1000 倍液或 65%敌克松可湿性粉剂 700 倍液。对立枯菌、绵腐菌混合侵染引起的烂秧，首选 40%灭枯散可溶性粉剂(40%甲敌粉)。使用方法：一袋 100 g 装灭枯散，可防治 $40m^2$ 或 240 个秧盘，预防时，可在播种前拌入床土，也可在稻苗的一叶一心期浇。治疗时，可在发病初期浇施，先用少量清水把药剂和成糊状，再全部溶入 110 kg 水中，用喷壶浇即可。此外，也可喷洒 30%立枯灵可湿性粉剂 500～800 倍液或广灭灵水剂 500～1000 倍液，喷药时应保持薄水层。也可在进水口用纱布袋装入 90%以上硫酸铜 100～200 g，随水流灌入秧田。绵腐病严重时，秧田应换清水 2～3 次后再施药。

(7)提倡采用地膜覆盖栽培水稻新技术。水稻地膜覆盖能有效地解决低温制约水稻发生烂秧及低产这个水稻生产上的难题，可使土壤的温、光、水、气重新优化组合，创造水稻良好的生育环境，解决水稻烂秧，创造高产。

(8)提倡喷洒壮丰安水稻专用型植物生长调解剂或药肥合剂苗仆人，能有效地防治立枯病，使水稻恢复生机。

十二、水稻赤枯病

水稻赤枯病，又称铁锈病，俗称熬苗、坐蔸。

(一)为害症状

为害症状有下面三种类型：

(1)缺钾型赤枯。在分蘖前始现，分蘖末发病明显，病株矮小，生长缓慢，分蘖减少，叶片狭长而软弱披垂，下部叶自叶尖沿叶缘向基部扩展变为黄褐色，并产生赤褐色或暗褐色斑点或条斑。严重时自叶尖向下赤褐色枯死，整株仅有少数新叶为绿色，似火烧状。根系黄褐色，根短而少。

(2)缺磷型赤枯。多发生于栽秧后 3～4 周，能自行恢复，孕穗期又复发。初在下部叶叶尖有褐色小斑，渐向内黄褐干枯，中肋黄化。根系黄褐，混有黑根、烂根。

(3)中毒型赤枯。移栽后返青迟缓,株型矮小,分蘖很少。根系变黑或深褐色,新根极少,节上生迈出生根。叶片中肋初黄白化,接着周边黄化,重者叶鞘也黄化,出现赤褐色斑点,叶片自下而上呈赤褐色枯死,严重时整株死亡。

(二)病因分析

缺钾型和缺磷型是生理性的。稻株缺钾,分蘖盛期表现严重,当钾氮比(K/N)降到0.5以下时,叶片出现赤褐色斑点。多发生于土层浅的沙土、红黄壤及漏水田,分蘖时气温低时也影响钾素吸收,造成缺钾型赤枯。缺磷型赤枯生产上红黄壤冷水田,一般缺磷,低温时间长,影响根系吸收,发病严重。中毒型赤枯主要发生在长期浸水,泥层厚,土壤通透性差的水田,如绿肥过量,施用未腐熟有机肥,插秧期气温低,有机质分解慢,以后气温升高,土壤中缺氧,有机质分解产生大量硫化氢、有机酸、二氧化碳、沼气等有毒物质,使苗根扎不稳,随着泥土沉实,稻苗发根分蘖困难,加剧中毒程度。

(三)防治方法

(1)改良土壤,加深耕作层,增施有机肥,提高土壤肥力,改善土壤团粒结构。

(2)宜早施钾肥,如氯化钾、硫酸钾、草木灰、钾钙肥等。缺磷土壤,应早施、集中施过磷酸钙每亩施30 kg或喷施0.3%磷酸二氢钾水溶液。忌追肥单施氮肥,否则加重发病。

(3)改造低洼浸水田,做好排水沟。绿肥做基肥,不宜过量,耕翻不能过迟。施用有机肥一定要腐熟,均匀施用。

(4)早稻要浅灌勤灌,及时耘田,增加土壤通透性。

(5)发病稻田要立即排水,酌施石灰,轻度搁田,促进浮泥沉实,以利新根早发。

(6)于水稻孕穗期至灌浆期叶面喷施多功能高效液肥万家宝500～600倍液,隔15天1次。

十三、水稻白叶枯病

1884年首先在日本福冈县发现,1938年欧洲稻区曾有报道,20世纪50年代在印度尼西亚和菲律宾,60年代在非洲的马尔加什、马里、尼日尔和塞内加尔,70—80年代在拉丁美洲、美国、澳大利亚均有发现。我国早在20世纪30年代即有发生,50年代长江流域以南发生较重,60年代扩展到黄河流域,70年代蔓延到东北、西北各省(区),目前仅新疆、甘肃等稻区尚未发现。

(一)分布

是世界上分布最广,为害最重的一种细菌性病害,在53°N(中国黑龙江)至17°S(澳大利亚昆士兰)范围内的稻区均有发生。

(二)为害症状

水稻全生育期均可受害,以孕穗期受害最重。受害程度因发病早迟、轻重而有较大差异。成株期发病,主要影响养分积累,引起谷粒不实或千粒重降低,中抗品种减产幅度约5%～10%,感病品种约20%～30%,严重的可达50%～70%。

病菌自稻苗叶部的水孔或伤口侵入的引起叶枯型症状。自根、茎的伤口侵入的引起青枯凋萎型症状。侵害穗部引起枝梗和谷粒颖壳变色。叶枯型症状多在叶片两侧出现不规则水渍状坏死斑,逐步向下扩展,初为黄白色,后为灰白色或枯白色,边缘波纹状,病斑上有时有蜜黄色菌脓外溢。在抗病品种上病斑短小不扩展，与健部交界处常有黑褐色边纹，在感病品种上，病斑扩展快，下伸至叶鞘部。

（三）病原特征

病原物稻白叶枯病病原细菌短杆状，大小为(1.0～2.7)μm ×(0.5～1.0)μm，单生，单鞭毛，极生或亚极生，长约 8.7 μm，直径 30 nm，革兰氏染色阴性，无芽孢和荚膜，菌体外有黏质的胞外多糖包围。在人工培养基上菌落蜜黄色，产生非水溶性的黄色素。病菌好气性，呼吸型代谢，能利用多种醇、糖等碳水化合物而产酸，最适合的碳源为蔗糖，氮源为谷氨酸，不能利用淀粉、果糖、糊精等，能轻度液化明胶，产生硫化氢和氨，不产生吲哚，不能利用硝酸盐，石蕊牛乳变红色。

病菌致病小种是以在不同抗病基因的鉴别品种上的反应型来划分的。根据病菌毒力公式的差异，我国的致病型与日本的小种比较相近，与菲律宾相比，则 C2 与 P1 相似，C1 和 P5 相似，C6 与 P2 相似。

在自然条件下，病菌可侵染栽培稻(水稻和陆稻)、野生稻、李氏禾、茭白等植物，人工接种还可侵染多种禾本科杂草。病菌可以在玉米等禾本科植物叶面及根围存活或增殖，但不一定侵入寄主，在流行学上它们是带菌者，可成为侵染源(方中达，1996)。

（四）寄主

水稻品种的抗性不同，病害的表现有很大差异，根据病原菌与寄主和环境条件的配合可分为三种组合，其病菌增殖量和病害症状都不相同：(1)完全不亲和组合。病菌在侵入点或接种点被寄主抗菌的纤维状物质包围、封闭，不能增殖和活动，为高抗的过敏反应，病菌表现为弱毒力。接种点呈现过敏性坏死反应，有褐斑或褐纹，镜检时无喷菌现象。(2)基因亲和组合。病菌在侵入点能自由活动，并能增殖与扩散，为感病反应，病菌表现为弱毒力，出现的病斑较小，扩展慢，镜检时有明显的喷菌现象。(3)完全亲和组合。病菌侵入寄主后增殖和扩散快，侵入点迅速出现病斑并继续扩展，病菌表现为强毒力，叶面有菌脓外泌。

品种抗性也可以用抗性谱来表示，根据对病菌小种的抗性差别，以抵抗的小种数作分子，不能抵抗的小种数作分母写成的分式直接表示品种抗性谱的宽窄，如 DV 85 为 C1～C7/O，即能抗所有的小种而不感染任何小种；汕优 63 为 C1/C2～C7，即除了抵抗 1 号小种外，对 C2～C7 小种都缺乏抗性；桂朝 2 号为 C0/C1～C7，即对所有 7 个小种都不具有抗性。抗性谱宽的品种，在田间的抗性稳定持久，抗性谱窄的品种，只能在非致病小种流行区种植，否则就会发病造成较大的损失。选育抗性谱宽的品种，是育种的一个重要目标。

（五）发病条件

高温高湿有利于病菌显示其毒力，偏施氮肥稻株抗性低，温度降低时病害轻，20℃以下不表现症状。长期积水或受淹的田块发病早而重。

（六）侵染过程和病害循环

病害的初侵染源有带菌种子和稻草、再生稻及田间杂草寄主等，在不同生态区，其作用不同。南方温暖地区，田间已发病的再生稻、自生稻、野生稻或杂草寄主上存活的病菌是主要的侵染源。北方稻区则以带菌稻草或种子为初侵染源。带菌种子和病稻草是病害远距离传播的主要途径。病斑上出现的大量菌脓随风雨或昆虫传播至邻近的叶片上，引起再次侵染，多数从水孔侵入，也可从伤口侵入。秧田水中的病菌在拔秧或插秧时通过茎基部或根部伤口侵入，在维管束中扩展，引起系统侵染，表现出青枯、枯心凋萎或全株枯死等症状。从叶缘水孔或伤口侵入的病菌，在叶脉间的薄壁细胞中繁殖为害。侵入后病菌的潜育期一般为 7～10 天。感病品种上约 5～7 天，中抗品种上达 10 天左右。病菌从根部或茎部侵入至显示凋萎型症状的潜育期一般需 15～20 天。气温低于 20℃时叶片上不表现症状。台风暴雨常使病害在田间扩散，传病距离可达数百米，夏季高温干旱不利于病菌的传播与侵染。病区如大面积栽种感病品种(如汕优 63、南京 11、金刚 30 等)，遇暴风雨多的年份，引起大面积流行。

(七)防治方法

(1)选育抗病品种。不同水稻品种对病害抗性的差异十分明显。IR 26，特青，青华矮，扬稻 2 号、扬稻 3 号等对 1、2、3、4、6、7 号致病型菌株均有很强的抗性，病田种植后，基本不发病；南京 14、鄂宜 105、湘早籼、武育粳、黎明、南粳 15 及杂交稻汕优桂 33 等丰产性和抗性较好，有些是目前生产上推广的品种。在测定本地流行的病菌致病型组成以后，选栽抗性谱较宽的高产品种，具有较为持久而稳定的抗病性。

(2)杜绝菌源。严禁从病区调运种子和稻草进入无病区。

(3)加强栽培管理。合理施肥，科学用水、灌排分开，适时搁田等丰产栽培技术均有利于提高稻株的抗病力，控制病害的发展。

(4)药剂防治。在零星病区或轻病区，采用苗期喷药防治，封锁发病中心可显著减轻本田期的为害。在病区成株期喷洒的药剂有川化 018 和叶枯净等。

十四、水稻叶尖枯病

水稻叶尖枯病又称水稻叶尖白枯病。主要为害叶片，病害开始发生在叶尖或叶缘，然后沿叶缘或中部向下扩展，形成条斑。病斑初墨绿色，渐变灰褐色，最后枯白。病健交界处有褐色条纹，病部易纵裂破碎。严重时可致叶片枯死。为害稻谷，颖壳上形成边缘深褐色斑点后，中央呈灰褐色病斑，病谷秕瘦。

(一)病原特征

Phoma oryzicola Hara＝*Phyllosticta oryzae* Hara 称稻生茎点霉，属半知菌亚门真菌。分生孢子器初埋在稻叶表皮下，后稍外露，黑褐色。在 PDA 上产生的分生孢子器近球形，大小 75.3×86.1 μm，器壁初黄褐色，成熟时黑色。产孢细胞单细胞，不分枝，产孢方式为全壁芽生单体式。分生孢子卵圆形，单细胞，无色，大小(2.8～7.0)μm ×(2.8～3.9)μm。分生孢子具油球 1～2 个。有性态为 *Tromatosphaella oryzae*(Miyake)Pawick 称稻小陷壳，属子囊菌亚门真菌。

(二)传播途径

病菌以分生孢子器在病叶和病颖壳内越冬。病菌寄主有禾本科杂草 10 多种，因此带菌杂草也可传播。越冬分生孢子器遇适宜条件释放出分生孢子，借风雨传播至水稻叶片上，经叶片、叶缘或叶部中央伤口侵入。在拔节至孕穗期形成明显发病中心，灌浆初期出现第二个发病高峰。

(三)发病条件

这一期间低温、多雨、多台风有利于病害发生。暴风雨后，稻叶造成大量伤口，病害易大发生。施氮过多、过迟发病重，增施硅肥发病轻。水稻分蘖后期不及时晒田，积水多，发病重。田间密度大，发病重。发病适温25～28℃，菌丝生长温限10～35℃，最适22～25℃，分生孢子形成温限15～30℃，最适25℃，孢子萌发温限10～35℃，最适30℃。

（四）发病原因

该病病菌主要以分生孢子器在病叶和病稻种颖壳内越冬。落在田中的病残体、病稻种与寄生在无芒稗、西来稗、双穗雀稗、狗尾草、李氏禾等禾本科杂草上的病菌是初侵染源，老病区以病残体为主要初侵染源。稻种带菌率虽低，但它携带的病菌是造成新病区发病的重要病源。该病大多在水稻拔节期至孕穗期开始发生，抽穗期病害迅速扩展，至灌浆后期趋于稳定。水稻孕穗至灌浆期，温度在25～28℃，多雨和多台风天气易发病。暴风雨是病害流行的关键因素。一般杂交稻发病比常规籼稻重，粳稻及糯稻很少发病。稻蓟马猖獗为害的田块发病重。多施、偏施、迟施氮肥有利于发病，增施硅、钾、锌、硼等肥料有一定的控制病害的作用；长期灌深水、栽插密度过大，均会加重病情。

（五）防治方法

（1）加强种子检疫，防止传入无病区。

（2）选用抗病品种，粳稻较籼稻抗病。高秆的和叶长披软品种较感病。籼稻中的扬稻3号、4号，3037，南农3005，兴籼1号较抗病。

（3）施足有机肥，增施磷钾肥和硅肥。分蘖后期要适时、适度晒田，生长后期干干湿湿。栽培不可过密，降低田间湿度。

（4）药剂防治。水稻叶尖枯病与白叶枯病的症状相似，在田间极易混淆，应辨明病因后对症下药。药剂处理种子用50%多菌灵或50%甲基硫菌灵可湿性粉剂250～500倍液浸种24～48小时、40%禾枯灵可湿性超微粉250倍液浸种24小时，效果良好。水稻分蘖盛末期开始结合防治其他病虫害喷药防治2～3次，每次每亩用40%多菌灵胶悬剂40 mL或禾枯灵（40%多·酮可湿性粉剂，含多菌灵35%、三唑酮5%，60～75 g，加水60 kg喷雾。在水稻孕穗至抽穗扬花期，发现中心病株后选用40%多菌灵胶悬剂40 mL或40%禾枯灵可湿性粉剂60～75 g。每亩兑水60 L喷雾。40%禾枯灵还可兼治稻曲病、云形病、鞘腐病、紫秆病等真菌病害。

十五、水稻疫霉病

（一）为害症状

主要为害早、中稻秧苗，在叶片上形成绿色水渍状不规则条斑，条斑边缘呈褐色。病害急剧发展时，条斑相互愈合，以至叶片纵卷成弯折。一般只造成秧苗中、下部叶片局部枯死，严重时全叶或整株死亡。

（二）发病条件

疫霉菌在土壤中越冬，翌年春季水稻育秧期间在稻叶上萌发，从叶片气孔侵入，引起发病。发病最适宜温度为16～21℃，超过25℃病害受到抑制。秧苗三叶期前后，遇低温、连阴雨、深水灌溉，特别是秧苗淹水，病害发生就重。

（三）防治方法

（1）秧田轮换。病区年年更换秧田，可减少初次侵染来源，防病效果明显。

(2)加强肥水管理。秧田畦面要平整,防治低处浸水。要浅水勤灌,避免漫灌,适当增施肥料,提高抗病力。

(3)药剂防治。以早、中稻秧田三叶期为重点防治对象。药剂可选用50%多菌灵可湿性粉剂1000倍液,或50%托布津可湿性粉剂1000倍液叶面喷雾。

十六、水稻小球菌核病

水稻小球菌核病为南方稻区的常见病害之一。北方发生较少,1997年在辽宁省普兰店市杨树镇李屯村和沈阳市新城子区发现水稻小球菌核病,受害水稻表现为早衰、软秆倒伏、秕谷增多、千粒重下降,一般减产10%～20%,重则减产40%以上。2002年黑龙江省勃利县吉星乡、青山乡、倭肯镇等发生水稻小球菌核病366.7 hm^2,轻则影响产量和米质,重则绝产143.3 hm^2。

水稻生长的前中期深灌水,后期断水太早,土壤干旱过久的稻田,氮肥过多且施肥过迟,虫害重的田块,都有利于病害的发生。

(一)发生与为害

初期在近水面叶鞘上产生墨褐色斑点,渐向上发展,并逐渐扩大成黑色存而大斑;茎秆上形成梭形或长条形黑斑,最后病株基部成段变黑软腐,出现早枯或倒伏。

该病在水稻整个生育期均可发生,一般多在分蘖盛期开始发病,抽穗期大量发生,乳熟期以后病情迅速加剧。多发生在稻株下部的叶鞘和茎秆上。初期在近水面叶鞘表面上产生黑褐色小斑,逐渐向上扩展成黑色细条状、纺锤状或椭圆形病斑,可扩大至整个叶鞘,侵入内层叶鞘和茎秆。病斑表面常生一层灰色霜状物,为病菌的小孢子。茎秆上的病斑,一般发生在基部离水面10 cm处,形成黑褐色线条状病斑,严重时茎秆基部整段变黑腐朽,仅留维管束,组织软化,很容易拔断,出现早枯或倒伏。剖开叶鞘和茎秆的腐朽组织,可见灰白色菌丝和黑褐色球形小菌核。在叶鞘病斑上或水面浮游的菌核表面往往产生一层灰色霉层,即病原菌的分生孢子梗和分生孢子。

(二)病原特征

水稻小球菌核病菌,属半知菌亚门丛梗孢目暗色菌科长蠕孢属真菌,其有性世代为小球腔菌属。菌核球形或近球形,大小为0.20～0.39 mm。在显微镜下观察表面光滑,剖面呈内外两层,内层淡褐色,外层黑褐色。病斑和菌核表面产生的分生孢子纺锤形或弯月形,大小为(41～63)μm ×(11～15)μm,顶端无卷须,具有3个隔膜,一般为3隔4孢,中间两个细胞暗褐色,两端细胞色淡或无色。水稻小球菌核病菌,菌丝生长的温度范围为5～35 ℃,最适温度为30 ℃;菌核的形成与菌丝生长呈正相关。菌丝生长的pH值范围为2.40～12.85,最适pH值为4.50～5.50。光照和通气条件对菌丝生长无明显影响。菌丝致死温度为50 ℃时10分钟,菌核致死温度为60 ℃时10分钟。

(三)发病规律

病原菌以菌核在稻桩、稻草或散落于土壤中越冬,可存活多年。第二年春季耕耙灌水时,菌核浮于水面,黏附于秧田或叶鞘基部。当日平均温度升至17℃以上,菌核萌发产生菌丝接触水稻,菌丝侵入叶鞘组织或伤口,并蔓延至茎秆,逐渐扩散到达髓部组织,在茎秆及叶鞘内形成菌核。有时病斑表面生浅灰霉层,即病菌分生孢子。病斑和菌核表面产生的分生孢子通过气流、水流或昆虫(叶蝉)传播,引起再侵染。但主要以病健株接触短距离再侵染为主。菌核数量是次年发病的主要因素。病菌发育温限 11～35℃,适温为 25～30℃。雨日多,日照少利于菌核病发生。深灌、排水不好田块发病重,中期烤田过度或后期脱水早或过早发病重。施氮过多、过迟,水稻贪青病重。单季晚稻较早稻病重。高秆较矮秆抗病,抗病性糯稻大于籼稻大于粳稻。抽穗后易发病,虫害重伤口多发病重。

(四)防治方法

(1)减少病原。重病田提倡齐泥割稻,稻桩稻草尽早处理,并把稻渣及菌核打捞干净。

(2)加强肥水管理。分蘖末期适当晒田,孕穗期保持水层,后期保持四面湿润,防止断水过早。多用有机肥作基肥,增施钾肥。

(3)注意及时防治叶蝉,以减轻病害发生。

(4)药剂防治。在圆秆拔节和孕穗期用 70％甲基托布津可湿性粉剂 1000 液,或 50％多菌灵可湿性粉剂 800 倍液,或 20％苯来特可湿粉剂 500 液,各喷药 1 次。也可用 25％施保克(咪鲜胺)乳油 60～80 mL/亩,或 40％富士 1 号可湿性粉剂 60～70 g/亩,兑水 60～75 kg 喷雾,在拔节期和孕穗期各喷药 1 次。应注意将药液喷到植株基部的叶鞘上。

十七、水稻立枯病

水稻是我国第一大食粮作物,但是目前在全国各稻区生产中普遍存在秧苗品质差的难题,主要表现为病秧、弱秧。尤其是近年来旱育秧立枯病成为旱育稀植技巧的最大障碍,正常条件发病率 15％左右,因为气候、管理等方面的起因,毁灭性发病也屡见不鲜。该病害是由于受多种不利环境的因素影响,导致秧苗的抗病能力降低,从而被镰刀菌、立枯兹核菌和稻蠕泡菌等乘虚侵入所至的苗期病害。

水稻立枯病是水稻旱育秧最主要的病害之一,其发病的主要原因是气温过低、温差过大、土壤偏碱、光照不足秧苗细弱、种量过大等因素,田间症状主要表现为出苗后秧苗枯萎,容易拔断,茎基部腐烂,有烂梨味,发病较重的整片死亡,病株基部多长有赤色霉状物。

(一)发病时期

秧苗在 2～3 叶期时胚乳将近耗尽,抗寒力最差,日平均气温低于 12～15℃则生育受阻,抗病性显著削弱,病菌易侵入,此时若遇低温阴雨最易发生立枯病。所以,旱育秧苗 2～3 叶期是立枯病流行的主要时期。

(二)为害症状

(1)芽腐。出苗前或刚出土时发生,幼苗的幼芽或幼根变褐色,病芽扭曲、腐烂而死。在种子或芽基部生有霉层。

(2)针腐。多发生于幼苗立针期到 2 叶期,病苗心叶枯黄,叶片不展开,基部变褐,有时叶鞘上生有褐斑,病根也逐渐变为黄褐色。种子与幼苗基部交界处生有霉层,茎基软弱,易折断,育苗床中幼苗常成簇,成片发生与死亡。

(3)黄枯、青枯多。发生于幼苗 2.5 叶期前后,病苗叶尖不吐水,叶色枯黄、萎蔫,成穴状迅速向外扩展,秧苗基部与根部极烂秧易拉断,叶片打绺。在天气骤晴时,幼苗迅速表现青枯,心叶及上部叶片“打绺”。幼苗叶色青绿,最后整株萎蔫。在插秧后本田出现成片青绿枯死。

(三)发病原因

气候条件:低温、阴雨、光照不足是诱发立枯病的重要条件,其中以低温影响最大。在低温条件下幼苗抗病能力降低,有利于病害发生。气温过低,对病原菌发育和侵染影响小,但对幼苗生长不利,根系发育不良,吸收营养能力下降,更有助于病害发展。如天气持续低温或阴雨后暴晴,土壤水分不足,幼苗生理失调,病害发生加重。

侵染循环:水稻立枯病属于土传病害。是由多种病原菌侵染而引起的,主要有半知菌亚门瘤座菌目镰孢菌属 *Fusarium oxysporium* Schelcht(尖孢镰孢菌)、*Fusarium graminearum* Schw.(禾谷镰孢菌)、*Fusarium equiseti* Sacc.(木贼镰孢菌)、*Fusarium solani* (Mart.) App. Et Wr.(茄腐镰孢菌)、*Fusarium moniliforme* Scheld(串珠镰孢菌)及无孢目、丝核菌属的 *Rhizoctonia solani* Kühn.(立枯丝核菌)等,还有鞭毛菌亚门霜霉目腐霉菌属的 *Pythium spp.*(腐霉菌) 等真菌。镰孢菌一般以菌丝和后垣孢子在多种寄主的病残体及土壤中越冬,环境条件适宜时产生分生孢子借气流传播,侵染为害。丝核菌则以菌丝和菌核在寄主病残体中和土壤中越冬,靠菌丝蔓延于幼苗间传播,进行侵染为害。

秧苗状态:丝核菌和镰刀菌等水稻立枯病病源菌广泛存在于土壤中,均为弱寄生菌,一般能在水中或土壤内营腐生生活。这类病菌致病性不强,它们一般不宜侵染健壮的幼苗,只有当天气不良和管理不当,致使秧苗生长弱、抗性降低后,各种弱寄生菌才得以乘虚而入并传播蔓延。因此,秧苗素质差、生长弱、抗病抗逆力差是发生立枯病的直接原因。

(四)综合防治

防治立枯病要以防为主,防治结合。

(1)精心选种与晒种。提高催芽技术,防止种子受伤,提高种子生命力和抗病力。

(2)适期播种,播种密度不要过大。应在气温稳定通过 6℃时播种,不要盲目抢早。从理论上讲,播种密度以 300 g/m^2 为宜。然而在实际生产中,农民为了节省农膜等生产成本,以及考虑到出苗率、使用插秧机等原因,往往会加大播量,即便如此,播种量也绝对不能超过 500 g/m^2。

(3)苗床管理。要做好防寒、保温、通风、练苗等环节的工作,提高幼苗抗病力,防止和减轻立枯病、恶苗病的发生。

(4)加强田间管理。要做好防寒、保温、通风、炼苗环节,做到前保(出苗前保温)、中控(出苗后至 3 叶期控温)、后炼(3 叶期至插秧前调温),提倡稀插早育苗,控制温湿度不徒长。一叶一心期保持温度 25~30℃尽量少浇水,第 2 叶期后必须使其逐渐适应寒冷条件,三叶一心期温度不超过 25℃,土壤水分充足,但不能过湿。3 叶期后白天应揭膜通风锻炼,夜间如果无霜冻最好也要揭膜使之经受低温,这样可以培育出抗寒力强的壮秧。

十八、水稻东格鲁病

(一)为害症状

受害植株矮缩和叶片变色,生长衰退,叶片颜色为橙色至黄色。籼稻染病多为橙色或稍带红色,又叫红叶病。粳稻染病多呈黄色。嫩叶上现斑驳,老叶上现锈色斑点。主要发生在我国南方稻区。东格鲁系菲律宾土语,表示衰退的意思。

(二)病原特征

Rice tungro spherical virus 简称 RTSV,称东格鲁球状病毒,属玉米褪绿矮缩病毒组。病毒粒体为等径对称的多面体，大小 30～35 nm，含有单链核糖核酸，粒体外面无包膜。钝化温度 60℃，体外存活期 4℃条件下 7 天，冰冻条件存活长达 1 个月。此外，Rice tungro bacilliform virus 简称 RTBV，称东格鲁杆状病毒，也是该病病原，常与 RTSV 混合感染。病毒粒子小杆状，大小 150～350×35 (nm)。属鸭跖草黄斑驳病毒组。

(三)传播途径和发病条件

病毒由二小点叶蝉、二点黑尾叶蝉、黑尾叶蝉等，以半持久方式传播，接触或汁液摩擦不能传播，二小点叶蝉最短获毒或接毒时间分别为 30 分钟和 15 分钟。接毒后经 6～9 天潜育即显症。该病毒在虫体内循回期不明显，传毒时间为 5～7 天，7 天后不再传毒。二小点叶蝉传毒率很高，其他叶蝉传毒率不高，有的不传毒，品种间抗病性有差异。

(四)防治方法

(1)选用抗(耐)病品种。如国际 26 等。

(2)要成片种植，防止叶蝉在早、晚稻和不同熟性品种上传毒。早稻早收，避免虫源迁入晚稻。收割时要背向晚稻。

(3)加强管理，促进稻苗早发，提高抗病能力。

(4)推广化学除草，消灭看麦娘等杂草，压低越冬虫源。

(5)治虫防病。及时防治在稻田繁殖的第一代若虫，并要抓住黑尾叶蝉迁飞双季晚稻秧田和本田的高峰期，把虫源消灭在传毒之前。可选用 25%噻嗪酮可湿性粉剂，每亩 25 g 或 35%速虱净乳油 100 mL、25%速灭威可湿性粉剂 100 g，兑水 50 L 喷洒，隔 3～5 天 1 次，连防 1～3 次。

十九、水稻黄叶病

(一)病原特征

Rice Transitory Yellowing Virus 称简 RTYV，称水稻黄叶病毒或暂黄病毒，属病毒。病毒粒体呈子弹状或杆菌状，大小 120～140×96(nm)，多聚集于细胞核的内外膜间，也有散布于细胞核和细胞质中的。病毒钝化温度 56～58℃，稀释限点 10^5～10^6 倍，体外存活期 30℃为 36 小时，0～2℃为 11 天。病毒粒体常限制在韧皮部细胞中。

(二)传播途径和发病条件

黄叶病由黑尾叶蝉、二点黑尾叶蝉、二条黑尾叶蝉传播。能终身传毒，不经卵传递。病毒在介体昆虫体内、再生稻、看麦娘等植物上越冬，翌年传至早稻，成为初侵染源。收获后叶蝉迁飞至二季稻上传毒，二季稻收获后，病毒又随介体在冬季寄主上越冬。介体昆虫数量多，带毒率高发病重。一般籼稻较粳、糯稻发病轻，并以杂交稻耐病性最好。夏季少雨、干旱，促进叶蝉繁殖，有利于活动取食，还缩短了循回期和潜育期，有利于病害流行。

(三)防治方法

(1)加强农业防治，尽量减少单、双季稻混栽面积，切断介体昆虫辗转为害。深翻地，减少越冬寄主和越立虫源。合理布局，连片种植，尽可能种植熟期相近的品种，减少介体迁移传病。早播要种植抗病品种。收获时要背向割稻。

(2)选用抗病良种，如白壳矮、博罗矮、IR29、溪南矮、木泉等。

(3)治虫防病,把介体昆虫消灭在传毒之前,早稻在冬代叶蝉迁飞前移栽。在越冬代叶蝉迁移期和稻田一代若虫盛孵期进行防治。双季稻区在早稻大量收割期至叶蝉迁飞高峰前后防治。晚稻秧田,从真叶开始注意防治,结合网捕。晚稻连作田初期加强防治,间隔3～5天1次。单双季稻混栽对早稻要加强防治。晚稻早栽早期也要加强防虫。使用药剂参见水稻矮缩病。

二十、水稻坏死花叶病

水稻坏死花叶病毒(Rice Necrosis Mosaic Virus, RNMV),分布于日本和印度。日本1967年发现由土壤传染的由病毒引起的“水稻坏死花叶病”。

(一)为害症状

病株矮化,株形松散,分蘖减少,叶片自下而上有花叶斑驳出现,这种花叶斑驳多自叶身尖端中部开始,起初是宽约1 mm、长约1～2 cm的长纺锤形退绿斑,以后退色斑增多,扩展成长约10 cm边缘波状的淡绿色到黄色的条斑,后期病叶变黄,抽穗期以后则在剑叶表现症状。下部叶片、茎秆基部和叶鞘常有短条状或点状斑,后期出现纵长褐色坏死斑,可扩展到全株,在剑叶叶鞘上部第一节附近也可看到。

(二)病原特征

病原是水稻坏死花叶病毒,分类归大麦黄花叶病毒属。病毒粒子柔条状或线条状,大小为(275～550)nm×(13～14)nm。基因组为ssRNA,有风轮状内含体,RYMV与大麦黄花叶病(BYMV)、小麦黄花叶病(WYMV)有血清学关系,而与SBWMV无关。由多粘霉菌作持久性传播。自然寄主有水稻,人工接种可侵染看麦娘、罔草(*Beckmannia syzigachne*)和一种稗草(*Echinochloa crusgalli* var. oryzicola)等。

(三)发病规律

水稻坏死花叶病毒存在于土壤中,病毒传播介体为土壤中的禾谷多黏菌。由禾谷多黏菌带毒作持久性传播,由休眠孢子或从游动孢子囊释放的游动孢子传播病毒。病毒感染寄主后,在细胞质中存在着成束的病毒粒子,有的粒子分散分布。在表皮、叶肉组织和维管束薄壁细胞的细胞质内可观察到条状内含体,内含体横切面为众多薄片组成的风轮状体。病毒感染细胞中,叶绿体等细胞器发生肿胀畸变,病变严重的细胞内散布着瓦解的细胞组分、内含体和病毒粒子。

(四)防治方法

(1)秧田选择无病田块,选用无病表土作床土和复盖土,床土要消毒。

(2)药剂防治。在苗床期、移栽后开始分蘖时,各喷药1次。药剂可选用20%病毒灵B500倍液,或1.5%植病灵800～1200倍液,或1%病毒激抗剂、83-1增抗剂100倍液进行喷雾。喷洒2%宁南霉素水剂200倍防治效果也很好。

二十一、水稻草状矮化病

水稻草状矮化病于1963年在菲律宾被首次确认,20世纪70年代后曾在印度、印度尼西亚和菲律宾等国数度局部流行,给当地水稻生产造成严重损失。我国大陆于1979年首先在福建发现此病。目前在南亚、东南亚、日本和我国的福建、台湾、海南、广东、广西等地都有发生。

(一)为害症状

苗期感染,颗粒无收。病株明显矮化,分蘖增生,叶窄短呈浅黄色,老叶常有斑驳、污斑(RGSV-1)或锈斑,严重的症状类型(RGSV-2),叶呈黄橙色,易于早枯。

(二)病原特征

水稻草状矮化病毒(Rice Grassy Stunt Virus,简称 RGSV),是纤细病毒属(Tenuivirus)的一个成员,病毒粒子纤细丝状,大小为(950～1350)nm×(6～8)nm,由核衣壳蛋白和基因组 RNA 组成。基因组为 ssRNA,4 个片段,分子量为 5.1×10^6 道尔顿。病毒与 RSV 有远缘的血清学关系,而与 RHBV 无关。病毒基因组由 6 条 RNA 组成,每条 RNA 都具有双义编码性质,在每条 RNA 的正链和互补链上各有一个 ORF,编码的蛋白分别称为 P 和 Pc,共编码 12 种蛋白。在 RGSV 侵染的水稻植株细胞内有大量的蛋白聚集,形成了不定型的内含体或针状结构,称为病害特异蛋白(disease-specificprotein,SP)。研究发现,SP 蛋白在水稻病叶中的积累量与水稻品种的抗性呈负相关,而与症状的严重度呈正相关。

(三)发病规律

由褐飞虱作持久性传播,不经卵传毒,拟褐飞虱和伪褐飞虱亦可传毒,但不重要。自然寄主只有水稻,人工接种可侵染稻属所有的种。

(四)防治方法

(1)消灭毒源:尽量消灭传毒昆虫于秧田之外,特别要抓紧飞虱在春、秋飞迁时期,及时清除杂草,并用药防治,以减少虫源、毒源。常用药剂有 50%马拉松乳油或 40%乐果乳油、80%敌敌畏乳油、25%亚胺硫磷乳油,使用量为每亩 0.1 kg,兑水 75 kg 喷雾。

(2)调整播种插秧时期,使易感病的苗期避开介体昆虫迁飞高峰。

(3)加强田间管理:实行生育期相同品种连片种植;秧田不要紧靠麦地;氮、磷、钾按比例施用。

(4)拔除病株:在大田出现零星病株时,先向周围的水稻喷药,围歼传播害虫,再拔除病株烧掉。

(5)防虫治病,把虫源消灭在传毒之前。可选用 25%噻嗪酮可湿性粉剂每亩 50 g 加 48%毒死蜱乳油 80～100 mL,或 10%醚菊酯悬浮剂 10～20 mL/亩,或 35%速虱净乳油 100 mL,或 25%速灭威可湿性粉剂 100 g,兑水 50 升喷洒,在栽后 3～7 天及栽后 15～20 天各喷 1 次药,也可连防 3 次。防治病毒加入 3%植物激活蛋白 30 g/亩(或 2%宁南霉素水剂 200 mL/亩,或 5%盐酸吗啉胍可溶粉剂 80～100 g/亩等抗病毒药剂),也可同时加入叶面肥均匀喷雾。

二十二、水稻黄斑驳病

水稻黄斑驳病毒病主要发生在西非、中非和东非的十多个国家,是灌溉稻的主要障碍。1966 年在肯尼亚维多利亚湖的沃顿勒(Otonglo)首次报道,随后又在塞拉利昂、象牙海岸、尼日利亚、利比亚和坦桑尼亚、桑给巴尔相继有发生报道。

(一)发病症状

发病的典型症状是叶片黄化变色,产生黄色斑驳,植株矮化,分蘖减少,心叶卷曲皱缩,叶片上沿脉呈黄色斑驳或条点。

(二)病原

病原是水稻黄斑驳病毒(Rice yellow mettle virus,RYMV),病毒粒子球状等径,直径约为25～30 nm,基因组为 ssRNA,分子量为 1.4×10^6 道尔顿,外壳蛋白分子量为 31×10^3 道尔顿。

(三)发病规律

水稻黄斑驳病毒主要由叶甲类(*Apophylias spp.*)、跳甲类(*Chaetoenema spp.*)、小叶甲(*Sesselia passilla*)和非洲铁甲虫(*Trichispa sericeas*)作半持久性传播,亦可通过汁液接种传播。在鉴别寄主沙梯牧草(*Phleum arenarium*)上,呈系统斑驳,后变黄枯死。自然寄主有水稻和巴蒂野生稻(*O. barthii*)及斑点野生稻(*O. punctate*),人工接种可侵染禾本科的 70 多种杂草和大麦、玉米、高粱等作物。

(四)防治方法

(1)加强秧田管理,及时清除秧田及周边杂草,发现传毒甲虫,可用 50%马拉松乳油或40%乐果乳油、80%敌敌畏乳油、25%亚胺硫磷乳油,每亩 0.1 kg,兑水 75 kg 喷雾。

(2)调整播种插秧时期,使易感病的苗期避开介体昆虫迁飞高峰。

(3)加强田间管理:实行生育期相同品种连片种植;秧田不要紧靠麦地;氮、磷、钾按比例施用。

(4)拔除病株:稻田出现零星病株时,先向周围的水稻喷药,围歼传播害虫,再拔除病株烧掉。

(5)及时防治传毒甲虫,把虫源消灭在传毒之前。可选用 25%噻嗪酮可湿性粉剂每亩 50克加 48%毒死蜱乳油 80～100 mL,或 10%醚菊酯悬浮剂 10～20 mL/亩,或 35%速虱净乳油100 mL,或 25%速灭威可湿性粉剂 100 g,兑水 50 升喷洒,在栽后 3～7 天及栽后 15～20 天各喷 1 次药,也可连防 3 次。

(6)防治病毒,可用 3%植物激活蛋白 30 g/亩,或 2%宁南霉素水剂 200 mL/亩,或 5%盐酸吗啉胍可溶粉剂 80～100 g/亩等抗病毒药剂,加入杀虫剂中,同时喷雾,也可同时加入叶面肥均匀喷雾。

二十三、水稻缺素症

(一)发病症状

(1)缺氮发黄症:植株矮小,分蘖少,叶片小,呈黄绿色,成熟提早。叶片由下而上逐渐变黄,先从老叶尖端开始向下均匀黄化,最后全株叶色褪淡,变为黄绿色,下部老叶枯黄;发根慢,细根和根毛发育差,黄根较多。耕层浅瘦、底肥不足的稻田常发生。

(2)缺磷发红症:插秧后秧苗发红不返青,很少分蘖,或返青后出现僵苗现象;叶片细瘦且直立不披,有时叶片沿中脉稍呈卷曲折合状;叶色暗绿无光泽,严重时叶类带紫色,远看稻苗暗绿中带灰紫色;稻株间不散开,稻丛成簇状,矮小细弱;根系短而细,新根很少;若有硫化氢中毒并发症,则根系灰白,黑根多,白根少。

(3)缺钾赤枯症:插秧 2～3 周开始显症,缺钾植株矮小,呈暗绿色,虽能发根返青,但叶片发黄呈褐色斑点,老叶尖端和叶缘发生红褐色小斑点,最后叶片自尖端向下逐渐变赤褐色枯死。以后每长出一层新叶,就增加一片老叶的病变,严重时全株只留下少数新叶保持绿色,远看似火烧状。病株的主根和分枝根短而细弱，整个根系呈黄褐色至暗褐色，新根很少。此病主要发生在冷浸田、烂泥田。

(4)缺锌丛生症：稻苗缺锌，先在下叶中脉区出现褪绿黄化状，并产生红褐色斑点和不规则斑块，后逐渐扩大呈红褐色条状，自叶尖向下变红褐色干枯，一般自下叶向上叶依次出现。病株新叶短而窄，叶色褐淡，尤其是基部叶中脉附近褪成黄白色。重病株叶枕距离缩短或错位，明显矮化丛生，很少分蘖，田间生长参差不齐。根系老朽，呈褐色，推迟成熟，造成严重减产。

(5)缺硫：症状与缺氮相似，田间难以区分。

(6)缺钙：叶尖变白，严重的生长点死亡，叶片仍保持绿色，根系伸长延迟，根尖变褐色。

(7)缺镁：下部叶片脉间褪色。

(8)缺铁：嫩叶先变黄，老叶仍正常，而后叶脉变黄，整个叶片失绿或发白。

(9)缺锰：嫩叶脉间失绿，老叶保持黄绿色，褪绿条纹从叶尖向下扩展，叶上出现暗褐色坏死斑点。新出叶窄而短，严重失绿。

(10)缺硼：植株矮化，抽出叶有白尖，严重时枯死。

(二)病因

(1)缺氮：未施底肥或底肥不足。

(2)缺磷：新垦砂质河滩地和土壤有机质贫乏的稻田、冷浸田。以及底肥不足、生产上遇倒春寒等条件下都易发生缺磷症。

(3)缺钾：单施氮肥或施氮肥过多，而钾肥不足，易发生缺钾症。

(4)缺锌：碱性土壤和低洼地在低温条件下易缺锌，过量施用氮、磷肥易缺锌。

(5)硫、钙、镁、铁、锰、硼等元素在南方有些特殊土壤中含量少，易出现缺乏症；而东北土壤中这些元素的含量基本可以满足水稻生长发育需要，因而很少发生这些元素缺乏症。

(三)防治

对缺氮、磷、钾、锌等症状，及时叶面喷施速效肥。

缺氮：喷施2%尿素，每公顷地用量5 kg。

缺磷：喷施2%二铵，每公顷地用量4 kg。

缺钾：喷施2%硫酸钾，每公顷地用量4 kg。

缺锌：喷施1%硫酸锌，每公顷地用量2 kg。

此外，根据施肥情况，对症田间适量追施氮、磷、钾、锌肥；并做到浅灌勤灌，适当晒田，以提高地温，促进根系生长，提高吸肥力。

对缺硫、钙、镁、铁、锰、硼等症状，对症叶面喷施速效微肥。

二十四、水稻高温热害

一般是指在水稻抽穗结实期，气温超过水稻正常生育温度上限，影响正常开花结实，造成空秕粒率上升而减产甚至绝收的一种农业气象灾害。

(一)为害症状

我国长江流域，双季早稻的开花灌浆期正值盛夏高温季节，经常出现水稻高温热害，造成水稻结实率下降及稻米品质变劣、影响早稻生产。

（二）病因

高温对水稻植株的损害与水稻的生育时期关系密切。许多研究表明：水稻在开花期，高温防碍花粉成熟、花药的开裂、花粉在柱头上萌发及花粉管的伸长，由此造成的不受精对水稻的为害最严重，这一时期是水稻对高温的敏感期，尤其是开花当天遇有高温胁迫，易诱发小花不育，造成受精障碍，严重影响结实率及产量。近年来由于工业化程度加剧及人类活动增加、温室效应的影响，气候有逐渐变暖的趋势，高温热害发生频率正在加大，应引起生产上的重视。

（三）防治方法

（1）选用抗热品种。如籼稻中的优早 3 号、9136、珍油占等。粳稻的抗热品种，主要集中在辽宁、吉林、北京等北方稻区。

（2）适期播种。使水稻开花期避开高温胁迫的时间，减少损失。

（3）提倡施用多得稀土纯营养剂，每亩用 50 g 兑水 30 L，于灌浆至孕穗期喷施，隔 10～15 天 1 次，连续喷 2～3 次。

二十五、水稻低温冷害

通常指水稻遭遇生育最低临界温度以下的低温影响，从而导致水稻不能正常生长发育而减产。低温冷害是寒地稻作生产的主要障碍之一。一般发生于两个时期：一是 4—5 月育苗期出现的冻害，既幼苗青枯。二是本田期由延迟型冷害和障碍型冷害造成的“秃尖”、“瘪粒”，甚至不抽穗等。

（一）为害症状

秧苗期受低温为害后，全株叶色转黄，植株下部产生黄叶，有的叶片呈现褐色，部分叶片现白色或黄色至黄白色横条斑，俗称“节节黄”或“节节白”。在 2～3 叶苗期遇有日均气温持续低于 12℃，易产生烂秧。孕穗期冷害降低颖花数，幼穗发育受抑制。开花期冷害常导致不育，即出现受精障碍。低温常开花期延迟，成熟期推迟，造成成熟不良。成熟期冷害谷粒伸长变慢，遭受霜冻时，成熟进程停止，千粒重下降，造成水稻大面积减产。

（二）病害分析

水稻产生障碍型冷害，穗子是低温的敏感部位，其中花药是直接感受低温影响结实的器官，在一个穗上对低温反映也不同。障碍型冷害的敏感时期是小孢子形成初期，从水稻生育进程来看，减数分裂期与小孢子形成初期相距只有 1 天左右。生产上引起孕穗期不受精的短期低温处理的临界温度有下述 3 种情况：发生不受精的起始温度在 18～20℃；发生障碍型冷害的危险温度是 15～17℃；完全不受精的临界温度是 10～12℃。在田间昼温高，夜温低，昼夜变温与稳定低温引起的不实率有差异，当白天温度高足以补偿夜间低温时，就不会影响结实。在水稻生育过程中，遇到适温以下的低温条件，光合作用、呼吸作用受到抑制，物质代谢、能量代谢异常。试验证明，低温影响净同化率，根际温度低于 16℃，净同化率减少。新的冷害机理认为，低温引起生物膜相变以后，生物膜损坏，引致代谢系乱，造成伤害。有专家认为，低温使喜温作物生物膜发生相变，这是水稻对零上低温的初始反应，也是冷害的始因。由于膜的类脂类物质凝固，膜质由液晶态变为凝胶态。膜质中脂肪酸的碳氢链由无序排列变为有序排列，使生物膜厚度及外型改变，由于膜的收缩，膜面产生孔道，出现龟裂。生物膜透性增加使细胞入溶质外渗，呼吸减弱，细胞里的无氧呼吸积累乙醛、乙醇等有毒物质，致细胞受到伤害，作物生长受抑。低温持续时间短或强度不大，这种过程还是可逆的。温度回升转为正常后，膜相又转为液晶态，作物代谢恢复正常。如低温强度大持续时间长，细胞膜降解为不可逆状态，引致细胞和组织死亡。造成植株萎蔫或枯死。我国东北稻作区、华北稻作区、西北稻作区、华中稻作区、华南稻作区、西南稻作区所处地理位置南北横跨 31 个纬度，高低相差 2700 m，生长季节长短悬殊，光、温、水等生态条件各异，形成各自的稻作制度、品种类型和种植方式，各地冷害发生频率、类型、受害程度不同。

(三)防治方法

(1)工程措施：兴修水利，搞好稻田基本建设。

(2)生物措施

①选用适合当地的抗冷的新品种。如滇粳 39 号、40 号，花粳 45，辽粳 244，藤系 144，皖稻 63 号，鄂籼杂 2 号，合系 30，宁粳 15 号、6 号，87-9 等。

②培育壮秧提高秧苗素质。

③适期早播、早插。

④计划栽培确保安全齐穗。

⑤掌握生育指标，决定安全齐穗期。

⑥合理施肥。以水增温。

⑦大力推广水稻地膜覆盖，通过解决低温这个制约低产田水稻生产上的老大难，使稻田土壤的温、光、水、气重新优化组合，创造水稻良好的生育环境。较好地解决低温冷害问题，必将对低温地区低产稻生产带来一次飞跃，甚至使低洼冷浸田由一年一熟向一年两熟发展，高山田将由低产短组合品种向高产长组合品种发展，甚至还可使贫困山区改变面貌，带来巨大的经济和社会效益。

二十六、水稻倒伏

是指直立生长的作物因风雹、暴雨等自然因素或外力影响发生成片歪斜，甚至全株匍倒在地的现象。倒伏可使作物的产量和质量降低，收获困难。小麦、水稻等农作物严重倒伏时，严重影响产量、甚至可能造成绝收。倒伏大多发生在作物拔节后、农作物生育的中后期。

(一)为害症状

在水稻栽培过程中，经常发生不同程度的倒伏，常见的有两种：一种是基部倒伏，二是折秆倒伏，前者是水稻倒伏的主要现象。

(二)病因分析

(1)水稻倒伏与水稻植株节间的椭圆特性有关，水稻节间横断面一直被认为是圆形的，其实水稻节间是椭圆形的，表现出一定的扁平度，低位节间的扁平率高于高位节间，经测定倒伏茎比不倒伏茎表现较高的扁平率，与节间的抗倒伏性有关。

(2)倒伏茎的低位节间长和总茎长明显大于不倒伏茎，这说明有低位节间越长的茎越易倒伏。

(3)倒伏茎的Ⅲ、Ⅳ节间长茎轴和短茎轴较不倒茎的小，这一结果不同于以前研究得出的倒伏与不倒伏茎的宽度无差异的结果。

(4)倒折一般发生在胝位节间，即第Ⅳ节间，至于邻近Ⅲ、Ⅳ两节发生倒伏概率很小，因此

Ⅰ、Ⅱ节很少发生折断现象。第Ⅳ节间是倒折发生在折断节间的位置，试验表明第Ⅲ节间折断点位于节间长的13.2%～33.42%区域，第Ⅳ节间位于15.71%～23.15%区域，第Ⅴ节间位于13.27%～35.05%区域。根据上述结果可以断定，折断点位于折断节间下位节，在此节间长的10%～30%区域内。这一区域虽然只有节间长的20%，但折断发生在这一区域的概率至少有95%，这有限的20%区域被看作是折断区域，折断发生在此区域原因可能是叶鞘和茎节间综合作用的结果。折断均发生在短茎轴方向。看来水稻的倒伏原因除公认的低位节节间长与倒伏有关外，低位节间扁平率和其横截面的长茎轴和短茎轴宽度对抗倒性也有重要作用，从折断节间、折断位置、折断方向的观察表明：折断并不随机发生在某一节间的某一位置，而是在某一特定的位置，有的品种在Ⅳ节间，有的品种在Ⅳ和Ⅴ节间，折断区域局限于由下位节向上节间长的10%～30%的区域内，大部分折断沿着节间横截面的短茎轴方向发生。除了水稻本身上述原因外，其他原因还有水稻品种特性、栽植密度、施肥、气象条件等因子，倒伏是它们综合作用的结果。

（三）防治方法

（1）因地制宜选用适合当地的2～3个抗倒伏品种。如早稻有：中106、中丝2号、鄂汕杂1号、桂引901等抗倒伏的品种。中稻可选用东农419、嘉手、豫梗6号、香宝3号、八桂占2号、宁梗17号、藤系144等。晚稻可选用津稻308，津星1号，冀粳14号、15号，花粳45，辽粳244、287，沈农9017，东农419，毕粳37，宁粳15号，雪峰，龙梗4号等抗倒伏品种。

（2）采用配方施肥技术，合理施用氮、磷、钾肥，防止偏施、过施氮肥，必要时喷洒惠满丰（高美施），每亩用210～240 mL，兑水稀释300～500倍喷叶1～2次或促丰宝Ⅱ型活性液肥600～800倍液。“氮磷钾＋硅”科学平衡施肥，才能达到优质高产的效果，硅肥能够改变作物品质的特性，基施做底肥（秀谷硅谷子），每亩用一包2 kg，与复合肥一起使用，增加水稻抗倒伏，抗病虫害，提高产量10%～20%。

（3）合理密植。

（4）对有倒伏趋势的直播水稻在拔节初期喷洒5%烯效唑乳油100 mg/kg，也可选用壮丰安、矮立发水稻专用型，防倒效果优异。

第八章　水稻害虫及防治

世界水稻害虫多达350种之多,水稻是虫害种类最多的粮食作物。但发生普遍且为害严重的仅二化螟、三化螟、稻纵卷叶螟、白背飞虱及褐飞虱这5种。局部地区或某些年份较重的稻瘿蚊、稻蓟马、稻螓象、黏虫、潜叶蝇等近30种。本章介绍了其中的19种。

一、稻纵卷叶螟

拉丁学名:*Cnaphalocrocis medinalis* Guenee。别名稻纵卷叶虫,刮青虫,属螟蛾科。是中国水稻产区的主要害虫之一,广泛分布于各稻区。除为害水稻外,还可取食大麦、小麦、甘蔗、粟等作物及稗、李氏禾、雀稗、双穗雀稗、马唐、狗尾草、蟋蟀草、茅草、芦苇等杂草。以幼虫为害水稻,缀叶成纵苞,躲藏其中取食上表皮及叶肉,仅留白色下表皮。苗期受害影响水稻正常生长,甚至枯死;分蘖期至拔节期受害,分蘖减少,植株缩短,生育期推迟;孕穗后特别是抽穗到齐穗期剑叶被害,影响开花结实,空壳率提高,千粒重下降。分布中国、朝鲜、日本、泰国、缅甸、印度、巴基斯坦等。

(一)生物特征

成虫7～9 mm,淡黄褐色,前翅有两条褐色横线,两线间有1条短线,外缘有暗褐色宽带;后翅有两条横线,外缘亦有宽带,见图31(右);雄蛾前翅前缘中部,有闪光而凹陷的"眼点",雌蛾前翅则无"眼点",见图31(左)。

卵长约1 mm,椭圆形,扁平而中部稍隆起,初产白色透明,近孵化时淡黄色,被寄生卵为黑色。

幼虫老熟时长14～19 mm,低龄幼虫绿色,后转黄绿色,成熟幼虫橘红色。蛹长7～10 mm,初黄色,后转褐色,长圆筒形,见图31(右)。

图31　稻纵卷叶螟幼虫(左)和成虫(右)
(戴爱梅 摄)

(二)生活习性

稻纵卷叶螟在中国一年发生1～11代,自北向南逐渐递增。河北、山东北部2～3代,广东南部7～8代,海南岛8～9代。稻显纹纵卷叶螟在四川一年发生4代。越冬情况,因地区而异,在中国可划分为3大区:(1)周年为害区。1月平均气温16℃等温线以南,包括雷州半岛一线以南,冬季有再生稻和落谷稻等食料条件,可终年繁殖,无休眠现象。(2)冬季休眠区。1月平均最高气温7.7℃等温线以南,即30°N以南至大陆南海岸线之间,以幼虫或蛹越冬。其中广东、广西和福建南部,越冬存活率较高;南岭以北的湖南、江西等省,虽有部分虫口在杂草、稻丛等处越冬，但越冬存活率极低。(3)冬季死亡区。1 月平均最高气温 7℃等温线以北，包括湖北、安徽北部、江苏、河南、山东等省，任何虫态都不能安全越冬。

该虫的成虫有趋光性，喜荫蔽和潮湿，且能长距离迁飞。白天栖于荫蔽、高湿的作物田。喜吸食花蜜。成虫羽化后 2 天常选择生长茂密的稻田产卵，历时 3～4 天，卵散产，少数 2～5 粒相连。每雌产卵量 40～70 粒，最多 150 粒以上。产卵位置因水稻生育期而异。卵多产在叶片中脉附近。1 龄幼虫在分蘖期爬入心叶或嫩叶鞘内侧啃食。在孕穗抽穗期，则爬至老虫苞或嫩叶鞘内侧啃食。2 龄幼虫可将叶尖卷成小虫苞，然后叶丝纵卷稻叶形成新的虫苞，幼虫潜藏虫苞内啃食。幼虫蜕皮前，常转移至新叶重新作苞。第 4、5 龄幼虫食量占总取食量 95%左右，为害最大。老熟幼虫在稻丛基部的黄叶或无效分蘖的嫩叶苞中化蛹，有的在稻丛间，少数在老虫苞中。稻显纹纵卷叶螟成虫趋光性不强，卵多产于叶背面。3～5 粒呈鱼鳞状排列，少数单产。幼虫不甚活泼，转叶结苞甚少。老熟幼虫在老虫苞中化蛹。

(三)环境影响

稻纵卷叶螟发生和为害的程度常与下列因素有关：

(1)温、湿度。稻纵卷叶螟生长、发育和繁殖的适宜温度为 22～28℃。适宜相对湿度 80%以上。30℃以上或相对湿度 70%以下，不利于它的活动、产卵和生存。在适温下，湿度和降雨量是影响发生量的一个重要因素，雨量适当，成虫怀卵率大为提高，产下的卵孵化率也较高；少雨干旱时，怀卵率和孵化率显著降低。但雨量过大，特别在盛蛾期或盛孵期连续大雨，对成虫的活动、卵的附着和低龄幼虫的存活率都不利。

(2)种植制度和食料条件。一般是连作稻条件下的发生世代大于间作稻。同时，迁飞状况也与水稻种植制度有关。纵卷叶螟蛾一般是从华南稻区向北迁飞至华中稻区，再从华中稻区向东北迁飞至华东稻区，或从华东向西北迁飞至北方稻区，以及从北方向南方回迁。这样的迁飞行为，除气象因素外，常由不同地区种植制度所决定的食料状况所引起。各地迁飞世代基本上发生于水稻乳熟后期，可以说明这个问题。

(3)天敌。稻纵卷叶螟的天敌种类很多，寄生蜂主要有稻螟赤眼蜂、拟澳洲赤眼蜂、纵卷叶螟绒茧蜂等，捕食性天敌有步甲、隐翅虫、瓢虫、蜘蛛等，均对稻纵卷叶螟有重要的抑制作用。稻纵卷叶螟在各稻区田间种群的为害程度主要取决于水稻种植制度和水稻分蘖期孕穗期与此虫发生期的吻合程度。如在长江中、下游稻区，第 1 代幼虫在 6 月上旬盛发，发生量少，对双季早稻为害甚轻；第 2 代幼虫在 7 月上、中旬盛发，发生量大，就会较重为害双季早稻、一季中稻和早播一季晚稻；第 3 代幼虫于 8 月上、中旬盛发，较重为害迟插一季中、晚稻和连作晚稻；第 4 代于 9 月中旬盛发，则为害迟插一季晚稻和连作晚稻。

(四)防治方法

(1)选用抗虫品种。水稻品种不同受害程度有差异，一般叶质硬肉薄、叶片窄的品种，发生轻。

(2)加强肥水管理。合理施肥，适时烤田，促使水稻生长健壮，适期成熟，防止后期贪青徒长，以减轻为害。

(3)开展生物防治。在发蛾盛期，用松毛虫赤眼蜂、澳洲赤眼蜂进行防治，也可以菌治虫，用杀螟杆菌、青虫菌每克含活孢子 100 亿以上的菌粉，每亩 100～200 g，再加少量洗衣粉(约为农药用量的 1/5)，加水 60～75 kg 喷雾，一般从孵化始盛期开始每隔 4～5 天用药一次，共 2～

3 次。

(4)药剂防治。抓住时机,适时用药。一般于蛾高峰日后 5～7 天或 2 龄幼虫高峰期施药防治。常用药剂有:阿维菌素、阿维氟铃脲复配,2.8%阿维＋3%氟铃脲(金标)施药时间以早晨、傍晚为好,阴天全天均可,如细雨天用药应提高农药浓度。注意安全用药,防止人、畜中毒。

二、稻飞虱

又称稻虱、蠓虫子、火蠓虫等,是水稻上的主要害虫。昆虫纲同翅目(Homoptera)飞虱科(Delphacidae)害虫。以刺吸植株汁液为害水稻等作物。稻飞虱种类很多,但在北方稻区造成水稻损失的主要有褐飞虱 *Nilaparvata lugens* Stal、白背飞虱 *Sogatella furcifera* (Horvath)、灰飞虱 *Laodelphax striatellus* (Fallen)三种。为害较重的是褐飞虱和白背飞虱,早稻前期以白背飞虱为主,后期以褐飞虱为主;中晚稻以褐飞虱为主。灰飞虱很少直接成灾,但能传播稻、麦、玉米等作物的病毒。我国北方,长江流域以南各省(区)发生较多。朝鲜、日本南亚次大陆和东南亚,也有发生。褐飞虱在我国北方各稻区均有分布;长江流域以南各省(自治区)发生较烈。白背飞虱分布范围大体相同,以长江流域发生较多。这两种飞虱还分布于日本、朝鲜、南亚次大陆和东南亚。灰飞虱以华北、华东和华中稻区发生较多;也见于日本、朝鲜。3 种稻飞虱都喜在水稻上取食、繁殖。褐飞虱能在野生稻上发生,多认为是专食性害虫。白背飞虱和灰飞虱则除水稻外,还取食小麦、高粱、玉米等其他作物。

(一)为害症状

稻飞虱均以成虫、若虫群集于稻丛下部,以刺吸式口器刺进水稻叶鞘和茎秆吸食汁液。水稻分蘖期受害,茎秆上出现不规则长形棕褐色斑点,严重时逐渐变黑,整株枯死。水稻孕穗期、抽穗期受害,叶片变黄,稻株矮小,茎秆黑而臭,不抽穗或抽出的穗呈褐色,籽粒空秕率高,甚至成为半枯穗或白穗。水稻乳熟期受害,叶灰,茎烂,形成不实穗,甚至成片倒伏枯死。为害严重时,稻丛基部变黑,整株枯萎倒伏,田间出现“黄塘”“冒穿”,逐渐扩大成片,造成全田枯荒,导致严重减产或失收。灰飞虱还可传播水稻条纹叶枯病、黑条矮缩病等病毒病。

(二)生物特征

稻飞虱的虫体很小,成虫有短翅型和长翅型两类,善飞跳。长翅型的前翅长度超过体长,短翅型的前翅是体长的一半左右。若虫共 5 龄(图 32)。

图 32　稻飞虱成虫
(戴爱梅 摄)

褐飞虱:长翅型成虫体长 3.6～4.8 mm,短翅型 2.5～4 mm。深色型头顶至前胸、中胸背板暗褐色,有 3 条纵隆起线,浅色型体黄褐色。卵呈香蕉状,卵块排列不整齐。老龄若虫体长 3.2mm,体灰白至黄褐色。

白背飞虱:长翅型成虫体长 3.8～4.5 mm,短翅型 2.5～3.5 mm,头顶稍突出,前胸背板黄白色,中胸背板中央黄白色,两侧黑褐色。卵长椭圆形稍弯曲,卵块排列不整齐。老龄若虫体长 2.9mm,淡灰褐色。

灰飞虱:长翅型成虫体长 3.5～4.0 mm,短翅型 2.3～2.5 mm,头顶与前胸背板黄色,中胸背板雄虫黑色,雌虫中部淡黄色，两侧暗褐色。卵长椭圆形稍弯曲。老龄若虫体长 2.7～3.0 mm，深灰褐色。

（三）生活习性

褐飞虱在各地的发生代数，不同地区存有差异。山东省每年约发生 3～4 代。褐飞虱在北方稻区不能越冬，越冬北界约在 25°N 左右。褐飞虱具有迁飞习性，3 月下旬至 5 月，随西南气流从中南半岛迁入两广南部，在该地区早稻上繁殖 2～3 代，于 6 月间早稻黄熟时产生大量长翅型成虫向北迁飞，主要降于南岭；7 月中、下旬从南岭迁入长江流域及其以北地区。9 月中、下旬至 10 月上旬我国北部中稻黄熟收获时，又产生大量长翅型成虫，随东北气流向南回迁。褐飞虱趋嫩绿喜阴湿，长翅型成虫趋光性强。雌虫在下午或夜间产卵，抽穗前多产于叶鞘组织内，抽穗后则多产于叶片基部中脉组织内，具有很强的繁殖力，每头雌虫产卵 300～700 粒。水稻乳熟期至蜡熟期虫口密度最高，是水稻受害的主要时期。水稻密度过大，长期深水，氮肥施用过多，导致水稻生长茂密嫩绿，茎叶徒长，后期贪青，田间郁闭，小气候荫凉多湿，有利于褐飞虱发生为害。

白背飞虱在山东省一年约发生 4～5 代。以卵在南方水稻自生苗、晚稻残株及游草上越冬，其越冬北界为 26°N 左右。初期虫源也认为是从热带迁飞而来。白背飞虱和褐飞虱生长为害时期不同，一般白背飞虱 7 月下旬、8 月上旬盛发，为害水稻分蘖至拔节、孕穗期；褐飞虱 8 月下旬、9 月上旬盛发，为害水稻抽穗至灌浆、乳熟期。白背飞虱的为害习性与褐飞虱相似。雌虫每头平均产卵 85 粒，每处 6～7 粒，成单行排列，卵产于寄主组织表皮之下，除在水稻上产卵外，也喜在稗草上产卵。

灰飞虱在北方稻区一年发生 4～5 代，以若虫在稻根、枯叶下及土缝内越冬。主要为害秧苗和分蘖期的稻苗，是水稻条纹叶枯病的主要传毒媒介。

（四）防治方法

（1）农业防治

①选育抗虫良种。

②加强栽培管理。合理密植，注意氮、磷、钾肥合理使用，浅水勤灌，适时烤田，防止长期深水，促进稻株生长，达到抑虫增产的目的。

（2）保护天敌

稻飞虱的天敌种类很多，如黑肩绿盲蝽、蜘蛛类等，通过保护利用天敌，对控制害虫为害有重要作用。如推广稻田放鸭食虫，对防治稻飞虱有显著效果。

（3）药剂防治

根据田间虫情调查，狠抓早发田和虫源中心的挑治。目前采用的药剂有：25%扑虱灵可湿性粉剂每亩用 25～30 g 兑水 50～60 kg 喷雾，该药剂防治稻飞虱有特效，而且对天敌安全，但见效慢，用药 3～5 天后若虫才大量死亡，因此应在低龄若虫始盛期用药，如田间成虫量大，可与叶蝉散等混用；也可用 10%叶蝉散可湿性粉剂每亩 200～250 g，或用 25%速灭威可湿性粉剂每亩 100～150 g，或 40%氧化乐果乳油每亩 100～150 g，兑水 50～60 kg 均匀喷施，也可用 70%艾美乐水分散粒剂，每亩 0.5～1 g，兑水 15～30 kg 喷雾。也可在田水放干时，每亩用 80%敌敌畏乳油 150～200 g 拌细土 20 kg，均匀撒施。

三、二化螟

拉丁学名：*Chilo suppressalis*（Walker）。属鳞翅目，螟蛾科，俗名钻心虫，蛀心虫、蛀秆虫、截虫、白穗虫等，是我国水稻上为害最为严重的常发性害虫之一。近年来发生数量呈明显上升的态势。在分蘖期受害造成枯鞘、枯心苗，在穗期受害造成虫伤株和白穗，一般年份减产3%～5%，严重时减产在3成以上。二化螟除为害水稻外，还能为害茭白、玉米、高粱、甘蔗、油菜、蚕豆、麦类以及芦苇、稗、李氏禾等杂草。国内各稻区均有分布，较三化螟和大螟分布广，但主要以长江流域及以南稻区发生较重，在我国分布北达黑龙江克山县，南至海南岛。

（一）为害症状

水稻自苗期至成熟期都可遭受二化螟的为害。为害症状因水稻生育期不同而有差异。初孵幼虫先群集于水稻叶鞘内为害，蛀食叶鞘内部组织，被害叶鞘成水渍状枯黄，形成枯鞘；2龄后幼虫蛀入稻株内部食害，在分蘖期咬断稻心，造成枯心苗；孕穗期为害造成枯孕穗；抽穗期为害造成白穗；乳熟期至成熟期为害造成虫伤株，虫伤株与健株外表无明显差异，但千粒重下降，造成大量秕谷，影响产量。3龄以后食量增大，可转株为害，严重时一头幼虫能为害8～10株水稻。

（二）生物特征

成虫雄蛾体长10～12 mm，翅展20～25 mm。头、胸背面淡灰色。前翅近长方形，黄褐色或灰褐色，翅面散布褐色小点，外缘有小黑点7个；后翅白色，近外缘渐带淡黄褐色。雌蛾体长12～15 mm，翅展25～31 mm，头、胸部黄褐色，前翅黄褐色或淡黄褐色，翅面褐色小点少，外缘也有7个小黑点，后翅白色，有绢丝状反光。

卵扁平，椭圆形，初产时乳白色，后渐变为乳黄色、黄褐色、灰黑色。卵块多呈长椭圆形，由数粒至数百粒卵组成，排列呈鱼鳞状。幼虫有5～8龄，一般为6龄。

初孵幼虫淡褐色，头为淡黄色，背部有5条棕色纵线，以后棕色纵线渐次明显，老熟幼虫体长24～27 mm，淡褐色，体背5条纵线为褐色。蛹长11～17 mm，圆筒形，初为淡黄色，腹部背面可见5条纵绒，后变为棕褐色，纵线渐渐不明显。

（三）生活习性

一年发生1～5代。以幼虫在稻草、稻桩及其他寄主植物根茎、茎秆中越冬。越冬幼虫在春季化蛹羽化。由于越冬场所不同，一代蛾发生极不整齐。螟蛾有趋光性和喜欢在叶宽、秆粗及生长嫩绿的稻田里产卵，苗期时多产在叶片上，圆秆拔节后大多产在叶鞘上。初孵幼虫先侵入叶鞘集中为害，造成枯鞘，到2～3龄后蛀入茎秆，造成枯心，白穗和虫伤株。初孵幼虫，在苗期水稻上一般分散或几条幼虫集中为害；在大的稻株上，一般先集中为害，数十至百余条幼虫集中在一稻株叶鞘内，至三龄幼虫后才转株为害。二化螟幼虫生活力强，食性广，耐干旱、潮湿和低温等恶劣环境，故越冬死亡率低。天敌对二化螟的数量消长起到一定抑制作用。尤以卵寄生蜂更为重要，应注意保护利用。

二化螟在山东省一年发生二代，以4～6龄幼虫在稻茬、稻草及杂草中越冬。越冬成虫5月中、下旬至6月初出现，白天潜伏在稻丛或杂草丛隐蔽处，夜晚活动，有明显的趋光趋嫩性。雌虫羽化后即能交配，1～2天后开始产卵，3～5天达到产卵高峰。雌虫喜欢在秆高、茎粗、叶片宽大、叶色浓绿的稻田产卵，在苗期卵产在叶片上部，圆杆后多产于离水面6～8cm处的叶鞘上，后卵孵化出幼虫进行为害。一代幼虫出现在6月中、下旬，而后钻入靠近水面的苗茎和叶鞘为害，造成枯鞘、枯心苗，一代成虫发生在7月底8月初。二代幼虫8月上旬开始发生，钻进稻茎为害，造成枯孕穗、白穗或虫伤株。二化螟一般多在施氮肥过多或追肥过晚、稻株徒长和靠近芦苇的稻田为害较重。温湿度对卵的孵化影响较大，一般温度 23～26℃，相对湿度 86%～93%时，最有利于孵化。7、8 月多雨、潮湿、温度偏低或田间荫蔽，二化螟为害重；反之，干旱少雨、夏季气温高，不利于二化螟发生。

(四)防治方法

(1)做好发生期、发生量和发生程度预测。

(2)农业防治，合理安排冬作物，晚熟小麦、大麦、油菜、留种绿肥要注意安排在虫源少的晚稻田中，可减少越冬的基数。对稻草中含虫多的要及早处理，也可把基部 10～15 cm 先切除烧毁。灌水杀蛹，即在二化螟初蛹期采用烤、搁田或灌浅水，以降低化蛹的部位，进入化蛹高峰期时，突然灌深水 10 cm 以上，经 3～4 天，大部分老熟幼虫和蛹会被灌死。

(3)选育、种植耐水稻螟虫的品种，根据种群动态模型用药防治。在二化螟一代多发型地区，要做到狠治 1 代；在 1～3 代为害重地区，采取狠治 1 代，挑治 2 代，巧治 3 代原则。枯鞘丛率 5%～8%或早稻每亩有中心为害株 100 株或丛害率 1%～1.5%或晚稻为害团高于 100 个时，每亩应马上用 80%杀虫单粉剂 35～40 g 或 25%杀虫双水剂 200～250 mL、50%杀螟松乳油 50～100 mL、90%晶体敌百虫 100～200 g 兑水 75～100 kg 喷雾、喷洒 1.8%农家乐乳剂(阿维菌素 B1)3000～4000 倍液、42%特力克乳油 2000 倍液。也可选用 5%锐劲特胶悬剂 30 mL或 20%三唑磷乳油 100 mL，兑水 50～75 kg 喷雾或兑水 200～250 kg 泼浇。也可兑水 400 kg 进行大水量泼浇，此外还可用 25%杀虫双水剂 200～250 mL 或 5%杀虫双颗粒剂 1～1.5 kg 拌湿润细干土 20 kg 制成药土，撒施在稻苗上，保持 3～5 cm 浅水层持续 3～5 天可提高防效。此外把杀虫双制成大粒剂，改过去常规喷雾为浸秧田，采用带药漂浮载体防治法能提高防效。杀虫双防治二化螟还可兼治大螟、三化螟、稻纵卷叶螟等，对大龄幼虫杀伤力高、施药适期弹性大，但要注意防止家蚕中毒。

四、三化螟

拉丁学名：*Tryporyza incertulas* (walker)，鳞翅目(Lepidoptera)螟蛾科(Pyralidae)昆虫，是亚洲热带至温带南部的重要稻虫。国外分布于南亚次大陆，东南亚和日本南部。国内发生于长江以南大部稻区，为害严重。三化螟在我国南方发生代数比北方多：海南岛一年 6 代，华中和四川盆地 4 代，陕西、河南 3 代，云贵高原 2 代。

(一)为害症状

它食性单一，专食水稻，以幼虫蛀茎为害，幼虫蛀食稻茎秆，苗期至拔节期可导致枯心，孕穗至抽穗期可导致“枯孕穗”或“白穗”，以致颗粒无收。我国利用天敌、药剂并结合农业防治方法，消灭三化螟颇有成效。

(二)生物特征

三化螟成虫雌雄的颜色和斑纹皆不同。雄蛾头、胸和前翅灰褐色，下唇须很长，向前突出。腹部上下两面灰色。雌蛾前翅黄色，中翅下角有一个黑点，后翅白色，靠近外缘带淡黄色，腹部末端有黄褐色成束的鳞毛。雄蛾前翅中室前端有一个小黑点，从翅顶到翅后缘有一条黑褐色斜线，外缘有 8～9 个黑点。后翅白色，外缘部分略带淡褐色。

成虫体长 9～13 mm，翅展 23～28 mm。雌蛾前翅为近三角形，淡黄白色，翅中央有一明显黑点，腹部末端有一丛黄褐色茸毛；雄蛾前翅淡灰褐色，翅中央有一较小的黑点，由翅顶角斜向中央有一条暗褐色斜纹。

卵长椭圆形，密集成块，每块几十至一百多粒，卵块上覆盖着褐色绒毛，像半粒发霉的大豆。

幼虫 4～5 龄。初孵时灰黑色，胸腹部交接处有一白色环。老熟时长 14～21 mm，头淡黄褐色，身体淡黄绿色或黄白色，从 3 龄起，背中线清晰可见。腹足较退化。

蛹黄绿色，羽化前金黄色(雌)或银灰色(雄)，雄蛹后足伸达第七腹节或稍超过，雌蛹后足伸达第六腹节。

(三)生活习性

三化螟因在江浙一带每年发生 3 代而得名，但在广东等地可发生 5 代。以老熟幼虫在稻桩内越冬，春季气温达 16℃时，化蛹羽化飞往稻田产卵。在安徽每年发生 3～4 代，各代幼虫发生期和为害情况大致为：第一代在 6 月上中旬，为害早稻和早中稻造成枯心；第二代在 7 月为害单季晚稻和迟中稻造成枯心，为害早稻和早中稻造成白穗；第三代在 8 月上中旬至 9 月上旬为害双季晚稻造成枯心，为害迟中稻和单季晚稻造成白穗；第四代在 9、10 月，为害双季晚稻造成白穗。

螟蛾夜晚活动，趋光性强，特别在闷热无月光的黑夜会大量扑灯，产卵具有趋嫩绿习性，水稻处于分蘖期或孕穗期，或施氮肥多，长相嫩绿的稻田，卵块密度高。刚孵出的幼虫称蚁螟，从孵化到钻入稻茎内需 30～50 分钟。蚁螟蛀入稻茎的难易及存活率与水稻生育期有密切的关系：水稻分蘖期，稻株柔嫩，蚁螟很易从近水面的茎基部蛀入，还有，孕穗期稻穗外只有 1 层叶鞘；孕穗末期，当剑叶叶鞘裂开，露出稻穗时，蚁螟极易侵入，其他生育期蚁螟蛀入率很低。因此，分蘖期和孕穗至破口露穗期这两个生育期，是水稻受螟害的“危险生育期”。

被害的稻株，多为 1 株 1 头幼虫，每头幼虫多转株 1～3 次，以 3、4 龄幼虫为盛。幼虫一般 4 或 5 龄，老熟后在稻茎内下移至基部化蛹。

就栽培制度而言，纯双季稻区比多种稻混栽区螟害发生重；而在栽培技术上，基肥足，水稻健壮，抽穗迅速、整齐的稻田螟害轻；追肥过迟和偏施氮肥，水稻徒长，螟害重。

春季，在越冬幼虫化蛹期间，如经常阴雨，稻桩内幼虫因窒息或冈微生物寄生而大量死亡。温度 24～29℃、相对湿度 90％以上，有利于蚁螟的孵化和侵入为害，超过 40℃，蚁螟大量死亡，相对湿度 60％以下，蚁螟不能孵化。

(四)防治

(1)农业防治

①齐泥割稻、锄劈或拾毁冬作田的外露稻桩；

②春耕灌水，淹没稻桩 10 天；

③选择螟害轻的稻田或旱地作绿肥留种田；

④减少水稻混栽，选用良种，调整播期，使水稻“危险生育期”避开蚁螟孵化盛期；

⑤提高种子纯度，合理施肥和水浆管理。

(2)化学防治

①防治“枯心”：每亩有卵块或枯心团超过 120 个的田块，可防治 1～2 次；60 个以下可挑治枯心团。防治 1 次，应在蚁螟孵化盛期用药；防治 2 次，在孵化始盛期开始，5～7 天再施药 1 次。

②防治“白穗”：在蚁螟盛孵期内，破口期是防治白穗的最好时期。破口5%～10%时，施药1次，若虫量大，再增加1～2次施药，间隔5天。

③常用药剂：可用3.6%杀虫单颗粒剂，每亩4 kg撒施；或用20%三唑磷乳油，每亩100 mL，加水75 kg喷雾；或用50%杀螟松乳油，每亩100 mL，加水75 kg喷雾。

④甲氨基阿维菌素苯甲酸盐（0.57%）＋氯氰，毒死蜱，每亩25 mL，加水30 kg喷雾。

（3）生物防治

三化螟的天敌种类很多，寄生性的有稻螟赤眼蜂、黑卵蜂和啮小蜂等，捕食性天敌有蜘蛛、青蛙、隐翅虫等。病原微生物如白僵菌等是早春引起幼虫死亡的重要因子。对这些天敌，都应实施保护利用，还可使用生物农药bt、白僵菌等。

五、中华稻蝗

拉丁学名：*Oxya chinensis* Thunberg。俗称油蚂蚱。除为害水稻外，还为害玉米、麦类、甘薯、高粱、芦苇等多种作物和杂草，是水稻的主要害虫之一。在国内大部分地区都有分布，主要为害水稻、玉米、高粱、麦类、甘蔗和豆类等多种农作物。蝗科共约9000种，我国已记载300余种，其中稻蝗属共约20种。我国报道约10种，以中华稻蝗分布为最广，北起黑龙江，南至广东，尤其南方十分常见。多栖息在各种植物的茎叶上。

（一）为害症状

成虫、若虫均食害水稻叶片，轻者吃成不规则的缺刻状，重的整叶被吃光；咬断茎秆和幼芽。水稻被害叶片成缺刻，严重时稻叶被吃光，也能咬坏穗颈和乳熟的谷粒。在水稻抽穗成熟期为害，咬断枝梗、啃食谷粒，造成白穗和秕粒，影响产量。

（二）生物特征

成虫体长36～44 mm，体色多为黄绿色、褐绿色或背黄身绿。复眼灰褐色。触角鞭状、褐色。从复眼到前胸背板后缘两侧各有一条黑褐色纵带。

卵深黄色，长约3.5 mm，宽1 mm，长圆筒形，中央略弯，两端钝圆。在卵囊内斜排成不整齐的2行，卵粒间充满胶质，卵囊褐色，呈茄形或梨形。

若虫6龄，外形象成虫，无翅，黄绿色，背面色淡。到3龄时，长出翅芽。

（三）生活习性

中华稻蝗一年发生2代。第一代成虫出现于6月上旬，第二代成虫出现于9月上、中旬。以卵在稻田田埂及其附近荒草地的土中越冬。越冬卵于翌年3月下旬至清明前孵化，1～2龄若虫多集中在田埂或路边杂草上；3龄开始趋向稻田，取食稻叶，食量渐增；4龄起食量大增，且能咬茎和谷粒，至成虫时食量最大。6月出现的第一代成虫，在稻田取食的多产卵于稻叶上，常把两片或数片叶胶粘在一起，于叶苞内结黄褐色卵囊，产卵于卵囊中；若产卵于土中时，常选择低湿、有草丛、向阳、土质较松的田间草地或田埂等处造卵囊产卵，卵囊入土深度为2～3cm。第二代成虫于9月中旬为羽化盛期，10月中产卵越冬。

中华稻蝗在山东省一年发生一代，以卵在土壤表层1～3 cm深处越冬。蝗蝻孵化出土期年度间有差异，正常年份5月中旬开始孵化，暖春年份4月底5月初即可查到初孵蝗蝻，冷春年份孵化出土期可推迟到5月中旬或下旬初。蝗蝻孵化出土期较集中，同一生态环境4～5天即可全部孵化，盛期多在5月下旬，5月底6月初为末期。6月中旬为2～3龄盛期，主要聚集于稻田地边、田旁等处取食杂草。3 龄后迁到稻田为害水稻。7 月中旬至 7 月下旬为 4～5 龄盛期，8 月上旬进入 6 龄盛期。成虫始见于 7 月中旬，8 月上中旬为高峰期。9 月中旬至 10 月初成虫多集中在稻田埂及沟边等特殊环境取食产卵。秋播小麦出苗后又陆续转移到早播麦田为害小麦，10 月下旬始陆续死亡，全生育期 150 天左右。在稻蝗一生中，幼龄食量小，五龄食量大增，至成虫时食量最大。温湿度对稻蝗的发生影响较大。气温 15℃以上时，蝗蝻开始孵化出土，气温上升到 20℃，越冬卵大量孵化，达到出土盛期，蝗蝻活动的适温为 25℃左右。土壤含水量 20%～40%，孵化率为 70%～80%。土壤含水量低或含水量 60%以上时，卵常因干燥或水渍而死亡。

（四）防治方法

（1）农业防治。中华稻蝗卵多产于田埂、地边、渠旁，可通过铲埂、整修田埂，消灭越冬虫卵。结合积肥铲除杂草，或春耕灌水时打捞稻田浮渣，消灭蝗卵。

（2）人工捕杀。在蝗蝻 3 龄前，集中在稻田边、渠旁等特殊环境，用捕虫网捕杀。

（3）保护天敌，进行生物防治。青蛙、蟾蜍、蜘蛛、蚂蚁、寄生蝇等是稻蝗的天敌，严禁捕杀青蛙等天敌。也可放鸭捕食若虫。

（4）药剂防治。抓住 3 龄前集中连片用药。3 龄后迁入大田，根据田间调查，凡百墩有虫 9 头以上的地块应再防治一次。可选用以下药剂：每亩用 25%杀虫双水剂 100 g，或 50%辛硫磷乳油 50～75 g，或 50%甲胺磷乳油 50 g，或 40%氧化乐果乳油 50 g，兑水 50 kg 喷雾。

六、稻蓟马

见第六章第二十一节稻蓟马。

七、直纹稻苞虫

拉丁学名：*Parnara guttata* Bremer et Grey。又称稻弄蝶、直纹稻弄蝶，俗称结苞虫、苞叶虫、搭棚虫等，我国各稻区均有分布。主要为害水稻，也为害多种禾本科杂草。幼虫吐丝缀叶成苞，并蚕食，轻则造成缺刻，重则吃光叶片。严重发生时，可将全田，甚至成片稻田的稻叶吃完。

（一）为害症状

1～2 龄幼虫多在叶尖或叶边缘纵卷成单叶虫苞，3 龄后吐丝卷结数片乃至 10 余片叶成苞，白天在苞内蚕食苞叶，晚上或雨天爬至苞外吃其他叶片，一苞的叶片吃光或受惊后逃跑，可重新结苞为害。老熟幼虫在稻丛基部结溥茧化蛹，或在苞内、土缝中化蛹。

早期为害造成白穗减产，晚期为害大量吞噬绿叶，造成绿叶面积锐减，稻谷灌浆不充分，千粒重低，严重减产，更为严重的是由于稻苞虫为害，导致稻粒黑粉病剧增，收获的稻谷中带病谷粒多，加工时黑粉不易去除，直接影响稻米质量，造成经济损失，威胁消费者的身体健康。除水稻外，尚食害甘蔗、玉米、麦类、茭白等作物，并能在游草、芦苇、稗等多种杂草上取食存活。抽穗前为害，使稻穗卷曲，无法抽出，或被曲折，不能开花结实，严重影响产量。直纹稻苞虫属鳞翅目，弄蝶科。在我国除西北地区外，遍及各稻区，以淮河流域以南发生普遍。寄主有水稻、茭白、稗、游草、芦苇等。幼虫吐丝缀连水稻数张叶片成苞，躲在内蚕食叶片，严重时，可将稻叶吃尽，还常使稻穗不能伸出。

（二）生物特征

稻苞虫翅正面褐色，前翅具半透明白斑 7～8 个，排列成半环状；后翅中央有 4 个白色透明斑，排列成一直线。翅反面色淡，被有黄粉，斑纹和翅正面相似。雄蝶中室端 2 个斑大小基本一致，而雌蝶上方 1 个长大，下方 1 个多退化成小点或消失。

成虫体长 16～20 mm，翅展 36～40 mm。体翅黑褐色，有金黄色光泽。前翅有 7～8 枚排成半环状的白斑，后翅有 4 个白斑，呈"一"字形排列。

卵半球形，直径约 1 mm，顶端平，中间稍下凹，表面有六角形刻纹。初产时淡绿色，后变褐色，快孵化时为紫黑色。

幼虫老熟时体长 30～40 mm。头大，正面有"w"形黑褐色形纹，胴部第 1、2 节细小似颈，中段肥大，末端又细小，故虫体略呈纺锤形。

蛹体长 25 mm，近圆筒形，腹面淡黄白色，背面淡褐色，快羽化时腹背均变为紫黑色，第 5、6 腹节腹面中央有 1 个倒八字形褐纹。

（三）生活习性

直纹稻苞虫在我国每年发生 2～8 代，安徽等省每年发生 4～5 代，以幼虫在田边、沟边、湖边的芦苇、游草及茭白遗株上越冬，4 月羽化，第一、二代虫量少，对水稻为害不大，第三代幼虫在 7、8 月为害中稻和单晚，8、9 月第 4 代幼虫为害双晚，常以 4 代幼虫越冬，秋季气温高的年份，可发生 5 代，以第 5 代幼虫越冬。

成虫白天活动，喜在芝麻、南瓜、棉花、千日红等植物上吸食花蜜，故可根据这些植物上的成虫数量预测下代幼虫发生程度。卵散产，在水稻上以叶背近中脉处为多；在叶色浓绿、生长茂盛的分蘖期稻田里产卵量大。幼虫共五龄。一、二龄在靠近叶尖的边缘咬一缺刻，再吐丝将叶缘卷成小苞，自三龄起所缀叶片增多，一般为 2～8 张叶片缀成一苞。一头可吃去 10 多片稻叶，4 龄后食量大增，取食量为一生的 93%以上，故应在 3 龄盛期前防治。老熟幼虫在苞内化蛹，蛹苞两端紧密，呈纺锤形。该虫为间歇性猖獗的害虫，其大发生的气候条件是适温 24～30℃，相对湿度 75%以上。在 6、7 月，雨量和雨日数多，尤其是"时晴时雨，吹东南风、下白昼雨"可作为大发生的预兆；高温干燥天气则不利其发生。在山区或水稻与芝麻、棉花等作物交替种植的地区，蜜源充裕，稻苞虫发生严重。在卵期，寄生蜂作用大，重要的有稻螟赤眼蜂、拟澳洲赤眼蜂等；幼虫期重要天敌有螟蛉绒茧蜂、螟蛉瘦姬蜂等。捕食性天敌有多种蜘蛛、步甲等。

（四）发生规律

南方稻区幼虫通常在避风向阳的田、沟边、塘边及湖泊浅滩、低湿草地等处的李氏禾及其他禾本科杂草上越冬，或在晚稻禾丛间或再生稻下部根丛间、茭白叶鞘间越冬。成虫昼出夜伏，白天常在各种花上吸蜜，卵散产在稻叶上。所以，在山区稻田、新稻区、稻棉间作区或湖滨区大量发生，为害较重。

直纹稻苞虫在广东、海南、广西 1 年发生 6～8 代；长江以南，南岭以北如湖北、江西、湖南、四川、云南 1 年发生 5～6 代；长江以北 1 年发生 4－5 代；黄河以北 1 年发生 3 代；辽宁 1 年发生 2 代。湖南、江西、四川、贵州、湖北等地的一季中稻区，稻苞虫的主害时期在 6 月下旬到 7 月，尤其对山区中稻为害较重。在湖滨地区的一季晚稻也常会遭受较大面积的为害。

(五)防治方法

稻苞虫是水稻上一种食叶害虫，一般在山区、半山区、滨湖地区、新垦稻区、旱改水地区，常间歇发生成灾。幼虫为害水稻，缀叶成苞，蚕食稻叶，减少稻株光合作用面积，使植株矮小，穗短粒小或不实。据调查，稻苞虫在很多乡镇均有发生，大面积呈轻发生态势，还有个别村社发生严重，因此，要积极防治。

(1)冬春季成虫羽化前，结合积肥，铲除田边、沟边、积水塘边的杂草，以消灭越冬虫源。

(2)药剂防治。稻苞虫在田间的发生分布很不平衡，应做好测报，掌握在幼虫3龄以前，抓住重点田块进行药剂防治。在稻苞虫经常猖獗的地区内，要设立成虫观测圃(如千日红花圃)预测防治适期。在成虫出现高峰后2～4天是田间产卵高峰；10～14天是田间幼虫出现盛期。在成虫高峰后7～10天，检查田间虫龄，决定防治日期。防治指标：一般在分蘖期每百丛稻株有虫5头以上，圆秆期10头以上的稻田需要防治。可选用下列药剂：每亩用甲敌粉(1.5%甲基1605混3%敌百虫粉剂)2～2.5 kg，拌干细土25 kg，或拌干草木灰5 kg(随拌随用)，在晨露未干时撒施。或用2.5%溴氰菊酯乳油或20%速灭杀丁乳油5000～8000倍液，或用50%杀螟松800倍液，或10%多来宝1500倍液，或90%敌百虫结晶800～1000倍液，或50%杀螟硫磷800～1000倍液喷雾。也可以每亩用杀螟杆菌菌粉(每克含活孢子100亿以上)100 g加洗衣粉100 g兑水100 kg喷雾。

(3)在幼虫为害初期，可摘除虫苞或水稻孕穗前采用梳、拍、捏等方法杀虫苞。一般防治螟虫、稻纵卷叶螟的农药，对此虫也有效，故常可兼治。若发生量较大，需单独防治时，对3龄前幼虫，每亩每次可用18%杀虫双水剂100～150 g喷雾，或用2.5%甲敌粉2～2.5 kg喷粉；3龄后幼虫，可用90%敌百虫100～150 g，或50%杀螟松乳油100 g，或50%辛硫磷100 g加水50～60升喷雾。也可用B.t.乳剂每亩200 g兑水50升喷雾防治。由于稻苞虫晚上取食或换苞，故在下午4点以后施药效果较好。施药其内，田间最好留有浅水层。

(4)根据目前各省(区、市)水稻病虫害发生情况，在选用锐劲特、毒死蜱或杀虫单防治稻纵卷叶螟和二化螟时兼治稻苞虫。若发生量较大，需单独防治时，对3龄前幼虫，每亩每次可用18%杀虫双水剂100～150 g喷雾，或用2.5%甲敌粉2～2.5 kg喷粉；3龄后幼虫，可用90%敌百虫100～150 g。

八、稻潜叶蝇

拉丁学名：*Hydrellia griseola* (Fallen)，属双翅目，水蝇科。分布东北、华北、浙江等地。寄主为水稻及某些禾本科杂草。

(一)为害症状

幼虫潜食叶肉，致稻叶变黄干枯或腐烂，严重时全株枯死。

(二)生物特征

成虫体长2～3 mm，青灰色。触角黑色，第3节扁平，近椭圆形，具粗长的触角芒1根，芒的一侧具小短毛5根；前缘脉有两处断开，无臀室。足灰黑色，中、后足第1跗节基部黄褐色。

卵长椭圆形，乳白色，上生细纵纹。

末龄幼虫体长3～4 mm，圆筒形略扁平，乳白色至乳黄色，尾端具黑褐色气门突起两个。

蛹长3.6 mm左右，黄褐色，尾端具黑色气门突起两个。

(三)生活习性

东北年生 4～5 代,以成虫在水沟边杂草上越冬,翌春多先在田边杂草中繁殖 1 代。秧田揭膜后 1 代成虫可在秧田稻叶上产卵,在田水深灌条件下,卵散产在下垂或平伏水面的叶尖上,生产上深灌或秧苗生长瘦弱时为害较重。从水稻秧田揭膜开始至插秧缓苗期是为害主要时期。水稻缓苗后植株已发育健壮,已不再受害,又飞到杂草上繁殖。

(四)防治方法

农业防治:在冬春季清除田边、沟边、低湿地的禾本科杂草,减少虫源,从而减轻水稻的为害。培育壮秧;浅水勤灌。

化学防治:重点是早稻秧苗和早播早插生长嫩绿的小苗早稻。

九、稻根叶甲

拉丁学名:*Donacia provosti* Fairmaire 又名稻根金花虫,国内分布广泛。属鞘翅目,叶甲科。

(一)为害症状

幼虫集中在水稻根部咬食须根,被害稻株生长缓慢,根部发黑,稻叶发黄,有效分蘖及穗粒均显著减少,严重时全株枯死,受害稻株轻拔即起,同时可找到大量幼虫和蛹附于稻根上。除为害水稻外,亦可取食稗、游草、莲、长叶泽泻、矮慈菇、鸭舌草和眼子菜等多种水生植物,其中眼子菜更是它的重要野生寄主。

(二)生物特征

成虫体长约 6 mm,体背面及触角绿褐色而具金属光泽,腹面有密厚的银色毛。各足腿节的下半部膨大,后足腿节近端部有 1 齿状刺。鞘翅上有多条由刻点组成的平行纵沟。

卵产成块,上盖有白色透明的胶状物。卵粒长椭圆形,稍扁平,长约 0.8 mm,初乳白色,后变淡黄色。

幼虫体长约 9 mm,纺锤形,白色稍弯曲,胸足 3 对甚小,腹末有 1 对褐色爪状尾钩(呼吸钩)。

裸蛹长约 7 mm,初为黄白色,后变褐色,蛹藏在红褐色的茧内。

(三)生活习性

稻根叶甲在广东一年发生 1 代,以幼虫在土中 18～25 cm 深处越冬。当春季土壤温度稳定在 18℃以上时,越冬幼虫上升到土表层 4～6 cm 处开始活动,取食水稻和杂草的根部,幼虫老熟后即在稻根或其他野生寄主植物的根部化蛹。每年 5 月下旬至 6 月中旬在稻田发现成虫,至 7 月初仍见其交尾产卵。成虫行动活泼,稍受惊动,即飞它处。具假死性。能吃稻叶,但最喜取食眼子菜,其次是长叶泽泻、鸭舌草、游草等,常被吃成小孔或吃去叶肉。喜产卵于眼子菜叶背面,也有少量卵产于稻叶或其他杂草上。卵块常由 10～20 余粒卵排成 2～3 行,每雌平均产卵 130 粒左右。卵期 7～8 天,初孵幼虫 2～3 天后沿植株的地下茎钻入泥土中,幼虫食害稻株的须根,并以尾端的小钩插入稻根中吸收空气。稻根叶甲主要发生在常年积水、水草滋生的稻田中,它对生活环境的主要要求是常年积水,有眼子菜杂生的田类。

(四)防治措施

(1)冬季排干田水,使土面干裂,可杀死越冬幼虫。

(2)彻底清除田间眼子菜等杂草，消灭中间寄主。每亩可用25%敌草隆75 g，拌细土20 kg于晴天撒施，田水保持在3 cm左右，经7～8天后，眼子菜叶子开始腐烂死亡，药效可保持半个月。

(3)插秧前，结合最后一次耙田，每亩用50%辛硫磷乳油250 g，拌湿润细土20～25 kg，施入田中或茶子饼(茶麸)粉20 kg撒入田内杀死幼虫。

(4)成虫盛发期，每亩用30%乙酰甲胺磷乳油150～200 mL，或用90%敌百虫100～200 g，兑水50～60kg喷雾。

十、稻象甲

拉丁学名：*Echinocnemus squameus* Billberg。又称水稻象鼻虫、稻根象甲、稻象甲，为鞘翅目，象虫科。分布在北起黑龙江，南至广东、海南，西抵陕西、甘肃、四川和云南，东达沿海各地和台湾。寄主于稻，瓜类、番茄、大豆、棉花，成虫偶食麦类、玉米、和油菜等。

(一)为害症状

成虫以管状喙咬食秧苗茎叶，被害心叶抽出后，轻的呈现一横排小孔，重的秧叶折断，飘浮水面。幼虫食害稻株幼嫩须根，致叶尖发黄，生长不良。严重时不能抽穗，或造成秕谷，甚至成片枯死。

(二)生物特征

成虫体长5 mm，暗褐色，体表密布灰褐色鳞片。头部伸长如象鼻，触角黑褐色，末端膨大，着生在近端部的象鼻嘴上，两翅鞘上各有10条纵沟，下方各有一长形小白斑(图33)。

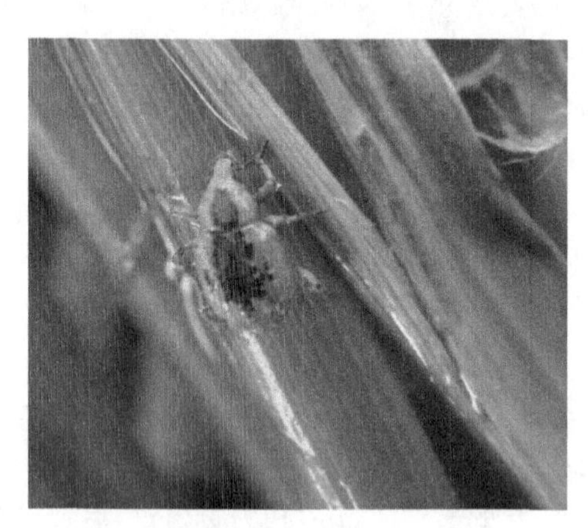

图33 稻象甲成虫(戴爱梅 摄)

卵椭圆形，长0.6～0.9 mm，初产时乳白色，后变为淡黄色半透明而有光泽。

幼虫长9 mm，蛆形，稍向腹面弯曲，体肥壮多皱纹，头部褐色，胸腹部乳白色，很像一颗白米饭。

蛹长约5 mm，初乳白色，后变灰色，腹面多细皱纹。

(三)生活习性

浙江1年生1代，江西、贵州部分1代，多为2代，广东2代。一代区以成虫越冬，一、二代交叉区和2代区也以成虫为主，幼虫也能越冬，个别以蛹越冬。幼虫、蛹多在土表3～6 cm深处的根际越冬，成虫常蛰伏在田埂、地边杂草落叶下越冬。江苏南部地区越冬成虫于翌年5—6月产卵，10月间羽化。江西越冬成虫则于5月上中旬产卵，5月下旬一代幼虫孵化，7月中旬至8月中下旬羽化。二代幼虫于7月底至8月上中旬孵化，部分于10月化蛹或羽化后越冬。一般在早稻返青期为害最烈。一代约2个月，二代长达8个月，卵期5～6天，一代幼虫60～70天，越冬代的幼虫期则长达6～7个月。一代蛹期6～10天，成虫早晚活动，白天躲在秧田或稻丛基部株间或田埂的草丛中，有假死性和趋光性。产卵前先在离水面3 cm左右的稻茎或叶鞘上咬一小孔，每孔产卵13～20粒，幼虫喜聚集在土下，食害幼嫩稻根，老熟后在稻根附近土下3～7 cm处筑土室化蛹。生产上通气性好，含水量较低的沙壤田、干燥田、旱秧田易受害。

春暖多雨，利其化蛹和羽化，早稻分蘖期多雨利于成虫产卵。年发生1～2代，一般在单季稻区发生1代，双季稻成单、双季混栽区发生两代。以成虫在稻桩周围、土隙中越冬为主，也有在田埂，沟边草丛松土中越冬，少数以幼虫成蛹在稻桩附近土下3～6 cm深牡做土室越冬。成虫有趋光性和假死性，善游水，好攀登。卵产于稻株近水面3 cm左右处，成虫在稻株上咬一小孔产卵，每处约3～20余粒不等。幼虫孵出后，在叶鞘内短暂停留取食后，沿稻茎钻入土中，般都群聚在土下深约2～3 cm处，取食水稻的幼嫩须根和腐殖质，一丛稻根处多的有虫几十条发生为害。一般丘陵，半山区比平原多，高燥田比低洼田多，砂质土比黏质土多。

开始刚由卵孵出的幼虫没有翅能够跳跃。形态和生活习性与成虫相似，只是身体较小这种形态的昆虫又叫若虫逐渐长大，当受到外骨骼的限制不能再长大时，就脱掉原来的外骨骼，这叫蜕皮。若虫一生要蜕皮5次。由卵孵化到第一次蜕皮，是1龄，以后每蜕皮一次，增加1龄。腹部圆形以后，翅芽显著。以后，变成成虫。可见，个体发育过程要经过卵、若虫、成虫，像这样的发育过程叫不完全变态。幼虫在最初的长得更像成虫，但头部和身体不成比例。到了出翅芽，这是翅芽已很明显了。若虫已将老熟再取食数日就会爬到植物上，身体悬垂而下，静待一段时间，成虫即羽化而出。后腿的肌肉强劲有力，外骨骼坚硬，头部腹部以及腿的感受器都可感受触觉。味觉器内，触角有嗅觉器官。腹节或前足胫节的基部有鼓膜，主管听觉。复眼主管视觉，单眼主管感光。后足腿节粗壮没有集群和迁移的习性，常生活在一个地方，一般分散活动，吃的是植物。昆虫从卵孵化成若虫，以后经过羽化就成为成虫，不经过蛹的阶段以卵在土中越冬，初夏由卵孵化为若虫，若虫没有翅膀，其形状和生活方式和成虫相似。在每年羽化成成虫。腹内的卵成熟了，就开始产卵，它一般将卵产在干燥而地势稍高的沙瓢中在各类杂草中混生，保持一定湿度和土层疏松的场所，有利于的产卵和卵的孵化。一般常见发生于农田与杂草丛生的沟渠相邻处。成虫产卵于土内，成块状，外被胶囊，以卵块在土中越冬。

(四)防治方法

农业防治：提倡免少耕与深耕轮换，以降低越冬虫源基数。铲除田边、沟边杂草，清除越冬成虫。

化学防治：在稻象甲为害严重的地区，已见稻叶受害时，喷洒50%杀螟松乳油800倍液或90%晶体敌百虫600倍液，或每亩用40%甲基异柳磷乳油100 mL或40%水胺硫磷乳油100 mL兑水喷雾。每亩也可用40%甲基异柳乳油175 mL配制成毒土撒施在稻田里，药后10天防效高达96%。此外每亩还可用3%喃丹颗粒剂3 kg，撒入田间，还可结合耕田，排干田水，然后撒石灰或茶子饼粉40～50 kg。耙地时，每亩用甲六粉1～1.5 kg，加细土20～25 kg拌和，边撒边耙。幼虫为害严重时，先排干田水，将毒土撒在稻行间，然后耘入土中，杀死幼虫。

物理防治：用糖醋稻草把诱捕。还可以在成虫盛发期，用黑光灯诱杀，效果较好。也可利用成虫喜食甜食的习性，将南瓜、山芋等切成小片穿在笑竹竿上插入田中，诱饵须高出水面6～9 cm，每10.9 m^2插1根，晚上插放，清晨收集，连续诱捕2～3天。

十一、稻蝽

为昆虫纲半翅目。为害水稻常见种类有蝽科的稻黑蝽（*Scotinophara lurida*）、稻绿蝽（*Nezara viridula*）、白边蝽（*Niphe elongata*）、四剑蝽（*Tetrodahisteroides*）和缘蝽科的大稻缘蝽（*Leptocorisaacuta*）。

(一)种类

以成虫和若虫刺吸水稻等植株的汁液为害,稻蝽有几种下面分别介绍。

(1)稻黑蝽。分布于我国淮河以南各省,以及印度、斯里兰卡和东南亚。寄主植物有水稻、甘蔗、小麦、玉米、豆类等。在我国南岭以北年发生 1 代,华南年发生 2 代。体长 7.5～8.5 mm,宽 4.5～5 mm,长椭圆形,黑褐色至黑色,头中叶与侧叶长相等,复眼突出,喙长达后足基节间。前胸背板前角刺向侧方平伸。小盾片舌形,末端稍内凹或平截,长几达腹部末端,两侧缘在中部稍前处内弯。卵近短桶形,红褐色,大小(0.9×0.8)mm,假卵块圆突,四周有小齿状的呼吸精孔突 40～50 枚;卵壳网状纹上具小刻点,被有白粉。1 龄若虫头胸褐色,腹部黄褐色或紫红色,节缝红色,腹背具红褐斑,体长 1.3 mm。3 龄若虫暗褐至灰褐色,腹部散生红褐小点,前翅芽稍露,体长 3.3 mm。5 龄若虫头部、胸部浅黑色,腹部稍带绿色,后翅芽明显。

(2)稻绿蝽。体长 12～15 mm,淡绿色,小盾片三角形,前缘有 3 个小白点。我国除内蒙古、宁夏和黑龙江以外的全国各地均有分布;也见于东南亚、欧洲、美洲和非洲。为害水稻、小麦、玉米、高粱、棉花、豆类等。我国淮河以北一年发生 1 代,淮河至长江 1～2 代,长江以南至南岭 2～3 代,南岭以南 4～5 代。

(3)白边蝽。体长 11.5～13 mm,长盾形,淡黄褐色,前胸两侧角和前翅前缘黄白色。分布于我国南方各省(区、市),以及东南亚各地。为害水稻、玉米、高粱等。长江流域一年发生 2 代。广西柳州 3 代。

(4)四剑蝽。体长 15～19 mm,黄褐到灰黑色,头部两侧片和前胸两侧角向前突出,呈 4 个剑状物。分布于我国河南信阳至南京一线以南,为害水稻及稗等。在广西柳州和福建大多一年发生 2 代。

(5)大稻缘蝽。成虫体长 16～19 mm,宽 2.3～3.2 mm,草绿色,体上黑色小刻点密布,头长,侧叶比中叶长,向前直伸。头顶中央有 1 短纵凹。触角第 1 节端部略膨大,约短于头胸长度之和。喙伸达中足基节间,末端黑。前胸背板长,刻点密且显著,浅褐色,侧角不突出较圆钝。前翅革质部前缘绿色,余茶褐色,膜质部深褐色。雄虫的抱器基部宽,端部渐尖削略弯曲。卵黄褐至棕褐色,长 1.2 mm,宽 0.9 mm,顶面观椭圆形,侧面看面平底圆,表面光滑。若虫共 5 龄。

(二)分布

分布于南方稻区,以华南较多,也见于印度和东南亚。为害水稻、小麦、玉米和豆类。广西一年发生 4～5 代。各类稻蝽除四剑蝽以刺吸水稻苗期叶片汁液为主外,余皆以刺吸谷穗汁液为主,造成秕谷和不实粒,直接影响产量。

(三)生活习性

各类稻蝽均以成虫在杂草丛间或表土缝中越冬。雌成虫产卵于寄主叶片上,聚成卵块。初龄若虫有群集性。以后分散为害。成虫和若虫有假死习性。除四剑蝽和白边蝽外,其余成虫有趋光性。在水稻抽穗扬花至乳熟期,集中为害稻穗,黄熟期即转移到其他寄主植物上生活。在山丘区稻田发生较多,尤以杂草多、生长繁茂的稻田受害较烈。

(四)防治方法

包括结合冬春积肥铲除田边、沟边杂草,减少越冬虫源;水稻抽穗前放幼鸭啄食,以及喷洒农药敌百虫等。

(1)利用成虫把卵产在近水面稻茎上和卵在水中浸泡 24 小时即不能孵化的特点，在产卵期先适当排水，降低产卵位置，然后灌水至 10～13 cm，浸泡 24 小时，隔 3～4 天再排灌 1 次，连续进行 4～5 次可杀死大量卵块。

(2)在低龄若虫期喷洒 2.5%保得乳油 1500 倍液或 20%氰戊菊酯乳油 2000 倍液 100%晶体敌百虫 800 倍液，15 天后再防 1 次。如用 10%吡虫琳(一遍净)可湿性粉剂 2000 倍液，见效虽然较慢，但持效期长达 25～30 天，生产上可以推广应用。

十二、稻瘿蚊

拉丁学名：*Orseoia oryzae*（Wood－Mason)。是双翅目，瘿蚊科的一种昆虫。别名稻瘿蝇。现分布于广东、广西、福建、云南、贵州、海南、江西、湖南、台湾。据江西广昌县观察，该虫从石城县进入广昌县以后，每年仍以 10～20 km 的速度向北蔓延。寄主于水稻、李氏禾等。

(一)为害特征

幼虫吸食水稻生长点汁液，致受害稻苗基部膨大，随后心叶停止生长且由叶鞘部伸长形成淡绿色中空的葱管，葱管向外伸形成“标葱”。水稻从秧苗到幼穗形成期均可受害，受害重的不能抽穗，几乎都形成“标葱”或扭曲不能结实。

(二)生物特征

成虫体长 3.5～4.8 mm，形状似蚊，浅红色，触角 15 节，黄色，第 1、2 节球形，第 3～14 节的形状雌、雄有别：雌虫近圆筒形，中央略凹；雄蚊似葫芦状，中间收缩，好像 2 节。中胸小盾板发达，腹部纺锤形隆起似驼峰。前翅透明具 4 条翅脉。

卵长 0.5 mm 左右，长椭圆形，初白色，后变橙红色或紫红色。幼虫末龄幼虫体长 4～4.5 mm，纺锤形；蛆状。

幼虫共 3 龄，1 龄蛆形，长约 0.78 mm；2 龄纺锤形长约 1.3 mm；3 龄体形与 2 龄虫相似，体长约 3.3 mm。

蛹椭圆形，浅红色至红褐色，长 3.5～4.5 mm。

(三)生活习性

广东连山年生 6～7 代，广东从化、广西、江西、云南、福建 7～8 代，广东佛山、中山 8～9 代，海南 12～13 代。以幼虫在田边、沟边等处的游草、再生稻、李氏禾等杂草上越冬。年生 7～8 代地区，越冬代成虫于 3 月下旬至 4 月上旬出现，羽化后成虫飞到附近的早稻上为害，该虫从第二代起世代重叠，很难分清代数，但各代成虫盛发期较明显。一般 1、2 代数量少，3 代后数量增加，7—10 月，中稻、单季晚稻、双季晚稻的秧田和本田很易遭到严重为害。成虫羽化的当晚即交配，雄虫多次交配，雌虫仅 1 次，卵散产在近水面嫩叶上，每雌产卵 100～150 粒，雌虫有趋光性，因此，诱虫灯上出现的高峰日就意味着田间产卵高峰日。初孵化幼虫借叶上湿润的露水下移，从叶鞘间隙或叶舌边缘侵入，开始为害生长点，生长点受害后心叶停止生长，叶鞘伸长成管状，即“标葱”出现，这时管里幼虫已化蛹。羽化前蛹体头部向上，蛹上升到葱管顶端，用额刺破顶而出，在出口处留有白色的蛹壳。该虫喜潮湿不耐干旱，气温 25～29℃，相对湿度高于 80%，多雨利其发生。生产上栽培制度复杂，单、双季稻混栽区，稻瘿蚊发生严重。天敌有蜘蛛、螨类、蚂蚁、步行甲、青蛙、黄柄黑蜂等。

(四)防治方法

防治策略是"抓秧田,保本田,控为害,把三关,重点防住主害代"。

(1)选用抗虫品种。如抗蚊1号、抗蚊2号、汕优999、水辐17等。

(2)春天及时铲除稻田游草及落谷再生稻,减少越冬虫源。把单、双季稻混栽区因地制宜改为纯双季稻区,调整播种期和栽插期,避开成虫产卵高峰期。

(3)注意防止秧苗带虫,必要时用90%晶体敌百虫800倍液或40%乐果乳油800倍液浸秧根后用塑料膜覆盖5小时后移栽。

(4)晚稻播种时,每亩撒3%呋喃丹颗粒剂3 kg,也可在秧苗移栽前7~8天,用40%乐果乳油250 mL,拌细干土20 kg制成毒土撒施有效。

(5)搞好虫情监测预报,对稻瘿蚊主要为害世代的发生作出及时、准确的预测预报。

(6)加强农业防治和控害栽培。

(7)夏收夏种季节,及时耙沤已收早稻田块,铲除田基、沟边杂草,用烂泥糊田埂等,可消灭蓉草、稻根腋芽及再生稻上的虫源,减少虫口基数。

(8)合理搭配种植中、早熟杂交稻。如汕桂34、博优49等组合。

(9)不在早稻本田中播晚稻秧,提倡集中统一播育晚稻秧苗,推广水播旱管、旱育稀播等抗蚊育秧方式。防止夏、秋时节田间禾苗青黄并存或"一路青"的稻田生态等。

(10)利用抗性资源,示范推广种植抗蚊品种如植选一号等。

(11)注意保护利用天敌。

(12)科学用药。秧田用药防治主要采用毒土畦面撒施方法。于秧苗起针到二叶一针期或移栽前5~7天,每亩用10%益舒宝或5%爱卡士、3%米乐尔颗粒剂1.25~1.5 kg,也可用3%呋喃丹或3%甲基异柳磷颗粒剂3.5~4 kg拌土10~15 kg均匀撒施。施药秧田要保持浅薄水层,并让其自然落干,让田土带药,为了防止秧苗带虫,用90%晶体敌百虫800倍液或40%乐果乳油500倍液浸秧根后用薄膜覆盖5小时后移栽。

(13)在成虫盛发至卵孵化高峰期田间开始出现"大肚秧"时,每亩用90%晶体敌百虫200 g加40%乐果乳油100mL,拌土20 kg后撒施。也可用3%呋喃丹颗粒剂3 kg,进行深层施药,保持3 cm浅水层。

(14)本田防治:在本田禾苗回青后到有效分蘖期,即播后7~20天内施药。一般只对有效分蘖期与稻瘿蚊入侵期相吻合的田块实行重点施药防治。药肥兼施,以药杀虫,以肥攻蘖,促蘖成穗。用药方法同秧田期,但应适当增加用药量。注意选用内吸传导性强兼杀卵的杀虫剂。用工农16型喷雾器加满水加入30%杀虫王5 mL或加入20%杀敌宝5 mL喷洒,也可选用40%氧化乐果或40%乐果、50%甲胺磷乳油1000倍液、36%克蜗蝇乳油1000~1500倍液喷洒,每亩喷兑好的药液50~60 kg,防治稻瘦蚊,兼治稻秆蝇,防效90%~95%。

十三、白翅叶蝉

拉丁学名:*Thaia rubiginosa* kuoh。为同翅目,叶蝉科。分布在黄河以南,四川西昌以东。云南、贵州、四川局部山区和陕西汉中受害重。为害水稻、小麦、大麦、甘蔗、茭白、玉米、油菜等。

(一)生物特征

白翅叶蝉雌虫体长3.5~3.7 mm,雄虫稍小。头部、胸部、腹部橙黄色。足橙黄色。头部前缘两侧各具一个半月形白斑。前胸背板中央具一个浅灰黄色菱形斑，中间有一纵线分隔，斑的两侧各具小白点一个。前翅灰白色，半透明，有光泽，具虹彩闪光；后翅浅橙色，透明度较前翅高。

卵长 0.65 mm，近瓶形，略弯曲，一端尖，另一端钝圆，乳白色。

若虫共 5 龄。末龄若虫体长 2.4～3.2 mm，浅黄绿色，体上刚毛明显。

(二)生活习性

浙江、安徽、湖南 1 年生 3 代，再往南年生 3～6 代。以成虫在麦田、绿肥田及避风向阳的杂草上越冬。翌春，越冬成虫先在麦田为害，当早稻出苗后，即迁入为害、繁殖，后向早稻本田或晚稻田上扩展，晚稻进入收获季节，该虫又迁飞到越冬寄主上。成虫活泼善飞，受惊扰时横行躲避或飞至别处，若虫跳跃能力差，受惊时斜着走或横行。气温低于 1℃，成虫多潜伏在土缝里或植株基部，高于 2℃开始活动。均温 21～23℃卵历期 15～16 天，一、二代若虫历期 17～21 天，三代 33～40 天。成虫寿命 20～30 天，越冬代为 194 天。喜在上午羽化，在植株上部叶片取食，有较强趋嫩绿性和趋光性，多在白天把卵产在稻叶主脉的空腔内，分蘖期产在稻株基部第一、二叶片，抽穗期以第三叶为主，每处着卵 1～3 粒，个别 5 粒。越冬代每雌产卵 45～60 粒，一代 55～60 粒，二代 30 粒。气温低于 20℃，相对湿度 85%～90%若虫死亡多，寿命短，产卵量下降。生产上 5、6 月雨水多，8、9 月气温偏高，且有一定降雨量，可能大发生。稻麦两熟和双季稻混栽区，二季晚稻受害重，晚熟中稻居次。早播、早插秧的水稻一般在前期易受害，偏施氮肥，稻苗生长旺盛的虫口数量多，受害重。

(三)防治方法

(1)早稻、晚稻的秧田，应在拔秧前 5 天喷药，对压低后期虫口数量有明显效果。

(2)本田的防治应根据虫情适时进行，用药种类和用量参见黑尾叶蝉。

(3)灯光诱杀。白翅叶蝉趋光性强，在成虫发生期可进行灯光诱杀。

(4)药剂防治。注意对稻田、早插田和 8、9 月间虫量多的田块进行药剂防治。施药适期一般掌握在二、三龄若虫盛期，在矮缩病流行区，则应在成虫向秧田及早播本田迁飞盛期进行防治。常用药剂有：2%叶蝉散，每亩用药 1.5 kg 喷粉。10%叶蝉散可湿性粉，每亩 150～250 g；25%速灭威可湿性粉，每亩 75～100 g；25%巴沙乳油，每亩 100～150 mL；40%扬花乐果乳油，每亩 50～150 mL；50%马拉氧磷乳油，每亩 50～75 mL；50%马拉松乳油每亩 75 mL 加 40%稻瘟净乳油每亩 60 mL 混用。以上药剂任选一种，每亩用药量加水 60～120kg 喷雾。稻田封行后也可采用泼浇法，每亩用药量加水 300～400 kg 泼浇。施药时，田间保持 3～5 cm 深的浅水层 3～4 天，喷雾时，如田中无水，则每亩药液应在 100 kg 以上。另外，拔秧或割稻时，在田中留一小块秧苗或稻丛，可使叶蝉聚集其上，然后喷高效低毒农药杀灭。早稻收割时，在附近晚稻秧田和早栽本田田边的数行稻株上施药，组成封锁带，可减少叶蝉飞迁为害。

十四、电光叶蝉

拉丁学名：*Recilia dorsalis* (Motschulsky)。为同翅目，叶蝉科。分布于黄河以南各稻区。寄主水稻、玉米、高粱、粟、甘蔗、小麦、大麦等。偶害芝麻、柑橘等。

(一)为害症状

成、若虫在水稻叶片和叶鞘上刺吸汁液，致受害株生长发育受抑，造成叶片变黄或整株枯萎。传播稻矮缩病、瘤矮病等。

(二)生物特征

成虫体长 3～4 mm,浅黄色,具淡褐斑纹。头冠中前部具浅黄褐色斑点 2 个,后方还有 2 个浅黄褐色小斑点。小盾片浅灰色,基角处各具 1 个浅黄褐色斑点。前翅浅灰黄色,其上具闪电状黄褐色宽纹,色带四周色浓,特征相当明显。胸部及腹部的腹面黄白色,散布有暗褐色斑点。

卵长 1～1.2 mm,椭圆形,略弯曲,初白色,后变黄色。

若虫共 5 龄。末龄若虫体长 3.5 mm,黄白色。头部、胸部背面,足和腹部最后 3 节的侧面褐色,腹部 1～6 节背面各具褐色斑纹 1 对,翅芽达腹部第 4 节。

(三)生活习性

浙江 1 年生 5 代,四川 5～6 代,以卵在寄主叶背中脉组织里越冬。台湾 1 年生 10 代以上,各虫期周年可见。长江中下游稻区 9—11 月为害最重,四川东部在 8 月下旬至 10 月上旬,台湾 6—7 月和 10—11 月受害重。雌虫寿命 20 天,雄虫 15 天左右。产卵前期 7 天,产卵量约 80 粒。卵历期 10～14 天,若虫历期 11～14 天,10—11 月的若虫历期 37 天左右。卵在寄主叶背中脉组织里越冬。

(四)防治方法

(1)农业防治。选用高产抗虫品种,是防治虫害最有效的措施。冬、春季和夏收前后,结合积肥,铲除田边杂草。因地制宜,改革耕作制度,避免混栽,减少桥梁田。加强肥水管理,避免稻株贪青徒长。有水源地区,水稻分蘖期,用柴油或废机油 15 kg/hm^2,滴于田中,待油扩散后,随即用竹竿将虫扫落水中,使之触油而死。滴油前田水保持 3 mm 以上,滴油扫落后,排出油水,灌进清水,避免油害。早稻收割后,也可立即耕翻灌水,田面滴油耕耙。

(2)物理防治。该虫有很强的趋光性,且扑灯的多是怀卵的雌虫,可在 6—8 月成虫盛发期进行灯光诱杀。

(3)药剂防治。大田虫口密度调查,成虫出现 20%～40%,即为盛发高峰期,加产卵前期,加卵期即为若虫盛孵高峰期。再加若虫期 1/3 天数,就是 2、3 龄若虫盛发期,即药剂防治适期。此时田间如虫口已达防治指标,参照天敌发生情况,进行重点挑治。早稻孕穗抽穗期,每百丛虫口达 300～500 只;早插连作晚稻田边数行每百丛虫口达 300～500 只,而田中央每百丛虫口达 100～200 只时,即须开展防治。病毒病流行地区,早插双季晚稻本田初期,虽未达上述防治指标,也要考虑及时防治。施药时田间要有水层 3 mm,保持 3～4 天。农药要混合使用或更换使用,以免产生抗药性。

十五、稻眼蝶

拉丁学名:*Mycalesis gotama* Moore。别称黄褐蛇目蝶、日月蝶、蛇目蝶、短角眼蝶,是一种水稻常见虫害,在我国河南、陕西以南,四川、云南以东各省均有分布。

(一)为害症状

幼虫沿叶缘为害叶片成不规则缺刻,影响水稻、茭白等生长发育。

(二)生物特征

成虫体长 15～17 mm,翅展 47 mm,翅面暗褐至黑褐色,背面灰黄色;前翅正反面第 3、6

室各具1大1小的黑色蛇眼状圆斑，前小后大，后翅反面具2组各3个蛇眼圆斑。卵馒头形，大小0.8～0.9 mm，米黄色，表面有微细网纹，孵化前转为褐色。幼虫初孵时2～3 mm，浅白色，后体长32 mm，老熟幼虫草绿色，纺锤形，头部具角状突起1对，腹末具尾角1对。

蛹长约15～17mm，初绿色，后变灰褐色，腹背隆起呈现弓状，腹部第1～4节背面各具一对白点，胸背中央突起呈棱角状。

(三)生活习性

浙江、福建年生4～5代，华南5～6代，世代重叠，以蛹或末龄幼虫在稻田、河边、沟边及山间杂草上越冬。成虫羽化多在06—15时，白天飞舞在花丛或竹园四周，晚间静伏在杂草丛中，经5～10天补充营养交尾后次日把卵散产在叶背或叶面，水稻、游草、大叶草、小叶丝茅以及节瓜、茄子等多种植物均为其产卵寄主。产卵期30多天，每雌可产卵96～166粒，初孵幼虫先吃卵壳，后取食叶缘，3龄后食量大增。老熟幼虫经1～3天不食不动，便吐丝粘着叶背倒挂半空化蛹。一般3月下旬至4月上旬化蛹，4月中旬羽化。天敌有弄蝶绒茧蜂、螟蛉绒茧蜂、广大腿小蜂及步甲、猎蝽等。

(四)防治方法

农业防治。结合冬春积肥，铲除田边、沟边、塘边杂草科学施肥，少施氮肥，避免叶片生长过于茂盛。利用幼虫假死性，震落后中耕或放鸭捕食。

生物防治。注意保护利用天敌，如稻螟赤眼蜂、蝶绒茧蜂、螟蛉绒茧蜂、广大腿蜂、广黑点瘤姬蜂、步甲、猎蝽和蜘蛛等。

化学防治。可选用的药剂有吡虫啉、敌百虫、杀螟松、氟虫腈、溴氯菊酯等。

十六、稻水象甲

拉丁学名：*Lissorhoptrus oryzophilus*。又称稻水象、稻根象，为全国二类检疫性害虫，原产北美洲。1988年首次在中国唐山市唐海县发现，现已在全国11个省(区、市)相继发生，2003年6月9日与河北省相邻陕西留坝县首次发现。

(一)引入扩散原因和为害

随稻秧、稻谷、稻草及其制品、其他稻水象甲寄主植物、交通工具等传播。1976年进入日本，1988年扩散到朝鲜半岛。1988年首次发现于我国河北省唐山市，1990年在北京清河发现。到1997年，它已在8省(市)54个县、市出现，破坏了3.1×10^5 hm^2农田。飞翔的成虫可借气流迁移10^4m以上。此外，还可随水流传播。寄主种类多，为害面广。成虫蚕食叶片，幼虫为害水稻根部。为害秧苗时，可将稻秧根部吃光。

(二)生物特征

成虫体长2.6～3.8 mm，体壁褐色，密布相互连接的灰色鳞片。前胸背板和鞘翅的中区无鳞片，呈暗褐色斑。喙端部和腹面触角沟两侧、头和前胸背板基部、眼四周前、中、后足基节基部、腹部三四节的腹面及腹部的末端被黄色圆形鳞片。喙和前胸背板约等长，两侧边近于直，只前端略收缩。鞘翅明显具肩，肩斜。翅端平截或稍凹陷，行纹细不明显，每行间被至少3行鳞片，第1、3、5、7行中部之后上有瘤突。腿节棒形不具齿。胫节细长弯曲，中足胫节两侧各有一排长的游泳毛。雄虫后足胫节无前锐突，锐突短而粗，深裂呈两叉形。雌虫的锐突单个的长而尖，有前锐突。稻水象甲有两性生殖型和孤雌生殖型，发生在中国的均属孤雌生殖型。

卵长约 0.8 mm,圆柱形,两端圆略弯,珍珠白色。

老熟幼虫体长约 10 mm,白色,无足。头部褐色。体呈新月形。腹部 2～7 节背面有成对向前伸的钩状呼吸管,气门位于管中。

蛹白色,大小、形状近似成虫,在似绿豆形的土茧内。

(三)防治方法

稻田秋耕灭茬可大大降低田间越冬成虫的成活率。结合积肥和田间管理,清除杂草,以消灭越冬成虫。水稻收获后要及时翻耕土地,可降低其越冬存活率。保护青蛙、蟾蜍、蜘蛛、蚂蚁、鱼类等天敌。应用白僵菌和线虫对其成虫防治有效。施药品种以选用拟除虫菊酯类农药为宜。严禁从疫区调运可携带传播该虫的物品。对来自疫区的交通工具、包装填充材料应严格检查,必要时做灭虫处理。

十七、台湾稻螟

拉丁学名:*Chilo auricilius* Dudgeno,属鳞翅目,螟蛾科。分布在我国南方稻区。台湾、福建、海南、广东、广西、云南、四川均较常见。江苏、浙江也有发生。主要为害水稻,也为害甘蔗、玉米、高粱、粟等。以幼虫从叶鞘、叶耳处侵入后,先集中在叶鞘内取食,形成枯梢,有的蛀入茎内,形成枯心苗和白穗,幼虫常转株为害,蛀孔大,略呈方形。为害习性很象二化螟。

(一)生物特征

成虫雄蛾体长 6.5～8.5 mm,翅展 18～23 mm,触角略呈锯齿状。前翅黄褐色,布有暗褐色点,中央具隆起的有金属光泽的 4 个深褐色斑块,外缘具小黑点 7 个。后翅浅黄褐色,缘毛白色。雌蛾体长 9.2～11.8 mm,翅展 23～28 mm,触角丝状。前翅色与雄蛾相近,斑纹较雄蛾色浅但粗大,后翅雌雄相似。

卵扁椭圆形,白色至灰黄色,卵块成行排列,1～3 行呈鱼鳞状。

末龄幼虫体长 16～25 mm,头部暗红色至黑褐色,体浅黄白色,背面具褐色纵线 5 条,最外侧纵线从气门上方通过。台湾稻螟幼虫 5～7 龄。幼虫腹足趾钩双序全环,外方趾钩稍短,但与内方同密,别于二化螟。

蛹长 9～15 mm;纺锤形,褐色,与二化螟相近,但额中央凹下,两侧呈角状突出,5～7 腹节背面近前缘处各具 1 横列齿状小突起。背面有 5 条褐色纵线。

(二)生活习性

在广州附近每年发生 4～5 个世代,世代重叠,以老熟幼虫在稻秆和稻桩内越冬,尤其在低湿稻田和有冬作物覆盖稻田的稻桩,越冬幼虫密度最大,而冬作小麦及蔗苗内亦有幼虫越冬。越冬幼虫翌年 1 月下旬化蛹,2 月中旬已有个别成虫羽化,3 月中大量羽化。各代成虫发生期:越冬代 3—4 月;第 1 代 5 月下旬至 6 月中旬;第 2 代 6 月下旬至 8 月中旬;第 3 代 8 月下旬至 10 月上旬;第 4 代高峰在 10 月下旬至 11 月中旬。其中以 6 月上中旬的第 2 代幼虫数量较多,为害较重,该代的成虫发生数量也最多。第 4 代幼虫在晚稻本田又发生较多。在广州,台湾稻螟以第 4 代幼虫的一部分及第 5 代幼虫越冬。成虫昼伏夜出,有趋光性,怕高温干燥,喜阴凉潮湿环境。喜欢在粗秆、宽叶、浓绿的稻株上产卵。在秧苗及分蘖期,卵多产于叶片表面,在孕穗期多产于叶片背面,在灌浆至黄熟,卵多产于无效分蘖的叶片上。每雌蛾可产卵 4～6 块,总卵数达 100～200 粒。初孵幼虫先集中为害叶鞘组织,再蛀入心叶和茎秆,造成枯鞘、枯心、白穗和虫伤株。幼虫喜湿润环境，被害株在被害处虽极潮湿甚至腐烂，但幼虫却喜藏身其中。幼虫有群聚性，初孵幼虫在一稻株上常有数头至数十头，以后才分散。一条幼虫一生可为害3～4株水稻。

(三)防治措施

(1)消灭越冬虫源：

①台湾稻螟为害严重的田块，稻草内有大量越冬幼虫，必须在未进入发蛾期以前处理完有虫稻草。

②捡拾虫害严重田块冬作地上露地的稻桩集中销毁。

③早春掌握在越冬幼虫化蛹高峰时灌水浸田3～4天，可大量杀蛹。

④台湾稻螟为害严重的地区，早稻收割时在茎秆内会有大量幼虫和蛹，应将割下的稻株立即挑出稻田，并及时脱粒，将脱粒后的稻草放在烈日下曝晒，既可避免幼虫爬到邻近稻田为害，又可杀死幼虫和蛹，减少晚稻的虫源。

(2)点灯诱蛾：根据测报，在螟蛾盛发阶段，发动群众点灯诱杀蛾子，采用黑光灯诱蛾效果更好。

(3)人工捕蛾、摘卵：在秧田采用捕蛾采卵，可以减轻螟害。

(4)药剂防治：根据预测预报，在蚁螟盛孵期施药。每亩用18%杀虫双250～300 mL、40%乐果200～250 mL、50%杀螟硫磷75～100 mL、90%巴丹可湿性粉100 g或30%乙酰甲胺磷乳油150～250 mL，兑水喷雾或撒毒土，施药后保持3～5 cm浅水层5～7天。每亩用150 g有效成份的杀虫双、杀虫单、杀虫环或巴丹作根区施药，在有效地防治秧田或本田三化螟为害的同时，亦可兼治台湾稻螟。

十八、水稻褐边螟

拉丁学名：*Catagela adjurella* Walk，为鳞翅目，螟蛾科。我国分布北限为黄河以南，南至广东、广西、云南，东临滨海，西达四川。寄主于水稻、稗、鸭舌草、荆三棱等。

(一)为害特征

幼虫钻茎而入，多从水稻剑叶叶鞘空隙处向下蛀入茎秆第一节，蠕行至白色柔嫩组织处蛀食，且转株为害。

(二)生物特征

成虫雌蛾体长10 mm左右，翅展20～123 mm。前翅黄褐色，前缘褐色，从顶角到后缘具1褐色斜纹，翅中央具棕褐色小点3个，排列成等边三角形，外缘具棕褐色小点7个，缘毛浅黄色。后翅银灰色。卵乳白色至青黑色。

卵块为长椭圆形，覆盖灰黄色鳞毛匀称，无杂色。

末龄幼虫体长15～20 mm，头深褐色，胸部、腹部主要是绿色，从腹部第2节后渐渐转黄。

蛹长11～13 mm，初黄绿色，后变浅黄色，羽化前变成黄褐色。茧白色。

(三)生活习性

发生代数、发生期与三化螟相似，以末龄幼虫在寄主残留株或背风向阳的沟边杂草上越冬。卵成块产在稻叶上，初孵幼虫喜爬至叶尖处吐丝下坠，借风扩散，从茎上钻孔侵入。水稻孕穗或抽穗时，则从剑叶叶鞘空隙处向下钻入茎秆的第1节，爬至白色幼嫩组织处蛀害。有的转株为害，先把近水面的稻茎咬断后吐丝封口，咬断茎的另一端则形成囊状物，幼虫隐藏在其中浮在水面上，碰到新稻株后，爬至稻茎上向内蛀食，钻入新株后又吐丝遮住蛀孔。该虫喜在湿润的环境中生存，喜在旱秧田中为害，转株为害现象明显。

（四）防治方法

（1）预测预报。据各种稻田化蛹率；化蛹日期、蛹历期、交配产卵历期、卵历期，预测发蛾始盛期、高峰期、盛末期及蚁螟孵化的始盛期、高峰期和盛末期指导防治。

（2）农业防治。

①适当调整水稻布局，避免混栽，减少桥梁田。

②选用生长期适中的品种。

③及时春耕沤田，处理好稻茬，减少越冬虫口。

④选择无螟害或螟害轻的稻田或旱地作为绿肥留种田，生产上留种绿肥田因春耕晚，绝大部分幼虫在翻耕前已化蛹、羽化，生产上要注意杜绝虫源。

⑤对冬作田、绿肥田灌跑马水，不仅利于作物生长，还能杀死大部分越冬螟虫。

⑥及时春耕灌水，淹没稻茬7～10天，可淹死越冬幼虫和蛹。

⑦栽培治螟。调节栽秧期，采用抛秧法，使易遭蚁螟为害的生育阶段与蚁螟盛孵期错开，可避免或减轻受害。

（3）保护利用天敌。

十九、稻负泥虫

拉丁学名：*Oulema oryzae* Kuwayama。属鞘翅目，叶甲科。又名背屎虫，在山区或丘陵区稻田发生较多，主要为害水稻秧苗。幼虫和成虫沿叶脉食害叶肉，留下透明的表皮，形成许多白色纵痕，严重时全叶发白、焦枯或整株死亡。一般受害植株表现为生育迟缓，植株低矮，分蘖减少，通常减产5%～10%，严重时达20%。除水稻外，还为害多种禾本科作物与杂草。

（一）生物特征

成虫体长4～5 mm，头和复眼黑色，触角细长，达体长一半；前胸背板黄褐色，后方有1明显凹缢，略呈钟罩形；鞘翅青蓝色，有金属光泽，每个翅鞘上有10条纵列刻点：足黄褐色。

卵长椭圆形，长约0.7 mm，初产时淡黄色，后变黑褐色。

幼虫有4龄。初孵幼虫头红色，体淡黄色，呈半个洋梨形，老熟幼虫体长4～6 mm，头小，黑褐色；体背呈球形隆起，第5、6节最膨大，全身各节具有6～22个黑色瘤状突起，瘤突均有1根短毛；肛门向上开口，粪便排体背上，幼虫盖于虫粪之下，故称背屎虫、负泥虫。

蛹长约4.5 mm，鲜黄色，裸蛹，外有灰白色棉絮状茧。

（二）生活习性

每年发生1代，以成虫在背风向阳的稻田附近山坡、田埂、堤岸或塘边等杂草间或根际土内越冬。第二年，越冬成虫在3—4月出现，先群集在沟边禾本科杂草上取食，当秧苗露出水面时，便迁移到秧田为害。卵常产在近叶尖处。幼虫孵化后在早晨或阴天活动，咬食秧苗叶肉，残留表皮，叶片受害形成纵行透明条纹，叶尖渐变枯萎，严重时全叶焦枯破裂。4—5月幼虫盛发，为害早稻本田。5月底6月初开始化蛹，老熟幼虫脱去背上屎堆，分泌白色泡沫凝结成茧，在里面化蛹。6—7月成虫大量羽化，新羽化的成虫当年不交尾，取食一段时间，入秋后迁飞到越冬场所。成虫寿命可长达一年，每只雌虫能陆续产卵约 200 粒。卵期 7～8 天；幼虫期 15～20 天；蛹期 10～15 天。

（三）防治方法

目前防治稻负泥虫仍以药剂为主。根据田间调查以成虫大量交尾而尚未离开秧田时，施药效果最好；本田期施药则掌握在幼虫盛孵期。主要的药剂有：

（1）粉剂。25％敌百虫粉，每亩用 1.5～2 kg；或烟草粉 2 kg 拌消石灰 12.5 kg，在晨露未干时撒施。

（2）液剂。50％杀螟松 800 倍液；或 90％晶体敌百虫 1000 倍液。

（3）药用植物。如闹羊花、蒜藜芦、狼毒、雷公藤、马桑叶等，可以因地制宜，就地取材。用法是先将这些植物晒干研粉，拌和石灰或草木灰撒施，施药量可在用前试验。

农业防治。冬季结合积肥，铲除田边、沟边杂草；或在水源方便的地方，秧苗生长高度未超过田埂时，引水入田浸没秧尖，并散草秆浮在水面，使成虫附集其上，然后捞集杀死。

第九章　害虫天敌的识别与保护

目前没有害虫天敌的确切数字，本章介绍了小麦、玉米、棉花、水稻害虫的72种天敌，基本涵盖了常见的种类。用天敌防治能减少环境污染，还可减轻害虫的抗药性，有助于生态环境的稳定。

一、赤眼蜂

拉丁学名：*Trichogrammatid*。顾名思义是红眼睛的蜂，不论单眼复眼都是红色的，属于膜翅目赤眼蜂科的一种寄生性昆虫。赤眼蜂的成虫体长0.3～1.0 mm，黄色或黄褐色，大多数雌蜂和雄蜂的交配活动是在寄主体内完成的。它靠触角上的嗅觉器观寻找寄主。先用触角点触寄主，徘徊片刻爬到其上，用腹部末端的产卵器向寄主体内探钻，把卵产在其中。

成虫长不到1 mm，翅呈梨形，具单翅脉和穗状缘毛。跗节3节，明显。幼虫在蛾类的卵中寄生，因此可用以进行生物防治。易於实验室繁育的微小赤眼蜂(*T. minutum*)已成功地用来防治各种鳞翅目(Lepidoptera)农业害虫。

赤眼蜂为卵寄生蜂，在玉米田可寄生玉米螟、黏虫、条螟、棉铃虫、斜纹夜蛾和地老虎等鳞翅目害虫的卵。

赤眼蜂是一类很有利用价值的昆虫，能寄生玉米螟卵的赤眼蜂有玉米螟赤眼蜂、松毛虫赤眼蜂、螟黄赤眼蜂、铁岭赤眼蜂。但以玉米螟赤眼蜂和松毛虫赤眼蜂最重要。

(一)生物特征

玉米螟赤眼蜂 *Trichogramma ostriniae* (Pang et Chen)的雄蜂体淡黄色，前胸背板及腹部黑褐色，触角鞭节细长，触角毛最长的相当于鞭节最宽处的3倍。雌蜂的前胸背板、腹基部及末端黑褐色(图34)。

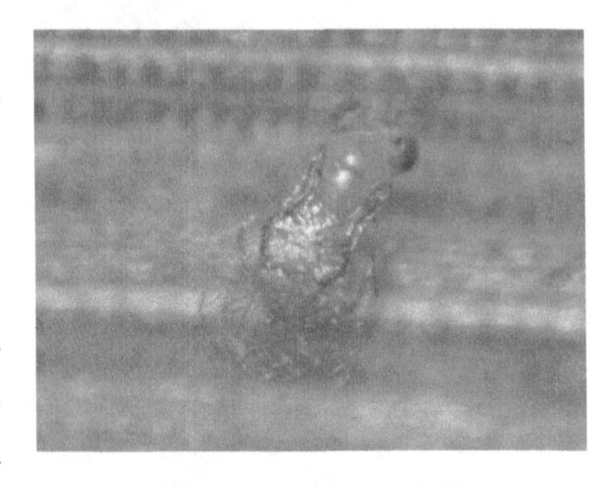

图34　赤眼蜂(戴爱梅 摄)

赤眼蜂科体长0.5～1.0 mm，最小的仅有0.17 mm。触角短，柄节较长，与梗节成肘状弯曲，鞭节在各属之间差异甚大，均不超过7节；常有1～2个环节、1～2个索节和由1～5节组成的棒节。澳洲赤眼蜂角结构是区别各属的重要生物特征之一。大多数属的雌雄触角相似，少数如赤眼蜂属等，雌雄触角构造有别，表现出性二型特征。前翅边缘有缘毛，翅面上有纤毛，不少属的翅面上纤毛排成若干毛列。体粗脚，腹部与胸部相连处宽阔。产卵器不长。常不伸出或稍伸出于腹部末端。跪节3节。被寄生的寄主卵壳后期呈黑褐色。

赤眼蜂雌虫触角6节，柄节长，梗节近于梨形，有一微小环节，索节2节，大小相等，棒节仅有1节，上有短毛。雄虫触角4节，相当雌虫触角索节及棒节的部分愈合成不分节的短棒。前翅较宽，翅脉简单，痣脉、缘脉及缘前脉成连续的“S”形，缘脉紧接翅的前缘；翅沿有缘毛；痣脉后方有横毛列，翅面上有7条明显的纵毛列及一些不规则排列的纤毛。产卵器不伸出或稍伸出于腹部末端。多数种常出现翅退化或无翅雄虫，无翅雄虫的触角与雌虫相似。

(二)寄生习性

赤眼蜂科约7属，40种，均为卵寄生，分别以鳞翅目、同翅目、鞘翅目、膜翅目、双翅目、脉翅目、蜻蜓目、缨翅目、直翅目、广翅目等昆虫卵为寄主。成虫产卵于寄主卵内，幼虫取食卵黄，化蛹，并引起寄主死亡。成虫羽化后咬破寄主卵壳外出自由生活。寡索赤眼蜂属的一些种寄生褐飞虱、白背飞虱、灰飞虱等水稻害虫卵；邻赤眼蜂属褐腰赤眼蜂寄生黑尾叶蝉卵；赤眼蜂属绝对大多数寄生鳞翅目昆虫卵，其中不少种为重要天敌。少数寄生双翅目、脉翅目和鞘翅目昆虫卵。

繁殖与释放赤眼蜂属的一些种，可利用非自然寄主的鳞翅目虫卵大量繁殖。常用麦蛾、米蛾、地中海粉螟、粉斑螟等卵为寄主，我国除应用米蛾外，还应用蓖麻蚕、柞蚕、松毛虫卵大量繁殖松毛虫赤眼蜂和拟澳洲赤眼蜂(张荆 等，1982)。这两种赤眼蜂在蓖麻蚕卵内25℃恒温下一代发育历期10～12天，卵期1天，幼虫期1～1.5天，预蛹期5～6天，蛹期3～4天。30℃恒温时历期仅8～9天。大量繁蜂全年可达30～50代。繁蜂用蜂种可直接自田间采集被赤眼蜂寄生的害虫卵，或挂寄主卵箔诱集寄生。蜂种应经鉴定分别饲养，注意保持生活力，并及时更新。用作寄主的蓖麻蚕卵应先洗去表面胶质，以白纸涂薄胶后将蚕卵均匀粘上制成卵箔(或称卵卡)。

繁蜂时将卵箔置于繁蜂箱透光的一面，种蜂羽化30%～40%时接蜂，成蜂趋光并趋向蚕卵寄生。种蜂和蓖麻蚕卵比约为2∶1或1∶1。繁蜂适温25～28℃，相对湿度85%～90%。繁蜂、放蜂及防治对象害虫卵期三者间，应配合适当，始能奏效。首先应积累大量蜂卡(已被寄生的蚕卵箔)备用，一时不用的可在蜂发育到幼虫期或预蛹期时，置于1℃以下冷藏保存，50～90天内羽化率仍保持70%～90%。按放蜂适期，调节控制赤眼蜂在蓖麻蚕卵内的发育进度。可先在室内使蜂羽化并饲以糖蜜，然后在田间均匀释放，也可将即将羽化的预制蜂卡，按布局分置田间放蜂器内自然羽化。防治年发生代数较多、产卵期又较长的害虫，应在害虫卵期内分批放蜂数次。

(三)发生规律

以老熟幼虫在寄主卵内越冬。在黄淮海地区，第三代玉米螟卵是赤眼蜂发生作用的时期，卵初期即可被寄生50%左右，卵高峰后被寄生率可达90%～100%。

(四)保护利用途径

从早春麦田开始，就不用或少用广谱杀虫剂。改用选择性杀虫剂，使初期数量较少的赤眼蜂就得到保护和利用。赤眼蜂的利用价值在于：

(1)可以大批量人工饲养繁殖，大面积用于防治。

(2)防虫效果好且稳定。

玉米螟是赤眼蜂利用的主要防治对象之一，通常在百株玉米有玉米螟卵1～2块时放第一次蜂。在黄淮海平原，第一代玉米螟第1次放蜂在5月底，第二次在6月初，间隔5天。第二代玉米螟放蜂时间在6月底或7月上旬。第三代玉米螟可以放一次或者不放蜂。一般每亩每次放蜂1万头便可。放蜂时，若天气恶劣不宜继续放蜂时，可将卵块放在阴凉遮黑密闭的环境中，并饲以蜜糖水，待天气好转，再向田间释放赤眼蜂。

（五）生物探究

害虫在产卵时会释放一种信息素，赤眼蜂能通过这些信息素很快找到害虫的卵，它们在害虫卵的表面爬行，并不停地敲击卵壳，快速准确地找出最新鲜的害虫卵，然后在那里产卵、繁殖。赤眼蜂由卵到幼虫，由幼虫变成蛹，由蛹羽化成赤眼蜂，甚至连交配怀孕都是在卵壳里完成的。一旦成熟，它们就破壳而出，然后再通过破坏害虫的卵繁衍后代。

如果病毒是杀死害虫的“弹头”的话，赤眼蜂就成了精确的“导弹制导系统”；有了足够数量的赤眼蜂，再加上昆虫病毒，生物导弹就可以合成了。一枚生物导弹外表上只是一个普通的小纸盒，在里面存放着60粒表面附着大量昆虫病毒的柞蚕卵，如果按每个柞蚕卵孵化出60头赤眼蜂，每一头赤眼蜂携带100个病毒计算的话，一枚生物导弹可以释放出36万个病毒。

生物导弹维持了自然界原有的平衡。1997年，湖北省某林场突然爆发了有史以来最大的一次松毛虫灾。不到半个月，疯狂蔓延的松毛虫把嫩绿的松针吃得精光，四季常青的松树林变得一片枯黄。林场职工在彭辉银的指导下，用了两天的时间，在松树林挂上了生物导弹。转年，整个林地都恢复了，至今5年了，林场都没再发生过大规模虫灾。

实验证明，生物导弹制导方向准确，传播病毒能力强，只用5枚生物导弹就可以控制一亩地范围的松毛虫流行。

生物导弹防虫技术操作十分方便：通过携带不同的病毒，它能有效控制60多种为害植物的害虫流行；对高山、森林防虫，不用运水上山，大大降低了劳动强度；它可以在经济林、蔬菜、茶园、果树等不同领域使用。

使用生物导弹防治害虫后，可以长期不发生虫灾，而且害虫又保持一定数量，这样病毒在害虫种群内部可以长期发生作用，同时因为减少了化学农药的使用，使环境污染大大减轻，自然状态下的生物种群和数量大幅度恢复，引回了许多昆虫。在昆虫内部，建立了良好的循环状态，相对控制了害虫的数量，使其很难达到爆发成灾的程度。

二、玉米螟赤眼蜂

拉丁学名：*Trichogramma ostriniae* Pang et Chen，为膜翅目赤眼蜂科赤眼蜂属。分布在北京、吉林、辽宁、山东、山西、河北、河南、江苏、浙江、安徽、广东等地。寄主昆虫主要有玉米螟、棉铃虫、烟青虫、棉小造桥虫、小地老虎等为害玉米、水稻、棉花等作物的害虫。寄生性天敌。

（一）生物特征

体长0.6 mm左右。

雄体黄，前胸背板及腹部黑褐色。触角鞭节细长；触角毛细长，最长的相当于鞭节最宽处的3倍；前翅臀角上的缘毛相当于翅宽的1/6。雄性外生殖器；阳基背突成三角形，基部收窄，两边向内弯曲，末端伸达D的1/2；腹中突狭长而末端尖，其长度相当于D的4/9；中脊成对，向前伸展的长度相当于阳基的1/2；钩爪伸达D的1/2，相当于阳基背突伸展的水平。阳茎稍长于其内突，两者之和近于阳基的全长，明显短于后足胫节。

雌体黄，前胸背板、腹基部及末端黑褐色。产卵器稍短于后足胫节。

(二)生活习性

喜好生活于旱地，有时发现于旱地附近的水稻田内。寄生于玉米螟及近似于玉米螟的螟蛾科昆虫卵中，也寄生于刺蛾科、卷蛾科卵中。室内可用米蛾卵进行大量繁殖，但难寄生于柞蚕、蓖麻蚕等卵中。

(三)发育

适温范围 22～32℃；最适温度 28℃；发育起点温度 11.43℃；有效积温 130.44℃ · d。

(四)寿命

寿命长短与温湿度的关系密切。不同温湿度组合其寿命有较大差异。总的趋势是在不同组合中赤眼蜂寿命随温度升高而逐渐缩短；寿命最短的温湿度组合为 35℃与相对湿度 29%，只有 0.50 天；寿命最长的组合为 20℃与相对湿度 85%，为 2.50 天。在 20℃与相对湿度 75%下寿命也较长，为 2.40 天。在同一温度下不同湿度间，成蜂的寿命差异不大。温度 20℃和 25℃各组合的平均寿命长于 1.56 天；温度为 30℃和 35℃与各湿度组合的平均寿命均低于 1.56 天；27℃各组合介于两者之间。各温湿组合中玉米螟赤眼蜂的平均寿命为 1.56 天。

(五)繁殖

在棉田已知寄生玉米螟、棉铃虫、烟青虫、棉小造桥虫、小地老虎的卵。

(六)利用价值

用赤眼蜂寄生产卵的特性防治玉米螟，对环境无任何污染，对人畜安全，保持生态平衡，是一实用性很强技术。赤眼蜂喜欢找初产下来的新鲜卵寄生，因此，防治时要搞好玉米螟的预测预报，使释放赤眼蜂的时间与玉米螟的产卵盛期相吻合，做到有的放矢，提高防效。赤眼蜂的活动和扩散能力受风的影响较大，因此，在放蜂时既要布点均匀，又要在上风头适当增加放蜂点的放蜂量。一般说来，每亩玉米田放蜂量应在 1.5～2.5 万头。

利用赤眼蜂防治玉米螟方法简便，省工省时。一般每亩只需放 2～3 点，释放两次。防治一代玉米螟累计百株玉米一块玉米螟卵时放第一次蜂，隔 5—7 天放第二次蜂。放蜂时将蜂卡撕成小块，每小块有一定量的赤眼蜂，将小块蜂卡卷入玉米中下部叶筒内，用席篾别牢固即可。

赤眼蜂防治玉米螟的成本较低，每亩只需成本 1.20 元，较用辛硫磷、甲胺磷、1605 等农药的费用都低。同时效果好，放蜂后玉米螟卵寄生率在 70%～90%，百株残虫量降低 50%～70%。

三、棉蚜茧蜂

拉丁学名：*Lysiphlebia japonica* Ashmead，雌蜂头横形，大于胸翅基片处宽的 1/5。上颊长于复眼横径 1/2。颊长为复眼纵径 1/3。国内分布于辽宁、山西、陕西、山东、江苏、湖北、江西、台湾、香港。

(一)生物特征

脸宽为头宽 1/2.2。幕骨指数 0.7～0.9。复眼大，宽卵形，强烈侧凸，无毛。触角 13～14 节，长达腹柄节端部，第 1、2 鞭节等长，长是宽的 2.5 倍。中胸盾片前缘呈弓形起于前胸背板上；盾纵沟在上升部宽而深，小扇形，清晰；沿盾纵沟有稀毛。并胸腹节中央小室较窄长，二叉脊长不清晰。翅痣长是宽的 3.5～4.0 倍，与痣后脉等长，径脉第 1、2 段略等长。腹柄节长是气门瘤处宽的 2.5～3.0 倍；背面弱皱；中纵脊较长，后 2/3 处分为二叉；气门瘤略凸；气门瘤至节端距离比气门瘤处节宽长得多(3:2)。产卵器鞘短，末端钝圆。体暗褐至黄褐色。脸、上颊下部、唇基、口器、触角前 3 节、胸的侧腹面、腹柄节、第 2 腹节基部与 2、3 节间缝均为黄色；或者全胸黄色，只中胸盾片褐色。体长 1.6～2.1 mm，触角长 0.9～1.2 mm。雄蜂触角 16 节；体长 1.5～1.8 mm。僵蚜多为浅褐色。本种与近缘种多皱蚜茧蜂 *Lysiphlebus rugosa* 的主要区别是：后者腹柄节宽短，气门瘤至节端距离略短于气门瘤处的节宽。

(二)寄主

棉蚜、豆蚜、洋槐蚜、桃蚜、麦二叉蚜、高粱蚜。

(三)生长繁殖

棉田优势种。4—5 月间大量发生，6 月由于高温，数量渐减，7 月底至 8 月中旬几乎绝迹，9—10 月间再度繁衍，10 月底至 11 月中旬以老熟幼虫在僵蚜内越冬。

(四)生活环境

通常与接近地面蚜虫相伴随；杂草、矮秆作物、紫穗槐上较多，灌木花椒树上很少，刺槐大树上很难找到。

四、多胚跳小蜂

拉丁学名：*Lilomastix hollothis* Liao，寄生性天敌，寄主昆虫为棉铃虫、银纹夜蛾。分布于辽宁、河南、山东、河北。

(一)生物特征

雌蜂体长约 0.09～1.15 mm。体黑色，头部、中胸背扳、小盾片上着生黄褐色毛，头部的毛短而密，中胸背板和小盾片上的毛较稀长，中胸背板具金绿光泽。头、三角片、小盾片及中胸侧板微带紫色光泽。触角 9 节，柄节和梗节黑褐色，其他均为褐色。柄节细长，棒节膨大，长约等于 4～6 索节之和，第一索节最小，柄节长约为梗节的 2.20 倍，宽为梗节的 1.23 倍，棒节长约为梗节的 2 倍，宽为梗节的 1.50 倍。索节 6 节，从 1～6 节逐节增大。各足基节、腿节(除端部外)黑褐色，胫节(除基部外)和跗节末端褐色，其他黄白色。中足胫节末端有 1 个大的距，由于中足较粗长，故适于跳跃。翅透明，翅脉褐色。腹部黑褐色，末端毛较多。

雄蜂体较小，触角棒节长明显短于 4～6 索节之和，斜面部分占全棒节长的 3/5，基半部无分节线。

幼虫囊形，蛆状，初期乳白色，后期较深。

蛹初期乳白色，复眼和 3 个单眼鲜红色。后期头线、胸腹黑色，复眼和单眼红色不显。

(二)生活习性

(1)年生活史：根据孟祥玲等（1994）报道，该蜂在华北以幼虫在土内(在棉铃虫幼虫体内)越冬，翌年 5 月初羽化，后不久即在棉铃虫卵内产卵寄生。6 月上旬随被寄生老熟棉铃虫幼虫入土越夏、越冬。一年发生一代。

(2)寄生：多胚跳小蜂是一种内寄生天敌，其寄生仅限于鳞翅目卵至幼虫的跨期寄生，由于鳞翅目幼虫有的体较粗大，而此蜂又非常细小，即使将其全部卵产在一头寄主幼虫体内，也不能使寄主致死，而且对其后代的化蛹羽化也非常不利。但是多胚跳小蜂有一种特殊的繁殖方法，就是它产的卵能进行胚子分裂，由 1 个卵发育成两个或两个以上的个体，多的一个卵可分裂成 2000 多个后代。这种生殖方法称为多胚生殖。多胚跳小蜂就具有这种生殖能力，它所寄生的棉铃虫，整个体内都充满了多胚跳小蜂幼虫，寄主死后变为黄褐、膨胀、干硬的尸体。幼虫在寄主体内化蛹羽化，然后咬破寄主皮壳飞出。

五、棉铃虫齿唇姬蜂

拉丁学名：*Campoletis chlorideae* Uchida。为膜翅目，姬蜂科。分布于湖北、陕西、河北、山东、山西、河南、安徽、江西、四川、广西等。寄主昆虫有棉铃虫、烟青虫、棉小造桥虫、玉米螟、斜纹夜蛾、苜蓿夜蛾、黄地老虎等，主要为害棉花等作物。

（一）生物特征

雌蜂体长 5.30 mm 左右，黑色，密生白包细毛。头部黑色，颜面中央圆形膨起。唇基横椭圆形，无唇基沟。颜面和唇基具细密刻纹。上颚黄色，末端 2 齿赤褐色，两颚交合，呈横长方形，上边与唇基紧靠，很像上唇，故称齿唇姬蜂。触角 28～29 节，黑褐色。胸部黑色，盾纵沟仅前半部明显，中胸背板圆形，隆起，上面有细密刻纹，后半部中央具同状皱纹。小盾片亦具细密刻纹，与中胸背板间有 1 条较宽的横沟相隔。并胸腹节具网状皱纹，基区梯形，中区六边形。翅痣淡黄褐色，痣后脉颜色稍深，具小翅室。足赤褐色，前、中足转节、后足第二转节黄色，后足基节和第一转节黑色，后足胫节基部和端部以及各足跗节深褐色。腹部赤褐色，有光泽，第一、二背板前端大半部黑色，第三背扳基半部有 1 三角形黑斑，第五、六背板基半部中央各有 1 梯形或圆形黑斑，一半露出，一半在前一节背板内，从外面隐约可见。产卵管鞘黑褐色，长与后足第一跗节约相等。雄蜂体色同雌蜂基本相似，但腹部第五、六节背板基部中央黑斑较大，上下连接形成 1 条黑纹。触角 29～30 节。

卵白色，长约 0.29 mm，宽 0.07 mm，稍弯．似长茄形。

老熟幼虫体肥大，淡黄绿色，口器淡黄褐色，长 5.57 mm，宽 1.90 mm，从寄主幼虫俸内钻出，在花蕾内或叶片上吐丝固定，然后结成褐色长椭圆形茧，寄主幼虫附于茧上。有的茧为白色，上为少数黑斑点，褐茧一般质地较软，中部膨太；白茧中部圆筒形，质地较硬。茧长 5.90 mm 左右。

蛹长约 5.33 mm，宽 1.64 mm，化蛹处期为白色，近羽化时，身体各部颜色斑纹基本与成虫相似。

（二）生活习性

历期。在 16～28.2℃的情况下，齿唇姬蜂其历期随着温度的增高而逐渐缩短。

年生活史。在陕西省和河南新乡一年可发生 8 个世代。一般于 4 月下旬在麦田可见成蜂产卵寄生。到 11 月上旬羽化出的成蜂即可越冬。棉铃虫齿唇姬蜂在每代棉铃虫为害期间，可发生 2 个世代。关于齿唇姬蜂的越冬问题，郑永善等（1981）报道，该蜂在我国北方不能自然越冬，翌年蜂源可能是南方而来。戴小枫（1990）报道，于 1989 年 8 月在与棉田毗连的白菜地里白菜卷叶间采到成虫，估计该蜂茧在河南省可以越冬。

（三）繁殖

齿唇姬蜂茧的抗逆能力较强，正常温度下，羽化率一般较高。但在 15℃以下羽化率显著降低，0～10℃大部分死亡。羽化的时间以清晨 6—9 时为最多，以后逐渐减少，夜间最少，雄性比雌性羽化要早，蜂的各代都以前、中期的羽化率高，蜂壮，繁殖力较强。雌蜂羽化后一般在3个小时左右即可进行交尾，最短的为1小时。雌蜂一生共交尾一次，而雄蜂可进行多次交尾，一般10次，最多可达30多次。交尾次数与蜂的寿命，个体及健壮程度有关；交尾时间的长短与温度有关，如在11.50℃时历时8分钟，20℃时只有5分钟。两次交尾之间所间隔的时间在一般情况下为30分钟左右。齿唇姬蜂产卵需要一定的光线，产卵集中在白天。有孤雌生殖现象，但后代均为雄蜂。雌蜂的产卵前期在13.40～23℃时，平均23时33分。孤雌生殖的雌蜂产卵前期显著延长，每头雌蜂的产卵量为12～370粒。寿命长，产卵量多，寿命短，则产卵量少。产卵高峰期一般在羽化后第三至第六天，临死前还能产出少量的卵。蜂的产卵高峰与寿命有关，雌蜂寿命为4～7天的蜂羽化后第二天产卵数急剧增加，第三天达到高峰；寿命分别为8～11天、12～15天和16～19天的蜂。产卵高峰分别为羽化后第4、5、6天；寿命20天以上的蜂，产卵高峰期也出现在第六天。产卵高峰期持续3～5天。

（四）寄主

寄主范围很广。已报道有近30种鳞翅目幼虫可被寄生。在棉田可寄生棉铃虫、烟青虫、棉小造桥虫、玉米螟、斜纹夜蛾、苜蓿夜蛾、黄地老虎等幼虫。当雌蜂发现寄主时，立即猛扑过去，螫刺一下很快飞离。螫刺历时1～2秒。棉铃虫齿唇姬蜂对1～3龄棉铃虫的幼虫均能寄生，而4龄的棉铃虫虽能寄生，但棉铃虫幼虫可与蜂咬斗，而使蜂致死；对5～6龄幼虫和嫩蛹不能产卵寄生。一般棉铃虫齿唇姬蜂每刺一下就产卵1粒，而产卵的部位除坚硬的头壳之外，身体的其他部位均可被产卵，但以第7～10腹节为最多。由于寄主的防卫能力和蜂的迅速猛产，就导致了蜂对寄主是否着卵识别能力较差，造成了严重的复寄生现象。在田间棉铃虫被寄生率仅37.6%的条件下，每头被寄生棉铃虫平均就有蜂卵和幼虫2.70头，最多5头，不过最后只有1头能完成发育。根据戴小枫(1990)在田间调查，棉铃虫1～4龄幼虫都可被寄生。但以2～3龄幼虫被寄生为主。据统计，棉铃虫幼虫平均寄生率，一龄期3.08%，二龄期34.54%，三龄期30.88%。在18～22℃情况下，被寄生的3龄棉铃虫幼虫，体长增长很慢。第四天停止取食，显著比未寄生者小，第六天则停止生长。被寄生的棉铃虫幼虫体色逐渐转黄发光，临死前1～2天体背中部变为黄褐色，停止活动。蜂的幼虫从棉铃虫幼虫体壁爬出。并在其附近结茧化蛹，寄主变为紧贴于茧旁的一张空皮。

六、螟蛉悬茧姬蜂

拉丁学名：*Charops bicolor* (Szepligeri)。该蜂生存于棉田、稻田。在我国主要分布于陕西、辽宁、北京、山东、河南、江苏、湖北、四川、福建、台湾、广东、云南等。

（一）寄主

主要为棉小造桥虫、鼎点金刚钻、棉铃虫、黏虫、稻苞虫、稻螟蛉。

8—9月间棉小造桥虫寄生率达5.2%～23.0%，可使较多的3～4龄幼虫死亡。

（二）生物特征

雌蜂体长8～10 mm。头、胸与腹部第2背板基半部的倒箭纹和后缘黑色，腹部其余与后足赤褐色，腹部腹面、触角第1、2节下面、前中足及翅基片黄色。前翅短，无小翅室。腹柄占柄节的3/4，后腹柄盘状并弯向上方。第2腹节以后显著侧扁，背板平滑有光泽。产卵器稍突出，短于腹部末2节背板长度之和。茧长6 mm，直径3 mm，质厚，圆筒形、两端略钝圆，灰色，上下有并列的黑色斑点、略似灯笼状。茧 7～23 mm 的长丝，系于植株上。茧圆筒形，长 10 mm，直径 2 mm，灰白色，外层有薄而稀疏的茧衣，内层致密。

七、卷叶虫绒茧蜂

拉丁学名：*Apanteles derogatae* Watanabe，寄生性天敌，寄主昆虫为棉大卷叶虫、棉小卷叶蛾，寄主为害棉花。

(一)生物特征

成虫体长 2.9～3.3 mm，黑色。头部颜面中央纵隆起，两侧稍凹陷，唇基成弧形拱起。触角、柄节和梗节棕黄色，柄节末端褐色，鞭节自基至端部由黄褐色至深褐色，倒数 2～5 节显著短小。颜面、唇基和颊具网状皱纹，上唇黄色，上颚深褐色，下唇和下颚须黄白色。后单眼与复眼距为两后单眼距的 1.5 倍，头顶有细而浅的刻点，无后头脊。中胸背板稍膨起，上具网状刻纹，小盾片三角形，刻纹少而浅，平滑有反光，并胸腹节具网状皱纹，有中纵脊和侧脊，中区为一大五边形。翅比体稍长，与触角约相等，基片深褐色，翅痣褐色，其他翅脉黄褐色，翅痣长为宽的 2.3 倍，比痣后脉约短五分之一，径脉第一段长为肘间横脉的 2 倍，稍短于翅痣的宽度，两脉相连处呈弧形，回脉长为肘间横脉的 1.75 倍，肘脉第一段的端段长为肘脉第二段的 1.83 倍，呈棕黄色。前足和中足基部、爪和爪垫褐色，后足基节光滑，黑色(除端部黄褐)，腿节、胫节和 1、2、3、5 跗节端部黑色，胫节距一长一短，长距为第一跗节长的二分之一。腹部与胸长相等，第一腹节背板长形，伸达第二腹节背板的中部，长为宽的 1.75 倍。将腹部取下从背面观察，第一腹节背板呈花瓶状，基部为颈状的瓶口，中部较宽，两侧缘平行，末端向后折曲为瓶底，底的中部稍内凹。从侧面看，基部向下倾斜，端半部中央呈瘤状隆起，背板两侧黄色，第二节背板甚短，仅为第一腹节背板的四分之一，但宽为它的 1.43 倍。第二节背板的基半部呈梯形，深褐色，前缘靠近第一腹节背板后缘，并与之相等，中部略呈弧形突出，端半部呈长方形，橙黄色。第二节背板恰似花瓶的底座，两侧和第三腹节背板以及第一至三节腹面黄色，其他腹节均为黑色。产卵管鞘深褐色，长为腹部的 0.73 倍。

卵长 0.2 mm 左右，白色，长椭圆形。

幼虫初孵出时白色，后变淡黄绿色，近老熟时体长 4.51 mm，宽 0.86 mm 左右，淡黄褐色，体中有黄褐色颗粒状内容物，尾端具泡状突起，突起一般缩入体内。

蛹淡黄色，锥形，尾端尖削，长约 3.5 mm 左右，触角仅达腹的中部。

(二)生活习性

此蜂寄生于棉大卷叶虫 1～2 龄幼虫体内，也寄生于棉小卷叶蛾幼虫，系单寄生，以 7—8 月发生较多。当棉大卷叶虫 1～2 龄幼虫分散卷叶时，此蜂便从卷叶外向内速刺，产卵于寄主幼虫体内，动作非常敏捷。卵孵化后，幼虫取食寄主体液，直到老熟，然后钻出，在寄主体旁结成长而硬的白茧，茧的一端还堆聚着寄主幼虫的粪便。此蜂对棉大卷叶虫 1～2 龄幼虫的寄生率一般在 10%左右。

八、黏虫白星姬蜂

拉丁学名：*Vulgichneumon leucaniae* Uchida，膜翅目，姬蜂总科，体长 13～15 mm。体黑色。生活在玉米田、稻田。国内分布于黑龙江、吉林、辽宁、河北、北京、山东、山西、河南、陕西、甘肃、江苏、上海、浙江、江西、湖北。

(一)生物特征

触角鞭节第8～12或8～13节(雌)、15～19节(雄)的上面、小盾片、后足转节及腹部第7背板中央一大圆斑均黄;雄蜂翅基片顶角及翅基部一小斑黄色;前足及中足胫节赤褐色。头、胸部密布刻点;后头脊完全;雌蜂触角在中部以后稍粗,端节近圆筒形,雄蜂触角至端部渐细;并胸腹节分区明显,基部中央有1个瘤状突起,中区近马蹄形,即其基角圆凸,后缘内凹,长稍大于宽。小翅室五角形。柄后部中央部分隆起,周缘有隆脊,具稀疏刻点,气门位于端部1/4处;第2、3背板拱起,强度硬化,密布刻点;第2节的窗疤小而明显,其间距离约为自身宽度的2倍多;产卵器短,刚伸出腹端。

(二)寄主

寄主有黏虫、玉米螟、棉铃虫、斜纹夜蛾、二化螟、稻苞虫。

其中黏虫中常见寄生蜂。幼虫期寄生,蛹期出蜂,寄生率10%左右,单寄生。偶有寄生于大螟、二化螟、稻苞虫。

九、甘蓝夜蛾拟瘦姬蜂

拉丁学名:*Neteliao cellaris*(Thomson),膜翅目,姬蜂科。分布在湖北、四川、云南、安徽、河南、山西、天津、山东、河北等。寄主昆虫有黏虫、甘蓝夜蛾、棉铃虫、烟青虫、小地老虎、茶毛虫等。寄主为害棉花、玉米、小麦、甘蓝、烟叶、茶等作物。

(一)生物特征

体长16～20 mm,黄褐色。头部带黄色,复眼、单眼座、上颚端齿、翅基片下1纹及产卵管鞘黑褐色。体光滑;单眼大,与复眼相接,单眼座隆起甚高;复眼在触角窝处明显凹陷。上颚扭曲,下端齿位于内方;后头脊明显。盾纵沟浅超过中央;小盾片两侧的纵脊达于后方。前翅小翅室近三角形,小脉位于基脉端侧;后小脉在中央上方截断处近于直角。爪呈栉齿状腹部侧扁,第1节最长,基部两侧凹陷极深,气门在基部1/3处。产卵管鞘长为膜末厚度的1.5倍。

(二)生活习性

寄生黏虫、甘蓝夜蛾、棉铃虫、烟青虫、小地老虎、茶毛虫。单寄生。成虫趋光性颇强。寄生棉铃虫5～6龄幼虫,蜂卵产在幼虫体外胸部侧面,蜂幼虫附着在寄主体表取食,成熟后在尸体附近结茧。蜂茧黑色,圆筒形,两端钝圆。茧长约16 mm,径约5 mm。以蜂茧越冬,翌年4月羽化。棉田主要发生在8～9月间。四川简阳1981年8月寄生第3代棉铃虫幼虫。

十、菲岛抱缘姬蜂

拉丁学名:*Temezucha philippinensis*(Ashmead),为膜翅目姬蜂科昆虫。寄生性天敌。寄主昆虫有二化螟、三化螟、稻纵卷叶螟、显纹纵卷水螟、稻苞虫。寄主为害作物水稻。

(一)生物特征

体长约9 mm。大体黄褐色;复眼、单眼区及周围头顶或连后头一部分、腹柄基部、第二背板基部倒三角形长纹、第三背板基部均黑色。雄蜂并胸腹节基部还有黑色大斑。结构与螟黄抱缘姬蜂相似,但侧单眼至复眼的距离约为单眼直径的1.3～1.5倍(雌)或1.0～1.1倍(雄);

并胸腹节中区稍宽予第二侧区；腹部更为细瘦、侧扁，第一背板下缘在腹面亦有部分相接触。第二背板较狭，长约为宽的 4.5 倍；产卵管鞘长度为后足胫节的 2.1 倍。

茧暗黄褐色，长约 10～11 mm，径 3 mm。

（二）生活习性

该种是稻田常见的种类，寄生于幼虫体内，单寄生，在寄主四、五龄时钻出结茧化蛹。

十一、广黑点瘤姬蜂

拉丁学名：*Xanthopimpla punctata* Fabricius。为膜翅目，姬蜂总科。分布于河北、北京、山东、河南、陕西、江苏、上海、浙江、安徽、江西、湖北、湖南、四川、台湾、福建、广东、广西、贵州、云南，在西藏也有分布。寄主昆虫有棉小造桥虫、红铃虫、棉大卷叶螟、金钢钻、玉米螟、镶纹夜蛾等，寄主主要为害棉花、玉米等作物。

（一）生物特征

雌蜂体长 10～12 mm，黄色，具黑斑。复眼、单眼区、中胸盾片上横列 3 纹、翅基片下方、并胸腹节第 1 侧区 1 纹，腹部第 1、3、5、7 背板上各 1 对斑点，后足胫节基部、产卵器鞘均呈黑色。头短，横形，窄于胸宽。并胸腹节光滑，分区明显，中区近梯形，分脊在后角附近伸出。腹部 1 至 6 节背板近后缘有浅横沟，第 3～6 节横沟前多粗刻点。产卵器鞘长于腹长的 1/2。

雄蜂常在腹部第 4 或第 6 背板上也有一对黑斑，但较小。

（二）发生规律

发生于 2—10 月间，对棉小造桥虫蛹寄生率达 10%～70%，对稻苞虫达 20%～40%，对这些害虫均有一定的抑制作用。

十二、松毛虫黑点瘤姬蜂

拉丁学名：*Xanthopimpla pedator* Fabricius，为膜翅目，姬蜂科。寄生性天敌。分布于浙江、江西、福建、广东、贵州、云南、山东、江苏、湖北、湖南、四川、广西等。寄主昆虫为二化螟、稻苞虫、马尾松毛虫、油松毛虫、一种枯叶蛾、樟蚕、柑橘绿凤蝶，寄主为害作物有水稻等。

（一）生物特征

前翅长 8～15 mm。体黄色。单眼区、额的一部分、头顶后方和后头的上方黑色。触角的柄节和梗节背方黑色，腹面黄色；鞭节几乎呈黑色。甚少第二背板无黑斑；雌蜂第七节无斑，或具 1 对小斑，但雄蜂第七节具 1 对大斑；第八节甚少具 1 对微弱小褐斑。后足转节腹面基方、胫节和基跗节的基端黑色，后足腿节后方通常有 1 个较大黑斑，有时前方也有 1 个黑斑。产卵管鞘黑色，基方 0.3 的背面黄色。胸宽约为高的 1.1 倍，在两个触角窝下方各有 1 条垂直的脊，甚低，略有弯曲，两脊之间具小刻点。中胸盾片在盾纵沟前端的横脊锋锐，盾纵沟长度约为该脊宽度的 1.5 倍。小盾片锥状，锥顶圆钝，两侧镶边颇高。并胸腹节在气门前方有一近似圆锥形隆起；中区略呈六边形，其长度比宽度稍小，甚少长逾于宽，分脊连接在它的中央稍后方处，侧纵脊在与基横脊连接处比与端横脊连接处更高。小翅室封闭。中足和后足爪的最粗的一根 刚毛末端扩大。后足胫节有 1～2 根端前粗刚毛。腹部第三、四节背板刻点通常密而较小第三节在两个黑斑之间至少有 40 个刻点；第四节黑斑内的刻点较密，刻点与刻点之间的距离约为刻点直径的 0.3～1.0 倍。产卵管鞘较直，其长度约为后足胫节的 0.82～1.2 倍。

十三、麦蚜茧蜂

拉丁学名：*Ephedrus plagialor* (Nces)。是茧蜂科的一种，寄生性天敌。寄主昆虫有麦长管蚜、桃蚜、橘二叉蚜、忍冬蚜、麻疣额蚜、虎耳蚜 。寄主为害作物有小麦、柑橘。

（一）生物特征

麦蚜茧蜂是寄生在麦长管蚜上的主要寄生蜂，在被寄生蚜虫体内结茧化蛹。一世代历期为12～14天(在20℃左右)。雌蜂体长2.0～2.9 mm，触角长1.1～1.7 mm。头横形，与胸部等宽；上颊与复眼横径等宽，向后显著收敛；后头脊明显；颜面为头宽的1/2，近方形；颊较短，为复眼纵径的1/4；唇基与脸分隔不明显，长为宽的2倍；单眼3个。触角11节，线形，末端不加粗，中胸盾纵沟的前端1/3明显而深。前翅的翅痣长为宽的4～5倍，径脉第2段为第1径间脉等长或略稍长。前足胫节长度为第1跗节的2.7～2.8倍，第1跗节为第2跗节的2.2～2.5倍。并胸腹节具近五边形的小室。腹柄节长度为气门瘤间宽度的2.6倍，两侧具细纵脊，中间的纵脊短而末端分叉。腹部纺锤形。产卵器鞘长而窄，其宽度基部为末端的2倍。雄蜂体长1.7～2.0 mm，触角长1.1～1.7 mm，触角比雌性长而粗。除外生殖器外，其他与雌性相似。

（二）生活习征

我国记载寄主有麦长管蚜、桃蚜、橘二叉蚜、忍冬蚜、麻疣额蚜、虎耳蚜等；日本记载寄主尚有绣线菊蚜、豆蚜、竹蚜、蔷薇绿长管蚜，寄主较多。陕西省关中4、5月发生于麦田，主要寄生于麦长管蚜。蚜虫被寄生后，僵蚜黑色，蜂由体末端羽化出；寄生率低，发生量很少。

十四、燕蚜茧蜂

拉丁学名：*Aphidius gifuensis* Ashmead，又称烟蚜茧蜂。寄生性天敌。寄主有麦二叉蚜、麦长管蚜、棉蚜、大豆蚜、桃蚜。寄主为害小麦、棉花、大豆、油菜、甘蓝、白菜。分布于陕西、河北、山东、江苏。

（一）生物特征

成虫体长2.0～2.7 mm，翅长1.8～2.5 mm，触角长1.9～2.1 mm；体橘黄色至黄褐色。头部黑色横宽，表面光滑，有光泽；复眼、单眼黑色；复眼大，有短毛；单眼呈锐角至直角排列于头顶；触角线状，棕褐色，雌16～18节，多为17节，雄19～20节，基部2节及鞭节第1节显黄色；颜面褐黄色，唇基、上唇、上颚及须黄色。胸部背面棕褐色，有时具橘黄色斑，侧面及腹面淡黄至黄褐色；中胸盾片前方垂直落砌于前胸背板上，盾纵沟在前方向上隆起处明显，沿盾片边缘和盾纵沟有较长细毛；并胸腹节上的中央小室狭长。腹部较胸部色淡；腹柄节细长，向后端渐膨大，中部背面稍缢缩；腹背面具皱，中间有微弱纵脊。雌产卵器短粗，末端平截。翅透明，翅脉褐色；前翅翅痣披针形，痣后脉与翅痣约等长；径脉第1段长于第2段；径间脉和中脉加中间脉色浅。足黄褐色中微带黑色；前、中足胫节与跗节约等长，后足胫节短于跗节。

（二）生活习性

烟蚜茧蜂除寄生于麦二叉蚜、麦长管蚜外，亦在棉蚜及大豆蚜上寄生。在荠菜、油菜、甘蓝、白菜等植物上的桃蚜、棉蚜、大豆蚜等多种僵蚜内越冬。4、5月成虫在麦田大量发生，产卵于蚜虫体内，被寄生蚜虫变为僵蚜；4月多寄生于麦二叉蚜，5月以后随着麦长管蚜的发展，烟蚜茧蜂大量寄生于麦长管蚜，据调查5月中旬麦穗上僵蚜率可达30%左右；僵蚜中烟蚜茧蜂占50%～80%。麦长管蚜被寄生后，多爬至麦芒上头向下，体色变淡，而后成为僵蚜。5月下旬蜂大部羽化，迁出麦田至有寄主的烟草、棉花等作物上，但在棉田数量很少，9、10月对烟草上的烟蚜有明显控制作用。

十五、螟蛉绒茧蜂

拉丁学名：*Apanteles ruficrus* (Haliday)，为膜翅目，茧蜂科。分布在黑龙江、吉林、辽宁、北京、山东、山西、河南、陕西、浙江、江苏等。寄主昆虫有黏虫、劳氏黏虫、禾灰翅夜蛾、条纹螟蛉、二化螟、三化螟、稻纵卷叶螟、稻苞虫、稻眼蝶、棉铃虫、棉小造桥虫、斜纹夜蛾、银纹夜蛾等。寄主为害水稻、棉花等作物。

(一)生物特征

成虫体长约2.3 mm。体褐色，腹面带褐色，第1腹节两侧有黄色边，少数第3节或以后带黄褐色或红褐色，足大体黄褐色，后足基节(除末端外)黑色，后足腿节末端、胫节两端或仅末端、跗节及爪暗褐色；翅透明，翅脉及翅痣淡黄褐色。头密布细毛，有光泽，颜面密布刻点，有稍隆起的中纵线，中胸盾片密布刻点，盾纵沟及后方中央的刻点粗而密；小盾片上有刻点；并胸腹节有网状皱纹，无完整中脊。前翅胫脉第1段从翅痣下缘中央偏外方伸出，其长与肘间脉相等或稍短、两脉相连处向外方曲折明显，两脉均比回脉短；后足基节有粗皱。腹部第1节背板梯形，后缘宽与长度约相等，有粗网纹，第2背板近于纵列，侧缘光滑，以后各节光滑。产卵器短，背面不能见。雌蜂触角倒数第2～6节的长度比在1.5倍以下。茧圆筒形，长2.5～3.0 mm，白色或稍带淡黄色，质地较厚，一般十余个至30余个平铺成块，偶尔有不规则重叠。

(二)生活习性

寄主很多，以夜蛾科幼虫为主。在稻田内的寄主有黏虫、劳氏黏虫、禾灰翅夜蛾、条纹螟蛉及二化螟、三化螟、稻纵卷叶螟、稻苞虫和稻眼蝶等。其他重要寄主有棉铃虫、棉小造桥虫、斜纹夜蛾、银纹夜蛾等。此外，据记载还有小地老虎、菜夜蛾、草地螟、玉米螟、小菜蛾等二十多种寄主。蜂产卵于稻螟蛉幼虫体内，孵化后即取食寄主的内含物。被寄生的稻螟蛉幼虫，至后期行动明显迟缓，体色变淡。在浙江，5—6月时，蜂的幼虫约经10～11天即已成熟。从6月17日至7月30日，可育出完整的三个世代。成熟的幼虫从螟蛉幼虫体表钻出，体呈淡黄绿色，可透见食道内绿色，环节明显，前方较细且不停活动，颇似小蛆。在寄主虫体附近稻叶上分别吐丝结茧，茧块单层，偶有不规则重叠，结茧约2～3h完成。一条稻螟蛉幼虫平均有螟蛉绒茧蜂茧21.04个(7～53个)。蜂幼虫钻出后，螟蛉幼虫体壁上可见若干黑色小点(孔)，身体越加皱缩，约经半日即死亡。

成虫羽化孔在茧的一端，咬一弧形裂缝爬出，依此羽化孔的位置和形状，可与其他重寄生蜂区别。性别比平均为86.32%。刚羽化的成虫即行交尾。成虫在稻叶上爬行极为迅速，亦可飞翔以寻找寄主寄生。据1963年5月至7月在浙江东阳调查：早稻秧田及本田内的寄生率逐渐上升，7月初可达51%，而稻螟蛉虫口亦大大下降；7月中、下旬，早稻本田和晚稻秧田内稻螟蛉幼虫被寄生的也很多，不过，此时早稻田内的茧大部分结在稻株基，常不被注意。在黏虫幼虫上的寄生率，以云南思茅酱文农场调查到的最高，1974年4月为87%；在浙江20世纪50年代一般有50%，70年代初期因频繁用药，此蜂寄生率有时不到1%，近几年实行“综合防治”减少用药后，又逐步增多。

螟蛉绒茧蜂数量增加后，其重寄生蜂的活动也相应上升，有时可高达50%以上，其中个别茧块的茧粒，甚至全部都被重寄生。重寄生的蜂种，以绒茧金小蜂最多，此外还有负泥虫沟姬蜂、螟蛉折唇姬蜂、斜纹夜蛾刺姬蜂、盘背菱室姬蜂、黏虫广肩小蜂、菲岛黑蜂。

雌蜂触角倒数第2～6节的长度比在1.5倍以下。

茧圆筒形，长2.5～3.0 mm，白色或稍带淡黄色，质地较厚，一般十余个至30余个平铺成块，偶尔有不规则重叠。

（三）发生规律

成虫产卵于幼虫体内，黏虫3、4龄幼虫寄生率最高，被寄生幼虫活动和食量均减少，体渐变黄褐色。一般自产卵至蜂幼虫老熟约10天，钻出寄主体外结茧，蛹期3～6天。重寄生蜂有稻苞虫金小蜂、盘背菱室姬蜂和黏虫广肩小蜂。

十六、黏虫绒茧蜂

拉丁学名：*Apanreles kariyai* Watanabe。寄生性天敌。寄主昆虫有黏虫、稻螟蛉、小地老虎等幼虫。分布于陕西、吉林、黑龙江、辽宁、北京、山西、浙江、四川、台湾。

（一）生物特征

头顶平滑有光泽，颜面有浅刻点。中胸盾片具稀疏刻点，后缘平滑；并胸腹节有发达的网状皱纹，无完整中脊；前翅胫脉第1段自翅痣2/3处伸出，稍短于翅痣宽度，与肘间横脉等长，两脉相连处向外方曲折明显，回脉稍短于肘间横脉，肘脉第1段端段与第2段着色部分约等长。后足基节有细刻点，胫节的2距等长，约为基跗节长度的1/3。腹部第1背板基部比端部略狭，长度略大于端部宽度，后缘角近于直角。产卵管短，背面不能见。茧长约3.5 mm，长筒形，白色，质地较薄，数十个成排重叠排列成块，外被一层厚的白色棉絮状丝团，茧块大小，形状不一，长约9～18 mm。

成虫体长约2.5 mm。体大部分黑色，局部区域黄褐色；触角约与体等长，暗褐色；须淡黄色；足黄褐色，单胫节末端，跗节及后足腿节末端带暗褐色；翅透明，翅基片、翅痣及翅脉褐色；腹部第2背板端半、第3、4背板全部或端半部及两侧、腹部腹面（除末端外）为黄褐色，其余部分黑褐色至黑色。

（二）生活习性

成虫产卵于黏虫幼虫体内，黏虫6龄时，蜂幼虫老熟钻至寄主体外作茧化蛹，小茧外被一层厚绒茧，黏虫空壳附在茧上。每段绒茧内有小茧约35个。被寄生黏虫往往爬到麦穗上或爬向田外。陕西省武功县6月初田间出现黏虫幼虫被寄主，至9月连续发生。室内饲养，8月12日接蜂，8月27日蜂羽化，不到半月可发生1代。

（三）发生情况

多寄生于幼虫体内，黏虫以4～6龄幼虫寄生率最高，为麦田、玉米田和稻田中黏虫的主要优势种天敌。每茧块平均出蜂48头，最高109头。重寄生有盘背菱室姬蜂、黏虫广肩小蜂和稻苞虫金小蜂。

十七、螟虫长距茧蜂

拉丁学名：*Macrocentrus linearis*（Nees），为膜翅目，姬蜂科。分布于吉林、辽宁、内蒙古、河北、河南、浙江、江苏、湖北等。寄主昆虫有玉米螟等，寄主主要为害玉米等作物。寄生性天敌。

（一）生物特征

成虫体长 4 mm 左右。头黑色。触角柄节和梗节黄褐色，鞭节自基部至端部由淡褐色至暗褐色，每一鞭节的末端色较深，因而呈现环状。胸部黄褐色，后胸背板颜色略深。足黄至黄褐色。翅透明，翅痣与翅脉暗褐色，翅痣与翅后脉灰黄色。腹部褐色，或带暗黑色。产卵管褐色，鞘暗褐色。头横宽，颜两具浅而稀疏的刻点，上颚短，端部不相接，齿很短，颚须最长的一节明显地短于触角第二鞭节，颚眼距为唇基长的一半，单、复眼间距离为单眼直径的 2 倍。盾纵沟有窝，在后部相遇。前翅胫脉第二段和第一肘间脉等长，小脉盾叉式，但不明显，后翅胫室具柄。并胸腹节有皱纹。腹部细长，第一至第三背板具纵细刻线。产卵管比体长。

（二）生活习性

各个不同发育阶段历期的长短，主要受温度的影响：在 23～28.50℃的温区内，随着温度的升高，而发育历期逐渐缩短。在相同条件下，随着寄主龄期的加大。发育历期逐渐缩短，有效积温亦减少。卵和幼虫期的长短，除与寄主代次有关外，还与寄主幼虫所处龄期有关。螟虫长距茧蜂不论寄生于哪一龄期寄主幼虫，都要到寄主高龄后期，茧蜂幼虫才发育成熟钻出寄主体外化蛹。故寄生寄主幼虫龄期愈小，茧蜂的卵和幼虫期愈长；反之寄生寄主幼虫龄期愈大，茧蜂的卵和幼虫期则短。如蜂寄生玉米螟各龄期卵和幼虫的历期分别是：寄生一龄幼虫，蜂的平均历期为 19.27 天，二龄为 15.29 天，三龄为 13.93 天，四龄为 13.67 天，五龄为 13.83 天（黄允龙 等，1986）。

螟虫长距茧蜂在山东省栖霞县以卵或幼虫于 11 月在玉米螟幼虫虫体内越冬，翌年 6 月上旬从玉米螟老熟幼虫钻出，结茧化蛹，8 月羽化。在该地区一年发生 2～3 代，个别情况下寄生于 4～5 龄寄主幼虫可发生 4～5 代。

成蜂寿命的长短与温度和补充营养有关，如在 30℃情况下，平均寿命为 55 小时；25℃为 85 小时；20℃为 172 小时；4～5℃为 212 小时。在 23℃情况下，若喂 20%红糖水，平均寿命 127 小时，只喂水为 95 小时，水糖均不喂只有 44 小时。

根据刘德钧（1984）试验，螟虫长距茧蜂蛹期发育起点温度为 10.90℃，有效积温为 152.30℃·d。把茧放在 8～9℃低温条件下，保存 15 天以内的茧与来被处理的茧羽化的成蜂对寄主寄生能力差异不大。

（三）寄生繁殖

已知螟虫长距茧蜂在棉田可寄生玉米螟、棉铃虫、棉小卷叶蛾、红铃虫幼虫。成蜂羽化后，大多 1～3 小时内进行交配，历时 30 秒钟。雌蜂有多次交配习性。雌蜂不论交配与否，当天就可产卵。在寻找寄主时，如遇到寄主粪便或丝网时，即用触角探索，并用产卵管不断探蜇，当碰到寄主时即迅速猛刺将卵产下，历时 1 秒钟。雌蜂可寄生多个寄主。未经交配的雌蜂所产的子代全为雄蜂。经交配的雌蜂可产两性个体，属多胚生殖。1 头雌蜂平均可寄生玉米螟 10～15 头，最多可达 23 头以上。1 头雌蜂可繁殖的子蜂数一般在 500～800 头，最多可达 1400 头以上。玉米螟幼虫1～5龄均可被寄生，但龄期愈低，寄生率愈高。寄主虫龄对子代蜂的性比影响较大，用一、四、五龄寄主繁育的子蜂雄性多于雌性，用二、三龄寄主繁育的子蜂，雌雄性比接近于1∶1。蜂对一龄寄生率虽高，但寄主死亡率也高，随着寄主龄期增大，死亡率逐渐减少。根据室内试验，雌蜂不直接寄生裸露的寄主幼虫。寄主粪便以及结网是诱集雌蜂寄生的重要因素。寄主幼虫如玉米螟幼虫被寄生后，在五龄以前外部症状和活动能力均和正常幼虫无显著区别，但到老熟时，被寄生幼虫，虫体肿胖，体壁光亮，行动迟缓。将虫体拿起对光观察可见虫体内有蛆状幼蜂。

十八、红铃虫甲腹茧蜂

拉丁学名：*Chelonus pectinophorae* Cushman。膜翅目、茧蜂科动物，分布于湖北、江苏、浙江、台湾、江西、上海、四川、陕西、河南、山西、黑龙江等地。寄生性天敌。寄主昆虫为红铃虫。寄主为害棉花。

（一）生物特征

雌蜂体长3.20 mm左右，黑色。触角的柄节和梗节红褐色至黑褐色，两颊浅黄褐色。前、中足的基节黑色（端部红褐色至黑褐色）。转节、腿节红褐色，胫节、跗节黄色（端部略黑）；后足黑色，基节端部、转节、腿节基部、胫节基部2/3或中部、跗节（除端部）为红黄至白黄色。腹部前端2/5（基部黑包）黄白色。触角短，近端部的几节长稍大于宽，头顶、颊、后颊、额两边具细刻点。颜面具微细颗粒，暗淡。唇基有微细刻点，较颜面光泽强。前胸背板具网状皱褶，中胸背板端部中央有密细小刻点，其两侧及端部粗糙，有网状刻点，具光泽。并胸复节粗糙，具网状皱褶。前翅胫脉第一段比第二段稍短，第一、二段相接处形成一清楚的角。腹甲基部稍窄，近端部最宽，其长约为基部宽的3倍，约为最宽处的2.50倍，具纵线皱褶，近端部皱褶呈网状，并密生细短毛。产卵管细长，不超过腹甲端部。

雄蜂与雌蜂相似，但触角细长，同体长差不多，前翅除第二肘间脉外，所有翅脉褐色至暗褐色，后翅较雌蜂色暗。

卵长0.14 mm；宽0.04 mm。白色，微弯，一头较大。

老熟幼虫体长5.33 mm；宽1.23 mm左右。黄褐色，体内呈现黄褐色颗粒。

茧长椭圆形，长4 mm，宽2 mm左右。黄白色。茧端附有寄主幼虫的头部和皮壳。茧较柔软，从外面隐约可见内面的蛹。

蛹体长5 mm左右，淡黄褐色。腹部膨大；第3～6节两侧各有三角形突起。触角达腹部第一节。

（二）生活习性

在棉田已知可寄生红铃虫、鼎点金钢钻、棉大卷叶螟。是卵至幼虫跨期寄生蜂。雌蜂将卵产于寄主卵内，当寄主卵孵化为幼虫后，蜂卵才发育成熟孵出，在寄主体内取食生长，并随着寄主老熟而长大，然后从寄主体内脱出，并结茧化蛹，单寄生。蛹期越冬代17天左右；7—8月10天左右。被寄生的红铃虫幼虫，初看起来与健康红铃虫幼虫并无异样。蜂幼虫爬出寄主体外时，寄主体内物质并未全部吃光，可见到连同表皮的剩余物堆在幼虫身体附近。幼虫爬出后多数结茧化蛹，也有少数不结茧，直接化蛹发育至成蜂（黄敏，1983）。成蜂寿命，越冬代平均10天左右，其他代平均15天左右。

在长江流域棉区，越冬代红铃虫甲腹茧蜂于5月下旬大量羽化。此时，越冬红铃虫处于始蛹阶段，蜂产卵于其他寄主体内，7月上旬转移到红铃虫产卵寄生，以后在棉田中出现世代重叠，直至随寄主越冬。

十九、周氏啮小蜂

拉丁学名：*Chouioia cunea* Yang。是姬小蜂科啮小蜂属的一种优势寄生蜂，寄生率高、繁殖力强，对美国白蛾等鳞翅目有害生物"情有独钟"，能将产卵器刺入美国白蛾等害虫蛹内，并在蛹内发育成长，吸尽寄生蛹中全部营养，素有"森林小卫士"之美誉。除了美国白蛾，在自然界中还可寄生多种鳞翅目食叶害虫（如榆毒蛾 *Ivela ochropoda* (Eversmann)、柳毒蛾 *Stilprotia salicis* (Linnaeus)、杨扇舟蛾 *Clostera anachoreta* (Denis et Schiffermüller)、杨小舟蛾 *Micromelalopha troglodyta* (Graeser)、大袋蛾 *Clania vartegata* Snellen、国槐尺蠖 *Semiothisa cmerearia* (Bremer et Grey))，能保持较高的种群数量。

（一）生物特征

雌成虫体长1.1～1.5 mm。红褐色稍带光泽，头部、前胸及腹部色深，尤其是头部及前胸几乎成黑褐色，并胸腹节、腹柄节及腹部第一节色淡；触角各节褐黄色；上颚、单眼褐红色；胸部侧板、腹板浅红褐色带黄色；3对足及下颚、下唇复合体均为污黄色；翅透明，翅脉色同触角。

头部正面观宽于高(24:19)，触角窝中部位于复眼下缘的连线上；触角11节，梗节与鞭节的长度之和与头宽（背观）相等；触角洼下缘下延达唇基基部，脸部在唇基基部处隆起最高。唇基基部两侧角各具1小陷孔。

两侧单眼间距是侧单眼到中单眼距离的2倍。颚眼距明显小于口宽(5∶10)。

前胸背板除后缘有1排鬃毛外，其他部分也生有较密的黑色短毛，贴伏。中胸背片中叶上散生着30根左右刚毛；两侧叶上的刚毛也较密，但三角片上无毛。中胸小盾片上的浅而细的网状刻纹明显较密且小，似乎形成1纵线。中胸小盾片略呈八边形，长宽近相等，但两后侧角明显向外延伸，显得小盾片后部较宽；小盾片在前面1对鬃毛着生处的宽度与2后侧角处的宽度为9∶10.5；小盾片上的2对长鬃毛紧靠两侧着生。

前翅长为宽的2倍，基室正面在端部的中部生有毛2根；基室外方区域内的纤毛比翅面其他区域的纤毛稍稀；基脉上有毛，肘脉及亚肘脉上在基室长度的1/2前后开始生有1排整齐的纤毛；缘脉上的鬃比痣脉上的明显为长；亚缘脉与缘脉及痣脉的长度为12∶19∶5。

腹柄背观长度为并胸腹节长度的1/2。腹部圆形，长宽相等，背面常有浅的塌陷，背观腹部宽度比胸部明显为大(28∶21)。腹部长度比胸部略小(28∶30)。腹部在第二节后缘及第三节前缘处最宽，向前向后逐渐变狭；第七节最小，圆锥形位于腹末，各节长度之比为10∶5∶4∶4∶4∶5∶2∶1；位于腹末的尾须鬃很明显，每个尾须上的3根鬃毛中，有1根特别长，长度是其他的2根的2倍。

雄成虫体长1.4 mm左右，近黑色略带光泽，并胸腹节色较淡，腹柄节、腹部第一节基部为淡黄褐色，触角及2分裂的唇基片黄褐色，足除基节色同触角外，其余各节均为污黄色。

头部正面宽显著大于高(22∶14)，在一些骨化程度很弱的个体标本中，连中单眼也陷入颜面中部的塌陷中；在两触角窝之间的脸部的倒"V"字形缺口两侧各着生相向生长的刚毛5根；2唇基裂片外侧、颜面端部与上颚前端部形成的半圆形凹入部分的缘部分有很密的刷状毛。上颚内方端部密生白色短毛、上颚外方稍凹陷，表面密布颗粒状突起。

胸部中胸小盾片上的前1对鬃毛着生位置在中部稍前一点；后盾片在中部稍比其前方的中胸盾片沟后区为长(2.5∶2)，此沟后区两侧前方的2/3部分为一系列短纵脊，中部及两侧1/3的后缘部为不规则的密的纵脊；并前胸腹节上的气门比雌性略小，着生于该节长度的1/2处，与并胸腹节前缘的距离稍大于气门直径；气门前方有1凹陷。前中后足胫节上的距均与第一跗等长。

腹部背观卵圆形，背面及腹面均生有密毛，宽度与长度都比胸部显著为小(宽23∶28，长28∶36)。

(二)繁殖习性

周氏啮小蜂1年发生7代，以老熟幼虫在美国白蛾蛹内越冬，群集寄生于寄主蛹内，其卵、幼虫、蛹及产卵前期均在寄主蛹内度过。雌蜂平均怀卵量270.5粒，雌雄比为44∶1～95∶1，人工接蜂时雄蜂可忽略不计。冬季无滞育现象。

成蜂在寄主蛹中羽化后，先进行交配(无重复交配现象)，随后咬一"羽化"孔爬出，其余的成蜂均从该孔羽化而出。刚羽化的成蜂当天即可产卵寄生。从卵产入寄主蛹中至成蜂羽化、咬破寄主蛹壳出来这一时期的有效积温和发育起点温度分别是365.12℃·d和6.14℃。

人工繁殖时可用当天"羽化"出来的雌蜂接蜂，或"羽化"出后1～2天的雌蜂接蜂。接蜂后，雌蜂异常活跃，迅速爬到寄主体上，伸出产卵器，试探着刺入寄主蛹中，然后产卵。

(三)投放时机

美国白蛾老熟幼虫期和化蛹初期为最佳放蜂期。放蜂应选择气温25℃以上、晴朗、风力小于3级的天气，10:00—16:00之间进行。

(四)投放方式

把即将羽化出蜂的柞蚕茧用皮筋套挂或直接挂在树枝上，或用大头针钉在树干上，让白蛾周氏啮小蜂自然羽化飞出。为防止其他动物侵害，可用树叶覆盖。

(五)投放数量

一个防治区内总放蜂量根据美国白蛾的数量和放蜂方式决定。接种式释放蜂虫比1∶1为宜，淹没式释放蜂虫比3∶1为宜。一般来讲，放置四五个孕育啮小蜂的蚕茧壳，即可消灭掉1亩杨树林的美国白蛾等害虫，每个蚕茧内可拥有5000头左右的啮小蜂。以此推算，24亿头啮小蜂，可保护约14万亩白杨林免遭病虫害。

(六)投放次数

重点防治区应进行淹没式放蜂防治，再连续进行接种式放蜂防治。预防区应采取连续接种式放蜂防治。1个世代应释放2次蜂，第1次应在美国白蛾老熟幼虫期，第2次宜在第1次放蜂后7～10天(即美国白蛾化蛹初期)进行。也可将白蛾周氏啮小蜂发育期不同蜂蛹混合一次性放蜂。

二十、七星瓢虫

拉丁学名：*Coccinella septempunctata*。是鞘翅目瓢虫科的捕食性天敌昆虫，成虫可捕食麦蚜、棉蚜、槐蚜、桃蚜、介壳虫、壁虱等害虫，可大大减轻树木、瓜果及各种农作物遭受害虫的损害，被人们称为"活农药"，俗称"花大姐""金龟""新媳妇"等(图35)。

图 35　七星瓢虫(黄健 摄)

分布在我国北京、辽宁、吉林、黑龙江、河北、山东、山西、河南、陕西、江苏、浙江、上海、湖北、湖南、江西、福建、广东、四川、云南、贵州、青海、新疆、西藏、内蒙古等地，常见于农田、森林、园林、果园等处(林乃铨，2010)。

(一)生物特征

雌虫体长 5.70～7 mm，宽 4～5.60 mm，呈半球形，背面光滑无毛。刚羽化时鞘翅嫩黄色，质软，3～4 小时后逐渐由黄色变为橙红色，同时两鞘翅上出现 7 个黑斑点，位于小盾片下方者为小盾斑，小盾斑被鞘缝分割成两半。另外，在每一鞘翅上各有 3 个黑斑，鞘翅基部靠小盾片两侧各有 1 个小三角形白斑。头黑色，额与复眼相连的边缘上各有 1 淡黄色斑。复眼之间有两个淡黄色小点，有时与上述黄斑相连。触角栗褐色，稍长于额宽，锤节紧密，侧缘平直，末端平截。唇基前缘有窄黄条，上唇、口器黑色，上颚外侧黄色。前胸背板黑色，两前角上各有 1 个近于四边形淡黄色斑。小盾片黑色。前胸腹板突窄而下陷，有纵隆线，后基线分支。足黑色，胫节有 2 个刺距，爪有基齿。腹面黑色，但中胸后侧片白色。第六腹节后缘凸出，表面平整。

雄虫第六腹节后缘平截，中部有横凹陷坑，上缘有一排长毛。

卵长 1.26 mm；宽 0.60 mm。橙黄包，长卵形，两端较尖。成堆竖立在棉叶背面。每块卵一般 20～40 粒，最多达 80 粒。

幼虫共 4 龄。各龄期的主要特征：

一龄体长 2～3 mm。身体全黑色。从中胸至第八腹节，每节各有 6 个毛疣。

二龄体长 4 mm。头部和足全黑色，体灰黑色。前胸左右后侧角黄色。腹部每节背面和侧面着生 6 个刺疣，第一腹节背面左右 2 刺疣呈黄色，刺黑色。第四腹节背面刺疣黄色斑不显。其余刺疣黑色。

三龄体长 7 mm。体灰黑色。头、足、胸部背板及腹末臀板黑色。前胸背板前侧角和后侧角有黄色斑。腹部第一节左右侧刺疣和侧下刺疣橘黄色，刺黑包。第四节背侧 2 刺疣微带黄色，其余刺疣黑色。

四龄体长 11 mm 左右。体灰黑色。前胸背板前侧角和后侧角有橘黄色斑。腹部第一节和第四节左右侧刺疣和侧下刺疣均有橘黄色斑。其余刺疣黑色。

蛹体长 7 mm，宽 5 mm。体黄色。前胸背板前缘有 4 个黑点，中央 2 个呈三角形，前胸背板后缘中央有 2 个黑点，两侧角有 2 个黑斑。中胸背板有 2 个黑斑。腹部第 2～6 节背面左右有 4 个黑斑。腹末带有末龄幼虫的黑色蜕皮。

(二)生活习性

除了冬季外,户外蚜虫堆间均有机会找到前来觅食的成虫。本种分布非常普遍,但是较少成群群聚。年发生多代。以成虫过冬,次年 4 月出蛰。产卵于有蚜虫的植物寄主上。成虫和幼虫均以多种蚜虫、木虱等为食。系益虫,应予保护。捕食害虫有棉蚜、麦蚜、豆蚜、菜蚜、玉米蚜、高粱蚜。

20 世纪 70 年代在黄河下游已开始用助迁法防治棉花和小麦蚜虫,90 年代开始人工繁殖,并用于生产。七星瓢虫以鞘翅上有 7 个黑色斑点而得名。每年发生世代数因地区不同而异。例如,在河南安阳地区每年发生 6～8 代。北方寒冷地区,每年发生世代数则较少。七星瓢虫成虫寿命长,平均 77 天,以成虫和幼虫捕食蚜虫、叶螨、白粉虱、玉米螟、蚜虫、棉铃虫等幼虫和卵。七星瓢虫 1 只雌虫可产卵 567～4475 粒,平均每天产卵 78.4 粒,最多可达 197 粒。七星瓢虫取食量大小与气温和猎物密度有关。以捕食蚜虫为例,在猎物密度较低时,捕食量随密度上升而呈指数增长;在密度较高时,捕食量则接近极限水平。气温高的条件下,影响七星瓢虫和猎物的活动能力,捕食率提高。据统计,七星瓢虫对烟蚜的平均日取食量为:1 龄 10.7 头,2 龄 33.7 头,3 龄 60.5 头,4 龄 124.5 头,成虫 130.8 头。七星瓢虫近 80 天的生命期可取食上万头蚜虫。七星瓢虫对人、畜和天敌动物无毒无害,无残留,不污染环境。

七星瓢虫有较强的自卫能力,虽然身体只有黄豆那么大,但许多强敌都对它无可奈何。它 3 对细脚的关节上有一种"化学武器",当遇到敌害侵袭时,它的脚关节能分泌出一种极难闻的黄色液体,使敌人因受不了而仓皇退却、逃走。它还有一套装死的本领,当遇到强敌和危险时,它就立即从树上落到地下,把 3 对细脚收缩在肚子底下,装死躺下,瞒过敌人而求生。

瓢虫之间还有一种奇妙的习性:益虫和害虫之间界限分明,互不干扰,互不通婚,各自保持着传统习惯,因而不论传下多少代,不会产生"混血儿",也不会改变各自的传统习性。

(三)田间释放

七星瓢虫大量繁殖后,可以放到田间,帮助人类消灭蚜虫和蚧虫。如棉田出现大量蚜虫为害,这时可以把七星瓢虫散放到棉田里,它就能将蚜虫吃掉。散发时,在棉田边走边放七星瓢虫,走几步放几只,为求散放均匀。

(1)掌握好散放时间,以傍晚时散放为宜。因为傍晚气温较低,光线较暗,七星瓢虫活动性较弱,不易迁飞。

(2)采用成虫和幼虫混放。因为幼虫没有迁飞能力,不会逃逸,而它也有吃蚜虫的本领。

(3)散发前一天停止喂食,再进行散放,可以降低七星瓢虫迁飞活动能力。

(4)散放后两天内,不进行中耕和其他田间管理,以免使七星瓢虫受惊迁逃。七星瓢虫在大田和保护地均可使用。

释放虫期一般为成虫和蛹期,在适宜气候条件下,也可释放大龄幼虫。在温室、大棚等保护地,也可释放卵液。

(1)释放成虫。成虫的释放一般应选在傍晚进行,利用当时气温较低,光线较暗的条件,释放出去的成虫不易迁飞。在成虫释放前应对其进行 24～48 h 的饥饿处理或冷水浸渍处理,降低其迁飞能力,提高捕食率。释放成虫 2 天内,不宜灌水、中耕等,以防迁飞。释放成虫后及时进行田间调查,以瓢蚜比为 1∶200 时为宜,高于 200 倍时,则应补放一定数量成虫,降低瓢蚜比，以保证防效。释放成虫的数量，一般是每亩放200～250头。靠近村屯的大田，七星瓢虫释放后，易受麻雀、小鸡等捕食，可适当增加释放虫量。在温室、大棚等保护地，可通过采点调查，计算出当时温室、大棚内的蚜虫总量，按1头瓢虫控制200头蚜虫释放成虫。

(2)释放蛹。一般在蚜虫高峰期前3～5天释放。将七星瓢虫化蛹的纸筒或刨花挂在田间植物中、上部位，10天内不宜耕作活动，以保证若虫生长和捕食，提高防效。

(3)释放幼虫。在气温高的条件下，例如气温在20～27℃，夜间大于10℃时，释放幼虫效果也好。方法是将带有幼虫的纸筒或刨花，采点悬挂在植株中、上部即可。可在田间适量喷洒1%～5%蔗糖水，或将蘸有蔗糖水的棉球，同幼虫一起放于田间，供给营养，提高成活和捕食力。

(4)释放卵。在环境比较稳定的田块或保护地，气温又较高，不低于20℃条件下，可以释放卵。释放时将卵块用温开水浸渍，使卵散于水中，然后补充适量不低于20℃的温水，再用喷壶或摘下喷头的喷雾器，将卵液喷到植株中、上部叶片上。喷洒卵液后10天内不宜垄间进行农事活动，以保证卵孵出幼虫，并提高成活率。释放的瓢蚜比应适当降低，一般为1∶10～20为宜。

二十一、龟纹瓢虫

拉丁学名：*Propylaea japonica* (Thunberg) 为鞘翅目，瓢虫科。分布于黑龙江，吉林，辽宁，新疆，甘肃，宁夏，北京，河北，河南，陕西，山东，湖北，江苏，上海，浙江，湖南，四川，台湾，福建，广东，广西，贵州，云南等。取食昆虫有棉蚜等，寄主主要为害棉花等作物。

(一)生物特征

体长3.4～4.5 mm，体宽2.5～3.2 mm。外观变化极大；标准型翅鞘上的黑色斑呈龟纹状；无纹型翅鞘除接缝处有黑线外，全为单纯橙色；另外尚有四黑斑型、前二黑斑型、后二黑斑型等不同的变化。

(二)生活习性

除了冬季外均可发现成虫，但在早春特别多。会捕食蚜虫、叶蝉、飞虱等，为益虫。斑纹多变（十多种），有时鞘翅全黑或无黑纹。常见于农田杂草，以及果园树丛，捕食多种蚜虫。它耐高温，7月下旬后受高温和蚜虫凋落的影响，其他瓢虫数量骤降，而龟纹瓢虫因耐高温，喜高湿，在棉花、芋头、豆类等作物田数量占绝对优势（90%以上）。在棉田7、8月以捕食伏蚜、棉铃虫和其他害虫的卵及低龄幼若虫。7—9月也是果园内的重要天敌，在苹果园取食蚜虫、叶蝉、飞虱等害虫(朴永范，1998)。

二十二、异色瓢虫

拉丁学名：*Harmonia axyridis* (Pallas)是昆虫纲，鞘翅目，瓢虫科的一种昆虫。异色瓢虫为了适应环境，保持种族的延续，背部颜色和斑纹出现多种变异类型。这些变化有其内在的规律，异色瓢虫是色型变化最多的瓢虫之一(图36)。

图36　异色瓢虫(戴爱梅 摄)

是我国分布最广的瓢虫之一，我国除广东南部、香港没有分布外，其他地区均有分布。国外的自然分布为日本、俄罗斯远东、朝鲜半岛、越南，并引入到法国、希腊等欧洲国家和美国。

异色瓢虫的卵在3～6天内孵化，整个幼虫阶段和成虫均可捕食蚜虫、介壳虫、木虱、鳞翅目昆虫的卵和小幼虫。成虫寿命较长，可生活几个月，有的长达1～2年。大龄幼虫平均每天捕食100多只蚜虫，其速度与使用化学农药相当，是很好的生物防治的物种。

(一)生物特征

身体半球形，头后部被前胸背板所覆盖；触角棒状；上颚基部有齿，端部叉状；鞘翅色泽和斑纹变异很大，鞘翅在7/8处有1条显著横脊，是鉴定该种的重要特征。幼虫体软，色暗，有黄、白斑点，3个单侧眼，上颚镰刀形，足细长，背部各节有瘤突和刺，腹末较尖，但无尾突。

(二)生活习性

历期。幼虫各龄期的发育时间均为三龄＜二龄＜一龄＜四龄。卵的发育历期随温度升高而缩短，其发育速率与温度呈逻辑斯谛曲线关系；幼虫期发育速率与温度呈抛物线形关系，其发育速率最大时的温度为31.25℃；蛹期的发育速率与温度也呈抛物线关系，发育速率最大时的温度为32.10℃。

存活率。各虫态的存活率受温度的影响较大。以21℃下对各虫期的生存均为有利，其存活率均在85%以上。

年生活史。在我国几个棉区均是以成虫呈休眠状态越冬。

繁殖与寿命。成虫羽化后5天左右开始交配，交配后5天左右开始产卵。一生需多次交配才能提高孵化率。雌虫一生可产10～20个卵块，单雌产卵量在300～500粒。成虫寿命的长短，视温度而异，寿命与温度呈负相关。奉命一般在35～40天，超过32℃以上高温，寿命就缩短，越冬代成虫的寿命可达250天以上。

捕食。成虫和幼虫除捕食棉蚜外，还可捕食棉铃虫的卵和低龄幼虫。其日最大平均捕食量，成虫捕食棉铃虫卵70粒左右，幼虫未见捕食棉铃虫卵；对棉铃虫初孵幼虫，成虫为70头，四龄幼虫为69头。异色瓢虫各个发育阶段对棉蚜的最大捕食量是：一龄幼虫期48头；二龄幼虫期75头；三龄幼虫期152头；四龄幼虫期530头；全幼虫期800头；成虫期4525头；全生育期为5325头。

异色瓢虫称得上是一种“超级杀手”，它能捕食多种蚜虫、蚧虫、木虱、蛾类的卵及小幼虫等，此外它还能捕食其他害虫。异色瓢虫移动性强，可在很大范围内搜寻寄主，迅速控制蚜虫等小个体害虫的种群数量。由于成虫寿命长、取食量大，释放后可立即发挥对目标害虫的控制作用，并且随着成虫产卵和幼虫的孵化，其控制作用越来越强。异色瓢虫是良好的生物防治物种，我国曾用异色瓢虫防治松树的大害虫日本松干蚧，取得了良好的效果。

二十三、深点食螨瓢虫

拉丁学名：*Stethorus punctillum* Weise。个体发育经卵、幼虫(共四个龄期)、蛹、成虫4个虫态的阶段。低龄幼虫捕食叶螨的卵及若螨，高龄幼虫和成虫捕食成螨。与叶螨在田间出现的时间较接近。耐低温的能力为成虫＞幼虫＞蛹。成虫有一定的耐饥能力。捕食叶螨的数量与叶螨密度呈负加速曲线关系。国内分布于湖北、浙江、四川、福建、河北、山东、黑龙江、辽宁、新疆、北京、河南、贵州、广东。捕食性天敌。寄主为红蜘蛛、叶螨，寄主为害作物有棉花、苹果、柑橘、梨、桑。

(一)生物特征

雌虫体长 2～2.60 mm,宽 1.10～1.50 mm。卵圆形,中部最宽。体黑色,口器、触角黄褐色,有时唇基亦为黄褐色。步足腿节基部黑褐色,末端或端部褐黄色;胫节及跗节褐黄色。后基线呈宽弧形,完整,后缘达腹部 1/2。头、头胸背板、鞘翅及腹面具刻点,全身密生白毛。腹部能见 6 节:以第一节最长。第六腹板后缘弧形外突。

雄虫第六腹板凹入。生殖器阳基细长,其侧叶及侧叶末端的毛突全长接近于中叶的长度,中叶细长而末端尖锐。从侧面看,自基部开始,渐次向内弯而端部稍外弯,弯管细长,自 1/2 处开始细丝状。

卵长椭圆形。长约 0.45 mm,宽约 0.21 mm 左右。初产时为淡黄白色。后变为黄色,孵化前变黑色。

幼虫共 4 龄,各龄期主要特征:一龄:初孵黄白色。体长 1.61 mm,宽 0.47 mm。头长 0.18 mm,宽 0.25 mm。胸部背中线两侧各有 1 深色斑点;腹部第 1～8 节各有毛疣 6 个,其上生 1 根刚毛。二龄:体长 2.29 mm,宽 0.72 mm;头长 0.29 mm,宽 0.34 mm。三龄:体长 2.60 mm,宽 0.81 mm;头长 0.30 mm,宽 0.37 mm。四龄:体长 3 mm;宽 0.95 mm。头长 0.31 mm;宽 0.43 mm。

蛹,卵圆形。长 3.48 mm,宽 1 mm。刚化蛹时为橘黄色,几小时后变黑,化蛹时间愈长颜色愈暗。体密生长刚毛,腹部第一节背面有 2 个较大毛疣,第 2～6 节背面各有 4 个毛疣,各毛疣上有 4～5 根刚毛。

(二)生活习性

历期与寿命。在 24～28℃,相对湿度 78%的条件下,完成一个世代需 20～26 天。其中卵期 3～4 天,一龄幼虫期 2 天,二龄幼虫期 2～3 天,三龄幼虫期 2 天,四龄幼虫期 2 天,全幼虫期 8～9 天;蛹期 6～8 天;成虫寿命 32～52 天。越冬代成虫寿命长达 220 天左右。江汉华等(1984)观察指出,深点食螨瓢虫的幼虫在 20～25℃温区内可蜕皮 4 次共有 5 个龄期。在 25℃以上,大部四个龄期,也有三个龄期的个体。沈妙青等(1994)根据实验的数据进行数理统计,得出在 28℃时世代平均历期为 37.90 天。

发育起点温度和有效积温。根据江汉华等(1984)的测定,深点食螨瓢虫各个不同发育阶段的发育起点温度和有效积温分别是:卵期 15.46℃和 58.06℃ · d;幼虫期 10.14℃和 138.59℃ · d;蛹期 7.85℃和 65.69℃ · d;成虫期 6.70℃和 719.30℃ · d;全世代 11.06℃和 829.21℃ · d。

年生活史。在辽宁省复县于 9 月下旬开始越冬,翌年 5 月下旬,当温度上升到 12℃以上时开始活动,6 月中、下旬结束越冬,全年发生 4～5 代。在河南省镇平县,10 月中、下旬当气温下降到 5℃时,成虫在树皮裂缝、墙缝、土块缝隙和枯枝落叶下越冬,翌年 3 月下旬至 4 月上旬开始活动,在梨、苹果、杂草上繁殖一代,后迁至春玉米田繁殖 2～3 代,7 月迁入棉田.在棉田内繁殖 2 代。9 月以后迁至越冬场所进行越冬,在该地区估计全年发生 5～6 代。江汉华等(1984)观察发现,在湖南省长沙市以第四、五代成虫于 11 月下旬越冬,翌年 3 月下旬开始活动,4—5 月形成第一代;第二代发生在 5—6 月。此代的种群数量较大。高温干旱的 7—8 月对第三代种群有一定的抑制作用。但该瓢虫无明显的越夏现象。第四代发生在 9 月,此时气温适宜,其种群数量又有增多,形成全年的第二个高峰。10 月出现第五代,于 11 月下旬以第

四、五代成虫呈休眠状态进行越冬。在越冬期间如果天气晴好，成虫仍进行取食活动。在贵阳一年发生6代，以第3～6代成虫越冬（沈妙青等，1994）。

繁殖。雌虫和雄虫均有多次交配习性。产卵前期一般3～5天，产卵期在22天左右，产卵量100粒左右；越冬代成虫产卵期可达90～160天，产卵量在500～700粒。卵散产在棉叶螨周围或棉叶螨网上。幼虫孵化后就在原处经15分钟左右时间后就开始取食。沈妙青等（1994）报道，雌虫产卵量多少与食物、温度等因素有关。25℃是产卵的最适温度，产卵期最长可达191天，产卵量平均210.50粒，多者可达338粒。在28℃时内禀增长能力最大（r＝0.0951），相应的周限增长速率A＝1.101，净增殖率为36.79。

捕食。成虫和幼虫均可捕食各个发育阶段的棉叶螨。一龄幼虫以捕食叶螨的卵为主；二、三、四龄幼虫和成虫以捕食棉叶螨的若螨和成螨为主。当棉叶螨发生量大时，瓢虫的成虫往往不把叶螨食尽就又寻找其他螨类取食。一头成虫日平均捕食成螨15头和卵及幼螨21头（粒），各龄幼虫日平均捕食25头（粒），四龄幼虫日食量最高可达30头以上。

二十四、食蚜蝇

拉丁学名：*Scaeva pyrastri*。成虫体小型到大型。体宽或纤细，体色单一暗色或常具黄、橙、灰白等鲜艳色彩的斑纹，某些种类则有蓝、绿、铜等金属色，外观似蜂。头部大。雄性眼合生，雌性眼离生，也有两性均离生。食蚜蝇卵一般产在蚜群中的为白色，长形，卵壳具网状饰纹。食蚜蝇分布很广，从辽宁到广东，从台湾到云南均有分布；国外也分布于东南亚，日本，朝鲜，俄罗斯等地。

（一）生物特征

食蚜蝇是常见的天敌昆虫，以幼虫捕食蚜虫而著称。但实际上，还有不少食蚜蝇种类，它们的幼虫并不捕食蚜虫，而是植食性的，幼虫在植物体内取食植物的组织，或者是腐食性的，幼虫以腐败的有机物或禽畜粪便为食。即使在捕食性食蚜蝇中，也可以其他昆虫为食，如捕食鳞翅目的幼虫、叶蜂幼虫，或甚至捕食其他的食蚜蝇幼虫。

食蚜蝇成虫腹部多有黄、黑斑纹，不少种类有明显的拟态现象，往往被误认为蜂。由于蜂很强大，腹末有刺，不好惹；食蚜蝇由于像蜂，从而起到保护作用。但如果我们仔细观察一番，不难区分。食蚜蝇属于双翅目，即体上只有一对翅膀，而蜂类属膜翅目，体上有二对翅膀；食蚜蝇的触角短，而蜂类触角较长；食蚜蝇的后足纤细，而常见的蜜蜂等蜂类有比较宽阔的后足，用以收集花粉。对于熟悉食蚜蝇的人来说，即使在飞行中也可以看出它们与蜂类的不一样来：食蚜蝇在飞行时能较长时间悬定于空中某一点，后突然飞到附近另一点，飞行动作平稳，而蜂类飞行时常常有轻微的左右摆动。

成虫体小型到大型。体宽或纤细，体色单一暗色或常具黄、橙、灰白等鲜艳色彩的斑纹，某些种类则有蓝、绿、铜等金属色，外观似蜂。头部大。雄性眼合生，雌性眼离生，也有两性均离生。食蚜蝇卵一般产在蚜群中的为白色，长形，卵壳具网状饰纹。

（二）生活习性

食蚜蝇成虫早春出现，春夏季盛发，性喜阳光，常飞舞花间草丛或芳香植物上，取食花粉、花蜜，并传播花粉，时或吸取树汁。成虫飞翔力强，常翱翔空中，或振动双翅在空中停留不动，或突然作直线高速飞行而后盘旋徘徊。食蚜蝇本身无螯刺或叮咬能力，但常有各种拟态，在体型、色泽上常摹仿黄蜂或蜜蜂，且能仿效蜂类作螫刺动作。如体大、被毛、具黄黑斑纹的属摹仿熊蜂，蚁穴蚜蝇亚科的某些种类摹仿蜜蜂。

幼虫生活习性复杂，因此，口器随种类而异。例如：腐食性种类以腐败的动植物为食，并在其中越冬；也有部分幼虫生活于污水中。此外，某些类群的幼虫生活在其他昆虫的巢内，吞食已死的幼虫和蛹以及某些动物的排泄物。植食性种类钻入植物木质部中生活，有的为害植物的球茎。捕食性种类则以捕食蚜虫为主，是蚜虫、介壳虫、粉虱、叶蝉、蓟马、鳞翅目小幼虫等的有效天敌。

成虫羽化后必须取食花粉才能发育繁殖，否则卵巢不能发育。许多种类的成虫在露天或树林中飞翔交配，交配时间仅 1～2 秒钟。雌虫产卵于蚜群中或其附近，以便幼虫孵化后即能得到充足的食料。有时也产卵于叶上或茎部。幼虫孵出后立即能捕食周围的蚜虫。某些种类的成熟幼虫有迁移现象。一般以幼虫或蛹在土中、石下、枯枝落叶下越冬，少数以成虫越冬。

二十五、黑背小瓢虫

拉丁学名：*Scymnbus Kawamurai* (Ohta)，瓢虫科，小毛瓢虫亚科，是蚜虫的捕食性天敌。目前仅见湖北、四川、福建、云南有分布。

(一)生物特征

雌虫体长 1.80～2.60 mm，宽 1.20～1.80 mm。卵圆形，头部包括触角、口器棕红色。前胸背板黑色，但常有红棕邑的前侧缘。小盾片黑色，鞘翅黑色，鞘翅末端有很窄的红棕色边缘。腹面黑色。前胸腹板侧缘及腹部末端数节棕红色。足橡红色，或腿节基部有黑色的部分。额近千方形，前半部两侧近于平行，稍拱起，两侧的刻点较细密，中央的刻点较稀疏。前胸背板上的刻点较密，鞘翅上的刻点较稀疏。前胸腹板纵隆线直伸达前缘而逐渐明显坚窄，纵隆区呈长梯形。后基线完整，后基区的刻点细密，但分布不均匀，向后基线逐渐稀疏于后基线附近有光滑而无刻点的部分。

雄虫外生殖器侧叶稍长于中叶。弯管囊的内突长而外突短，弯管端的外侧有丝状突。

卵初产时淡黄色，以后逐渐变为黄褐色，孵化时为紫褐色。

幼虫共 4 龄。初孵幼虫黄褐色，后随蜡粉分泌的增多呈白色。随着龄期增加，蜡粉增多，至老熟时，背部全部被蜡粉所覆盖。

老熟幼虫以尾和足固定在棉叶背面，经 1～2 天预蛹期化蛹。蛹体两侧及腹背 2/3 至 1/2 的部分被白色蜡粉的蜕皮所盖，其余部分裸露。

(二)生活习性

历期。黑背小瓢虫在室温 22～28℃条件下，以棉蚜为食，各虫态发育的历期是：卵期平均 3 天；一龄幼虫期平均 1.90 天，最长 2.50 天；二龄期平均 1.70 天，最长 2.20 天；三龄期平均 2 天，最长 2.50 天；四龄期平均 2.20 天，最长 2.80 天；全幼虫期平均 7.80 天，最长 10.10 天；预蛹期平均 1.50 天，最长 2.50 天；蛹期平均 3.50 天，最长 5 天；成虫期平均 18.50 天，最长 36.20 天。

年生活史。黑背小瓢虫在湖北省以成虫在枯枝落叶或树缝处越冬，翌年 3 月下旬开始活动，4 月在榆树、桃树、蚕豆田、麦田、苜蓿田等处活动、取食和繁殖，5 月底进入棉田。各代成虫盛期分别为：第一代在 5 月中、下旬，第二代在 6 月中、下旬，第三代在 7 月中旬，第四代在 8 月中旬,第5代在9月中旬。全年发生6代。

繁殖。成虫白天和夜晚均可羽化,羽化2～3天后开始交配,雌、雄均有多次交配习性。每次交配1～2小时。交配后当天就可产卵,卵散产于棉株上部有蚜虫棉叶背面的主脉两侧和嫩叶背面或嫩头上。产卵期平均15天左右,最长近40天,单雌平均产卵量80粒左右,最多达108粒以上。

捕食。黑背小瓢虫的成虫和幼虫均捕食棉蚜。初孵幼虫取食1头若蚜需20分钟左右;老熟幼虫只需6分钟左右时间;成虫只4分钟。其平均日捕食棉蚜量,一龄幼虫6.60头,二龄幼虫11头,三龄幼虫17.70头,四龄幼虫19.60头,成虫32.60头。整个幼虫期共捕食110头;成虫期捕食619头,全世代共捕食729头。

二十六、艳大步甲

拉丁学名:*Carabus* (*Coptolabrus*) *lafossei* coelestis Stew。捕食性天敌。为鞘翅目,步行虫科。分布在江苏、安徽、浙江等地。寄主昆虫有地老虎等,寄主主要为害棉花等作物。

其生物特征为:体长35～43 mm;体宽13～16 mm。为大型甲虫,色泽鲜艳。头、前胸背板及鞘翅外缘红铜色,有金属光泽;口器、触角、小盾片及虫体腹面(除前胸侧板绿色外)黑色;鞘翅瘤突黑色,余为绿色,常带有蓝绿色光泽。头较长,在眼后延伸;被粗皱纹及细刻点。额中部隆起,两侧有纵凹洼;颚须及唇须端部为斧形;触角1～4节光亮,5～11节被绒毛;眼小,微突出。前胸背板接近心形,前胸微凹,后缘近于平直,侧缘弧形,在中部明显膨出,后部两侧近于平行;中部微背拱,背纵沟极浅,不明显,基部两侧有凹洼;后侧角向后下方倾斜,端部圆形。小盾片三角形,端部钝。鞘翅长卵形,基部宽度与前胸基缘接近或较宽,渐向后膨大,后端窄缩,两个鞘翅末端在翅缝处形成上翘的刺突;每鞘翅有6行瘤突,第1、3、5行瘤突较短,第2、4、6行瘤突较长;整个鞘翅除瘤突外,表面尚有不规则的小颗粒,沿翅缘有一行粗大刻点。足细。腹节有明显的横沟,末节端部有纵皱纹。

二十七、黄缘步甲

拉丁文名:*Nebria livida* Linnaeus。捕食性天敌。寄主昆虫有黏虫、地老虎、菜青虫。寄主为害作物有蔬菜、棉花、玉米、小麦。分布于河北、辽宁、青海。

其生物特征为:体长15.5～17.5 mm,体宽6.2～7 mm。背面大部分黑色,复眼间有两个黄斑,触角、颚须、唇须、前胸背板、翅缘两侧、鞘翅端末约1/4～1/5及足(除基节褐色外)全为黄色。

虫体腹面褐色。头近方形,在复眼后方不窄缩,头顶宽平,前部靠近复眼两侧及头后部中央各有1凹洼,后者有时不明显;表面有刻点,多位于凹洼中,两侧凹洼有皱褶;额中部平滑,有微隆起;上颚槽中有毛1根,颚须及唇须末节渐向端部加大,接近斧形。前胸背板横宽,心形,两侧在前部明显膨出,向后方窄缩;背中线明显,前后横沟深凹;侧缘边宽,并上翘;背板中央隆起,光滑无刻点,沿侧缘及前后横沟中有粗刻点,基部有刻点及皱褶。小盾片三角形,表面皱褶。

鞘翅狭长,两侧近平行,末端窄缩;每鞘翅除小盾片刻点行外,尚有9行刻点沟,行距平坦,第七、八行间距较宽,有1列弱刻点。雄虫前足跗节基部3节微较雌虫膨大,但可以其下方的毛垫与雌虫区别。

二十八、中国虎甲

拉丁学名：*Cicindela chinenesis* Degeer。又称拦路虎、引路虫、乳斑虎头蟹、鬼头蟹等。主要分布于我国甘肃、河北、山东、江苏、浙，江西、福建、四川、广东、广西、贵州和云南等地。

（一）生物特征

成虫体长 17.5～22 mm，宽 7～9 mm。身体各部位具有强烈的金属光泽。头及前胸背板前缘为绿色，背板中部金红或金绿色。复眼大而外突；触角细长呈丝状。鞘翅底色深绿。翅前缘有横宽带。翅鞘盘区有 3 个黄斑；其基部、端部和侧缘呈翠绿色。足翠绿或蓝绿，但前、中足的腿节中部呈红色。

（二）生活习性

幼虫生活于成虫挖掘的垂直形土穴中，活动时若受惊则退入洞内。成虫飞翔力强，常在山涧小路上的行人面前迎飞，故得名“拦路虎”。成虫或幼虫均为肉食性，以捕食活虫及其他小型动物为生，故为天敌昆虫。

二十九、赤胸步甲

拉丁学名：*Calathus* (*Dolichus*) *halensis* Schall。捕食性天敌。主要寄生在黏虫、蝼蛄、蛴螬、地老虎、切根虫等地下害虫。寄主为害的作物有棉花、玉米。

其生物特征为：体长 17.5～20.5 mm，体宽 5～7.5mm。复眼间有红褐色横斑；触角、颚须、唇须、前胸背板、小盾片及足黄色或褐色；前胸背板有时黑色，仅边缘黄或红褐色。鞘翅黑色，两鞘翅中央常有一红褐色斑，近似长三角形，自鞘翅基缘伸至翅后部。腹面黄色至黄褐色。头及前胸背板光亮，鞘翅暗，无光泽。头部复眼微微突出，背面无明显颗点，前部两侧有明显凹洼；上颚端部尖锐，颚须及唇须细长，末节端部平截。触角 1～3 节且光亮无毛，4～11 节背绒毛。前胸背板近于方形，长宽接近；表面微背拱，基部两侧各有一凹洼；前角向前下方伸，后角近于圆形；前横沟及背中线明显，背板中央无刻点，侧缘、基缘及基部两侧的凹洼中具有较密的刻点及皱纹。鞘翅狭长，末端窄缩，背面较平坦，每鞘翅除小盾片刻点行外，有 9 行刻点沟，行距平坦。雄虫个体较雌者为小，前跗节基部 3 节略膨大，腹面有毛垫。

三十、多型虎甲红翅亚种

拉丁学名：*Cicindela hybrida nitida* Lichtenstein，别称红翅虎甲。分布于福建、东北、内蒙古、青海、新疆、河北、山西、山 东、江苏、安徽。捕食棉铃虫、地老虎、红铃虫等。

（一）生物特征

体长 15.5～17.5 mm，宽 6.5～7.5 mm。头和前胸背板翠绿或蓝绿色，种鞘翅紫红，体腹面蓝绿或紫色，身体具强烈金属光泽。复眼大而突出，额具细纵皱纹，头顶具横皱纹。触角第 1～4 节光亮，余节暗棕色。上唇蜡黄色，前缘和侧缘黑色；宽约为中部长的 3 倍，中部向前突出并稍隆起，两侧各有 1 个大圆凹洼；前缘中央有 1 尖齿，近前缘处每侧有 3～4 根长毛，前侧角有 1 根长毛。上颚强大，雌虫上颚基半部背面外侧蜡黄色，雄虫基部背面 2/3 蜡黄色。前胸宽稍大于长，基部稍狭于端部，两侧平直；盘区密布细皱纹。鞘翅密布细小刻点和颗粒，每翅有 3 个斑：基部和端部各有 1 个弧形斑，基部的斑有时分裂为 2 个逗点状斑，中部有 1 个近于倒

"V"形的斑。体腹面两侧和足密被粗长白毛。

(二)生活习性

年生活史。幼虫共3个龄期,一般以三龄幼虫在土中越冬。翌年夏末秋初成虫羽化,此时性未成熟,但活动、取食,再以成虫在土中进行越冬,至第三年春季成虫性成熟,出土取食、交配和繁衍后代。雌虫以产卵管掘土穴,卵产于土穴内。一般二年发生1代。幼虫期约1年,成虫期约10个月。

捕食。成虫和幼虫均为捕食者,成虫行动活泼;幼虫伏在洞口捕食经过洞口的昆虫。在棉田已知可捕食棉铃虫等。

三十一、云纹虎甲

拉丁学名:*Cicindela elisae* Motschulsky,捕食性天敌。寄主昆虫为地老虎、棉铃虫。分布于湖北、安徽、上海、江苏、河南、四川、山东、山西、新疆(伊犁地区)等地。

其生物特征为:成虫体长10 mm左右,体宽3～4 mm。头、胸部暗绿色,具铜色光泽。复眼大而突出,两复眼间凹陷,中间密布皱刻。唇基前缘呈浅弓形,上唇灰白色,前缘中部黑褐色。中央具1小齿。上颚强大,基部灰白色,其余黑褐色,唇须和颚须除末节黑褐色外余均黄褐色。触角1～4节蓝绿色,光滑无毛,第五节以后黑褐色,各节密生短毛。前胸背板具铜绿光泽,宽小于长,圆筒形,上具白色长毛,背板近前、后缘各有1条中间弯曲的横沟,中央有1条纵沟相连,全面满布粗皱纹。鞘翅暗赤铜色,其上具细密颗粒,并杂以较粗稀的深绿色刻点,翅上的"C"字形肩纹、中央的"S"形纹、两侧缘中部的带状纹以及翅端的"V"字纹均为白色。各足转节赤褐色,其余具蓝色光泽。复眼下方有强蓝绿光泽,其上满布纵皱纹。体下两侧及足腿节密被白色长毛。

三十二、青翅隐翅虫

拉丁学名:*Paederus fuscipes* Curtis。捕食性天敌。寄主昆虫为棉蚜、棉铃虫、小造桥虫、棉叶蝉、棉红蜘蛛。分布于湖北、湖南、福建、广东、江西等地。

(一)生物特征

成虫体长6.5～7.5 mm。头部扁圆形,具黄褐色的颈。口器黄褐色,下颚须3节,黄褐色,末节片状。触角11节,丝状,末端稍膨大,着生于复眼间额的侧缘,基节3节黄褐色,其余各节褐色。前胸较长,呈椭圆形。鞘翅短,蓝色,有光泽,仅能盖住第一腹节,近后缘处翅面散生刻点。足黄褐色,后足腿节末端及各足第五跗节黑色,腿节稍膨大,胫节细长,第四跗节叉形,第五跗节细长,爪1对,后足基节左右相接。腹部长圆筒形,末节较尖,有1对黑色尾突。卵圆形,长0.5 mm左右,初产时淡黄色,近孵化时黄色。若虫(2～3 mm长时)体橙黄色,胸比头宽,口器褐色。

(二)发生规律

在棉田一年发生3个高峰,即4月中、下旬,6月下旬至7月上旬和8月上、中旬。发生数量以第三个高峰最多,第二个高峰次之。8月中旬以后,数量渐减,从全年发生数量来看,仅占棉田天敌总数的2%。

(三)生活习性

成虫于早春 3—4 月间在苕子田和蚕豆田活动取食,5 月以后在棉田亦多见到。成虫行动活泼,在植株上沿枝叶上下爬行捕食害虫,爬行时常将尾部上翘。成虫有趋光性,喜潮湿,不仅在白天活动,夜晚 10 点钟以前也爬行不止,在棉田收捡诱虫枝把时,里面发现不少隐翅虫。成虫、若虫捕食蚜虫以及鳞翅目害虫的卵和初孵幼虫。

三十三、黑足蚁形隐翅虫

拉丁学名:*Paederus tamulus* Erichson。捕食性天敌。寄主昆虫有稻飞虱、稻叶蝉、三化螟、稻纵卷叶螟、棉铃虫、玉米螟、蓟马、三点盲蝽、棉叶蝉等,寄主为害作物有水稻、棉花、玉米。

其生物特征为:体长约 6.5 mm。头部黑色,刻点较粗大;复眼黑褐色,触角丝状,除基部第一、二节的基端红褐色外,其余部分黑褐色,唇基黑色,口器黑褐色。前胸背板红褐色,其后都稍收窄,刻点稀而小。鞘翅黑色且带有青蓝色的金属光泽,刻点粗而深。腹部外露于鞘翅端部的前 4 节红褐色,两侧有下陷而后隆起的镶边,其后 3 节及尾须黑色。腹面前胸部分及第一至第四节腹板红褐色;中、后胸及腹端黑褐色。足黑色,前足第一至第三跗节扁平宽短,各足的第四跗节双叶状。

三十四、食蚜绒螨

拉丁学名:*Allothrombium sp.*。捕食性天敌。捕食棉蚜。国内仅见湖北有分布。

其生物特征为:成螨体长 2.10 mm,宽 1.40 mm 左右。成熟抱卵雌螨长达 3.30 mm,宽 1.90 mm 左右。体赤至暗赤色。从背面看呈心脏形。近前足体后方稍宽,后体部向末端收缩圆钝,中部两侧稍内凹,体躯密生长度相似的粗短刚毛,刚毛上具有缺小分枝,分枝自刚毛基部向上逐渐缩短,呈羽毛状。整个体表上的刚毛看起来像一层绒。前足体背面中央具有硬化的扇形感觉区,在感觉区的基部中央有一深褐色几丁质化的环状结构,其前端分三叉。在此环状结构的两侧,各有 1 束分枝的刚毛,尖端向后弯曲。在三叉的前方,还有 1 丛向前斜仲的分枝刚毛,位于后方者短,前方者长,在三叉的中间叉上具较长的感毛 1 对。在感觉区前半部的两侧,各有 1 较宽的侧板,侧板下缘稍后呈半月形凹陷,侧板上有许多刚毛。在侧板凹陷的下方各有 1 对红色的跟,着生在眼柄上。螯肢具动螯钳和定螯钳。动螯钳弯而尖,定螯钳基都宽,末端呈三角形。触肢拇爪复合体,腿节粗状,长为膝节的 2 倍。步足长度依次是:Ⅰ、Ⅳ、Ⅱ、Ⅲ,跗节末端具 2 爪和 2 爪间突。生殖孔纵裂,位子第Ⅳ基节末端之间。

卵圆形,直径 0.21 mm 左右,橘红色。集中产在土室内。

幼螨椭圆形,橘红色。步足 3 对。背部具刚毛 11 对。前足体上感觉区后端具感毛 1 对。前端具感毛 3 对,两侧备具 1 对红色眼,着生在眼柄上。口器着生于体的前端腹面,从背面可见。生殖孔在第Ⅳ对步足基节之间。

三十五、食卵赤螨

拉丁学名:*Abrolophus sp.*。捕食性天敌。捕食红铃虫、棉铃虫、小造桥虫、卷叶螟、叶蝉、盲蝽、烟粉虱、红蜘蛛的卵。国内湖北省有分布。

(一)生物特征

成螨体长 0.96～1.15 mm,宽 0.53～0.60 mm。赤色,长椭圆形。食卵赤螨后体部中央两侧稍向内凹,俸躯密被短毛。从背面看,前端尖,后端圆钝,近前足体后方最宽。前足体上具硬化的感觉区,感觉区的两端呈三角形,位于前端者较大,后端者小,中间狭窄成直条,两端各具感毛 1 对。在前 1 对感毛的前方有刚毛 3 根,1 根居中,2 根并列在前。在感觉区中央两侧的下方,着生单眼 1 对,眼的下方无毛。须肢具拇爪复合体,胫节端部具 1 爪,跗节着生在胫节的侧方,基部大,末端缩小,长度约为膝节的 1/2,比胫节稍长。动螯钳坚固,长而直,呈针状,基部向内弯,形如剪刀,能缩入和伸出。第Ⅰ、Ⅱ步足基节分离,第Ⅲ、Ⅳ对步足基节离得更远,第Ⅳ步足基节呈梯形排列,足式为:4—1—3—2。第Ⅱ、Ⅲ步足淡黄白色。各步足跗节末端具爪,无爪间突,足Ⅰ跗节较宽大,跗节、胫节及各足节被毛,在跗节和足Ⅰ胫节上还有许多具线纹的感毛散布于这些触毛之间。生殖孔纵裂,位于第Ⅳ对步足基节之间。

卵近圆形,淡红色,长 0.18 mm,宽 0.14 mm 左右。一般数粒散产在一起。

幼螨与若螨初孵时淡白色,呈圆形,足 3 对。2 天后变成若螨,有足 4 对,基本与成螨相似,但体色较淡,为橙黄色,两端为橙红色。体长椭圆形,中央不内凹。

(二)生活习性

习性。食卵赤螨在棉花、疏菜、绿肥和杂草上都有分布,棉田数量较多。若螨和成螨活动能力都很强,爬行速度快,多在棉株中、下部叶片背面、棉铃苞叶和萼片内活动。幼螨孵化后即进行捕食。6—7 月间,一般从早上 6 点半至下午 7 点半活动,以后便隐伏予棉株基部附近土缝中。

历期。在湖北省,7 月上旬幼螨历期 3 天;若螨历期 7.5 天,合计 10.5 天,成螨寿命 6 天左右。8 月上旬幼螨历期 2 天,若螨历期 6 天,成螨寿命 5 天左右。

捕食。食卵赤螨捕食范围较广,在棉田可捕食红铃虫、棉铃虫、棉小造桥虫、棉大卷叶虫和斜纹夜蛾等鳞翅目害虫的卵,亦可捕食棉叶蝉、盲蝽象的卵以及烟粉虱、棉时螨等。

(三)发生规律

食卵赤螨在早发棉田出现的时间在 5 月中、下旬;迟发棉田在 6 月上、中旬,相隔半月左右。其发生量,总的趋势是前期少,后期多。在不施用农药的情况下,早发棉田比迟发棉田多;后期迟发棉田比早发棉田多。这种差别与棉花的长势以及相应的害虫发生数量有关。

三十六、草间小黑蛛

拉丁学名:*Hylyphantes graminicola* (Sundevall),为蛛形目,皿蛛科。分布于湖北、江苏、台湾、广东、辽宁、广西、贵州、河南、青海、云南等。捕食蚜虫、蓟马、红蜘蛛、叶蝉、红铃虫、棉铃虫、小造桥虫等棉花作物的昆虫。近年来发现,草间小黑蛛和草间钻头蛛实际上是同一种蜘蛛。

(一)生物特征

雌蛛体长 2.8～3.2 mm。头胸部赤褐色,具光泽,颈沟、放射沟、中窝色泽较深。前、后齿堤均 5 齿,但翦齿堤的齿较大。胸板赤褐色。步足黄褐色。腹部卵圆形,灰褐或紫褐色,密布细毛。腹部中央有 4 个红棕色凹斑,背中线两侧有时可见灰色斑纹。

雄蛛体长 2.50～3.50 mm。头胸部赤褐色。螯肢基节外侧有颗粒状突起形成的摩擦脊,内侧中部有 1 大齿,齿端具长毛 1 根,前齿堤 6 齿;后齿堤 4 齿。触肢之膝节末端腹面有 1 个三角形突。

卵的卵袋灰白色，椭圆形或圆形；扁平块状，亦有随产卵叶面限制形状有所不一。卵袋表层较疏松，呈丝状覆盖物。卵粒团为圆球形，初为乳白色，近孵化时呈淡黄色或黄色。卵袋直径长约 6～8 mm，卵粒团直径长约 2～4 mm。卵粒圆球形，宽 0.42～0.52 mm，高 0.46～0.55 mm。

幼蛛一般蜕皮 4 次有 5 个龄期。

一龄体长 0.72 mm，眼域宽 0.1 mm，头胸部长 0.35 mm，背甲长 0.20 mm，腹部长 0.37 mm，4 对步足的长度依次是：0.62、0.56、0.43 和 0.55 mm。体黄白色且透明。前中眼黑色余白色，两侧眼基部分离。胸板黄色，边缘略带褐色。在卵袋内。

二龄体长 0.80 mm，眼域宽 0.12 mm，头胸部长 0.39 mm，背甲长 0.30 mm，腹部长 0.41mm，4 对步足长度依次是：9.80、0.75、0.62 和 0.60 mm。全体黄色，眼域、背甲边缘色浓，中窝隐约可见。两侧眼基部相连。步足上毛显现。从背面可见腹柄。

三龄体长 1.70 mm，眼域宽 0.28 mm，头胸部长 0.76 mm，背甲长 0.46 mm，腹部长 0.94 mm，4 对步足的长度依次是：2.35、2.20、1.75 和 2.10 mm。体红褐色，眼域黑色，步足黄色，中窝显现，可见放射沟。步足上的毛加长、色浓。胸板桃状，红褐色，腹部灰白色，末端色浓。生殖厣处有褐色斑，从背面看不到腹柄。

四龄体长 2.50 mm，眼域宽 0.30 mm，头胸部长 1.05 mm，背甲长 0.70 mm，腹部长 1.45 mm，4 对步足长度依次是：3.70、2.80、2.25 和 3.05 mm。体背及步足红褐色。中窝与放射沟均明显。螯肢、下唇、颚叶及胸板褐色。腹部前端向前延伸覆盖于背甲后缘。腹部灰褐色，有的个体腹末有褐斑，有的个体腹中部有隐约可见的黑斑。生殖厣已开始显现。

五龄体长 2.70 mm，眼域宽 0.32 mm，头胸部长 1.10 mm，背甲长 0.71mm，腹部长 1.60 mm，4 对步足的长度依次是：3.60、3.40、2.50 和 3.50 mm。头胸部背面红黑色，眼域、颈沟、放射沟和中窝处色深。胸板心脏形，黑褐色。胃外沟和纺器周围黑褐色。雄蛛触肢末端已膨大呈荷苞状，颈沟前端隆起；雌蛛生殖厣处已显著突起，显现 2 个黑点。

（二）生活习性

习性。草间小黑蛛为棉田内发生量最多的一种蜘蛛。自棉花苗期至拔杆期均具有一定数量。此蛛在棉花苗期，因气温较低，多在土块间隙结网。当气温升高，棉花长大时，在棉叶或枝条间结不规则小网，蜘蛛常隐蔽在不规则网的边缘，如有活虫触网，立即出来捕捉，亦可以游猎方式来捕食棉虫。成蛛和幼蛛均有假死习性，受惊则迅速逃走或吐丝下垂逃逸或坠落假死。成蛛和幼蛛均有自残习性，交配后的雌蛛亦能残食雄蛛。该蛛具有飞行习性，每当风和日丽的天气，可以爬在棉叶上放出蛛丝，飘于空中，借气流进行飞行。

世代历期。第一代 72.00 天，第二代 37.00 天，第三代 31.00 天，第四代 28.00 天，第五代 42.00 天，第六代 41.00 天，第七代（越冬代）114 天（王洪全 等，1980）。胚胎发育平均历期：第一代 5.88 天，第二代 5.90 天，第三代 5.698 天，第四代 7.46 天，第五代 7.61 天，第六代 8.52 天（王洪全等，1980）。温度对发育历期的影响：在 20～30℃温区内，历期与温度呈负相关，即历期随着温度的升高而缩短，无论在哪种恒温条件下均以一龄期为最短，二龄和三龄期为最长；雌蛛的历期比雄蛛长。

发育起点温度和有效积温分别是：卵期 10.95℃ 和 84.01℃ · d；雄幼蛛期 9.05℃ 和 791.08℃ · d；雌幼蛛期 9.33℃和 973.33℃ · d。

幼蛛成活率。由卵孵出的幼蛛，并不是每头都能发育为成蛛，在发育的过程中，因多种因素会造成死亡。幼蛛成活率的大小与发生的代次有关。各世代平均成活率是：第一代33.33%，第二代45.00%，第三代62.50%，第四代34.15%，第五代56.70%，第六代50.00%。

寿命。一般60天左右。寿命的长短，与温湿度和食物的关系密切。因此，随着代次不同，其成蛛寿命表现出差异：平均寿命在第一代为55.89天，第二代56.00天，第三代52.82天，第四代73.00天，第五代107.69天，第六代（越冬代）163.25天（王洪全等，1980）。西南农学院植保系生物防治课题组（1980）观察发现，由于性别不同，其寿命也表现出差异：平均寿命在第一代雄蛛为87.40天，雌蛛57.40天，第二代雄蛛55.80天，雌蛛52.60天，第三代雄蛛69.10天，雌蛛68.00天。

年生活史。在湖北省以成蛛和幼蛛在土块下、枯叶内、麦、豆、蔬菜、杂草、油菜等冬播作物的根隙和叶内越冬。翌年2月下旬至3月上旬当气温在8℃以上时开始活动，一年发生6个世代，各世代出现时间见表144。根据王洪全等（1980）的观察，该蛛在湖南长沙市一年可完成完整的6个世代，以第四、五、六代成蛛、亚成蛛幼蛛和第七代卵越冬。

繁殖与交配。根据在室内饲养从卵孵化到成蛛共计136头，其中雌蛛74头，占总数45.59%，雄蛛62头，占总数45.59%。在田间采回747头，其中雌蛛496头，占总数的66.94%，雄蛛251头，占总数的33.60%。都是雌蛛多于雄蛛。慈利县农业局观察，各代雌雄之比：第一代1∶0.71；第二代1∶0.745；第三代1∶0.71。

草间小黑蛛的雌、雄亚成蛛，当蜕下最后一次皮后，就开始交配。交配在蛛网上进行。交配时一般雄蛛表现主动（有时雌蛛表现主动）。求偶时，雄蛛头部朝向雌蛛，并以第1对步足接触雌蛛，此时雌蛛腹部向上翘起，雄蛛将头部纳入雌蛛的头胸部下面，以头顶着雌蛛的胸板，雌雄蛛头腹呈相反方向。雄蛛以触肢向前上方伸向雌蛛的生殖厣处，并将触肢器插入雌蛛生殖孔进行授精。授精时触肢器呈“c”字形。雌雄个体均有多次交配习性，但雌蛛交配一次可终生产受精卵。交配时间在10～30分钟。交配后的雌蛛，稍作休息后又可与另外雄蛛交配。

产卵与护卵。除少数个体白天可以产卵外，绝大多数是夜晚产卵。对产卵场所的选择不很严格，土块下、枯叶内及棉叶上均可产卵。产在棉叶上的卵，以叶正面为多。但是，其产卵场所随着季节的不同而有变化，如早春3月卵袋多产在土块下，而在7—8月高温季节多产在棉花下部的叶片上，4、5、9、10月又多产在棉上部的叶上。这些都是对温度适应的结果。未交配的雌蛛亦能产卵，但不能孵化。

雌蛛有护卵习性。当它产下卵粒做成卵袋之后，雌蛛就伏在卵袋上或在卵袋旁进行看护。此时若有其他蜘蛛或昆虫靠近卵袋，雌蛛就进行追赶或咬死。在守卵期间仍可取食。

产卵前期草间小黑蛛的雌蛛性成熟后，在25～28℃的温区内2～13天就可产卵。产卵前期由于受温度的影响造成各个世代的产卵前期有差异，各世代的平均时间是：第一代5.00天，第二代4.25天，第三代3.40天，第四代4.60天，第五代5.86天，第六代（越冬代）132.25天（王洪全等，1980）。

产卵袋数。每头雌蛛一生平均产卵袋数在8个左右，最多可达17个。产卵袋数的多少与代次和食物种类有密切关系。

各世代平均产卵数。第一代11.08个，第二代8.83个，第三代4.33个，第四代8.37个，第五代6.20个，第六代9.5个。

不同食物对雌蛛产卵袋有影响。如以果蝇作饲料，平均产有效卵袋13.75个；平均无效卵袋1.25个。单以蚜虫作饲料，雌蛛则不能产卵。卵袋含卵量：每个卵袋内含卵粒数，平均在

30粒左右，最多可达70粒以上。每个卵袋内的含卵粒数的多少与个体大小、产卵次第和不同世代有关。

一般体大的个体产的卵袋就大，卵袋内含卵粒数就多，反之体小的个体产的卵袋就小，卵袋内含卵粒数就少。如雌蛛体长在3.00～3.50 mm的个体所产的卵袋内含卵粒数平均在37粒左右；体长在3 mm以下的个体所产的卵袋内含卵粒数平均不到30粒左右。

随着代次的不同，卵袋内的含卵数不一样，如平均每个卵袋内含卵量平均数在第一代为42.14粒，第二代39.00粒，第三代25.50粒，第四代37.85粒，第五代35.85粒，第六代24.93粒。

同一个雌蛛个体所产的多个卵袋内所含的卵粒数也不相同。这主要受产卵次第的影响。一般前期产的卵袋内的含卵粒数多，后期产的卵袋内含卵粒数少，产第九个卵袋以后的卵袋内的卵粒数减少显著。

产卵量。单雌产卵量平均300粒左右，最多达430粒以上。温度和食物是影响产卵量的重要因素，如在20℃恒温条件下，平均产卵量为141.23粒，25℃为193.50粒，28℃为189.20粒，32℃为87.60粒。以25～28℃为繁殖的最适温区。在有充分的食物和水分供应，或只供水不供食气温稳定在6～10℃时仍能产卵；反之，只供食不供水，则很少产卵；若食物、水分均不供应，不能产卵。6℃以下则不能产卵。在自然变温条件下，以果蝇作饲料，平均单雌产卵量为302.25粒；以叶蝉若虫作饲料为388.75粒。

孵化率。草间小黑蛛卵的孵化率的高低与温度、湿度和产卵次第的关系密切。湿度大小对卵的孵化率影响极大。相对湿度在81%以上时孵化率可达100%；相对湿度在75%～78%时，孵化率为95.90%～98.30%；相对湿度在65%时，孵化率为80%；相对湿度在54%时，孵化率为66.60%；相对湿度在40%时，为38.20%；相对湿度在22%时为5.10%(西南农学院，1980)。相对湿度在80%～90%，温度在20～25℃时，孵化率可达90%～100%；温度高于30℃，相对湿度在70%，孵化率只有50%～60%。温度在6℃以下或35℃以上就不能孵化。同一个体所产的卵袋，其孵化率亦不一样。一般在前期产的卵孵化率高，后期产的卵孵化率低。

三十七、三突花蛛

拉丁学名：*Ebrechtella tricuspidata* (Fahricius)，又称三突伊蟹蛛、三突花蛛、三突伊氏蛛。蛛形纲，蜘蛛目，蟹蛛科，伊氏蛛属的一种不结网游猎性蜘蛛。三突花蛛一般在草丛或花瓣上守株待兔，捕捉猎物。三突花蛛捕食范围广，食物有棉铃虫、小造桥虫、金刚钻、玉米螟。为中国长江和黄河流域棉区的优势蜘蛛，分布于中国除青藏以外广大地区。

(一)生物特征

雌蛛体长4～6 mm。体色多变，有绿、白、黄色。两列眼均后曲，前侧眼较大并靠近，余眼等大，均位于眼丘上。心脏斑心形，长宽几乎相等。前二对步足长，各步足具爪，有齿3～4个。腹部呈梨形，前宽后窄，腹背斑纹变化较大，有三种基本类型：无斑型、全斑纹型及介于两者之间的中间斑纹型。

雄蛛体长3～5 mm。背甲红褐色，两侧各有一条深褐色带纹，头胸部边缘呈深褐色。有2对步足的膝节、胫节、后跗节的后端为深棕色。触肢器短而小，末端近似1个小圆镜，胫节外侧有一指状突起，顶端分叉，腹侧另有1小突起，初看似3个小突起，因此而得名。

幼蛛：三突花蛛幼蛛一般蜕皮 5 次有 6 个龄期，亦有 5 个龄期(雄)、8 个龄期和 9 个龄期(雌)。各龄期的特征：

一龄：体长 1.20～1.50 mm。全体黄色、透明无斑纹。二列眼均后曲，占据头部整个宽度，后眼列＞前眼列，除前中眼略小外，其他 6 眼等大。体毛不直立，背甲处有 3～4 根刺。头胸部与腹部几乎等长，呈圆形。步足粗壮，爪不显。在卵袋内。

二龄：体长 1.90 mm 左右。体橘黄色，透明。眼丘出现。体毛和刺直立，胸板桃形，腹部扁平，背面有银白色斑块。第Ⅰ、Ⅱ对步足长于第Ⅲ、Ⅳ对步足。

三龄：体长 1.70～2.50 mm。头胸部黄白色或浅绿色。半透明或不透明。腹部长于头胸部。腹背心脏斑明显。第Ⅰ、Ⅱ对步足的颜色较Ⅲ、Ⅳ对的颜色稍深。

四龄：体长 2.30～3.40 mm。头胸部浅绿色或浅黄色，腹部有白、黄、浅绿色组成不规则云状斑，心脏斑有的个体不明显，有的个体呈“干”状或“三”形。

五龄：体长 2.90～4.30 mm。雌雄蛛已开始可以区别：雌蛛头部橘红色，腹部黄白、黄绿色，鳞状斑连接较密。腹部呈梨状，明显大于头胸部，出现各种斑纹。少数个体外雌器处已突出。雄蛛体色较雌蛛绿。背甲从侧眼向后方呈现出一对褐色环带。第Ⅰ、Ⅱ对步足明显有褐色环纹。触肢末端已开始膨大呈荷苞状。

六龄：雌体长 3.70～6.30 mm。头胸部白色、米黄色至绿色。腹部黄白色和银白色，腹侧到腹末有斜形环带，有的个体有斑纹。生殖厣已隐约可见。

(二)生活习性

(1)习性。三突花蛛为中国长江和黄河流域棉区的优势蜘蛛。是不结网游猎性蜘蛛。体色随环境而有变化。捕食范围很广，在棉株上逐枝、逐叶、逐花进行搜索寻找和捕食害虫。

(2)历期。三突花蛛各发育阶段的历期是随着发生代次和温度高低不同而有差异。世代历期：在湖北省武汉市以越冬代历期为最长，完成一个世代需 200 天以上；第二代最短，只有 77 天左右；第一代为 94 天。温度的影响：温度对发育历期有较大影响。三突花蛛以 32℃恒温条件下发育的历期为最短，完成一个世代仅需 52.73 天；低于此温度，历期就延长，如 30℃为 59.62 天，25℃为 84.50 天，20℃为 140.50，15℃为 183.60 天。

(3)发育温区。根据数据，从理论上推算出各个发育阶段的温区范围是：卵期的发育温区为 9.9～36℃之间。幼蛛各龄期发育温区大约在 5～38℃，最适发育温区约为 27～29℃。幼蛛发育的最低温度临界点范围为 5～9℃，以一龄幼蛛为最低，是 4.9982℃，四龄幼蛛最高，为 8.9996℃，幼蛛发育高温临界点范围为 34～38℃，以二龄为最低，是 33.9723℃，六龄为最高，为 38.68℃。全幼蛛期发育的最适温度应为 30℃，最低临界温度为 7.10℃，高温临界温度为 37.10℃。全世代发育的温度范围在 7.10～38℃；高温临界温度为 38℃；低温临界温度为 7.91℃；发育速率变化的拐点为 28℃。

(4)发育起点温度与有效积温。三突花蛛卵、雌性幼蛛、雄性幼蛛和全世代的发育起点温度分别是：10.87℃、7.37℃、7.51℃和 7.97℃；有效积温分别是：109.05℃ · d、1210.72℃ · d、1,047.43℃ · d 和 1,457.99℃ · d。

(5)寿命。在 15～32℃温区内，三突花蛛成蛛的寿命随温度的上升而缩短；雌蛛的寿命长于雄蛛；交配又产卵雌蛛的寿命长于交配未产卵的个体，未交配的雌蛛寿命更短。

(6)年生活史。三突花蛛在湖北省武汉市以第二代成蛛和第三代幼蛛于 11 月中、下旬在杂草、枯叶和冬播作物田内越冬。翌年 3 月中旬开始活动，4 月中、下旬开始产卵，在该地区一年可完成2～3个世代。一般雌蛛一年可发生2代，雄蛛大多数发生3代。

(7)捕食。三突花蛛在棉田内捕食范围较广。可捕食鳞翅目害虫的卵、幼虫和成虫、叶蝉、蚜虫等。

(8)抗逆能力。三突花蛛耐饥力较强，但其耐饥力大小与温度、龄期和性别有关。在最适温区内耐饥力与温度呈负相关；随着龄期的增加，耐饥力增加；雌蛛的耐饥力要大于雄蛛。在30℃恒温条件下，只供水不供食，雌成蛛平均寿命为27.00天，雄成蛛16.80天，二龄幼蛛为6.40天；在25℃恒温条件下，雌成蛛30天以上，雄成蛛平均25.30天；在35℃恒温条件下，雌成蛛平均20.80天；雄成蛛为12.80天。

三十八、T纹豹蛛

拉丁学名：*Pardosa T－insignita* (Boes. et Str.)，为蛛形目狼蛛科豹蛛属的一个物种。分布于陕西、河北、北京、辽宁、吉林、江苏、安徽、浙江、江西、福建、台湾、湖北、湖南、广东、四川等。寄主昆虫有棉蚜、叶蝉、小地老虎、小造桥虫、棉铃虫、黏虫，寄主为害作包括小麦、棉花、玉米、高粱等。

(一)生物特征

成虫雌蛛体长6.7 mm，雄蛛体长4～6 mm，淡黄褐色。背甲中央有黄褐色近“T”字形纹；颈沟、放射沟及头部黑褐色；8眼，4－2－2排列，前列眼的宽度比第2列眼短，第2列眼大于第3列眼，眼区黑色；胸甲淡黄色，正中线不见。步足黄褐色，列刺有深褐色环纹，第4对步足最长；雄蛛第1对步足胫节无直立刚毛，后跗节有宜立刚毛。腹部背面淡黄色，有心脏斑。

卵囊灰白色，圆形，略扁。

(二)生活习性

为地面游猎型蜘蛛，主要生活于旱地，如麦、棉、玉米、高粱、谷子等作物田，捕食蚜虫、叶蝉、红蜘蛛及黏虫、小地老虎等夜蛾类卵和幼虫、麦叶蜂幼虫。幼蛛孵化后，群集雌蛛腹部背面，由雌蛛抚养一段时间后，才分散觅食。土壤有机质多，疏松的田发生量多。

三十九、隆背微蛛

拉丁学名：*Erigone prominens* Boes. et Sir.，为蛛形目，皿蛛科。寄主昆虫为飞虱、叶蝉，寄主为害作物有水稻、小麦、棉花、玉米等。分布于湖北、广西、江西、浙江、安徽、上海、河南、山西、山东等。

(一)生物特征

雌蛛体长1.70～2.10 mm。头胸部黄褐色。头部显著隆起，沿中线有几根刚毛，排成一列。前中眼黑色，较其他眼为小。螯肢前外侧面有排列不规则颗粒，前齿堤5～6齿，后齿堤4～5齿。第Ⅰ、Ⅱ、Ⅲ步足胫节各有2根背刺，第Ⅳ胫节有1根背刺。腹部灰黑色至黑色。外雌器似一叶状突起，前缘有一小缺口。

雄蛛体长1.40～2.00 mm。头胸部较雌蛛更为隆起。背甲两侧缘各有1行锯齿，齿数约20个左右。螯肢前侧缘有6～8个向下弯曲的齿，瓣成一行。颚叶上有多数颗粒，每一颗粒上着生1根毛。

卵袋一般呈圆形，覆盖丝致密，紧贴于卵粒团上面，外观侧面看去似斗笠状。卵袋呈粉红色，卵粒团淡黄色，近孵化时卵袋外观颜色变化不大。直径约 2～3 mm。卵粒团直径约 1.00～1.50 mm。每个卵袋内含卵 6～15 粒。

隆背微蛛幼蛛共蜕皮 4 次有 5 个龄期。

一龄：体长 0.72 mm，眼域宽 0.12 mm，胸板长 0.17 mm，腹长 0.36 mm，4 对步足的长度依次是：0.56、0.55、0.40 和 0.55mm。头胸部隆起中央有 3 根黑毛，排成纵列，腹部背面有纵列、整齐体毛。跗肢粗壮，左右平伸。在卵袋内。

二龄：体长 0.75 mm，眼域宽 0.12 mm，胸板长 0.20 mm，腹长 0.25 mm，4 对步足的长度依次是：0.75、0.72、0.60 和 0.72 mm。体淡棕色。前中眼黑色，其余白色，前后列眼均微前曲，后中眼＞前中眼＞前侧眼，前后两侧眼紧靠，后中眼及后中眼间距均大于前中眼及前中眼间距。

三龄：体长 0.87 mm，眼域宽 0.15 mm，胸板长 0.26 mm，腹长 0.46 mm，4 对步足的长度依次是：1.20、1.10、0.85 和 1.00 mm。体棕色。步足淡黄色。背甲中部隆起，边缘黑色，有的个体两侧缘有模糊黑点状齿纹。腹部毛较密，色较深。胸板桃形，边缘黑色，中间有黑色稀疏的网状纹。

四龄：体长 1.20 mm，眼域宽 1.17 mm，胸板长 0.25 mm，腹长 0.65 mm，4 对步足的长度依次是：1.25、1.20、1.10 和 1.18 mm。背甲棕色，边缘色较深。眼区、前额和头胸部中央隆起，形成 2 个隆峰，两侧缘有 17～20 个黑点齿状物。腹部棕黑色，有浓密细毛。步足土黄色。雌蛛生殖厣可见，雄蛛触肢末膨大。

五龄：体长 1.40 mm，眼域宽 0.18 mm，胸板长 0.30 mm，腹长 0.85 mm，4 对步足的长度依次是：1.98、1.87、1.15 和 1.84 mm。头胸部深棕色，前额及头胸部中央隆起，以前额隆起较高，明显呈现两个隆峰。头胸部侧缘有明显的 17～20 个银齿状条纹。腹部黑色，有浓密细毛，步足土黄色，毛黑色，雌蛛生殖厣更明显，雄蛛触肢末端膨大，色深。

（二）生活习性

习性。隆背微蛛喜潮湿，结不规则小网，亦可游猎。该蛛抗高温和耐低温的能力较强，是早春活动较早的一种蜘蛛。在地面活动较多，有时亦到棉株上，自残习性不强。

生活史。隆背微蛛在武汉地区于 11 月下旬以幼蛛、亚成蛛和成蛛在杂草根隙、土块下、枯枝落叶内越冬，翌年 3 月中旬开始活动，在该地区全年可发生 7 个世代。

四十、八斑球腹蛛

拉丁学名：*Theridion octomaculatum*（Boes. et Str.），为蜘蛛目，球腹蛛科珠蛛属的一种蜘蛛。寄主昆虫有棉蚜、蓟马、红蜘蛛、叶蝉、小造桥虫、棉铃虫等。寄主为害作物为水稻、棉花。分布于上海、江苏、浙江、湖北、湖南、四川、广东等。

（一）生物特征

体长 2～3 mm。多呈淡褐色、白色、黄色、也有呈棕褐色。颈沟明显，背中窝处有褐色纵斑。腹部圆球形，背面中央有 8 个小黑点，纵向排列成两行。眼 8 个，排成 4—4 两列，前、后两侧眼相靠近。卵囊常附于雌蛛的腹部末端。外雌器两侧有三角形的褐色斑。有脚及触角共四对，前进后退灵活。

(二)生活习性

在稻田内较常见,多在稻丛基部结不规则小网,捕捉小型昆虫,甚少离网活动。

四十一、黄褐新圆蛛

拉丁学名:*Neoscone doenitzi* (Boes. et Str.),寄主昆虫为小造桥虫、金刚钻、棉铃虫、玉米螟,寄主为害作物有棉花、玉米等。分布于吉林、辽宁、山东、江苏、安徽、浙江、江西、湖北、湖南、四川、台湾等地。

(一)生物特征

雌蛛体长 9 mm。雄蛛体长 7 mm 左右。背甲黄褐色,中央及两侧有黑色条纹。胸板黑色。腹部卵圆形,腹背黄褐色,基半部有两对"八"字形淡黄色斑纹和两对黑斑点,在第一对黑斑点的中间还有两个小的黑点;后半部有 4 条渐次减短的黑色横纹,横纹的中央淡黄色,两侧各有黑斑形成的纵纹 1 条,直达腹的末端。腹面中央有长方形黑褐色斑,其两侧和后方有白色斑。黄褐新圆蛛随环境变化较大,至 9 月以后,一般变为棕黄或红棕色,但从腹背的黑点和纵纹仍然可以识别出来。雌蛛产卵于丝织卵囊内,卵囊外还有一层丝网盖住,从外面隐约可见其中卵粒。卵初产时白色,后变橙黄色。

幼蛛从卵内孵出时为灰白色,后变淡黄绿色,腹背有 4 个明显的黑点。稍大后,4 个黑点后方出现黑色的横纹和其间的纵纹。腹面中央有黑纹。

(二)生活习性

黄褐新圆蛛一年发生 2 代,以幼蛛和亚成蛛在卷叶、铃壳和田边土缝中越冬,于第二年 5—6 月成熟,7 月间产下第一代卵。卵孵化后,第一代幼蛛至 9 月间成熟,并产下第二代卵,至 11 月左右,以第二代幼蛛或亚成蛛越冬。此蛛在棉田发生的数量以后期较多,前期很少,在棉田腰沟和厢沟的棉蛛间结成垂直圆网,于傍晚、夜间进行捕食活动。这类蜘蛛由于体型较大,目标显著,易被其他天敌捕食。

四十二、中华狼蛛

拉丁学名:*Lycosa sinensis* Schenkel。捕食性天敌,属一种有益的穴居性蜘蛛。寄主昆虫有甲虫、蛾类、蝇类、叶蝉、飞虱、蝗虫。广泛分布在山东、辽宁、吉林、天津、河北、甘肃、宁夏、河南、陕西、黑龙江等地。

(一)生物特征

其体型较大(雌蛛 19～30 mm,雄蛛 15～21 mm)、体态粗壮、活动敏捷、捕食凶猛,在鲁西南有"地侠"之称,是金龟(虫甲)、夜蛾类等多种农林害虫的重要天敌,具有一定的保护利用价值。全身为土灰色、背甲上向外扩散黑色花纹、螯肢为黄色、眼睛排列为 4、2、2.

(二)生活习性

中华狼蛛为我国北方棉区的穴居性狼蛛。多栖息于平原地区和山区平原棉田,在离村庄远的大洼,不积水的地块、田畦、沟渠上挖穴筑室。幼蛛和成蛛在挖穴前,一般先利用其他昆虫的洞口为基础,用螯肢掘土并用触肢及前对步足将土粒送出外(离洞口 4～7cm)。初筑新穴,洞口周围有新土颗。洞口并不高于土面。幼蛛洞穴直径与其个体大小有关,成蛛洞穴直径一般在 2.50～3.00 cm;幼蛛洞口直径因蜘蛛龄期不同而异,一般为 1～4 cm。随着蜘蛛龄期的增长或季节气温的变化,洞穴的深度逐渐增加,成蛛早春的洞穴深度一般为 20 cm 左右;夏季可达 35 cm。洞底的直径与洞口的直径相同。洞口与洞壁都罩以蛛丝;幼蛛的洞口及洞壁网薄,而成蛛网壁增厚成障,能防止洞壁坍塌。

中华狼蛛幼蛛共蜕皮 6 次,有 7 个龄期。在山东省以成蛛或亚成蛛子 11 月在洞内越冬,翌年 3 月开始活动,并开始挖穴筑巢,4 月上旬开始交配产卵,4 月下旬到 5 月上旬越冬成蛛开始产卵。在该地区,一年发生一个世代。

一般在日落后出洞活动和寻食。

四十三、黑腹狼蛛

拉丁学名:*Lycosa coelestris* (L. Koch,1878)。为狼蛛科狼蛛属的动物。捕食性天敌。分布于日本、朝鲜、台湾岛以及我国的四川、浙江、宁夏、新疆、河北、山西、山东、河南、贵州等地,多栖息于山区多种农田。寄主为害作物有水稻、玉米、小麦、棉花。

其生物特征为:雌蛛体长 14 mm 左右。前中眼大于前侧眼。头胸部背面正中斑明显,相当于头胸部的 2/5,前、后端窄,中段宽,前端插入眼列的凹处,其间丛毛_白色,朝后列眼方向覆盖。正中斑的中部有时可见 4 个呈方形排列的小黑点。中窝短,位于正中斑近后端的部位。各对步足后跗节和跗节腹面有毛丛。第Ⅳ步足后跗节的长度显着短于膝节、胫节长度之和。步足基节、腿节腹面黑色。腹部背面色淡,腹面黑色,因此而得名。

雄蛛体长 11 mm 左右。触肢器顶突刺状,引导器清晰可见,中突基部较宽,远端上缘向内折。

四十四、星豹蛛

拉丁学名:*Pardosa astrigera* L. Koch,1877。为蜘蛛目,狼蛛科。分布于湖北、湖南、福建、台湾、江西、浙江、江苏、安徽、河北、山西、山东、陕西、四川等。寄主昆虫为玉米螟、棉铃虫、地老虎、金刚钻、棉小造桥虫、棉蚜,寄主为害作物有水稻、玉米、棉花等。

(一)生物特征

雌蛛体长 5.50～10.00 mm。体黄褐色,背甲正中斑浅褐色,呈“T”字形,两侧有明显的缺刻,两侧各有一褐色纵带。放射沟黑褐色。头部两侧垂直,眼域黑色,前眼域短于第二行眼,后中眼大于后侧眼。胸板中央有一棒状黑斑。步足多刺具深褐色轮纹,以第Ⅳ对步足为最长,其胫节背面基部的刺与该步足膝节之长度相等。第 1 步足胫节有 3 刺,第Ⅳ后跗节略长于膝、胫节长度之和。腹部背面黑褐色。心脏斑黄色,后方有黑褐色细线纹分割为数对黄褐色斑纹,其中各有 1 黑点,形似“小”字形。腹部腹面黄褐色,正中央淡黄色,有的个体可见 1 个大“V”形斑。

雄蛛体长 8 mm 左右。全体呈暗褐或黑褐色。背甲及腹部背面的色泽及斑纹与雌蛛相似。胸板褐色或黑褐色,大部分个体胸板中央具棒状黄斑。第 1 步足胫节、后跗节多刚毛,而这些刚毛由上述 2 节的基部直至端部,依次由长而变短。触肢器之跗舟密生黑色毛。

卵袋圆球形。直径 3.90～4.30 mm。厚度 3.10～3.30 mm。初产时灰绿色,渐次转为灰色、深灰色,孵化前呈米黄色,卵袋内含卵量平均 50 粒左右。

幼蛛幼蛛共蜕皮 6～7 次,有 7～8 个龄期。

一龄：体长 1.40 mm，眼域宽 0.40 mm，头胸部长 0.80 mm，背甲长 0.55 mm，腹部长 0.65 mm，4 对步足的长度依次是：1.75、1.70、1.55 和 1.90 mm。背甲呈圆形，明显大于腹部。腹背斑纹呈“击”状。

二龄：体长 1.45 mm，眼域宽 0.40 mm，头胸部长 0.90 mm，背甲长 0.55 mm，腹部长 0.55 mm，4 对步足的长度依次是：1.85、1.80、1.65 和 2.10 mm。放射沟明显。眼呈圆形，两侧眼基部连。腹末端较一龄尖，侧缘有纵纹。

三龄：体长 2.01 mm，眼域宽 0.43 mm，头胸部长 1.13 mm，背甲长 0.57 mm，腹部长 0.94 mm，4 对步足的长度依次是：2.53、2.37、2.22 和 3.16 mm。颈沟前方中窝处色淡。心脏斑明显，两侧有 4 个黑斑。腹末有细纹组成的花纹。

四龄：体长 2.27 mm，眼域宽 0.48 mm，头胸部长 1.07 mm，背甲长 0.64 mm，腹部长 1.17 mm，4 对步足的长度依次是：2.72、2.61、2.45 和 3.57 mm。头胸部侧缘内凹。背甲后缘平截，土黄色。心脏斑呈“串”字形，黑褐色。腹部椭圆形。

五龄：体长 2.55 mm，眼域宽 0.49 mm，头胸部长 1.21 mm，背甲长 0.65 mm，腹部长 1.31 mm，4 对步足的长度依次是：2.87、2.82、2.77 和 3.71 mm。放射沟明显。心脏斑呈葫芦形，两侧有 3 对呈圆括号形的斑纹。

六龄：体长 3.66 mm，眼域宽 0.56 mm，头胸部长 1.53 mm，背甲长 0.90 mm，腹部长 2.13 mm，4 对步足的长度依次是：4.09、3.88、3.76 和 4.96 mm。腹部斑纹向中部靠近，呈多个圆形白斑，其数目随个体不同而有变化。雄蛛触肢末端膨大。

七龄：体长 4.89 mm，眼域宽 0.80 mm，头胸部长 2.20 mm，背甲长 1.02 mm，腹部长 2.69 mm，4 对步足的长度依次是：6.17、6.10、5.98 和 8.87 mm。腹部背面斑纹呈麦穗状，心脏斑较明显，雄蛛触肢末端膨大。部分呈土黄色。雌蛛外雌器显现。

（二）生活习性

习性。星豹蛛是我国长江流域和黄河流域棉区的优势种蜘蛛之一。它属游猎性蜘蛛。徘徊或狩猎于地面、草丛及棉株枝叶之间，雄蛛活动尤为迅速。星豹蛛主要在白天活动．以上午 9～11 时和下午 14～17 时为甚，在烈日暴晒时不活动，藏身于杂草下面或土缝中。

历期。星豹蛛各个发育阶段的历期，随温度的变化而变化。在 20～35℃温区内，均以一龄幼蛛的历期为最短，二龄幼蛛为最长。在 20～32℃温区内。全代历期随着温度的升高而缩短。

幼蛛成活率。星豹蛛幼蛛在发育的过程中，由于各种因素的影响，会造成幼蛛死亡。根据陈发扬(1989)的观察，幼蛛的成活率仅有 63.80％。我们在室内饲养发现，在给予充分食物和水分供应的情况下，幼蛛的成活率可达 80％以上。

寿命。星豹蛛成蛛寿命的长短与环境条件和性别有关。在 18～29.80℃变温条件下，成蛛的寿命平均 133.20 天，最长可达 223 天，越冬代雌蛛的寿命可达 250 天以上，雄蛛的寿命一般在 100～120 天。

年生活史。星豹蛛在湖北省和安徽省以成蛛和幼蛛越冬，翌年 3 月开始活动：4 月上、中旬交配产卵，5 月孵化，7 月成熟，交配产卵，8 月孵化到 11 月下旬以成蛛和幼蛛越冬。该蛛在河北省平山县，一年发生 2 个世代，各世代出现的时期与在芜湖市大致一样。

（三）繁殖性比与交配

在室内饲养，雌蛛个体要多于雄蛛，雌雄性比为 1.30∶1.50。根据赵学铭等(1989)田间统计，随着月的不同，田间雌雄之比有变动，雌雄之比，在 3—4 月为 3∶1；5—6 月为 5∶1；7 月 5.50∶1；8 月 4～6∶1；9 月 10∶1；10 月 20∶1；11 月 20.30∶1。当亚成蛛蜕皮后 1～5 天就可寻找异性进行求偶交配（以上午 08—11 时为多）。当雌雄相遇时，雄蛛的触肢和第一对步足上下颤抖，整个身体作"俯卧撑"式运动。若雌蛛平卧，腹部与第一对步足上下微动，则表示同意求偶。交配时雄蛛以步足抱着雌蛛的腹部。当雄蛛以右触肢插入雌蛛生殖孔时，雌体的腹部腹面就协调地倾向左方。反之则倾向右方。整个交配时间平均 25 分钟左右。雌蛛交配一次可终生产受精卵。交配后的雌蛛凶猛，拒绝另外雄蛛交配，并可残食之。

产卵与护卵。在正常情况下，星豹蛛的雌蛛自交配后 7 天左右就开始产卵（一般在夜间进行）。温度对产卵前期的影响是：20℃为 13 天，23℃为 10 天，26℃为 8 天，29℃为 6 天，32℃为 7 天，35℃为 6 天。产卵的时间大多在晚上。雌蛛有护卵习性，产卵后总是把卵袋悬挂在纺器的前方。随身携带过游猎生活。当产的卵袋过小或不规则时，雌蛛就自食其卵，但很快又能重新产卵，这种习性对种族的延续是有利的。在护卵期间，若人为去掉卵袋，雌蛛会四处寻找，如若发现，就会再进行携带。

产卵袋数。星豹蛛由于有较强护卵和护仔习性，因此，产卵袋数较少，平均 2 个左右，最多 4 个。产卵最佳温度是 29℃，在此温度下，产卵袋数最多，高于或低于此温度，卵袋数就减少。卵袋含卵量：每个卵袋内的含卵量一般在 50 粒左右，最多可达 100 粒以上。以 26～29℃温区内所产的卵袋内含卵量最高。随着产卵次第的增加，卵袋内含卵量显著减少。产卵量：星豹蛛单雌产卵量在 100 粒左右。最多可达 150 粒以上。孵化率平均在 80%左右，最高可达 100%。

捕食。在室内测定（赵学铭 等，1989），星豹蛛可取食玉米螟、棉铃虫、地老虎、金刚钻、棉小造桥虫的卵、初孵虫和成虫，取食棉蚜的成虫和若虫。

四十五、大草蛉

拉丁学名：*Chrysopa pallens* (Rambur)。属脉翅目，草蛉科。捕食性天敌，是蚜虫、叶螨、鳞翅目卵及低龄幼虫等多种农林害虫的重要天敌，是害虫生物防治中极具应用价值的一种昆虫。

（一）生物特征

成虫体长约 14 mm，翅展约 35 mm。黄绿色，有黑斑纹。头部触角 1 对，细长，丝状，除基部两节与头同样为黄绿色外，其余均为黄褐色；复眼很大，呈半球状，突出于头部两侧，呈金黄色；头上有 2～7 个黑斑，触角下边的 2 个较大，两颊和唇基两侧各 1 个，头中央还有 1 个，常见的多为 4 斑或 5 斑，但均属同种。

口器发达，下颚须和下唇须均为黄褐色。胸部黄绿色，背中有一条黄色纵带；腹部全绿，密生黄毛。足黄绿色，跗节黄褐色。4 翅透明，翅脉大部黄绿色，但前翅前缘横脉列和翅后缘基半的脉多呈黑色；两组阶形排列的阶脉只是每段脉的中央黑色，而两端仍为绿色；后翅仅前缘横脉和径横脉大半段为黑色，阶脉则同前翅；翅脉上多黑毛，翅缘的毛多为黄色。

（二）生活习性

草蛉是完全变态昆虫，一年可繁殖 3 代，以老熟幼虫在茧内越冬。卵有长丝柄，十多粒集在一处像一丛花蕊。幼虫称为大蚜狮，头部有 3 块大黑斑，体长达 12 mm。捕食棉蚜、桃蚜、麦蚜等多种蚜虫以及棉铃虫的卵和小幼虫等。是有益的昆虫。已用于生物防治。

(三)滞育特性

该虫以预蛹进行兼性滞育越冬。

大草蛉属短日照滞育型昆虫,在短光照条件下饲养获得的预蛹进入滞育状态。诱导大草蛉预蛹滞育的敏感虫态是2龄幼虫期,只有当2龄幼虫期处于短光照条件下时才能进入滞育状态。1龄和3龄幼虫期的短光照经历对预蛹滞育的形成具有促进作用。在18℃、20℃和22℃条件下诱导大草蛉预蛹滞育的临界光周期分别处于12L－12D和13.5L－10.5D、11L－13D和12L－12D、10.5L－13.5D和11L－13D之间。影响大草蛉预蛹滞育的主要因素为光周期和温度,光周期对滞育的诱导起决定性作用,温度对预蛹滞育率的形成有重要的调节作用。光周期对幼虫历期有一定的影响,特别对2龄幼虫期的影响比较明显,在短光照条件下2龄幼虫的历期有延长的趋势。幼虫期的光周期条件影响预蛹的重量,滞育预蛹的重量显著高于非滞育预蛹。幼虫期饲以不同种类蚜虫,大草蛉的预蛹重和滞育率均存在显著差异,初步反映了食物质量对滞育的调节作用。

在大草蛉滞育发育期间,温度是调节预蛹滞育发育的重要因素,滞育预蛹的发育速度与温度之间存在着线性相关关系,大草蛉滞育预蛹的解除并不依赖于冬季低温的活化。相反,高温对滞育的发育有明显的促进作用。不同低温处理对大草蛉滞育发育的作用有显著差异,10℃的低温处理使大草蛉在较短的时间内完成滞育发育过程。滞育发育期间的光周期状况对滞育发育不再产生显著影响。泰安地区大草蛉第四代预蛹和少数第五代预蛹共同组成预蛹滞育越冬种群。

诱导预蛹滞育的不同光周期对预蛹的滞育深度具有不同的作用,在接近临界光周期的短光照诱导滞育预蛹的滞育深度明显要比更短的光照所诱导的预蛹滞育深度浅;幼虫期的温度状况对滞育发育有一定的影响,幼虫期所处的温度较低时,预蛹的滞育深度较深,滞育发育相对较慢,随着温度的升高,预蛹的滞育深度变浅,滞育发育逐渐加快。

滞育结束后,温度是调节大草蛉生长发育的主要因素,温度对大草蛉滞育后成虫的生物学特性具有明显的影响,滞育后雌、雄虫寿命随温度降低而延长,不同温度下总产卵量无显著差异,但平均产卵量差异显著,呈现出随温度下降平均产卵量降低的趋势。光周期对大草蛉滞育后成虫生物学特性没有明显影响。滞育持续期长短对大草蛉滞育后成虫生物学的特性有较大影响,滞育持续期约150天和170天滞育后大草蛉的寿命和生殖力与非滞育个体的寿命和生殖力相似,但是当滞育持续期延长至约210天滞育后大草蛉的寿命和生殖力又呈现出下降的趋势。

大草蛉不同发育阶段过冷却点(SCP)和结冰点(FP)的测定结果表明,各发育阶段过冷却点和结冰点以预蛹的最低,分别为－11.54±1.95℃和－5.31±1.35℃;成虫的最高,分别为－9.45±1.93℃和－3.87±1.73℃。对比滞育种群和非滞育种群抗寒能力的研究结果表明,滞育预蛹的抗寒能力显著高于非滞育预蛹的,低温驯化能够增强预蛹的抗寒能力。

对大草蛉滞育预蛹体内含水量、过冷却点和结冰点及总脂肪含量的测定结果表明,大草蛉滞育预蛹的抗寒能力呈现出先增强后减弱的变化趋势,即在滞育发育前期抗寒能力逐渐增强,在滞育发育后期逐渐减弱。

四十六、中华草蛉

拉丁学名:*Chrysoperla sinica* Tjeder。属脉翅目,草蛉科。捕食性天敌,寄主昆虫为棉铃虫、棉红蜘蛛、蚜虫，寄主为害作物有棉花、小麦、蔬菜、玉米、烟草、大豆。分布于黑龙江、吉林、辽宁、河北、北京、陕西、山西、山东、河南、湖北、湖南、四川、江苏、江西、安徽、上海、广东、云南、浙江等地。

(一)生物特征

成虫体长 9～10 mm，前翅长 13～14 mm，后翅长 11～12 mm，展翅 30～31 mm。体黄绿色。胸部和腹部背面两侧淡绿色，中央有黄色纵带。头部淡黄色，颊斑和唇基斑黑色各 I 对。但大部分个体每侧的颊斑与唇基斑连接呈条状。下颚和下唇须暗褐色。触角比前翅短，呈灰黄色，基部两节与头部同色。翅窄长，端部较尖，翅脉黄绿色，基部两节与头部同色，前缘横脉的下端，胫分脉和胫横脉的基部、内阶脉和外阶脉均为黑色，翅基部的横脉也多为黑色。翅脉上有黑色短毛。足黄绿色，跗节黄褐色。

卵粒呈椭圆形，长 0.70～0.05 mm，宽 0.32～0.38 mm，初产时绿色，近孵化时褐色，丝柄白色，长 3～4 mm。单粒散产于植物上，多在叶背。

幼虫呈纺锤形，随着龄期的不同其特征也不一样。

一龄体长 1.50～1.80 mm。初孵时胸部浅红色，腹部前 4 节红褐色，后 6 节黄色，以后变成红棕色。头部有两个"V"形黑纹。前胸背板有"W"形黑纹。前胸侧瘤上刚毛 2 根，中、后胸侧瘤上刚毛 3 根，腹部 1～8 节侧瘤上刚毛 2 根。

二龄体长 4.50～4.90 mm。体灰绿色，背线细，两侧有褐色带。头部有倒"八"形纹。前胸背板上有"H"形斑纹。

三龄体长 7.20～8.50 mm。体黄绿色，背面和气门上线红褐色。头部有褐色倒"八"形纹，头两侧过单眼到上下颚有褐色纹通过，各侧瘤上刚毛均多根。

茧白色，长 3～4 mm，宽 2.50～3.20 mm，茧表面光滑无杂物。

(二)生活习性

(1)历期。中华草蛉各虫态历期的长短，受温度的影响极大，在 15～32℃温度范围内随着温度的升高，历期逐渐缩短。

(2)发育起点温度和有效积温。发育起点温度，卵期 10.80℃，一龄幼虫 11.80℃，二龄幼虫 10.03℃，三龄幼虫 11.08℃，蛹期 10.3℃；有效积温是：卵期 60.7℃ · d，一龄幼虫 46.3℃ · d，二龄幼虫 38.4℃ · d，三龄幼虫 45.5℃ · d，蛹期 148.2℃ · d(赵敬钊，1981)。

(3)年生活史。在我国以成虫越冬。其越冬场所和栖息植物较为广泛，在湖北省有女贞、竹林、油菜、小麦、苕籽、茶树、蚕豆、豌豆等。在北京地区主要在背风向阳的山坡上的杂草和枯叶内越冬。10 月下旬即可看到越冬成虫。越冬时，体色由绿色变为黄绿色再变为褐色，最后变为土黄色。体色由绿变黄为越冬的标志。成虫一般在植物的叶背、根隙或杂草丛内越冬。此时，只要气温上升到 19℃以上，并有阳光，成虫就可活动，但不能产卵。翌春活动较早，成虫寿命较长，自交配后在整个生活过程中有连续产卵的习性，因而造成世代重叠。在山东省泰安地区一年发生 4 代(牟吉元等，1980)；在湖北省武汉市一年发生 6 代(赵敬钊，1981)。

(4)繁殖。刚羽化的成虫必须经过补充营养才能达到性成熟而交配。越冬代成虫，一般越冬前不交配，翌年春天再进行交配。中华草蛉成虫交配多在 17—23 时，以 20—21 时交配为多。每次历时 3～5 分钟，一次交配终生可产受精卵。未交配的雌虫亦可产少量的未受精卵，未受精卵始终保持绿色，不能孵化。中华草蛉雌虫的产卵前期在 25～30℃条件下为 3～8 天，一般5天左右。雌虫自开始产卵后，除个别情况外，每天均可连续产卵。日产卵量在20～30粒之间。因此，一生的总产卵量与寿命的长短有关。一头雌虫的最高产卵量可达1400粒以上，平均在700～800粒左右。在营养不良或产卵末期可产无柄卵或未受精卵，未受精卵不能孵化，无柄卵可以孵化。产卵时间多集中在19—23时，其他时间亦可产少量卵。卵为单粒散产，即产一粒卵后，要换位置再产下一粒卵。中华草蛉雌虫对产卵场所有一定选择性，一般把卵产在蚜虫比较多的地方，这可保证幼虫孵化后就能够得到充足的食料，对种群的延续是有积极意义的。

(5)捕食。成虫可食花粉、花蜜，及捕食叶螨和鳞翅目昆虫的卵，一般情况下不捕食蚜虫。因此，中华草蛉成虫对蚜虫控制作用不大，对叶螨和鳞翅目害虫的卵有一定的作用。

四十七、叶色草蛉

拉丁学名：*Chrysopa phyllochroma* Wesmael 。属脉翅目，草蛉科。捕食性天敌。寄主昆虫为蚜虫 。寄主为害作物有小麦、油菜、苜蓿等。分布于陕西、新疆、宁夏、河南等地。

(一)生物特征

成虫体长11 mm，翅展25 mm左右；体绿色。头部具9个黑色斑点，头顶1对，触角间1个，触角下方1对，颊1对，唇基1对；下颚须和下唇须黑色；触角黄色，第2节黑色。翅绿色，透明，前、后翅的前缘横脉列只有靠近亚前缘脉一端为黑色，其余均为绿色。

卵散产，椭圆形，绿色，长约0.86 mm，卵柄长6～7 mm。

幼虫体红棕色；体长8.5 mm，宽2.5 mm左右。头部背面有3对黑纹。胸部3节背面各有1对不定形小黑斑。腹部背面两侧各有1红棕色纵带。茧之大小为4.1 mm×3.2 mm(郑乐怡 等，1999)。

(二)生活习性

(1)历期与寿命。各虫态发育历期的长短与温度的关系较为密切，如卵—蛹期的历期在25℃时为28.45天，28℃时为22.84天，35℃时为22.67天。成虫的平均寿命，雌虫为50天左右，雄虫40天左右，寿命的短与温度有关。一般低温寿命长，高温寿命短。其寿命的长短对产卵量也有很大的影响。

(2)年生活史。在新疆和山东均以前蛹在茧内越冬。根据新疆阿克苏地区农垦局农科所在该地区调查，越冬茧在土中，多分散，亦有2～3个在一处，其深度有近于地面，也有深达5.50 cm，以1～3 cm为最多。以苜蓿地、麦茬地和芦苇丛生地的土中密度为最高。在山东省泰安地区，叶色草蛉越冬预蛹于翌年4月下旬开始化蛹，化蛹盛期在5月上旬，羽化盛期在5月中旬，产卵盛期在5月下旬至6月上旬。在该地区一年发生4代，1～3代成虫羽化盛期分别在6月15—20日，7月15—20日和8月10—12日。自9月上旬陆续进入预蛹期，但至10月中旬仍有一部分个体羽化，未羽化者进行越冬(牟吉元等，1980)。河南省民权县植保植检站观察；叶色草蛉在当地以茧在枯枝落叶和土内越冬。翌年4月上旬麦田出现成虫，下旬为盛期：中旬麦田见第一代卵，5月上旬为卵盛期。5月上、中旬为幼虫盛期，下旬为茧盛期，8月上旬第一代成虫盛期。6月中旬第二代卵盛期，中、下旬幼虫盛期，下旬为茧盛期。此代多发生在棉田、春玉米、谷子、高粱、槐树等处(这是全年发生高峰期)。7月上旬第二代成虫盛期，中旬为卵、幼虫盛期，下旬茧盛期。8月上旬第三代成虫盛期，中旬卵盛期，下旬幼虫盛期，9月上旬茧盛期，中旬第四代成虫盛期，下旬卵盛期，10月中旬为幼虫盛期，下旬结茧越冬。根据新疆阿克苏地区农垦局农科所观察，叶色草蛉在该地区进入预蛹期后有滞育不能羽化的现象。若6月中旬入土作茧当年能羽化者，蛹期显著延长，最长者可达77天。由此可知，叶色草蛉在新疆阿克苏地区一年最多可完成2世代。

(3)繁殖。成虫羽化后、需要经过几天的补充营养后才能达到性成熟。产卵前期在3～22天，平均6天左右。产卵前期的长短与代别有关。如在山东省1977年室内观察，各代的产卵前期是：第一代4～6天，平均5.3天：第二代5～6天，平均5.5天；第三代平均6天；越冬代5～8天，平均7天，这主要与温度关系较密切。叶色草蛉雌虫开始产卵后，一般都能连续产卵。除死前几天产卵数量明显减少外，无明显产卵集中时期。根据山东农学院观察，产卵期在40天左右，单雌产卵量在497～1390粒，平均800粒左右。新疆阿克苏地区农垦局农科所观察单雌产卵量在21～978粒，平均350粒左右。

(4)捕食。成虫可以捕食棉铃虫的卵，日撼食卵量36～71粒，平均45粒左右。日捕食棉蚜攮为105～330头，平均240头左右。

四十八、黑带食蚜蝇

拉丁学名：*Episyrphus balteatus* De Geer。为双翅目，食蚜蝇科。捕食性天敌。分布在湖北、上海、江苏、浙江、江西、广西、云南、河北、北京、黑龙江、内蒙古、辽宁、西藏、广东、福建等。其幼虫专吃为害棉花等作物的蚜虫，对农作物有益。

(一)生物特征

雌虫体长7～11 mm，翅长6.50～9.50 mm。头黑色，被黑色短毛．头顶宽约为头宽的1/7。单眼区后方密覆黄粉。额大部分黑色覆黄粉，背较长黑毛，端部1/4左右黄色。腹部第五节背片近端部有一长短不定的黑横带，其中央可前伸或与近基部的黑斑相连。

雄虫头黑色，覆黄粉，被棕黄毛，头顶呈狭长三角形。额前端有1对黑斑。触角橘红色，第三节背面黑色。面部黄色，颊大部分黑色，被黄毛。中胸盾片黑色，中央有1条狭长灰纹．两侧的灰纵纹更宽，在背板后端汇合。足黄色。腹部第二节最宽。侧缘无隆脊。背面大部黄色，第2～4节除后端为黑横带外，近基部还有1狭窄黑横带，第二背片前黑带约在基部1/3处．第三、四节横带约在基部1/4处。第四节后缘黄色，第五节全黄色或中央有I黑斑。腹面黄色或第2～4腹片中央具黑斑。

卵白色，长椭圆形，长0.94 mm，宽0.37 mm左右。表面具有1条密而短的白色纵纹，条纹显著隆起。

幼虫孵化后3天，体淡黄绿色，具短突起，后半部背中可见到体内有黑纹1条，两侧有黄白线纹。5天以后，体淡黄白色，柔软，半透明，体内背中线处有两条较宽的白色纵带，后半部两侧还有较宽的白色条纹，有的在白色条纹中还杂以红色线条。腹的两侧具短刺突。老熟幼虫体长9 mm，宽2 mm。淡灰黄色，后端杂有白色或黑色斑块。后呼吸管短。气门板黄褐色，宽大于长。气门褐色，气门孔白色。

蛹壳长6.50 mm，水瓢状，末端较粗长，淡土黄色。背面条纹变化大，有的前端背面县2条横的长黑纹，其间还有2条短黑纹，背面中部有2～3条短黑纹；有的背部具黑色斑纹6条，两侧各有1条黑斑点，末端呼吸管向后水平伸出。

(二)生活习性

历期。在24℃恒温条件下，各虫态发育历期最短，在27℃恒温时除蛹期发育较快外，卵和幼虫发育历期均较 24℃发育时长，30℃时很少孵化，幼虫和蛹均不能发育，故 27℃左右可视为最高适温界线，30℃接近致死高温。

温度和有效积温。卵、幼虫、蛹、产卵前期和全世代各个发育阶段的发育起点温度和有效积温分别是：8.35±2.91℃和 28.75±3.32℃·d，8.11±2.28℃和 83.02±7.90℃·d，8.57±2.55 和 99.17±10.93℃·d，8.10±1.25℃和 242.58±12.68℃·d，8.29±1.6I℃和 449.05±30.62℃·d。

年生活史。在上海市以蛹和少量成虫于 12 月下旬越冬。翌年 3 月上旬越冬成虫开始活动，在该地区一年可发生 5 代。

繁殖与寿命。雌雄成虫在飞行中进行交配，交配时间极短，持续约 1 秒钟。交配后雌虫将卵散产于蚜虫聚集的棉花叶片上，一般叶片背面较多。未交配的雌虫所产的卵不能孵化。成虫羽化后需要补充营养，如取食物，寿命 13 天左右；不取食 4 天左右。夏季高温季节，以蛹态进行越夏。一头高龄幼虫每天可取食棉蚜 80 头左右，整个幼虫期可捕食 400 头左右。

四十九、刻点小食蚜蝇

拉丁学名：*Paragus tibialis* Fallen。为双翅目，食蚜蝇科。捕食性天敌，主要捕食蚜虫。分布北京、吉林、河北、甘肃、新疆、上海、浙江、湖北、四川、广西、云南、福建、台湾。

（一）生物特征

雌虫体长 4.50～5.50 mm 左右，翅长 3.50 mm 左右，腹部近似长方形，眼毛分布均匀，不呈纵条状。颜部正中黑色，纵条较宽。中胸背板及小盾片黑绿色。腹部色泽差异大，大部为蓝黑色，仅第三腹节背板后缘中部有 1 个三角形或半圆形棕色斑，斑的顶角达到背板的前缘。

雄虫头部黑色，被黑毛。颜部黄色，正中略暗。触角黑色。胸部背面黑色，被黄毛。小盾片全黑。足棕黄色，前足腿节基部 1/4、中足腿节基部 1/3、后足腿节基部 4/5 黑色；端部黄色。后足胫节中部有 1 黑斑。腹部背面黑色，被黄毛，第二、三节后缘被黑毛。

老熟幼虫体长 7 mm 左右，淡黄绿色，身体各节（除尾节外）有较长的刺突，尾端呼吸管较长，体背杂以黑白、黄红等各种色彩。本种幼虫与四条小食蚜蝇很相似，但后者尾节上有 4 个刺突，而且呼吸管较短。

蛹壳长 4.50 mm 左右，土黄色，椭圆形，前端较钝，后端较尖，腹面微向内凹，体表刺突和呼吸管均较长，呼吸管向上翘起。

（二）生活习性

成虫于 4 月间在绿肥、蚕豆和榆、槐、柳、木槿以及杂草等植物上产卵繁殖，5 月上旬迁入棉田，发生数量较少。4—5 月卵期约 3～4 天，幼虫期 8～9 天，蛹期 12～14 天，由卵到成虫历期 23～27 天；6—7 月卵期一般 2～3 天，幼虫期 6～7 天，蛹期 6～7 天，由卵到成虫历期 14～17 天。

五十、大灰食蚜蝇

拉丁学名：*Metasyrphus corolla* (Fabricius)。属双翅目，食蚜蝇科。捕食性天敌。大灰食蚜蝇幼虫捕食棉蚜、棉长管蚜、豆蚜、桃蚜等。分布于甘肃、河北、河南、江苏、浙江、云南、福建、台湾。各龄幼虫平均每天可捕食棉蚜 120 头，整个幼虫期每头幼虫可捕食棉蚜 840～

1500 头。

其生物特征为：体长 9～10 mm。眼裸。腹部黄斑 3 对。头部除头顶区和颜正中棕黑色外，大部均棕黄色，额与头顶被黑短毛，颜被黄毛触角第 3 节棕褐到黑褐色，仅基部下缘色略淡。小盾片棕黄色，毛同色，有时混以少数黑毛。足大部棕黄色。腹部两侧具边，底色黑，第 2～4 背板各具大形黄斑 1 对；雄性第 3、4 背板黄斑中间常相连接，第 4、5 背板后缘黄色，第 5 背板大部黄色，露尾节大，亮黑色。雌性第 3、4 背板黄斑完全分开，第 5 背板大部黑色。腹背毛与底色一致。

五十一、短刺刺腿食蚜蝇

拉丁学名：*Ischiodon scutellaris* Fabricius。为双翅目，食蚜蝇科。捕食性天敌。寄主为蚜虫。

其生物特征为：体长 9.2 mm，翅长 7.0 mm。额与颜黄色，额正中具 1 条前宽后狭的黑色纵条；复眼裸。中胸盾片黑色，带青蓝色光泽，两侧缘黄色，毛黄褐色，小盾片淡黄色，中央色较深。足黄褐色，后足股节及胫节具褐斑；雄虫后足转节具 1 短粗刺。腹部第 2 背板有大形黄褐斑 1 对，相互远离；第 3、4 背板各有 1 略带弧形的黄褐色宽横带；第 4、5 背板后缘黄褐；第 5、6 背板仅边缘黄褐色。

五十二、斜斑鼓额食蚜蝇

拉丁学名：*Scaeva pyrastri*。为双翅目，食蚜蝇科。捕食棉蚜及其他各种蚜虫。分布于北京、河北、内蒙古、辽宁、黑龙江、上海、江苏、浙江、山东、河南、四川、云南、西藏、甘肃、青海、新疆。

其生物特征为：体长 10～18 mm。头顶黑色，额及头部棕黄色，并被黑长毛；颜上宽下狭，中突棕色至棕褐色，沿口缘色暗，颜毛棕黄色，两侧沿眼缘具黑毛。复眼具明显的宽条状。触角红棕色至黑棕色，基部下缘黄棕色。中胸背板暗色，具蓝色光泽，两侧缘红棕色，背板被毛棕黄色至白色；小盾片黄棕色，密被长黑毛，前缘及侧缘混杂少量黄毛。腹部暗黑色，具 3 对黄斑；第 1 对黄斑平置，位于第 2 背板中部；第 2、3 对黄斑略斜置，分别位于第 3、4 背板上，斑之内端靠近背板前缘，外端远离前缘，黄斑前缘明显凹入；第 4、5 背板后缘黄色；腹部被毛与底色同，基部侧缘毛教长密。足大部分棕黄色，基节、转节、前足和中足腿节基部 1/3 及后足腿节 4/5 黑色，有时前足和中足胫节端部棕黑色，各足跗节较暗（图 37）。

图 37　斜斑鼓额食蚜蝇（戴爱梅 摄）

五十三、小花蝽

拉丁学名：*Orius similis* Zheng。为半翅目，花蝽科，小花蝽属的一类昆虫。分布在北京、河南、湖北、上海等地区。寄主昆虫有棉蚜、蓟马、棉叶螨、棉盲蝽若虫、棉红铃虫、棉铃虫、小造桥虫、金刚钻等,寄生主要为害棉花、黄瓜等作物。是一类具有重要利用价值的天敌。小花蝽世界性广泛分布,已知 80 余种,我国已知 11 种。在我国大部分地区,小花蝽的优势种为东亚小花蝽(*O. sauteri*),微小花蝽(*O. minutus*)和南方小花蝽(*O. similis*)。

小花蝽分布的范围很广,一般有蚜虫为害或开花的植物上,都有它的存在。早春多在杂草上活动,以开花的香蒿上最多。夏熟作物以蚕豆田数量最大,蔬菜作物以开花的胡萝卜上最多,夏季则以棉花上的数量最大。

(一)生物特征

成虫体长 2～2.5 mm,全身具微毛,背面满布刻点。头部、复眼、前胸肯板、小盾片、喙(端节除外)及腹部黑褐或黑色,头短而宽,中侧片等长,中片较宽。喙短,不达中胸,第一节长为头的四分之一。触角 4 节,淡黄褐色,有时第一节及最后一节色略深,第一、二节短粗,第二节棒形,第四节略似纺锤形且扁平。前翅爪片及革片黄褐色,楔片端半常较深,深时为深褐色,浅时与革片色相似。膜片无色,半透明,有时具灰色云雾斑。前翅缘片前边向上翘起,爪片缝下陷,膜片有纵脉 3 条,中间一条不明显。各足基节及后腿节基部黑褐色,其余为淡黄褐色。前胸背板前端不形成明显的领,中部有凹陷,后缘中间向前弯曲,侧缘微呈弧形,后叶刻点粗糙,略呈横皱状,背板四角没有特长而直立的毛。小盾片中间有横陷。雄虫左侧抱器螺旋形,背面有一根长的鞭状丝,下方有一齿较小,右侧无抱器(图 38)。

图 38　小花蝽(黄健 摄)

卵长茄子形,表面有网状纹,长 0.51 mm,宽 0.21 mm 左右,初产时乳白色,中期灰白色,后期黄褐色,近孵化时卵盖一端有一对红眼点。

若虫一般 4 龄,少数 3 龄或 5 龄。初孵若虫白色透明,取食后体色逐渐变为橘黄色至黄褐色,复眼鲜红色,腹部第六、七、八节背面各有一个橘红色斑块,纵向排成一列。

小花蝽一年发生 8～9 代,以成虫在树皮缝隙、蔬菜地的枯枝落叶等处群集越冬,以树皮缝隙中数量最多。常 10 头左右聚集在一起,至翌年 2 月中、下旬开始活动,迁向杂草、蔬菜及蚕豆田、绿肥田,其中有一部分于 5 月下旬迁入棉田。

成虫一般多在上午羽化,羽化一天后即可交配,一般交配后 2～5 天产卵,交配产卵的迟早与温度有关,温度低交配产卵推迟,反之提早。卵散产在嫩叶背面主脉基部和叶柄组织内,有的产在嫩茎和幼嫩青铃尖端组织内，外面露出白色卵盖，卵盖边缘隆起，中间凹陷。产卵的叶片，一般有卵2～5粒，最多达10余粒。据室内饲养，每雌平均可产卵16～64粒，最多达136粒。雌雄性比为1.64∶1。成虫有趋光性，常在嫩头、叶片背面和苞叶内进行捕食活动。捕食对象，前期多为蚜虫、蓟马和红蜘蛛，中、后期多为红铃虫、小造桥虫、棉铃虫等害虫的卵和初孵幼虫。成虫喜食花粉和蜜露，在棉花现蕾开花期间，可见到不少小花蝽在花内取食花粉和捕食蓟马。据各地饲养观察，成虫日平均可捕食红铃虫卵10～13粒，红蜘蛛为4～6头，棉铃虫卵为2～10粒。

（二）生活习性

若虫行动活泼，觅食能力强，活动场所和捕食对象与成虫相似。其日捕食量，红铃虫卵为3～15粒，红蜘蛛2～9头。在蕾铃苞叶中，小花蝽的若虫数量最多，红铃虫产在青铃萼片内的卵，有不少被其取食，取食量比成虫大一倍。成虫和若虫在食料缺乏的情况下，有互相残杀的习性。

成虫于5月下旬开始迁入棉田，早发棉田迁入时间早，迟发棉田迁入时间较迟，相距10天左右。发生数量以第一类棉田最多，第二类棉田次之，第三类棉田较少。主要原因是第一类棉田棉苗长势好，害虫数量多，有利于小花蝽迁入繁殖。到后期，早发棉田虽然早衰，但棉虫种类增多，食料并未受到影响，所以仍能保持比较多的种群数量。据1978—1979年6—8月在沔阳县汉江公社棉田调查，有些棉田小花蝽的发生数量，在捕食性天敌总数中一般都居于首位。

小花蝽每年在棉田出现4～5个高峰，第一个高峰在6月下旬，第二个高峰在7月中旬，第三个高峰在7月下旬至8月上旬，第四个高峰在8月下旬或9月上旬，第五个高峰在9月中、下旬。其中以第二、三高峰最大。这两个高峰期也是全年多种棉虫（如小造桥虫、棉铃虫、红铃虫、红蜘蛛、棉蚜等）发生为害的盛期。因此，小花蝽在棉田数量的消长与害虫发生的始盛期是一致的。但第四个高峰期后，草间小黑蛛的发生数量达到高峰，小花蝽被其捕食而受到明显的抑制，故从第三个高峰后，小花蝽随着草间小黑蛛的增殖而下降。小花蝽抗逆的能力较强，如1978年7—8月高温干旱，日平均气温为29.7℃，相对湿度78%，雨量共计只有23.9 mm，除T纹豹蛛外，其他天敌都受到不同程度的抑制，而小花蝽的种群数量则很少受到影响。同时，小花蝽在食料不够的情况下，能以花粉作为食料来维持其一定的种群数量，这是它适应环境的一个重要特点，因而受害虫发生数量变动的影响较小。

小花蝽对2、3代红铃虫有一定的控制作用。1977年在沔阳县2、3代红铃虫卵盛孵期间，用双目解剖镜定期检查青铃萼片内卵的结果，发现小花蝽捕食第二代红铃虫卵的数量达59%，第三代达43%。1978年上海市农科院植保所接红铃虫卵于棉叶和铃上，连续2～3天，捕食率也达43%～60.8%。红铃虫卵被小花蝽取食后，有两个明显的特征：卵壳完整，但被吸空塌瘪呈白色；卵少量被吸食后，卵壳部分凹缩呈棕褐色。

棉田施用化学农药对小花蝽有较大的影响，一般常规施药区（用药13次）内小花蝽的数量比不施药区减少1～3倍。据上海农科院试验，不施药区红铃虫卵被捕食达43.5%，而施药区仅被捕食16.8%。同时证明，小花蝽对2、3代红铃虫的自然控制效果，视红铃虫发生数量决定，在一般发生年份，效果比较显著，在发生量大的年份，则只能起一部分控制作用。

（三）发生规律

3月中、下旬开始产卵。第一代若虫于4月上旬发生，4月中旬达到高峰。第二代4月下旬至5月中旬在蓝花草籽、四季豆、黄瓜、番茄、辣椒等作物上活动。第三代5月下旬至7月上旬继续在蔬菜上活动繁殖，其中有一部分 于5月下旬迁入棉田。在棉田共繁殖5代，6月1代，7月至10月上旬繁殖4代。9月以后，小花蝽数量逐渐减少，集中在迟衰开花多的棉田取食花蜜，10月上旬棉花衰老，小花蝽逐渐迁向开花的蔬菜作物（如丝瓜、蛾眉豆等）继续取食花蜜，于11月上旬开始群集越冬。

五十四、大眼蝉长蝽

拉丁学名：*Geocoris pallidipennis* (Costa)。为半翅目，长蝽科。捕食性天敌。分布在陕西、山西、河北、北京、天津、山东、江苏、浙江、河南、湖北、四川、云南、西藏等地区。寄主昆虫有棉蚜、红铃虫、棉铃虫等，是重要的农田益虫。

(一)生物特征

成虫体长3.0 mm左右，宽约1.3 mm；体黑色。头部黑色，但前缘包括中叶、侧叶淡灰黄色；复眼黄褐色，大而突出，稍倾斜并向后延伸；单眼橘红色；触角第1、2节大部及第3节部分黑色，其余部分灰黄色，第4节灰褐色；喙黄色，末节大部黑色。前胸背板大部黑色，有粗刻点，前缘中间有1近似三角形小黄褐斑，两侧及后缘角黄褐色；小盾片黑色，具粗刻点。前翅革片、爪片均淡黄褐色，膜片色稍深；革片后角与膜片相接处有1黑色小斑，有的个体革片中部有黑色近三角形较大斑；革片内缘有3行排列整齐的大刻点，外缘有1行刻点。足黄褐色，腿节基半部或大部黑色。体腹面黑色，前胸腹面前缘有1黄褐色横斑纹，斑纹两端较尖。

卵淡橙黄色，长约0.74 mm，宽0.28 mm，卵表像花生壳，大的一端有5个“T”字形突起，突起长0.019 mm。孵化前，有突起一端出现红色眼点。

若虫孵化3天后，头胸部淡黄色，复眼暗红色突出；5天后体变紫黑色，头部较尖，腹部大而钝圆。

(二)生活习性

以成虫在小麦、苜蓿及杂草、树木的枯枝落叶下越冬。早春2、3月开始活动，在麦田捕食麦蚜、红蜘蛛、蓟马等。5月以后迁入棉田，捕食棉蚜、盲蝽若虫及红铃虫、棉铃虫等鳞翅目卵和幼虫。

成虫有趋光性，雌虫产卵于植物叶表或棉花叶背和叶芽上，卵散产。生长季节在各种作物及蔬菜上都有发生。

五十五、食虫齿爪盲蝽

拉丁学名：*Deraeocoris punctulatus* Fallen。别名黑食蚜盲蝽。属半翅目，盲蝽科。是多种蚜虫及其他小型害虫的天敌。捕食性天敌。

(一)生物特征

卵长约1.0 mm，卵盖椭圆形，明显突出，直径0.2 mm。初产时灰白色，近孵化时赭褐色。卵产于所栖息植物的叶柄及嫩茎组织内。

若虫共5龄。1龄若虫体长0.8～10 mm，宽0.3 mm，紫红色，触角4节，无芽，2龄若虫体长1.2 mm，宽0.4 mm，紫色，无翅芽，胸部背面紫黑色，腹部背面前方有一个紫黑色倒三角形斑。3龄若虫体长20 mm，宽0.8 mm，浅紫色，翅芽很小，不明显，胸、腹部特征同2龄。4

龄若虫,体长 2.5 mm,宽 1.1 mm,浅褐色,翅芽明显,体被很多黑色刚毛,胸、腹部特征同 3 龄。5 龄若虫,体长 4.0 mm,宽 1.8 mm,褐色,翅芽长而明显。胸、腹部特征同 4 龄。

(二)生活习性

在德州地区一年发生 4 代,世代重叠,在棉田主要发生 2 代。成虫于 10 月下旬在杂草丛、苜蓿、残枝落叶下及土块下越冬。翌年 5 月中旬开始活动,首先出现在蚜虫发生早而数量大的各种杂草上(如刺儿菜、碱蓬等),并在其上取食产卵、完成第 1 代。6 月中旬成虫和少部分若虫主要向棉田转移,在棉田内完成第 2 代和第 3 代。8 月中、下旬由于棉田内蚜量很少,成虫和部分若虫迁入各种有蚜植物上觅食。并在其上完成最后一代即第 4 代。

成虫活动敏捷、善飞翔。吸干一头老龄若蚜约需 10～17 分钟。取食时,将口针插入蚜虫腹部吸取其体液。成虫羽化后,经 1～2 天开始交配,交配前雄虫追逐雌虫,并迅速抱住雌体进行交配。交配时雌虫静止不动,雄虫腹部末端不断蠕动,交配时间约 1.5 分钟。卵散产于棉株及各种杂草的嫩茎、叶柄及主叶脉组织内,外露一个长椭圆形灰白色的卵盖。卵期 3.8～4.8 天。若虫共 5 龄、捕食棉蚜、麦蚜、菜蚜等。初孵若虫从开始破卵至整个身体完全孵出,共需 2 分钟左右。若虫孵出后,足、触角慢慢伸展,约经 2 分钟,开始活动寻找猎物。若虫脱皮 4 次,脱一次皮需 15 分钟左右,脱皮时静止不动,经 45～50 分钟后开始活动。若虫期 11.2～13.3 天,成虫产卵前期 4.5～5.8 天,产卵期 5～10 天,单雌产卵量 15～125 粒,平均 6167 粒。两性寿命 20～25 天。

成虫和各龄若虫的捕食量随棉蚜密度的增加而增大,但当棉蚜密度增至一定量时,其捕食量增大的速度缓慢,呈负加速曲线,属负密度制约。以成虫兼性滞育越冬。若虫 5 龄。成、若虫均行捕食性生活。该虫 6 月中旬迁入棉田,主要繁殖两代,于 8 月中、下旬由于棉蚜量骤减而迁向其他有蚜植物上。其成虫和各龄若虫捕食棉蚜均属于 Holling 所描述的Ⅱ型反应型,日最大捕食棉蚜量较大,如成虫为 61.0 头,5 龄若虫为 699 头,4 龄若虫为 43.9 头,三龄若虫为 22.2 头。单雌平均产卵量为 61.67 粒。卵产于棉株等组织内,孵化率高、在发生盛期百株棉花有成、若虫最高达 136 头。加之活动敏捷,善飞翔,抗逆力较强,对棉蚜,尤其对伏蚜有一定的自然控制作用、但过去注意和研究利用很不够,应开发棉花上这一天敌资源,加以保护利用(范广华等,1991)。

五十六、华姬猎蝽

拉丁学名:*Nabis sinoferus* Hsiao。为半翅目,姬蝽科。捕食性天敌,成虫在苜蓿地里、杂草根际、土缝、石块和枯枝落叶下越冬。卵产于植物幼嫩组织里。常在各种作物、蔬菜、杂草上捕食蚜虫、蓟马、盲蝽若虫及棉铃虫、金钢钻和斜纹夜蛾的卵等。有趋光性。分布于河北、河南、山西、甘肃、福建、广东等地。

其生物特征为:体长 8.0～9.0 mm。体宽长形,其长度不大于腹部宽度的 4 倍,体灰黄褐色,无光泽。形状与暗色姬猎蝽相似,但体较宽长,第一触角节较长,不短于头宽,斑纹与暗色姬猎蝽近似,但斑纹色泽不显著,革片及膜片的斑点常不清楚。

五十七、黄足猎蝽

拉丁学名:*Sirthenea flavipes* (Stal)。为半翅目,猎蝽科。捕食性天敌。分布在湖北、湖南、四川、广东、台湾、福建等地区。寄主昆虫有烟蚜、叶蝉、蝽、棉铃虫、棉蚜、棉叶蝉等卵和幼虫，寄主主要为害棉花等作物。

其生物特征为：成虫体长18～21 mm，暗黄色，有黑斑。头长，稍平伸。眼前部分很长，触角远离眼着生，单眼前方有横沟。触角4节，第一节短，不达头的端部，第二节长，相当于头的眼前部分，第三节以下细，软毛较多。前胸背板后叶短于前叶，前叶有黑色纵沟，前角无瘤，钝圆。喙第三节较细，长于第一节，第二节长度至少是第一节的2倍。中胸腹板具隆起脊。前腿节甚膨大，前胫节中间略大，端部有海绵沟，中足胫节无海绵沟。体除暗黄色部分外，触角第二节及第三节基部、复眼和单眼、前胸背板前缘及后叶、小盾片端部、前翅大部分、体侧面、侧接缘一部分、胸下大部分及爪均为黑褐色至黑色。

五十八、直伸肖蛸

拉丁学名：*Tetragnatha extensa* (Linnaeus)。为蛛形目，肖蛸科。捕食性天敌。分布于湖北、湖南、江苏、浙江、安徽、江西、河北、山西、内蒙古、吉林、广东、云南、陕西、青海、新疆等；寄主昆虫为小造桥虫、棉铃虫、叶蝉、棉蚜、，寄主为害作物有棉花等。生活在稻田、水边植物上，通常在这些植物上部结水平圆网。

其生物特征为：雌蛛体长9～10 mm。头胸部背面黄褐色。前、后眼列稍后曲，前中眼靠近，离侧眼较远。螯肢短于头胸部，前齿堤近爪基处有1小齿，向近端间隔一段距离有1大齿，再间隔一段长距离有一列约8个齿，似第二齿为最大；后齿堤近爪基处有1小齿，稍间隔有1小个向体腹侧伸延的乳头状大齿，后面依次有7齿。爪基端腹侧有1小丘突。胸板边缘褐色。腹部背面淡绿色，正中有一褐色带，带的两旁又有一条黄白色带。

雄蛛体长4.70 mm左右。螯肢末部的背侧有一刺状突起，末端分叉；前齿堤近爪基部有1小齿，离爪基稍远处有一向后弯的刺，紧接有一长刺，后有1排6个小齿；后齿堤的齿分3组，近爪基有2齿(一大一小)，第二组3齿，第三组4齿。步足细长，第Ⅰ步足最长，为身体的4倍多。

五十九、塔六点蓟马

拉丁学名：*Scolothrips takahashii* Priesner。为缨翅目，蓟马科。捕食性天敌。分布在湖北、江苏、上海等地区。寄主昆虫有棉红蜘蛛等，寄主主要为害棉花等作物。

(一)生物特征

成虫体长0.9 mm左右，淡黄至橙黄色。头顶平滑。单眼区呈半球形隆起，形似花菜；单眼间有1对长鬃，在单眼区前方接近两触角窝有1对短鬃。触角8节，较短，约为头长的1.5倍，第二节最大，近似圆形，末端2节最小。前胸长约与头长相等，周缘有黑褐色长鬃6对，靠近前缘和后缘中部各1对，两侧缘共3对，另1对在后缘的两侧，接近后1对侧缘鬃；前、后缘长鬃之间还有几对小鬃。翅狭长，稍弯曲，前缘有鬃20根，后缘有长而密的缨毛。翅上有明显的黑褐色斑3块，有翅脉2条，上脉具黑褐色长鬃11根，即基部5根，中部5根(翅上两黑斑之间)，先端1根；下脉有长鬃根，比上脉鬃粗大。腹部第九节上的鬃比第十节上的鬃长。

卵长0.28 mm左右，白色，有亮光，肾形。卵产于红蜘蛛多的棉叶背面叶肉内，与叶背表皮平行，卵柄成直角弯曲，表皮外仅露出很小的圆形卵盖。

若虫初孵化时白色，后变淡红色或橘红色。若虫分3个龄期，7月间各龄经历日期分别为3、3.5和2.5天，第三龄出现翅芽。

(二)生活习性

塔六点蓟马成虫和若虫均捕食红蜘蛛及其卵。据天门县黄潭农科所生防站调查观察，1龄若虫日平均捕食红蜘蛛量为13.5头，2龄为15.2头，3龄为15.7头。成虫一般于5月中旬进入棉田，发生数量随着红蜘蛛的消长而增加或减少，1978年6月上旬至9月上旬调查各类棉田天敌数量的结果，塔六点蓟马分别占一、二、三类棉田天敌总数的42.6%、32.1%和46.3%，成为该区自然控制棉红蜘蛛的主要天敌。但据湖北省农科院植保所连续三年(1976～1978年)在沔阳县汉江棉区调查，即使7、8月间在红蜘蛛盛发的综合防治棉田，塔六点蓟马的数量也比较少，这种差别，值得进一步调查研究，以发挥其应有的作用。

六十、拟宽腹螳螂

拉丁学名：*Hierodula saussurei* Kirby。为螳螂目，螳螂科。捕食性天敌。寄主昆虫有蚜虫、飞虱、叶蝉、蝇类及蛾蝶的成虫和幼虫。寄主为害棉花。目前仅见分布于湖北。

(一)生物特征

成虫体长55～75 mm，大，绿色。头呈三角形，前额宽大于长，近似五角形，上方有两条不大明显的纵隆线。前胸背短而大，前半部宽，似菱形，后半部较窄，长约为宽的2.4倍，前部(背横沟至前缘)为后部(背横沟至后缘)的二分之一稍短，侧缘齿列前半部较后半部大而明显，水平部雄虫较宽。前足基节超过前胸背板后缘，其长稍短于前胸，上面有乳状巨齿3个，巨齿的外侧有一列小齿。前翅较宽，末端超过腹端，翅痣明显硬化，黄白色。雌前缘室宽大，雄稍窄，其上有不规则的网状横脉，前缘有不明显的微小刺列。腹部比胸部短，雌腹显著宽大。雄亚生殖板长大于宽，扁平，末端两侧各具一刺，后缘成一直线，侧缘有小齿一列，雌亚生殖板大而显著。呈三角形，末端瓣状片着生密毛，下缘稍弯曲。

卵乳白色，长椭圆形，产在卵鞘内。卵鞘长3 cm左右，深褐色，表面光滑，外层坚硬，内层有两行纵列的卵室。每一卵室有卵一粒，近孵化时卵鞘顶部变黑。

若虫孵化时从卵鞘背面中纵线处爬出，形态与成虫相似，但翅未长出。

(二)生活习性

一年发生1代，以卵在卵鞘内越冬，越冬时间长达6个月左右，于第二年4月间相继孵化为若虫。若虫孵化时，从尾端分泌丝质纤维悬挂于卵鞘上，随风摇摆扩散。若虫扩散后，行动活泼，善跳跃，1龄若虫主要捕食蚜虫：飞虱和叶蝉等，2～3龄捕食中、小型蛾及蝇类，4～5龄捕食各种蛾、蝶成虫和幼虫。从若虫到成虫历期90天左右，共脱皮5次，有6个龄期，5龄若虫开始长出翅芽，至6龄翅全部长出。成虫于7月间出现，每天上午07—10时、下午3—6时活动，中午高温下则隐而不出。8—9月雌雄交尾，交尾一次长达10小时以上，交尾后，雄虫常常遭到雌虫吞食。10—11月雌虫产卵于坚硬角质的卵鞘内，每雌一般可产卵鞘1～2个，每个卵鞘有卵约70粒，多的达100余粒。卵鞘牢固地黏附于树枝、树干、树皮或墙壁上。螳螂的卵虽具有结实的保护物，但还是避免不了遭受各种寄生蜂的寄生，卵鞘上出现的许多小圆孔，就是被寄生蜂寄生过的。

六十一、宽腹螳螂

拉丁学名：*Hierodula patellifera* Serville，别名广腹螳螂、广斧螳螂。为螳螂目，螳螂科。

捕食性天敌。寄主为蚜虫类及黏虫、高粱舟蛾、棉铃虫等鳞翅目昆虫幼虫等。国内分布于安徽、江苏、北京、河北、江西、福建、河南、上海、浙江、广东、湖北、台湾、广西、湖南、天津、贵州、吉林、山东、陕西。

(一)生物特征

雌成虫体长 57～63 mm。雄成虫体长 47～56 mm。体绿色(草绿和翠绿)或褐色(紫褐和淡褐)。头部三角形。复眼发达。触角细长,丝状。前胸背板粗短,呈长菱形,几乎与前足基节等长,横沟处明显膨大,侧缘具细齿,前半部中纵沟两侧光滑,无小颗粒。前胸腹极平,基部有 2 条褐色横带。中胸腹板上有 2 个灰白色小圆点。前足基节前龙骨具 3 个黄色圆盘突;腿节粗,侧扁,内线及内缘和外线之间具相当长的小刺;胫节长为腿节的 2/3。中、后足基节短。腹部很宽。前翅前缘区甚宽,翅长过腹,股脉处有 1 浅黄色翅斑。后翅与前翅等长。雌虫肛上极短,中央有深的凹陷。雄虫肛上极较雌虫长,中都背面有 1 纵沟。

卵鞘长圆形,深棕色。卵鞘长 25.0 mm,宽 12.7 mm,高 11.7 mm;孵化区宽 3.9 mm,前端宽 10.7 mm;后端宽 11.1 mm。孵化区浅棕色,稍突出。卵鞘结构紧密坚硬,外层空室小,有卵室 8～19 层,每层有卵 8～9 粒,排列成长圆形,近腹面卵室与背腹面垂直。卵黄色,长 3.8 mm,宽 1.0 mm。

若虫与成虫相似,无翅,5～6 龄开始显现翅芽。各龄若虫体长分别为:1 龄 7.2±0.01 mm,2 龄 10.6±0.06 mm,3 龄 12.9±0.03 mm,4 龄 16.9±0.02 mm,5 龄 21.6±0.06 mm,6 龄 27.4±0.06 mm,7 龄 40.4±0.06 mm,8 龄 42.6±0.33 mm。1～8 龄若虫的头亮宽度分别为 1.8±0.02 mm,2.1±0.03 mm,2.7±0.07 mm,3.2±0.13 mm,3.8±0.15 mm,4.3±0.13 mm,5.1±0.24 mm,6.2±0.50 mm。

(二)生活习性

在北京地区 1 年发生 1 代,以卵鞘越冬。次年 6 月下旬若虫孵化,孵化期 5 天左右。若虫为 7～8 龄,8 龄若虫的发育历期分别为 11.9±0.84 天,13.2±1.60 天,9.4±1.25 天,10.1±1.73 天,11.9±1.32 天,12.9±1.25 天,16.5±1.75 天,18.6±3.66 天。成虫于 8 月上旬开始出现,8 月中、下旬为羽化盛期,9 月上旬全部羽化为成虫。8 月中旬成虫开始交尾,9 月上、中旬雌虫开始产卵。9 月下旬成虫开始死亡,到 11 月上旬,在野外还可见到活动迟缓的成虫。据在北京地区观察,孵化以 16—18 时最多。孵化时,同一层卵室内的若虫先后从孵化区的同一片活瓣内钻出。刚孵化的若虫体湿润,附肢贴在腹面,约经 1～3 分钟跗肢展开,即可四处爬行或借风力扩散。卵鞘孵化率平均为 95.6%。卵孵化率平均为 80.1%。1～2 龄若虫行动敏捷,老龄若虫行动迟钝。

(三)繁殖

成虫羽化以早晨和上午为多。羽化 10 天以上开始交尾,雌、雄一生可交尾多次,交尾历时 3～4 小时。交尾后 9～25 天开始产卵,卵鞘产于乔灌木的枝条上,10 m 高以上的树枝上也有卵鞘,在槐树、榆、柳、枣树上产卵较多。产卵时先分泌一层乳白色的黏着物,在黏着物上产一层卵,然后再分泌一层黏着物,再产一层卵,并借助于尾须连续不停地来回探索,测量所产卵鞘的大小,一直到把卵产完为止。每产 1 个卵鞘需经 2～4 小时。第一个卵鞘产完后,可继续捕食、交尾。有的雌虫经过 5～22 天又可产下第二个卵鞘,但所产的卵鞘比第一个卵鞘稍小。每个卵鞘的含卵量为 111～303 粒,平均为 198 土 20.82 粒。在广西钦州地区雌虫一生一般产 1

～2个卵鞘，平均重量为1.25g。有的雌虫可产5个卵鞘，如果所产卵鞘超过3个时，卵鞘的平均重量一般不超过1g。在北京地区的天敌，卵期有中华螳小蜂，卵的寄生率一般为12.2%～26.9%。螳小蜂的羽化期在5月上旬至5月中旬。另一种是嫖峭皮囊，对卵鞘的为害率为4.40%，被害的卵鞘卵粒全被食尽。皮囊的羽化期为5月下旬至6月下旬。若虫孵化时有蚂蚁、蜘蛛侵害，鸟类可捕食若虫和成虫。

六十二、窄小刀螳螂

拉丁学名：*Paratenodera angustipennis* Saussure。为螳螂目，螳螂科。捕食性天敌。寄主昆虫有棉蚜、棉铃虫、棉小造桥虫等鳞翅目昆虫的成虫和幼虫。分布于云南、四川、湖南、浙江、安徽、河北、辽宁、黑龙江等地。

(一)生物特征

卵鞘长椭圆形，长29.50 ± 1.41 mm，宽8.40 ± 0.65 mm，高8.60 ± 0.34 mm，孵化区宽4 ± 0.27 mm，前端宽6.90 ± 0.54 mm，后端宽3.40 ± 0.71 mm。暗沙土色，前端大，末端延伸很长。孵化区褐色，突出成脊状，两侧凹陷或棕褐色纵沟。卵鞘结构较坚硬，外层空室小。卵室排列只有中央的与被腹面垂直。

若虫共7个龄期，各龄期特征是：一龄体长6.90 ± 0.16 mm，头宽1.40 ± 0.05 mm；二龄体长13.60 ± 0.30 mm，头宽1.80 ± 0.04 mm；三龄体长16.30 ± 1.04 mm，头宽2.10 ± 0.05 mm；四龄体长23.20 ± 0.37 mm，头宽2.50 ± 0.06 mm；五龄体长31.40 ± 0.54 mm，头宽2.80 ± 0.90 mm；六龄体长43.70 ± 1.31 mm，头宽3.20 ± 0.13 mm；七龄体长54.80 ± 0.55 mm，头宽4.10 ± 0.14 mm。

(二)生活习性

在北京地区以卵越冬，翌年6月上、中旬孵化(在安徽省全椒县为5月下旬至6月上旬孵化)，若虫有7个龄期：一龄期14.30 ± 1.03天，二龄15.30 ± 1.07天，三龄8.30 ± 0.68天，四龄8.50 ± 0.31天，五龄8.10 ± 0.21天，六龄9.10 ± 0.64天，七龄20.30 ± 0.72天。羽化后成虫经十多天后进行交配，交配后，雌虫大约20天左右开始产卵，每个卵鞘内含卵200粒左右。在该地区一年发生1代。

六十三、斑小刀螳螂

拉丁学名：*Statilia maculata* Thunberg。为螳螂目，螳螂科。捕食性天敌。捕食蚜虫、鳞翅目昆虫幼虫等。分布于山东、江西、福建、广东、海南等地。

其生物特征为：雌虫体长46～58 mm。前胸背板细长棱形，15～17 mm，侧角宽3～3.10 mm。前翅窄长，褐色型翅上密布黑褐色斑点。前足基节和腿节内面中央各有1块大的黑斑，腿节黑斑嵌有白色斑纹。

雄虫体长39～45 mm。前胸背板长11～13 mm，侧角宽1.10～1.70 mm。

卵鞘细长，长22.80 ± 1.62 mm，宽8.40 ± 2.80 mm，高6.60 ± 0.22 mm，孵化区宽3.20 ± 0.20 mm，前端宽8.30 ± 0.38 mm，后端宽7.10 ± 0.34 mm。沙土色或暗沙土色。腹面平坦，背面隆起，末端延长，孵化区稍突出。卵鞘外层薄，左右各有卵室9～20层，中部每层卵室4～7个，两端2～3个，多数卵室与背腹面垂直。

六十四、中华螳螂

拉丁学名：*Paratenodera sinensis* Saussure。为螳螂目，螳螂科。捕食性天敌。寄主昆虫有棉铃虫、金刚钻、棉小造桥虫、红铃虫、棉叶蝉、棉蚜。分布于广东、广西、四川、台湾、福建、浙江、江苏、安徽、河南、河北、山东、陕西、北京、辽宁、贵州、江西、湖北、上海等地。

其生物特征为：雌虫体长 74～90 mm。前胸背板长 23.50～28.50 mm，侧角宽 5～7 mm。体暗褐色或绿色。前胸背板前半部中纵沟两侧排列有许多小颗粒，侧缘齿列明显，后半部中隆起线两侧小颗粒不明显．侧缘齿不显著。前胸背板后半部稍长于前足基节长度。前翅翅端较钝．后翅基部具明显大黑斑。

雄虫体长 68～77 mm。前胸背板长 21～23 mm，侧角宽 4～4.80 mm。下阳茎叶端突明显长于左上阳茎叶端突之长。

卵鞘楔形，长 20.90 ± 1.14 mm，宽 15.10 ± 0.90 mm，高 17 ± 0.67 mm，孵化区宽 6.50 ± 0.39 mm，前端宽 12.20 ± 0.62 mm，后端宽 14.90 ± 0.89 mm。沙土色到暗沙土色。表面粗糙，孵化区稍突出。卵鞘外层多空室，左右各有卵室 8～16 层，中部每层 10～14 个卵室，两端 4～5 个，每层卵室排列成长圆形，卵室可与背腹面垂直。卵黄色，4.50×1.20 mm。

六十五、虎斑食虫虻

拉丁学名：*Astochia virgatipes* Goguilicet。为双翅目，食虫虻科。捕食性天敌，寄主昆虫为棉蚜。目前仅河北有分布。

其生物特征为：雌虫体长 19～24 mm；翅展 30～32 mm。体黑色。额为头宽的 1/5，有灰白色粉被。复眼内缘平直。单眼瘤上有黑毛。头后缘上有黑色粗列毛。触角黑色；第一节比第二节稍长；第三节比第一、二节之一和稍短。颜面、头外侧及头顶后缘、胸外侧、腹部第 1～4 节外侧、各足基节外侧均生有黄白色细长毛。胸背有虎状纹，黄白色粉被，中央有 1 纵长灰黑斑。小盾片后缘有 6～7 根黑色粗鬃。足赤黄色，基节黑色，上有白色粉被。腹部灰黑包，第 1～5 节后缘各有白色粉被。产卵器黑色。

雄虫体较雌虫小。生殖器显著，背面细长突出于背上，上生毛块。

六十六、食蚜瘿蚊

拉丁学名：*Aphidoletes abietis* (Kieffer)。为双翅目，瘿蚊科。分布于湖北等地区。寄主昆虫为棉蚜，寄主主要为害棉花等。

(一)生物特征

卵椭圆形，长 0.33 mm，宽 0.10 mm。橘红色。

幼虫纺锤形，蛆状，橙黄色，长约 2.50 mm，宽 0.65 mm 左右。头部具触角 1 对。腹部束节有 2 个突起，每个突起的端部着生 4 个角刺，呈上下、左右对角形排列，故从背面或腹面向下看，只能见到 3 个角刺。剑骨片叉状，叉口较窄，叉端直向前方伸出。

雄虫触角 14 节(基节 2，鞭节 12)，念珠状，比体长，着生一圈刚毛，刚毛的背面有 2 根极明显的长毛，长度相当于此圈刚毛的 2 倍。腹部比雌虫小，末端两侧有向上弯曲的攫握器 1 对，其上着生黄褐色几丁质化的长钩。

雌虫 1.40～1.80 mm，棕褐色，全身密被黄色长毛。头和口喙黄色，触角黄褐色，复眼黑色，左右两眼在头顶完全愈合，为合限式，无单眼。前后胸很小，中胸发达，棕褐色。前胸椭圆形，膜翅透明，翅面密生细毛，翅后方基部缘毛较长。翅脉4条，即前缘脉、第一径棘(末端达翅的1/3处)、径脉总支(直达翅的端部，与前缘脉的端部相连接)、中脉的后支和肘脉合并为叉状，此脉除基半部外，不太明显。在中脉后支的上方有一条密集的毛纹。足细长，长度约为体长的2.60倍，基节棕色，腿节黑褐色，其余淡黄褐色。雌触角14节(基节2，鞭节12)，念珠状，比身体短，各鞭节基部膨大如瓶身，末端缩小成瓶颈，膨大部分着生两圈刚毛，毛约等于一个鞭节之长。腹部呈椭圆形，共9节．第八、九节黄白色，第九节末端具瓣状片1对，第九节可以伸缩于第八腹节内，故通常只能见到第9节末端的瓣状片。

蛹橙黄色，长约2 mm，宽0.64 mm，胸部背面前胸处着生1对较粗长的毛状呼吸管，头前还有1对短而细的白毛。

(二)生活习性

食蚜瘿蚊以结茧幼虫在蚜虫的寄主植物周围表土下越冬，于翌年3—4月间化蛹，羽化交配后，在有蚜虫的杂草和木槿等早春寄主上产卵繁殖。4月上、中旬为第一代成虫产卵盛期。5月上、中旬为第二代成虫产卵盛期。5月中，下旬在棉田可以见到第二代食虫瘿蚊幼虫捕食棉蚜，但这时在田外有蚜植物上发生数量较多。成虫行动敏捷，飞翔迅速。多在有蚜虫的叶片背面或嫩茎上产卵，每处产卵一般数粒，多至10余粒。幼虫孵化后．即捕食初生若蚜，长大后捕食成蚜，以口钩钩住蚜虫的腹部或足等处，吸取体液。幼虫老熟后，入土结茧化蛹，一般在6月以后种群数量减少。成虫身体纤弱，对化学农药特别敏感，抗高温、干燥及风雨的能力也较弱。

六十七、玉米螟厉寄蝇

拉丁学名：*Lydella grisescens* Robineau－Desvoidy。为双翅目，寄蝇科。为寄生性天敌。寄主昆虫为棉大卷叶虫、玉米螟、大螟。分布于黑龙江、吉林、内蒙古、河北、天津、北京、山东、山西、陕西、青海、江苏、四川、广东、广西。

(一)生物特征

雌虫体长5.50～8.50 mm。复眼裸。触角芒基部2/3加粗；第三节为第二节2倍。额鬃排列2～3行。有3～4根下降至侧颜排列成一行，斜向复眼，占侧颜上方1/3。颜堤略向上拱起，基部1/3～1/2具细鬃。中胸背片和小盾片覆浓厚的灰白色粉被。腹部黑色，各节背板沿后缘具一宽阔的黑色横带。第三、四背板各具1对中心鬃。浓厚的灰白色粉被占据第五背板基部的3/5，第四背板基部的3/5。前缘脉第四脉段差不多与第六脉段等长。

雄虫无外侧额鬃。触角芒基部3/4加粗。触角第三节为第二节长的3～4倍。前足爪很短，显著短于第五跗节。

(二)生活习性

在棉田已知寄生玉米螟幼虫。在河南嵩县以幼虫在玉米螟幼虫体内越冬，翌年4月下旬至5月上旬化蛹，5月中、下旬羽化，6月上、中旬为羽化盛期，7月下旬为第二代幼虫孵化盛期，8月中、下旬为第三代幼虫孵化盛期。在该地区一年发生2～3代。雌虫寿命5～12天；雄虫4～10天。成虫一般白天活动，夜晚静止不动，天气炎热的中午只在较隐蔽地方活动。取食花蜜和果汁。雌虫以产卵器刺破玉米螟幼虫体壁，将卵产在玉米螟体内，幼虫在寄主体内取食、化蛹，羽化后破蛹壳而出。玉米螟幼虫被寄生时，约半小时内不活动，以后又照常取食，约经 8 天左右腹部变粗，活动迟缓，躯体易僵硬。玉米螟厉寄蝇的幼虫期一般为 10～12 天。蛹期 6～15 天。

六十八、黑肩绿盲蝽

拉丁学名：*Cyrtorrhinus livdipennis* Reute。为半翅目，盲蝽科。捕食性天敌。寄主昆虫为稻飞虱、叶蝉。是水稻主要害虫稻飞虱卵期的重要天敌。每年(7、8 月)晚稻和迟栽中稻田间黑肩绿盲蝽数量一般占飞虱天敌种群个体总数的 60%以上，其晚稻秧田密度每亩可达 3.8 万头。分布于河南、江苏、浙江、湖北、湖南、福建、广东、广西。

(一)生物特征

体长雌 3.0～3.2 mm，雄 2.9～3.1 mm。体黄绿色。头部中央前方至头顶中央有一黑褐色斑纹；复眼黑褐色，缺单眼；触角 4 节，除第一节端部黄绿色外，其余部分及各节均黑褐色；头后的颈状部黑褐色；前胸背板的中前方有一对黄绿色的瘤突，瘤突的后方形成左右两黑色的蝶形肩斑；中胸盾片黑褐色，小盾片侧有一黑褐色纵带纹。

(二)生活习性

黑肩绿盲蝽卵单产于水稻叶鞘或叶中脉的组织内，外端有卵盖，露于植株表面。卵粒初产时乳白色，后期呈青绿色并出现 1 对红色眼点。若虫一般五龄，少数四龄或六龄。本种若虫、成虫多在水稻中下部尤其是基部活动。寻觅稻飞虱及叶蝉的卵；以口针插入卵内吮取卵液。幼龄若虫只能吮食部分卵黄，但可引起卵的死亡；高龄若虫和成虫常把卵黄吮干，使其皱缩一团，若未被吸干的卵粒则呈畸形，眼点消失，不能继续发育，随即死亡。

黑肩绿盲蝽喜在湿润、水稻生长嫩绿且稻虱发生多的田块活动。在常温下，一世代历期约 18～22 天左右。若虫脱皮及卵粒孵化多在夜间进行。羽化后 2～3 天内交尾，交尾历 1 小时左右。交尾后当天开始产卵，直至死亡前 1～2 天才停止。未交尾的雌虫不能产卵。一雌虫一生产卵 60～80 粒。成虫趋光性较强。一个黑肩绿盲蝽一生(若虫和成虫)能取食稻虱卵 170～230 粒。是稻虱和稻叶蝉卵期的重要天敌，但对农药特别敏感。

六十九、环勺猎蝽

拉丁学名：(Cosmolestes) annulipes Distain。为半翅目，猎蝽科。捕食性天敌。捕食稻田害虫。分布天江苏、广东、广西、云南。

其生物特征为：成虫体长约 10 mm 左右。头短于前胸背板。触角细长，各节粗细均匀，第一节约与前足腿节等长。前胸背板前侧角有小突起，前叶有纵沟；后叶长于前叶，侧角翘起。小盾片呈匙状。前翅长超过腹端。第 4～5 腹节的侧接缘略扩张。前足胫节比腿和转节之和稍长。触角第一节基部黑色，其前和中央及端部以及第三节基部有黄褐色斑纹。头部一部分、前胸背板前叶、后叶除两侧角、小盾片(匙状物除外)、革片内缘、爪片、膜片基部，喙端、中胸和后胸腹面的边缘、腹部腹面的节缝、两侧包围着黄褐色点的圈、侧接缘的前缘、腿节和胫节基部的环纹均黑色，其余部分玉黄色或黄褐色至褐色。

七十、污黑盗猎蝽

拉丁学名：*Pirates* (*cleptocoris*) *turpis* Walker。为半翅目，猎蝽科。捕食性天敌。寄主

昆虫为棉蚜、棉叶螨、蟒蠓、蚜虫。分布于湖北、四川、贵州、广西、广东、浙江、江苏、河南,陕西、山东、北京、安徽。

其生物特征为:雌虫体长 13～15 mm,宽 3.50～4 mm。体黑色,具光泽及稀疏细毛。前翅长 8.10 mm,达第六背板中部或端部,暗黑褐色,爪片中部、革片内域及膜片端部色浅。内外翅室深黑色。触角第一节超过头部前端。喙第一节短,第二节稍超过眼的后缘。前胸背板长 3 mm,前叶长于后叶,前叶具纵斜暗条纹,后叶无条纹。

雄虫前翅长 9.70 mm,超过腹部末端 1 mm 左右。抱器呈叶状。

七十一、白僵菌

拉丁学名:*Beauveria*。白僵菌是一种子囊菌类的虫生真菌,主要种类包括球孢白僵菌和布氏白僵菌等,常通过无性繁殖生成分生孢子,菌丝有横隔有分枝。白僵菌的分布范围很广,从海拔几米至 2000 多米的高山均发现过白僵菌的存在,白僵菌可以侵入 6 个目 15 科 200 多种昆虫、螨类的虫体内大量繁殖,同时产生白僵素(非核糖体多肽类毒素)、卵孢霉素(苯醌类毒素)和草酸钙结晶,这些物质可引起昆虫中毒,打乱新陈代谢以致死亡。

常见白僵菌共有三种:球孢白僵菌、小球孢白僵菌、布氏白僵菌。依据形态指标、生理生化指标及核酸指标将白僵菌属分为 7 个种,分别是球孢白僵菌、布氏白僵菌、白色白僵菌、多形白僵菌、蠕孢白僵菌、黏孢白僵菌和苏格兰白僵菌。球孢、小球孢、布氏三种白僵病菌,其不同发育阶段,虽具有共同的生物特征,但也存在一定的差异。其区别是:球孢和小球孢白僵菌,分生孢子虽都为球形或卵形(约各 50%),均生于对称成直角的茸状产孢细胞顶端,分生孢子梗呈直角分支聚成集团。所不同的是前者孢子大,一般 2.5～3.0 μm,菌落呈平绒状,在明胶培养基本逐渐从白色变到乳白色,而在马铃薯琼脂培养培养的底部无色或淡黄色。后者孢子较小,一般为 2～2.5 μm,菌落白色至乳白色初为疏茸状或棉絮状,后期形成乳粉状的孢子层,不使马铃薯琼脂培养基斜面变色,但在清晰明交培养基上呈粉红色,颜色很不显著,而且 10 天后便消失。布氏白僵菌不同于前两种的主要特征,是其分生孢子大多是亚圆形或椭圆形,而且分生孢子开差较大,一般为(2.0～6.0)μm ×(1.5～4)μm,生于产孢细胞顶端新延伸的"乙"形丝形器上,菌落表面高低不同,白色,初为茸毛状或棉絮状,后期形成粉状,在明胶培养基的底部呈深红色至桑色,某些菌丝命名马铃薯培养基呈不同程度浅紫色至红色。

球孢白僵菌菌落呈绒状、丛卷毛至粉状,有时呈绳索状,但很少形成孢梗索。菌落培养初期多呈白色,后来变成淡黄色,偶成淡红色;背面无色或淡黄色至粉红色。

如今在农业部登记的白僵菌有球孢虫白僵菌(主要用于防治松毛虫和玉米螟)和布氏白僵菌(主要用于防治花生蛴螬)两种,登记剂型有粉剂、可湿性粉剂或油悬浮剂。

球孢白僵菌(*Beauveria bassiana*)为子囊菌类的真菌,可工业化培养生产,利用其产生的分子孢子加工成微生物杀虫剂。原药外观为乳白色直至淡黄色粉末。分生孢子主要通过表皮降解酶作用,竽管穿透昆虫体壁,在昆虫体内增殖,吸收昆虫体内营养和水分,进而致死目标害虫。

所谓白僵虫就是白僵菌的分生孢子落在昆虫体上,在合适温湿条件下,即可发芽直接侵入昆虫体内,以昆虫体内的血细胞及其他组织细胞作为营养,大量增殖,以后菌丝穿出体表,产生白粉状分生孢子,从而使害虫呈白色僵死状,称为白僵虫。白僵菌制剂对人、畜无毒,对作物安全,无残留、无污染,但能感染家蚕幼虫,形成僵蚕病。

白僵菌高孢粉无毒无味，无环境污染，对害虫具有持续感染力，害虫一经感染可连续浸染传播。具以下特点：

(1)无农残。即使施用白僵菌后立刻收获产品也不会造成任何农药残留。

(2)无抗性。害虫对化学农药的抗性使得其杀虫效果逐年减退。白僵菌通过在自然条件下与害虫的体壁接触感染致死，害虫不会对其产生任何抗性。连年使用，效果反而越来越高。

(3)再生长性。白僵菌新型生物农药含有活体真菌及孢子。施入田间后，借助适宜的温度、湿度，可以继续繁殖生长，增强杀虫效果。

(4)高选择性。不同于化学农药不分敌我的将益虫、害虫尽数毒杀，白僵菌专一性强，对非靶标生物如瓢虫、草蛉和食蚜虻等益虫影响较小。从而整体田间防治效果更好。

七十二、绿僵菌

拉丁学名：*Metarhizium anisopliae*。中文通用名：金龟子绿僵菌(简称绿僵菌)。代表种类有金龟子绿僵菌、罗伯茨绿僵菌和蝗绿僵菌等，不同种类的杀虫范围不同，如金龟子绿僵菌为广谱性杀虫真菌，而蝗绿僵菌只能感染蝗虫等直翅目昆虫。在自然界，不同绿僵菌种类主要进行无性繁殖，其有性生殖阶段被鉴定为 Metacordycpes，属于广义虫草菌。我国利用蝗绿僵菌防治草原蝗虫，以及北美利用蝗虫绿僵菌防治蚱蜢均达到了成功的效果。由蝗绿僵菌孢子加工后的商业制剂 Green Muscle 在澳洲、非洲成功用于飞蝗的大面积防治。

(一)性状

本剂为活体真菌杀虫剂，真菌的形态接近于青霉。菌落绒毛状或棉絮状，最初白色，产生孢子时呈绿色。制剂为孢子浓缩经吸附剂吸收后制成。其外观颜色因吸附剂种类不同而异，含水率小于 5%。分生孢子萌发率 90%以上。

(二)主要用途

绿僵菌属子囊菌门、肉座菌目、麦角菌科、绿僵菌属，是一种广谱的昆虫病原菌，在国外应用其防治害虫的面积超过了白僵菌，防治效果可与白僵菌媲美。能够寄生于多种害虫的一类杀虫真菌，通过体表入侵作用进入害虫体内，在害虫体内不断繁殖通过消耗营养、机械穿透、产生毒素，并不断在害虫种群中传播，使害虫致死。绿僵菌具有一定的专一性，对人畜无害，同时还具有不污染环境、无残留、害虫不会产生抗药性等优点。

重庆大学基因研究中心完成了杀蝗绿僵菌生物农药的研制，取得了重要的研究成果，生产的产品已在国内多个省份示范试验。

与传统的化学药物不同，绿僵菌复合剂用虫生真菌消灭白蚁、蝗虫等害虫。田间大规模应用试验的结果显示，绿僵菌能适用于室内外，在防治桉树白蚁方面具有用量少、成本低，保证苗木成活率 95%以上的特点。据悉，目前绿僵菌灭白蚁、蝗虫的方法已经作为国家重点推广应用项目，可广泛应用于农田、林木、桥梁等多个领域的防治工作。每株桉树增加 2 分钱的成本，就能使 95%以上的桉树逃脱白蚁的摧残。

参考文献

陈发扬,1989. 星豹蛛生活史的初步观察[J]. 动物学杂志,(2):6-9.

陈国琨,2008. 玉米小麦病虫害防治图谱[M]. 南宁:广西科学技术出版社.

戴小枫,1990. 棉铃虫齿唇姬蜂生物学特性及田间控制作用研究[J]. 生物防治通报,(4):153-157.

董金皋,2001. 农业植物病理学(北方本)[M]. 北京:中国农业出版社.

范广华,刘炳霞,牟吉元,赵建芳,1991. 食虫齿爪盲蝽的生物学和捕食棉蚜效应研究[J]. 山东农业大学学报,**22**(4):403-407.

方中达,1996. 中国农业植物病害[M]. 北京:中国农业出版社.

黄敏,1983. 齿腿姬蜂的新寄主——甘薯麦蛾幼虫[J]. 昆虫知识,(3):129-131.

黄其林,田立新,杨莲芳,1984. 农业昆虫鉴定[M]. 上海:上海科学技术出版社.

黄允龙,吴荣祥,1986. 螟虫长距茧蜂的生物学特性研究[J]. 昆虫天敌,(1):35-41.

江汉华,陈晓社,刘忠平,范昆成,1984. 深点食螨瓢虫 *Stethorus punctillure* Weise 生物学的研究[J]. 湖南农业大学学报(自然科学版),(2):17-22.

赖军臣,2011. 小麦常见病虫害防治农业实用技术[M]. 北京:中国劳动社会保障出版社.

黎鸿慧,赖军臣,李军建,2011. 棉花常见病虫害防治[M]. 北京:中国劳动社会保障出版社.

林乃铨,2010. 害虫生物防治(第四版)[M]. 北京:中国农业出版社.

刘德钧,1984. 螟虫长距茧蜂茧的低温保存[J]. 植物保护,(5)13-14.

陆宴辉,齐放军,张永军,2010. 棉花病虫害综合防治技术[M]. 北京:金盾出版社.

吕佩珂,1999. 中国粮食作物、经济作物、药用植物病虫原色图鉴(上)[M]. 呼和浩特:远方出版社.

马奇祥,1999. 玉米病虫草害防治彩色图说[M]. 北京:中国农业出版社.

孟祥玲,葛绍奎,丁岩钦,谢宝瑜,1994. 棉铃虫多胚跳小蜂生物学特性研究[J]. 昆虫知识,(4):234-237.

牟吉元,王念慈,徐洪富,1980. 棉蚜、棉铃虫综合防治探讨[J]. 山东农学院学报,(2):89-99.

朴永范,1998. 中国主要农作物害虫天敌种类[M]. 北京:中国农业出版社.

商鸿生,王凤葵,2011. 小麦病虫草害防治手册[M]. 北京:金盾出版社.

沈妙青,郭振中,熊继文,1994. 深点食螨瓢虫空间格局的研究[J]. 贵州农业科学,(5):1-5.

沈其益,1992. 棉花病害(基础研究与防治)[M]. 北京:科学出版社.

沈其益,2000. 棉花病害基础研究与防治[M]. 北京:科学出版社.

石明旺,2013. 小麦病虫害防治新技术[M]. 北京:化学工业出版社.

孙艳梅,2010. 大田作物病虫害防治图谱玉米[M]. 长春:吉林出版集团有限责任公司.

孙源正,任宝珍,2000. 山东农业害虫天敌[M]. 北京:中国农业出版社.

万安民,赵中华,吴立人,2003. 2002 年我国小麦条锈病发生回顾[J]. 植物保护,**29**:5-8.

王洪全,周家友,李发荣,等,1980. 草间小黑蛛(*Erigonidium graminicolum* Sundevall,1829)的生物学研究[J]. 湖南师范大学自然科学学报,(1):54-66.

王琦,刘媛,杨宁权,2009. 小麦病虫害识别与防治[M]. 银川:宁夏人民出版社.

王清连,王运兵,2012. 棉花高效栽培与病虫害防治[M]. 北京:化学工业出版社.

仵均祥,2009. 农业昆虫学(北方本,第二版)[M]. 北京:中国农业出版社.

西南农学院植保系生物防治科研组,1980. 草间小黑蛛生物学和生态学特性初步研究[J]. 昆虫天敌,(3):5-14.

徐晓海,1999. 棉花病虫害综合防治技术问答[M]. 北京:中国农业出版社.
许晓风,2006. 农业病虫害综合防治技术[M]. 南京:东南大学出版社.
薛春生,陈捷,2014. 玉米病虫害识别手册[M]. 沈阳:辽宁科学技术出版社.
张光华,戴建国,赖军臣,2011. 玉米常见病虫害防治[M]. 北京:中国劳动社会保障出版社.
张荆,王金玲,1982. 赤眼蜂属两新种(膜翅目:赤眼蜂科)[J]. 昆虫分类学报,(C1):49-52.
赵广才,2006. 保护性耕作农田病虫害防治[M]. 北京:中国农业出版社.
赵敬钊,1981. 对我国棉田草蛉发生规律的初步分析[J]. 湖北大学学报(自然科学版),(2):27-35.
赵学铭,齐杰昌,阎瑞萍,1989. 星豹蛛生物学特性及保护利用初探[J]. 昆虫天敌,(3):110-115.
郑乐怡,归鸿,1999. 昆虫分类(上、下册)[M]. 南京:南京师范大学出版社.
郑永善,王志怀,何俊华,1981. 温湿度和农药对棉铃虫齿唇姬蜂的影响及其田间散放试验[J]. 昆虫天敌,(1):37-40.
中国科学院动物研究所,1986. 中国农业昆虫(上册)[M]. 北京:中国农业出版社.
中国科学院动物研究所,1987. 中国农业昆虫(下册)[M]. 北京:中国农业出版社.
中国科学院动物研究所,浙江农业大学,1978. 天敌昆虫图册[M]. 北京:科学出版社.
中国农业百科全书总委员会昆虫卷委员会,1996. 中国农业百科全书昆虫卷[M]. 北京:中国农业出版社.
中国农业科学院植物保护研究所,1995. 中国农作物病虫害(上册,第二版)[M]. 北京:中国农业出版社.
中国农业科学院植物保护研究所,1996. 中国农作物病虫害(下册,第二版)[M]. 北京:中国农业出版社.
《中国农作物病虫图谱》编绘组,1992. 中国农作物病虫图谱:第四分册棉麻病虫(修订本)[M]. 北京:中国农业出版社.
朱弘复,钦俊德,1991. 英汉昆虫学词典(第二版)[M]. 北京:科学出版社.

图 1　小麦条锈病(戴爱梅 摄)

图 2　小麦白粉病(戴爱梅 摄)

图 3　小麦全蚀病(戴爱梅 摄)

图 4　小麦根腐病(戴爱梅 摄)

图 5　小麦雪霉叶枯病(戴爱梅 摄)

图 6　小麦丛矮病(戴爱梅 摄)

图 7　小麦散黑穗病(戴爱梅 摄)

图 8　小麦赤霉病(戴爱梅 摄)

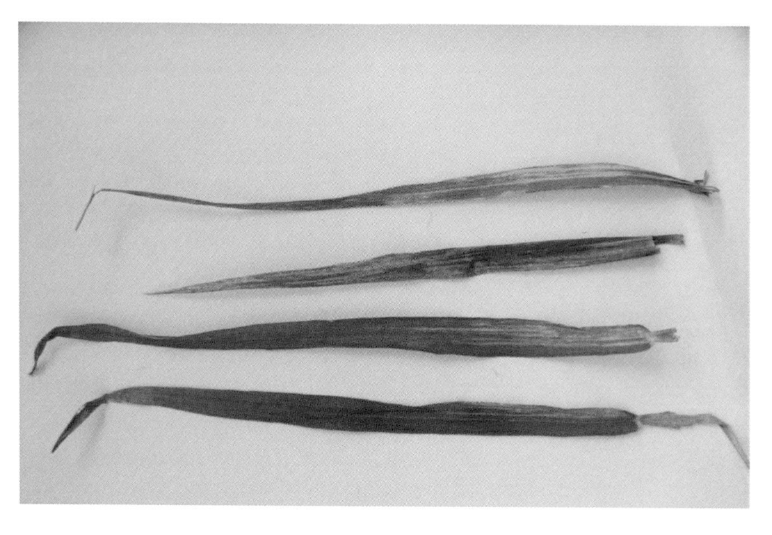

图 9　小麦缺素症(戴爱梅 摄)

图 10　小麦叶蜂(戴爱梅 摄)

图 11　铜绿丽金龟(黄健 摄)

图 12　草地螟成虫(戴爱梅 摄)

图 13　麦长管蚜(戴爱梅 摄)

图 14　黑森瘿蚊(戴爱梅 摄)

图 15　棉苗立枯病(戴爱梅 摄)

图 16　棉苗红腐病(戴爱梅 摄)

图 17　棉花枯萎病(戴爱梅 摄)

图 18　棉蚜(戴爱梅 摄)

图 19　棉叶螨(戴爱梅 摄)

图 20　棉铃虫成虫(黄健 摄)

图 21　棉铃虫幼虫(戴爱梅 摄)

图 22　棉田花蓟马(戴爱梅 摄)

图 23　绿盲蝽(戴爱梅 摄)

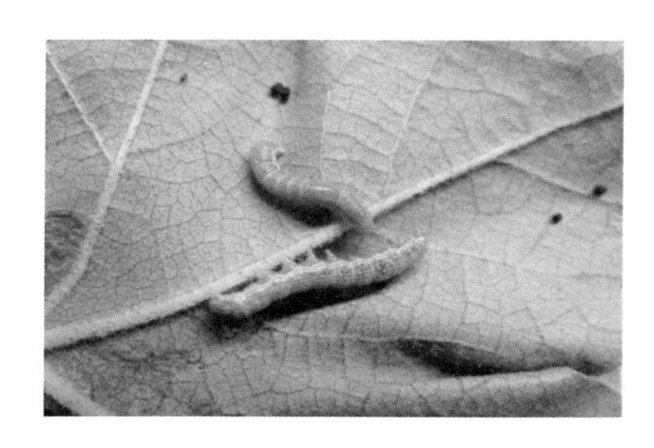

图 24　甜菜夜蛾幼虫(戴爱梅 摄)

图 25　玉米青枯病(戴爱梅 摄)

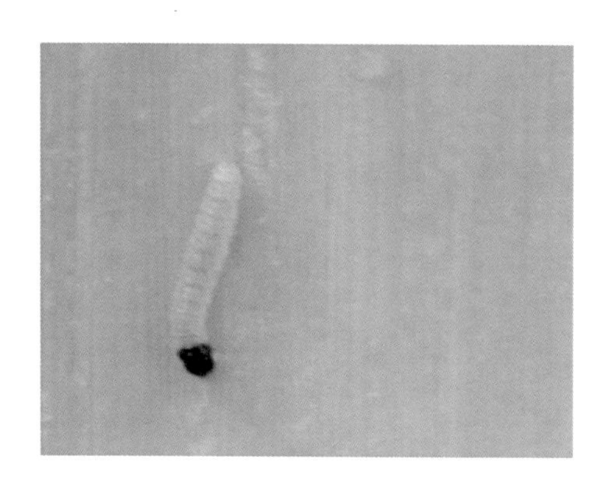

图 26　玉米螟幼虫(戴爱梅 摄)

图 27　双斑萤叶甲(戴爱梅 摄)

图 28　耕葵粉蚧(戴爱梅 摄)

图 29　玉米蚜(戴爱梅 摄)

图 30　稻瘟病(戴爱梅 摄)

图 31　稻纵卷叶螟幼虫(左)和成虫(右)
(戴爱梅 摄)

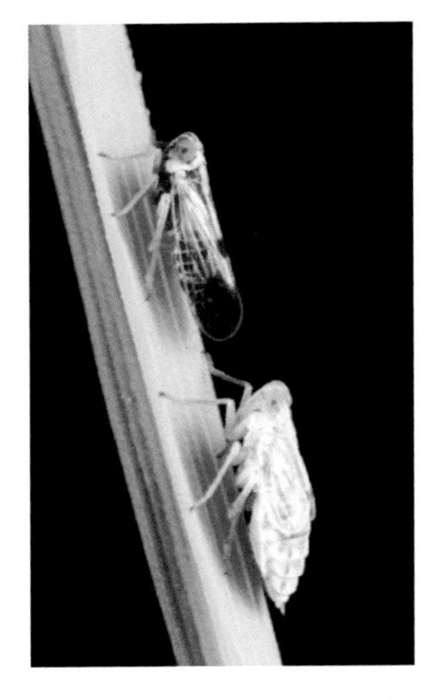

图 32　稻飞虱成虫(戴爱梅 摄)

图 33　稻象甲成虫(戴爱梅 摄)

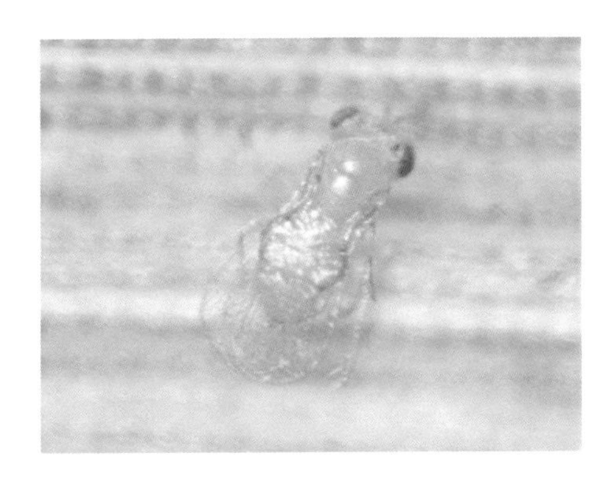

图 34　赤眼蜂(戴爱梅 摄)

图 35　七星瓢虫(黄健 摄)

图 36　异色瓢虫(戴爱梅 摄)

图 37　斜斑鼓额食蚜蝇(戴爱梅 摄)

图 38　小花蝽(黄健 摄)